天正软件—建筑系统 T-Arch2013 使用手册

北京天正软件股份有限公司　编著

中国建筑工业出版社

图书在版编目（CIP）数据

天正软件—建筑系统 T-Arch2013 使用手册/北京天正软件股份有限公司编著. —北京：中国建筑工业出版社，2013.2

ISBN 978-7-112-15170-7

Ⅰ.①天… Ⅱ.①北… Ⅲ.①建筑设计-计算机辅助设计-应用软件-手册 Ⅳ.①TU201.4-62

中国版本图书馆 CIP 数据核字（2013）第 036522 号

天正软件—建筑系统 T-Arch2013 是天正建筑软件的最新版本，是以美国 Autodesk 公司开发的通用 CAD 软件 AutoCAD 为平台，按照国内当前最新建筑设计和制图规范、标准图集开发的建筑设计软件，在国内建筑设计市场占有率长期居于第一的优秀国产建筑设计软件。

本书系统地介绍了天正软件—建筑系统 2013 的各项功能，全面讲解了天正软件—建筑系统 2013 的使用方法和技巧，在附录中收集了全部菜单命令和简要解释。

本书结构清晰、内容丰富，是天正建筑软件最具权威的使用手册，适用于天正建筑软件的用户顺畅升级到当前最新版本。

* * *

责任编辑：郭　栋　张　磊

责任设计：李志立

责任校对：姜小莲　刘梦然

天正软件—建筑系统 T-Arch2013 使用手册

北京天正软件股份有限公司　编著

*

中国建筑工业出版社出版、发行（北京西郊百万庄）

各地新华书店、建筑书店经销

霸州市顺浩图文科技发展有限公司制版

北京市安泰印刷厂印刷

*

开本：787×1092 毫米　1/16　印张：31½　字数：788 千字

2013 年 7 月第一版　　2013 年 7 月第一次印刷

定价：**69.00** 元

ISBN 978-7-112-15170-7

（23063）

前　言

天正公司是由具有建筑设计行业背景的资深专家发起成立的高新技术企业，自 1994 年开始以 AutoCAD 为图形平台成功开发建筑、暖通、电气、给水排水等专业软件，是 Autodesk 公司在中国内地的第一批注册开发商。十多年来，天正公司的建筑CAD 软件在全国范围内取得了极大的成功，可以说天正建筑软件已成为国内建筑 CAD 的行业规范，它的建筑对象和图档格式已经成为设计单位之间、设计单位与甲方之间图形信息交流的基础。近年来，随着建筑设计市场的需要，天正日照设计、建筑节能、规划、土方、造价等软件也相继推出，公司还应邀参与了《房屋建筑制图统一标准》（GB/T 50001—2010）、《建筑制图标准》（GB/T 50104—2010）等多项国家标准的编制。

天正公司在经过多年刻苦钻研后，在 2001 年推出了从界面到核心面目全新的 5 系列，采用 BIM 建筑信息模型概念进行软件研发，在国内首家推出了二维图形描述与三维空间表现一体化的自定义对象，从方案到施工图全程体现建筑设计的特点，在建筑CAD 技术上掀起了一场革命，采用自定义对象技术的建筑 CAD软件具有人性化、智能化、参数化、可视化多个重要特征，以建筑构件作为基本设计单元，把内部带有专业数据的构件模型作为智能化的图形对象，天正提供体贴用户的操作模式使得软件更加易于掌握，可轻松完成各个设计阶段的任务，包括体量规划模型和单体建筑方案比较，适用于从初步设计直至最后阶段的施工图设计，同时可为天正日照设计软件和天正节能软件提供准确的建筑模型，大大推动了建筑节能设计的普及。

天正建筑软件广泛用于建筑施工图设计和日照、节能分析，支持最新的 AutoCAD 图形平台。目前，基于天正建筑对象的建筑信息模型已经成为天正系列软件的核心，逐渐得到多数建筑设计单位的接受，成为设计行业软件正版化的首选。为了使大家能尽快对 2013 新版本有一个大致了解，在此简单介绍一下它的主要技术特点，从 8.5 以来的功能升级列表详见 sys 文件夹下的updhistory. txt 文件。

天正公司新推出的天正软件-建筑系统 2013 版，支持 32 位

AutoCAD2004～2013 以及 64 位 AutoCAD2010～2013 平台。

技术特点：

1. 改进墙、柱、门窗等核心对象及部分相关功能

* 解决在已有柱柱边某些位置不能插柱的问题；
* 解决墙柱保温在某些情况下显示错误的问题；
* 改进墙柱对象相连位置的相交处理；
* 解决墙体线图案填充存在的某些显示问题；
*【墙体分段】命令采用更高效的操作方式，允许在墙体外取点，可用于玻璃幕墙对象；
*【转为幕墙】命令更名为【幕墙转换】，增加玻璃幕墙转为普通墙的功能；
*【修墙角】命令支持批量处理墙角；
* 解决带形窗在通过丁字相交的墙时，在相交处的显示问题；
* 解决删除与带形窗所在墙体相交的墙，带形窗也会被错误删除的问题；
* 转角凸窗可在两段转角墙各自设置不同的出挑长度，还可以绘制单侧出挑的转角凸窗；
* 普通凸窗支持修改挑板尺寸；
* 门窗对象编辑时，同编号的门窗支持选择部分编辑修改；
* 改进【门窗】插入命令，增加参数拾取功能，增加智能插门窗功能，点取墙中段时自动居中插入，点取墙端则按指定垛宽插入；
* 改进【编号设置】命令，增加门窗、转角窗、带形窗按尺寸自动编号的多种规则，满足不同设计单位的要求；
* 改进【门窗检查】命令，支持对块参照和外部参照中的门窗定位观察、提取二三维门窗样式等；
* 解决门窗图层关闭后在打印时仍会被打印出来的问题；
* 解决门窗编号图层设为不可打印后在打印时编号仍会被打印出来的问题；
* 解决门窗编号图层在布局视口冻结后编号仍会被打印出来的问题。

2. 配合新的制图规范和实际工程需要完善天正注释系统

* 弧长标注可以设置其尺寸界线是指向圆心（新国标）还是垂直于该圆弧的弦（旧国标）；
* 角度、弧长标注支持修改箭头大小，直线标注支持文字带引线；
* 尺寸标注时文字显示方向根据国标按当前 UCS 确定，解决在 90°～91°范围内文字翻转方向错误的问题；
*【逐点标注】支持通过键盘精确输入数值来指定尺寸线位置，支持在布局下自动识别视口标注尺寸；
*【角度标注】取消必须按逆时针方向取点的限制，自动在内角一侧标注角度；
*【连接尺寸】支持框选；
* 改进尺寸自调方式，使其更符合工程实际需要；
* 解决标注样式中“超出尺寸线值”较小时，尺寸自调不起作用的问题；

* 新增【楼梯标注】命令用于标注楼梯踏步、井宽、梯段宽等楼梯尺寸；
* 新增【尺寸等距】命令用于把多道尺寸线在垂直于尺寸线方向按等距调整位置；
* 可单独控制某根轴号的起始位置，轴号文字增加隐藏特性；
*【添补轴号】和【添加轴线】时，轴号可以选择是否重排；
* 坐标标注对象增加线端夹点，可用于修改文字基线长度；
*【坐标标注】命令增加按用户图形对象特征点批量标注功能；
* 坐标在动态标注状态下按当前 UCS 换算坐标值；
* 建筑标高在“楼层号/标高说明”项中支持输入“/”符号；
* 总图标高支持新《总图制图标准》（GB/T 50103—2010）中的新标高样式，增加三角空心总图标高的绘制。当未勾选“自动换算绝对标高”时，绝对标高处允许输入非数字字符；
* 标高符号在动态标注状态下，按当前 UCS 换算标高值；
*【标高检查】支持带说明文字的标高和多层标高，增加根据标高值修改标高符号位置的操作方式；
* 新增【标高对齐】命令，用于把选中标高按新点取的标高位置或参考标高位置竖向对齐；
*【箭头引注】支持通过格式刷和基本设定中“符号标注文字距基线系数”来修改“距基线系数”，解决手工修改过位置的箭头文字在某些操作时非正常移位的问题；
*【引出标注】提供引出线平行的表达方式；
*【索引图名】采用无模式对话框，增加对文字样式、字高等的设置，增加比例文字夹点；
*【剖面剖切】和【断面剖切】命令合并为【剖切符号】命令，支持非正交剖切符号的绘制，添加剖面引用图号的说明；
*【折断线】命令增加双折断线的绘制，增加锁定角度的夹点操作模式；
*【指北针】命令将文字纳入指北针对象内部，并提供文字方向的不同设置；
* 新增【绘制云线】命令，按《房屋建筑制图统一标准》（GB/T 50001—2010）可标注更新版次。

3. 支持代理对象显示，解决导出低版本问题并优化功能

* 解决带有布局转角的尺寸标注在导出成 T3 格式后文字发生翻转的问题；
* 解决尺寸标注在导出成 T3 格式后，会在原图生成多余尺寸标注的问题；
* 改善天正尺寸和文字在导出成 T3 格式后，其图面显示与导出前不一致的问题；
* 解决图形导出后，图中的 UCS 用户坐标系会出现不同程度的丢失或错误的问题；
* 解决包含隐藏对象的图纸导出成低版本格式时存在的显示及导出速度问题；
* 新增选中图形“部分导出”的功能；
*【图形导出】和【批量转旧】保存的 CAD 版本与天正图形格式两者可以分别选择；
* 符号标注对象在导出低版本时可设置分解出来的文字是随符号所在图层，还是统一到文字图层；
* 中英文混排的文字对象在导出低版本时可设置中英文文字是否断开。

4. 其他新增改进功能

* 【绘制轴网】增加通过拾取图中的尺寸标注得到轴网开间和进深尺寸的功能；
* 房间面积对象轮廓线添加“增加顶点”的功能，支持 AutoCAD 的“捕捉”设置；
* 解决当图中存在完全包含在柱内的短墙时，房间轮廓和查询面积命令无法正常执行的问题；
* 【查询面积】当没有勾选“生成房间对象”一项时，生成的面积标注支持屏蔽背景，其数字精度受天正基本设定的控制；
* 新增【踏步切换】右键菜单命令用于切换台阶某边是否有踏步；
* 新增【栏板切换】右键菜单命令用于切换阳台某边是否有栏板；
* 新增【图块改名】命令用于修改图块名称；
* 新增【长度统计】命令用于查询多个线段的总长度；
* 增加【布停车位】命令用于布置直线与弧形排列的车位；
* 增加【总平图例】命令用于绘制总平面图的图例块；

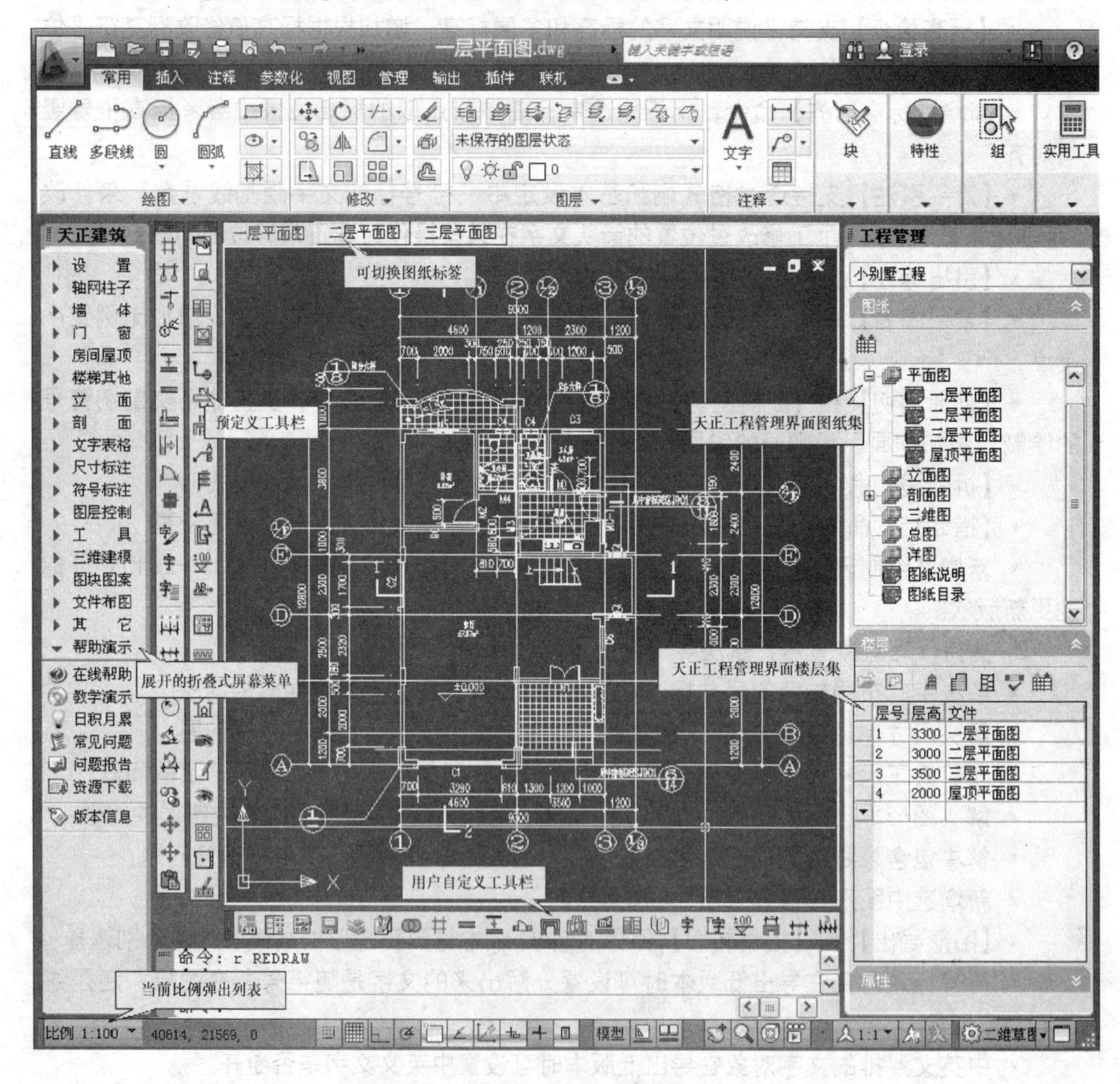

天正软件-建筑系统 2013 的操作界面示意图

* 新增【图纸比对】和【局部比对】命令用于对比两张DWG图纸内容的差别；

* 新增【备档拆图】命令用于把一张dwg中的多张图纸按图框拆分为多个dwg文件；

*【图层转换】命令解决某些对象内部图层以及图层颜色和线型无法正常转换的问题；

* 解决打开文档时，原空白的drawing1. dwg文档不会自动关闭的问题；

* 支持把图纸直接拖拽到天正图标处打开。

本手册针对当前最新的版本编写，并向社会公开出版发行，由网上论坛提供开放性的技术支持。购买天正软件售后无后顾之忧，除上网访问天正公司主页http://www.tangent.com.cn外，还可以登录天正论坛，详细描述你遇到的天正软件问题，很快会得到来自专家和同行的帮助。欢迎在论坛对天正软件提出建议，你的意见将可能被吸收到下一版本，使软件越来越贴近设计师的使用要求。

目　录

第 1 章 概 述

内容提要

• 如何获得帮助资源

介绍获得天正软件-建筑系统有关帮助文档与技术支持的途径。

• 软硬件系统与安装

介绍天正软件-建筑系统软硬件要求以及各种版本的安装方法。

• 天正对象与兼容性

介绍天正对象的特点与如何解决图档兼容问题。

• 天正软件-建筑系统软件界面

介绍天正软件-建筑系统丰富的用户界面新技术。

• 软件的基本操作

介绍天正软件-建筑系统各种界面的具体操作方法。

1.1 帮助资源

天正软件-建筑系统的文档包括使用手册、帮助文档和网站资源：

使用手册：就是读者正在阅读的这本书，也是软件发行时对正式用户提供的纸介质文档，以书面文字形式全面、详尽地介绍天正软件-建筑系统的功能和使用方法，但一段时间内，纸介质手册无法随着软件升级及时更新，联机帮助文档才是最新的学习资源。

帮助文档：是天正软件-建筑系统使用手册的电子版本，以 Windows 的 CHM 格式帮助文档的形式介绍软件的功能和使用方法，这种文档形式更新比较及时，能随软件升级提供。

教学演示：天正软件-建筑系统发行时提供的实时录制教学演示教程，使用 Flash 动画文件格式存储和播放；如果安装时没有选择安装动画教学文件，此功能无法使用。

自述文件：是发行时以文本文件格式提供用户参考的最新说明，例如在 sys 下的 updhistory. txt 提供升级的详细信息。

日积月累：天正软件-建筑系统启动时将提示有关软件使用的小诀窍，往往会有意想不到的收获的。

常见问题：是使用天正软件-建筑系统经常遇到的问题和解答（常称为 FAQ），以 MS Word 格式的 Faq. doc 文件提供。

其他帮助资源：通过访问天正公司的主页 www. tangent. com. cn，获得天正软件-建筑系统及其他产品的最新消息，包括软件升级和补充内容，下载试用软件、教学演示、用户图例等资源。您还可以进入天正论坛与天正软件的研发团队一起交流经验，探讨软件的进一步发展。

1.2 系统安装与配置

● **软件和硬件环境**

天正软件-建筑系统完全基于 AutoCAD 2000 以上版本的应用而开发，因此对软硬件环境要求取决于 AutoCAD 平台的要求。只是由于用户的工作范围不同，硬件的配置也应有所区别。对于只绘制工程图，不关心三维表现的用户，Pentium 4＋512MB 内存这一档次的机器就足够了；如果要把天正软件-建筑系统用于三维建模，在本机使用 3D MAX 渲染的用户，推荐使用双核 Pentium D/2G Hz 以上＋2GB 以上内存以及使用支持 OpenGL 加速的显示卡，例如 Nvidia 公司 Quadro 系列芯片的显示卡，可以让你在真实感的着色环境下顺畅进行三维设计。

天正这样的 CAD 应用软件倚重于滚轮进行缩放与平移，鼠标附带滚轮十分重要，没有滚轮的鼠标效率会大大降低。如果不希望自己落后于人，确认鼠标支持滚轮缩放和中键（滚轮兼作中键用）平移，如中键变为捕捉功能，请键入 Mbuttonpan 设置该变量值为 1。

显示器屏幕的分辨率是非常关键的，你应当在 1024×768 像素以上的分辨率工作。如果达不到这个条件，你可以用来绘图的区域将很小。如果你眼力不好，请在 Windows 的显示属性下设置较大的文字尺寸以及更换更大的显示器尺寸，文字太小不是使用低分辨率的理由。

本软件支持32位AutoCAD2004～2013以及64位AutoCAD2010～2013平台。由于AutoCAD LT不支持应用程序运行，无法作为平台使用，本软件不支持AutoCAD LT的各种版本。

需要指出，由于Windows Vista和Windows7操作系统不能运行AutoCAD2000～2002，本软件在上述操作系统支持的平台限于AutoCAD 2004以上版本。

● **各种版本的安装选项**

1. 在POWER USER或ADMINSTRATOR用户权限下运行光盘上安装程序setup.exe，Vista和Windows7操作系统下只能以ADMINISTRATOR用户权限安装。

2. 网络版本的用户需要先在网络服务器上安装、启动网络版服务程序，然后再在各工作站安装天正软件。

● **天正网络版授权服务程序**

服务器上需要安装的网络版授权服务程序在光盘NetServer文件夹下，网络版用户需要将授权服务程序安装到服务器。

> **注意：** 安装前，一定要阅读NetServer目录下的安装说明！安装过程严格按安装说明所述步骤进行。

● **使用天正软件对用户权限的要求**

试用版（含注册版）、单机版、网络版在32位系统上均只需要在普通用户USER权限下即可使用，但是在64位系统上，需要在管理员administrator权限下才能使用。

> **注意：** 本软件无法在USER权限下直接安装，但可以如下操作：
>
> 1. 先将用户权限临时由USER改为ADMINISTRATOR，然后在这个用户下进行安装，安装过后再改成USER权限，就可以正常使用。
>
> 2. 需要注册试用版时应在管理员权限下启动，然后才能在启动后出现的注册界面输入注册码。

● **如何安装和启动程序**

天正软件-建筑系统的正式商品以光盘的形式发行，第一张是程序与图库安装盘；第二张是教学演示盘。安装前请阅读自述说明文件。运行天正软件光盘的setup.exe，首先选择授权方式（如图1-2-1所示），在对话框中选择自己获得的授权方式。

如果是网络版，建议输入服务器名称（可以询问网络管理员），也可以直接单击“下一步>”，由系统自动查找服务器，但在网络条件复杂的情况下可能无法找到网络版服务器。接着在图1-2-2所示的界面中选择要安装的组件进行安装。详细组件说明见表1-2-1。

图 1-2-1　天正软件-建筑系统安装授权类型

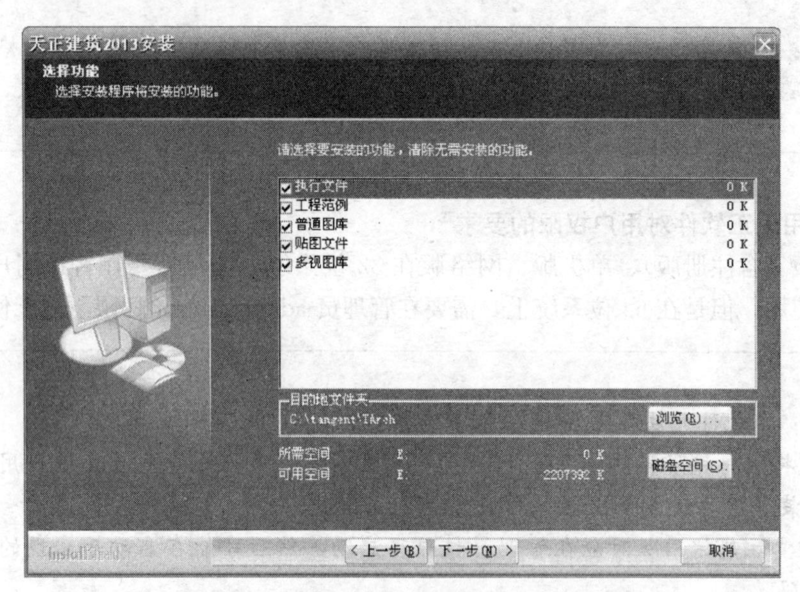

图 1-2-2　天正软件-建筑系统组件安装选项

天正软件-建筑系统安装组件说明　　　　**表 1-2-1**

组件	功能	组件	功能
执行文件	一般而言是必须安装的部件，除非用户只想修复注册表	工程范例	是系统提供的工程范例文件，供用户参考
普通图库	普通图库，包括二维图库和欧式图库	贴图文件	用于 2006 以下平台渲染材质的素材文件
多视图库	多视图库，此图库规模很大，主要用于室内设计	教学文件	教学动画文件，文件很大，如果硬盘空间限制可以暂不安装

“目标文件夹”是天正软件-建筑系统的安装位置，用户可以在硬盘的任何位置安装天正软件-建筑系统，安装程序会检测硬盘自由空间的大小是否足够安装所选内容，及时给出提示。

单击“下一步”开始安装拷贝文件，根据用户选择项目的情况大概需要 4～15 分钟。

最后会提示是否安装 MSXML4.0，这是本软件的专业词库和自定义导出功能需要的微软 XML 文档格式解释器，首次安装天正软件-建筑系统时需要安装。

安装完毕后在桌面自动建立“天正建筑 2013”快捷图标，双击图标即可运行安装好的天正软件，如图 1-2-3 所示。

如果你的机器安装了多个符合天正软件-建筑系统使用条件的 AutoCAD 平台，首次启动时将提示你在平台列表中选择，如图 1-2-4 左所示；单击“高级≫”进入高级设置，如图 1-2-4 右所示。单击确定或者等待在“高级”中设定的倒计时后，进入平台运行。

天正建筑 2013

图 1-2-3 快捷方式

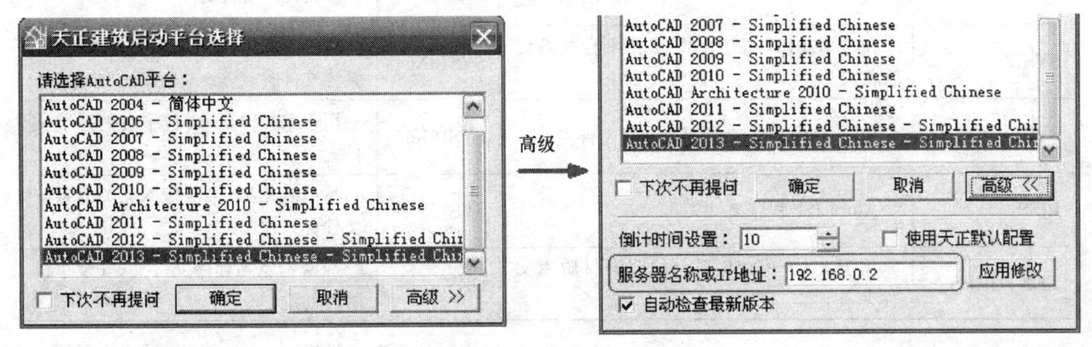

图 1-2-4 启动平台选择

如果是网络版本，启动平台在单击“高级”按钮后，会在上右图红框内提供输入服务器名称或 IP 地址的编辑框，其他版本不会显示这个编辑框。

勾选“自动检查最新版本”后，会在本机联网时检查天正公司是否已经发行最新版本，并提示下载该新版本。如果贵单位内网与外网不连接，或者网速比较低，请不要勾选该复选框。

如果不希望每次选择 AutoCAD 平台，可以勾选“下次不再提问”，直接启动天正软件-建筑系统。如果用户需要变更 AutoCAD 平台，只要在【自定义】命令的“基本界面”页面中勾选“启动时显示平台选择界面”，下次双击桌面快捷图标即可重新选择 AutoCAD 平台，如图 1-2-5 所示。

图 1-2-5 重新选择平台

● **单机版程序加密狗驱动的安装**

本软件的单机版加密部件有 USB 加密狗和并口加密狗两种，以适应用户不同的硬件环境。在软件安装前先插入加密狗，如果是 USB 加密狗，Windows 会提示安装驱动程序，但加密狗驱动程序在安装软件前没有安装，此时单击取消即可，软件在安装过程中自动安装新版本的 USB 加密狗驱动程序，不再出现安装提示。加密狗拔出后再次插入到本机其他 USB 口时，不必重新安装驱动。

● **生成的文件夹结构**

本软件安装完毕，软件系统安装文件夹下有以下子文件夹，见表 1-2-2。

天正软件-建筑系统安装文件夹 **表 1-2-2**

SYS15	专用于 R2000～2002 平台的系统文件夹	DWB	专用图库文件夹
SYS16	专用于 R2004～2006 平台的系统文件夹	DDBL	通用图库文件夹
SYS17	专用于 R2007～2009 平台的系统文件夹	LIB3D	多视图库文件夹
SYS18	用于 R2010～ 2012 的 32 位平台的系统文件夹	SYS18X64	用于 R2010～ 2012 的 64 位平台的系统文件夹
SYS19	用于 R2013 的 32 位平台系统文件夹	SYS19X64	用于 R2013 的 64 位平台的系统文件夹
LISP	AutoLISP 程序文件夹	SYS	与 AutoCAD 平台版本无关的系统文件夹
TEXTURES	用于 2000～2006 平台的渲染材质库文件夹	DRV	加密狗驱动程序文件夹(安装单机版时创建)

● **如何安装和观看教学演示**

本软件的第二张光盘是教学演示文件盘，双击安装文件，可将教学演示文件安装到用户指定文件夹；双击 index 文件，即可调用浏览器观看教学演示。

1.3 建筑对象兼容

● **普通图形对象**

大家都知道 AutoCAD 的 DWG 文件是中国工程设计行业电子图档的事实标准。DWG 的内容是由图形对象构成的，但是什么是图形对象？这个概念还是需要进一步说明一下。

早期的 AutoCAD 的图元类型是由 AutoCAD 本身固定的，开发商与用户都不可扩充，图档完全由 AutoCAD 规定的若干类基本图形对象（线、弧、文字和尺寸标注等）组成。AutoCAD 产品设计的初衷是作为电子图板使用，逐渐大家发现用建筑的实际尺寸绘制这些图纸更加方便，用户可以根据出图比例的要求，自己把模型换算成图纸的度量单位，然后通过大幅面绘图打印机，把它输出到实物图纸上。但是画在图上的内容除了建筑本身外，有不少是按制图规范要求对建筑进行标注用的尺寸标注以及文字、符号标注，这些内容也发展为一系列的图形对象类型。对于图纸上为清楚表达而以不同比例绘制的图形部分，各国的制图规范都要求文字与符号标注具有统一的高度尺寸，为此 AutoCAD 发展了图纸空间布局与之相适应。大部分时间用户都是使用图形对象在模型空间里面画图与输出，而需要按不同比例输出时使用图纸空间布局。

● **天正建筑对象**

后来，人们发现使用基本图形对象绘图效率太低，而AutoCAD从R14版本以后为满足这个市场需求，提供了扩充图元类型的开发技术。天正公司就是利用这种技术，定义了数十种专门针对建筑设计的图形对象。其中，部分对象代表建筑构件，如墙体、柱子和门窗，这些对象在程序实现的时候，就在其中预设了许多智能特征，例如门窗碰到墙，墙就自动开洞并装入门窗。另有部分对象代表图纸标注，包括文字、符号和尺寸标注，预设了图纸的比例和制图标准。还有部分作为几何形状，如矩形、平板、路径曲面，具体用来干什么由使用者决定。

经过扩展后的天正建筑对象功能大大提高，使建筑构件的编辑功能可以使用AutoCAD通用的编辑机制，包括基本编辑命令、夹点编辑、对象编辑、对象特性编辑、特性匹配（格式刷）进行操控，用户还可以双击天正对象，直接进入对象编辑，或者进入对象特性编辑，目前，所有修改文字符号的地方都实现了在位编辑，更加方便用户的修改要求。

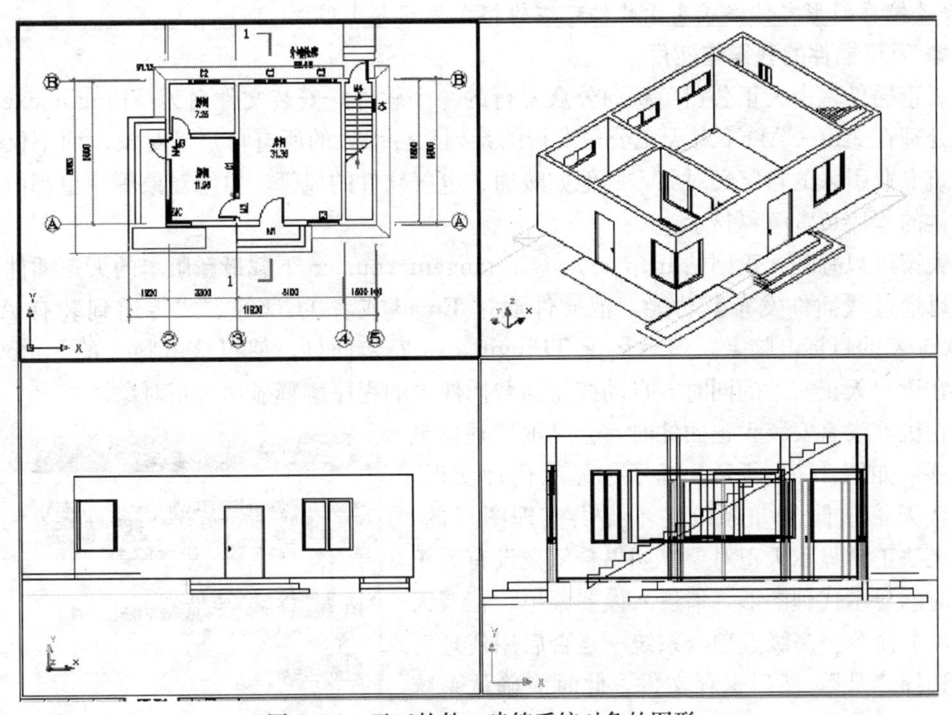

图1-3-1　天正软件—建筑系统对象的图形

但由于建筑对象的导入，产生了图纸交流的问题，普通AutoCAD不能观察与操作图档中的天正对象，为了保持紧凑的DWG文件内容，天正默认关闭了代理对象的显示，使得标准的AutoCAD无法显示这些图形，必要时可以通过【高级选项】命令打开代理对象显示，保存带有代理对象的图形。天正为了实现图档的相互兼容提供了以下解决方案。

● **实现图形对象兼容**

表1-3-1给出了图纸提供方与接收方软件环境不同时，解决图纸交流问题的存盘方法，用户插件要求升级到2013格式，对应于天正软件-建筑系统2013。

图纸兼容格式　　表 1-3-1

<table>
<tr><th>接收环境</th><th>R15
(2000～2002)</th><th>R16
(2004～2006)</th><th>R17
(2007～2009)</th><th>R18
(2010～2012)</th><th>R19
(2013)</th></tr>
<tr><td>R14</td><td>另存 T3</td><td>另存 T3，再用 R2002 另存为 R14 格式</td><td colspan="3">另存 T3</td></tr>
<tr><td>其他平台无插件</td><td colspan="5">另存 T3</td></tr>
<tr><td>其他平台天正插件</td><td colspan="5">直接保存</td></tr>
</table>

另存 T3：在本软件环境下运行天正的【图形导出】命令，选择天正 3 格式，此时 dwg 按平台不同，由用户选择存为 R14 或 200X 格式。

另存为 R14 格式：用 AutoCAD 的 Save As 命令选择文件格式，例如在 2002、2007 以上版本中另存为 R14 版本格式。

> **注意：**在 AutoCAD2004～2006 平台无法自动另存为 R14 版本格式，可以安装 DWGGateway 软件，在该软件的 Saveas 命令下另存为 R14 版本格式，接收方已安装天正建筑软件 5 以上版本时不要安装插件，而是需要将建筑软件升级到 2013 版本，否则会导致保存图形文件格式高于软件可编辑格式的问题出现。

● **天正插件的获得与使用**

天正插件是由天正公司免费向公众发行的一个软件，安装文件名为 TPlugin. exe，它负责处理在 AutoCAD 下对天正公司发行的系列软件引入的所有自定义对象，而不仅仅包括建筑专业引入的自定义对象，其他如暖通、电气软件的风管、电缆对象等，也都由此插件提供的程序负责解释显示。

大家可以登陆天正网站 http：//www. tangent. com. cn 下载最新版本的天正插件，用户可以通过【插件发布】功能，把插件通过 Email 或者 U 盘等方式传递到装有 AutoCAD200X 的目标电脑上，然后运行 TPlugin. exe 安装插件，使得该电脑上的 AutoCAD 可以在读取天正文件的同时，自动按需加载插件中的程序解释显示天正对象。

在机器没有安装天正插件时，会显示代理信息对话框，如图 1-3-2 所示，提示你显示代理图形，但默认天正软件-建筑系统是不提供代理图形的，导致无法正常显示天正对象。如果希望在没有天正插件时能显示代理图形，请进入设置菜单，在【天正选项】命令→高级选项→系统→是否启用代理对象，选择“是”，然后保存文件，此时应确认系统变量 Proxygrahics 应为 1。

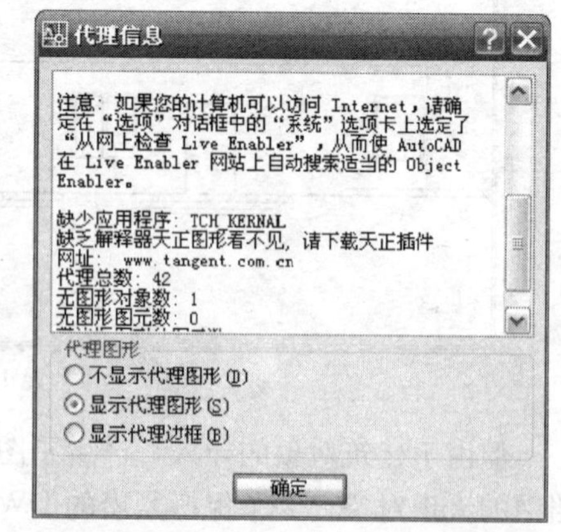

图 1-3-2　要求显示天正建筑对象的代理图形

在天正插件 2013 版本中提供了【分解对象】命令 T91_TExplode 与【图形导出】命令 T91_TSAVEAS，注意因插件不提供菜单和快捷键，在插件中提供的功能均要键入命令全名。

安装过旧版本插件（T8 或者更低版本）的用户请重新下载更新天正插件，否则依然无法正常显示天正软件-建筑系统 2013 版本的天正对象，其他应用程序和天正文档的接口问题参见【图形导出】命令。

1.4 软件交互界面

针对建筑设计的实际需要，本软件对AutoCAD的交互界面作出了必要的扩充，建立了自己的菜单系统和快捷键，新提供了可由用户自定义的折叠式屏幕菜单、新颖方便的在位编辑框、与选取对象环境关联的右键菜单和图标工具栏，保留AutoCAD的所有下拉菜单和图标菜单，从而保持AutoCAD的原有界面体系，便于用户同时加载其他软件。

折叠式屏幕菜单

本软件的主要功能都列在“折叠式”三级结构的屏幕菜单上，上一级菜单可以单击展开下一级菜单，同级菜单互相关联，展开另外一个同级菜单时，原来展开的菜单自动合拢。二到三级菜单项是天正软件-建筑系统的可执行命令或者开关项，全部菜单项都提供256色图标，图标设计具有专业含义，以方便用户增强记忆，更快地确定菜单项的位置。当光标移到菜单项上时，AutoCAD的状态行会出现该菜单项功能的简短提示。

折叠式菜单效率最高，但由于屏幕的高度有限，在展开较长的菜单后，有些菜单项无法完全在屏幕可见，为此可用鼠标滚轮上下滚动菜单快速选取当前不可见的项目，详见1.5软件基本操作一节；天正屏幕菜单在2004以上版本下支持自动隐藏功能。在光标离开菜单后，菜单可自动隐藏为一个标题，光标进入标题后随即自动弹出菜单，节省了宝贵的屏幕作图面积。

在位编辑框与动态输入

在位编辑框是从AutoCAD2006的动态输入中首次出现的新颖编辑界面，本软件把这个特性引入到AutoCAD 200X平台，使得这些平台上的天正软件都可以享用这个新颖界面特性，对所有尺寸标注和符号说明中的文字进行在位编辑，而且提供了与其他天正文字编辑同等水平的特殊字符输入控制，可以输入上下标、钢筋符号、加圈符号，还可以调用专业词库中的文字。与同类软件相比，天正在位编辑框总是以水平方向合适的大小提供编辑框修改与输入文字，而不会由于图形当前显示范围的限制影响操控性能。关于在位编辑的具体使用，详见1.5软件基本操作一节。

在位编辑框在天正软件中广泛用于构件绘制过程中的尺寸动态输入、文字表格内容的修改、标注符号的编辑等，成为新版本的特色功能之一，动态输入中的显示特性可在状态行中右击DYN按钮设置，应用实例如图1-4-1所示。

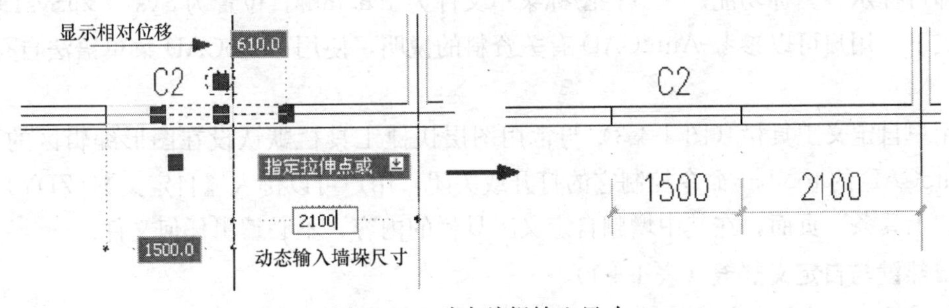

图1-4-1　动态编辑输入尺寸

选择预览与智能右键菜单功能

本软件为 2000～2005 的 AutoCAD 版本新增了光标“选择预览”特性，光标移动到对象上方时对象即可亮显，表示执行选择时要选中的对象，同时智能感知该对象，此时右击鼠标即可激活相应的对象编辑菜单，使对象编辑更加快捷、方便。当图形太大选择预览影响效率时会自动关闭，也可以在【自定义】命令的“操作配置”页面下人工关闭。

右键快捷菜单在 AutoCAD 绘图区操作，单击鼠标右键（简称右击）弹出，该菜单内容是动态显示的，根据当前光标下面的预选对象确定菜单内容。当没有预选对象时，弹出最常用的功能，否则根据所选的对象列出相关的命令。当光标在菜单项上移动时，AutoCAD 状态行给出当前菜单项的简短使用说明。

天正软件-建筑系统提供“图形空白处慢击右键”的操作，勾选在“自定义”→“操作配置”提供的“启用天正右键快捷菜单”→“慢击右键”功能，设置好慢击时间阈值，释放鼠标右键快于该值相当于回车，慢击右键时显示天正的默认右键菜单。

为使用慢击右键操作，用户需要在 AutoCAD 选项的“自定义右键单击”对话框设置慢速单击的时间期限，如图 1-4-2 所示。

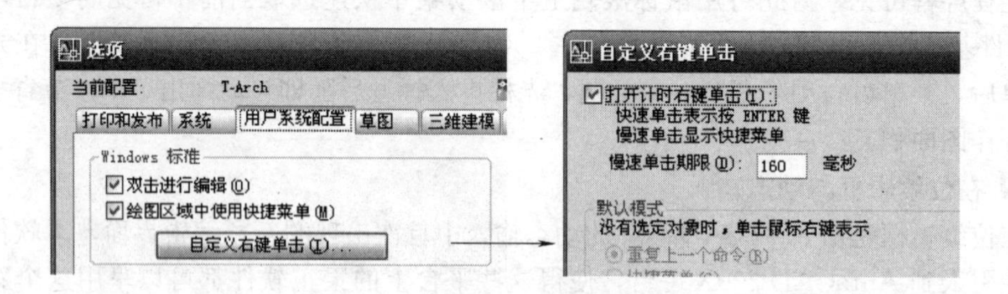

图 1-4-2 自定义鼠标慢击时间

天正软件-建筑系统双击图形空白处，可以取消此前的多个对象的选择，代替需要用手按下 Esc 键取消选择的不便。

默认与自定义图标工具栏

天正图标工具栏由三条默认工具栏以及一条用户自定义工具栏组成，默认工具栏 1 和 2 使用时停靠于界面右侧，把分属于多个子菜单的常用天正命令收纳其中，避免反复的菜单切换。本软件提供了“常用图层快捷工具栏”进一步提高效率。光标移到图标上稍作停留，即可提示各图标功能。工具栏图标菜单文件为 tch. mns，位置为 Sys1 * 和Sys1 * x64 文件夹下，用户可以参考 AutoCAD 有关资料的说明，使用 AutoCAD 菜单语法自行编辑定制。

用户自定义工具栏（图 1-4-3）与常用图层快捷工具栏默认设在图形编辑区的下方，由 AutoCAD 的 toolbar 命令控制它的打开或关闭，用户可以键入【自定义】（ZDY）命令选择“工具条”页面，在其中增删自定义工具栏的内容，不必编辑任何文件。

热键与自定义热键（表 1-4-1）

除了 AutoCAD 定义的热键外，天正补充了若干热键，以加速常用的操作，以下是常用热键定义与功能 。

自定义工具栏

图层快捷工具栏

图 1-4-3 自定义工具栏与快捷工具栏

天正软件-建筑系统的热键定义 **表 1-4-1**

F1	AutoCAD 帮助文件的切换键
F2	屏幕的图形显示与文本显示的切换键
F3	对象捕捉开关
F6	状态行的绝对坐标与相对坐标的切换键
F7	屏幕的栅格点显示状态的切换键
F8	屏幕的光标正交状态的切换键
F9	屏幕的光标捕捉（光标模数）的开关键
F11	对象追踪的开关键
Ctrl ＋ ＋	屏幕菜单的开关
Ctrl ＋ －	文档标签的开关
Shift ＋ F12	墙和门窗拖动时的模数开关(仅限于 2006 以下平台)
Ctrl ＋ ～	工程管理界面的开关
注意:2006 以上版本的 F12 用于切换动态输入,天正新提供显示墙基线用于捕捉的状态行按钮。	

用户可以在【自定义】命令中定义单一数字键的热键，用于激活天正命令，由于“3”与多个 3D 命令冲突，不要用于热键。

视口的控制

视口（Viewport）有模型视口和图纸视口之分，模型视口在模型空间中创建，图纸视口在图纸空间中创建。关于图纸视口，可以参见“布图原理”一节。为了方便用户从其他角度进行观察和设计，可以设置多个视口，每一个视口可以有如平面、立面、三维各自不同的视图，如图 1-4-4 所示。天正提供了视口的快捷控制。

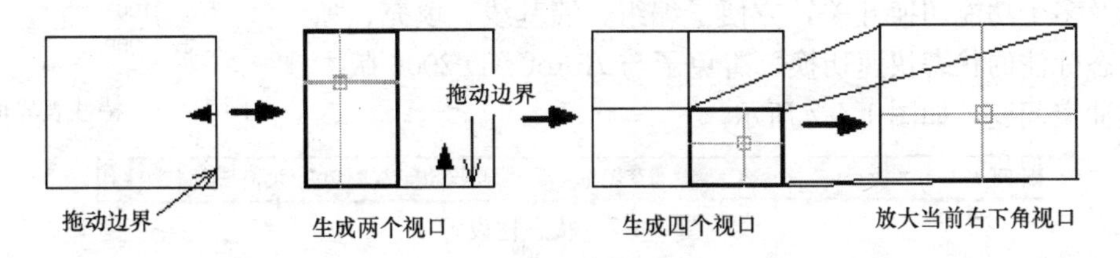

图 1-4-4 视口的控制图解

（1）新建视口：当光标移到当前视口的 4 条边界时，光标形状发生变化，此时开始拖动，就可以新建视口。

（2）改视口大小：当光标移到视口边界或角点时，光标的形状会发生变化，此时，按住鼠标左键进行拖动，可以更改视口的尺寸，如不需改变边界重合的其他视口，可在拖动时按住 Ctrl 或 Shift 键。

（3）删除视口：更改视口的大小，使它某个方向的边发生重合（或接近重合），此时视口自动被删除。

文档标签的控制

在 AutoCAD 200X 支持打开多个 DWG 文件，为方便在几个 DWG 文件之间切换，本软件提供了文档标签功能，为打开的每个图形在绘图区上方提供了显示文件名的标签，单击标签即可将标签代表的图形切换为当前图形，右击文档标签可显示多文档专用的关闭和保存所有图形、图形导出等命令，如图 1-4-5 所示。

文档补签

通过［自定义］→“基本界面”→“启用文档标签”复述框启动和关闭，此外还提供了 Ctrl—热键可开关文档标签。

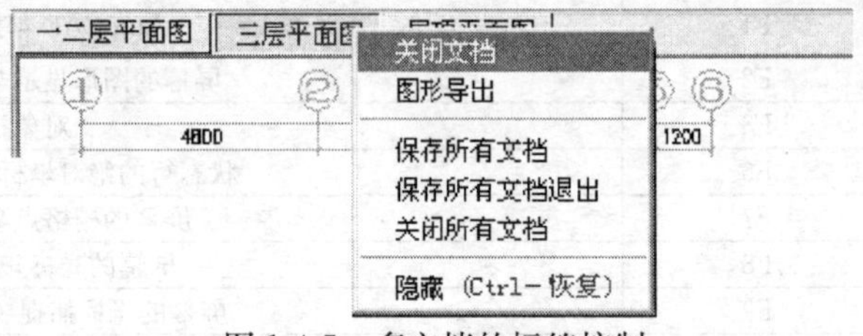

图 1-4-5　多文档的标签控制

特性表及其修复

特性表又被称为特性栏(OPM)，是 AutoCAD 200X 提供的一种新交互界面，通过特性编辑(Ctrl+1) 调用，便于编辑多个同类对象的特性，如图 1-4-6 所示。天正对象支持特性表，并且一些不常用的特性只能通过特性表来修改，如楼梯的内部图层等。天正的【对象选择】功能和【特性编辑】功能可以很好地配合修改多个同类对象的特性参数，而对象编辑只能一次编辑一个对象的特性。

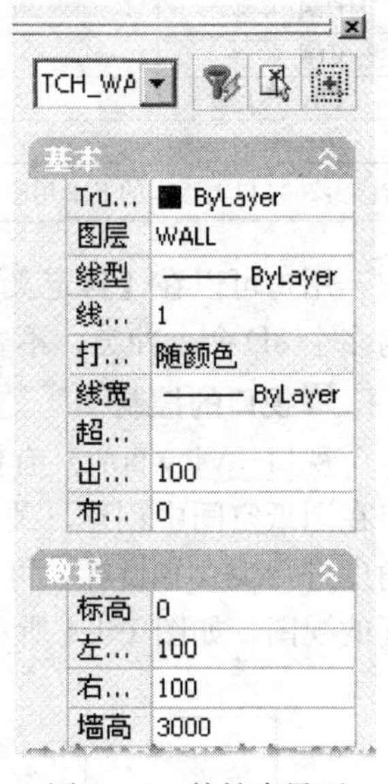

图 1-4-6　特性表界面

有时在天正软件安装后特性栏不起作用，选择天正对象时特性栏显示“无选择”，多是安装时系统注册表受到某些软件保护无法写入导致，可以双击在安装文件夹→sys15－sys19 这些文件夹下的 tch9 _ com1 *. reg 文件手工导入注册表文件，修复注册表解决。

状态栏

在 AutoCAD 状态栏的基础上增加了比例设置的下拉列表控件以及多个功能切换开关，方便了编组、墙基线、填充、加粗和动态标注的状态快速切换，避免了与 AutoCAD 2006 版本的热键冲突问题，如图 1-4-7 所示。

图 1-4-7　状态栏设置

1.5　软件基本操作

大家使用 CAD 技术进行建筑设计，有必要了解一般的 CAD 操作流程，天正软件-建筑系统的基本操作包括初始设置基本参数选项，新建工程、编辑已有工程时碰到的命令操作，除了以前大家熟悉的命令行和对话框外，新提供的交互界面包括折叠屏幕菜单系统、智能感知右键菜单、在位编辑、动态输入等都是大家比较生疏的，在此也对新提供的工程管理功能作一个简单介绍，最后介绍了自定义图标与热键的操作。

用天正软件-建筑系统做建筑设计的流程

本软件的主要功能可支持建筑设计各个阶段的需求，无论是初期的方案设计还是最后阶段的施工图设计，设计图纸的绘制详细程度（设计深度）取决于设计需求，由用户自己把握，而不需要通过切换软件的菜单来选择，不需要有先三维建模，后做施工图设计这样的转换过程。除了具有因果关系的步骤必须严格遵守外，通常没有严格的先后顺序限制。

图 1-5-1 是包括日照分析与节能设计在内的建筑设计流程图。

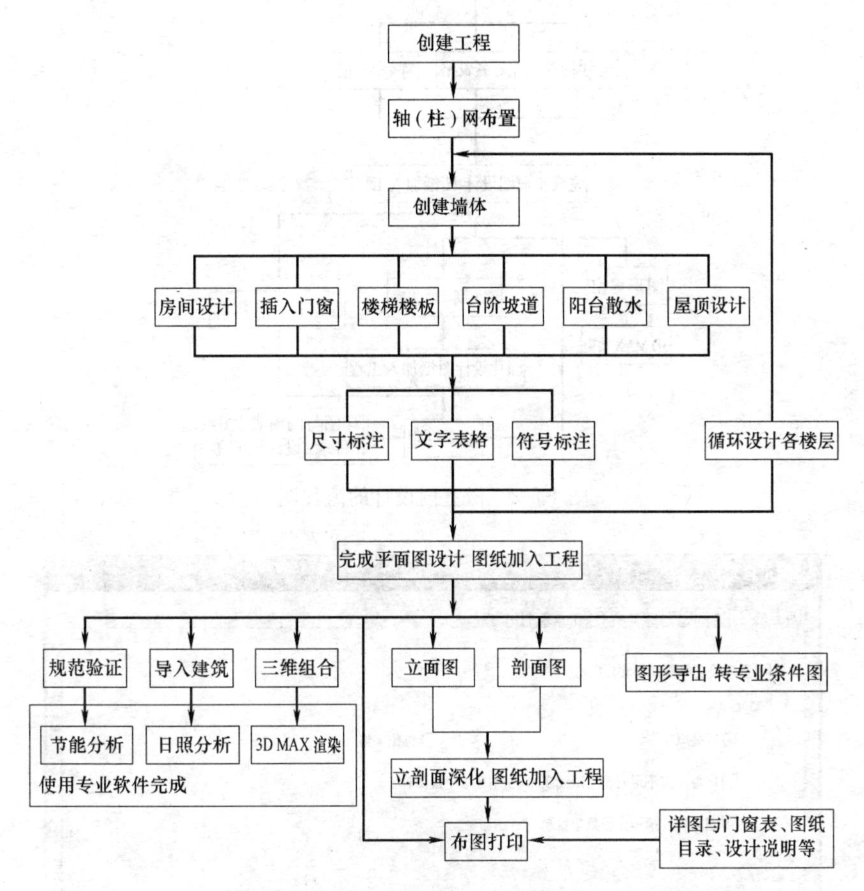

图 1-5-1　建筑设计的流程图

用天正软件-建筑系统做室内设计的流程

本软件的主要功能可支持室内设计的需求，一般室内设计只需要考虑本楼层的绘图，不必进行多个楼层的组合，设计流程相对简单，装修立面图实际上使用剖面命令生成。

图 1-5-2 是室内设计的流程图。

选项设置与自定义界面

天正软件-建筑系统为用户提供了【自定义】和【天正选项】两个命令进行设置，内容进行了分类调整与扩充；【高级选项】命令在新版本中作为天正选项的一个页面，但依然能作为独立命令执行。

【自定义】命令是专用于修改与用户操作界面有关的参数设置而设计的，包括屏幕菜单、图形工具栏、鼠标动作、快捷键。如图 1-5-3 所示。

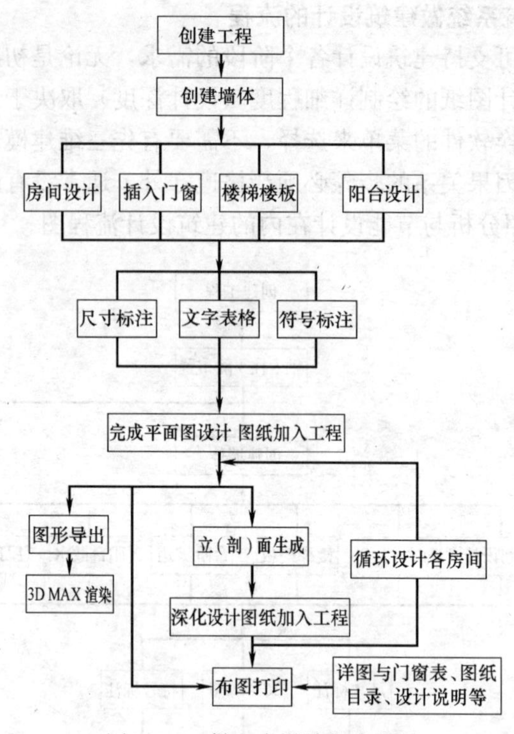

图 1-5-2　做室内设计的流程图

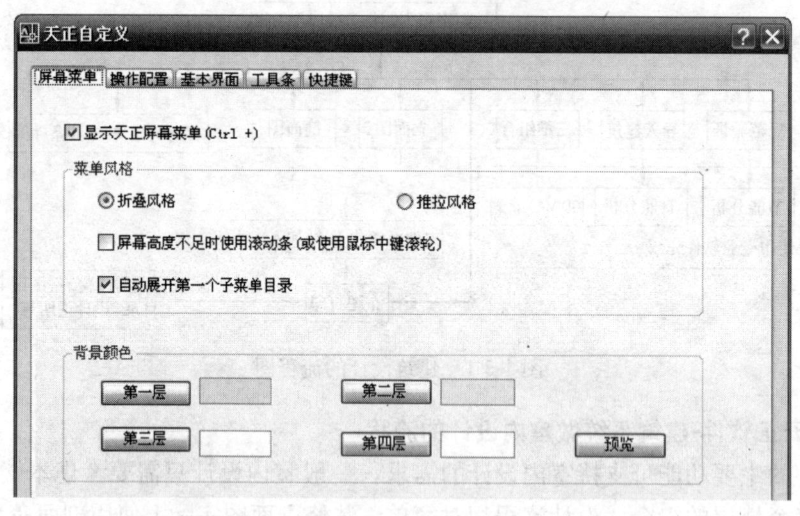

图 1-5-3　天正自定义

【天正选项】命令是专门用于修改与工程设计作图有关的参数而设计的，如绘图的基本参数、墙体的加粗、填充图案等的设置，“高级选项”如令作为【天正选项】命令的一个页面，其中列出的是长期有效的参数，不仅对当前图形有效，对机器重启后的操作都会起作用。

工程管理工具的使用方法

工程管理工具是管理同属于一个工程下的图纸（图形文件）的工具，命令在文件布图

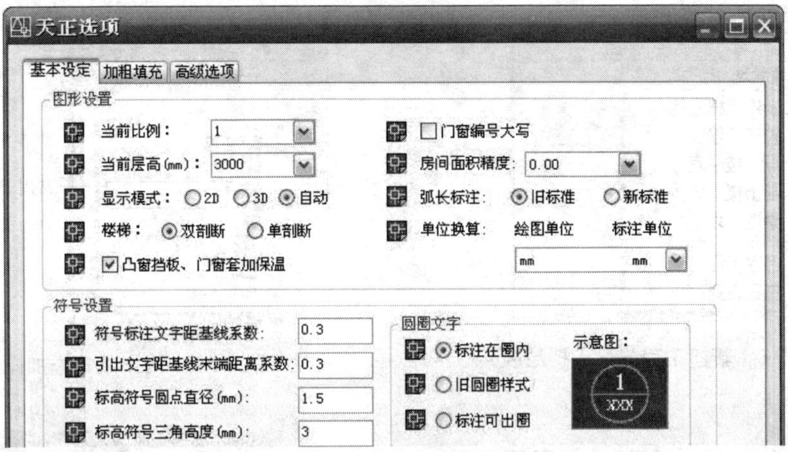

图 1-5-4　天正选项

菜单下，启动命令后出现一个界面（如图 1-5-5 所示），在 2004 以上平台，此界面可以设置自动隐藏，随光标自动展开。

单击界面上方的下拉列表，可以打开工程管理菜单，其中选择打开已有的工程、新建工程等命令，如图 1-5-6 所示。

为保证与旧版兼容，特别提供了“导入”与“导出”楼层表的命令。

首先介绍的是“新建工程”命令，为当前图形建立一个新的工程，并为工程命名。

在界面中分为图纸、楼层、属性栏，在图纸栏中预设有平面图、立面图等多种图形类别，首先介绍图纸栏的使用：

图纸栏用于管理以图纸为单位的图形文件，右击工程名称，出现右键菜单，在其中可为工程添加图纸或子工程分类。

在工程任意类别右击，出现右键菜单，功能也是添加图纸或分类，只是添加在该类别下，也可以把已有图纸或分类移除，如图 1-5-7 所示。

单击添加图纸出现文件对话框，在其中逐个加入属于该类别的图形文件，注意事先应该使同一个工程的图形文件放在同一个文件夹下。

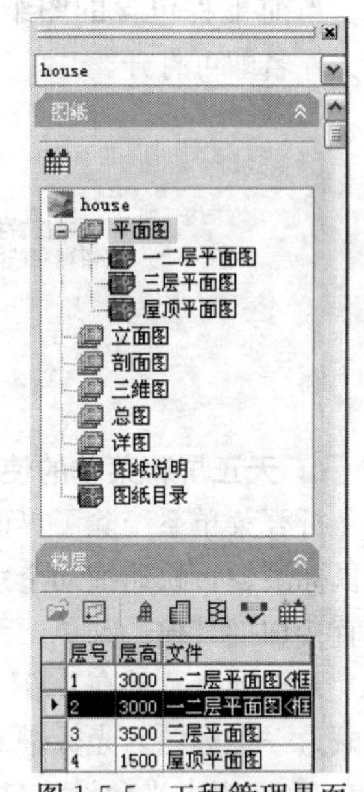

图 1-5-5　工程管理界面

楼层栏的功能是取代旧版本沿用多年的楼层表定义功能，在软件中以楼层栏中的图标命令控制属于同一工程中的各个标准层平面图，允许不同的标准层存放于一个图形文件下，通过如图 1-5-8 所示的第二个图标命令，在本图上框选标准层的区域范围，具体命令的使用详见立面、剖面等命令。

在下面的电子表格中输入“起始层号-结束层号”，定义为一个标准层，并取得层高，双击左侧的按钮可以随时在本图预览框选的标准层范围；对不在本图的标准层，则单击空白文件名栏后出现按钮，单击按钮后在文件对话框中，以普通文件选取方式点取图形文件，如图 1-5-9 所示。

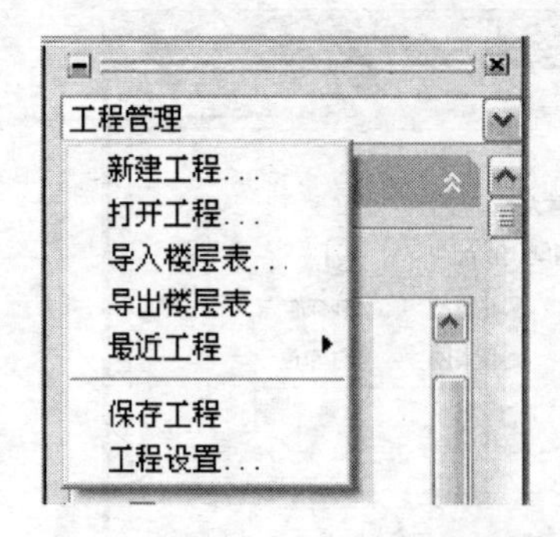

图 1-5-6　新建工程或导入楼层表

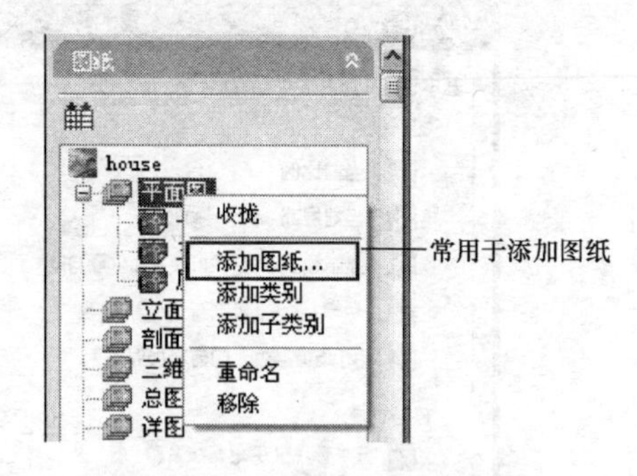

图 1-5-7　为图纸集添加图纸

打开已有工程：单击“工程管理”菜单中“最近工程”右边的箭头，可以看到最近建立过的工程列表，单击其中工程名称即可打开。

打开已有图纸：在图纸栏下列出了当前工程包含的图纸，双击图纸文件名即可打开。

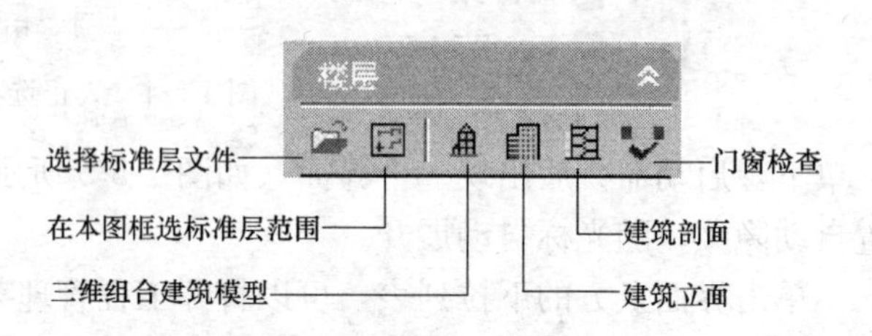

图 1-5-8　楼层栏中的工具图标命令

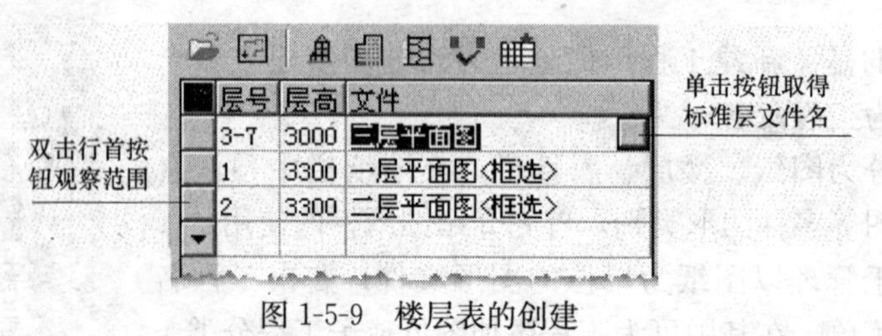

图 1-5-9　楼层表的创建

天正屏幕菜单的使用方法

折叠菜单系统除了界面图标使用了 256 色，还可以选择不同的使用风格，菜单系统支持鼠标滚轮，快速拖动个别过长的菜单。折叠菜单的优点是操作中随时看到上层菜单项，可直接切换其他子菜单，而不必返回上级菜单，如图 1-5-10 所示。

天正屏幕菜单在 2004 以上平台支持自动隐藏功能，在光标离开菜单后，菜单可自动隐藏为一个标题，光标进入标题后随即自动展开菜单，节省了宝贵的屏幕作图面积。该菜单在 2007 以上平台设为自动隐藏的同时还可停靠。

从使用风格区分，有“折叠风格”和“推拉风格”可选，两者区别是：

• 折叠风格是使下层子菜单缩到最短，菜单过长时自行展开，切换上层菜单后滚动根菜单；

• 推拉风格使下层子菜单长度一致，菜单项少时补白，过长时使用滚动选取，菜单不展开。

文字内容的在位编辑方法

软件提供了对象文字内容的在位编辑，不必进入对话框，启动在位编辑后在该位置显示编辑框，在其中输入或修改文字，在位编辑适用于带有文字的天正对象以及 Auto-

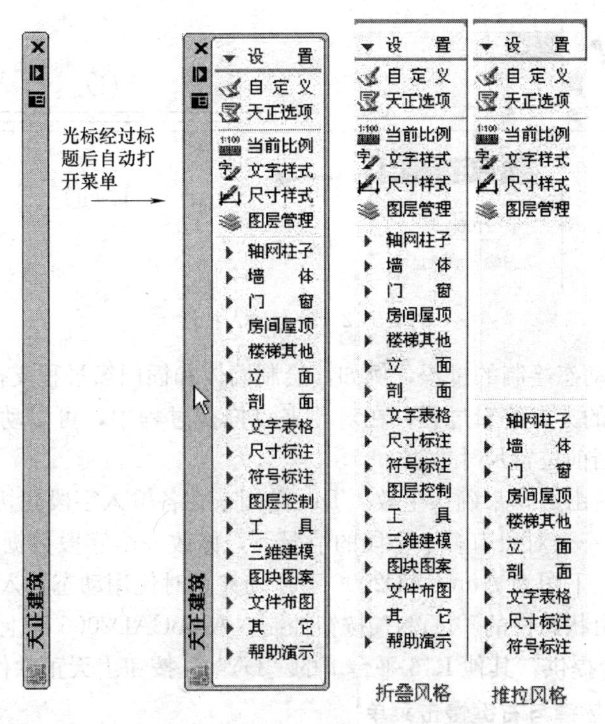

图 1-5-10　天正屏幕菜单的风格

CAD2006 以下版本的单行文字对象。

以下介绍在位编辑的具体操作方法：

启动在位编辑：对标有文字的对象，双击文字本身，如各种符号标注；对还没有标文字的对象，右击该对象从右键菜单的在位编辑命令启动，如没有编号的门窗对象；对轴号对象，双击轴号圈范围。

在位编辑选项：如图 1-5-11 所示，右击编辑框外范围启动右键菜单，文字编辑时菜单内容为特殊文字输入命令，轴号编辑时为轴号排序命令等。

取消在位编辑：按 Esc 键或在右键菜单中单击取消。

确定在位编辑：单击编辑框外的任何位置，或在右键菜单中单击确定，或在编辑单行文字时按回车键。

切换编辑字段：对存在多个字段的对象，可以通过按 Tab 键切换当前编辑字段，如切换表格的单元、轴号的各号圈、坐标的 xy 数值等。

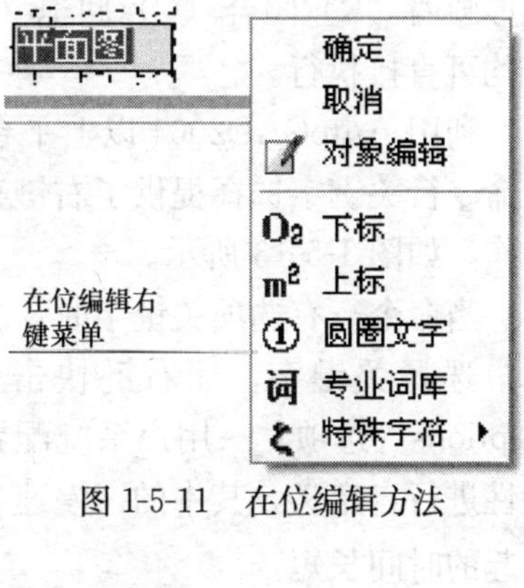

图 1-5-11　在位编辑方法

天正对象定位的动态输入技术

本软件将“动态输入”技术引入到天正自定义对象上，与 AutoCAD 只在 2006 以上平台支持此特性不同，天正自定义对象的动态输入适用于 2004 以上的平台。

动态输入指的是在图形上直接输入对象尺寸数据的编辑方式，如图 1-5-12 所示，非常有利于提高精确绘图的效率，主要应用于以下两个方面：

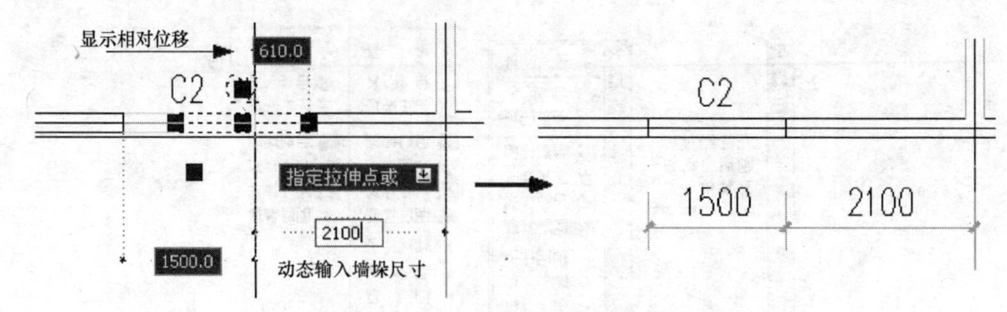

图 1-5-12　动态输入特性

- 应用于对象动态绘制的过程，例如，绘制墙体和插门窗过程支持动态输入；
- 应用于对象的夹点编辑过程，在对象夹点拖拽过程中，可以动态显示对象的尺寸数据，并随时输入当前位置尺寸数据。

动态输入数据后由回车来确认生效，Tab 键用来在各输入字段间切换（这一点与文字在位编辑一致），在一个对象有多个字段的情况下，修改一个字段数据后按 Tab 键代表这个字段数据的锁定，下图为 AutoCAD2006 下拖动夹点时使用动态输入墙垛尺寸的实例。

动态输入特性由状态栏的“DYN”按钮控制，AutoCAD2006 以上版本的“DYN”按钮由 AutoCAD 平台提供，其他 R16 平台下的“DYN”按钮由天正软件提供。

命令行选项热键与右键慢击菜单

天正软件-建筑系统大部分功能都可以在命令行键入命令执行，屏幕菜单、右键快捷菜单和键盘命令三种形式调用命令的效果是相同的。键盘命令以全称简化的方式提供，例如【绘制墙体】菜单项对应的键盘简化命令是 HZQT，采用汉字拼音的第一个字母组成。少数功能只能菜单点取，不能从命令行键入，如状态开关设置。

本软件的命令格式与 AutoCAD 相同，但选项改为热键直接执行的快捷方式，不必回车，例如：直墙下一点或［弧墙（A）/矩形画墙（R）/闭合（C）/回退（U）］<另一段>：键入 A/R/C/U 均可直接执行。

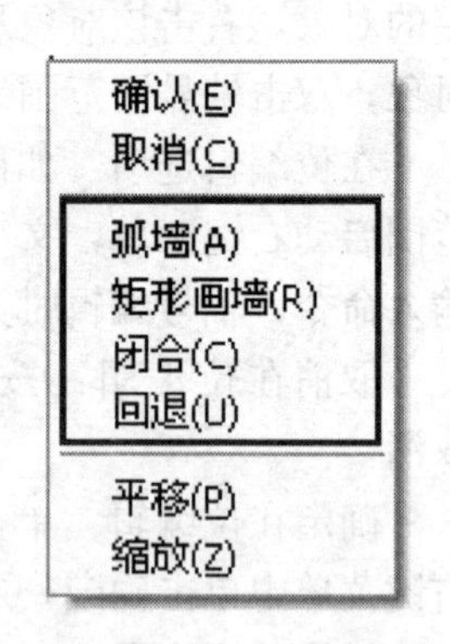

图 1-5-13　命令行选项

利用 AutoCAD2004 以上平台提供的“鼠标右键慢击菜单”，为命令行关键字选择提供了右键菜单，可免除键入关键字的键盘操作，如图 1-5-13 所示。

当命令行有选项关键字时，右键慢击鼠标可弹出快捷菜单供用户选择关键字，而右键快击仍然代表传统的确定操作。在“Options（选项）→用户系统配置→自定义右键单击”中可对此特性进行自定义，其中的“慢速单击期限”指的是右键从按下到弹起的时间长短。

门窗与尺寸标注的智能联动

本软件提供门窗编辑与门窗尺寸标注的联动功能，在对门窗宽度进行编辑，包括门窗移动、夹点改宽、对象编辑、特性编辑（Ctrl+1）和格式刷特性匹配，使得门窗宽度发生线性变化时，线性的尺寸标注将随门窗的改变联动更新。

门窗的联动范围取决于尺寸对象的联动范围设定，即由起始尺寸界线、终止尺寸界线以及尺寸线和尺寸关联夹点所围合范围内的门窗才会联动。如图中蓝色方框是尺寸关联夹点，沿着尺寸标注对象的起点、中点和结束点另一侧共提供三个尺寸关联夹点，其位置可以通过鼠标拖动改变。对于任何一个或多个尺寸对象，可以在特性表中设置联动是否启用，如图 1-5-14 所示。

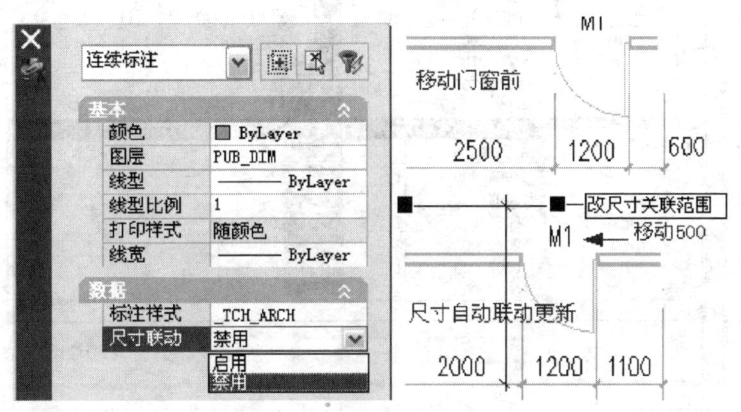

图 1-5-14　尺寸标注的智能联动

天正对象支持 2007 以上的三维效果特性

在 AutoCAD2007 以上平台，每个三维对象在特性表（Ctrl+1）都增加了一个三维效果特性，包括材质属性与阴影显示两个属性。材质属性与颜色、线型等属性类似，是每个对象的基本属性，可以指定为 ByLayer 随层、ByBlock 随块、全局等。阴影显示有投射和接收阴影、投射阴影、接收阴影、忽略阴影四种选择。

天正自定义的构件对象提供了同样的三维效果特性，完全支持 2007 平台的渲染功能，材质和阴影显示设置与 AutoCAD2007 的基本三维对象 3DSOLID 完全相同。天正对象的材质、阴影特性同时支持格式刷、特性表等通用编辑、查询方法，如图 1-5-15 所示。

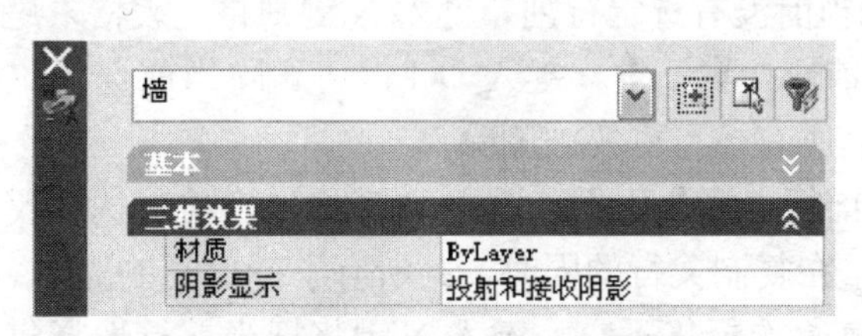

图 1-5-15　天正对象的 2007 三维效果特性

天正电子表格的使用方法

软件中广泛应用了天正电子表格编辑界面，如图 1-5-16 所示，与 AutoCAD 更加兼容。

天正电子表格界面由以下控件所组成：

• 焦点指示器：位于表格左上角的方块，当表格被激活（可接收键盘输入）时，显示为蓝色，否则为灰色，定制有右键菜单。

• 行操作器：位于表格左侧，用于行操作命令。在具体应用中定制有行编辑右键菜单。

• 列操作器：位于表格上方，用于列操作命令。在具体应用中定制有列编辑右键菜单。

• 表格数据区：由单元格阵列组成，可对单元格进行灵活编辑。在具体应用中，单元

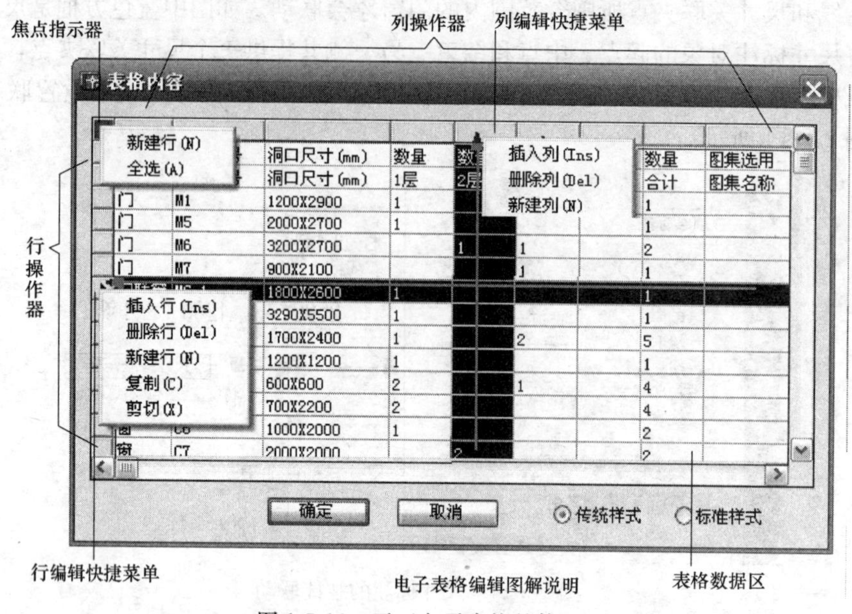

图 1-5-16 天正电子表格的使用

格也可能定制有特定的右键菜单。

天正新电子表格的使用方法与以前有较大的扩充，右键快捷菜单的功能说明如下：

1. 选择：单击行操作器上方块可选择行；单击列操作器上方块可选择列；按下 Ctrl 键的同时选择，可多选；按下 Shift 键的同时选择，可连续选。

2. 插入：先选择一个定位行（或列），然后按下 Insert 键，定位行（或列）的前面将插入一新行（或列）。

3. 添加：先选择一个定位行（或列），然后键入 N 键，定位行（或列）的后面将添加一新行（或列）。如果当前没有选定行列，键入 N 键则将在表格末尾添加一新行。

4. 删除：如果当前选择集不空，键入 Del 键将删除当前选择集中的所有行（或列）。在删除父行的同时，其所有子行也要被删除。

5. 复制：如果当前行选择集不空，键入 C 键将把当前行选择集中的所有行，复制到表格自身的剪裁板中。在复制父行的同时，其所有子行也要被复制。

6. 剪切：如果当前行选择集不空，键入 X 键将把当前行选择集中的所有行，剪切到表格自身的剪裁板中。在剪切父行的同时，其所有子行也被剪切。

7. 粘贴：先选择一个定位行，然后键入 V 键，如果表格的剪裁板当前不为空，剪裁板中内容将插入到所选择位置，同时表格的剪裁板置空。

8. 拖动行列：先选择选择集，然后可将其拖动到特定位置，同时按下 Ctrl 或者 Shift 键可以支持多选行列。

9. 单元格编辑：鼠标单击可进入单元格编辑状态，在单元格编辑状态下，可用←、↑、→、↓、TAB、Return 键切换到相邻单元格。特别提示：如果当前正在编辑单元格所在行为末行，键入↓或 Return 将自动在末尾添加一行进行编辑。

10. 排序：先选定关键字列（可多个），按 R 键可进行正排序，按 U 键可进行反排序。由于目前没有区分表头，表头行会随排序移动位置，需要用拖动给予复位。

第 2 章
设置与帮助

内容提要

• 自定义参数设置

用户可以对天正软件-建筑系统的总体控制参数与命令中的默认参数进行配置。

• 样式与图层设置

用户也可以配置常用的文字样式与尺寸样式，转换不同的图层标准。

• 天正帮助信息

提供在线帮助以及动画演示功能，显示使用的软件的版本信息。

2.1　自定义参数设置

为用户提供的参数设置功能通过【天正选项】、【自定义】两个命令进行设置，本软件把以前在 AutoCAD 的“选项”命令中添加的“天正基本设定”和“天正加粗填充”两个选项页面与【高级选项】命令三者，集成为新的【天正选项】命令。单独的【自定义】命令用于设置界面的默认操作，如菜单、工具栏、快捷键和在位编辑界面。

2.1.1　天正选项

本命令功能分为三个页面，首先介绍的“基本设定”页面包括与全局相关的参数，这些参数仅与当前图形有关，也就是说这些参数一旦修改，本图的参数设置会发生改变，但不影响新建图形中的同类参数。在对话框右上角提供了全屏显示的图标，更改高级选项内容较多，此时可选择使用。

菜单命令：设置→天正选项（TZXX）

单击“天正选项”菜单命令后，从中单击“基本设定”、“加粗填充”、“高级选项”选项卡进入各自的页面。

在对话框下方，提供有“恢复默认”、“导出”、“导入”、“确定”、“取消”、“应用”、“帮助”共有 7 个按钮，提供了方便的参数管理功能。

1.　基本设定

包括两个参数选择区如图 2-1-1 所示，2013 版新增弧长标注的设定。

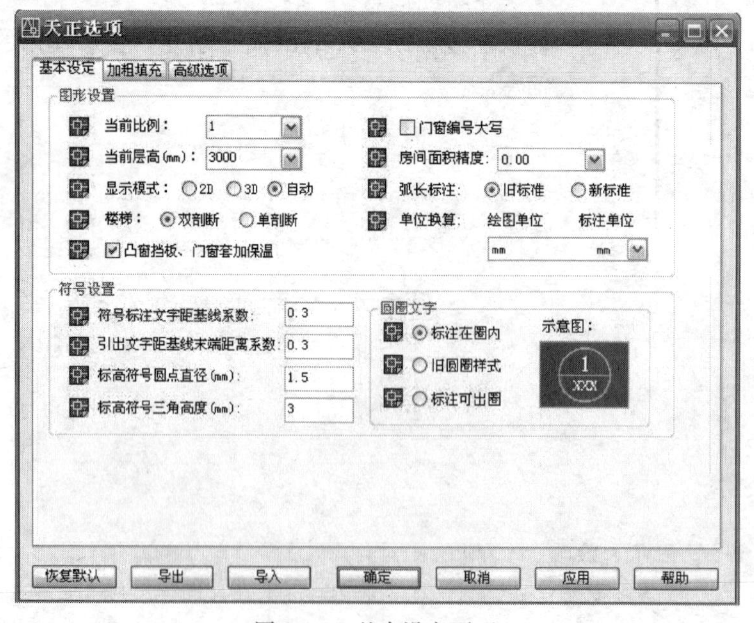

图 2-1-1　基本设定页面

图形设置

［**当前比例**］　设定此后新创建的对象所采用的出图比例，同时显示在 AutoCAD 状态条的最左边。天正默认的初始比例为 1∶100。本设置对已存在的图形对象的比例没有

影响，只被新创建的天正对象所采用。除天正图块外的所有天正对象都具有一个“出图比例”参数，用来控制对象的二维视图，例如图纸上粗线宽度为 0.5mm 的墙线，如果墙对象的比例参数是 200，那么在加粗开关开启的状态下，在模型空间可以测量出：墙线粗＝0.5×200＝100 绘图单位；从状态栏中可以直接设置当前比例。

> **注意：** 软件支持以米为单位图形的坐标和尺寸标注，此时 1∶1000 要相应调整为 1∶1，1∶500 调整为 1∶0.5，依此类推。

［**当前层高**］　设定本图的默认层高。本设定不影响已经绘制的墙、柱子和楼梯的高度，只是作为以后生成的墙和柱子的默认高度。用户不要混淆了当前层高、楼层表中的层高、构件高度三个概念。

当前层高：仅仅作为新产生的墙、柱和楼梯的高度。

楼层表的层高：仅仅用在把标准层转换为自然层，并进行叠加时的 Z 向定位用。

构件高度：墙柱构件创建后，其高度参数就与其他全局的设置无关。一个楼层中的各构件可以拥有各自独立的不同高度，以适应梯间门窗、错层、跃层等特殊情况需要。

［**显示模式**］　2D（仅显示天正对象的二维视图）：在二维显示模式下，系统在所有视口中都显示对象的二维视图，而不管该视口的视图方向是平面视图还是轴测视图、透视视图。尽管观察方向是轴测方向，仍然只是显示二维平面图。

3D（仅显示天正对象的三维视图）：本功能将当前图的各个视口按照三维的模式进行显示，各个视口内视图按三维投影规则进行显示。

自动（按视图方向自动判断以二维或三维显示天正对象）：本功能可按该视口的视图方向，系统自动确定显示方式，即平面视图（顶视图）显示二维，其他视图方向显示三维。一般这种方式最方便，可以在一个屏幕内同时观察二维和三维表现效果。由于视图方向、范围的改变导致天正对象重新生成，性能低于“完全二维”和“完全三维”。

［**楼梯剖断线**］　楼梯的平面施工图要求绘制剖断线，系统默认按照制图标准提供了单剖断线画法，但也提供了原有习惯的双剖断线画法。

［**凸窗挡板门窗套加保温**］　在凸窗挡板和门窗套提供加保温层的选项，挡板上的保温层厚度按 30 厚绘制。

［**门窗编号大写**］　用于设置门窗编号的注写规则，门窗编号统一在图上以大写字母标注，不管原始输入是否包含小写字母。

［**房间面积精度**］　用于设置各种房间面积的标注精度。

［**弧长标注**］　用于设置弧长标注的制图规范样式，有新标准 GB/T 50001—2010 规定的弧长标注与旧标准 GB/T 50001—2001 两种样式可选，默认是旧标准。

［**单位换算**］　提供了适用于在米（m）单位图形中进行尺寸标注、坐标标注以及道路绘制、倒角，布树、停车位的单位换算设置，其他天正绘图命令在米（m）单位图形下并不适用。

▶ 符号设置

［符号标注文字距离基线系数］　用于设置符号标注对象中文字与基线的距离，该系数为文字字高的倍数。

［**引出文字距基线末端距离系数**］　用于设置符号标注对象中齐线端文字与基线的末端距离，该系数为文字字高的倍数。

［**标高符号圆点直径**］　总图地坪标高标注用的符号尺寸不统一，可以进行设置。

［**标高符号三角高度**］　总图地坪标高标注用的符号尺寸不统一，可以进行设置。

［**圆圈文字**］　圆圈文字提供“标注在圈内”、“旧圆圈样式”和“标注可出圈”三种样式，“标注在圈内”由字高系数即外接圆直径和圆圈内径的比例系数控制，默认为 0.6 在高级选项中设置，实例如图所示。旧圆圈样式可保持与旧图的兼容性，标注可出圈用于较长的索引图名，以文字出圈的代价来保持圈内文字的可读性，实例如图 2-1-2 所示。

标注在圈内

旧圆圈样式

标注可出圈

图 2-1-2　圆圈文字样式

2.　加粗填充

专用于墙体与柱子的填充，提供各种填充图案和加粗线宽，如图 2-1-3 所示。

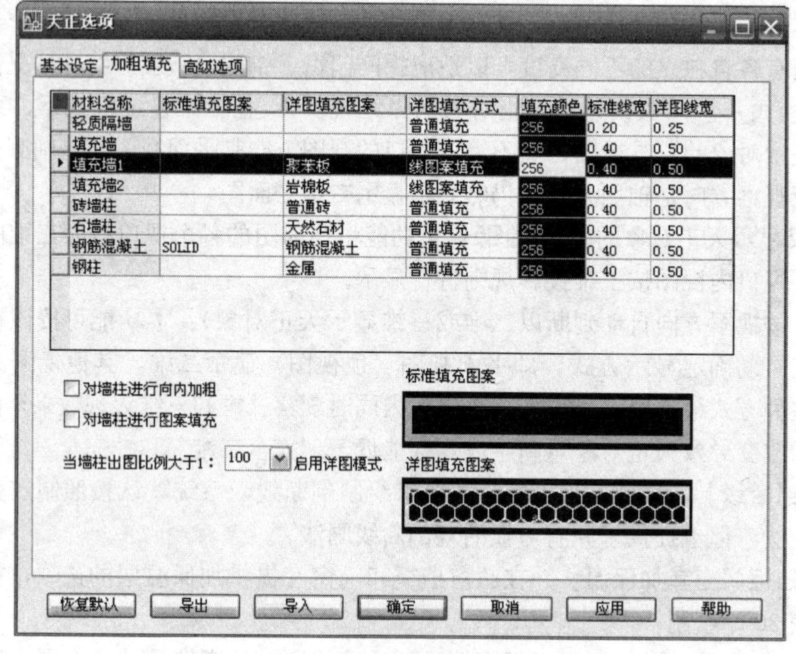

图 2-1-3　加粗填充页面

共有“普通填充”和“线图案填充”两种填充方式，适用于不同材料的填充对象，后者专门用于墙体材料为填充墙和轻质隔墙，在【绘制墙体】命令中有多个填充墙材料可供设置。

共有“标准”和“详图”两个填充级别，按不同当前比例设定不同的图案和加粗线宽，由用户通过“比例大于 1：XX 启用详图模式”参数进行设定，当前比例大于或小于设置的比例界限后切换模式，有效地满足了施工图中不同图纸类型填充与加粗详细程度不同的要求。

材料填充加粗设置

［**材料名称**］　在墙体和柱子中使用的材料名称，用户可根据材料名称不同，选择不同的加粗宽度和国标填充图例。

[**标准填充图案**]　设置在建筑平面图和立面图的标准比例如1∶100等显示的墙柱填充图案。

[**详图填充图案**]　设置在建筑详图比例如1∶50等显示的墙柱填充图案，由用户在本界面下设置比例界限，默认为1∶100。

[**详图填充方式**]　提供了“普通填充”与“线图案填充”两种方式，后者专用于填充沿墙体长度方向延伸的线图案。

[**填充颜色**]　提供了墙柱填充颜色的直接选择新功能，避免因设置不同颜色更改墙柱的填充图层的麻烦，默认256色号表示“随层”即随默认填充图层pub_hatch的颜色，单击此处可以修改为其他颜色。

[**标准线宽**]　设置在建筑平面图和立面图下的非详图比例（如1∶100等）显示的墙柱加粗线宽。

[**详图线宽**]　设置在建筑详图比例（如1∶50等）显示的墙柱加粗线宽。

用户单击标准与详图填充图案表格单元，即可看到一个按钮，单击按钮进入图案选择对话框，即可直接选取图案，不必键入图案名称，如图2-1-4所示。

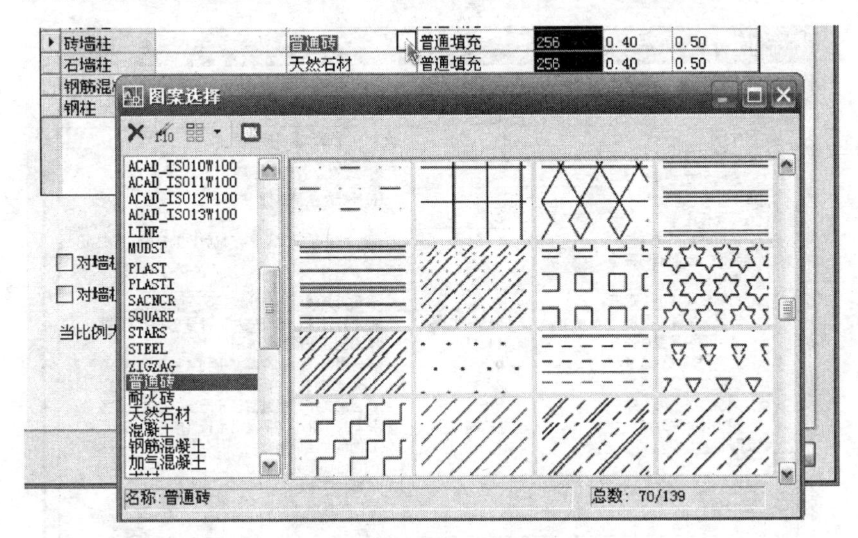

图2-1-4　墙体填充图案的选择

▶ 加粗填充控制

[**墙柱向内加粗**]　墙柱轮廓线加粗的开关，勾选后启动墙柱轮廓线加粗功能，加粗的线宽由电子表格控制。

[**墙柱图案填充**]　墙柱图案填充的开关，勾选后启动墙柱图案填充功能，填充的图案由电子表格控制。

[**启用详图模式比例**]　本参数设定按详图比例填充的界限，在比例较小（如1∶100）时采用实心填充的方法，在比例较大（如1∶50）时采用图案填充的方法。

[**填充图案预览框**]　提供了“标准填充图案”、“详图填充图案”与“线图案填充图案”3种填充图案的预览。

针对AutoCAD 2004以上平台，命令行下部的状态栏添加了两个按钮，专门切换墙线加粗和详图填充图案。但由于编程接口的限制，此功能不能用于AutoCAD 2002及以下平台。

注意：为了图面清晰以方便操作，加快绘图处理速度，墙柱平时不要填充，出图前再开启填充开关，最终打印在图纸上的墙线实际宽度＝加粗宽度＋1/2 墙柱在天正打印样式表中设定的宽度。例如，按照目前的默认值，选项设置的线宽为 0.4，ctb 中设为 0.4，打印出来为 0.6。如果是室内设计或者其他非建筑专业使用的平面图，不必打开加粗。

3.　高级选项

本页面是控制软件中各项全局变量的用户自定义参数的设置界面，除了尺寸样式需专门设置外，这里定义的参数保存在初始参数文件中，不仅用于当前图形，对新建的文件也起作用，高级选项和选项是结合使用的，例如在高级选项中设置了多种尺寸标注样式，在当前图形选项中根据当前单位和标注要求选用其中几种用于本图。在本版本中新增指北针文字可设为沿 Y 轴方向或者沿半径方向，弧长标注按新制图规范提供了新的可选样式等多项设置。

单击“高级选项”选项卡后，我们看到对话框界面中，以树状目录的电子表格形式列出可供修改的选项内容，如图 2-1-5 所示。

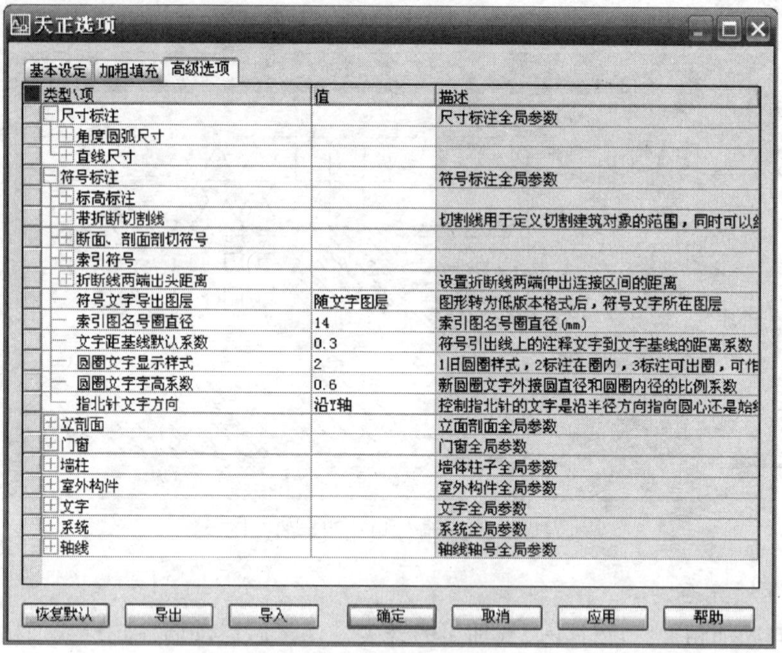

天正选项

基本设定　加粗填充　高级选项

类型\项	值	描述
尺寸标注		尺寸标注全局参数
角度圆弧尺寸		
直线尺寸		
符号标注		符号标注全局参数
标高标注		
带折断切割线		切割线用于定义切割建筑对象的范围，同时可以
断面、剖面剖切符号		
索引符号		
折断线两端出头距离		设置折断线两端伸出连接区间的距离
符号文字导出图层	随文字图层	图形转为低版本格式后，符号文字所在图层
索引图名号圈直径	14	索引图名号圈直径(mm)
文字距基线默认系数	0.3	符号引出线上的注释文字到文字基线的距离系数
圆圈文字显示样式	2	1旧圆圈样式，2标注在圈内，3标注可出圈，可作
圆圈文字字高系数	0.6	新圆圈文字外接圆直径和圆圈内径的比例系数
指北针文字方向	沿Y轴	控制指北针的文字是沿半径方向指向圆心还是始
立剖面		立面剖面全局参数
门窗		门窗全局参数
墙柱		墙体柱子全局参数
室外构件		室外构件全局参数
文字		文字全局参数
系统		系统全局参数
轴线		轴线轴号全局参数

恢复默认　导出　导入　确定　取消　应用　帮助

图 2-1-5　高级选项页面

其中，可供用户定义的是值这一列的内容，有些值完全是数值，直接修改即可，但是尺寸标注的默认尺寸样式需要预先在本图中先用 DDim 命令中定义好，由于尺寸样式仅对本图有效，新建的图形文件没有新的样式定义，此时系统会创建一个以用户样式命名的默认样式，内容和 _ TCH _ ARCH 一致，要将尺寸样式用于其他图形文件要进行专门的设置，举例说明如下：

用户对毫米为绘图单位和尺寸标注单位用 DDim 设置了一个标注样式 _ CARI _ ARCH，在“粗斜线（mm-mm）”项对应的值设为新标注样式名称 _ CARI _ ARCH，单击确定完成设置，用户如果要新建图形也使用这个标注样式，要把包含有定义好的标注样式的 DWG 文件用 Saveas...（另存为）命令保存为模板 .DWT 文件，新建图形时应用这个模板。

对其他各项参数的使用，请参考“描述”中的提示。“高级选项”的设置参数保存在软件安装目录下 sys 子目录 config. ini 文件中，将这个文件复制到其他安装天正软件-建筑系统的机器的 sys 目录，可以实现参数配置的共享。

导入和导出：单击“导出”按钮，创建选项设置定义的 XML 格式文件，这项文件可以经过仔细设计后导出，由一个设计团队统一导入，方便大家的参数统一设置，提高设计图纸质量。

恢复默认：单击显示“导入设置”对话框，其中可选择需要恢复的部分保持勾选，对不需要恢复的部分去除勾选，单击“确定”返回，再次单击“确定”后退出天正选项或自定义对话框，系统更新为默认的参数，如图 2-1-6 所示。

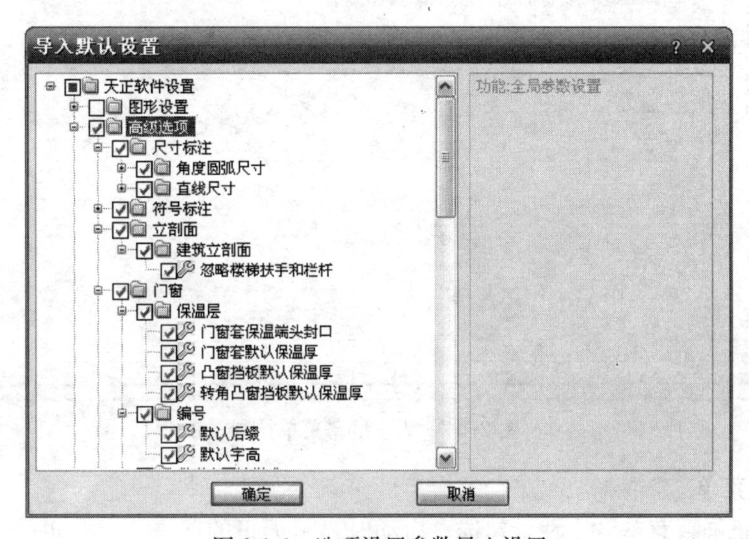

图 2-1-6　选项设置参数导入设置

应用：提供一种不必退出对话框即可使得修改后的变量马上生效的功能，便于继续进行例如“导出”等操作。特别需要指出的是：调整参数后，应先单击“应用”或者“确定”按钮，此后才能导出有效的参数。

2.1.2　自定义

本命令功能是启动自定义对话框界面，在其中按用户自己的要求设置软件的交互界面效果。

菜单命令：设置→自定义（ZDY）

单击“自定义”菜单命令后，启动自定义对话框界面，其中分为“屏幕菜单”、“操作配置”、“基本界面”、“工具条”、“快捷键”五个页面进行控制，分别说明如下。

1. 屏幕菜单

屏幕菜单提供折叠功能，可单击展开下级子菜单 A，在执行菜单 A 的命令时可随时切换到 A 的同级子菜单 B，此时 A 子菜单收回，B 子菜单展开，这样的设计避免了返回上级菜单的冗余动作，提高了使用效率。

其中，分为“折叠”和“推拉”两种风格，“折叠”是指根菜单和子菜单自上而下折叠排列，菜单展开高度超过屏幕时在菜单最外层上下滚动；“推拉”是指菜单展开的高度总是维持屏幕高度不变，在各自不同位置推拉子菜单，如短则留空，长则在其中上下滚动。

在自定义命令中提供了屏幕菜单的风格和背景颜色设置，如图 2-1-7 所示。

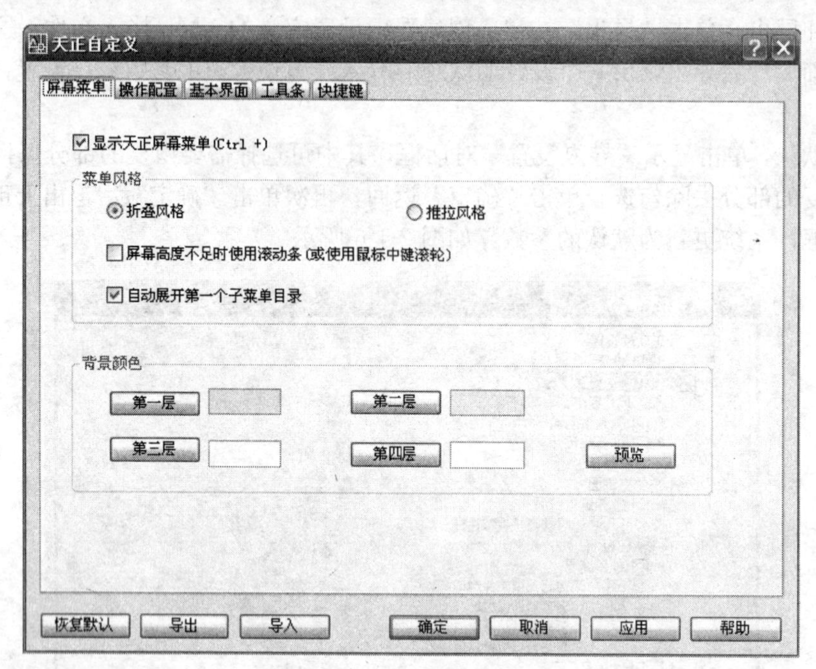

图 2-1-7 天正屏幕菜单控制

屏幕菜单

［**显示天正屏幕菜单**］ 默认勾选，启动时显示天正的屏幕菜单，也能用热键 Ctrl+随时开关。

［**折叠风格**］ 折叠式子菜单样式一，单击打开子菜单 A 时，A 子菜单展开全部可见，在菜单总高度大于屏幕高度时，根菜单在顶层滚动显示，动作由滚轮或滚动条控制。

［**推拉风格**］ 折叠式子菜单样式二，子菜单展开时所有上级菜单项保持可见，在菜单总高度大于屏幕高度时，子菜单可在本层内推拉显示，动作由滚轮或滚动条控制。

［**使用滚动条**］ 勾选此项时在菜单右侧提供一个滚动条，适用笔记本触屏、指点杆等无滚轮的定位设备，用于菜单的上下移动，不管是否勾选此项，在有滚轮的定位设备中均可使用滚轮移动菜单。

［**自动展开第一个子菜单**］ 默认打开进入子菜单下的第一个下级菜单。

［**第 X 层**］ 设置菜单的背景颜色，天正屏幕菜单最大深度为四层，每一层均可独立设置背景颜色。

［**恢复默认**］ 恢复菜单的默认背景颜色。

［**预览**］单击预览按钮，即可临时改变屏幕菜单的背景颜色为用户设置值供预览，单击“确定”后才正式生效。

与天正选项类似，本命令也提供有“恢复默认”、“导入”、“导出”、“应用”等功能，单击“恢复默认”时默认仅对自定义部分的参数起作用，你可以在界面勾选或者去除勾选控制你要恢复的部分参数。

2. 操作配置

“操作配置”选项卡的内容都与操作习惯有关，界面如图 2-1-8 所示。

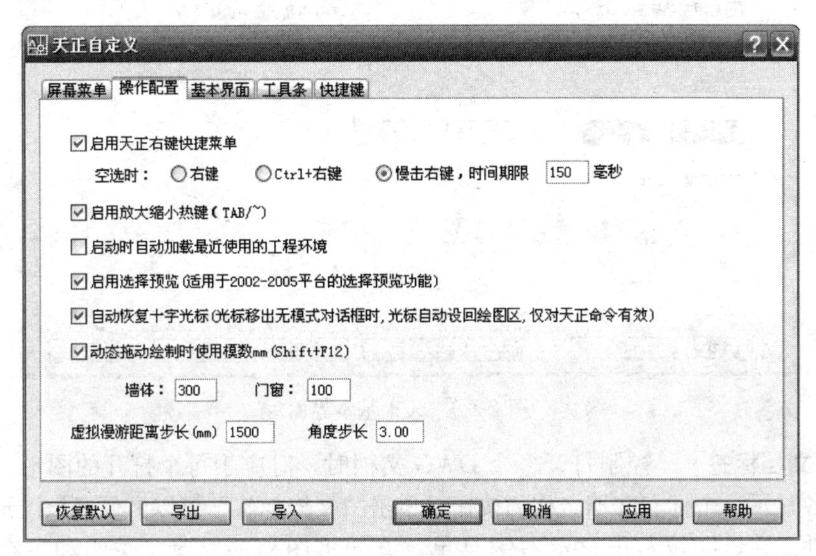

图 2-1-8　天正操作配置

操作配置

［**启用天正右键快捷菜单**］　用户可取消天正右键菜单，没有选中对象（空选）时右键菜单的弹出可有三种方式：右键、Ctrl+右键、慢击右键，即右击后超过时间期限放松右键弹出右键菜单，快击右键作为回车键使用，从而解决了既希望有右键回车功能，也希望不放弃天正右键菜单命令的需求。

［**启用放大缩小热键**］　TAB 键和～键分别作为放大和缩小屏幕范围使用。

［**自动加载工程环境**］　勾选此项后，启动时自动加载最近使用的工程环境，在 2006 以上平台上还具有自动打开上次关闭软件时所打开的所有 DWG 图形功能。

［**启用选择预览**］　光标移动到对象上方时对象即可亮显，表示执行选择时要选中的对象，同时智能感知该对象，此时右击鼠标即可激活相应的对象编辑菜单，使对象编辑更加快捷、方便。当图形太大选择预览影响效率时会自动关闭，在此也可人工关闭。

［**自动恢复十字光标**］　控制在光标移出对话框时，当前控制自动设回绘图区，恢复十字光标，仅对天正命令有效。

［**动态拖动绘制模数**］　勾选此复选框后，在动态拖动构件长度与定位门窗时按照下面编辑框中输入的墙体与门窗模数定位。

［**虚拟漫游步长**］　分为“距离步长”和“角度步长”两项，设置虚拟漫游时按一次方向键虚拟相机所运行的距离和角度。

3. 基本界面

“基本界面”选项卡中包括界面设置（文档标签）和在位编辑两部分内容，如图 2-1-9 所示。

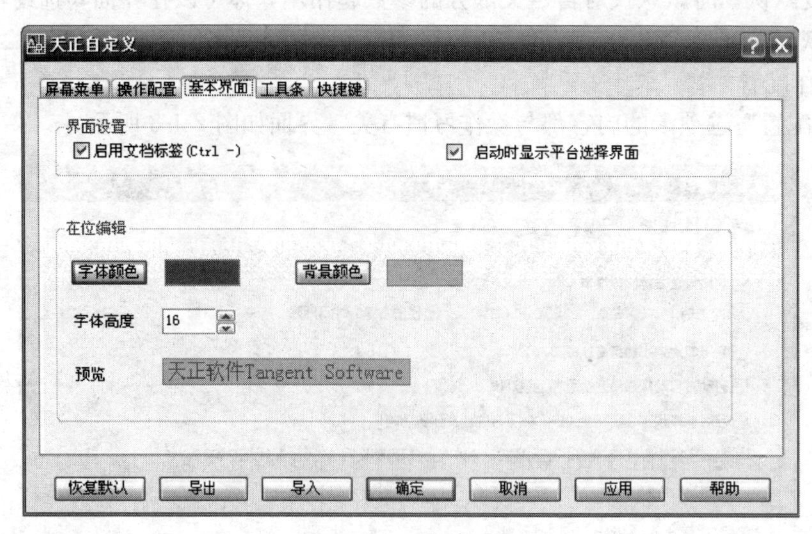

图 2-1-9　天正基本界面

[**启用文档标签**]　控制打开多个 DWG 文档时，对应于每个打开的图形，在图形编辑区上方各显示一个标有文档名称的按钮，单击“文档标签”可以方便把该图形文件切换为当前文件。在该区域右击显示右键菜单，方便多图档的存盘、关闭和另存，热键为 Ctrl-。

[**启动时显示平台选择界面**]　勾选此处，下次双击桌面快捷图标时，可在软件启动界面重新选择 AutoCAD 平台启动天正软件-建筑系统。

[**字体和背景颜色**]　控制“在位编辑”激活后，在位编辑框中使用的字体本身的颜色和在位编辑框的背景颜色。

[**字体高度**]　控制“在位编辑”激活后，在位编辑框中的字体高度。

4. 工具条

默认的自定义工具栏停靠在屏幕图形编辑区的下方，如图 2-1-10 所示，工具栏可以从默认位置拖动到其他位置，也可以在浮动状态时通过右上角的 X 按钮关闭，重新打开天正工具栏可以通过右击 AutoCAD 标准工具栏右方，在菜单中选择“TCH→预定义工具栏”，勾选后工具栏即可重新显示。

图 2-1-10　天正自定义工具栏

单击【自定义】命令进入对话框，在工具条页面中添加与删除命令，如图 2-1-11 所示。

▶ 工具条

[**加入图标**]　从下拉列表中选择菜单组的名称，在左侧显示该菜单组的全部图标，每次选择一个图标，单击“加入≫”按钮，即可把该图标添加到右侧用户自定义工具区。

[**删除图标**]　在右侧用户自定义工具区中选择图标，单击“≪删除”按钮，可把已经加入的图标删除。

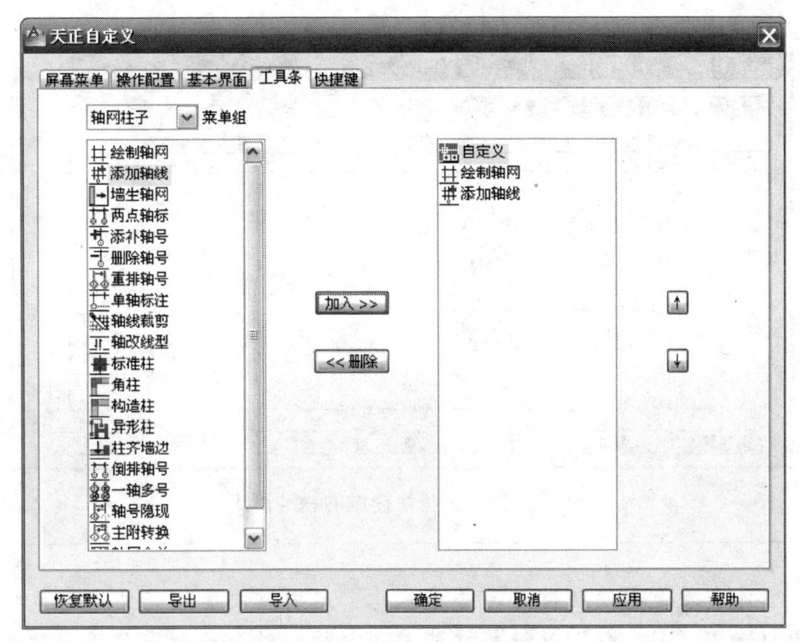

图 2-1-11 天正工具条的定义

[图标排序] 提供两种方法：1. 在右侧用户自定义工具区中选择图标，单击右边的箭头，即可上下移动该工具图标的位置，每次移动一格；2. 直接拖动图标到目标位置。

除了使用自定义命令定制工具条，还可以使用 AutoCAD 的 toolbar 命令，在“命令”页面中选择 AutoCAD 命令的图标，拖放到天正自定义工具栏。在“自定义”对话框出现时，还可以把天正的图标命令和 AutoCAD 图标命令从任意工具栏拖放到预定义的两个“常用快捷功能”工具栏中。

5. 快捷键

本项设置的单键快捷键定义某个数字或者字母键，或者普通快捷键，分别可以单键或者多键方式调用对应的天正软件-建筑系统或者 AutoCAD 的命令功能，在“命令名”栏目下可以直接单击表格单元内右边的按钮，即可进入天正命令选取界面，双击命令后获得有效的天正命令全名。

一键快捷

[**启用一键快捷**] 勾选“启用一键快捷”复选框，启用“一键快捷”表格中定义的命令；用 Del 键可以清除任何快捷键的定义，或者在命令名栏内修改需要一键快捷执行的命令名，如图 2-1-12 所示。

> **注意：**快捷键不要使用数字 3，避免与 3 开头的 AutoCAD 三维命令 3D×××冲突。

普通快捷键

这里提供了代替普通文字编辑器，在界面中定义快捷键，单击确定后，自动修改更新 ACAD. PGP 文件的功能，如图 2-1-13 所示。

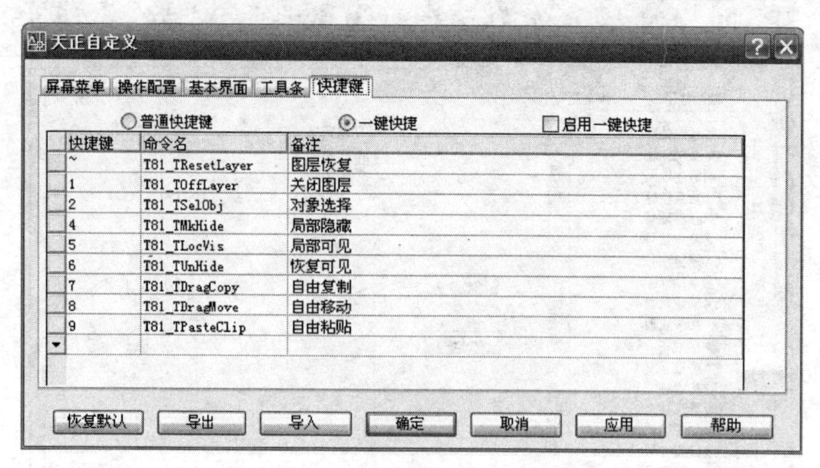

图 2-1-12　天正快捷键的一键快捷

注意：当你修改普通快捷键后，并不能马上启用该快捷键定义，请执行 Reinit 命令，在其中勾选"PGP 文件"复选框才能启用该快捷键，否则需要退出软件后，再次启动进入。

天正自定义

屏幕菜单 操作配置 基本界面 工具条 快捷键

普通快捷键(PGP)　一键快捷

快捷键	命令名	备注
ACAD		
轴网		
HZZW	T81_TAxisGrid	绘制轴网
QSZW	T81_TWall2Axis	墙生轴网
ZWBZ	T81_TAxisDim2p	两点轴标
DZBZ	T81_TAxisDimp	单轴标注
CPZH	T81_TReAxisNo	重排轴号
TBZH	T81_TAddLabel	添补轴号
SCZH	T81_TDelLabel	删除轴号
TJZX	T81_TInsAxis	添加轴线
ZXCJ	T81_TClipAxis	轴线裁剪
DPZH	TRevAxno	倒排轴号
ZGXX	T81_TAxisDote	轴改线型
YZDH	T81_TMutiLabel	一轴多号
ZHYX	T81_TShowLabel	轴号隐现
ZFZH	T81_TChAxisNo	主附转换
ZWHB	T81_TMergeAxis	轴网合并
柱子		
墙体		

恢复默认　导出　导入　确定　取消　应用　帮助

图 2-1-13　天正快捷键的普通快捷键

2.2 样式与图层设置

2.2.1 当前比例

本命令用于所有天正自定义的各种对象，按照当前比例的大小决定标注类和文本与符号类对象中的文字字高与符号尺寸、建筑对象中的加粗线宽粗细，对设置后新生成的对象有效，从状态栏左下角的“当前比例”下拉列表（AutoCAD 2002 平台下未提供）以及从选项中“天正基本设定”界面里面的“当前比例”下拉列表中均可设置。

菜单命令：设置→当前比例（DQBL）

本命令提供了状态栏的左下角的比例下拉按钮控件，设置后的当前值显示在状态栏中。如果当前已经选择对象，单击“比例”按钮除了设置当前比例外，还可直接改变这些对象的比例，同时具有【改变比例】命令的功能。

此外还可以通过命令行与用户交互，单击菜单命令后，命令提示：

当前比例<100>：150 键入当前比例的新值后回车

当前比例随即改变，同时下拉按钮控件的显示马上更新。

> **注意：** 当前如为米单位，比例为1∶1000、1∶500时，当前比例应该相应改为1∶1、1∶0.5，如此类推。与当前为毫米单位是不同的，用户在设置米单位绘图后，应自行修改比例的设置。

2.2.2 文字样式

本命令功能为天正自定义的扩展文字样式，由于AutoCAD的SHX形字体由中西文字体组成，中西文字体分别设定参数控制中英文字体的宽度比例，可以与AutoCAD的SHX字体的高度以及字高参数协调一致。

菜单命令：设置→文字样式（WZYS）

单击菜单命令后，显示对话框如图2-2-1所示。

设置对话框中的参数，单击“确定”按钮后，即以其中的文字样式作为天正文字的当前样式进行各种符号和文字标注。

对话框控件的说明

［**新建**］　创建新的文字样式，首先给新文字样式命名，然后选定中西文字体文件和高宽参数。单击“确定”后作为当前文字样式。

［**重命名**］　给文件样式赋予新名称。

［**删除**］　删除已经创建的文字样式，仅对图中没有使用的样式起作用，已使用的样式不能被删除。

［**宽高比**］　表示中文字宽与中文字高之比

［**中文字体**］　设置组成文字样式的中文大字体（Bigfont），选择Windows字体时应选择其中的汉字字体。

［**字宽方向**］　表示西文字宽与中文字宽的比，选择Windows字体时不起作用。

[**字高方向**]　表示西文字高与中文字高的比，选择 Windows 字体时不起作用。

[**西文字体**]　设置组成文字样式的西文字体，选择 Windows 字体时不起作用。

图 2-2-1　文字样式对话框

2.2.3　图层管理

本命令为用户提供灵活的图层名称、颜色和线型的管理，同时也支持用户自己创建的图层标准，特点如下：

1. 通过外部数据库文件设置多个不同的图层标准；

2. 可恢复用户不规范设置的颜色和线型；

3. 对当前图的图层标准进行转换。

系统不对用户定义的图层标准数量进行限制，用户可以新建图层标准，在图层管理器中修改标准中各图层的名称和颜色、线型，对当前图档的图层按选定的标准进行转换。

菜单命令：设置→图层管理（TCGL）

单击菜单命令后，显示对话框如图 2-2-2 所示。

图层管理

图层标准：TArch　置为当前标准　新建标准

图层关键字	图层名	颜色	线型	备注
轴线	DOTE	1	CONTINUOUS	此图层的直线和弧认为是
阳台	BALCONY	6	CONTINUOUS	存放阳台对象，利用阳台
柱子	COLUMN	9	CONTINUOUS	存放各种材质构成的柱子
石柱	COLUMN	9	CONTINUOUS	存放石材构成的柱子对象
砖柱	COLUMN	9	CONTINUOUS	存放砖砌筑成的柱子对象
钢柱	COLUMN	9	CONTINUOUS	存放钢材构成的柱子对象
砼柱	COLUMN	9	CONTINUOUS	存放砼材料构成的柱子对
门	WINDOW	4	CONTINUOUS	存放插入的门图块
窗	WINDOW	4	CONTINUOUS	存放插入的窗图块
墙洞	WINDOW	4	CONTINUOUS	存放插入的墙洞图块
轴标	AXIS	3	CONTINUOUS	存放轴号对象，轴线尺寸
地面	GROUND	2	CONTINUOUS	地面与散水
墙线	WALL	9	CONTINUOUS	存放各种材质的墙对象
石墙	WALL	9	CONTINUOUS	存放石材砌筑的墙对象
砖墙	WALL	9	CONTINUOUS	存放砖砌筑的墙对象
充墙	WALL	9	CONTINUOUS	存放各种材质的填充墙对
砼墙	WALL	9	CONTINUOUS	存放砼材料构成的墙对象
幕墙	CURTWALL	4	CONTINUOUS	存放玻璃幕墙对象
隔墙	WALL-MOVE	6	CONTINUOUS	存放轻质材料的墙对象

图层转换　颜色恢复　关　闭

图 2-2-2　图层管理对话框

设置对话框中的参数，单击“图层转换”按钮后会显示对话框，如图 2-2-3 所示。由用户选择把旧的图层系统更新为新设置的图层系统，但当前图层标准不变。

多余的图层标准文件存放在 sys 文件夹下，扩展名为 LAY，用户可以在资源管理器下直接删除，删除后的图层标准名称不会在“图层标准”列表中出现。

用户自己创建图层标准的方法：

1. 复制默认的图层标准文件作为自定义图层的模板，用英文标准的可以复制 TArch. lay 文件，用中文标准的可以复制 GBT18112-2000. lay 文件，例如把文件复制为 Mylayer. lay；

图 2-2-3　图层保存对话框

2. 确认自定义的图层标准文件保存在天正安装文件夹下的 sys 文件夹中；

3. 使用文本编辑程序例如“记事本”编辑自定义图层标准文件 Mylayer. lay，注意在改柱和墙图层时，要按材质修改各自图层，例如砖墙、混凝土墙等都要改，只改墙线图层不起作用的；

4. 改好图层标准后，执行本命令，在“图层标准”列表里面就能看到 Mylayer 这个新标准了，选择它然后单击“置为当前标准”就可以用了。

> **注意：**
> 1. 图层转换命令的转换方法是图层名全名匹配转换；
> 2. 图层标准中的组合用图层名（如 3T _ 、S _ 、E _ 等前缀）是不进行转换的。

图层管理

[图层标准]　默认在此列表中保存有两个图层标准，一个是天正自己的图层标准，一个是国标 GB/T 18112—2000 推荐的中文图层标准，下拉列表可以把其中的标准调出来，在界面下部的编辑区进行编辑。

[置为当前标准]　单击本按钮后，新的图层标准开始生效，同时弹出如下对话框：

单击“是”回应，表示将当前使用中的天正建筑图层定义 LAYERDEF. DAT 数据覆盖到原图层标准 *. lay 文件中，保存你做的新图层定义；单击“否”，不保存当前标准，则原图层标准 *. lay文件没有被覆盖。如果你没有修改图层定义，单击是和否的结果都是一样的。

[新建标准]　单击本按钮后，如果当前图层定义修改后没有保存，会显示如图左的对话框，提示是否保存当前修改，以“是”回应，表示以旧标准名称保存当前定义；以“否”回应，你对图层定义的修改不保存在旧图层标准中，而仅在新建标准中出现。

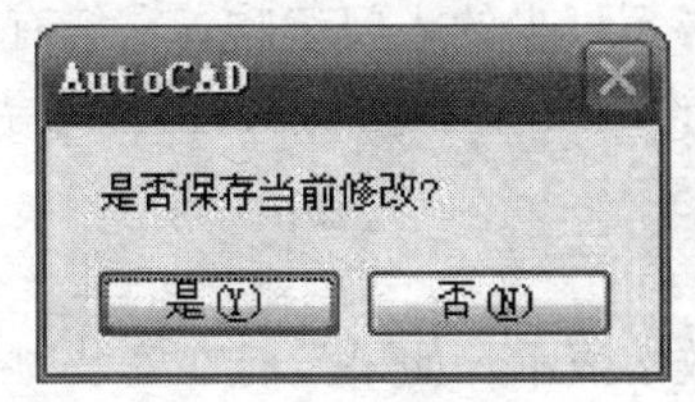

图 2-2-4　新建标准对话框

接着会弹出上图右的对话框，用户在其中输入新的标准名称，这个名称代表下面的列表中的图层定义。

[图层转换]　尽管单击“置为当前标准”按钮后，对象是按新的图层标准绘制了，

但是已有的旧标准的图层还在本图中，单击“图层转换”按钮后，会显示图层转换子对话框如图 2-2-5 所示。

此功能是把已有的旧标准图层转换为新标准图层，新提供了图层冲突的处理，详见图层转换命令。

图 2-2-5 图层转换对话框

［**颜色恢复**］ 自动把当前打开的 DWG 中所有图层的颜色恢复为当前标准使用的图层颜色。

［**图层关键字**］ 图层关键字是系统用于对图层进行识别用的，用户不能修改。

［**图层名**］ 用户可以对提供的图层名称进行修改或者取当前图层名与图层关键字对应。

［**颜色**］ 用户可以修改选择的图层颜色，单击此处可输入颜色号或单击按钮进入界面选取颜色。

［**线型**］ 用户可以修改选择的图层线型，单击此处可输入线型名称或单击下拉列表选取当前图形已经加载的线型。

［**备注**］ 用户自己输入对本图层的描述。

2.3 天正帮助信息

天正软件-建筑系统中提供独立的在线帮助菜单、教学视频以及常见问题答疑等软件技术支持资源，在发布软件时更新，其他更新资料请上天正公司网站或公司特约论坛查询。

2.3.1 在线帮助

本命令启动天正软件-建筑系统的在线帮助系统，该文档随软件版本升级同步更新，比您所看到的纸面文档内容更能反映软件的最新功能。

菜单命令：帮助→在线帮助（ZXBZ）

单击“在线帮助”菜单命令，显示帮助界面如图 2-3-1 所示，其中介绍了本软件的最新命令和操作，是掌握天正软件-建筑系统的必不可少的入门读物。在您有疑问时，首先该查阅帮助文件，其次是登录网上的天正特约论坛或者打电话到天正公司寻求技术支持。

2.3.2 教学演示

本命令启动 IE 浏览器，观察 Flash 动画教学演示，如果没有在安装时选择安装本软件的教学演示文件，本命令执行无效，网上下载的试用版本由于文件大小的限制，不包含本教学演示内容，用户可以从天正官方网站下载单独的教学演示。

菜单命令：帮助→教学演示（JXYS）

单击“教学演示”菜单命令，即启动 IE 显示教学软件菜单，在其中点取你感兴趣的问题观看，如图 2-3-2 所示。

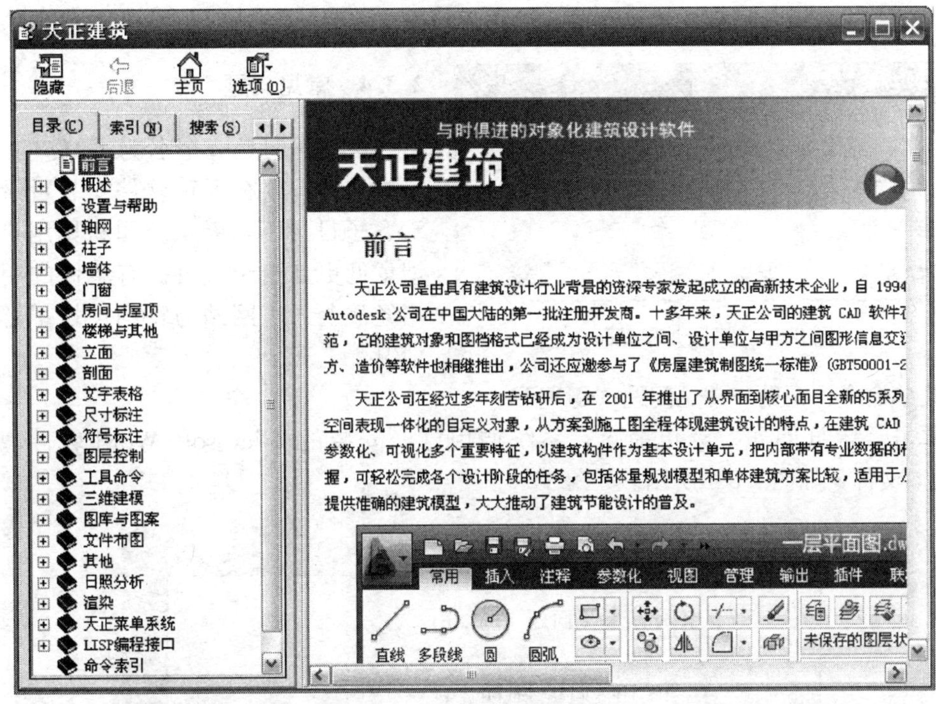

图 2-3-1 在线帮助的界面

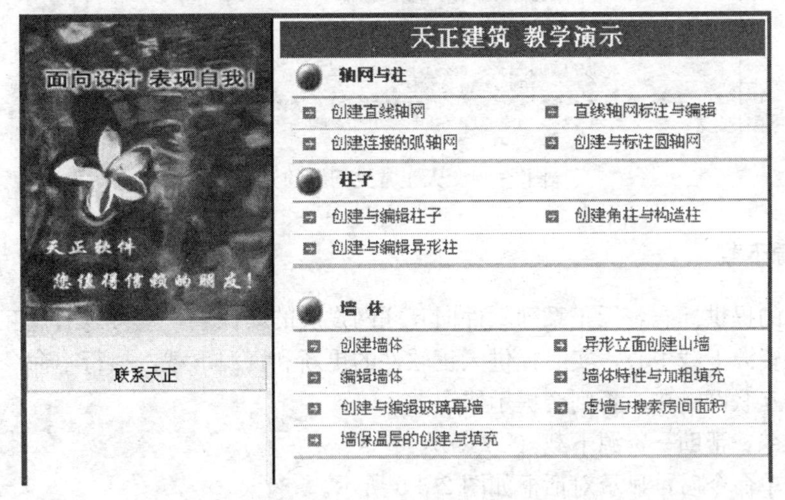

图 2-3-2 教学演示的界面

2.3.3 日积月累

本命令是软件的欢迎界面，每次进入天正软件-建筑系统时提示一项新功能的说明，使用本命令可以随时显示这个界面，并作出是否显示的设置。其中的提示内容存在于天正软件安装目录下名为 TCHTIPS. TXT 的文本文件中，您也可以使用文本编辑工具修改这个文件，给天正增加一些新功能的简介。

菜单命令：帮助→日积月累（RJYL）

单击“日积月累”菜单命令，即显示命令的界面如图 2-3-3 所示，其中去除“启动时显示”的勾选，就可以停止本命令的自动执行功能。

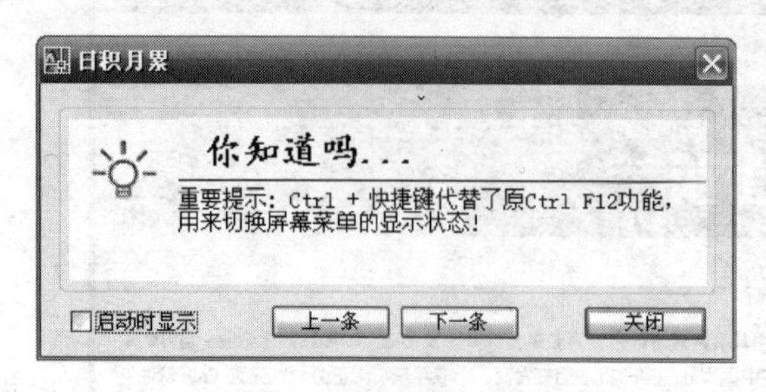

图 2-3-3　日积月累界面

2.3.4　常见问题

常见问题是一个名为 FAQ 的 Word 格式文件，放在天正软件安装目录下的 SYS 子目录下，天正公司积累用户的反馈意见更新这个文件。有条件的用户应当经常上天正网站与特约论坛了解更新情况。

菜单命令：帮助→常见问题（CJWT）

单击“常见问题”菜单命令，系统调用已经安装的 Microsoft Word 软件，打开 faq. doc 文件，如图 2-3-4 所示。

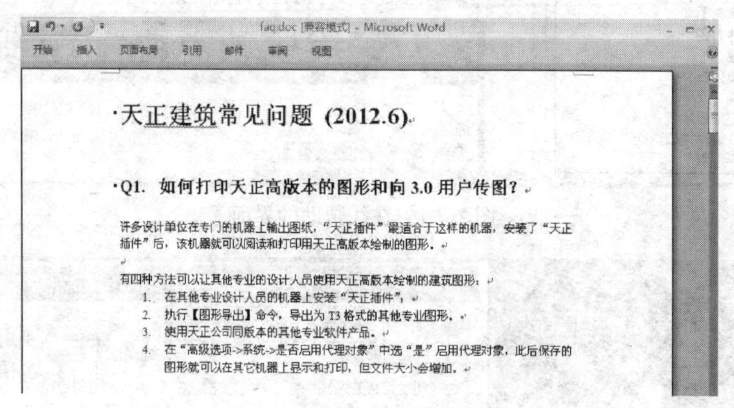

天正建筑常见问题 (2012.6)

Q1. 如何打印天正高版本的图形和向 3.0 用户传图？

许多设计单位在专门的机器上输出图纸，“天正插件”最适合于这样的机器，安装了“天正插件”后，该机器就可以阅读和打印用天正高版本绘制的图形。

有四种方法可以让其他专业的设计人员使用天正高版本绘制的建筑图形：

1. 在其他专业设计人员的机器上安装“天正插件”，
2. 执行【图形导出】命令，导出为 T3 格式的其他专业图形，
3. 使用天正公司同版本的其他专业软件产品。
4. 在“高级选项->系统->是否启用代理对象”中选“是”启用代理对象，此后保存的图形就可以在其它机器上显示和打印，但文件大小会增加。

图 2-3-4　天正常见问题的界面

2.3.5　资源下载

本命令的提供标志着天正系列软件向互联网发展的新探索，它可以通过互联网链接到天正网站的资源下载中心，实时提供天正软件的更新和资源下载，执行本命令要求当前机器有可用的互联网链接，否则会提示错误。

菜单命令：帮助→资源下载（ZYXZ）

点取菜单命令后，显示对话框如图 2-3-5 所示。

序号	专业	文件名	下载地址	上传时间	文件大
☑ 1	建筑	test.rar	http://www.tangent...	2011-3-7 17:38:07	1000
☑ 2	建筑	1.txt	http://www.tangent...	2011-3-8 10:59:30	1024
☐ 3	建筑	2.txt	http://www.tangent...	2011-3-8 10:59:57	248
☐ 4	建筑	3.txt	http://www.tangent...	2011-3-8 11:00:41	1024

图 2-3-5　资源下载对话框

2.3.6　问题报告

通过本命令还可以直接发送电子邮件到天正公司的支持部门，天正的支持人员会对提出的问题及时研究解决，邮件中请附带有出错的 dwg 图形，以便让天正公司技术部门能重复问题的发生环境。

菜单命令：帮助→问题报告（WTBG）

单击问题报告命令，即可弹出如图 2-3-6 所示的 Outlook 的新邮件写作框，在其中编写邮件内容，然后单击“发送”发出邮件，本命令的执行条件是你当前有 Internet 的联网条件，而且你的 Outlook 已经设置好可发送邮件的账户。

2.3.7　版本信息

不论是通过到天正论坛发帖或打电话给天正公司技术支持部门进行技术咨询时，常常要知道你当前使用什么版本号，本命令提供详细的版本信息，以便天正的支持人员准确回答用户遇到的问题。

菜单命令：帮助→版本信息（BBXX）

单击“版本信息”菜单命令，在弹出的对话框上列出了软件的详细版本号，如图 2-3-7 所示。

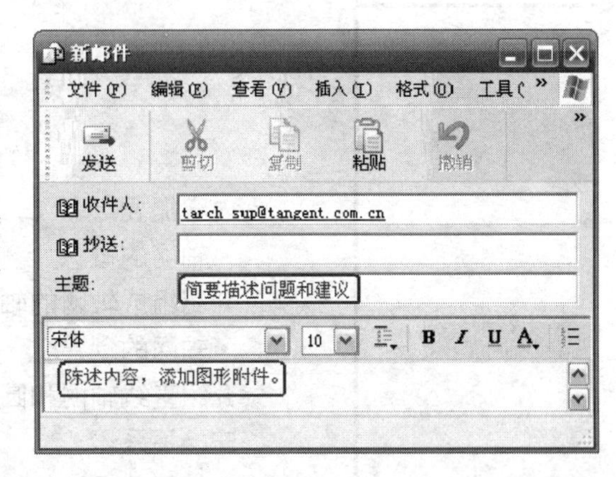

图 2-3-6　天正问题报告实例

图 2-3-7　天正软件的版本信息

第 3 章 轴 网

内容提要

• 轴网的概念

介绍组成轴网的轴线、轴号对象的特点与关系。

• 轴网的创建

介绍直线轴网和圆弧轴网的创建方法，弧轴网与直线轴网的连接关系。

• 轴网的标注与编辑

介绍直线轴网与弧轴网的规范标注与编辑方法。

• 轴号的编辑

介绍直线轴网与弧轴网的轴号对象编辑方法。

3.1 轴网的概念

轴网是由两组到多组轴线与轴号、尺寸标注组成的平面网格，是建筑物单体平面布置和墙柱构件定位的依据。完整的轴网由轴线、轴号和尺寸标注3个相对独立的系统构成。这里介绍轴线系统和轴号系统，尺寸标注系统的编辑方法在后面的章节中介绍。

3.1.1 轴线系统

考虑到轴线的操作比较灵活，为了使用时不至于给用户带来不必要的限制，轴网系统没有做成自定义对象，而是把位于轴线图层上的AutoCAD的基本图形对象，包括LINE、ARC、CIRCLE识别为轴线对象，天正软件-建筑系统默认轴线的图层是“DOTE”，用户可以通过设置菜单中的【图层管理】命令修改默认的图层标准。

轴线默认使用的线型是细实线是为了绘图过程中方便捕捉，用户在出图前应该用【轴改线型】命令改为规范要求的点画线。

3.1.2 轴号系统

轴号是内部带有比例的自定义专业对象，是按照《房屋建筑制图统一标准》（GB/T 50001—2010）的规定编制的，它默认是在轴线两端成对出现，可以通过对象编辑单独控制隐藏单侧轴号或者隐藏某一个别轴号的显示，【轴号隐现】命令管理轴号的隐藏和显示；轴号号圈的轴号顺序默认是水平方向号圈以数字排序，垂直方向号圈以字符排序，按标准规定I、O、Z不用于轴线编号，1号轴线和A号轴线前不排主轴号，附加轴号分母分别为01和0A，轴号Y后的排序除了看【高级选项】→“轴线”→“轴号”→“字母Y后面的注脚形式”是字母还是数字，还要视下面的轴号变化规则而定。

轴号系统开放了自定义分区轴号的编号变化规则，在【轴网标注】命令中，可以预设轴号的编号变化规则是“变前项”还是“变后项”，在其他轴号编辑命令中同样提供了类似的设定规则，预设的分区轴号变化规律如下：

变前项的分区轴号：

字母字母（AA，BA，CA，…YA，AB，BB，CB，…），字母数字（A1，B1，C1，…Y1，A2，B2，C2，…），数字字母（1A，2A，3A，…9A，10A，11A，…），字母-字母（A-A，B-A，C-A，…Y-A，A-B，B-B，C-B，…），字母-数字（A-1，B-1，C-1，…Y-1，A-2，B-2，C-2，…），数字-字母（1-A，2-A，3-A，…9-A，10-A，11-A，…），数字-数字（1-1，2-1，3-1，…9-1，10-1，11-1，…）

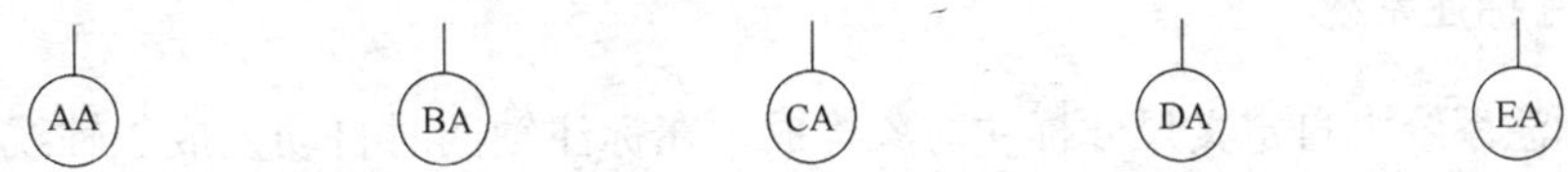

变后项的分区轴号：

字母字母（AA，AB，AC，…AY，BA，BB，BC，…），字母数字（A1，A2，A3，…A9，A10，A11，…），数字字母（1A，1B，1C…1Y，2A，2B，2C，…），字母-字母（A-A，A-B，A-C，…A-Y，B-A，B-B，B-C，…），字母-数字（A-1，A-2，A-3，…A-9，A-10，A-11，…），数字-字母（1-A，1-B，1-C…1-Y，2-A，2-B，2-C，…），数字-

数字（1-1，1-2，1-3，…1-9，1-10，1-11，…）；

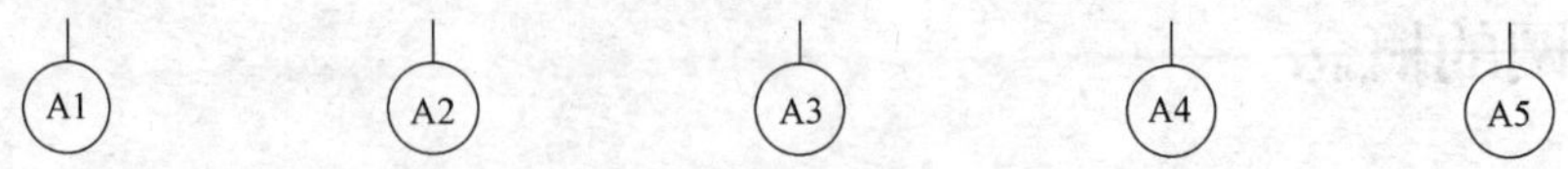

为了解决用户常常遇到的图纸重复使用问题，提供了一轴多号的功能，可以在原有轴号两端或一端增添新轴号。此功能以【单轴标注】和【一轴多号】两个命令提供，前者是为详图等单个号圈的轴号对象增添新轴号，后者是为用于轴网的多个号圈的轴号对象增添新轴号。

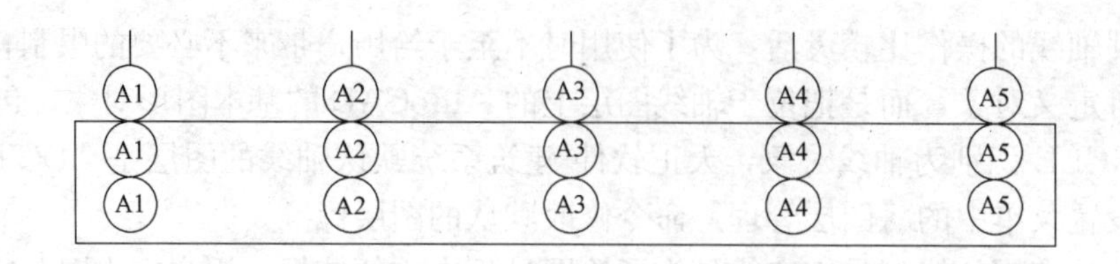

增添的轴号还需通过【重排轴号】命令重新编号

【主附转换】命令可批量修改主轴号为附加轴号，或将附加轴号变为主轴号，然后编号方向上的其他轴号按要求依次重排，重排规则按国家制图标准中主附轴号的编号要求推算，非编号方向的轴号由用户自行修改，不作逆向重排。

天正轴号对象的大小与编号方式符合现行制图规范要求，保证出图后号圈的大小是 8 或用户在高级选项中预设的数值，软件限制了规范规定不得用于轴号的字母，轴号对象预设有用于编辑的夹点，拖动夹点的功能用于轴号偏移、改变引线长度、轴号横向移动等。

3.1.3　轴号的默认参数设置

在高级选项中提供了多项参数，轴号字高系数用于控制编号大小和号圈的关系，轴号号圈大小是依照国家现行规范规定直径为 8～10，在高级选项中默认号圈直径为 8，还可控制在一轴多号命令中是否显示附加轴号等。

3.1.4　轴号的特性参数编辑

在以 Ctrl+1 启动的特性表中包括了轴号的各项对象特性，从天正软件-建筑系统 2013 开始新增了“隐藏轴号文字”特性栏，由于轴号对象是一个整体，此特性统一控制上下或者左右所有轴号文字的显示，便于获得轴号编号为空的轴网。

3.1.5　尺寸标注系统

尺寸标注系统由自定义尺寸标注对象构成，在标注轴网时自动生成于轴线图层 AXIS 上，除了图层不同外，与其他命令的尺寸标注没有区别。

创建轴网的方法有多种：

- 使用【绘制轴网】命令生成标准的直轴网或弧轴网。
- 根据已有的建筑平面布置图，使用【墙生轴网】命令生成轴网。
- 轴线图层上绘制 LINE、ARC、CIRCLE，轴网标注命令识别为轴线。

3.2　轴网的创建

3.2.1　绘制直线轴网

直线轴网功能用于生成正交轴网、斜交轴网或单向轴网，在命令【绘制轴网】中的“直线轴网”标签执行。从天正软件-建筑系统 2013 版本开始，新增拾取已有轴网参数的方法。

菜单命令：轴网柱子→绘制轴网（HZZW）

单击绘制轴网菜单命令后，显示【绘制轴网】对话框，在其中单击“直线轴网”标签，输入开间间距，如图 3-2-1 所示。

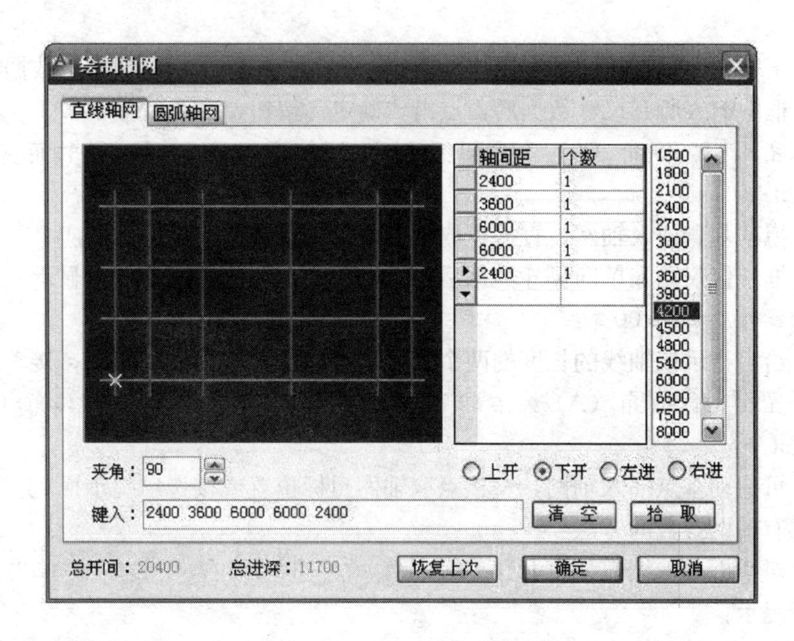

图 3-2-1　直线轴网对话框

输入轴网数据方法

1. 直接在“键入”栏内键入轴网数据，每个数据之间用空格或英文逗号隔开，输入完毕后按回车键生效。

2. 在电子表格中键入“轴间距”和“个数”，常用值可直接点取右方数据栏或下拉列表的预设数据。

3. 切换到对话框单选按钮“上开”、“下开”、“左进”、“右进”之一，单击［拾取］按钮，在已有的标注轴网中拾取尺寸对象获得轴网数据。

对话框控件的说明

［上开］　在轴网上方进行轴网标注的房间开间尺寸。

［下开］　在轴网下方进行轴网标注的房间开间尺寸。

［左进］　在轴网左侧进行轴网标注的房间进深尺寸。

［**右进**］ 在轴网右侧进行轴网标注的房间进深尺寸。

［**个数**］［**尺寸**］ 栏中数据的重复次数，点击右方数值栏或下拉列表获得，也可以键入。

［**轴间距**］ 开间或进深的尺寸数据，点击右方数值栏或下拉列表获得，也可以键入。

［**键入**］ 键入一组尺寸数据，用空格或英文逗点隔开，按回车键数据输入到电子表格中。

［**夹角**］ 输入开间与进深轴线之间的夹角数据，默认为夹角 90°的正交轴网。

［**清空**］ 把某一组开间或者某一组进深数据栏清空，保留其他组的数据。

［**拾取**］ 提取图上已有的某一组开间或者进深尺寸标注对象获得数据。

［**恢复上次**］ 把上次绘制直线轴网的参数恢复到对话框中。

［**确定**］［**取消**］ 单击后开始绘制直线轴网并保存数据，取消绘制轴网并放弃输入数据。

右击电子表格中行首按钮，可以执行新建、插入、删除、复制和剪切数据行的操作。

在对话框中输入所有尺寸数据后，点击“确定”按钮，命令行显示：

点取位置或［转 90°角（A）/左右翻（S）/上下翻（D）/对齐（F）/改转角（R）/改基点（T）］<退出>：

此时可拖动基点插入轴网，直接点取轴网目标位置或按选项提示回应。

在对话框中仅仅输入单向尺寸数据后，点击“确定”按钮，命令行显示：

单向轴线长度<16200>：

此时，给出指示该轴线的长度的两个点或者直接输入该轴线的长度，接着提示：

点取位置或［转 90°角（A）/左右翻（S）/上下翻（D）/对齐（F）/改转角（R）/改基点（T）］<退出>：

此时，可拖动基点插入轴网，直接点取轴网目标位置或按选项提示回应。

拾取已有轴网参数的方法：

切换到对话框单选按钮“上开”、“下开”、“左进”、“右进”之一，单击［拾取］按钮，命令行提示：

请选择表示轴网尺寸的标注<返回>：

此时，应选择对应于“上开”、“下开”、“左进”、“右进”之一位置的尺寸对象，如图 3-2-2 所示为选取“下开”参数的实例。

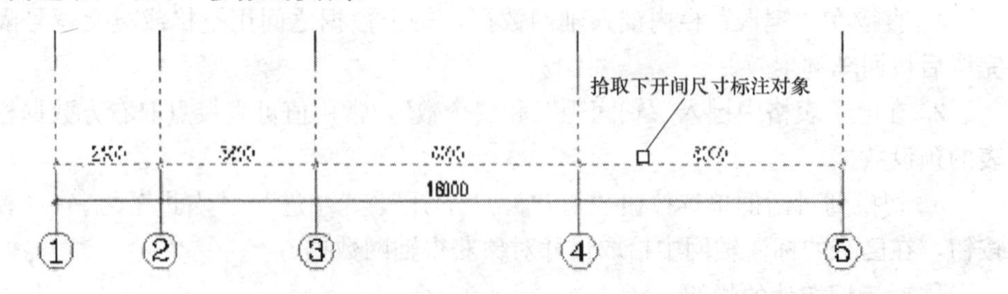

图 3-2-2　拾取轴网尺寸

回车后返回对话框，获得如图 3-2-3 中所示的下开间尺寸参数 2400、3600、6000、6000。

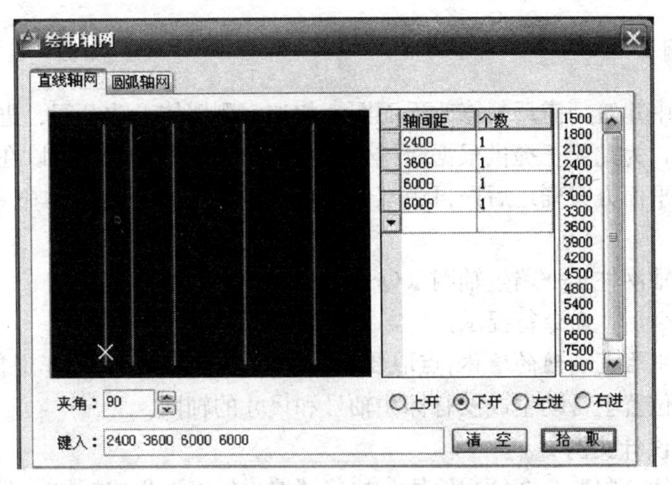

图 3-2-3　轴网尺寸返回对话框

> **注意**：1. 如果第一开间（进深）与第二开间（进深）的数据相同，不必输入另一开间（进深）。
>
> 2. 输入的尺寸定位以轴网的左下角轴线交点为基点，多层建筑各平面同号轴线交点位置应一致。

直线轴网设计实例

上开间：4 * 6000，7500，4500 ；

下开间：2400，3600，4 * 6000，3600，2400；

左进深键入：4200，3300，4200 右进深与左进深同，不必输入；

正交直线轴网，夹角为 90°，如图 3-2-4 所示。

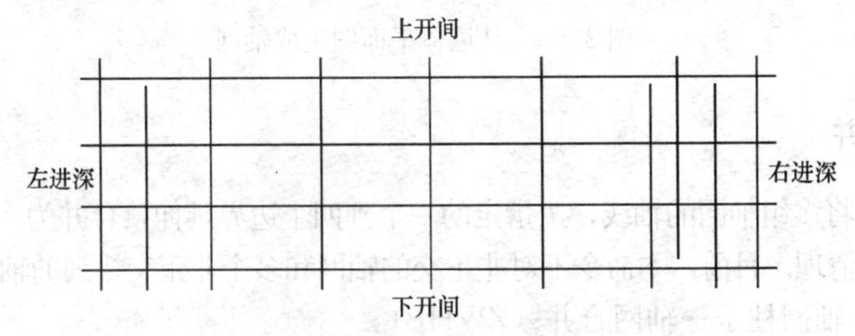

图 3-2-4　正交直线轴网

斜交直线轴网，夹角为 75°，如图 3-2-5 所示。

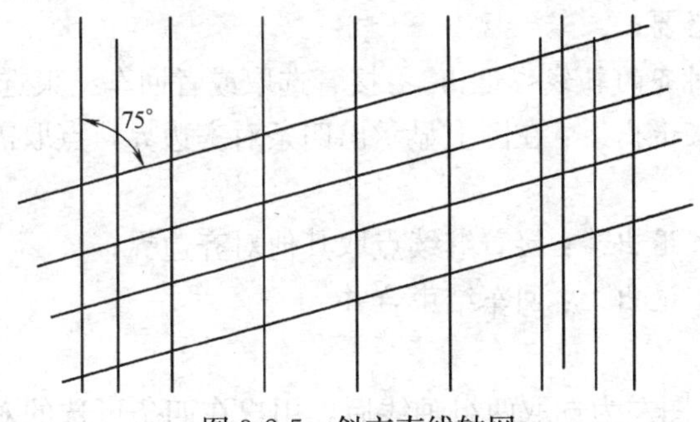

图 3-2-5　斜交直线轴网

3.2.2 墙生轴网

在方案设计中建筑师需反复修改平面图，如加、删墙体，改开间、进深等，用轴线定位有时并不方便，为此天正提供根据墙体生成轴网的功能，建筑师可以在参考栅格点上直接进行设计。待平面方案确定后，再用本命令生成轴网。也可用墙体命令绘制平面草图，然后生成轴网。

菜单命令：轴网柱子→墙生轴网（QSZW）

点取菜单命令后，命令行提示：

请选取要从中生成轴网的墙体：点取要生成轴网的所有墙体或回车退出

在墙体基线位置上自动生成没有标注轴号和尺寸的轴网。

墙生轴网设计实例

先使用【墙体绘制】命令绘制墙体，执行【墙生轴网】生成轴线，在实例中墙轴线是按墙体绘制中的基线生成的。如图 3-2-6 所示。

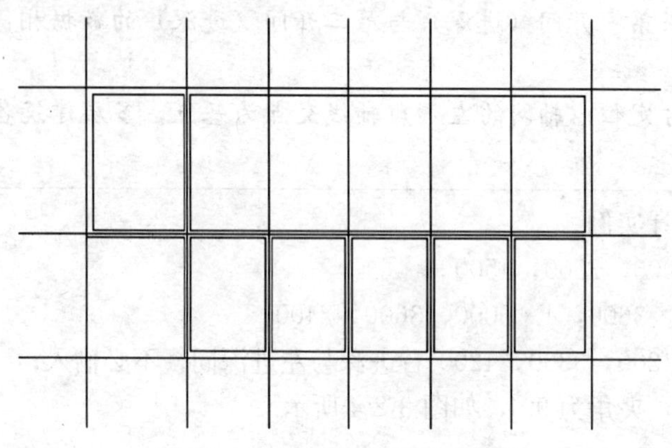

图 3-2-6　从墙体平面图生成轴网

3.2.3 轴网合并

本命令用于将多组轴网的轴线，按指定的一个到四个边界延伸，合并为一组轴线，同时将其中重合的轴线清理。目前，本命令不对非正交的轴网和多个非正交排列的轴网进行处理。

菜单命令：轴网柱子→轴网合并（ZWHB）

点取菜单命令后，命令行提示：

请选择需要合并对齐的轴线<退出>：这里请圈选多个轴网里面的轴线，对同一个轴网内的轴线没有合并必要；

请选择需要合并对齐的轴线<退出>：接着选取或者回车结束选择；

请选择对齐边界<退出>：在图上显示出四条对齐边界，点取需要对齐的边界，命令开始合并轴线；

请选择对齐边界<退出>：接着继续点取其他对齐边界；

请选择对齐边界<退出>：回车结束合并。

轴线合并实例

如图 3-2-7 所示，图左为选取两组轴线后，用户在四条可选的对齐边界中选择了右方和下方的边界，命令执行结果如图右所示。

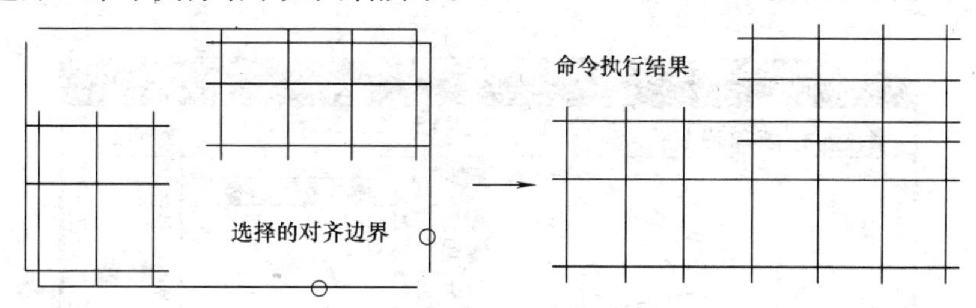

图 3-2-7　轴网合并实例（一）

如图 3-2-8 所示，图左为选取两组轴线后，用户在四条可选的对齐边界中选择了左方和上方的边界，命令执行结果如图右所示。

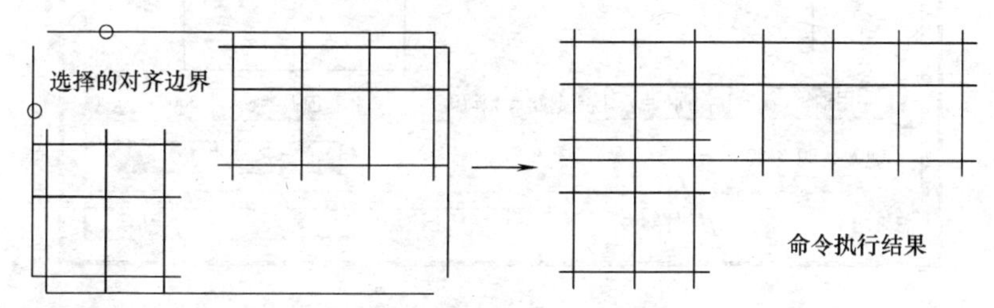

图 3-2-8　轴网合并实例（二）

3.2.4　绘制圆弧轴网

圆弧轴网由一组同心弧线和不过圆心的径向直线组成，常组合其他轴网，端径向轴线由两轴网共用，由命令【绘制轴网】中的“圆弧轴网”标签执行。从天正软件-建筑系统 2013 版本开始，新增拾取已有轴网参数的方法。

菜单命令：轴网柱子→绘制轴网（HZZW）

单击绘制轴网菜单命令后，显示【绘制轴网】对话框，在其中单击“圆弧轴网”标签，输入进深的对话框如图 3-2-9 所示。

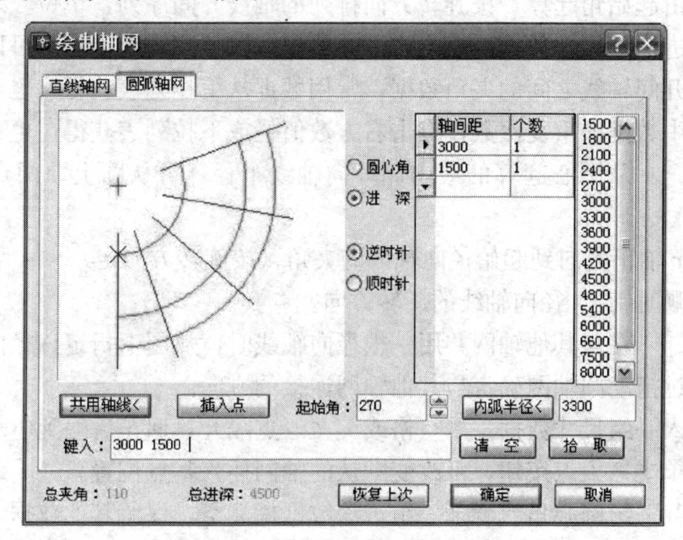

图 3-2-9　圆弧轴网对话框输入进深

输入圆心角的对话框显示如图 3-2-10 所示。

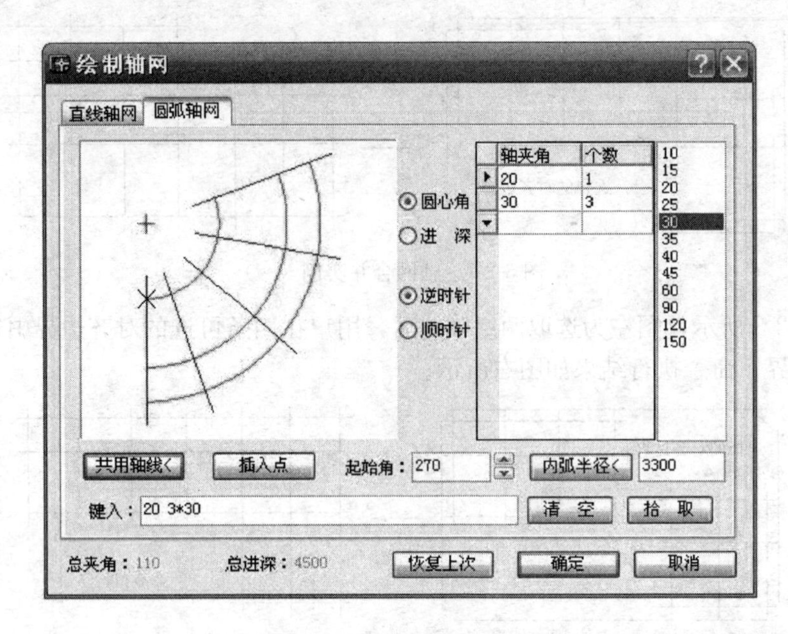

图 3-2-10　圆弧轴网对话框输入夹角

输入轴网数据方法

1. 直接在［键入］栏内键入轴网数据，每个数据之间用空格或英文逗号隔开，输入完毕后按回车键生效。

2. 在电子表格中键入［轴间距］/［轴夹角］和［个数］，常用值可直接点取右方数据栏或下拉列表的预设数据。

对话框控件的说明

［进深］ 在轴网径向，由圆心起算到外圆的轴线尺寸序列，单位 mm。

［圆心角］ 由起始角起算，按旋转方向排列的轴线开间序列，单位°。

［轴间距］ 进深的尺寸数据，点击右方数值栏或下拉列表获得，也可以键入。

［轴夹角］ 开间轴线之间的夹角数据，常用数据从下拉列表获得，也可以键入。

［个数］ 栏中数据的重复次数，点击右方数值栏或下拉列表获得，也可以键入。

［内弧半径<］ 从圆心起算的最内侧环向轴线半径，可从图上取两点获得，也可以为 0。

［起始角］ x 轴正方向到起始径向轴线的夹角（按旋转方向定）。

［逆时针］［顺时针］ 径向轴线的旋转方向。

［共用轴线<］ 在与其他轴网共用一根径向轴线时，从图上指定该径向轴线不再重复绘出，点取时通过拖动圆轴网确定与其他轴网连接的方向。

［键入］ 键入一组尺寸数据，用空格或英文逗点隔开，回车后输到电子表格中。

［插入点］ 单击插入点按钮，可改变默认的轴网插入基点位置。

［清空］ 把某一组圆心角或者某一组进深数据栏清空，保留其他数据。

［拾取］ 提取图上已有的某一组圆心角或者进深尺寸标注对象获得数据。

［**恢复上次**］　把上次绘制圆弧轴网的参数恢复到对话框中。

［**确定**］［**取消**］　单击后开始绘制圆弧轴网并保存数据，取消绘制轴网并放弃输入数据。

右击电子表格中行首按钮，可以执行新建、插入、删除、复制和剪切数据行的操作。

在对话框中输入所有尺寸数据后，点击“确定”按钮，命令行显示：

点取位置或［转90°角(A)/左右翻(S)/上下翻(D)/对齐(F)/改转角(R)/改基点(T)］＜退出＞：

此时，可拖动基点插入轴网，直接点取轴网目标位置或按选项提示回应。

拾取已有轴网参数的方法：

切换到对话框单选按钮“圆心角”、“进深”之一，单击［拾取］按钮，命令行提示：

请选择表示轴网尺寸的标注＜返回＞：

此时，应选择对应于“圆心角”、“进深”两者之一位置的尺寸对象，如图3-2-11所示为选取“圆心角”参数的实例。

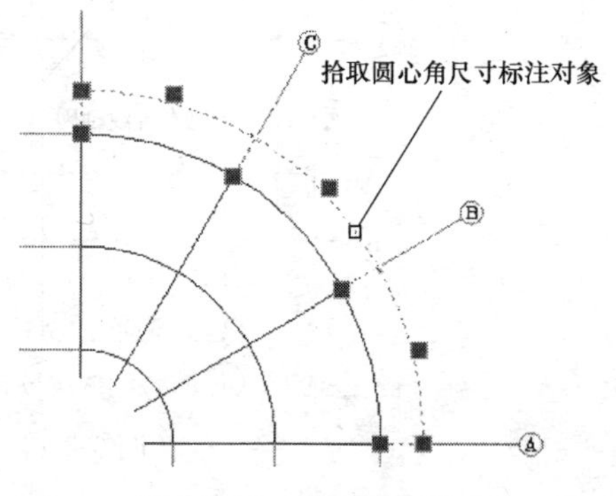

图3-2-11　拾取轴网尺寸

回车后返回对话框，获得如图3-2-12中所示的圆心角参数。

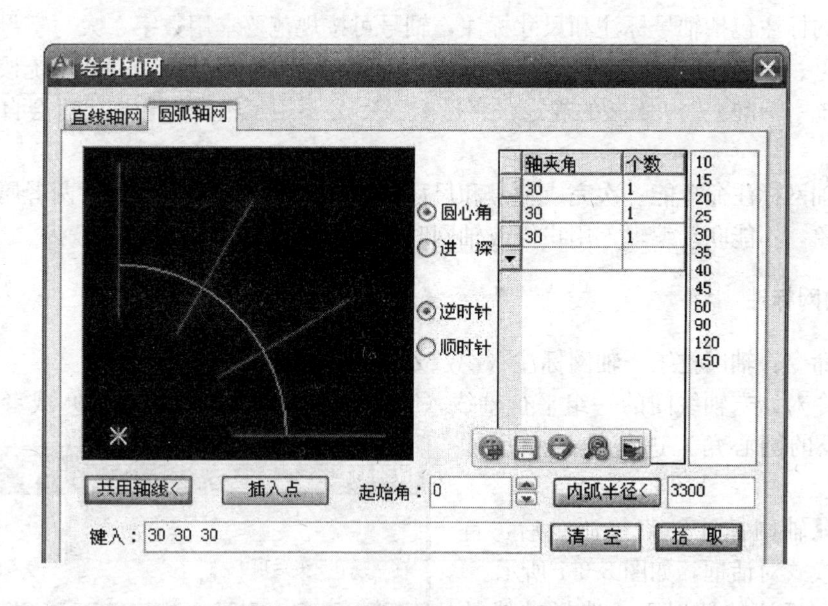

图3-2-12　轴网尺寸返回对话框

＊ 圆心角的总夹角为360°时，生成弧线轴网的特例“圆轴网”。

圆弧轴网设计实例

进深：1500，3000 圆心角：20，3＊30 内弧半径：3300

输入参数后，单击【共用轴线＜】按钮，在图上点取轴线2，逆时针方向拖动。

标注完成的组合圆弧轴网如图3-2-13所示。

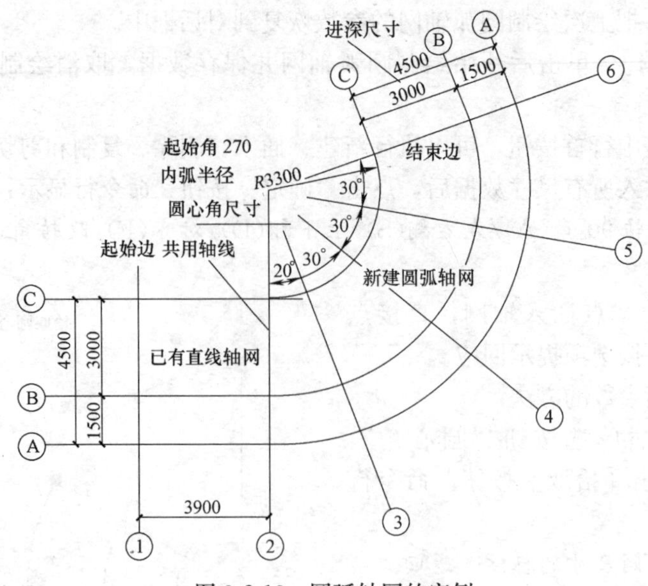

图 3-2-13　圆弧轴网的实例

3.3　轴网标注与编辑

轴网的标注包括轴号标注和尺寸标注，轴号可按规范要求用数字、大写字母、小写字母、双字母、双字母间隔连字符等方式标注，可适应各种复杂分区轴网，系统按照《房屋建筑制图统一标准》7.0.4 条的规定，字母 I、O、Z 不用于轴号，在排序时会自动跳过这些字母。

尽管轴网标注命令能一次完成轴号和尺寸的标注，但轴号和尺寸标注两者属独立存在的不同对象，不能联动编辑，用户修改轴网时应注意自行处理。

3.3.1　轴网标注

菜单命令：轴网柱子→轴网标注（ZWBZ）

本命令对始末轴线间的一组平行轴线（直线轴网与圆弧轴网的进深）或者径向轴线（圆弧轴线的圆心角）进行轴号和尺寸标注。

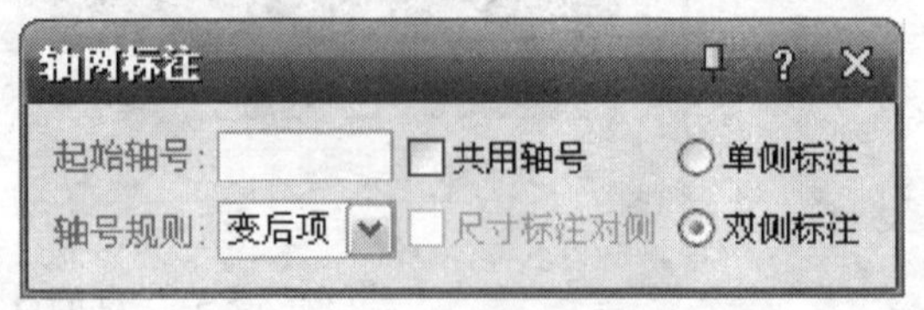

图 3-3-1　轴网标注对话框

单击【轴网标注】菜单命令后，首先显示无模式对话框，如图 3-3-1 所示。

在单侧标注的情况下，选择轴线的哪一侧就标在哪一侧。可按照《房屋建筑制图统一标准》，支持类似 1-1、A-1 与 AA、A1 等分区轴号标注，按用户选取的“轴号规则”预设的轴号变化规律改变各轴号的编号；

默认的“起始轴号”在选择起始和终止轴线后自动给出，水平方向为 1，垂直方向为 A，用户可在编辑框中自行给出其他轴号，也可删空以标注空白轴号的轴网，用于方案等场合。

命令行首先提示点取要标注的始末轴线，在其间标注直线轴网，命令交互如下：

请选择起始轴线<退出>:选择一个轴网某开间（进深）一侧的起始轴线，点 P1；

请选择终止轴线<退出>：选择一个轴网某开间（进深）同一侧的末轴线，点 P2，此时始末轴线范围的所有轴线亮显；

请选择不需要标注的轴线：选择那些不需要标注轴号的辅助轴线，这些选中的轴线恢复正常显示，回车结束选择完成标注；

请选择起始轴线<退出>：重新选择其他轴网进行标注或者回车退出命令。

以下我们以标注与直线轴网（轴网1）连接的圆弧轴网（轴网2）说明两种轴网共用轴号的标注：

在无模式对话框中勾选“共用轴号”复选框，单击“单侧标注”单选按钮，如图 3-3-2 所示，在标注弧轴网时，角度标注默认在当前所选点 P3 一侧。

请选择起始轴线<退出>：选择与前一个轴网共用的轴线作为起始轴线，点靠外侧的 P3；

请选择终止轴线<退出>：选择一个轴网某开间（进深）同侧的末轴线，点 P4；

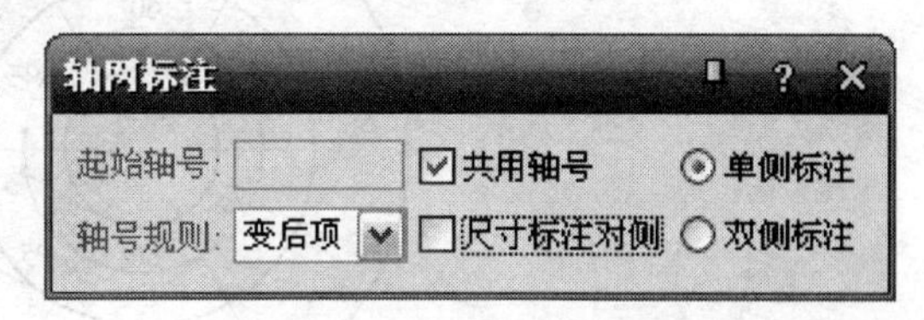

图 3-3-2 设置轴网标注选项

请选择不需要标注的轴线：选择那些不需要标注轴号的辅助轴线，这些选中的轴线恢复正常显示，回车结束选择；

是否为按逆时针方向排序编号?（Y/N）[Y]:回车默认逆时针，完成轴号 4-6 的标注。

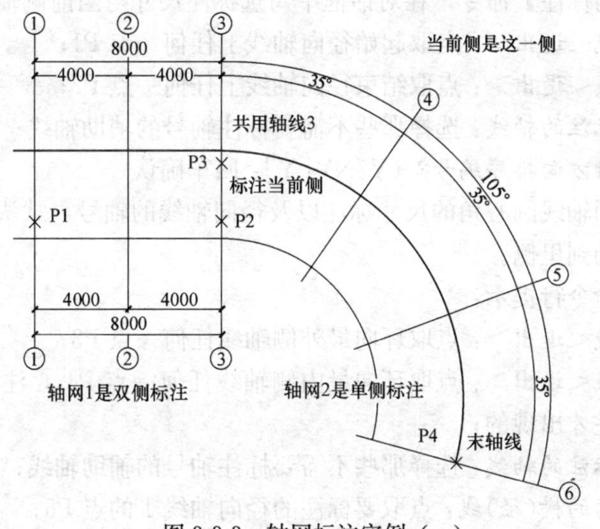

图 3-3-3 轴网标注实例（一）

对话框控件的说明

[**起始轴号**] 希望起始轴号不是默认值 1 或者 A 时，在此处输入自定义的起始轴号，可以使用字母和数字组合轴号。

[**轴号规则**] 使用字母和数字的组合表示分区轴号，共有两种情况，变前项和变后项，默认变后项。

[**尺寸标注对侧**] 用于单侧标注，勾选此复选框，尺寸标注不在轴线选取一侧标注，

而在另一侧标注。

[共用轴号] 勾选后表示起始轴号由所选择的已有轴号后继数字或字母决定。

[单侧标注] 表示在当前选择一侧的开间（进深）标注轴号和尺寸。

[双侧标注] 表示在两侧的开间（进深）均标注轴号和尺寸。

轴网标注设计实例

进深键入：2＊6000 圆心角键入：6＊60

要求按逆时针标注径向轴号与引出的环向进深轴号。

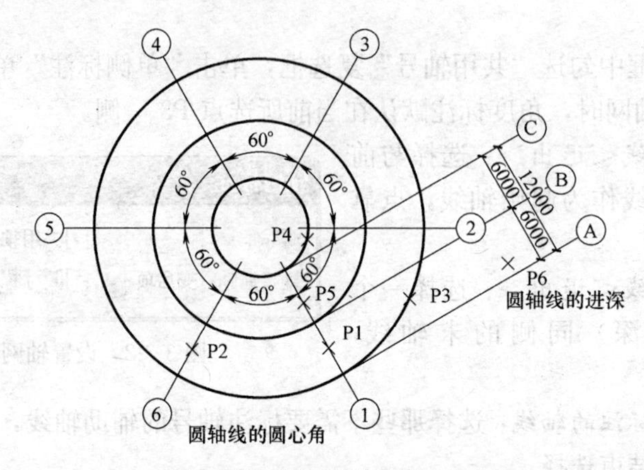

图 3-3-4　轴网标注实例（二）

首先启动【轴网标注】命令，在对话框中勾选标注尺寸与当前侧轴号，命令行提示：

请选择起始轴线<退出>：点取起始径向轴线上任何一点 P1；

请选择终止轴线<退出>：点取结束径向轴线上任何一点 P2；

请选择不需要标注的轴线：选择那些不需要标注轴号的辅助轴线；

是否为按逆时针方向排序编号？(Y/N) [Y]：回车确认。

这时标注完成圆轴线圆心角的尺寸标注以及径向轴线的轴号，默认尺寸线是标注在外侧的，图中经过拖动到里侧。

重复本命令，命令行提示：

请选择起始轴线<退出>：点取环向最外侧轴线任何一点 P3；

请选择终止轴线<退出>：点取环向最内侧轴线任何一点 P4 ，注意以下的命令提示是针对圆形轴网标注才出现的；

请选择不需要标注的轴线：选择那些不需要标注轴号的辅助轴线；

请选择圆形轴网的横(径)线：点取要标注的径向轴线 1 的点 P5；

请输入起始轴号(. 空号)<A>：回车取默认轴号 A；

请输入标注位置<退出>：拖动标注轴号与标注线给点 P6，如图 3-3-4 所示。

3.3.2　单轴标注

菜单命令：轴网柱子→单轴标注（DZBZ）

本命令只对单个轴线标注轴号，轴号独立生成，不与已经存在的轴号系统和尺寸系统发生关联。不适用于一般的平面图轴网，常用于立面与剖面、详图等个别单独的轴线标注，按照制图规范的要求，可以选择几种图例进行表示。如果轴号编辑框内不填写轴号，则创建空轴号。本命令创建的对象的编号是独立的，其编号与其他轴号没有关联，如需要与其他轴号对象有编号关联，请使用【添补轴号】命令。

单击【单轴标注】菜单命令后，首先显示无模式对话框，在其中单击“单轴号”或“多轴号”单选按钮，单轴号时在轴号编辑框中输入轴号，如图3-3-5所示。

多轴号有多种情况，当表示的轴号非连续时，应在编辑框中输入多个轴号，其间以逗号分隔，单击“文字”，第二轴号以上为编号以文字注写在轴号旁，如图3-3-6所示。

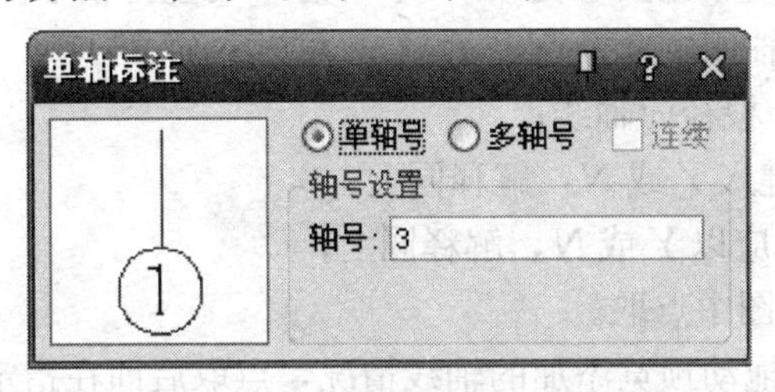

图3-3-5　单轴标注单轴号

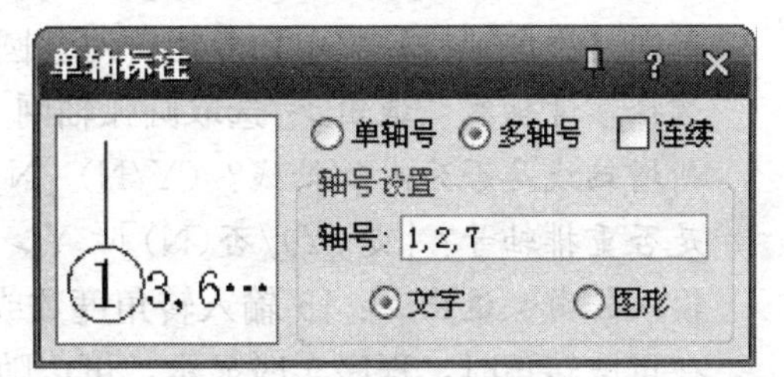

图3-3-6　单轴标注多轴号文字

单击“图形”，第二轴号以上的编号用号圈注写在轴号下方，如图3-3-7所示。

当表示的轴号连续排列时，勾选“连续”复选框，此时对话框如图3-3-8所示，在其中输入“起始轴号”和“终止轴号”。

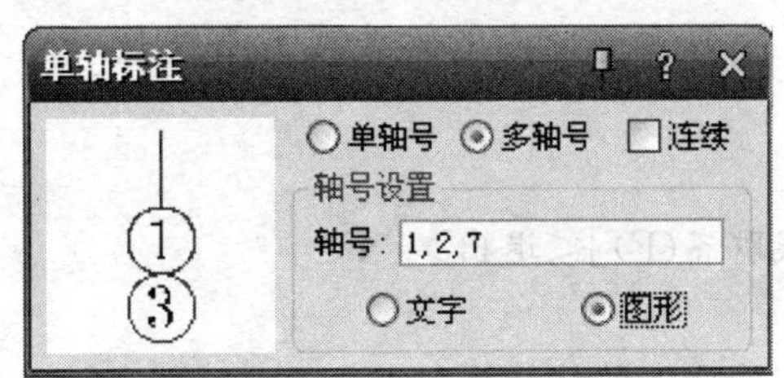

图3-3-7　单轴标注多轴号图形

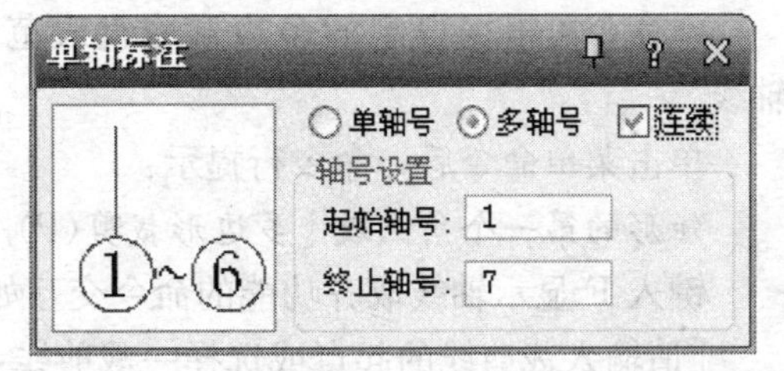

图3-3-8　单轴标注多轴号连续

此时命令行提示：

点取待标注的轴线＜退出＞：点取要标注的某根轴线；

点取待标注的轴线＜退出＞：继续点取要标注的其他轴线或回车退出完成标注，结果如图3-3-9所示。

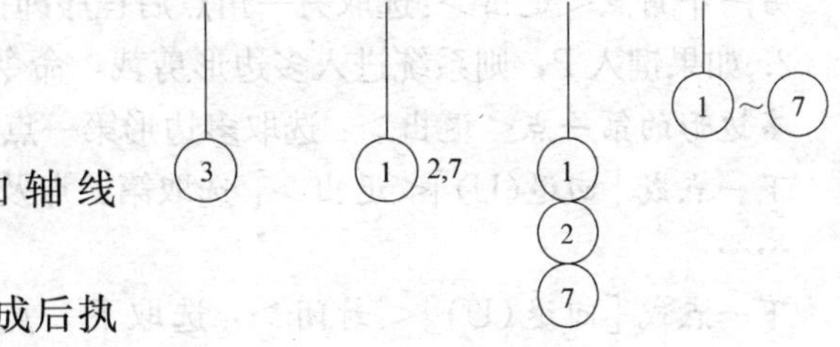

图3-3-9　单轴标注示例

3.3.3　添加轴线

菜单命令：轴网柱子→添加轴线(TJZX)

本命令应在【两点轴标】命令完成后执行，功能是参考某一根已经存在的轴线，在其任意一侧添加一根新轴线，同时根据用户的选择赋予新的轴号，把新轴线和轴号一起融入到存在的参考轴号系统中。从天正软件-建筑系统2013开始，在添加轴线时增加是否重排轴号的选择。

单击【添加轴线】菜单命令后，对于直线轴网，命令行提示：

选择参考轴线＜退出＞：点取要添加轴线相邻，距离已知的轴线作为参考轴线；

新增轴线是否为附加轴线？(Y/N) [N]：

回应 Y，添加的轴线作为参考轴线的附加轴线，按规范要求标出附加轴号，如 1/1、2/1 等。

回应 N，添加的轴线作为一根主轴线插入到指定的位置，标出主轴号。

距参考轴线的距离＜退出＞：2400 [用户此时将光标移到参考轴线新添轴线的一侧，键入距参考轴线的距离。]

是否重排轴号？[是(Y)/否(N)]＜Y＞：Y [根据要求键入 Y 或 N,为 Y 时重排轴号]

单击【添加轴线】菜单命令后，对于圆弧轴网，命令行提示：

选择参考轴线＜退出＞：选取圆弧轴网上一根径向轴线；

新增轴线是否为附加轴线？(Y/N) [N]：键入 Y 或 N，解释同上；

是否重排轴号？[是(Y)/否(N)]＜Y＞：回应以 Y 或 N，解释同上；

输入转角＜退出＞：15 输入转角度数或在图中点取。

在点取转角时，程序实时显示，可以随时拖动预览添加的轴线情况，点取后即在指定位置处增加一条轴线。

3.3.4 轴线裁剪

菜单命令：轴网柱子→轴线裁剪（ZXCJ）

本命令可根据设定的多边形或直线范围，裁剪多边形内的轴线或者直线某一侧的轴线。

单击菜单命令后，命令行提示：

矩形的第一个角点或 [多边形裁剪(P)/轴线取齐(F)]＜退出＞：F

键入 F 显示轴线取齐功能的命令交互如下：

[请输入裁剪线的起点或选择一裁剪线：] 点取取齐的裁剪线起点；

请输入裁剪线的终点：点取取齐的裁剪线终点；

请输入一点以确定裁剪的是哪一边：单击轴线被裁剪的一侧结束裁剪；

矩形的第一个角点或 [多边形裁剪(P)/轴线取齐(F)]＜退出＞：

1. 如果给出第一个角点，则系统默认为矩形剪裁，命令行继续提示：

另一个角点＜退出＞：选取另一角点后程序即按矩形区域剪裁轴线。

2. 如果键入 P，则系统进入多边形剪裁，命令行提示：

多边形的第一点＜退出＞：选取多边形第一点；

下一点或 [回退(U)]＜退出＞：选取第二点及下一点；

……

下一点或 [回退(U)]＜封闭＞：选取下一点或回车，命令自动封闭该多边形结束裁剪。

3.3.5 轴改线型

菜单命令：轴网柱子→轴改线型（ZGXX）

本命令在点画线和连续线两种线型之间切换。建筑制图要求轴线必须使用点画线，但由于点画线不便于对象捕捉，常在绘图过程使用连续线，在输出的时候切换为点画线。如果使用模型空间出图，则线型比例用10×当前比例决定。当出图比例为1∶100时，默认线型比例为1000。如果使用图纸空间出图，天正软件-建筑系统内部已经考虑了自动缩放。

3.4 轴号的编辑

轴号对象是一组专门为建筑轴网定义的标注符号，通常就是轴网的开间或进深方向上的一排轴号。按国家制图规范，即使轴间距上下不同，同一个方向轴网的轴号是统一编号的系统，以一个轴号对象表示，但一个方向的轴号系统和其他方向的轴号系统是独立的对象。

天正轴号对象中的任何一个单独的轴号可设置为双侧显示或者单侧显示，也可以一次关闭打开一侧全体轴号，不必为上、下开间（进深）各自建立一组轴号，也不必为关闭其中某些轴号而炸开对象进行轴号删除。新提供的隐藏轴号文字新特性可以方便获得轴号编号为空的轴网。

本软件提供了“选择预览”特性，光标移动到轴号上方时亮显轴号对象，此时右击即可启动智能感知右键菜单，在右键菜单中列出轴号对象的编辑命令供用户选择使用。修改轴号本身可直接双击轴号文字，即可进入在位编辑状态修改文字。

3.4.1 添补轴号

菜单命令：轴网柱子→添补轴号（TBZH）

本命令可在矩形、弧形、圆形轴网中对新增轴线添加轴号，新添轴号成为原有轴号对象的一部分，但不会生成轴线，也不会更新尺寸标注，适用于以其他方式增添或修改轴线后进行的轴号标注。新增是否重排轴号的选择。

单击菜单命令后，命令行提示：

请选择轴号对象＜退出＞:点取与新轴号相邻的已有轴号对象，不要点取原有轴线；

请点取新轴号的位置或［参考点(R)］＜退出＞：光标位于新增轴号的一侧正交同时键入轴间距；

新增轴号是否双侧标注？(Y/N)［Y］：根据要求键入*Y*或*N*，为*Y*时两端标注轴号；

新增轴号是否为附加轴号？(Y/N)［N］：Y根据要求键入*Y*或*N*，为*Y*时标注附加轴号；

是否重排轴号？［是(Y)/否(N)］＜Y＞：Y根据要求键入Y或N，为Y时重排轴号

3.4.2 删除轴号

菜单命令：轴网柱子→删除轴号（SCZH）

本命令用于在平面图中删除个别不需要的轴号的情况，可根据需要决定是否重排轴号，可框选多个轴号一次删除。

单击菜单命令后，命令行提示：

请框选轴号对象＜退出＞：使用窗选方式选取多个需要删除的轴号；

……

请框选轴号对象＜退出＞：回车退出选取状态；

是否重排轴号？（Y/N）［Y］：根据要求键入 Y 或 N，为 Y 时其他轴号重排，N 时不重排。

3.4.3　一轴多号

菜单命令：轴网柱子→一轴多号（YZDH）

本命令用于平面图中同一部分由多个分区公用的情况，利用多个轴号共用一根轴线可以节省图面和工作量，本命令将已有轴号作为源轴号进行多排复制，用户进一步对各排轴号编辑获得新轴号系列。默认不复制附加轴号，需要复制附加轴号时请先在“高级选项→轴线→轴号→一轴多号忽略附加轴号”改为否。

单击【一轴多号】菜单命令后，命令交互如下：

当前：忽略附加轴号。状态可在高级选项中修改。

在高级选项中可以预设一轴多号命令绘制时是否不绘制附加轴号。

请选择已有轴号或[框选轴圈局部操作(F)/双侧创建多号(Q)]＜退出＞：

用户通过两点框定一个轴号即可全选该分区或方向的整体轴号对象，右键回车直接退出命令。

请选择已有轴号：继续选择其他分区或方向的已有轴号，右键回车为结束选择；

……

请输入复制排数＜1＞：键入轴号复制排数，如图 3-4-1 所示；

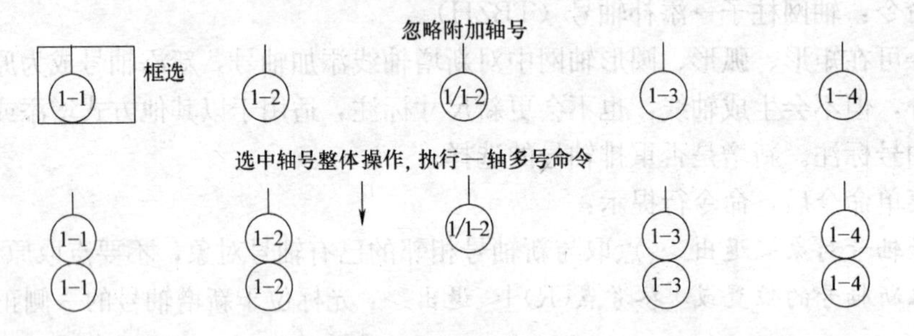

图 3-4-1　一轴多号示例（一）

在第一个命令提示下如键入 F，表示此时按局部选取的轴号逐个复制，命令交互为：

请选择已有轴号或[选中轴号整体操作(F)/单侧创建多号(Q)]＜退出＞：用户通过两点框定一个或多个轴号，反复操作选取要复制的轴号，右键回车直接退出命令。

请选择已有轴号：继续选择其他分区或方向的已有轴号，右键回车为结束选择；

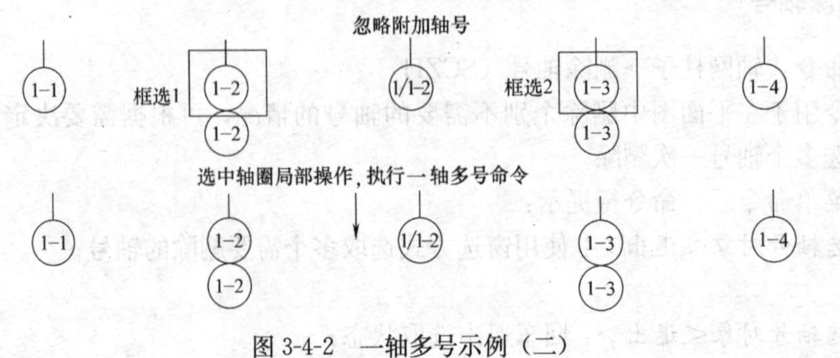

图 3-4-2　一轴多号示例（二）

请输入复制排数<1>：键入轴号复制排数，如图 3-4-2 所示。

复制得到的各排新轴号和源轴号的编号是相同的，接着需使用【重排轴号】命令分别修改为新的轴号系列。

3.4.4 轴号隐现

菜单命令：轴网柱子→轴号隐现（ZHYX）

本命令用于在平面轴网中控制单个或多个轴号的隐藏与显示，功能相当于轴号的对象编辑操作中的“变标注侧”和“单轴变标注侧”，为了方便用户使用改为独立命令。从天正软件-建筑系统 2013 开始，两者功能完全兼容。

单击【轴号隐现】菜单命令后，命令交互如下：

1. 单侧操作与双侧操作模式

本命令分两个模式操作，其中“单侧隐藏”和“单侧显示”意思是隐藏和显示你选择的一侧轴号，另一侧轴号不变，键入 Q 后改为“双侧隐藏”或“双侧显示”模式，一起关闭/显示两侧的轴号。要注意，轴线和轴号不是同一个对象，轴线的显示可用【局部隐藏】命令来单独处理。

2. 隐藏原来显示的轴号

请选择需隐藏的轴号或［显示轴号(F)/设为双侧操作(Q)，当前：单侧隐藏］<退出>：给出两点框选 1，框选要隐藏的轴号 1-2

请选择需隐藏的轴号或［显示轴号(F)/设为双侧操作(Q)，当前：单侧隐藏］<退出>：给出两点框选 2，框选要隐藏的轴号 1-3

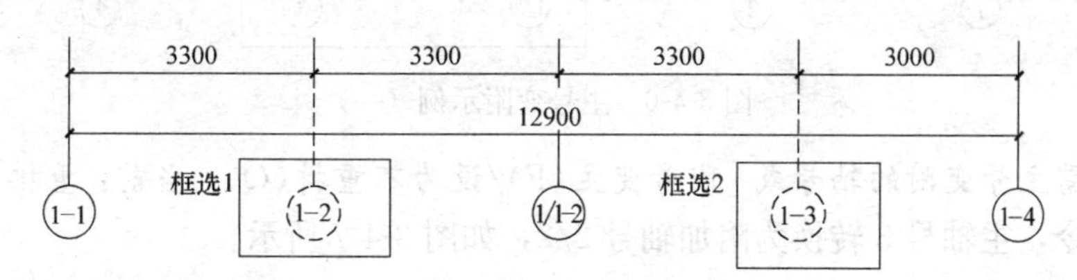

图 3-4-3　隐藏轴号示例（一）

请选择需隐藏的轴号或［显示轴号(F)/设为双侧操作(Q)，当前：单侧隐藏］<退出>：回车退出，结果如下图所示。

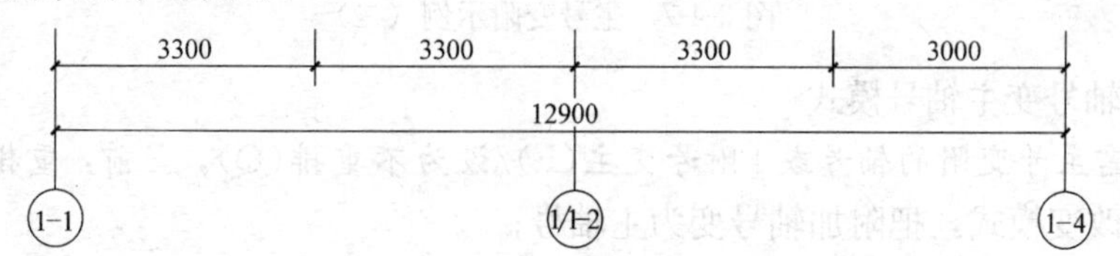

图 3-4-4　隐藏轴号示例（二）

3. 重新显示隐藏的轴号

请选择需隐藏的轴号或［显示轴号(F)/设为双侧操作(Q)，当前：单侧隐藏］<退出>：键入 *F* 命令功能改为显示轴号；

请选择需显示的轴号或［隐藏轴号(F)/设为双侧操作(Q)，当前：单侧显示］<退出>：给出两点框选 1，框选要显示的轴号 1-2

请选择需显示的轴号或［隐藏轴号(F)/设为双侧操作(Q)，当前：单侧显示］＜退出＞： 给出两点框选 2，框选要显示的轴号 1-3

请选择需显示的轴号或［隐藏轴号(F)/设为双侧操作(Q)，当前：单侧显示］＜退出＞： 回车退出，结果如图 3-4-5 所示。

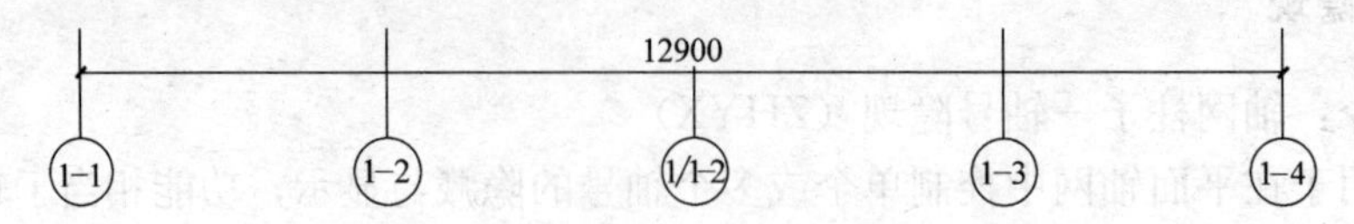

图 3-4-5　显示隐藏轴号

3.4.5　主附转换

菜单命令：轴网柱子→主附转换（ZFZH）

本命令用于在平面图中将主轴号转换为附加轴号或者反过来将附加轴号转换回主轴号，本命令的重排模式对轴号编排方向的所有轴号进行重排。

单击【主附转换】菜单命令后，命令交互如下：

1. 主轴号变附加轴号模式

请选择需主号变附的轴号或［附号变主(F)/设为不重排(Q)，当前：重排］＜退出＞： 框选要变为附加轴号的主轴号 3（含附加轴号无影响）；

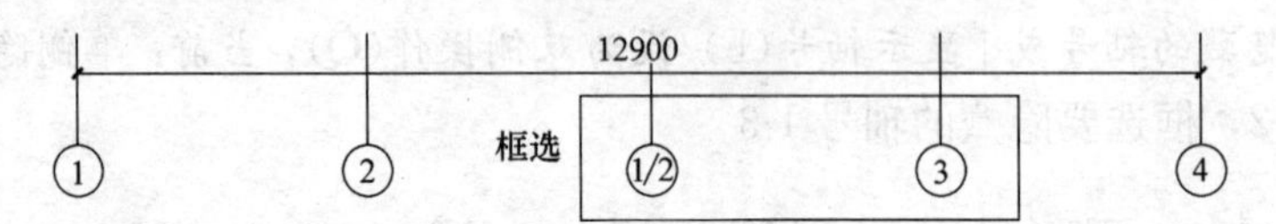

图 3-4-6　主号变附示例（一）

请选择需主号变附的轴号或［附号变主(F)/设为不重排(Q)，当前：重排］＜退出＞： 回车退出命令，主轴号 3 转换为附加轴号 2/2，如图 3-4-7 所示。

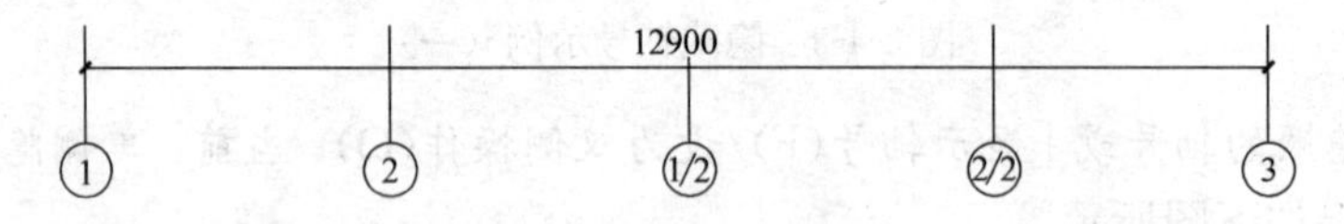

图 3-4-7　主号变附示例（二）

2. 附加轴号变主轴号模式

请选择需主号变附的轴号或［附号变主(F)/设为不重排(Q)，当前：重排］＜退出＞： 键入选项 *F* 改变模式，把附加轴号变为主轴号；

请选择需附号变主的轴号或［主号变附(F)/设为不重排(Q)，当前：重排］＜退出＞： 框选要变为主轴号的附加轴号 1/2（含主轴号无影响）；

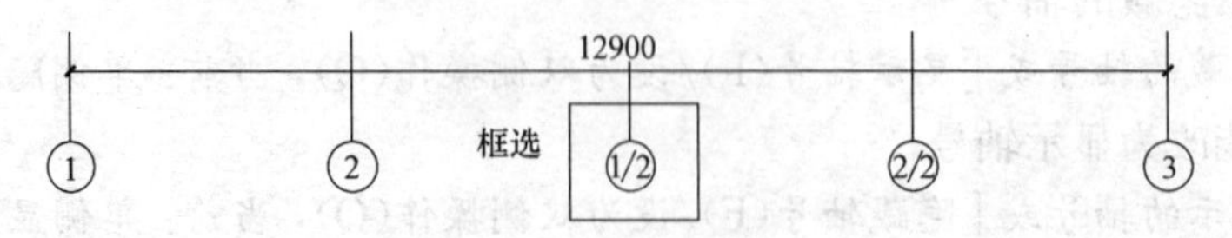

图 3-4-8　附号变主示例（一）

请选择需附号变主的轴号或[主号变附(F)/设为不重排(Q)，当前：重排]<退出>：回车退出命令，附加轴号 1/2 转换为主轴号 3，如图 3-4-9 所示。

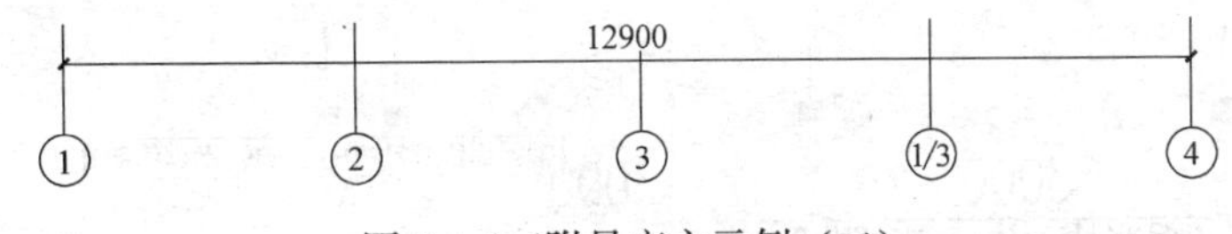

图 3-4-9 附号变主示例（二）

3. 如果单击 Q，设置为不重排，命令仅仅改变选中的轴号，对轴号编排方向的其他轴号不做改变。

3.4.6 重排轴号

命令在所选择的一个轴号对象（包括轴线两端）中，从选择的某个轴号位置开始对轴网的开间或者进深（方向默认从左到右或从下到上）按输入的新轴号重新排序，在此新轴号左（下）方的其他轴号不受本命令影响。应注意：轴号对象事先执行过倒排轴号，则重排轴号的排序方向按当前轴号的排序方向。

本命令在选择轴号后以右键菜单启动，命令行提示：

请选择需重排的第一根轴号<退出>：点取需要重排范围内的左（下）第一个轴号；

请输入新的轴号(. 空号)<1>：2 键入新的轴号（数字、字母或两者的组合）。

3.4.7 倒排轴号

改变下图中一组轴线编号的排序方向，该组编号自动进行倒排序，即原来右到左 1-3 排序改为从左到右 1-3 排序，保持原附加轴号依然为附加轴号，同时影响到今后该轴号对象的排序方向，如果倒排为右到左的方向后，重排轴号会按照右到左进行。本命令用以右键菜单启动执行，没有交互命令。实例如图 3-4-10 所示。

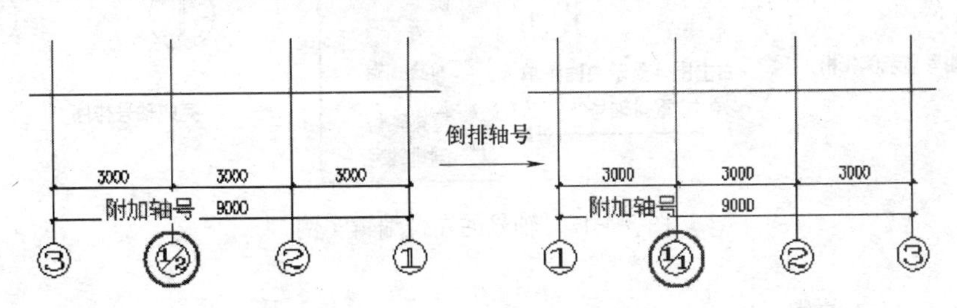

图 3-4-10 倒排轴号实例

3.4.8 轴号夹点编辑

轴号对象预设了专用夹点，用户可以用鼠标拖拽这些夹点编辑轴号，解决以前众多命令才能解决的问题，如轴号的外偏与恢复、成组轴号的相对偏移都直接拖动完成，对象每个夹点的用途均在光标靠近时出现提示，夹点预设功能如图 3-4-11 所示。其中轴号的横移与两侧号圈一致，而纵移则仅是对单侧号圈有效，拖动每个轴号引线端夹点都能拖动一侧轴号一起纵向移动。

从天正软件-建筑系统 2013 版本开始，“改单侧引线长度”夹点独立设在轴号外侧，避免了以往关闭首轴号同时将此夹点关闭的问题，第一轴号可以改单轴引线长度；新增“单轴横纵移动”夹点，可以拖动单个轴号到任意位置。

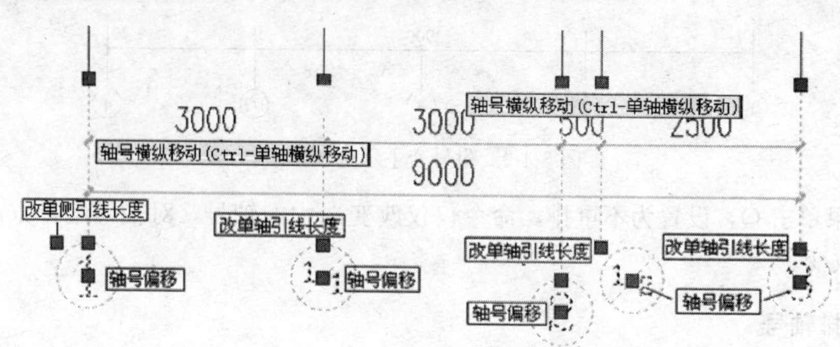

图 3-4-11 轴号对象夹点示意图

3.4.9 轴号在位编辑

可方便地使用在位编辑来修改轴号，光标在轴号对象范围内，然后双击轴号文字，即可进入在位编辑状态，在轴号上出现编辑框。如果要关联修改后续的多个编号，右击出现快捷菜单，在其中单击【重排轴号】命令即可完成轴号排序，否则只修改当前编号。

重排轴号也可以通过在编辑框中键入默认符号“＜”和“＞”执行，在轴号的在位编辑实例，如图 3-4-12 所示的编辑框里面键入 1＜，然后框外单击，即可完成从左到右的重排轴号；如在其中键入＞1，则表示从右到左倒排当前的轴号。光标移动到轴号上方时，轴号对象亮显，右击出现智能感知快捷菜单中单击【倒排轴号】命令，即可完成倒排轴号。

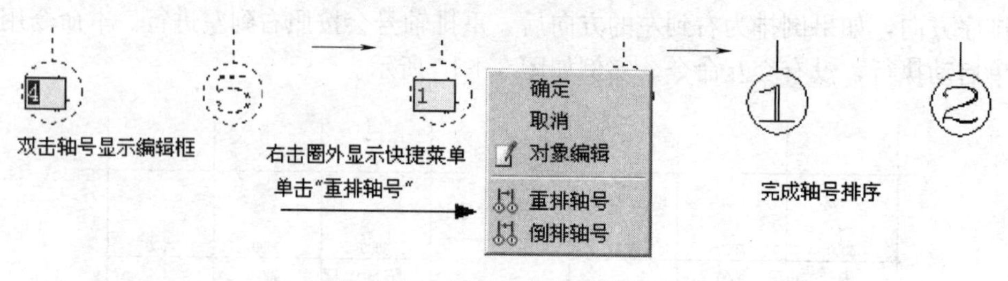

图 3-4-12 轴号的在位编辑实例

3.4.10 轴号对象编辑

光标移动到轴号上方时轴号对象亮显，右击出现智能感知快捷菜单，在其中选择【对象编辑】命令即可启动轴号对象编辑命令，命令提示如下：

变标注侧[M]/单轴变标注侧[S]/添补轴号[A]/删除轴号[D]/单轴变号[N]/重排轴号[R]/轴圈半径[Z]/<退出>：

键入选项热键即可启动其中的功能，选择重要选项介绍如下，其余几种功能与同名命令一致，在此不再赘述。

变标注侧：用于控制轴号显示状态，在本侧标轴号（关闭另一侧轴号），对侧标轴号（关闭本侧轴号）和双侧标轴号（打开轴号）间切换。

单轴变标注侧：此功能是任由您逐个点取要改变显示方式的轴号（在轴号关闭时点取轴线端点），轴号显示的三种状态立刻改变，被关闭的轴号在编辑状态变虚，回车结束后关闭，如图 3-4-13 所示。

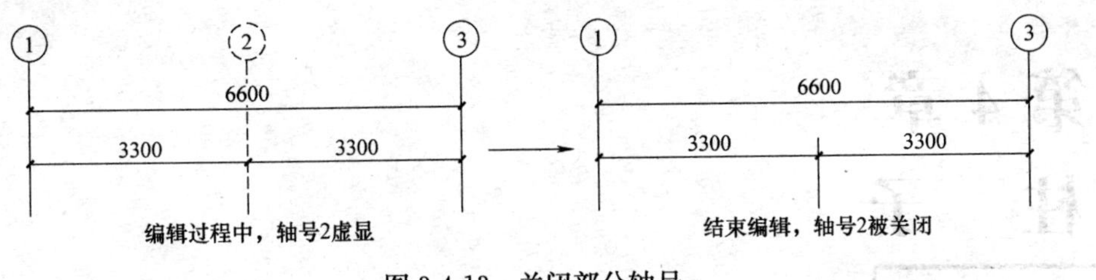

图 3-4-13　关闭部分轴号

> **注意：**不必为删除一侧轴号去分解轴号对象，变标注侧就可以解决问题。

第 4 章 柱 子

内容提要

• 柱子的概念

介绍柱子对象的特点与使用方法。

• 柱子的创建

介绍标准柱、角柱和构造柱的创建方法。

• 柱子的编辑

介绍柱子的位置编辑和形状编辑方法。

4.1　柱子的概念

柱子在建筑设计中主要起到结构支撑作用，有些时候柱子也用于纯粹的装饰。本软件以自定义对象来表示柱子，但各种柱子对象定义不同，标准柱用底标高、柱高和柱截面参数描述其在三维空间的位置和形状，构造柱用于砖混结构，只有截面形状而没有三维数据描述，只服务于施工图。

• 柱与墙相交时按墙柱之间的材料等级关系决定柱自动打断墙或者墙穿过柱。如果柱与墙体同材料，墙体被打断的同时与柱连成一体。

• 柱子的填充方式与柱子的当前比例有关，如柱子的当前比例大于预设的详图模式比例，柱子和墙的填充图案按详图填充图案填充，否则按标准填充图案填充。

• 标准柱的常规截面形式有矩形、圆形、多边形等，异形截面柱由标准柱命令中“选择 Pline 线创建异形柱”图标定义，或者单击“标准构件库……”按钮取得。

插入图中的柱子，用户如需要移动和修改，可充分利用夹点功能和其他编辑功能。对于标准柱的批量修改，可以使用“替换”的方式，柱同样可采用 AutoCAD 的编辑命令进行修改，修改后相应墙段会自动更新。此外，柱、墙可同时用夹点拖动编辑。

4.1.1　柱子与墙的保温层特性

柱子的保温层与墙保温层均通过【墙柱保温】命令添加，柱保温层与相邻的墙保温层的边界自动融合，但两者具有不同的性质，柱保温层在独立柱中能自动环绕柱子一周添加，保温层厚度对每一个柱子可独立设置、独立开关，但更广泛的应用场合中，柱保温层更多地是被墙（包括虚墙）断开，分别为外侧保温或者内侧保温、两侧保温，但保温层不能设置不同厚度；柱保温的范围可随柱子与墙的相对位置自动调整。

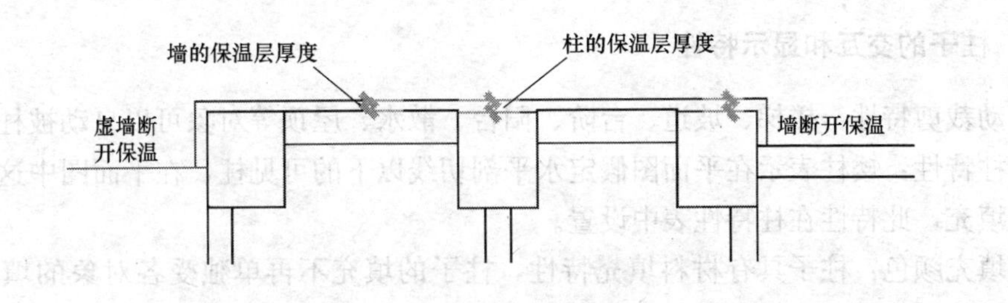

图 4-1-1　柱子与墙的保温

4.1.2　柱子的夹点定义

柱子的每一个夹点都可以拖动改变柱子的尺寸或者位置，如矩形柱的边中夹点用于拖动调整柱子的侧边、对角夹点改变柱子的大小、中心夹点改变柱子的转角或移动柱子，圆柱的边夹点用于改变柱子的半径、中心夹点移动柱子。柱子的夹点定义如图 4-1-2 所示。

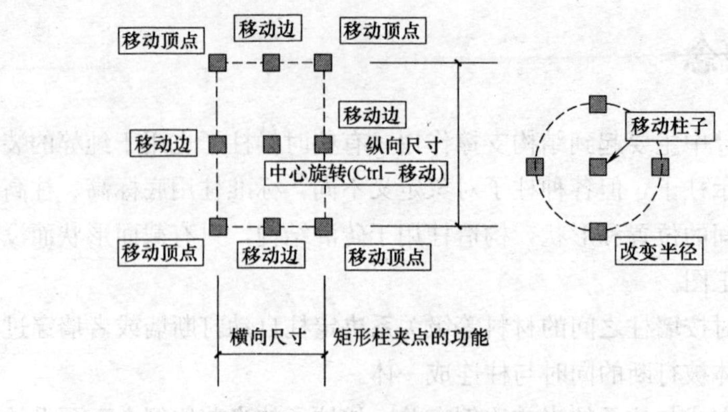

图 4-1-2　柱子的夹点定义

4.1.3　柱子与墙的连接方式

柱子的材料决定了柱与墙体的连接方式，图 4-1-3 所示是不同材质墙柱连接关系的示意图，标准填充模式与详图填充模式的切换由“选项→天正加粗填充”中用户设定的比例自动控制。

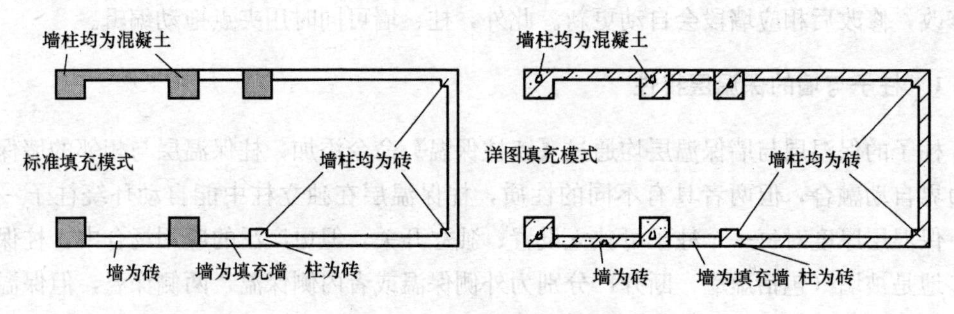

图 4-1-3　柱子和墙的连接

4.1.4　柱子的交互和显示特性

自动裁剪特性：楼梯、坡道、台阶、阳台、散水、屋顶等对象可以自动被柱子裁剪。

矮柱特性：矮柱表示在平面图假定水平剖切线以下的可见柱，在平面图中这种柱不被加粗和填充，此特性在柱特性表中设置。

柱填充颜色：柱子具有材料填充特性，柱子的填充不再单独受各对象的填充图层控制，而是优先由选项中材料颜色控制，更加合理、方便。

4.2　柱子的创建

4.2.1　标准柱

在轴线的交点或任何位置插入矩形柱、圆柱或正多边形柱，后者包括常用的三、五、六、八、十二边形断面，还包括创建异形柱的功能。柱子也能通过【墙柱保温】命令添加保温层。

插入柱子的基准方向总是沿着当前坐标系的方向，如果当前坐标系是 UCS，柱子的基准方向自动按 UCS 的 X 轴方向，不必另行设置。

【标准柱】命令的工具栏新增“选择 Pline 创建异形柱”和“在图中拾取柱子形状或已有柱子”图标，用于创建异形柱和把已有形状或柱子作为当前标准柱使用。

菜单命令：轴网柱子→标准柱（BZZ）

创建标准柱的步骤如下：

1. 设置柱的参数，包括截面类型、截面尺寸和材料，或者从构件库取得以前入库的柱。

2. 单击下面的工具栏图标，选择柱子的定位方式。

3. 根据不同的定位方式回应相应的命令行输入。

4. 重复 1-3 步或回车结束标准柱的创建。以下是具体的交互过程：

点取菜单命令后，显示标准柱对话框，在选取不同形状后会根据不同形状，显示对应的参数输入。如图 4-2-1～图 4-2-3 所示。

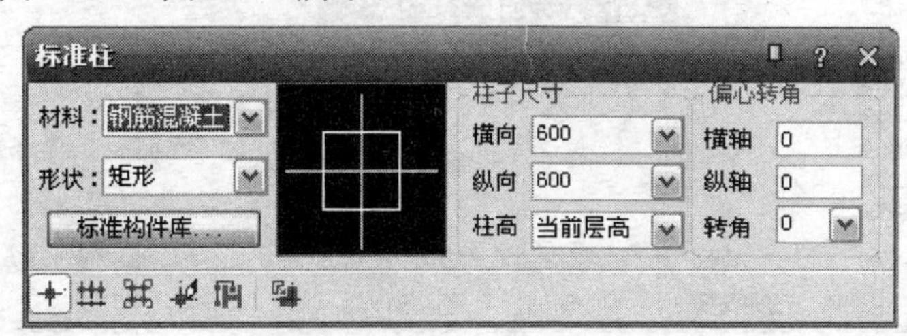

图 4-2-1 标准柱对话框方柱

图 4-2-2 标准柱对话框圆柱

图 4-2-3 标准柱对话框多边形柱

▶对话框控件的说明

[柱子尺寸] 其中的参数因柱子形状而略有差异，如图 4-2-1～图 4-2-3 所示。

[柱高] 柱高默认取当前层高，也可从列表选取常用高度。

[偏心转角] 其中旋转角度在矩形轴网中以 x 轴为基准线；在弧形、圆形轴网中以

环向弧线为基准线，以逆时针为正，顺时针为负自动设置。

［材料］　由下拉列表选择材料，柱子与墙之间的连接形式以两者的材料决定，目前包括砖、石材、钢筋混凝土或金属，默认为钢筋混凝土。

［形状］　设定柱截面类型，列表框中有矩形、圆形和正多边形等柱截面，选择任一种类型成为选定类型。

［标准构件库…］　从柱构件库中取得预定义柱的尺寸和样式，柱构件库如图 4-2-4 所示。

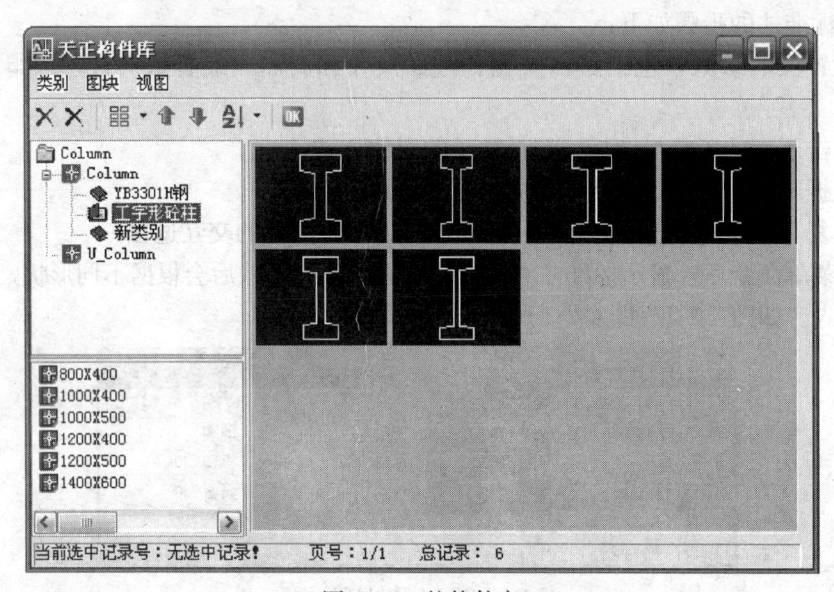

图 4-2-4　柱构件库

［点选插入柱子］　优先捕捉轴线交点插柱，如未捕捉到轴线交点，则在点取位置插柱。

［沿一根轴线布置柱子］　在选定的轴线与其他轴线的交点处插柱。

［矩形区域的轴线交点布置柱子］　在指定的矩形区域内，所有的轴线交点处插柱。

［替换图中已插入柱子］　以当前参数柱子替换图上的已有柱，可以单个替换或者以窗选成批替换。

［选择 Pline 创建异形柱］　以图上已绘制的闭合 Pline 线就地创建异形柱。

［在图中拾取柱子形状或已有柱子］　以图上已绘制的闭合 Pline 线或者已有柱子作为当前标准柱读入界面，接着插入该柱。

在对话框中输入所有尺寸数据后，单击“点选插入柱子”按钮，命令行显示：

点取位置或［转 90°角(A)/左右翻(S)/上下翻(D)/对齐(F)/改转角(R)/改基点(T)/参考点(G)］＜退出＞：

柱子插入时键入定位方式热键，可见图中处于拖动状态的柱子马上发生改变，在合适时给点定位。

在对话框中输入所有尺寸数据后，单击“沿一根轴线布置柱子”按钮，命令行显示：

请选择一轴线＜退出＞：选取要标注的轴线；

在对话框中输入所有尺寸数据后，单击“矩形区域布置”按钮，命令行显示：

第一个角点＜退出＞：取区域对角两点框选范围；

另一个角点＜退出＞：给出第二点后在范围内布置柱子。

4.2.2 角柱

在墙角插入形状与墙一致的角柱，可改各肢长度以及各分肢的宽度，宽度默认居中，高度为当前层高。生成的角柱与标准柱类似，每一边都有可调整长度和宽度的夹点，可以方便地按要求修改。

菜单命令：轴网柱子→角柱（JZ）

点取菜单命令后，命令行提示：

请选取墙角或[参考点(R)]<退出>：点取要创建角柱的墙角或键入R定位

选取墙角后显示如图4-2-5所示对话框，用户在对话框中输入合适的参数。

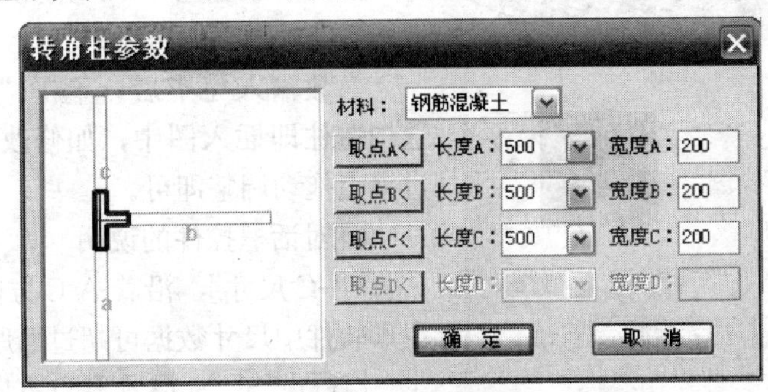

图4-2-5 角柱对话框

参数输入完毕后，单击“确定”按钮，所选角柱即插入图中。

▶对话框控件的说明

[材料] 由下拉列表选择材料，柱子与墙之间的连接形式以两者的材料决定，目前包括砖、石材、钢筋混凝土或金属，默认为钢筋混凝土。

[长度] 其中旋转角度在矩形轴网中以X轴为基准线；在弧形、圆形轴网中以环向弧线为基准线，以逆时针为正，顺时针为负自动设置。

[取点X<] 单击“取点X<”按钮，可通过墙上取点得到真实长度，命令行提示：

请点取一点或[参考点(R)]<退出>：

注意依照“取点X<”按钮的颜色从对应的墙上给出角柱端点。

[宽度] 各分肢宽度默认等于墙宽，改变柱宽后默认对中变化，要求偏心变化在完成后以夹点修改。

如偏心变宽可通过夹点拖动调整，如图4-2-6所示。

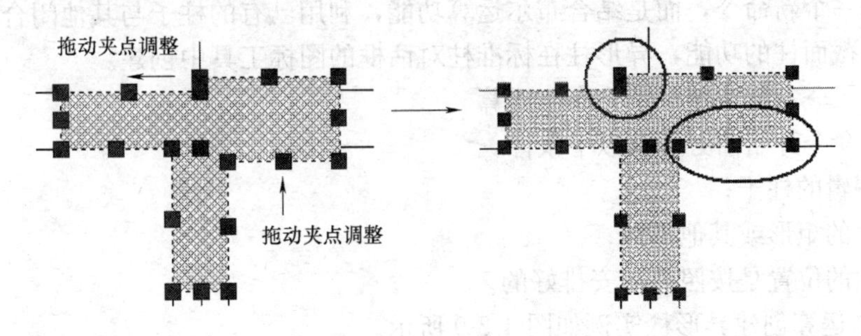

图4-2-6 角柱的夹点编辑

4.2.3　构造柱

本命令在墙角交点处或墙体内插入构造柱，依照所选择的墙角形状为基准，输入构造柱的具体尺寸，指出对齐方向，默认为钢筋混凝土材质，仅生成二维对象。目前，本命令还不支持在弧墙交点处插入构造柱。

菜单命令：轴网柱子→构造柱（GZZ）

点取菜单命令后，命令行提示：

请选取墙角或[参考点(R)]<退出>：点取要创建构造柱的墙角或墙中任意位置

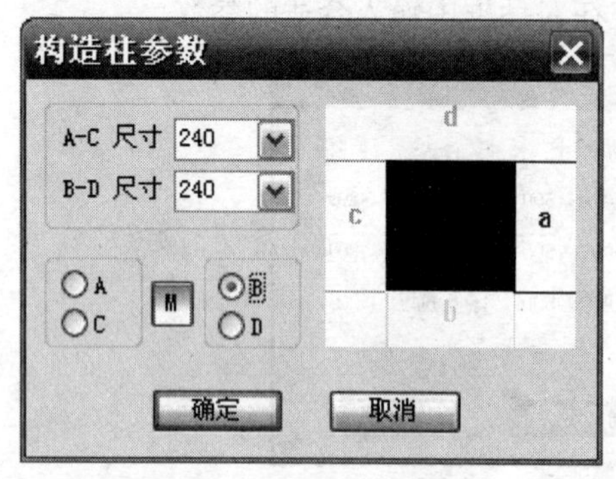

图 4-2-7　构造柱对话框

随即显示如图 4-2-7 所示对话框，在其中输入参数，选择要对齐的墙边。

参数输入完毕后，单击“确定”按钮，所选构造柱即插入图中；如修改长度与宽度可通过夹点拖动调整即可。

▶对话框控件的说明

[A-C 尺寸]　沿着 A-C 方向的构造柱尺寸，在本软件中尺寸数据可超过墙厚。

[B-D 尺寸]　沿着 B-D 方向的构造柱尺寸。

[A/C 与 B/D]　对齐边的互锁按钮，用于对齐柱子到墙的两边。

如果构造柱超出墙边，请使用夹点拉伸或移动，参见实例如图 4-2-8 所示。

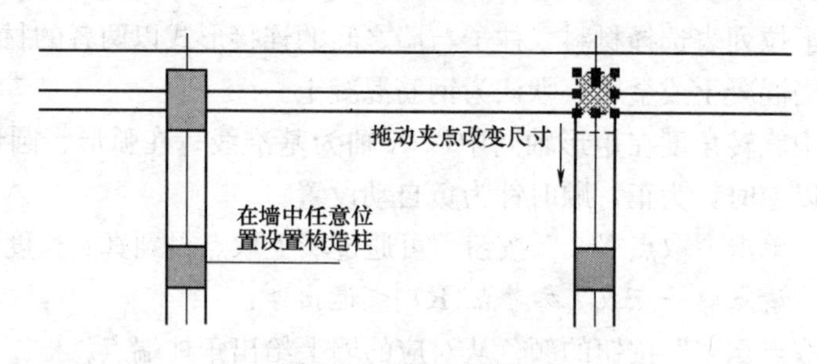

图 4-2-8　构造柱实例

4.2.4　布尔运算创建异形柱

这不是一个新命令，而是结合布尔运算功能，利用已有的柱子与其他闭合轮廓线，创建各种异形截面柱的功能，异形柱在标准柱对话框的图标工具中创建。

选择柱子→右键快捷菜单→布尔运算

执行本命令开始前必须有以下条件：

1. 被编辑的柱子；
2. 闭合的矩形或其他形体；
3. 它们的位置是按照要求安排好的。

▶ 布尔运算创建异形柱实例如图 4-2-9 所示。

在如图 4-2-9 的实例中，我们插入一个矩形柱子，选取该柱子，右击出现快捷菜单，

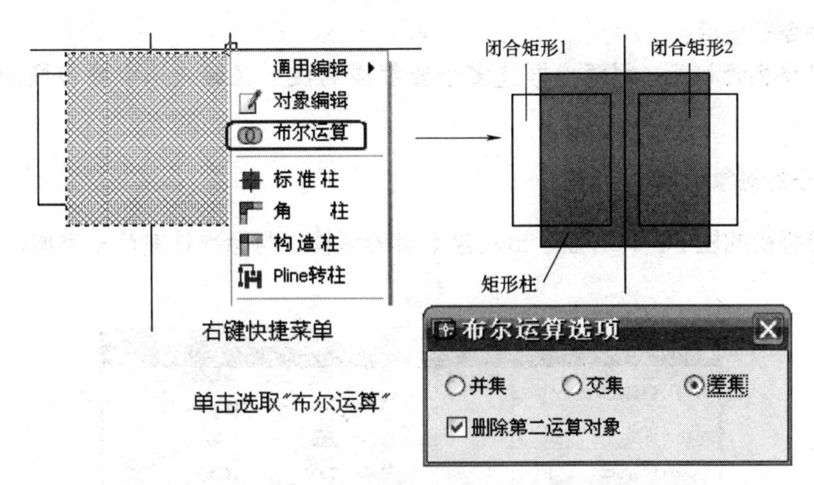

图 4-2-9　布尔运算创建异形柱

在其中单击“布尔运算”命令，显示对话框，我们单击其中互锁按钮的“差集”，默认勾选“删除第二运算对象”，然后按照命令提示执行。

选择其他闭合轮廓对象(pline、圆、平板、柱子、墙体造型、房间、屋顶、散水等)：选取闭合矩形 1

选择其他闭合轮廓对象(pline、圆、平板、柱子、墙体造型、房间、屋顶、散水等)：选取闭合矩形 2

选择其他闭合轮廓对象(pline、圆、平板、柱子、墙体造型、房间、屋顶、散水等)：回车创建了一个工字形柱

可以使用【构件入库】命令把创建好的常用异形柱保存入构件库，使用时从构件库中直接选取。

4.3　柱子的编辑

已经插入图中的柱子，用户如需要成批修改，可使用柱子替换功能或者特性编辑功能。当需要个别修改时，应充分利用夹点编辑和对象编辑功能，夹点编辑在前面“柱子的创建”一节中已有详细描述。

4.3.1　柱子的替换

菜单命令：轴网柱子→标准柱（BZZ）

输入新的柱子数据，然后单击柱子下方工具栏的替换图标，如图 4-3-1 所示。

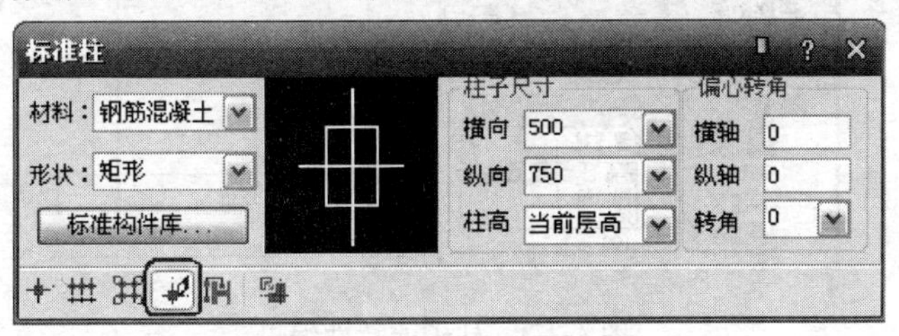

图 4-3-1　替换标准柱

同时命令行显示：

选择被替换的柱子：用两点框选多个要替换的柱子区域或选取要替换的个别柱子均可。

4.3.2 柱子的对象编辑

双击要替换的柱子，即可显示出对象编辑对话框，与标准柱对话框类似，如图 4-3-2 所示。

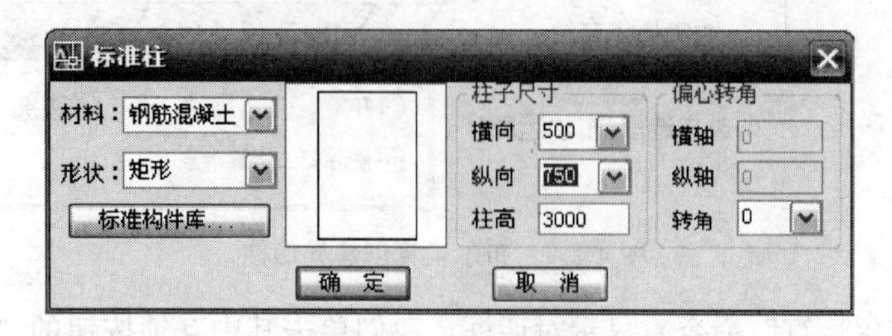

图 4-3-2 柱对象编辑

修改参数后，单击“确定”即可更新所选的柱子，但对象编辑只能逐个对象进行修改，如果要一次修改多个柱子，就应该使用下面介绍的特性编辑功能了。

4.3.3 柱子的特性编辑

在本软件中，完善了柱子对象特性的描述，通过 AutoCAD 的对象特性表，我们可以方便地修改柱对象的多项专业特性，而且便于成批修改参数，具体方法如下：

1. 用如天正“对象选择”等方法，选取要修改特性的多个柱子对象。

2. 键入 Ctrl+1，激活特性编辑功能，使 AutoCAD 显示柱子的特性表。

3. 在特性表中修改柱子参数，例如用途改为“矮柱”，然后各柱子自动更新，注意特性栏增加了保温层与保温层厚等新参数，如图 4-3-3 所示。

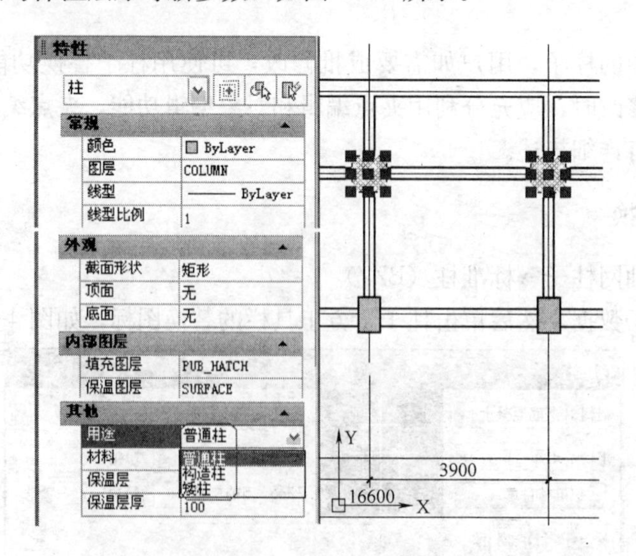

图 4-3-3 柱子的特性编辑

4.3.4 柱齐墙边

本命令将柱子边与指定墙边对齐，可一次选多个柱子一起完成墙边对齐，条件是各柱都在同一墙段，且对齐方向的柱子尺寸相同。

菜单命令：柱子→柱齐墙边（ZQQB）

单击菜单【柱齐墙边】命令，命令行显示：

请点取墙边<退出>：取作为柱子对齐基准的墙边

选择对齐方式相同的多个柱子<退出>：选择多个柱子

选择对齐方式相同的多个柱子<退出>：回车结束选择

请点取柱边<退出>：点取这些柱子的对齐边

请点取墙边<退出>：重选作为柱子对齐基准的其他墙边或者回车退出命令，如图4-3-4所示。

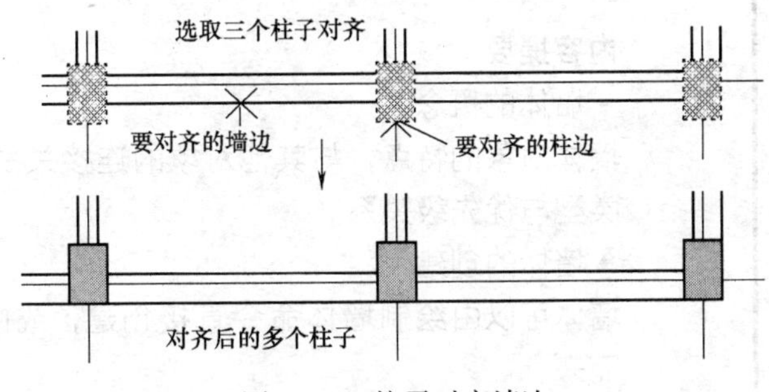

图 4-3-4 柱子对齐墙边

第 5 章 墙 体

内容提要

• 墙体的概念

墙体对象的特点，与其他对象的连接关系，以及墙体材料、类型与优先级关系。

• 墙体的创建

墙体可以由绘制墙体命令直接创建，或由单线和轴网转换而来。

• 墙体的编辑

单墙段的修改使用【对象编辑】，平面的修改可使用夹点拖动和 AutoCAD 通用编辑命令。

• 墙体编辑工具

三维墙体参数编辑功能，用于生成三维模型、日照节能模型、立剖面图。

• 墙体立面工具

介绍三维视图有关的墙体立面编辑方法，用于创建异型门窗洞口与非矩形的立面墙体。

• 内外识别工具

介绍识别墙体内墙与外墙外皮的方法，提供自动识别与交互识别命令，用于保温与节能等。

5.1　墙体的概念

墙体是天正软件-建筑系统中的核心对象，它模拟实际墙体的专业特性构建而成，因此可实现墙角的自动修剪、墙体之间按材料特性连接、与柱子和门窗互相关联等智能特性，并且墙体是建筑房间的划分依据，因此理解墙对象的概念非常重要。墙对象不仅包含位置、高度、厚度这样的几何信息，还包括墙类型、材料、内外墙这样的内在属性。

一个墙对象是柱间或墙角间具有相同特性的一段直墙或弧墙单元，墙对象与柱子围合而成的区域就是房间，墙对象中的“虚墙”作为逻辑构件，围合建筑中挑空的楼板边界与功能划分的边界（如同一空间内餐厅与客厅的划分），可以查询得到各自的房间面积数据。

5.1.1　墙基线的概念

墙基线是墙体的定位线，通常位于墙体内部并与轴线重合，但必要时也可以在墙体外部（此时左宽和右宽有一为负值），墙体的两条边线就是依据基线按左右宽度确定的。墙基线同时也是墙内门窗测量基准，如墙体长度指该墙体基线的长度，弧窗宽度指弧窗在墙基线位置上的宽度。应注意墙基线只是一个逻辑概念，出图时不会打印到图纸上。

墙体的相关判断都是依据于基线，比如墙体的连接相交、延伸和剪裁等等，因此互相连接的墙体应当使得他们的基线准确的交接。本软件规定，墙基线不准重合。如果在绘制过程产生重合墙体，系统将弹出警告，并阻止这种情况的发生。在用 AutoCAD 命令编辑墙体时产生的重合墙体现象，系统将给出警告，并要求用户选择删除相同颜色的重合墙体部分。

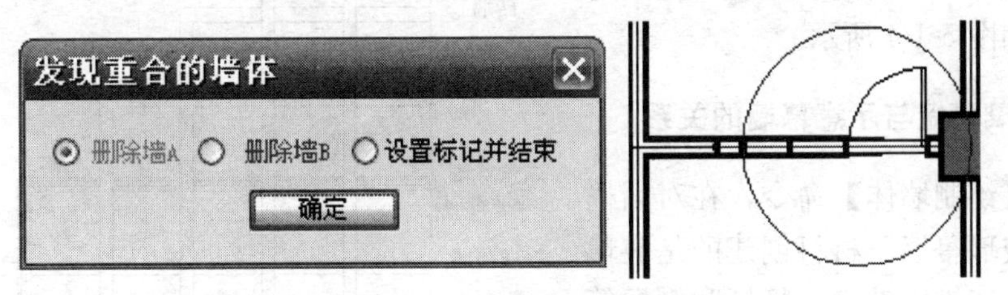

图 5-1-1　墙对象的重合判断

通常不需要显示基线，选中墙对象后显示的三个夹点位置就是基线的所在位置。如果需要判断墙是否准确连接，可以单击状态栏“基线”按钮或菜单切换墙的二维表现方式到“单双线”状态显示基线，如图 5-1-2 所示。

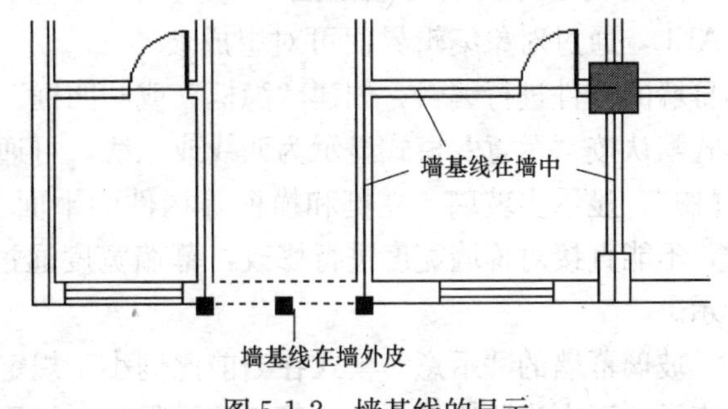

图 5-1-2　墙基线的显示

5.1.2　墙体用途与特性

天正软件-建筑系统定义的墙体按用途分为以下几类，可由对象编辑改变，如图 5-1-3 所示。

一般墙　包括建筑物的内外墙，参与按材料的加粗和填充；

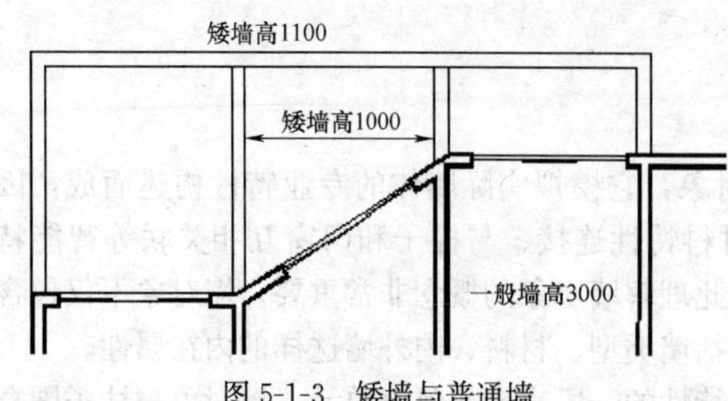

图 5-1-3　矮墙与普通墙

虚墙　用于空间的逻辑分隔，以便于计算房间面积；

卫生隔断　卫生间洁具隔断用的墙体或隔板，不参与加粗填充与房间面积计算；

矮墙　表示在水平剖切线以下的可见墙如女儿墙，不会参与加粗和填充。矮墙的优先级低于其他所有类型的墙，矮墙之间的优先级由墙高决定，但依然受墙体材料影响，因此希望定义矮墙时，各矮墙事先都选择同一种材料。

对一般墙还进一步以内外特性分为在图形表示相同的内墙、外墙两类，用于节能计算时，室内外温差计算不必考虑内墙；用于组合生成建筑透视三维模型时，常常不必考虑内墙，大大节省渲染的内存开销。

5.1.3　墙体材料系列

墙体的材料类型用于控制墙体的二维平面图效果。相同材料的墙体在二维平面图上墙角连通一体，系统约定按优先级高的墙体打断优先级低的墙体的预设规律处理墙角清理。优先级由高到低的材料依次为钢筋混凝土墙、石墙、砖墙、填充墙、示意幕墙和轻质隔墙，它们之间的连接关系如图 5-1-4 所示。

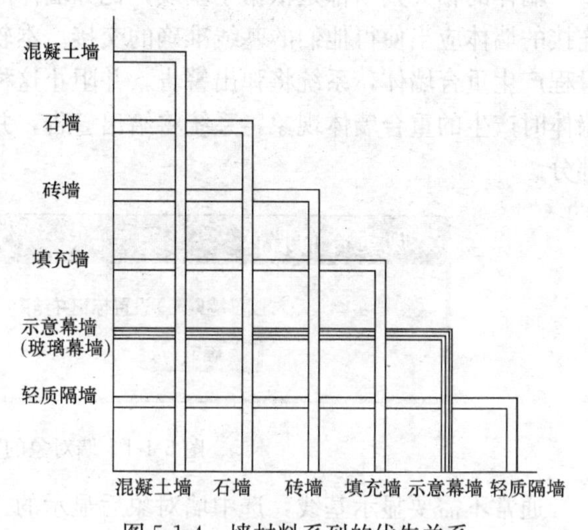

图 5-1-4　墙材料系列的优先关系

5.1.4　玻璃幕墙与示意幕墙的关系

使用【绘制墙体】命令，在对话框中选择“玻璃幕墙”材料创建的是玻璃幕墙对象，三维由玻璃、竖挺和横框等构件表示，可以通过对象编辑详细设置，图层设于专门的幕墙图层 CURTWALL，通过对象编辑界面可对组成玻璃幕墙的构件进行编辑，创建“隐框”或“明框”幕墙，适用于三维建模，平面图的表示方式默认按“示意”模式显示为四线或三线，可通过特性栏中的外观→平面显示栏更改为“详图”，显示出玻璃、立梃和横框等构件的平面。平面图的“示意”模式下在对象编辑时，不能直接对幕墙宽度进行修改，幕墙宽度通过修改竖梃的截面长来定义，如图 5-1-5 所示。

玻璃幕墙的“示意”模式在当前比例小于规定的比例界限（例如 1∶150）时，使用 3 线表示；而在当前比例大于或等于该界限时，使用 4 线表示。普通墙改为示意幕墙后，也按以上的规定显示，该比例界限由天正选项命令的“高级选项→门窗→带形窗幕墙样式”参数设置，如图 5-1-6 所示。

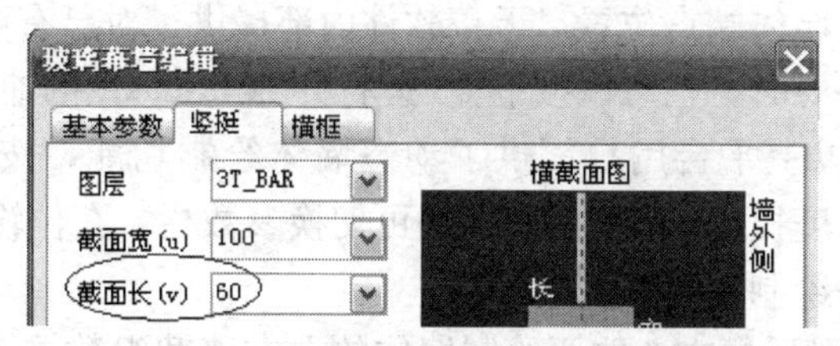

图 5-1-5 幕墙宽度通过竖梃的截面长定义

带形窗幕墙样式		用三线或四线形式表示带形窗、幕墙、弧窗
比例改变后改变样式	是	默认是，表示样式随比例改变
不改样式时的设定类型	四线	样式不随比例改变时可取三线或者四线
改变样式的比例界限	1:150	小于这里设定的界限时改变为三线

大于或等于1:150　1:100　　小于1:150　1:200

图 5-1-6 玻璃幕墙的示意图

在低版本中绘制幕墙时可选“玻璃幕墙”和“示意幕墙”两种材料，后者按三线或四线创建，图层依然是墙层 WALL。考虑到天正建筑节能分析中只能识别玻璃幕墙对象，而不能识别示意幕墙，因此在此仅提供玻璃幕墙的绘制，可以通过【转为幕墙】命令或者对象编辑把旧图中的“示意幕墙”改为“玻璃幕墙”。

5.1.5 墙体加粗与线宽打印设置

使用状态栏的加粗按钮，可以把墙体边界线加粗显示和输出，加粗的参数在天正选项命令下的加粗填充中设置，最终打印时还需通过打印样式表设置墙线颜色对应的线宽；如果加粗打开，实际墙线宽度是两者的组合效果。

打印在图纸上的墙线实际宽度＝加粗宽度＋1/2 墙柱在天正打印样式表 ctb 文件中设定的宽度。例如，按照目前的默认值，选项设置的线宽为 0.4，ctb 文件中设为 0.4，打印出来为 0.6。如果是打印室内设计或者其他非建筑专业使用的平面图，不必打开加粗。

5.2 墙体的创建

墙体可使用【绘制墙体】命令创建或由【单线变墙】命令从直线、圆弧或轴网转换。下面介绍这两种创建墙体的方法。墙体的底标高为当前标高（Elevation），墙高默认为楼层层高。墙体的底标高和墙高可在墙体创建后用【改高度】命令进行修改。当墙高给定为 0 时，墙体在三维视图下不生成三维视图。本软件支持圆墙的绘制，圆墙可由两段同心圆弧墙拼接而成。

5.2.1 绘制墙体

本命令启动名为“绘制墙体”的非模式对话框，其中可以设定墙体参数，不必关闭对话框即可直接使用“直墙”、“弧墙”和“矩形布置”3 种方式绘制墙体对象，墙线相交处自动处理，墙宽随时定义、墙高随时改变，在绘制过程中墙端点可以回退，用户使用过的墙厚参数在数据文件中按不同材料分别保存。

• 为了准确地定位墙体端点位置，天正软件内部提供了对已有墙基线、轴线和柱子的自动捕捉功能。用户必要时，也可以按下 F3 键打开 AutoCAD 的捕捉功能。

• 本软件为 2004 以上平台用户提供了动态墙体绘制功能，按下状态行“DYN”按钮，启动动态距离和角度提示，按<Tab>键可切换参数栏，在位输入距离和角度数据。

菜单命令：墙体→绘制墙体（HZQT）

在如图 5-2-1 所示对话框中选取要绘制墙体的左右墙宽组数据，选择一个合适的墙基线方向，然后单击下面的工具栏图标，在“直墙”、“弧墙”、“矩形布置”3 种绘制方式中选择其中之一，进入绘图区绘制墙体。

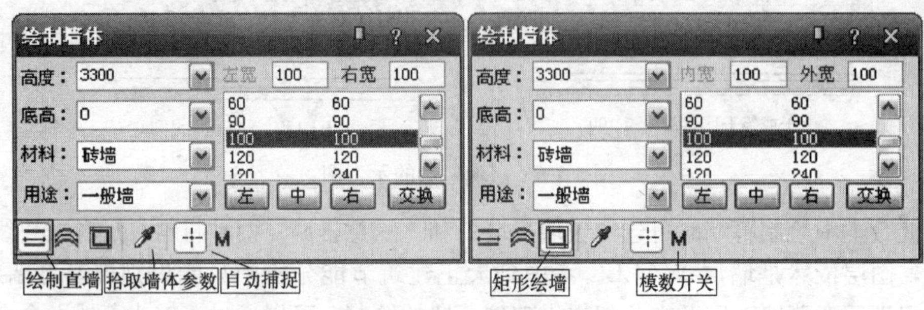

图 5-2-1　绘制墙体对话框

绘制墙体工具栏中新提供的墙体参数拾取功能，可以通过提取图上已有天正墙体对象的一系列参数，接着依据这些参数绘制新墙体。

对话框控件的说明

［**墙宽参数**］ 包括左宽、右宽两个参数，其中墙体的左、右宽度，指沿墙体定位点顺序，基线左侧和右侧部分的宽度，对于矩形布置方式，则分别对应基线内侧宽度和基线外侧的宽度，对话框相应提示改为内宽、外宽。其中，左宽（内宽）、右宽（外宽）都可以是正数，也可以是负数，也可以为零。

［**墙宽组**］ 在数据列表预设有常用的墙宽参数，每一种材料都有各自常用的墙宽组系列供选用，用户新的墙宽组定义使用后会自动添加进列表中，用户选择其中某组数据，按<Del>键可删除当前这个墙宽组。

［**墙基线**］ 基线位置设左、中、右、交换共 4 种控制，左、右是计算当前墙体总宽后，全部左偏或右偏的设置，例如当前墙宽组为 120、240，按左按钮后即可改为 360、0；中是当前墙体总宽居中设置，上例单击中按钮后即可改为 180、180；交换就是把当前左右墙厚交换方向，把上例数据改为 240、120。

［**高度/底高**］ 高度是墙高，从墙底到墙顶计算的高度，底高是墙底标高，从本图零标高（Z=0）到墙底的高度。

［**材料**］ 包括从轻质隔墙、玻璃幕墙、填充墙到钢筋混凝土共 8 种材质，按材质的密度预设了不同材质之间的遮挡关系，通过设置材料绘制玻璃幕墙。

［**用途**］ 包括一般墙、卫生隔断、虚墙和矮墙四种类型，其中矮墙是新添的类型，具有不加粗、不填充的特性，表示女儿墙等特殊墙体。

［**拾取墙体参数**］ 用于从已经绘制的墙中提取其中的参数到本对话框，按已有墙一致的参数继续绘制。

［**自动捕捉**］　用于自动捕捉墙体基线和交点绘制新墙体，自动捕捉不按下时执行 AutoCAD 默认捕捉模式，此时可捕捉墙体边线和保温层线。

［**模数开关**］　在工具栏提供模数开关，打开模数开关，墙的拖动长度按“自定义→操作配置”页面中设置的模数变化。

线图案墙的绘制功能，通过在“天正选项→加粗填充”页面中定义线图案类型的详图填充，可绘制出以符合国标材料图例图案填充的墙对象，用于表达普通图案填充无法表示的空心砖、细木工板、保温层等墙体，主墙与线图案墙分两次绘制贴到一起表示复合墙，注意线图案墙的基线设置在主墙一侧，在对象特性表里面可以设置墙填充的图层，绘制效果如图 5-2-2 所示。

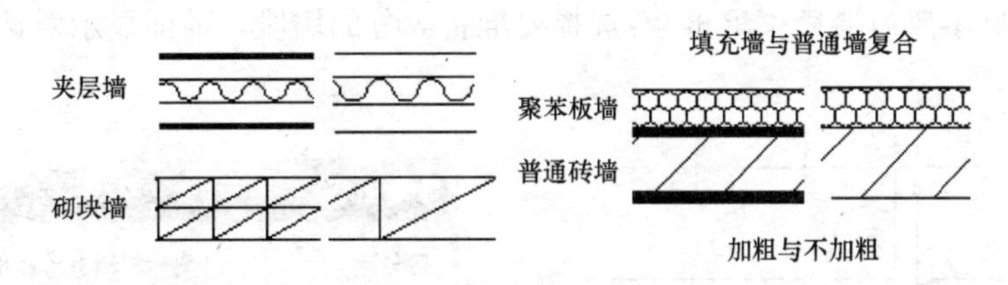

图 5-2-2　线图案墙绘制实例

绘制直墙的命令交互

在对话框中输入所有尺寸数据后，单击“绘制直墙”工具栏图标，命令行显示：

起点或［参考点(R)］<退出>:

画直墙的操作类似于 LINE 命令，可连续输入直墙下一点，或以空回车结束绘制。

直墙下一点或［弧墙(A)/矩形画墙(R)/闭合(C)/回退(U)］<另一段>：连续绘制墙线

直墙下一点或［弧墙(A)/矩形画墙(R)/闭合(C)/回退(U)］<另一段>：右击停止绘制

起点或［参考点(R)］<退出>:右击退出命令

绘制直墙的实例如图 5-2-3 所示。

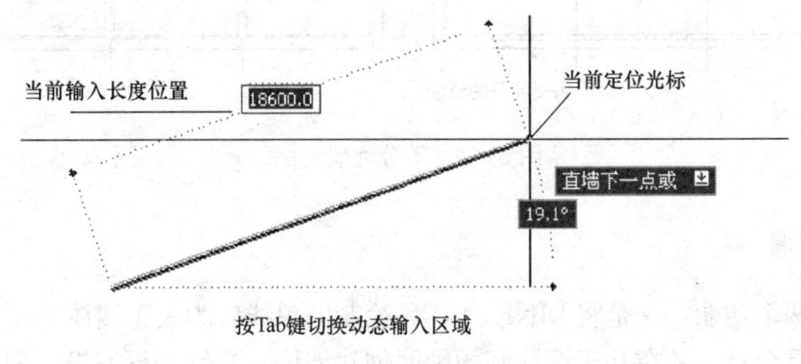

图 5-2-3　墙体动态输入方法

绘制弧墙的命令交互

在对话框中输入所有尺寸数据后，单击“绘制弧墙”工具栏图标，命令行显示：

起点或［参考点(R)］<退出>:给出弧墙起点

弧墙终点<取消>:给出弧墙终点

点取弧上任意点或［半径(R)］<取消>：输入弧墙基线任意一点或键入 *R* 指定半径

绘制完一段弧墙后，自动切换到直墙状态，右击退出命令，实例如图 5-2-4 所示。

5.2.2　等分加墙

用于在已有的大房间按等分的原则划分出多个小房间。将一段墙在纵向等分，垂直方向加入新墙体，同时新墙体延伸到给定边界。本命令有 3 种相关墙体参与操作过程，有参照墙体、边界墙体和生成的新墙体。

菜单命令：墙体→等分加墙（DFJQ）

点取菜单命令后，命令行提示：

选择等分所参照的墙段<退出>:选择要准备等分的墙段，随即显示对话框如图 5-2-5 所示

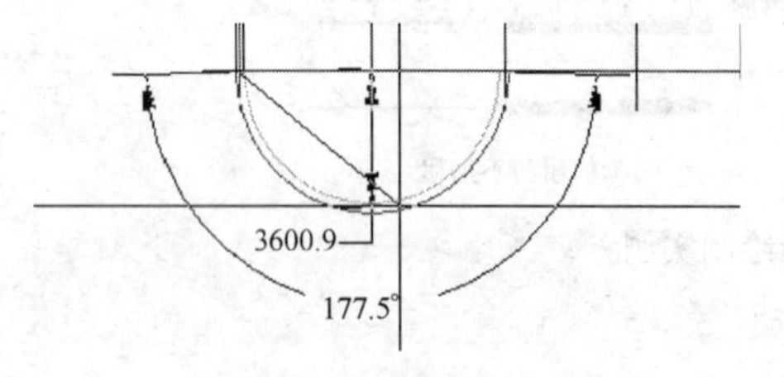

图 5-2-4　弧墙绘制方法

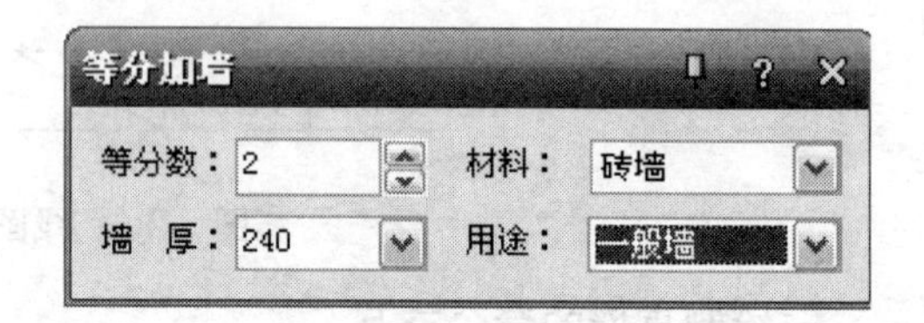

图 5-2-5　等分加墙对话框

选择作为另一边界的墙段<退出>:选择与要准备等分的墙段相对的墙段为边界绘图

等分加墙的应用实例

在图 5-2-6 中选取下方的水平墙段等分，添加 4 段厚为 240 的内墙。

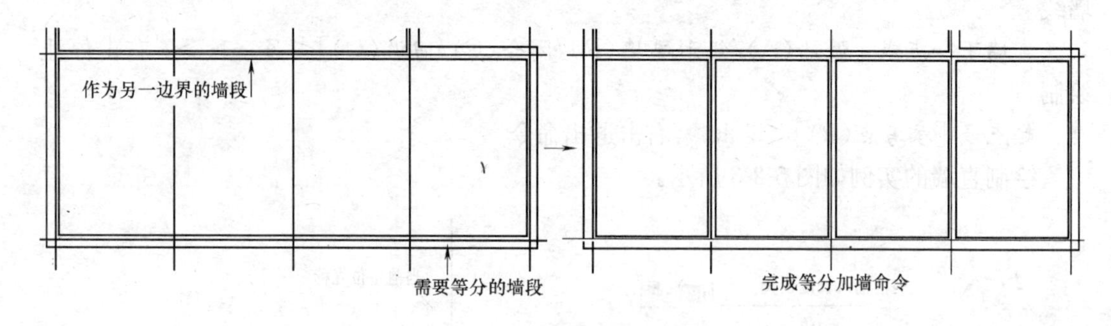

图 5-2-6　等分加墙实例

5.2.3　单线变墙

本命令有两个功能：一是将 LINE、ARC 绘制的单线转为天正墙体对象，其中墙体的基线与单线相重合；二是在基于设计好的轴网创建墙体，然后进行编辑，创建墙体后仍保留轴线，智能判断清除轴线的伸出部分，可以自动识别新、旧两种多段线。通过系统变量 PELLIPSE 设置为 1 创建基于多段线的椭圆，以本命令生成椭圆墙。

菜单命令：墙体→单线变墙（DXBQ）

点取菜单命令后，显示对话框如图 5-2-7 所示。

对话框提供了墙体材料、墙高、墙体底标高的输入，并在墙厚输入框增加了列表步进

轴线生墙的交互界面

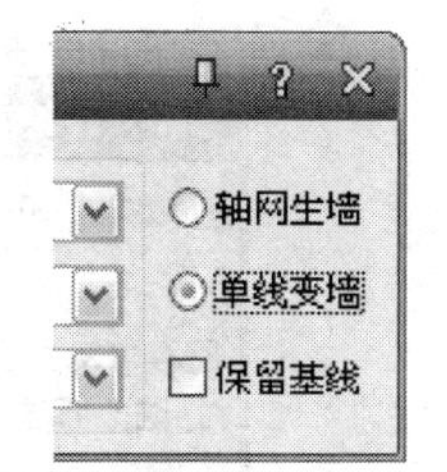

单线生墙的交互界面

图 5-2-7　单线变墙对话框

辅助控件。

当前需要基于轴网创建墙体，即勾选“轴线生墙”复选框，此时只选取轴线图层的对象，命令行提示如下：

选择要变成墙体的直线、圆弧、圆或多段线：指定两个对角点指定框选范围

选择要变成墙体的直线、圆弧、圆或多段线：回车退出选取，创建墙体

如果没有勾选轴线生墙复选框，此时可选取任意图层对象，命令提示相同，根据直线的类型和闭合情况决定是否按外墙处理。

轴线生墙的应用实例

在图 5-2-8 中选取下方的轴网，创建 360 厚外墙、240 厚内墙的墙体。

单线变墙的应用实例

在图 5-2-9 中选取普通多段线和直线，创建 360 厚外墙、240 厚内墙的墙体。

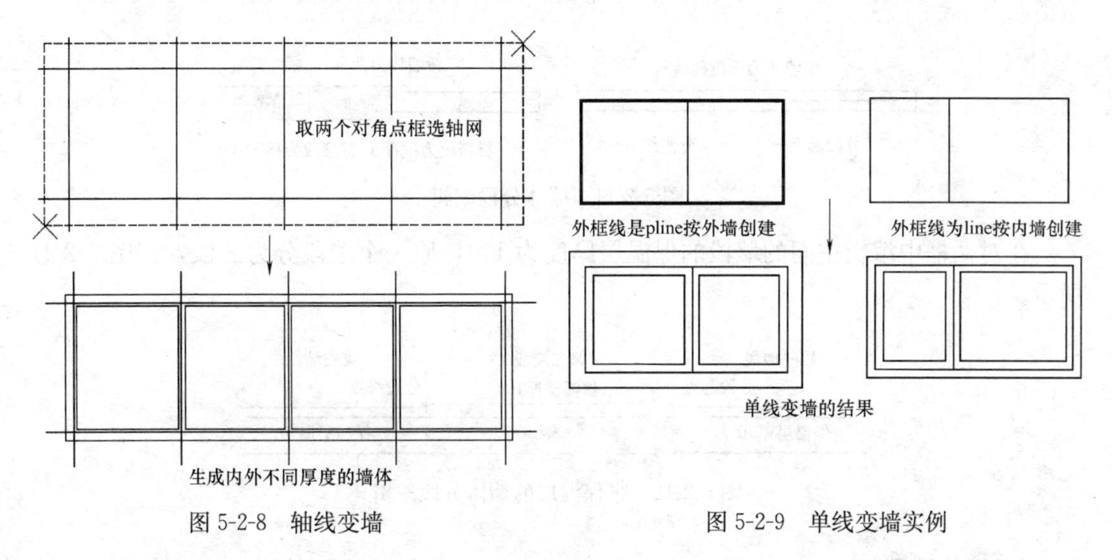

图 5-2-8　轴线变墙　　　　图 5-2-9　单线变墙实例

5.2.4　墙体分段

本命令在天正软件-建筑系统 2013 开始改进了分段的操作，可预设分段的目标：给定墙体材料、保温层厚度、左右墙宽，然后以该参数对墙进行多次分段操作，不需要每次分段重复输入。新的墙体分段命令既可分段为玻璃幕墙，又能将玻璃幕墙分段为其他墙。

菜单命令：墙体→墙体分段（QTFD）

点取菜单命令后，显示对话框如图 5-2-10 所示。

图 5-2-10　墙体分段对话框

勾选“左宽”或者“右宽”，表示你需要对这些参数进行修改，不勾选表示保留原参数，首先，在对话框中预设分段目标墙体参数，完成分段目标参数的预设后，按命令行提示连续操作，回车退出命令或者返回对话框修改，继续设置另一个分段目标参数。

请选择一段墙＜退出＞：选取需要分段的第一段墙体

选择起点＜返回＞：点取要修改的墙起点

选择终点＜返回＞：点取要修改的墙终点，终点超出墙体时命令默认对该墙体第一点以后部分分段

此时完成第一个分段，反复响应命令行提示，用户即可进行同一参数的墙体的多次分段。

墙体分段的应用实例

在对话框中编辑该墙的特性，最后单击“确定”按钮，完成墙体的更新，如图 5-2-11 所示。

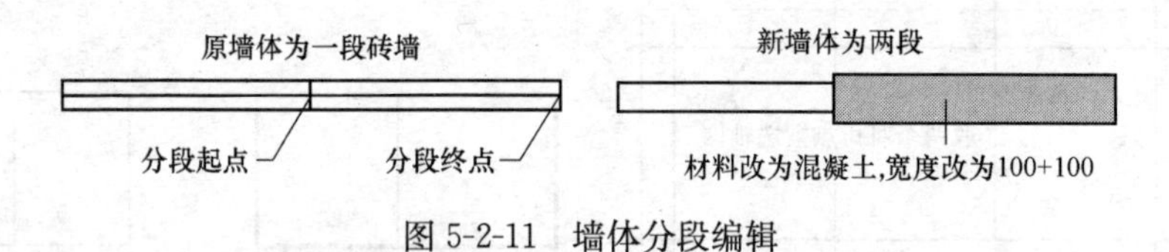

图 5-2-11　墙体分段编辑

在对话框中编辑中间的墙段的保温层厚度为 100，原一个墙段分为三段，如图 5-2-12 所示。

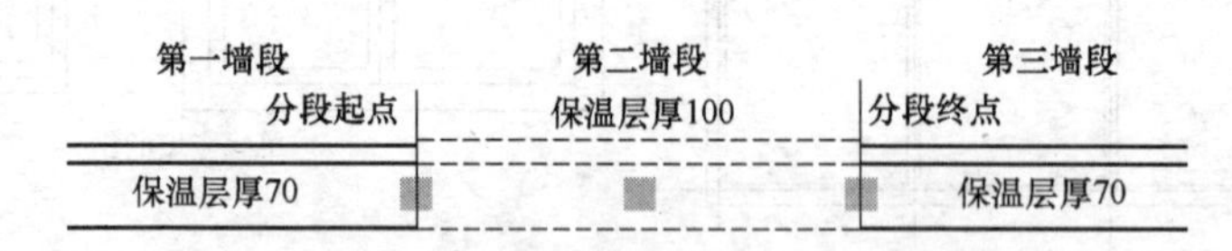

图 5-2-12　带保温层的墙体分段编辑

5.2.5　墙体造型

本命令根据指定多段线外框生成与墙关联的造型，常见的墙体造型是墙垛、壁炉、烟道一类与墙砌筑在一起，平面图与墙连通的建筑构造，墙体造型的高度与其关联的墙高一致，但是可以双击加以修改。墙体造型可以用于墙体端部（墙角或墙柱连接处），包括跨过两个墙体端部的情况，除了正常的外凸造型外，还提供了向内开洞的“内凹造型”（仅用于平面）。

菜单命令：墙体→墙体造型（QTZX）

点取菜单命令后，命令行提示：

选择［外凸造型(T)/内凹造型(A)］<外凸造型>：回车默认采用外凸造型

墙体造型轮廓起点或［点取图中曲线(P)/点取参考点(R)］<退出>：

绘制墙体造型的轮廓线第一点或点取已有的闭合多段线作轮廓线

直段下一点或［弧段(A)/回退(U)］<结束>：造型轮廓线的第二点

直段下一点或［弧段(A)/回退(U)］<结束>：造型轮廓线的第三点

直段下一点或［弧段(A)/回退(U)］<结束>：造型轮廓线的第四点

直段下一点或［弧段(A)/回退(U)］<结束>：右击回车结束命令，命令绘制出矩形的墙体造型

内凹的墙体造型还可用于不规则断面门窗洞口的设计（目前仅用于二维），外凸造型可用于墙体改变厚度后出现缺口的补齐。墙体造型也可以跟墙一样，通过【墙柱保温】命令添加保温层。

注意：

1. 使用【修墙角】命令可用于修复和更新复制或镜像后，导致墙体造型不能融合的问题；

2. 修改墙体造型的夹点、对造型进行复制、镜像、移动后应执行【修墙角】命令更新墙体关系，否则造型无法融合墙体；

3. 删除墙体造型只要使用 Erase 命令，选择造型对象即可，用框选窗口可选择到内凹造型。

墙体造型的应用实例

在图 5-2-13 中，绘制的是复杂的别墅墙体，交接处线脚无法用普通墙连接，使用了墙体造型辅助完成。

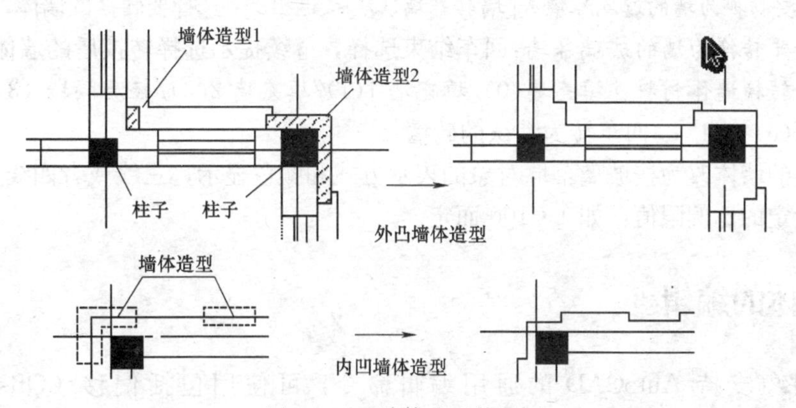

图 5-2-13　墙体造型的活用

5.2.6　净距偏移

本命令功能类似 AutoCAD 的 Offset（偏移）命令，可以用于室内设计中，以测绘净距建立墙体平面图的场合，命令自动处理墙端交接，但不处理由于多处净距偏移引起的墙体交叉；如有墙体交叉，请使用【修墙角】命令自行处理。

菜单命令：墙体→净距偏移（JJPY）

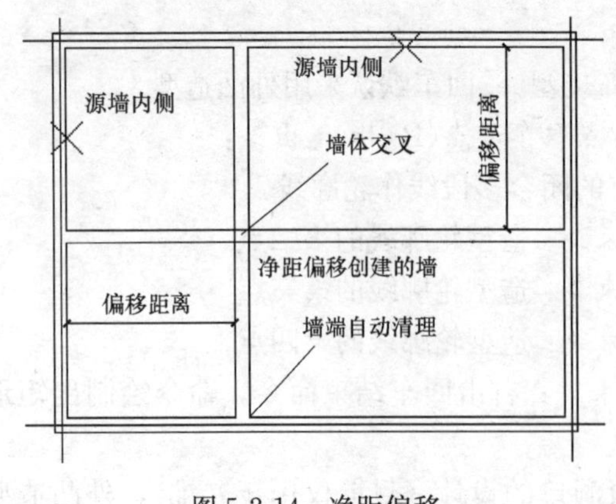

图 5-2-14 净距偏移

点取菜单命令后，命令行提示：

输入偏移距离<3000>：键入两墙之间偏移的净距

请点取墙体一侧<退出>：点取指定要生成新墙的位置

请点取墙体一侧<退出>：回车结束选择，绘制新墙

本命令可用于室内设计中以测绘建立墙体平面图的场合，命令自动清理墙端，但不清理多处净距偏移引起的墙体交叉，请使用【修墙角】命令处理，实例如图 5-2-14 所示。

5.2.7 幕墙转换

本命令是旧版本命令【转为幕墙】的改进，新命令可把各种材料的墙与玻璃幕墙之间作双向转换。

菜单命令：墙体→幕墙转换（MQZH）

点取菜单命令后，命令行提示：

请选择要转换为玻璃幕墙的墙或[幕墙转墙(Q)]<退出>：选择要转换的墙体，可以多选

请选择要转换为玻璃幕墙的墙：回车结束选择并进行转换，再次回车退出命令

请选择要转换为玻璃幕墙的墙或[幕墙转墙(Q)]<退出>：键入 Q 切换为幕墙转换为普通墙

请选择要转换为墙的玻璃幕墙或[墙转幕墙(Q)]<退出>：选择要转换的墙体，可以多选

请选择要转换为墙的玻璃幕墙：回车结束选择，继续提示选择转换后的墙体材料

请选择转换墙体材料：[填充墙(0)/填充墙 1(1)/填充墙 2(2)/轻质隔墙 (3)/砖墙(4)/石材(5)/砼(6)]<4>：回车转为默认的砖墙

要转换的墙体改为按玻璃幕墙对象的表示方式和颜色显示，三线或者四线按当前比例是否大于设定的比例限值，如 1∶100 而定。

5.3 墙体的编辑

墙体对象支持 AutoCAD 的通用编辑命令，可使用包括偏移（Offset）、修剪（Trim）、延伸（Extend）等命令进行修改，对墙体执行以上操作时均不必显示墙基线。

此外可直接使用删除（Erase）、移动（Move）和复制（Copy）命令进行多个墙段的编辑操作。软件中也有专用编辑命令对墙体进行专业意义的编辑，简单的参数编辑只需要双击墙体即可进入对象编辑对话框，拖动墙体的不同夹点可改变长度与位置。

5.3.1 倒墙角

本命令功能与 AutoCAD 的倒角（Fillet）命令相似，专门用于处理两段不平行的墙体的端

头交角，使两段墙以指定倒角半径进行连接，圆角半径按墙中线计算，注意如下几点：

• 当倒角半径不为0，两段墙体的类型、总宽和左右宽必须相同，否则无法进行；

• 当倒角半径为0时，自动延长两段墙体进行连接，此时两墙段的厚度和材料可以不同，当参与倒角两段墙平行时，系统自动以墙间距为直径加弧墙连接；

• 在同一位置不应反复进行半径不为0的倒角操作，在再次倒角前应先把上次倒角时创建的圆弧墙删除。

菜单命令：墙体→倒墙角（DQJ）

点取菜单命令后，命令行提示：

选择第一段墙或［设圆角半径(R)，当前=0］<退出>：先输入倒角半径，键入 *R*

请输入圆角半径<0>：500　键入倒角的半径如500

选择第一段墙或［设圆角半径(R)，当前=500］<退出>：选择倒角的第一段墙体

选择要倒角的另一墙体：选择倒角的第二段墙体，命令立即完成。

5.3.2　倒斜角

本命令功能与AutoCAD的倒角（Chamfer）命令相似，专门用于处理两段不平行的墙体的端头交角，使两段墙以指定倒角长度进行连接，倒角距离按墙中线计算，如图5-3-1所示。

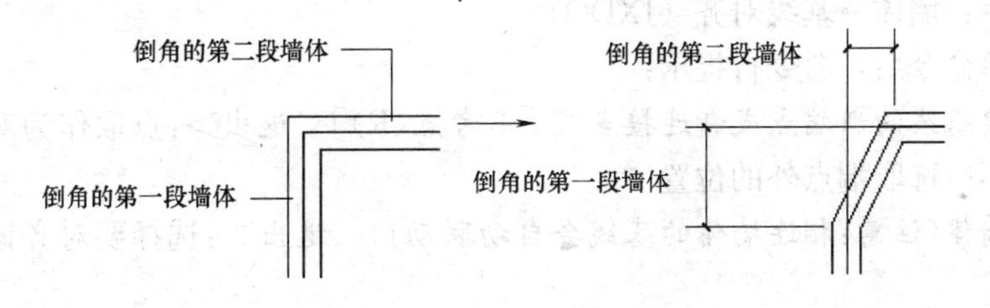

图5-3-1　倒斜角实例

菜单命令：墙体→倒斜角（DXJ）

点取菜单命令后，命令行提示：

选择第一段直墙或［设距离(D)，当前距离1=0，距离2=0］<退出>：D

选择倒角的第一段墙体，或输入D设定倒角的长度

指定第一个倒角距离<0>：1200　键入倒角的第一段长度如1200

指定第二个倒角距离<0>：600　键入倒角的第二段长度如600

选择第一段直墙或［设距离(D)，当前距离1=1200，距离2=600］<退出>：选择倒角的第一段墙体

选择另一段直墙<退出>：　选择倒角的第二段墙体

5.3.3　修墙角

本命令提供对属性完全相同的墙体相交处的清理功能，从天正软件-建筑系统2013版本开始可以一次框选多个墙角批量修改。当用户使用AutoCAD的某些编辑命令，或者夹点拖动对墙体进行操作后，墙体相交处有时会出现未按要求打断的情况，采用本命令框选

墙角可以轻松处理，本命令也可以更新墙体、墙体造型、柱子、以及维护各种自动裁剪关系，如柱子裁剪楼梯、凸窗一侧撞墙情况。

菜单命令：墙体→修墙角（XQJ）

点取菜单命令后，命令行提示：

请点取第一个角点：点取第一点 $P1$，输入两个对角点，框选需要处理的墙体交角或柱子、墙体造型

请点取另一个角点：点取第二点 $P2$

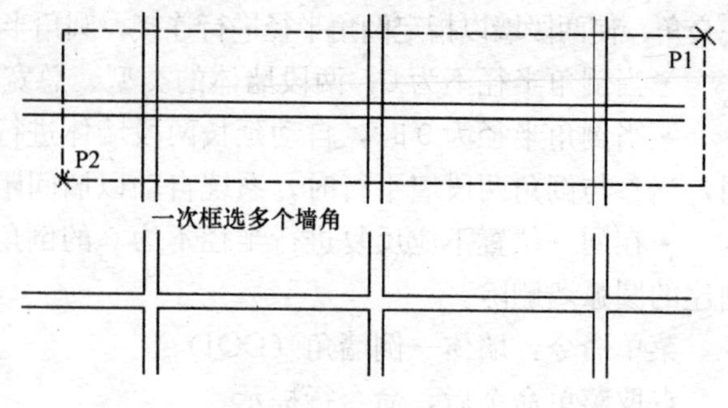

图 5-3-2　批量修墙角

> **注意**：本命令已经取代 6.X 版本中的【更新造型】命令，复制、移动或修改墙体造型后，请执行本命令更新墙体造型。

5.3.4　基线对齐

本命令用于纠正以下两种情况的墙线错误：①因基线不对齐或不精确对齐而导致墙体显示或搜索房间出错；②因短墙存在而造成墙体显示不正确情况，去除短墙并连接剩余墙体。

菜单命令：墙体→基线对齐（JXDQ）

点取菜单命令后，命令行提示：

请点取墙基线的新端点或新连接点或［参考点(R)］<退出>：点取作为对齐点的一个基线端点，不应选取端点外的位置

请选择墙体(注意：相连墙体的基线会自动联动!)<退出>：选择要对齐该基线端点的墙体对象

请选择墙体(注意：相连墙体的基线会自动联动!)<退出>：继续选择后回车退出

请点取墙基线的新端点或新连接点或［参考点(R)］<退出>：点取其他基线交点作为对齐点

基线对齐实例如图 5-3-3 所示，共需要进行两次基线对齐操作：

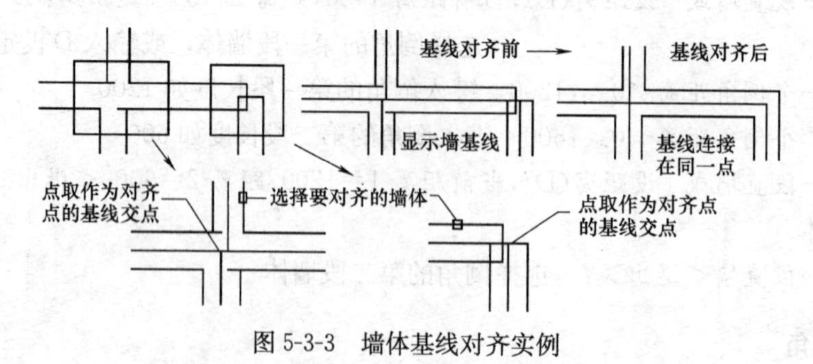

图 5-3-3　墙体基线对齐实例

5.3.5　墙柱保温

本命令可在图中已有的墙段、墙体造型或柱子指定一侧加入或删除保温层线，遇到门

该线自动打断，遇到窗自动把窗厚度增加。

菜单命令：墙体→墙柱保温（QZBW）

点取菜单命令后，命令行提示：

指定墙、柱、墙体造型保温一侧或［内保温(I)/外保温(E)/消保温层(D)/保温层厚(当前=80)(T)］<退出>：点取墙做保温的一侧，每次处理一个墙段

指定墙、柱、墙体造型保温一侧或［内保温(I)/外保温(E)/消保温层(D)/保温层厚(当前=80)(T)］<退出>：回车退出命令

运行本命令前，应已做过内外墙的识别操作，届时外墙和外柱可以一起添加保温层并连通。键入选项T可改变保温层厚度，键入选项D可选择删除已有的多处保温层。

缺省方式为逐段点取，键入选项I或选项E，提示选择外墙（系统自动排除内墙），对选中外墙的内侧或外侧加保温层线。为解决同厚度墙分段设置不同厚度的保温层，可以使用虚墙命令把墙分段的变通方法。

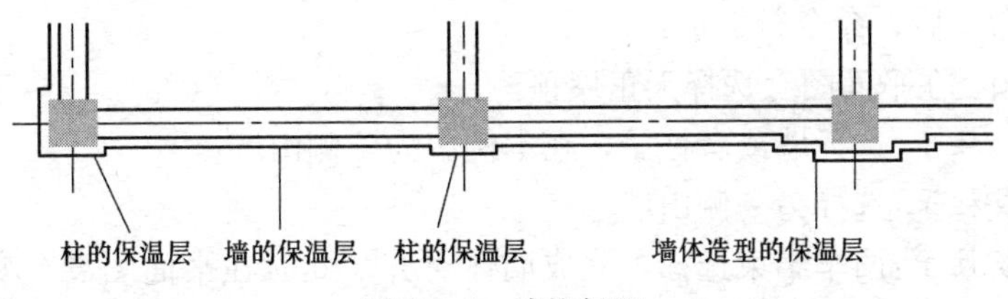

图5-3-4　墙柱保温

5.3.6　边线对齐

本命令用来对齐墙边，并维持基线不变，边线偏移到给定的位置。换句话说，就是维持基线位置和总宽不变，通过修改左右宽度达到边线与给定位置对齐的目的。通常用于处理墙体与某些特定位置的对齐，特别是和柱子的边线对齐。墙体与柱子的关系并非都是中线对中线，要把墙边与柱边对齐，无非两个途径，直接用基线对齐柱边绘制，或者先不考虑对齐，而是快速地沿轴线绘制墙体，待绘制完毕后用本命令处理。后者可以把同一延长线方向上的多个墙段一次取齐，推荐使用。

菜单命令：墙体→边线对齐（BXDQ）

点取菜单命令后，命令行提示：

请点取墙边应通过的点或［参考点(R)］<退出>：取墙体边线通过的一点（如图5-3-5中P点）

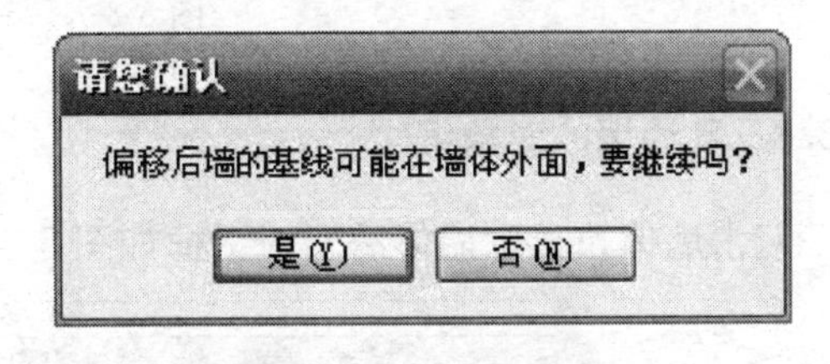

图5-3-5　确认对话框

请点取一段墙<退出>：选择要对齐边线的墙，当命令发现墙基线离开墙体时提示如下：

单击按钮“是”才能完成操作，单击“否”取消操作。

墙体移动后，墙端与其他构件的连接在命令结束后自动处理，图5-3-6中的左、右两个图形分别为墙体执行【边线对齐】命令前后的示意，图中P为指定的墙边线通过点，右图中的墙体外皮已移到与柱边齐平位置。事实上本命令并没有改变墙体的位置（即基线的位置），而是改变基线到两边线的距离（即左、右墙宽）。

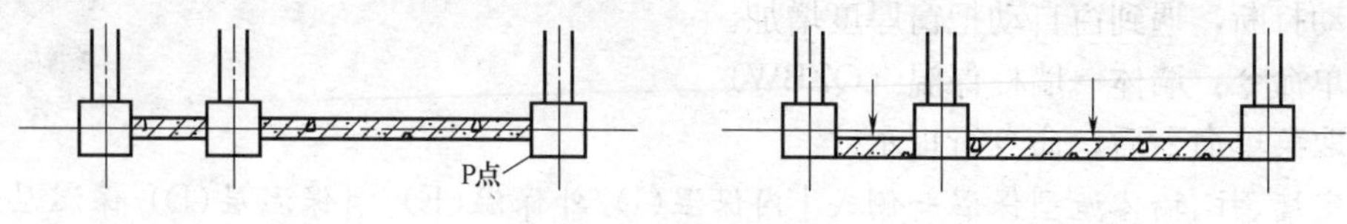

图 5-3-6　墙体对齐移动

5.3.7　墙齐屋顶

本命令用来向上延伸墙体和柱子，使原来水平的墙顶成为与天正屋顶一致的斜面（柱顶还是平的）。使用本命令前，屋顶对象应在墙平面对应的位置绘制完成，屋顶与山墙的竖向关系应经过合理调整；本命令暂时不支持圆弧墙。除了天正屋顶外，也可以使用三维面和三维网格面作为墙体的延伸边界。

菜单命令：墙体→墙齐屋顶（QQWD）

点取菜单命令后，命令行提示：

请选择屋顶：在平面图上选择天正屋顶

请选择墙或柱子：选择墙或者柱子，在本例中为一侧山墙

请选择墙或柱子：选择另一侧山墙

请选择墙或柱子：回车结束选择，完成墙体对齐，此时在平面图没有变化，但是在轴测图和立面视图中可见山墙延伸到坡顶的效果，如图 5-3-7 所示。

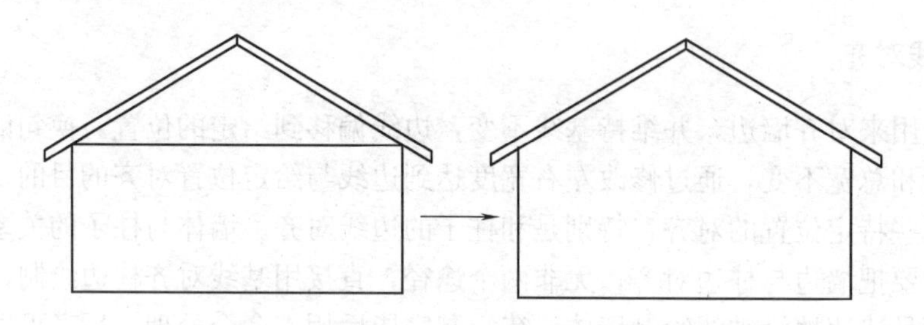

图 5-3-7　墙齐屋顶实例

5.3.8　普通墙的对象编辑

双击墙体，显示墙体编辑对话框如图 5-3-8 所示。

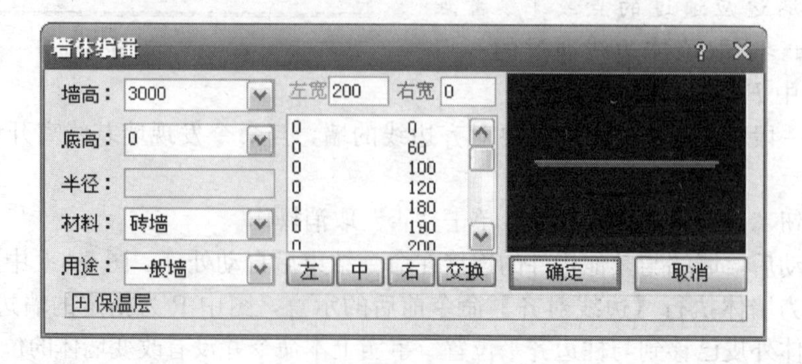

图 5-3-8　墙体编辑对话框

在对话框中修改墙体参数，然后单击确定完成修改，新的对话框提供了墙体厚度列表和左右控制，单击保温层，可展开对话框提供对保温层参数的修改，新提供墙端保温的设置。

> **注意：**为后续节能分析考虑，材料中不再提供“示意幕墙”，而仅提供按示意幕墙样式表示的“玻璃幕墙”，因为只有玻璃幕墙对象才能由天正节能软件识别为窗，参与节能计算。

5.3.9 墙的反向编辑

曲线编辑【反向】命令可用于墙体，可将墙对象的起点和终点反向，也就是翻转了墙的生成方向，同时相应调整了墙的左右宽，因此边界不会发生变化，选择要反向的墙体，单击右键菜单的曲线编辑子菜单下的【反向】命令执行。

5.3.10 玻璃幕墙的编辑

按设计院当前大多数的幕墙绘图习惯，玻璃幕墙以墙体形式绘制，默认三维下按“详细”构造显示，平面下按“示意”构造显示，通过对象编辑可修改幕墙分格形式与参数，如图5-3-9所示。通过Ctrl＋1进入特性编辑，可设置玻璃幕墙的“外观→平面显示→”样式，默认为“示意”，可设置为“详图”。

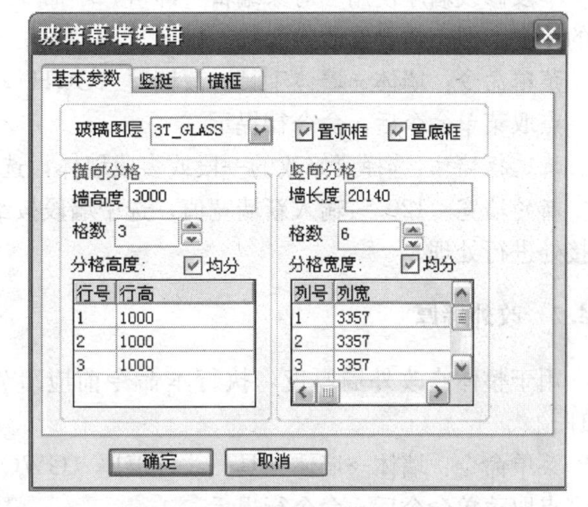

图5-3-9 玻璃幕墙对象编辑对话框

▶对话框控件的说明

幕墙分格

[**玻璃图层**] 确定玻璃放置的图层，如果准备渲染请单独置于一层中，以便附给材质。

[**横向分格**] 高度方向分格设计。缺省的高度为创建墙体时的原高度，可以输入新高度，如果均分，系统自动算出分格距离；不均分，先确定格数，再从序号1开始顺序填写各个分格距离。按＜Del＞键可删除当前这个墙宽列表。

[**竖向分格**] 水平方向分格设计，操作程序同[**横向分格**]一样。

竖梃/横框

[**图层**] 确定竖挺或者横框放置的图层，如果进行渲染请单独置于一层中，以方便附材质。

[**截面宽**]/[**截面长**] 竖挺或横框的截面尺寸，见对话框示意窗口，其中竖梃的“截面长”默认等于幕墙的总宽度（忽略玻璃厚）。

[**垂直/水平隐框幕墙**] 勾选此项，竖挺或横框向内退到玻璃后面。如果不选择此项，分别按“对齐位置”和“偏移距离”进行设置。

［**玻璃偏移**］/［**横框偏移**］ 定义本幕墙玻璃/横框与基准线之间的偏移，默认玻璃/横框在基准线上，偏移为 0。

［**基线位置**］ 选下拉列表中预定义的墙基线位置，默认为竖梃中心。

本命令应注意下列各点：

1. 幕墙和墙重叠时，幕墙可在墙内绘制，通过对象编辑修改墙高与墙底高，表达幕墙不落地或不等高的情况；

2. 幕墙与普通墙类似，可以在其插入门窗，幕墙中常常要求插入上悬窗用于通风。

5.4 墙体编辑工具

墙体在创建后，可以双击进行本墙段的对象编辑修改，但对于多个墙段的编辑，应该使用下面的墙体编辑工具更有效。

5.4.1 改墙厚

单段修改墙厚使用“对象编辑”即可，本命令按照墙基线居中的规则批量修改多段墙体的厚度，但不适合修改偏心墙。

菜单命令：墙体→墙体工具→改墙厚（GQH）

点取菜单命令后，命令行提示：

请选择墙体:选择要修改的一段或多段墙体，选择完毕选中墙体亮显

新的墙宽<120>:输入新墙宽值，选中墙段按给定墙宽修改，并对墙段和其他构件的连接处进行处理。

5.4.2 改外墙厚

用于整体修改外墙厚度，执行本命令前应事先识别外墙，否则无法找到外墙进行处理。

菜单命令：墙体→墙体工具→改外墙厚（GWQH）

点取菜单命令后，命令行提示：

请选择外墙:光标框选所有墙体，只有外墙亮显

内侧宽<120>:输入外墙基线到外墙内侧边线距离

外侧宽<240>:输入外墙基线到外墙外侧边线距离

交互完毕按新墙宽参数修改外墙，并对外墙与其他构件的连接进行处理。

5.4.3 改高度

本命令可对选中的柱、墙体及其造型的高度和底标高成批进行修改，是调整这些构件竖向位置的主要手段。修改底标高时，门窗底的标高可以和柱、墙联动修改。

菜单命令：墙体→墙体工具→改高度（GGD）

点取菜单命令后，命令行提示：

选择墙体、柱子或墙体造型：选择需要修改的建筑对象

新的高度<3000>:输入新的对象高度

新的标高<0>:输入新的对象底面标高（相对于本层楼面的标高）

是否维持窗墙底部间距不变？(Y/N)[N]：输入 Y 或 N，认定门窗底标高是否同时修改。

回应完毕选中的柱、墙体及造型的高度和底标高按给定值修改。如果墙底标高不变，窗墙底部间距不论输入 Y 或 N 都没有关系；但如果墙底标高改变了，就会影响窗台的高度，比如底标高原来是 0，新的底标高是-300，以 Y 响应时，各窗的窗台相对墙底标高而言高度维持不变，但从立面图看就是窗台随墙下降了 300；如以 N 响应，则窗台高度相对于底标高间距就作了改变，而从立面图看窗台却没有下降，详见图 5-4-1。

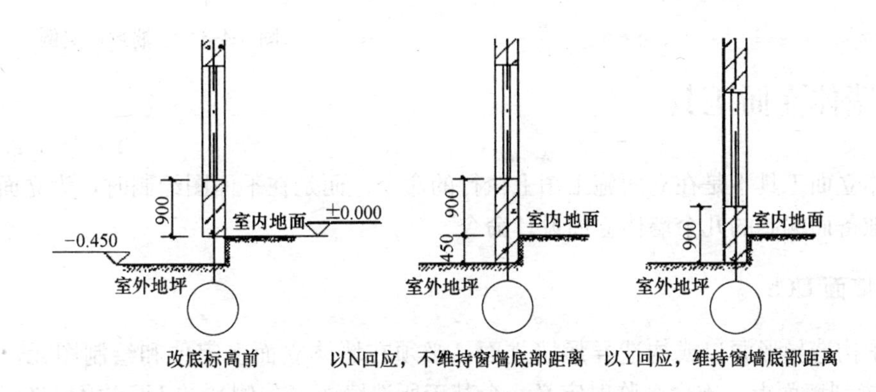

图 5-4-1 改墙的底标高示意

5.4.4 改外墙高

本命令与【改高度】命令类似，只是仅对外墙有效。运行本命令前，应已作过内外墙的识别操作。

菜单命令：墙体→墙体工具→改外墙高（GWQG）

此命令通常用在无地下室的首层平面，把外墙从室内标高延伸到室外标高。

5.4.5 平行生线

本命令类似 offset，生成一条与墙线（分侧）平行的曲线，也可以用于柱子，生成与柱子周边平行的一圈粉刷线。

菜单命令：墙体→墙体工具→平行生线（PXSX）

点取菜单命令后，命令行提示：

请点取墙体一侧<退出>:点取墙体的内皮或外皮

输入偏移距离<100>:输入墙皮到线的净距

本命令可以用来生成依靠墙边或柱边定位的辅助线，如粉刷线、勒脚线等。图 5-4-2 所示为以本命令生成外墙勒脚的情况。

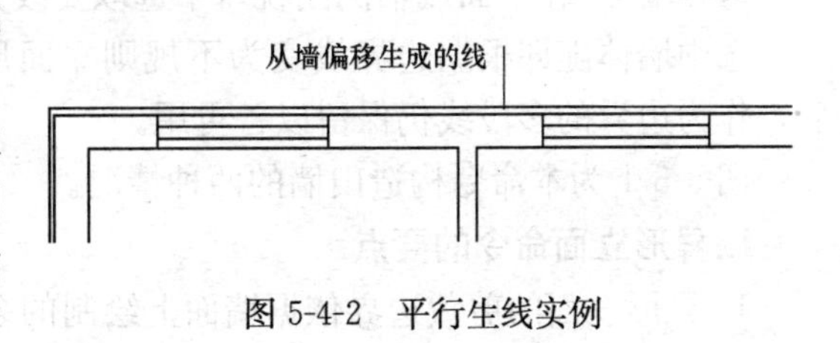

图 5-4-2 平行生线实例

5.4.6　墙端封口

本命令改变墙体对象自由端的二维显示形式，使用本命令可以使其封闭和开口两种形式互相转换。本命令不影响墙体的三维效果，对已经与其他墙相接的墙端不起作用。

菜单命令：墙体→墙体工具→墙端封口（QDFK）

点取菜单命令后，命令行提示：

选择墙体：选择要改变端头形状的墙段

选择墙体：回车退出命令，示例如图 5-4-3 所示。

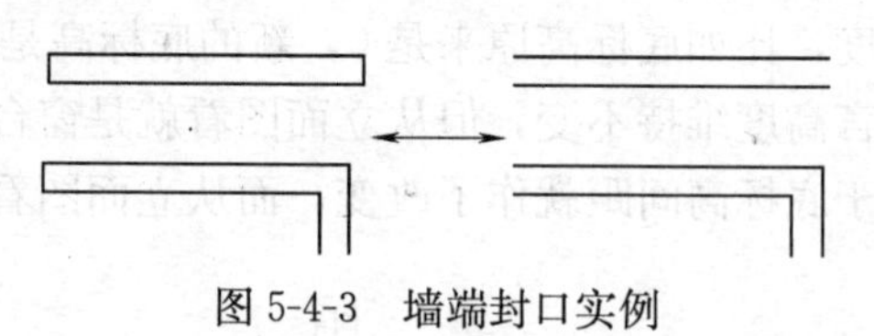

图 5-4-3　墙端封口实例

5.5　墙体立面工具

墙体立面工具不是在立面施工图上执行的命令，而是在平面图绘制时，为立面或三维建模做准备而编制的几个墙体立面设计命令。

5.5.1　墙面 UCS

为了构造异形洞口或构造异形墙立面，必须在墙体立面上定位和绘制图元，需要把 UCS 设置到墙面上，本命令临时定义一个基于所选墙面（分侧）的 UCS 用户坐标系，在指定视口转为立面显示。

菜单命令：墙体→墙体立面→墙面 UCS（QMUCS）

选择菜单命令后，命令行显示：

请点取墙体一侧<退出>:点取墙体的外皮

如果图中有多个视口，则命令行接着提示：

点取要设置坐标系的视口<当前>:点取视口内一点

本命令自动把当前视图置为平行于坐标系的视图。

5.5.2　异形立面

本命令通过对矩形立面墙的适当剪裁构造不规则立面形状的特殊墙体，如创建双坡或单坡山墙与坡屋顶底面相交。

菜单命令：墙体→墙体立面→异形立面（YXLM）

选择菜单命令后，命令行提示：

选择定制墙立面的形状的不闭合多段线<退出>:在立面视口中点取范围线

选择墙体:在平面或轴测图视口中选取要改为异形立面的墙体，可多选

选中墙体随即根据边界线变为不规则立面形状或者更新为新的立面形状；命令结束后，作为边界的多段线仍保留以备再用。

图 5-5-1 为本命令构造山墙的两种情况。

异形立面命令的要点

1. 异形立面的剪裁边界依据墙面上绘制的多段线（Pline）表述，如果想构造后保留矩形墙体的下部，多段线从墙两端一边入一边出即可；如果想构造后保留左部或右部，则

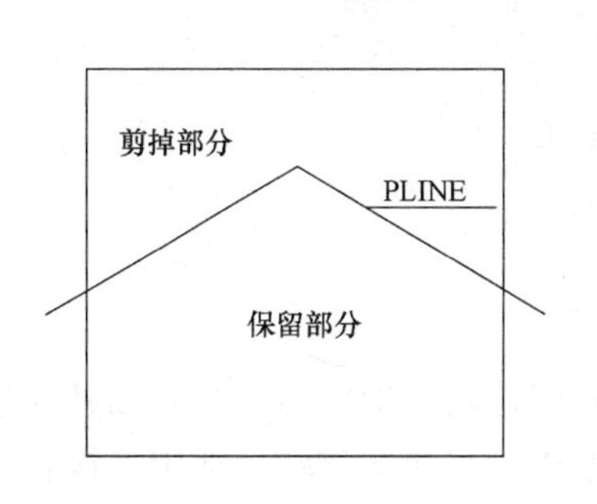

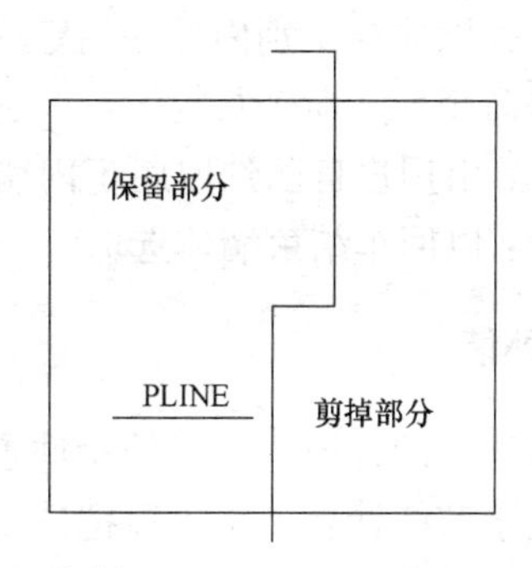

图 5-5-1 异形立面实例

在墙顶端的多段线端头指向保留部分的方向，如图 5-5-1 右图所示。

2. 墙体变为异形立面后，夹点拖动等编辑功能将失效。异形立面墙体生成后如果接续墙端继续画新墙，异形墙体能够保持原状；如果新墙与异形墙有交角，则异形墙体恢复原来的形状。

3. 运行本命令前，应先用【墙面 UCS】临时定义一个基于所选墙面的 UCS，以便在墙体立面上绘制异形立面墙边界线。为便于操作，可将屏幕置为多视口配置，立面视口中用多段线（Pline）命令绘制异形立面墙剪裁边界线，其中多段线的首段和末段不能是弧段。

5.5.3 矩形立面

本命令是异形立面的逆命令，可将异形立面墙恢复为标准的矩形立面墙。

菜单命令：墙体→墙体立面→矩形立面（JXLM）

选择菜单命令后，命令行提示：

选择墙体:选取要恢复的异形立面墙体（允许多选）

命令把所选中的异形立面墙恢复为标准的矩形立面墙。

5.6 内外识别工具

5.6.1 识别内外

自动识别内、外墙并同时设置墙体的内外特征，节能设计中要使用外墙的内外特征。

菜单命令：墙体→识别内外→识别内外（SBNW）

点取菜单命令后，命令行提示：

请选择一栋建筑物的所有墙体(或门窗):选择构成建筑物的墙体或者墙上的门窗

回车后系统自动判断所选墙体的内、外墙特性，并用红色虚线亮显外墙外边线，用重画（Redraw）命令可消除亮显虚线；如果存在天井或庭院时，外墙的包线是多个封闭区域，要结合【指定外墙】命令进行处理。

5.6.2 指定内墙

用手工选取方式将选中的墙体置为内墙，内墙在三维组合时不参与建模，可以减少三维渲染模型的大小与内存开销。

菜单命令：墙体→识别内外→指定内墙（ZDNQ）

点取菜单命令后，命令行提示：

选择墙体：由用户自己选取属于内墙的墙体

选择墙体：以回车结束墙体选取

5.6.3　指定外墙

本命令将选中的普通墙体内外特性置为外墙，除了把墙指定为外墙外，还能指定墙体的内外特性用于节能计算，也可以把选中的玻璃幕墙两侧翻转，适用于设置了隐框（或框料尺寸不对称）的幕墙，调整幕墙本身的内外朝向。

菜单命令：墙体→识别内外→指定外墙（ZDWQ）

点取菜单命令后，命令行提示：

请点取墙体外皮：逐段点取外墙的外皮一侧或者幕墙框料边线，选中墙体的外边线亮显。

5.6.4　加亮外墙

本命令可将当前图中所有外墙的外边线用红色虚线亮显，以便用户了解哪些墙是外墙，哪一侧是外侧。用重画（Redraw）命令可消除亮显虚线。

菜单命令：墙体→识别内外→加亮外墙（JLWQ）

点取菜单命令后命令随即执行，无命令行提示。

第 6 章 门 窗

内容提要

• 门窗的概念

介绍天正自定义门窗对象的特点与墙对象的联动关系。

• 门窗的创建

天正门窗分普通门窗与特殊门窗两类自定义门窗对象，实现墙柱对平面门窗的遮挡，凸窗增加了挡板厚度设置，解决凸窗碰墙问题。

• 门窗的编辑

介绍了门窗对象的夹点行为与门窗对象的批量编辑方法。

• 门窗编号与门窗表

【门窗编号】命令可对门窗自动编号，【门窗总表】命令可从一个或多个 DWG 图形中的多个平面图中提取各楼层的门窗编号，创建整个工程的门窗总表。

• 门窗工具

天正的门窗工具用于门窗的图例修改与外观修饰，提供了门口线、门窗套、装饰门窗套等附属特性。

• 门窗库

以天正提供的门窗原型环境，利用已有门窗为原型进行非标准门窗图块的制作和门窗库的管理。

6.1 门窗的概念

软件中的门窗是一种附属于墙体并需要在墙上开启洞口，带有编号的 AutoCAD 自定义对象，它包括通透的和不通透的墙洞在内；门窗和墙体建立了智能联动关系，门窗插入墙体后，墙体的外观几何尺寸不变，但墙体对象的粉刷面积、开洞面积已经立刻更新以备查询。门窗和其他自定义对象一样可以用 AutoCAD 的命令和夹点编辑修改，并可通过电子表格检查和统计整个工程的门窗编号。

门窗对象附属在墙对象之上，离开墙体的门窗就将失去意义。按照和墙的附属关系，软件中定义了两类门窗对象：一类是只附属于一段墙体，即不能跨越墙角，对象 DXF 类型 TCH_OPENING；另一类附属于多段墙体，即跨越一个或多个转角，对象 DXF 类型 TCH_CORNER_WINDOW。前者和墙之间的关系非常严谨，因此系统根据门窗和墙体的位置，能够可靠地在设计编辑过程中自动维护和墙体的包含关系，例如可以把门窗移动或复制到其他墙段上，系统可以自动在墙上开洞并安装上门窗；后者比较复杂，离开了原始的墙体可能就不再正确，因此不能像前者那样可以随意编辑。

门窗创建对话框中提供输入门窗的所有需要参数，包括编号、几何尺寸和定位参考距离；如果把门窗高参数改为 0，系统在三维下不开该门窗。门窗模块现在增加了比较实用的多项功能，如连续插入门窗、同一洞口插入多个门窗等，前者用于幕墙和入口门等连续门窗的绘制，后者解决了多年来防火门和户门等的需要。

6.1.1 普通门

二维视图和三维视图都用图块来表示，可以从门窗图库中分别挑选门窗的二维形式和三维形式，其合理性由用户自己来掌握。普通门的参数如图 6-1-1 所示，其中门槛高指门的下缘到所在的墙底标高的距离，通常就是离本层地面的距离。工具栏中红框内的图标是新增的“在已有洞口插入多个门窗”功能，加红框的参数是新增连续插入门窗的“个数”。

图 6-1-1　普通门参数

6.1.2 普通窗

其特性和普通门类似，其参数如图 6-1-2 所示，比普通门多一个“高窗”复选框控件，勾选后按规范图例以虚线表示高窗，如图 6-1-2 所示。

图 6-1-2 普通窗参数

6.1.3 弧窗

安装在弧墙上，安装有与弧墙具有相同的曲率半径的弧形玻璃。二维用三线或四线表示，缺省的三维为一弧形玻璃加四周边框，弧窗的参数如图 6-1-3 所示。用户可以用【窗棂展开】与【窗棂映射】命令，来添加更多的窗棂分格。

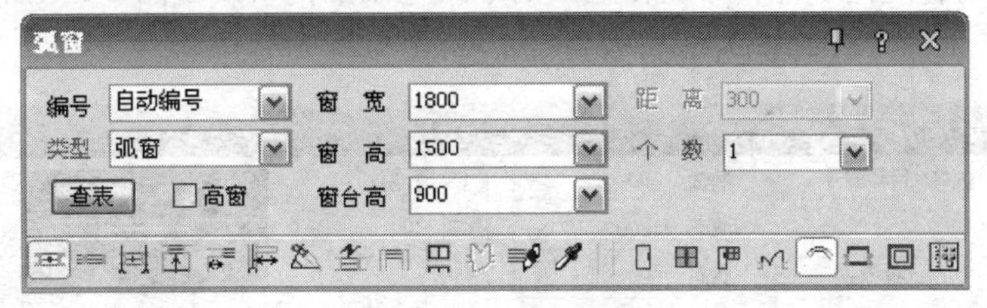

图 6-1-3 弧窗参数

6.1.4 凸窗

凸窗又称为外飘窗，二维视图依据用户的选定参数确定，默认的三维视图包括窗楣与窗台板、窗框和玻璃，对话框如图 6-1-4 所示。对于楼板挑出的落地凸窗和封闭阳台，平面图应该使用带形窗来实现。

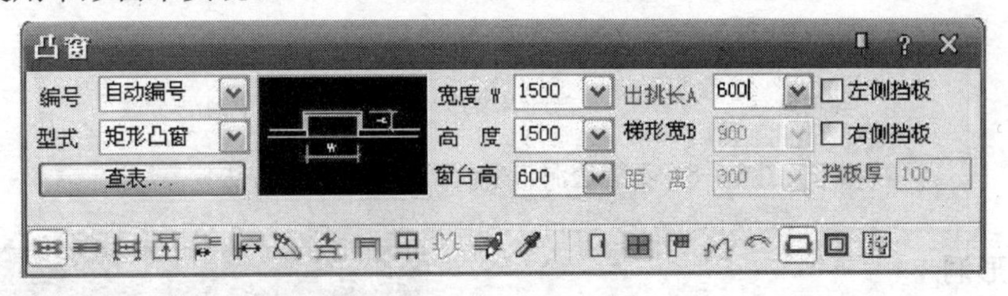

图 6-1-4 凸窗参数

矩形凸窗还可以设置两侧是玻璃还是挡板，侧面碰墙时自动被剪裁，获得正确的平面图效果，挡板厚度可在特性栏中修改，挡板是否绘制保温层在高级选项中设置。在天正建筑 2013 版本中，可修改无挡板凸窗窗台板从洞口往两侧延伸的宽度尺寸，选中已经绘制的凸窗（可一次选中多个一起修改）后，在特性栏中修改“两侧窗台板延伸”数值即可，默认值是 120。

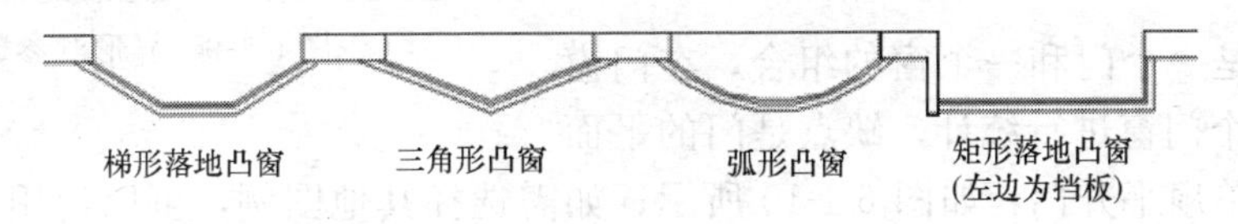

图 6-1-5 凸窗类型

6.1.5　矩形洞

墙上的矩形空洞，可以穿透也可以不穿透墙体，有多种二维形式可选，如图 6-1-6 所示。

图 6-1-6　穿透墙体的洞口参数

矩形洞口与普通门一样，可以在上图的形式上添加门口线，图 6-1-7 所示是不穿透墙体的情况。

图 6-1-7　不穿透墙体的参数

不穿透洞口平面图有多种表示方法，如图 6-1-8 所示。

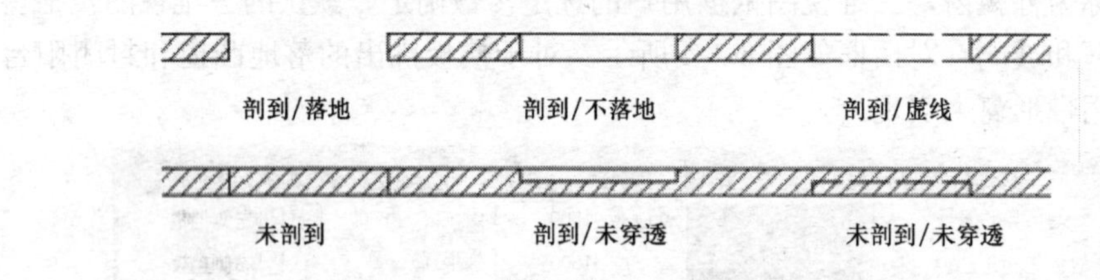

图 6-1-8　不穿透洞口平面图的多种表示方法

6.1.6　异形洞

自由在墙面 UCS 上绘制轮廓线（要求先通过【墙面 UCS】命令转坐标系），然后转成洞口，用于非规则立面的三维洞口建模绘制，命令对话框如图 6-1-9 所示。

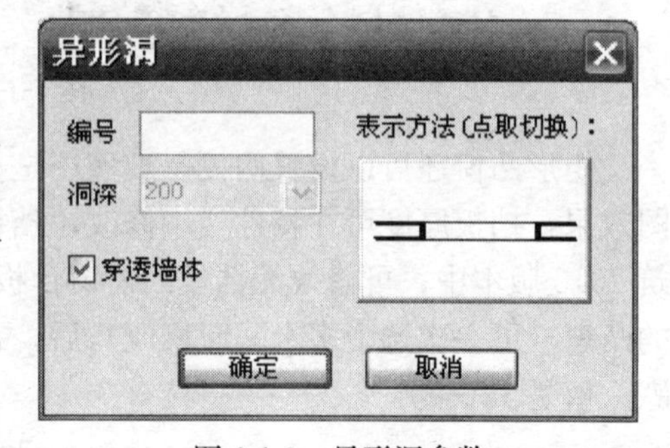

图 6-1-9　异形洞参数

6.1.7　门连窗

门连窗是一个门和一个窗的组合，在门窗表中作为单个门窗进行统计，缺点是门的平面图例固定为单扇平开门，如图 6-1-10 所示；如需选择其他图例，可以使用【组合门窗】命令。

图 6-1-10　门连窗参数

6.1.8　子母门

子母门是两个平开门的组合，在门窗表中作为单个门窗进行统计，缺点同上。优点是参数定义比较简单，如图 6-1-11 所示。

图 6-1-11　子母门参数

6.1.9　组合门窗

把已经插入的两个以上普通门和（或）窗的组合为一个对象，作为单个门窗对象统计，优点是组合门窗各个成员的平面和立面都可以由用户独立控制。

6.1.10　转角窗

跨越两段相邻转角墙体的普通窗或凸窗。二维转角窗用三线或四线表示（当前比例小于规定界限时按三线表示），三维视图有窗框和玻璃，可在特性栏设置为转角洞口，角凸窗还有窗楣和窗台板，侧面碰墙时自动剪裁，获得正确的平面图效果。

6.1.11　带形窗

是跨越多段墙体的多扇普通窗的组合，各扇窗共享一个编号，它没有凸窗特性，其他和转角窗相同。

6.1.12　门窗编号

门窗编号用来标识尺寸、材料与工艺相同的门窗，门窗编号是对象的文字属性，在插入门窗时键入创建或【门窗编号】命令自动生成，可通过在位编辑修改。

系统在插门窗或修改编号时在同一 DWG 范围内检查同一编号的门窗洞口尺寸和外观应相同，【门窗检查】命令可检查同一工程中门窗编号是否满足这一规定。

6.1.13　高窗和上层窗

高窗和上层窗是门窗的一个属性，两者都是指在位于平面图默认剖切平面以上的窗户。两者区别是高窗用虚线表示二维视图，而上层窗没有二维视图，只提供门窗编号，表示该处存在另一扇（等宽）窗，但存在三维视图，用于生成立面和剖面图中的窗。

图 6-1-12　高窗与上层窗

天正软件-建筑系统中的平面门窗基于图块插入，但是它们与普通图块的构造方法不同，需要使用专门的图块入库工具，详见“门窗库”一节。

6.2　门窗的创建

门窗是天正软件—建筑系统中的核心对象之一，类型和形式非常丰富，然而大部分门窗都使用矩形的标准洞口，并且在一段墙或多段相邻墙内连续插入，规律十分明显。创建这类门窗，就是要在墙上确定门窗的位置。

注意： 门窗创建失败的原因可能是：①门窗高度和门槛高或窗台高的和高于要插入的墙体高度；②插入门窗的墙体位置坐标数值超过 1E8，导致精度溢出。

本命令提供了多种定位方式，以便用户快速在墙内确定门窗的位置，新增动态输入方式，在拖动定位门窗的过程中按〈Tab〉键可切换门窗定位的当前距离参数，键盘直接输入数据进行定位，适用于各种门窗定位方式中混合使用，如图 6-2-1 所示，为在 Auto-CAD 2006 以上平台下拖动门窗的情况。

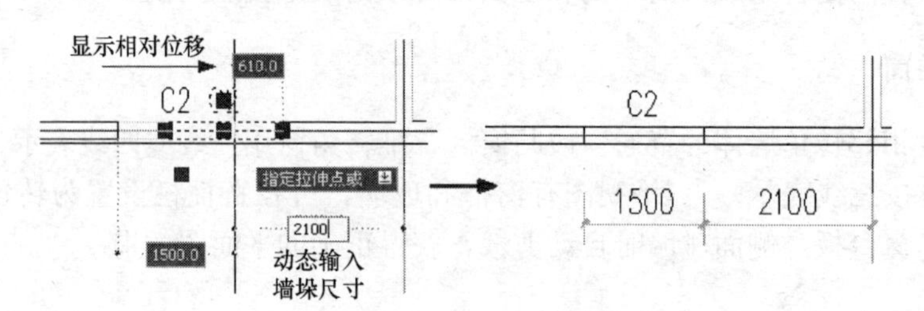

图 6-2-1　拖动门窗夹点动态输入定位

6.2.1　门窗

普通门、普通窗、弧窗、凸窗和矩形洞等的定位方式基本相同，因此用本命令即可创建这些门窗类型，在天正软件-建筑系统 2013 版本中增加了智能门窗插入功能，方便快速插入门窗。

在“门窗的概念”一节已经介绍了各种门窗的特点，本小节以普通门为例，对门窗的创建方法作深入的介绍。

门窗参数对话框下有一工具栏，分隔条左边是定位模式图标，右边是门窗类型图标，对话框上是待创建门窗的参数，由于门窗界面是无模式对话框，单击工具栏图标选择门窗类型以及定位模式后，即可按命令行提示进行交互插入门窗，自动编号功能可从编号列表中选择“自动编号”，会按洞口尺寸自动给出门窗编号。

应注意，在弧墙上使用普通门窗插入时，如门窗的宽度大、弧墙的曲率半径小，这时插入失败，可改用弧窗类型。

【构件库】，其中可以保存已经设置参数的门窗对象，在门窗对话框中最右边的图标是打开构件库，从库中获得入库的门窗，高宽按构件库保存的参数，窗台和门槛高按当前值不变。

菜单命令：门窗→门窗（MC）

点取菜单命令后，显示如图6-2-2所示对话框，以下按工具栏的门窗定位方式从左到右依次介绍。

图6-2-2 门窗对话框

“个数”用于连续插入门窗时使用，此时连续插入同一样式和尺寸的门窗，之间间距为0，用于弧墙时连续插入的门窗方向依照该处圆弧的切线角度插入。

自由插入

可在墙段的任意位置插入，速度快但不易准确定位，通常用在方案设计阶段。以墙中线为分界内外移动光标，可控制内外开启方向，按Shift键控制左右开启方向。点击墙体后，门窗的位置和开启方向就完全确定了，单击工具栏如图6-2-3所示。

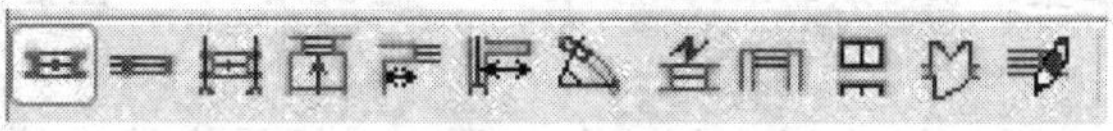

图6-2-3 自由插入门窗

命令行提示：

点取门窗插入位置(Shift-左右开)：点取要插入门窗的墙体即可插入门窗，按Shift键改变开向。

顺序插入

以距离点取位置较近的墙边端点或基线端为起点，按给定距离插入选定的门窗。此后，顺着前进方向连续插入，插入过程中可以改变门窗类型和参数。在弧墙顺序插入时，门窗按照墙基线弧长进行定位，单击工具栏如图6-2-4所示。

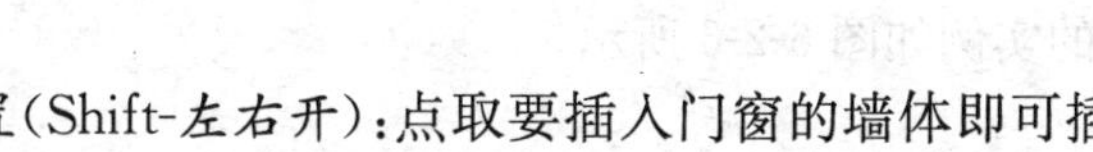

图6-2-4 顺序插入门窗

命令行提示：

点取墙体〈退出〉：点取要插入门窗的墙线

输入从基点到门窗侧边的距离〈退出〉：键入起点到第一个门窗边的距离

输入从基点到门窗侧边的距离或[左右翻转(S)/内外翻转(D)]〈退出〉：键入到前一个门窗边的距离

轴线等分插入

将一个或多个门窗等分插入到两根轴线间的墙段等分线中间。如果墙段内没有轴线，则该侧按墙段基线等分插入。

命令行提示：

点取门窗大致的位置和开向(Shift—左右开)〈退出〉：

在插入门窗的墙段上任取一点，该点相邻的轴线亮显。

指定参考轴线(S)/输入门窗个数(1～3)〈1〉:3　　键入插入门窗的个数 3

括弧中给出按当前轴线间距和门窗宽度计算可以插入的个数范围，结果如图 6-2-5 所示；键入 S 可跳过亮显轴线，选取其他轴线作为等分的依据（要求仍在同一个墙段内）。

图 6-2-5　轴线等分插入门窗实例

墙段等分插入

与轴线等分插入相似，本命令在一个墙段上按墙体较短的一侧边线，插入若干个门窗，按墙段等分，使各门窗之间墙垛的长度相等。

命令行提示：

点取门窗大致的位置和开向(Shift—左右开)〈退出〉：　　在插入门窗的墙段上单击一点

门窗个数(1～3)〈1〉:3　键入插入门窗的个数 3，括号中给出按当前墙段与门窗宽计算的可用范围。

上述命令行交互的实例如图 6-2-6 所示。

图 6-2-6　墙段等分插入门窗实例

垛宽定距插入

系统选取距点取位置最近的墙边线顶点作为参考点，按指定垛宽距离插入门窗。本命令特别适合插室内门，实例设置垛宽 240，在靠近墙角左侧插入门，如图 6-2-7 所示。

命令行提示：

点取门窗大致的位置和开向(Shift—左右开)〈退出〉：点取参考垛宽一侧的墙段插入门窗

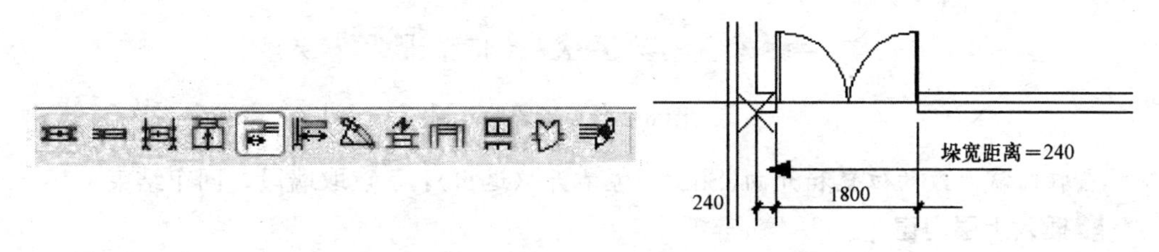

图 6-2-7 垛宽定距插入门窗实例

轴线定距插入

与垛宽定距插入相似，系统自动搜索距离点取位置最近的轴线的交点，将该点作为参考位置按预定距离插入门窗，实例如图 6-2-8 所示。

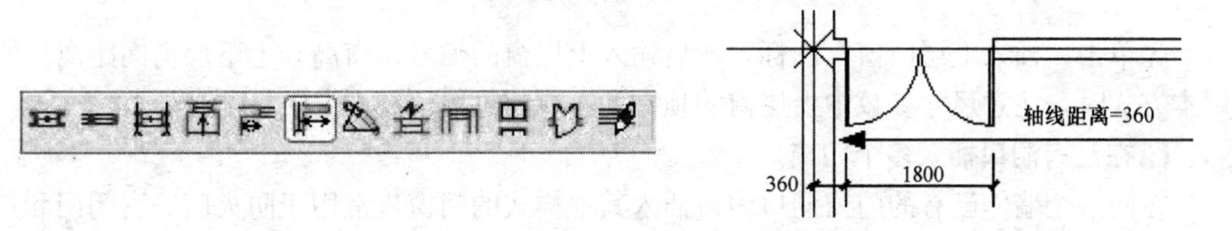

图 6-2-8 轴线定距插入门窗实例

按角度定位插入

本命令专用于弧墙插入门窗，按给定角度在弧墙上插入直线型门窗，如图 6-2-9 所示。

图 6-2-9 角度定位插入

命令行提示：

点取弧墙〈退出〉： 点取弧线墙段

门窗中心的角度〈退出〉：键入需插入门窗的角度值

智能插入

本命令用于在墙段中按预先定义的规则自动在合理位置插入门窗，如图 6-2-10 所示。

图 6-2-10 智能插入

命令行提示：

点取门窗的大致位置或[设为轴线定距(Q)，当前：墙线定距]〈退出〉：点取墙段，回车结束。

满墙插入

门窗在门窗宽度方向上完全充满一段墙，使用这种方式时，门窗宽度参数由系统自动确定，如图 6-2-11 所示。

命令行提示：

图 6-2-11　满墙插入

点取门窗大致的位置和开向(Shift—左右开)〈退出〉： 点取墙段，回车结束。

插入上层门窗

在同一个墙体已有的门窗上方再加一个宽度相同、高度不同的窗，这种情况常常出现在高大的厂房外墙中，如图 6-2-12 所示。

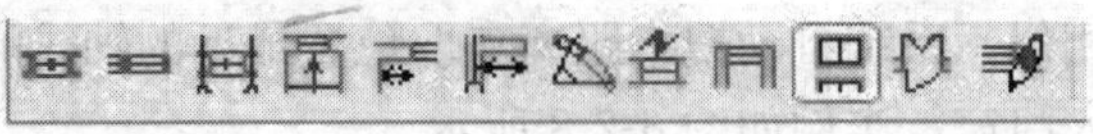

图 6-2-12　插入上层门窗

先单击“插入上层门窗”图标，然后输入上层窗的编号、窗高和上下层窗间距离。使用本方式时，注意尺寸参数中上层窗的顶标高不能超过墙顶高。

在已有洞口插入多个门窗

在同一个墙体已有的门窗洞口内再插入其他样式的门窗，常用于防火门、密闭门和户门、车库门中，如图 6-2-13 所示。

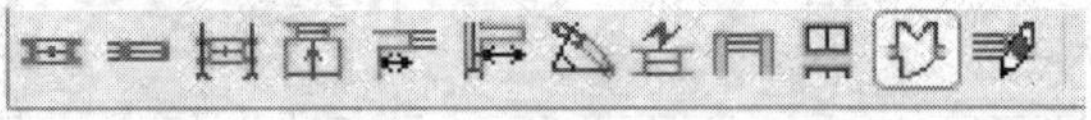

图 6-2-13　在已有洞口插入多个门窗

先单击“在已有洞口内插入多个门窗”图标，选择插入的门窗样式和参数，在命令行提示下选取已有洞口中的门窗，命令即可在该门窗洞口处增加新门窗。

门窗替换

用于批量修改门窗，包括门窗类型之间的转换。用对话框内的当前参数作为目标参数，替换图中已经插入的门窗。单击“替换”图标，对话框右侧出现参数过滤开关。如果不打算改变某一参数，可去除该参数开关的勾选项，对话框中该参数按原图保持不变，如图 6-2-14 所示。例如将门改为窗要求宽度不变，应将宽度开关去除勾选。

图 6-2-14　门窗替换

参数提取

新增的一个选项，用于查询图中已有门窗对象并将其尺寸参数提取到门窗对话框中的功能，方便在原有门窗尺寸基础上加以修改，如图 6-2-15 所示。

命令行提示：

请拾取参考门窗〈返回对话框〉： 点取已有的一个门窗，随即对话框中参数改为该门窗参数，命令行恢复到当前门窗插入状态

图 6-2-15 参数提取

单击“查表”按钮，可以随时验证图中已经插入的门窗，如图 6-2-16 所示。可单击行首取某个门窗编号，单击“确定”把这个编号的门窗取到当前，注意选择的类型要匹配当前插入的门或者窗，否则会出现“类型不匹配，请选择同类门窗编号!”的警告提示。

门窗编号验证表

编号	总数	数量	类型	宽度	高度	2D样式
C1	2	2	窗	1800	1500	WinLib2D (O
C2	1	1	窗	1500	1500	WinLib2D (O
C3	4	4	窗	1200	1200	WinLib2D (O
FM1	1	1	门	1000	2100	DorLib2D (O
M1	2	2	门	1000	2100	DorLib2D (O
M2	6	6	门	800	2100	DorLib2D (O
M3	2	2	门	1800	2100	DorLib2D (O
M4	4	4	门	1800	2100	DorLib2D (O
M6	3	3	门	900	2100	DorLib2D (O
DK-1	1	1	墙洞	1800	1500	
DK-2	1	1	墙洞	1800	2100	

二维样式

三维样式

☑本Dwg门窗　确定　取消

图 6-2-16 门窗编号验证表

勾选“本 Dwg 门窗”后，验证门窗就仅选择本图已插入的门窗。

6.2.2 组合门窗

本命令不会直接插入一个组合门窗，而是把使用【门窗】命令插入的多个门窗组合为一个整体的“组合门窗”，组合后的门窗按一个门窗编号进行统计，在三维显示时子门窗之间不再有多余的面片；还可以使用构件入库命令，把将创建好的常用组合门窗入构件库，使用时从构件库中直接选取，如图 6-2-17 所示。

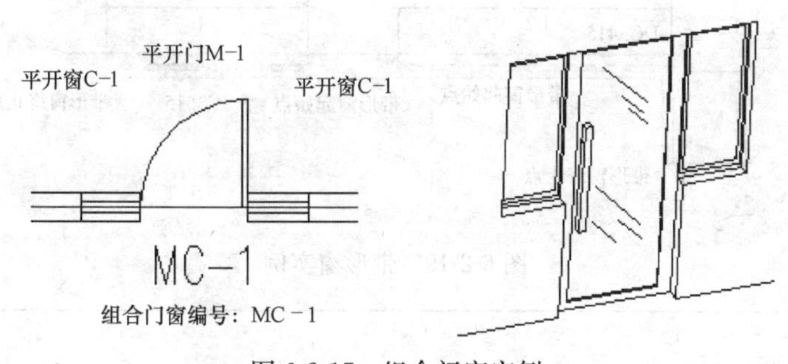

图 6-2-17 组合门窗实例

菜单命令：门窗→组合门窗（ZHMC）

点取菜单命令后，命令行提示：

选择需要组合的门窗和编号文字：选择要组合的第一个门窗

选择需要组合的门窗和编号文字：选择要组合的第二个门窗

选择需要组合的门窗和编号文字：选择要组合的第三个门窗

选择需要组合的门窗和编号文字：回车结束选择

输入编号：MC-1 键入组合门窗编号，更新这些门窗为组合门窗

组合门窗命令不会自动对各子门窗的高度进行对齐，修改组合门窗时临时分解为子门窗，修改后重新进行组合。本命令用于绘制复杂的门连窗与子母门，简单的情况可直接绘制，不必使用组合门窗命令。

6.2.3　带形窗

本命令创建窗台高与窗高相同，沿墙连续的带形窗对象，按一个门窗编号进行统计，带形窗转角可以被柱子、墙体造型遮挡，也可以跨过多道隔墙。带形窗的编号可在【编号设置】命令中设为按顺序或按展开长度编号，展开长度按包括保温层在内的墙中线计算，见图 6-2-19 中的 L=L1+L2。

菜单命令：门窗→带形窗（DXC）

点取菜单命令后，显示对话框如图 6-2-18 所示。

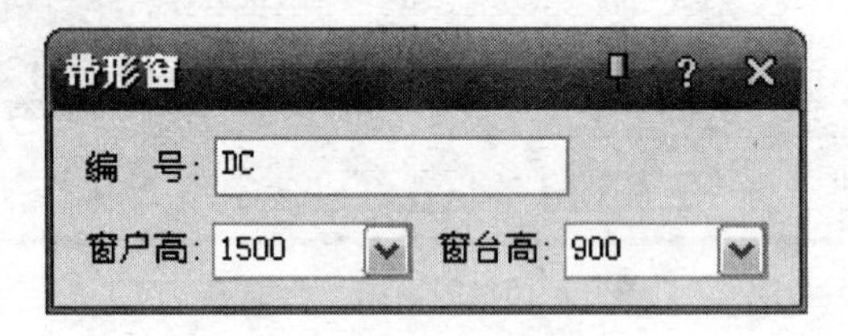

图 6-2-18　带形窗对话框

在其中输入带形窗参数，命令行提示：

起始点或[参考点(R)]〈退出〉：在带形窗开始墙段点取准确的起始位置

终止点或[参考点(R)]〈退出〉：在带形窗结束墙段点取准确的结束位置

选择带形窗经过的墙：选择带形窗经过多个墙段

选择带形窗经过的墙：回车结束命令，绘制带形窗如图 6-2-19 所示。

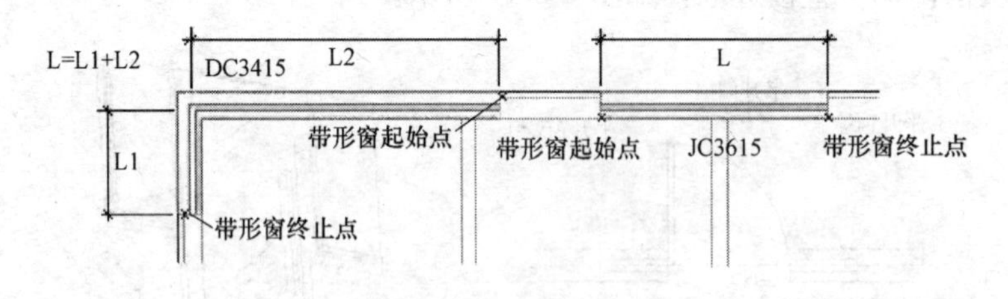

图 6-2-19　带形窗实例

注意：

1. 隔墙材料要求级别低于外墙材料；
2. 玻璃分格的三维效果请使用【窗棂展开】与【窗棂映射】命令处理；
3. 带形窗本身不能被 Stretch（拉伸）命令拉伸，否则显示不正确。

6.2.4 转角窗

本命令创建在墙角位置插入窗台高、窗高相同、长度可选的一个角窗或角凸窗对象，可输入一个门窗编号。命令中可设角凸窗两侧窗为挡板，挡板厚度参数可以设置，转角窗支持外墙保温层的绘制，如外墙带保温时加转角窗，在挡板外侧会根据“天正选项→基本设定”的图形设置内容决定是否加保温层。在天正软件-建筑系统2013中，角凸窗有了新的改进，转角凸窗两边的出挑长可以不一样，还可以绘制一边出挑为0的角凸窗。

点取菜单命令后显示对话框，在对话框中按设计要求选择转角窗的三种类型：角窗、角凸窗与落地的角凸窗，如图6-2-20所示。

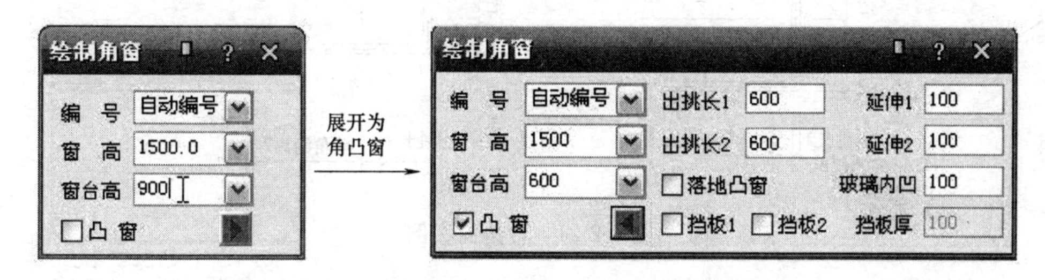

图6-2-20 转角窗对话框

▶对话框控件的说明

[出挑长1] 凸窗窗台凸出于一侧墙面外的距离，在外墙加保温时从结构面起算，单侧无出挑时可输入0。

[出挑长2] 凸窗窗台凸出于另一侧墙面外的距离，在外墙加保温时从结构面起算，单侧无出挑时可输入0。

[延伸1]/[延伸2] 窗台板与檐口板分别在两侧延伸出窗洞口外的距离，常作为空调搁板花台等。

[玻璃内凹] 凸窗玻璃从外侧起算的厚度。

[凸窗] 勾选后，单击箭头按钮可展开绘制角凸窗。

[落地凸窗] 勾选后，墙内侧不画窗台线。

[挡板1/挡板2] 勾选后凸窗的侧窗改为实心的挡板，挡板的保温厚度默认按30绘制，是否加保温层在“天正选项→基本设定→图形设置”下定义。

[挡板厚] 挡板厚度默认100，勾选挡板后可在这里修改。

1. 默认不按下“凸窗”按钮，就是普通角窗，窗随墙布置；

2. 按下“凸窗”按钮，不勾选“落地凸窗”，就是普通的角凸窗；

3. 按下“凸窗”按钮，再勾选“落地凸窗”，就是落地的角凸窗。

如上选择转角窗类型后，在对话框中输入其他转角窗参数，命令行提示：

请选取墙内角〈退出〉：点取转角窗所在墙内角，窗长从内角起算

转角距离1〈1000〉：2000 当前墙段变虚，输入从内角计算的窗长

转角距离2〈1000〉：1200 另一墙段变虚，输入从内角计算的窗长

请选取墙内角〈退出〉：执行本命令绘制角窗，回车退出命令

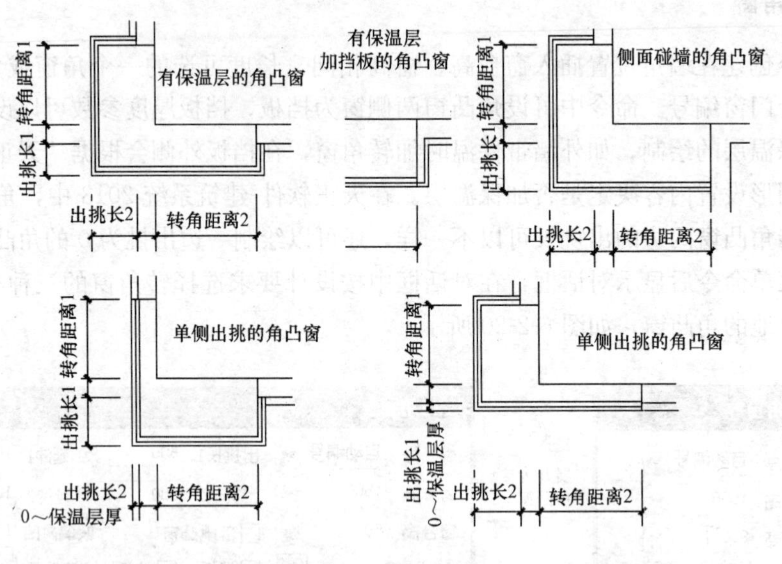

图 6-2-21　转角窗实例

双击转角窗进入转角窗的对象编辑，弹出如图 6-2-22 所示的对象编辑对话框，参数修改完成后，以单击确定更新。

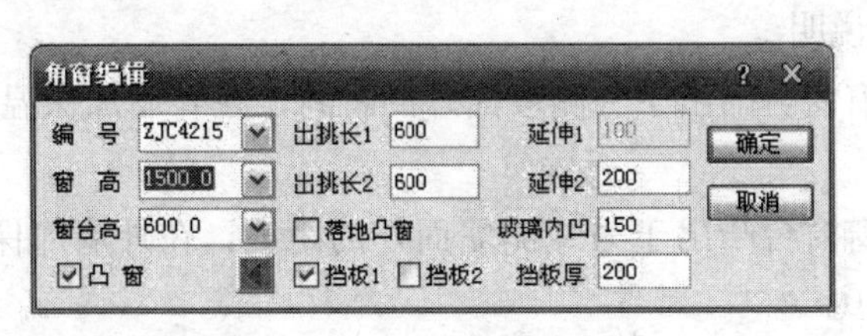

图 6-2-22　转角窗参数修改

注意：

1. 在侧面碰墙、碰柱时角凸窗的侧面玻璃会自动被墙或柱对象遮挡，如图 6-2-19 所示；特性表中可设置转角窗“作为洞口”处理；玻璃分格的三维效果，请使用【窗棂展开】与【窗棂映射】命令处理。

2. 有保温层墙上绘制无挡板的转角凸窗前，请先执行【内外识别】或【指定外墙】命令指定外墙外皮位置，保温层和凸窗关系才能正确处理，否则保温层线和玻璃的绘制有问题。

3. 转角窗的编号可在【编号设置】命令中设为按顺序或按展开长度编号，展开长度可在【编号设置】命令中设为按墙中线、墙角阴面、墙角阳面计算。

6.2.5　异形洞

本命令在直墙面上按给定的闭合 PLINE 轮廓线生成任意形状的洞口，平面图例与矩形洞相同。建议先将屏幕设为两个或更多视口，分别显示平面和正立面，然后用【墙面UCS】命令把墙面转为立面 UCS，在立面用闭合多段线画出洞口轮廓线，最后使用本命令创建异形洞；注意本命令不适用于弧墙。

菜单命令：门窗→异形洞（YXD）

点取菜单命令后，命令行提示：

请点取墙体一侧：点取平面视图中开洞墙段，当洞口不穿透墙体时，点取开口一侧。

选择墙面上的多段线作为洞口轮廓线：光标移至对应立面视口中，点取洞口轮廓线

异形洞对话框如图 6-2-23 所示。

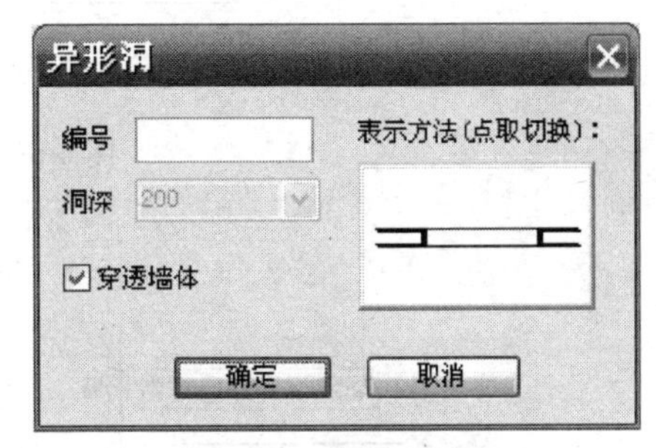

图 6-2-23　异形洞对话框

在其中单击图形切换表示洞口的图例，输入洞深参数，或者勾选“穿透墙体”后单击“确定”按钮，完成异形洞的绘制。

如洞深小于墙厚，在墙面上构造凹龛，可以选择如下两种平面表示方式，异形洞支持墙线加粗，如图 6-2-24 所示。

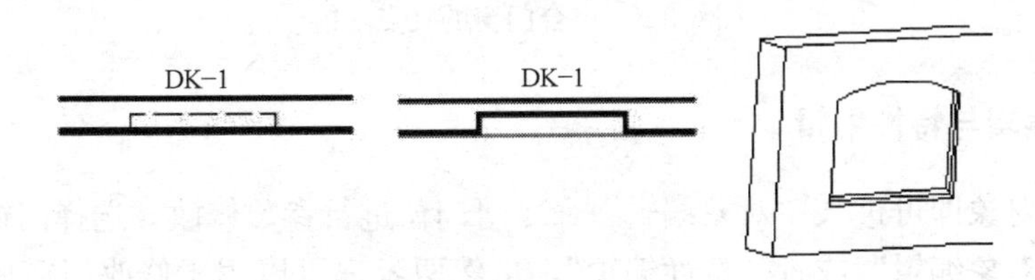

图 6-2-24　异形洞实例

6.3　门窗的编辑

最简单的门窗编辑方法是选取门窗可以激活门窗夹点，拖动夹点进行夹点编辑不必使用任何命令，批量翻转门窗可使用专门的门窗翻转命令处理。

6.3.1　门窗的夹点编辑

普通门、普通窗都有若干个预设好的夹点，拖动夹点时门窗对象会按预设的行为作出动作，熟练操纵夹点进行编辑是用户应该掌握的高效编辑手段。夹点编辑的缺点是一次只能对一个对象操作，而不能一次更新多个对象，为此系统提供了各种门窗编辑命令。

门窗对象提供的编辑夹点功能如下列各图所示，其中部分夹点用 Ctrl 来切换功能。

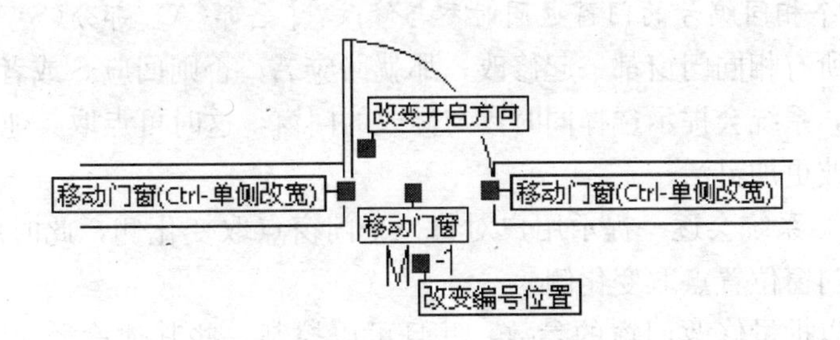

图 6-3-1　普通门的夹点功能

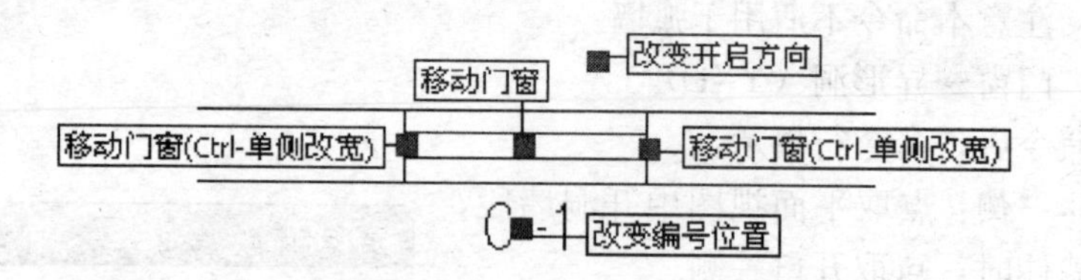

图 6-3-2　普通窗的夹点功能

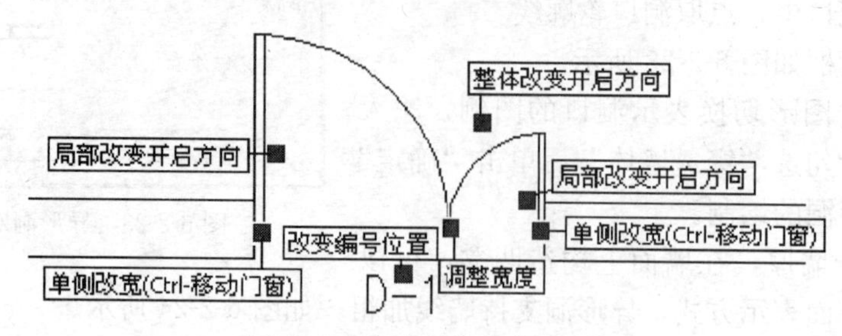

图 6-3-3　组合门窗的夹点功能

6.3.2　对象编辑与特性编辑

双击门窗对象即可进入“对象编辑”命令对门窗进行参数修改，选择门窗对象右击菜单可以选择“对象编辑”或者“特性编辑”，虽然两者都可以用于修改门窗属性，但是相对而言，“对象编辑”启动了创建门窗的对话框，参数比较直观，而且可以替换门窗的外观样式。

门窗对象编辑对话框与插入对话框类似，只是没有了插入或替换的一排图标，并增加了“单侧改宽”的复选框，如图 6-3-4 所示。

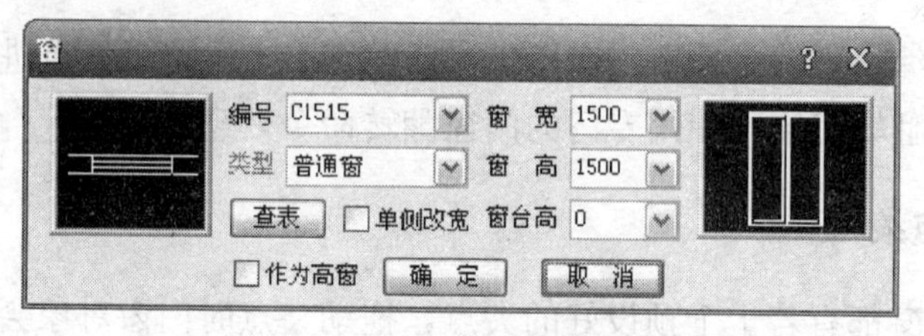

图 6-3-4　门窗的对象编辑界面

在对话框勾选“单侧改宽”复选框，输入新宽度，单击“确定”后，命令行提示：

点取发生变化的一侧：用户在改变宽度的一侧给点

还有其他 X 个相同编号的门窗也同时参与修改？[全部(A)/部分(S)/否(N)]〈A〉：

如果您是要所有相同门窗都一起修改，那就回应 A，否则回应 S 或者 N。

以 S 回应后，系统会提示选择同时参与修改的门窗，这时可点取其他多个要参与修改的门窗，使得修改更加灵活；

以 A 回应后，系统会逐一提示用户对每一个门窗点取变化侧，此时应根据拖引线的指示，平移到该门窗位置点取变化侧。

特性编辑可以批量修改门窗的参数，并且可以控制一些其他途径无法修改的细节参数，如门口线、编号的文字样式和内部图层等。

注意：如果希望新门窗宽度是对称变化的，不要勾选“单侧改宽”复选框。

6.3.3 门窗规整

调整做方案时粗略插入墙上的门窗位置，使其按照指定的规则整理获得正确的门窗位置，以便生成准确的施工图。

菜单命令：门窗→门窗规整（MCGZ）

点取菜单命令后显示对话框，按照实际情况，用户可以进行下面多种选择：

可勾选“垛宽小于XX归整为0”、“垛宽小于XXX归整为YYY”、“门窗居中”三项，对话框如图6-3-5所示。

图6-3-5 门窗规整

以上三种情况实际上可以进行组合，遇到符合要求的门窗按该项的要求执行，勾选“垛宽小于…”项时，命令行提示如下：

请选择需归整的门窗〈退出〉：右键回车直接退出命令

选择需归整的门窗或[回退(U)]〈退出〉：支持点选和框选操作

选择需归整的门窗后，选中门窗马上按对话框中的设置进行位置的调整，右键回车直接退出命令，实例如图6-3-6所示。

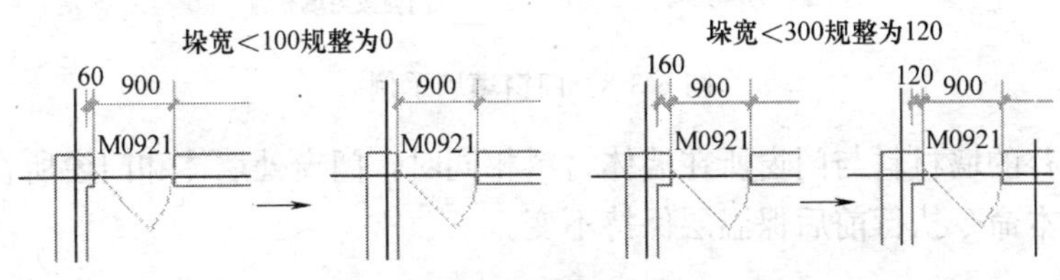

图6-3-6 门窗规整示例（一）

勾选“门窗居中”一项时，“中距”设为1200，命令行交互修改如下：

请选择需归整的门窗或[指定参考轴线(S)]〈退出〉：框选两个要居中规整的窗

请选择需归整的门窗或[指定参考轴线(S)/回退(U)]〈退出〉：回车结束选择

选程序按门窗所在墙端相邻墙体的位置自动搜索轴线，对搜出来轴线间的门窗按中距进行居中操作，如图6-3-7所示。

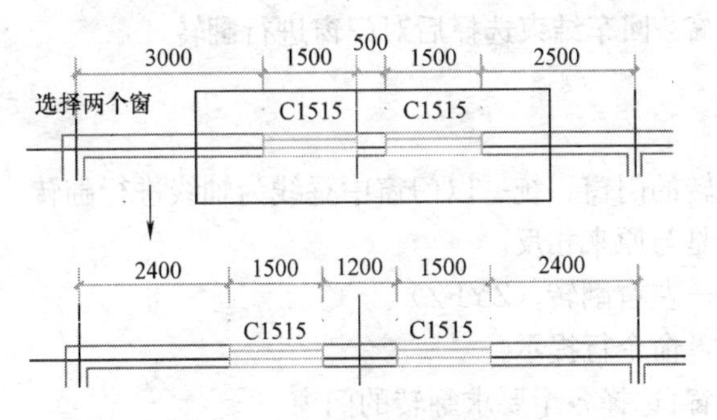

图6-3-7 门窗规整示例（二）

程序如果自动识别不出来轴线，则按相邻墙体的墙基线进行居中操作，当键入 S 选项，可以手动选择参考轴线，命令继续提示如下：

第一根轴线：选取第一根轴线

第二根轴线：选取第二根轴线

选择完成后，在参考轴线之间的门窗自动按对话框中设置的参数进行居中的操作，参考轴线以外的门窗位置不发生变化。

6.3.4　门窗填墙

选择选中的门窗将其删除，同时将该门窗所在的位置补上指定材料的墙体，适用的门窗支持除带形窗、转角窗和老虎窗以外的其他所有门窗类别。

菜单命令：门窗→门窗填墙（MCTQ）

点取菜单命令后，命令行提示：

请选择需删除的门窗〈退出〉：选择各个要填充为墙体的门窗

请选择需删除的门窗：回车退出选择

请选择需填补的墙体材料：[无(0)/轻质隔墙(1)/填充墙(2)/填充墙 1(3)/填充墙 2(4)/砖墙(5)]〈2〉：2 键入 2 回车，将所选门窗改为填充墙并退出命令

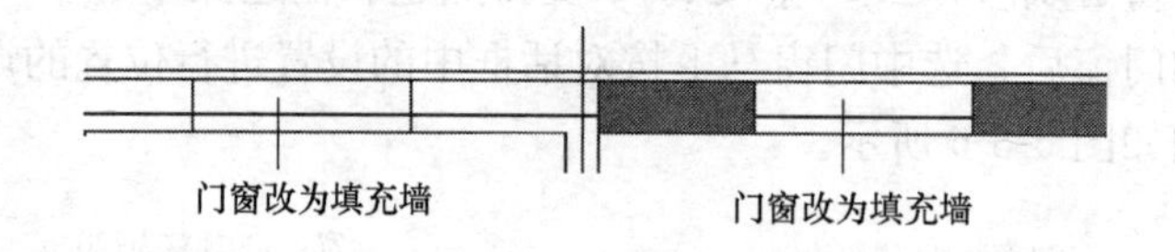

图 6-3-8　门窗填墙示例

当门窗填补的墙材料与门窗所在墙体材料相同时，门窗处墙体和门窗所在墙体合并为同一段墙体，本命令执行前后保温层保持不变。

6.3.5　内外翻转

选择需要内外翻转的门窗，统一以墙中为轴线进行翻转，适用于一次处理多个门窗的情况，方向总是与原来相反。

菜单命令：门窗→内外翻转（NWFZ）

点取菜单命令后，命令行提示：

选择待翻转的门窗：选择各个要求翻转的门窗

选择待翻转的门窗：回车结束选择后对门窗进行翻转

6.3.6　左右翻转

选择需要左右翻转的门窗，统一以门窗中垂线为轴线进行翻转，适用于一次处理多个门窗的情况，方向总是与原来相反。

菜单命令：门窗→左右翻转（ZYFZ）

点取菜单命令后，命令行提示：

选择待翻转的门窗：选择各个要求翻转的门窗

选择待翻转的门窗：回车结束选择后对门窗进行翻转

6.4 门窗编号与门窗表

6.4.1 编号设置

本命令在天正软件-建筑系统2013版本中作了改进，除了可设置普通门窗自动编号时的编号规则外，还根据不同设计单位的需要，对转角窗窗宽的计算位置提供了多种设置，对门窗编号规则是否按尺寸四舍五入，也可进行设置。

菜单命令：门窗→编号设置（BHSZ）

点取菜单命令后，显示对话框：

在对话框中已经按最常用的门窗编号规则加入了默认的编号设置，用户可以根据单位和项目的需要增添自己的编号规则，单击“确认”按钮完成设置。

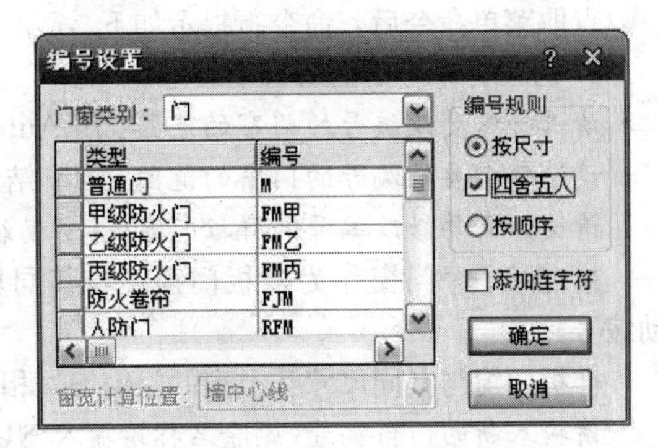

图6-4-1 编号设置对话框

勾选“四舍五入”，门窗按尺寸自动编号时自动按门窗宽高的首两位数值编号，在首两位取值时考虑后两位的进位，按四舍五入处理。

应用示例：对应宽1050、高1950的门窗，作四舍五入，按尺寸自动编号的结果是M1120。

不勾选“四舍五入”一项，门窗按尺寸自动编号时自动按门窗宽高的首两位数值编号，在首两位取值时不考虑后两位的进位，后两位数值直接舍去。

应用示例：对应宽1050、高1950的门窗，不作四舍五入，按尺寸自动编号的结果是M1019。

勾选“添加连字符”后可以在编号前缀和序号之间加入半角的连字符“-”，创建的门窗编号类似M-2115、M-1。默认的编号规则是按尺寸自动编号，此时编号规则是编号加门窗宽高尺寸，如RFM1224、FM-1224，改为“按顺序”后，编号规则为编号加自然数序号，如RFM1、FM1；对具有不同参数的同类门窗，门窗命令在自动编号时会根据类型和参数自动增加序号，区分为另一个门窗编号的规则如下表所示。

门窗类型	门 窗 参 数
门、窗	宽、高、类型、二维样式、三维样式
门连窗	总宽、门宽、门高、窗高、门的三维样式、窗的三维样式
子母门	总宽、大门宽、门高、大门的三维样式、小门的三维样式
弧窗	宽、高、类型
组合门窗、矩形洞、带形窗、老虎窗	宽、高
凸窗	宽、高、出挑长、梯形宽
转角窗	宽、高、出挑长

6.4.2 门窗编号

本命令生成或者修改门窗编号，根据普通门窗的门洞尺寸大小编号，可以删除（隐去）已经编号的门窗，转角窗和带形窗按默认规则编号，使用“自动编号”选项，可以不需要样板门窗，键入 S 直接按照洞口尺寸自动编号。

如果改编号的范围内门窗还没有编号，会出现选择要修改编号的样板门窗的提示，本命令每一次执行只能对同一种门窗进行编号，因此只能选择一个门窗作为样板，多选后会要求逐个确认，对与这个门窗参数相同的编为同一个号；如果以前这些门窗有过编号，即使用删除编号，也会提供默认的门窗编号值。

菜单命令：门窗→门窗编号（MCBH）

点取菜单命令后，命令行提示如下。

1. 对没有编号的门窗自动编号

请选择需要改编号的门窗的范围：用 AutoCAD 的任何选择方式选取门窗编号范围

请选择需要改编号的门窗的范围：回车结束选择

请选择需要修改编号的样板门窗或[自动编号(S)]：

指定某一个门窗作为样板门窗，与其同尺寸和类型的门窗编号相同或者键入 S 自动编号

样板门窗与其同尺寸和类型的门窗编号相同

请输入新的门窗编号(删除名称请输入 NULL)〈M1521〉：

根据门窗洞口尺寸自动按默认规则编号，也可以输入其他编号如 M1

2. 对已经编号的门窗重新编号

请选择需要改编号的门窗的范围：用 AutoCAD 的任何选择方式选取门窗编号范围

请选择需要改编号的门窗的范围：回车结束选择

请输入新的门窗编号(删除编号请输入 NULL)〈M1521〉：

根据原有门窗编号作为默认值，输入新编号或者 NULL 删除原有编号。

注意：转角窗的默认编号规则为 ZJC1、ZJC2...，带形窗为 DC1、DC2... 由用户根据具体情况自行修改。

6.4.3 门窗检查

本命令实现下面几项功能：①门窗检查对话框中的门窗参数与图中的门窗对象可以实现双向的数据交流；②可以支持块参照和外部参照内部的门窗对象；③支持把指定图层的文字当成门窗编号进行检查。在电子表格中，可检查当前图和当前工程中已插入的门窗数据是否合理，并可以即时调整图上指定门窗的尺寸。

菜单命令：门窗→门窗检查（MCJC）

点取菜单命令后，显示对话框如图 6-4-2 所示。

此时，自动会按当前对话框“设置”中的搜索范围将当前图纸或当前工程中含有的门窗搜索出来，列在右边的表格里面供用户检查，其中普通门窗洞口宽高与编号不一致，同编号的门窗中，二维或三维样式不一致，同编号的凸窗样式或者其他参数（如出挑长等）不一致，都会在表格中显示“冲突”，同时在左边下部显示冲突门窗列表。用户可以选择

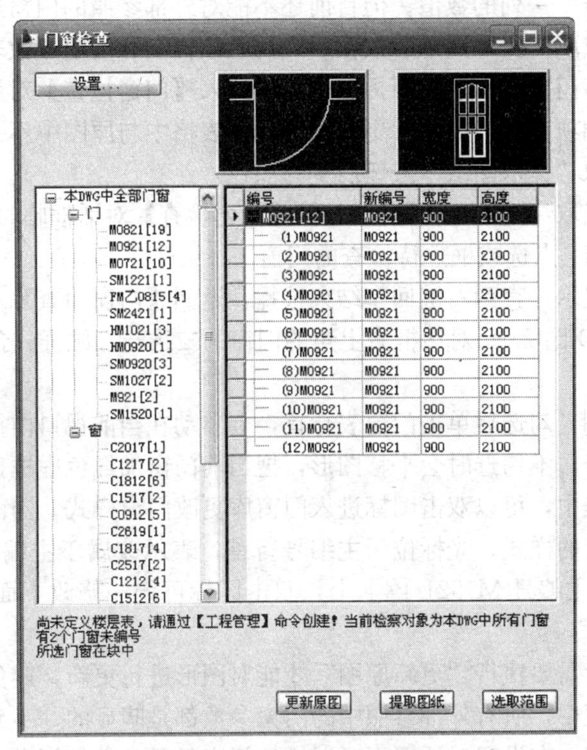

图 6-4-2　门窗检查对话框

修改冲突门窗的编号，然后单击“更新原图”对图纸中的门窗编号实时进行纠正，然后单击“提取图纸”重新进行检查。

主对话框中的“设置”按钮用于决定检查的范围，单击后进入子对话框如下。

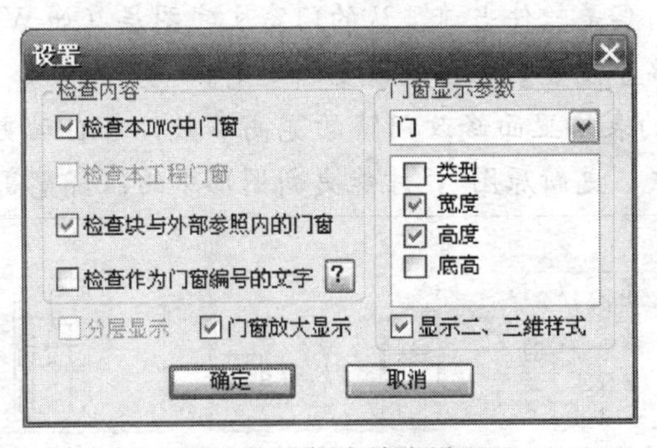

图 6-4-3　门窗检查设置

对话框控件的说明

[**编号**]　根据门窗编号设置命令的当前设置状态对图纸中已有门窗自动编号。

[**新编号**]　显示图纸中已编号门窗的编号，没有编号的门窗此项空白。

[**宽度**]/[**高度**]　命令搜索到的门窗洞口宽高尺寸，用户可以修改表格中的宽度和高度尺寸，单击更新原图对图内门窗即时更新，转角窗、带形窗等特殊门窗除外。

[**更新原图**]　在电子表格里面修改门窗参数、样式后单击更新原图按钮，可以更新当前打开的图形包括块参照内的门窗。更新原图的操作并不修改门窗参数表中各项的相对位

置，也不修改“编号”一列的数值。但目前还不能对外部参照的门窗进行更新。

[**提取图纸**]　点取“提取图纸”按钮后，树状结构图和门窗参数表中的数据按当前图中或当前工程中现有门窗的信息重新提取，最后调入【门窗检查】对话框中的门窗数据受设置中检查内容中四项参数的控制。更新原图后，表格中与原图中不一致的以品红色显示的新参数值，在点取“提取图纸”按钮后变为黑色。

[**选取范围**]　点取“选取范围”按钮后，【门窗检查】对话框临时关闭，命令行提示：

请选择待检查的门窗：点选或框选待检查的门窗 ……

此步在命令行反复提示，直到右键回车结束选择，返回【门窗检查】对话框。

[**平面图标**]/[**3D 图标**]　对话框右上角的门窗的二维与三维样式预览图标，双击可以进入图库修改。

[**门窗放大显示**]　勾选后单击门窗表行首，会自动在当前视口内把当前光标所在表行的门窗放大显示出来；不勾选时会平移图形，把当前门窗加红色虚框显示在屏幕中。

在门窗检查过程中，可以双击图标进入门窗库更改门窗样式，当前光标位于子编号行首，表示改当前门窗的样式；光标位于主编号行首，表示改属于主编号的所有门窗样式，如图 6-4-4 中光标在主编号 M1521 [4] 上，双击图标可统一修改下面 4 个编号为 M1521 的门样式。

修改门窗样式后需要执行“更新原图”才能对图形进行更新，避免自动更新导致误修改的风险；在对话框中，所有外部参照中的门窗参数都是暗显的，不允许用户直接修改外部参照中的门窗数据；在设置对话框下可以增加门窗显示参数如门类型，用户改变门类型后，门窗编号会根据门类型按编号规则自动更新。

> **注意：**
>
> 1. 文字要作为门窗编号要满足三个要求：①该文字是天正或 AutoCAD 的单行文字对象；②该文字所在图层是软件当前默认的门窗文字图层（如 WINDOW _ TEXT)；③该文字的格式符合【编号设置】中当前设置的规则。
>
> 2. 在本命令右边的表格里面修改门窗的宽高参数，可自动更新门窗表格中的门窗编号，但仍然需要单击“更新原图”，才能更新图形中的门窗宽高以及对应的门窗编号。

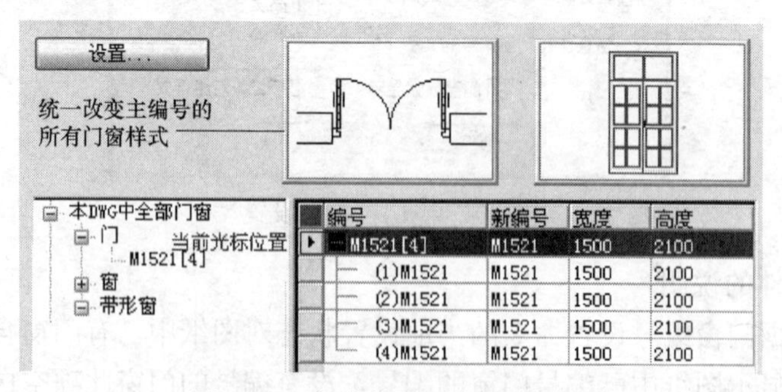

图 6-4-4　门窗检查更改门窗样式

6.4.4　门窗表

本命令统计本图中使用的门窗参数，检查后生成传统样式门窗表或者符合国标《建筑工程设计文件编制深度规定》样式的标准门窗表，天正软件-建筑系统提供了用户定制门窗表的手段，各设计单位自己可以根据需要定制自己的门窗表格入库，定制本单位的门窗表格样式。

菜单命令：门窗→门窗表（MCB）

点取菜单命令后，命令行提示：

请选择门窗或[设置(S)]〈退出〉:点选或框选门窗，右键回车退出命令

请选择门窗：继续选择门窗，回车结束门窗选择

请点取门窗表位置(左上角点)〈退出〉：点取门窗表的插入位置，右键回车退出命令

在第一行提示下键入S可显示门窗表样式对话框，在其中选择其他门窗表表头，勾选“统计作为门窗编号的文字”，还可以把在门窗图层里的单行文字作为门窗编号，这些文字的要求详见门窗检查命令。

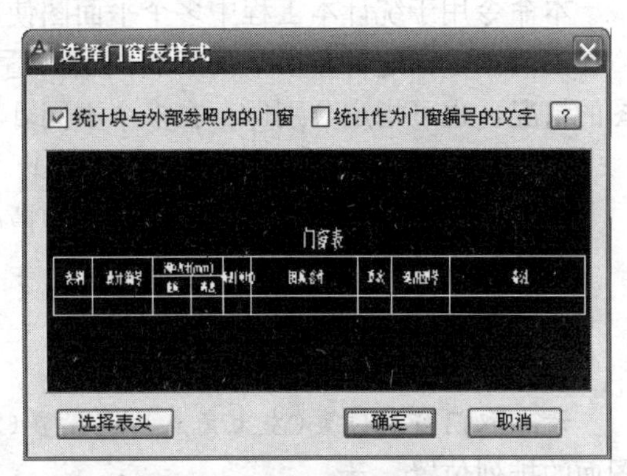

图 6-4-5　门窗表样式对话框

单击“从构件库中选择”按钮或者单击门窗表图像预览框均可进入构件库选取“门窗表”项下已入库表头，双击选取库内默认的“传统门窗表”、“标准门窗表”或者本单位的门窗表。

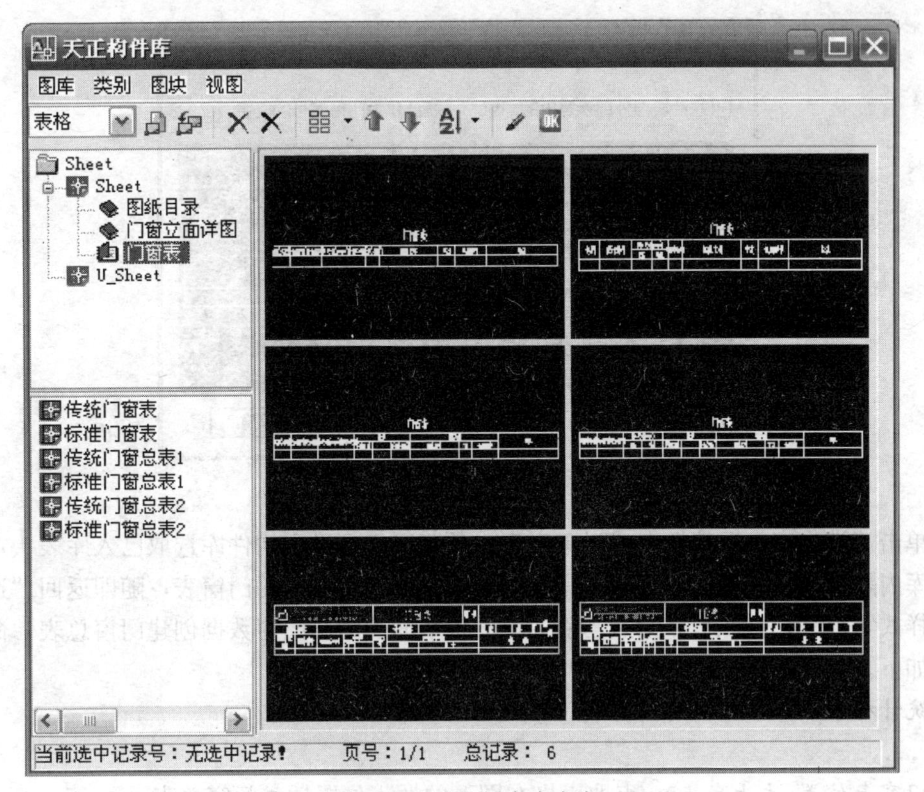

图 6-4-6　选取门窗表表头

关闭构件库返回后，按命令行提示插入门窗表：

门窗表位置(左上角点)：点取表格在图上的插入位置。

• 如果门窗中有数据冲突的，程序则自动将冲突的门窗按尺寸大小归到相应的门窗类型中，同时在命令行提示哪个门窗编号参数不一致。

• 如果对生成的表格宽高及标题不满意，可以通过表格编辑或双击表格内容进入在位编辑，直接进行修改，也可以拖动某行到其他位置。

6.4.5 门窗总表

本命令用于统计本工程中多个平面图使用的门窗编号，检查后生成门窗总表，可由用户在当前图上指定各楼层平面所属门窗，适用于在一个 dwg 图形文件上存放多楼层平面图的情况，也可指定分别保存在多个不同 dwg 图形文件上的不同楼层平面。

菜单命令：门窗→门窗总表（MCZB）

点取菜单命令后，在当前工程打开的情况下，命令行提示：

统计标准层平面图 1 的门窗表...

统计标准层平面图 2 的门窗表...

......

请点取门窗表位置(左上角点)或[设置(S)]〈退出〉：提示你拖动给出门窗总表在当前图面的排列位置

需要更改门窗总表样式时，请键入 S，显示选择门窗表样式对话框，如图 6-4-7 所示。

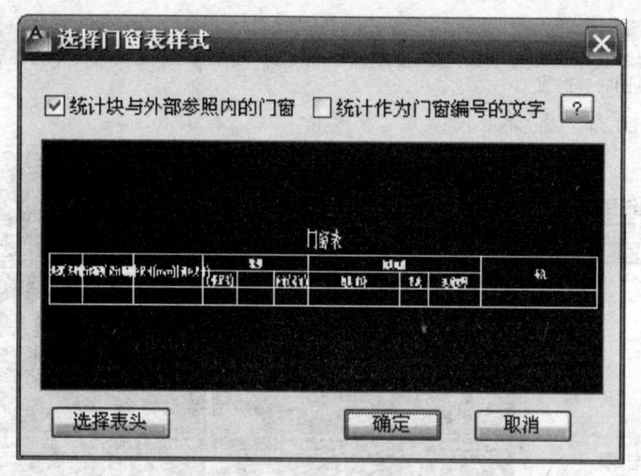

图 6-4-7 门窗总表对话框

单击“选择表头”按钮，或者单击表格预览图像框进入构件库选取已入库表头，双击选取库内默认的“传统门窗表”、“标准门窗表”或者本单位的门窗表，随即返回“选择门窗表样式”，单击“确定”，读入当前工程的各平面图的层门窗数据创建门窗总表，命令行提示如下。

统计标准层××××的门窗表...

......

门窗表位置(左上角点)：点取表格在图上的插入位置插入门窗总表

本命令同样有检查门窗并报告错误的功能，输出时按照国标门窗表的要求，数量为0的在表格中以空格表示。

如果需要对门窗总表进行修改，请在插入门窗表后通过表格对象编辑修改。注意由于采用新的自定义表头，不能对表列进行增删，修改表列需要重新制作表头加入门窗表库。

点取菜单命令后，如果当前工程没有建立或没有打开，会提示需要用户新建工程，如图6-4-8所示。

图6-4-8 新建工程警告对话框

新建立工程的过程请参阅“天正工程管理”一节。

6.5 门窗工具

6.5.1 编号复位

本命令把门窗编号恢复到默认位置，特别适用于解决门窗“改变编号位置”夹点与其他夹点重合，而使两者无法分开的问题。

菜单命令：门窗→门窗工具→编号复位（BHFW）

点取菜单命令后，命令行提示：

选择编号待复位的门窗：点选或窗选门窗

选择编号待复位的门窗：以回车退出命令

6.5.2 编号后缀

本命令把选定的一批门窗编号添加指定的后缀，适用于对称的门窗在编号后增加“反”缀号的情况，添加后缀的门窗与原门窗独立编号。

菜单命令：门窗→门窗工具→编号后缀（BHHZ）

点取菜单命令后，命令行提示：

选择需要在编号后加缀的门窗：点选或窗选门窗

选择需要在编号后加缀的门窗：继续选取或以回车退出选择

请输入需要加的门窗编号后缀〈反〉：键入新编号后缀或者回车增加“反”后缀

6.5.3 门窗套

本命令在门窗两侧加墙垛，三维显示为四周加全门窗框套，其中可单击选项删除添加的门窗套。

菜单命令：门窗→门窗工具→门窗套（MCT）

点取菜单命令后，显示对话框如图 6-5-1 所示。

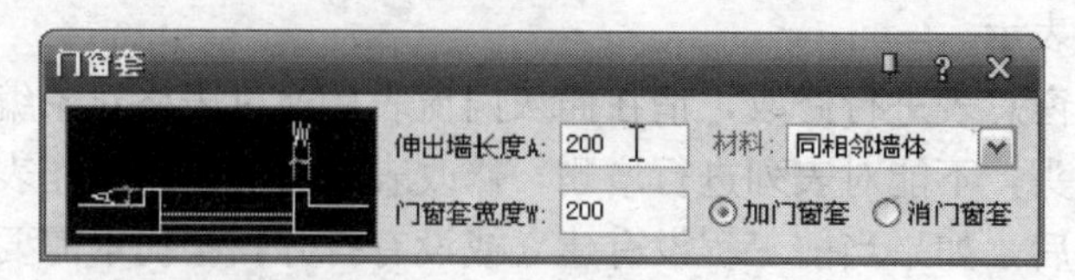

图 6-5-1　门窗套对话框

在无模式对话框中默认的操作是“加门窗套”，可以切换为“消门窗套”。材料除了“同相邻墙体”外，还可选择“钢筋混凝土”、“轻质材料”和“保温材料”。

在设置“伸出墙长度”和“门窗套宽度”参数后，移动光标进入绘图区，命令行交互如下：

请选择外墙上的门窗：选择要加门窗套的门窗

请选择外墙上的门窗：回车结束选择

点取窗套所在的一侧：给点定义窗套生成侧

消门窗套的命令行交互与加门窗套类似，不再重复。

门窗套是门窗对象的附属特性，可通过特性栏设置“门窗套”的有无和参数；门窗套在加粗墙线和图案填充时与墙一致，如图 6-5-2 所示；此命令不用于内墙门窗，内墙的门窗套线是附加装饰物，由专门的【加装饰套】命令完成。

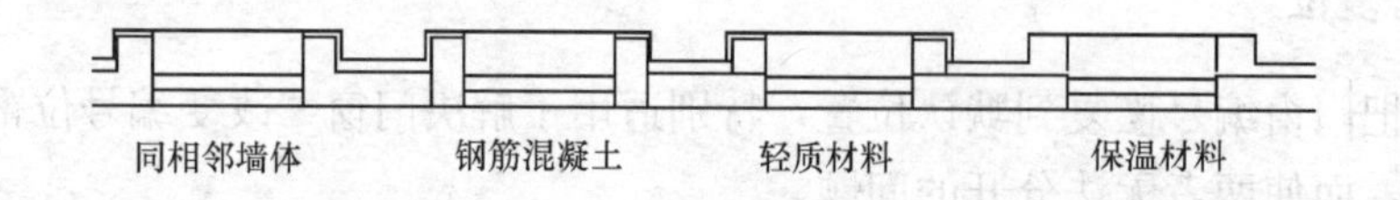

图 6-5-2　门窗套实例

6.5.4　门口线

本命令在平面图上指定的一个或多个门的某一侧添加门口线，也可以一次为门加双侧门口线，新增偏移距离用于门口有偏移的门口线，表示门槛或者门两侧地面标高不同，门口线是门的对象属性，因此门口线会自动随门复制和移动，门口线与开门方向互相独立，改变开门方向不会导致门口线的翻转。

菜单命令：门窗→门窗工具→门口线（MKX）

点取菜单命令后，显示对话框如图 6-5-3 所示。

图 6-5-3　加门口线对话框

选择需要加门口线的门：以 AutoCAD 选择方式选取要加门口线的门

选择需要加门口线的门：回车退出选择

请点取门口线所在的一侧〈退出〉：一次选择墙体一侧，回车执行命令

选取“消门口线”，对话框改为图 6-5-5 所示界面。

对已有门口线执行本命令，即可清除本侧或双侧的门口线，可框选多个门一起消除。

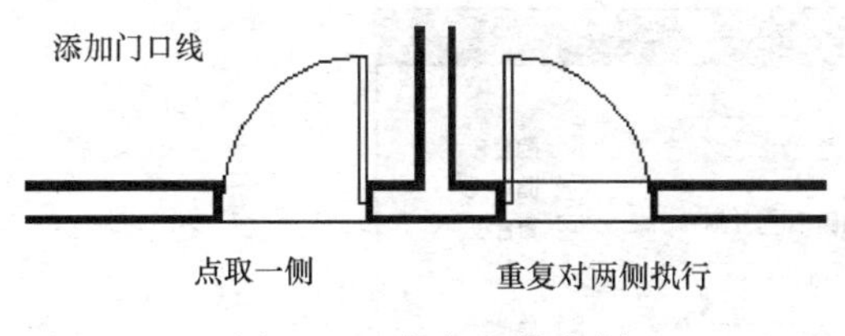

图 6-5-4 加门口线实例

图 6-5-5 消门口线对话框

6.5.5 加装饰套

用于添加装饰门窗套线，选择门窗后，在装饰套对话框中选择各种装饰风格和参数的装饰套。装饰套细致地描述了门窗附属的三维特征，包括各种门套线与筒子板、檐口板和窗台板的组合，主要用于室内设计的三维建模以及通过立面、剖面模块生成立剖面施工图中的相应部分；如果不要装饰套，可直接删除（Erase）装饰套对象。

菜单命令：门窗→门窗工具→加装饰套（JZST）

点取菜单命令后，显示门窗装饰套对话框如图 6-5-6 所示，默认进入“门窗套”页面进行参数设置。

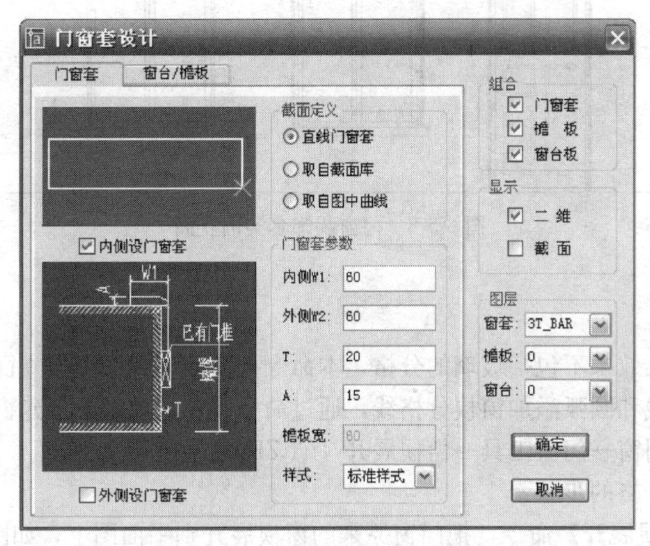

图 6-5-6 门窗装饰套门窗套页面

加装饰套的对话框参数设置步骤：

1. 确定门窗套的位置（内侧与外侧）；
2. 确定门窗套截面的形式和尺寸参数；
3. 需要“窗台/檐板”时，进入该页面设置参数，如图 6-5-7 所示。

单击“确定”按钮后进入命令交互：

选择需要加门窗套的门窗：点取要加相同门窗套的多个门窗

选择需要加门窗套的门窗：以右击或回车结束命令

点取室内一侧〈退出〉：点取添加装饰套的墙体外皮一侧，随即绘出门窗套

图 6-5-8 为装饰门套与带窗台板、檐板的窗套实例的立面视图。

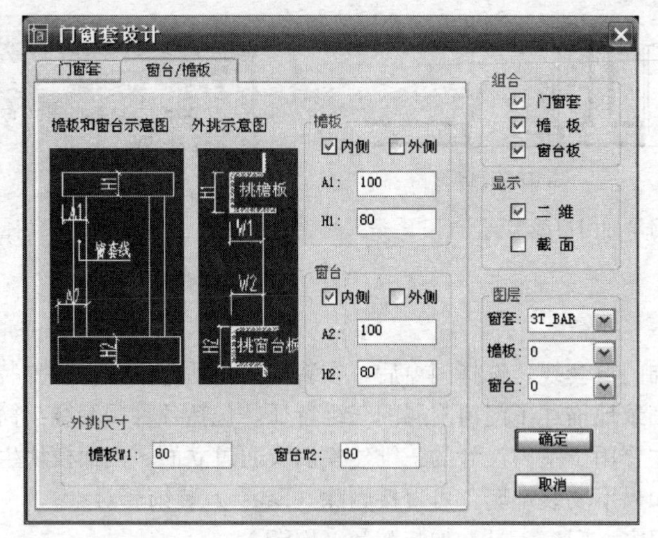

图 6-5-7 门窗装饰套“窗台”选项卡

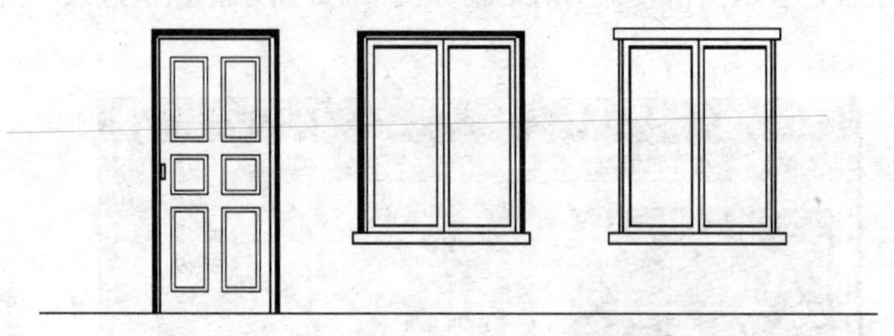

图 6-5-8 门窗装饰套实例立面

6.5.6 窗棂展开

默认门窗三维效果不包括玻璃的分格，本命令把窗玻璃在图上按立面尺寸展开，用户可以在上面以直线和圆弧添加窗棂分格线，通过命令【窗棂映射】创建窗棂分格。

菜单命令：门窗→门窗工具→窗棂展开（CLZK）

窗户的窗棂分格的步骤：

1. 使用【窗棂展开】命令，把门窗原来的窗棂展开到平面图上，如图 6-5-9 所示；

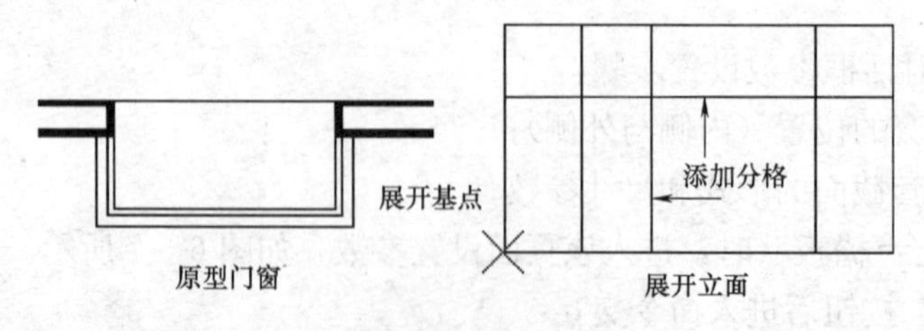

图 6-5-9 窗棂展开实例

点取菜单命令后，命令行提示：

选择展开的窗：　　选择要展开的天正门窗

展开到位置〈退出〉：点取图中一个空白位置

2. 使用LINE，ARC和CIRCLE添加窗棂分格，细化窗棂的展开图，这些线段要求绘制在图层0上；

3. 使用下面介绍的【窗棂映射】命令，把窗棂展开图映射成为三维的效果。

6.5.7 窗棂映射

用于把门窗立面展开图上由用户定义的立面窗棂分格线，在目标门窗上按默认尺寸映射，在目标门窗上更新为用户定义的三维窗棂分格效果。

菜单命令：门窗→门窗工具→窗棂映射（CLYS）

点取菜单命令后，命令行提示：

选择待映射的窗：指定窗棂要附着的目标门窗（可多选），以回车结束

提示：空选择则恢复原始默认的窗框

选择待映射的棱线：选择用户定义的窗棂分格线，空回车放弃映射

选择待映射的棱线：回车结束选择

基点〈退出〉：在展开图上点取窗棂展开的基点，窗棂附着到指定的各窗中

完成的门窗分格效果如图6-5-10所示。

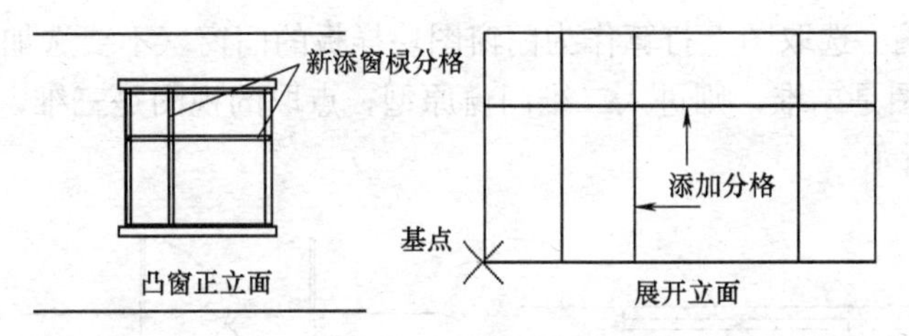

图6-5-10 窗棂映射实例

> **注意：**
>
> 1. 经过窗棂映射后，带有窗棂的窗如果后来修改了窗框尺寸，窗棂不会按比例缩放大小，而是从基点开始保持原尺寸，窗棂超出窗框时，超出部分被截断；
>
> 2. 使用了窗棂映射后，由门窗库选择的三维门窗样式将被用户的窗棂分格代替；
>
> 3. 构成带形窗（转角窗）的各窗段是一次分段展开的，定义分格线后一次映射更新。

6.6 门窗库

6.6.1 平面门窗图块的概念

天正平面门窗图块的定义与普通的图块不同，有着如下特点：

- 门窗图块基点与门窗洞的中心对齐；
- 门窗图块是1×1的单位图块，用在门窗对象时按实际尺寸放大；
- 门窗对象用宽度作为图块的 x 方向的比例，按不同用途选择宽度或墙厚，作为图块的 y 方向的比例。

使用门窗宽度还是墙厚作为图块 y 向放大比例与门窗图块入库类型有关，窗和推拉门、密闭门的 y 方向和墙厚有关，用墙厚作为图块 y 缩放比例；平开门的 y 方向与墙厚无关，用门窗宽度作为图块 y 缩放比例。

为方便门窗的制作，系统提供了【门窗原型】命令和【门窗入库】命令，在二维门窗入库时，系统自动把门窗原型转化为单位门窗图块。特别注意的是用户制作平面门窗时，应按同一类型门窗进行制作，例如应以原有的推拉门作为原型制作新的推拉门，而不能跨类型进行制作，但与二维门窗库的位置无关。

注意：普通平面门因门铰链默认墙中，图块可用于不同墙厚，而密闭门的门铰链位于墙皮处，用于不同墙厚时门和墙相对位置不能对齐，图块应按不同墙厚分别制作。

6.6.2　门窗原型

根据当前视图状态，构造门窗制作的环境，轴侧视图构建的是三维门窗环境，否则是平面门窗环境。在其中把用户指定的门窗分解为基本对象，作为新门窗改绘的样板图。

菜单命令：门窗→门窗工具→门窗原型（MCYX）

点取菜单命令后，命令行提示：

选择图中的门窗：选取图上打算作为门窗图块样板的门窗（不要选加门窗套的门窗）

如果点取的视图是二维，则进入二维门窗原型；点取的视图是三维，则进入三维门窗原型，如图 6-6-1 所示。

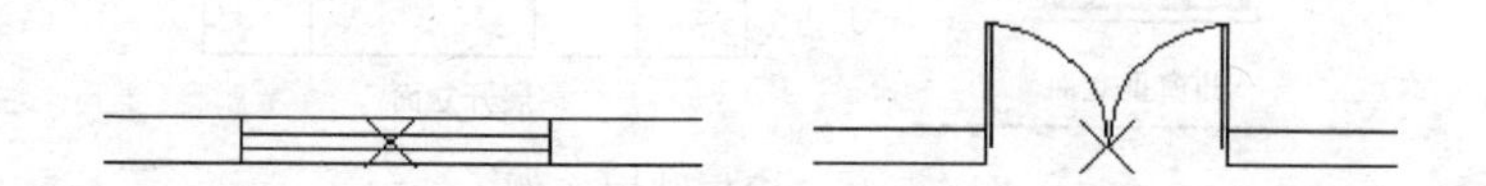

图 6-6-1　窗与门的二维门窗原型

二维门窗原型：如图，选中的门（或窗）被水平地放置在一个墙洞中。还有一个用红色“×”表示的基点，门窗尺寸与样式完全与用户所选择的一致，但此时门（窗）不再是图块，而是由 LINE（直线）、ARC（弧线）、CIRCLE（圆）、PLINE（多段线）等容易编辑的图元组成，用户用上述图元可在墙洞之间绘制自己的门窗。

三维门窗原型：系统将提问是否按照三维图块的原始尺寸构造原型。如果按照原始尺寸构造原型，能够维持该三维图块的原始模样。否则，门窗原型的尺寸采用插入后的尺寸，并且门窗图块全部分解为 3DFACE。对于非矩形立面的门窗，需要在 _ TCH _ BOUNDARY 图层上用闭合 PLINE 描述出立面边界。

门窗原型放置在单独的临时文档窗口中，直到【门窗入库】或放弃制作门窗，此期间用户不可以切换文档，放弃入库时关闭原型的文档窗口即可。

6.6.3　门窗入库

本命令用于将门窗制作环境中制作好的平面或三维门窗加入到用户门窗库中，新加入的图块处于未命名状态，应打开图库管理系统，从二维或三维门窗库中找到该图块，并及时对图块命名。系统能自动识别当前用户的门窗原型环境，平面门入库到 U _ DORLIB2D 中，平面窗入库到 U _ WINLIB2D 中，三维门窗入库到 U _ WDLIB3D 中，以此类推。

菜单命令：门窗→门窗工具→门窗入库（MCRK）

点取菜单命令后没有交互提示，系统把当前临时文档窗口关闭，显示新门窗入库后的门窗图库对话框，如图 6-6-2 所示。

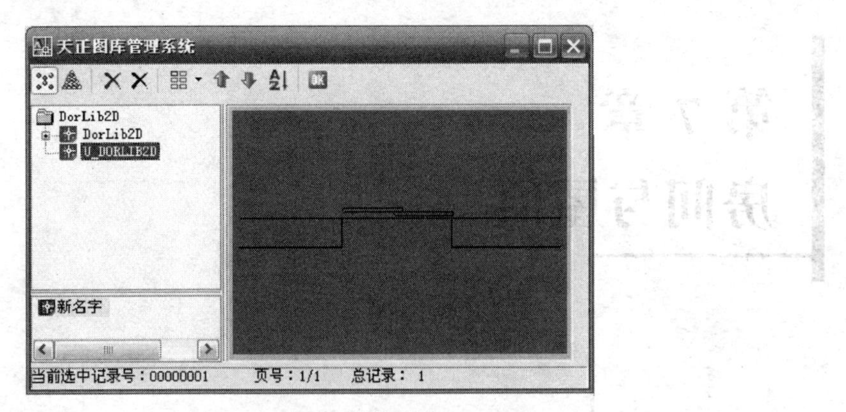

图 6-6-2　门入库的实例

用户入库的门窗图块被临时命名为“新名字”，可双击对该图块进行重命名，拖动该图块到合适的门窗类别中。

> **注意：** 平开门的二维开启方向和三维开启方向由门窗图块制作入库时的方向决定，为了保证开启方向的一致性，入库时门的开启方向（开启线与门拉手）要全部统一为左边。

第 7 章 房间与屋顶

内容提要

• 房间面积的概念

提供的房间数据对象包括房间名称、编号和面积标注，面积标注与边界线关联，新增面积统计。

• 房间面积的创建

房间对象可以通过搜索房间命令直接创建或多段线转换，支持边界的布尔运算。

• 房间的布置

提供了多种房间布置命令，包括踢脚线和对地面和顶板进行各种分格。

• 洁具的布置

提供了专用的卫生间布置工具与洁具图库，对多种洁具进行不同布置。

• 屋顶的创建

提供了按给定参数生成平屋顶、双坡屋顶、四坡屋顶和檐口等屋顶构件的功能。

7.1 房间面积的概念

建筑各个区域的面积计算、标注和报批是建筑设计中的一个必要环节，本软件的房间对象用于表示不同的面积类型，房间描述一个由墙体、门窗、柱子围合而成的闭合区域，房间对象按类型识别为不同的含义，包括有：房间面积、套内面积、建筑面积、阳台面积、洞口面积、公摊面积，不同含义的房间使用不同的文字标识。基本的文字标识是名称和编号，前者描述对象的功能，后者用来唯一区别不同的房间。例如，用于标识房间使用面积时，名称是房间名称“客厅”、“卧室”，编号不显示；但在标识套内面积时，名称是套型名称“1－A”，编号是户号“101”，可以选择显示编号用于房产面积配图。

房间面积是一系列符合房产测量规范和建筑设计规范统计规则的命令，按这些规范的不同计算方法，获得多种面积指标统计表格，分别用于房产部门的面积统计和设计审查报批，此外为创建用于渲染的室内三维模型，房间对象提供了一个三维地面的特性，开启该特性就可以获得三维楼板，一般建筑施工图不需要开启这个特性。

面积指标统计使用【搜索房间】、【套内面积】、【查询面积】、【公摊面积】和【面积统计】命令执行。

[**房间面积**]——在房间内标注室内净面积即使用面积，对阳台默认用外轮廓线按住宅设计规范标注一半面积；

[**套内面积**]——按照国家房屋测量规范的规定，标注由多个房间组成的住宅单元，指由分户墙以及外墙的中线所围成的面积。

[**公摊面积**]——按照国家房屋测量规范的规定，套内面积以外，作为公共面积由本层各户分摊的面积，或者由全楼各层分摊的面积。

[**建筑面积**]——整个建筑物的外墙皮构成的区域，可以用来表示本层的建筑总面积，注意此时建筑面积不包括阳台面积在内，在【面积统计】表格中最终获得的建筑总面积包括按《建筑工程面积计算规范》计算的阳台面积。

面积单位为米，标注的精度可以设置，并可提供图案填充。房间夹点激活的时候还可以看到房间边界，可以通过夹点更改房间边界，房间面积自动更新。

7.2 房间面积的创建

房间面积可通过以下的多种命令创建，按要求分为建筑面积、使用面积和套内面积，按国家2005年颁布的最新建筑面积测量规范，【搜索房间】等命令在搜索建筑面积时可选择忽略柱子、墙垛超出墙体的部分。房间通常以墙体划分，可以通过绘制虚墙划分边界或者楼板洞口，如客厅上空的中庭空间。

7.2.1 搜索房间

本命令可用来批量搜索建立或更新已有的普通房间和建筑轮廓，建立房间信息并标注室内使用面积，标注位置自动置于房间的中心。如果用户编辑墙体改变了房间边界，房间信息不会自动更新，可以通过再次执行本命令更新房间或拖动边界夹点，和当前边界保持一致。当勾选“显示房间编号”时，会依照默认的排序方式对编号进行排序，编辑删除房间造成房间号不连续、重号或者编号顺序不理想，可用后面介绍的【房间排序】命令重新排序。

菜单命令：房间屋顶→搜索房间（SSFJ）

点取菜单命令后，显示对话框如图 7-2-1 所示。

图 7-2-1　搜索房间对话框

在上面对话框中，可以不勾选房间名称和房间编号，创建仅显示面积的房间对象。

对话框控件的说明

［**标注面积**］　房间使用面积的标注形式，是否显示面积数值。

［**面积单位**］　是否标注面积单位，默认以平方米（m^2）单位标注。

［**显示房间名称/显示房间编号**］　房间的标识类型，建筑平面图标识房间名称，其他专业标识房间编号。

［**封三维地面**］　勾选则表示同时沿着房间对象边界生成三维地面。

［**板厚**］　生成三维地面时，给出地面的厚度。

［**生成建筑面积**］　在搜索生成房间同时，计算建筑面积。

［**建筑面积忽略柱子**］　根据建筑面积测量规范，建筑面积包括凸出的结构柱与墙垛，也可以选择忽略凸出的装饰柱与墙垛。

［**屏蔽背景**］　勾选利用 Wipeout 的功能屏蔽房间标注下面的填充图案。

［**识别内外**］　勾选后同时执行识别内外墙功能，用于建筑节能。

同时命令行提示：

请选择构成一完整建筑物的所有墙体(或门窗)：选取平面图上的墙体

请选择构成一完整建筑物的所有墙体(或门窗)：回车退出选择

建筑面积的标注位置：　在生成建筑面积时应在建筑外给点标注

图 7-2-2 所示为搜索房间的应用实例（同时显示名称和编号）。

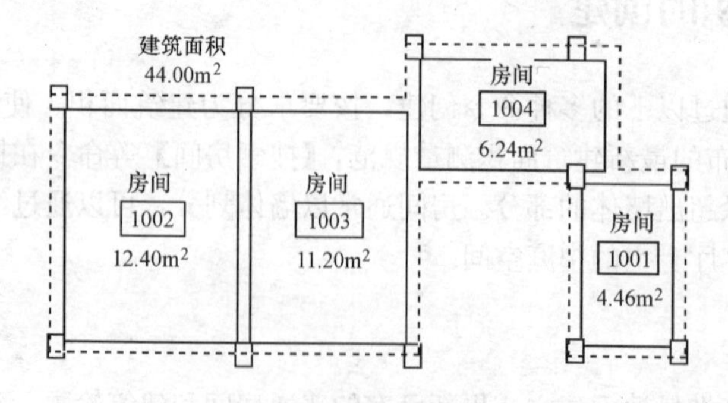

图 7-2-2　搜索房间的实例（一）

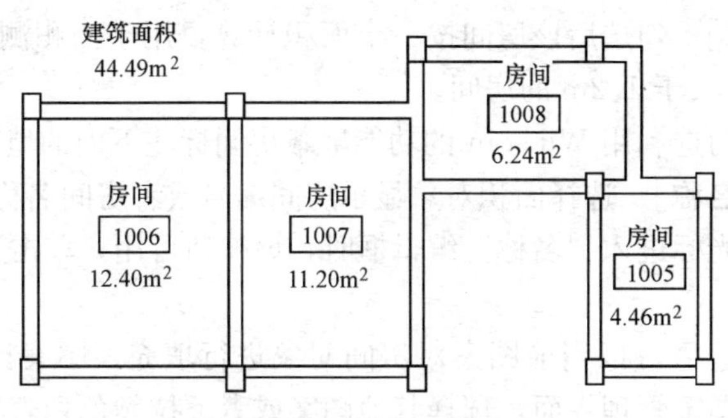

图 7-2-2　搜索房间的实例（二）

7.2.2　房间对象编辑的方法

在使用【搜索房间】命令后，当前图形中生成房间对象显示为房间面积的文字对象，但默认的名称需要根据需要重新命名。双击房间对象进入在位编辑直接命名，也可以选中后右击“对象编辑”，弹出如图 7-2-3 所示的“编辑房间”对话框，用于编辑房间编号和房间名称。勾选“显示填充”后，可以对房间进行图案填充。可过滤指定最小、最大尺寸的房间不进行搜索。

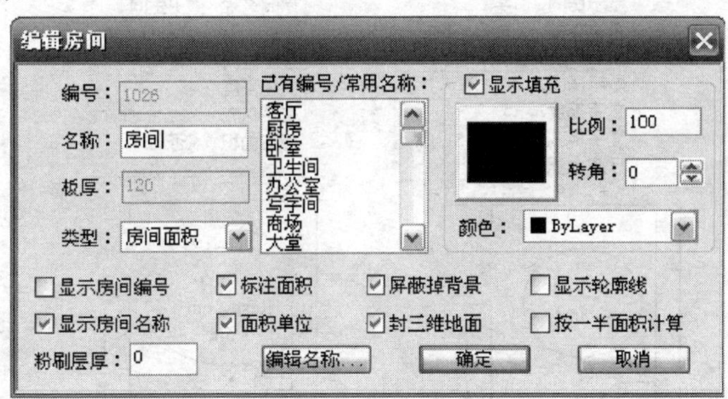

图 7-2-3　编辑房间对话框

对话框的控件说明

［**编号**］　对应每个房间的自动数字编号，用于其他专业标识房间。

［**名称**］　用户对房间给出的名称，可从右侧的常用房间列表选取，房间名称与面积统计的厅室数量有关，类型为洞口时默认名称是“洞口”，其他类型为“房间”。

［**粉刷层厚**］　房间墙体的粉刷层厚度，用于扣除实际粉刷厚度，精确统计房间面积。

［**板厚**］　生成三维地面时，给出地面的厚度。

［**类型**］　可在列表选择修改当前房间对象的类型为“套内面积”、“建筑轮廓面积”、“洞口面积”、“分摊面积”、“套内阳台面积”。

［**封三维地面**］　勾选则表示同时沿着房间对象边界生成三维地面。

［**标注面积**］　勾选可标注面积数据。

［**面积单位**］　勾选可标注面积单位平方米。

［**显示轮廓线**］　勾选后显示面积范围的轮廓线，否则选择面积对象才能显示。

[**按一半面积计算**]　勾选后该房间按一半面积计算，用于面积测量规范要求的情况，例如净高小于 2.1m，大于 1.2m 的房间。

[**屏蔽掉背景**]　勾选利用 Wipeout 的功能屏蔽房间标注下面的填充图案。

[**显示房间编号/名称**]　选择面积对象显示房间编号或者房间名称。

[**编辑名称…**]　光标进入“名称”编辑框时，该按钮可用，单击进入对话框列表，修改或者增加名称。

[**显示填充**]　勾选后可以当前图案对房间对象进行填充，图案比例、颜色和图案可选，单击图像框进入图案管理界面，选择其他图案或者下拉颜色列表改颜色。

房间对象还支持特性栏编辑，用户选中需要注写两行的房间名称，按 Ctrl＋1 打开特性栏，在其中名称类型中改为两行名称，即可在名称第二行中写入内容，满足涉外工程标注中英文房间名称的需要，如图 7-2-4 所示。

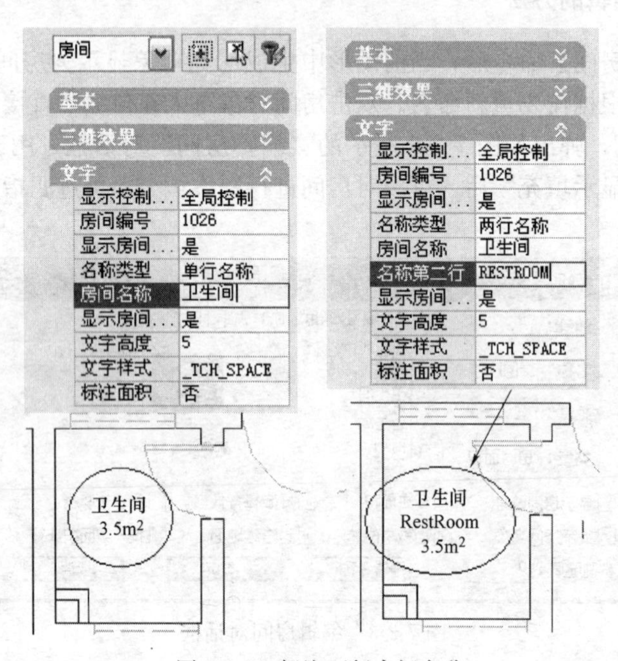

图 7-2-4　标注两行房间名称

房间面积对象的图案填充不再与其他图案填充共用图层，而是填充在新建的图层 SPACE_HATCH 中，随时可以通过图层管理关闭。

天正软件-建筑系统 2013 版本的房间边界线提供了增加顶点的夹点控制，按一下 Ctrl 键可使夹点功能从移动切换为增加，拖动夹点可以根据要求增加顶点；各种房间边界线新增可捕捉特性。

显示控制方式的新特性有“全局控制”和“独立控制”两种，默认是全局控制整个图上的“房间面积”、“房间名称”。这些项目的显示，需要时你可以选择某些面积对象进入特性栏修改为独立控制，就可以单独选择这些面积对象的参数的显示方式了；可以不勾选房间名称和房间编号，生成仅显示面积的房间对象。

用户可以修改保存在 sys 文件夹下的 tchspace.ini 文件控制【搜索房间】命令中，房间的有效面积范围，其中将 MinSpace＝后面的数值改为需要过滤的房间最小面积，意味着小于 MinSpace 的值就不统计；MaxSpace＝后面的是需要过滤的房间最大面积，默认的 infinite 是不限制，可以忽略一些风道之类的小面积，注意数值单位是平方米。

7.2.3 查询面积

动态查询由天正墙体组成的房间使用面积、套内阳台面积以及闭合多段线面积、即时创建面积对象标注在图上，光标在房间内时显示的是使用面积，注意本命令获得的建筑面积不包括墙垛和柱子凸出部分。

菜单命令：房间屋顶→查询面积（CXMJ）

点取菜单命令后，显示对话框如图 7-2-5 所示，可选择是否生成房间对象：

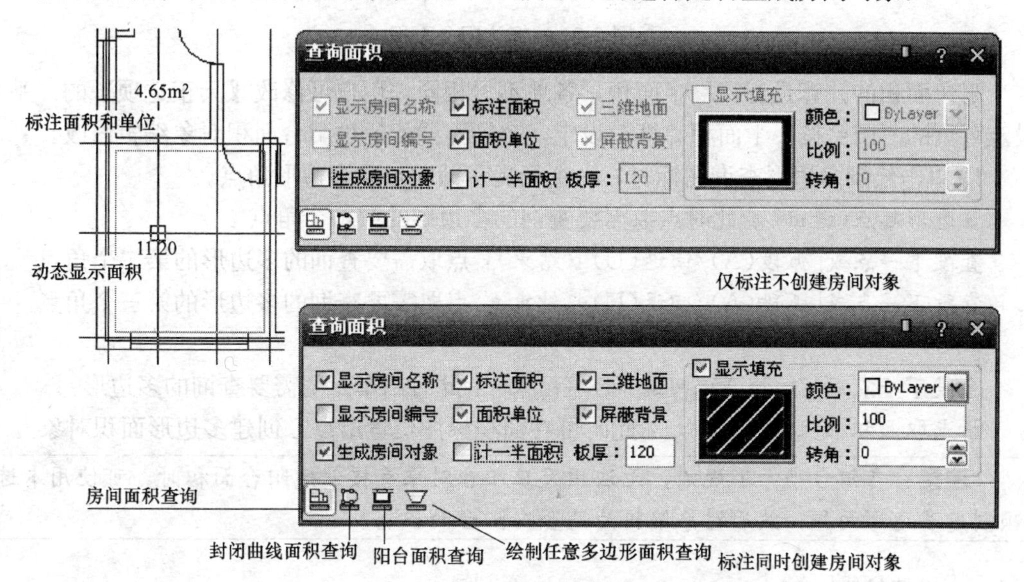

图 7-2-5 查询面积对话框

功能与搜索房间命令类似，不同点在于显示对话框的同时可在各个房间上移动光标，动态显示这些房间的面积；不希望标注房间名称和编号时，请去除“生成房间对象”的勾选，只创建房间的面积标注。

命令默认功能是查询房间，如需查询阳台或者用户给出的多段线，可单击对话框工具栏的图标，如图 7-2-5 所示，分别是查询房间、封闭曲线和阳台，功能介绍如下。

1. 默认查询房间面积，命令提示：

请选择查询面积的范围：给出两点框选要查询面积的平面图范围，可在多个平面图中选择查询

请在屏幕上点取一点〈返回〉：光标移动到房间同时显示面积，如果要标注，请在图上给点，光标移到平面图外面会显示和标注该平面图的建筑面积

2. 单击查询封闭曲线图标时，命令行提示为：

选择闭合多段线或圆〈退出〉：

此时可选择表示面积的闭合多段线或者圆，光标处显示面积，命令行提示：

请点取面积标注位置〈中心〉：此时可回车在该闭合多段线中心标注面积

3. 单击阳台图标时，命令行提示为：

选择阳台〈退出〉：此时选取天正阳台对象，光标处显示阳台面积，命令行提示：

请点取面积标注位置〈中心〉：

此时可在面积标注位置给点，或者回车在该阳台中心标注面积，如图 7-2-6 所示。

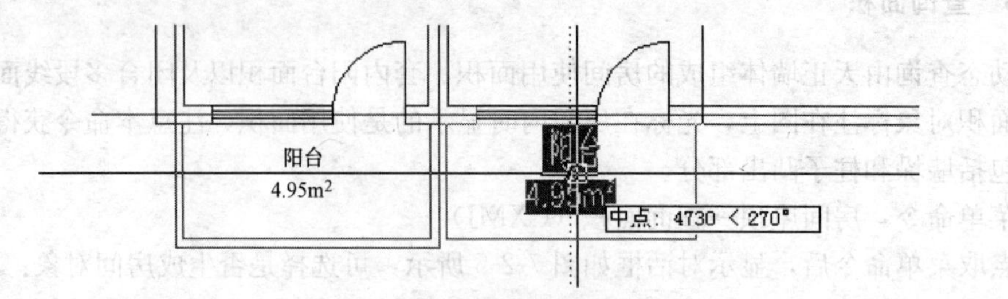

图 7-2-6　标注阳台面积

阳台面积的计算是否算一半面积，各地不尽相同，用户可修改【天正选项】的“基本设定”页的“阳台按一半面积计算”设定，个别不同的通过阳台面积对象编辑修改。

4. 单击绘制多边形查询图标时，命令行提示即时点取多边形角点。

多边形起点〈退出〉：此时点取需要查询的多边形的第一个角点

直段下一点或[弧段(A)/回退(U)]〈结束〉：点取需要查询的多边形的第二个角点

直段下一点或[弧段(A)/回退(U)]〈结束〉：点取需要查询的多边形的第三个角点

……

直段下一点或[弧段(A)/回退(U)]〈结束〉：此时回车封闭需要查询的多边形

请点取面积标注位置〈中心〉：此时可在面积标注位置给点，创建多边形面积对象

注意：在阳台平面不规则，无法用天正阳台对象直接创建阳台面积时，可使用本选项创建多边形面积，然后对象编辑为“套内阳台面积”。

7.2.4　房间轮廓

房间轮廓线以封闭 Pline 线表示，轮廓线可以用在其他用途，如把它转为地面或用来作为生成踢脚线等装饰线脚的边界。

菜单命令：房间屋顶→房间轮廓（FJLK）

点取菜单命令后，命令行提示：

请指定房间内一点或{参考点[R]}〈退出〉：　点取房间内任意一点

请是否生成封闭的多段线？[是(Y)/否(N)]〈Y〉：按要求键入 N 或回车

交互完毕后，在图层 0 生成房间轮廓线。

7.2.5　房间排序

本命令可以按某种排序方式对房间对象编号重新排序。参加排序的除了普通房间外，还包括公摊面积、洞口面积等对象，这些对象参与排序主要用于节能和暖通设计。

排序原则及说明如下：

1）按照“Y 坐标优先；Y 坐标大，编号大；Y 坐标相等，比较 X 坐标，X 坐标大，编号大”的原则排序；

2）X、Y 的方向支持用户设置，相当于设置了 UCS；

3）根据用户输入的房间编号，可分析判断编号规则，自动增加编号。可处理的情况如下：

1001、1002、1003……，01、02、03……，（全部为数字）；

A001、A002、A003……，1-1、1-2、1-3……（固定字符串加数字）

a1、a2、a3……，1001a、1002a、1003a……，1-A、2-A、3-A……，（数字加固定字符串）

菜单命令：房间屋顶→房间排序（FJPX）

点取菜单命令后，命令行提示：

请选择房间对象〈退出〉：

常使用两对角点框选出排序范围，有分区编号要求时，可通过选择区域多次排序实现分区编号

请选择房间对象〈退出〉：回车结束选择

指定UCS原点〈使用当前坐标系〉：

给点选择本次排序的起始原点，此处的UCS是专用于房间排序的临时用户坐标系，别处无效指定绕Z轴的旋转角度〈0〉：0：

回默认优先是按X排序，按其他方向排序要定义角度，如按Y排序，应旋转90°

起始编号〈1001〉：首次执行命令默认的编号，当你连续执行本命令时会自动增加

请选择房间对象〈退出〉：完成第一次排序后重复命令继续执行回车退出

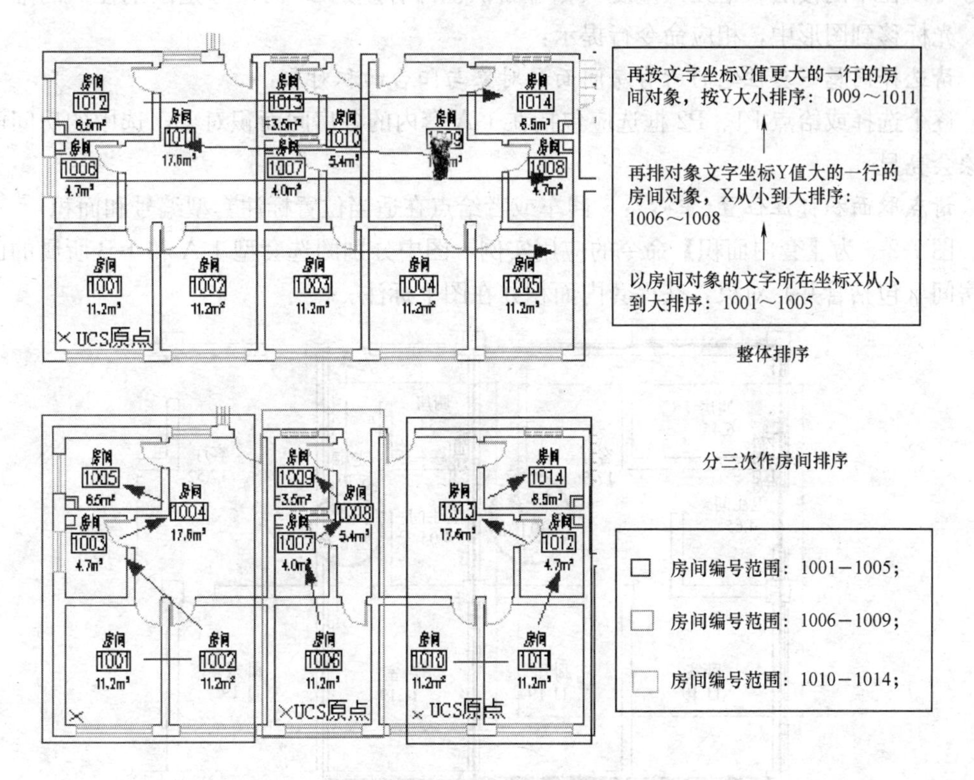

图7-2-7　房间的排序方式

图 7-2-7 为【面积排序】命令的应用实例，上图为默认的整体排序方式，下图为使房间编号依照套型分别编号，因此选不同套型分多次对房间进行排序。

7.2.6　套内面积

本命令用于计算住宅单元的套内面积，并创建套内面积的房间对象。按照《房产测量规范》的要求，自动计算分户单元墙中线计算的套内面积，选择时注意仅仅选取本套套型内的房间面积对象（名称），而不要把其他房间面积对象（名称）包括进去。本命令获得的套内面积不含阳台面积，选择阳台操作用于指定阳台所归属的户号。

菜单命令：房间屋顶→套内面积（TNMJ）

点取菜单命令后，显示对话框如图 7-2-8 所示。

套内面积

户号：101　标注面积　显示填充

套型编号：1-A　面积单位　颜色：ByLayer

屏蔽掉背景　显示轮廓线　比例：100　转角：0

图 7-2-8　套内面积对话框

在套内面积对话框中输入需要标注的套型编号和户号，前者是套型的分类，同一套型编号可以在不同楼层（单元）重复（尽管面积也许有差别），而户号是区别住户的唯一编号。光标移到图形中，相应命令行提示：

请选择同属一套住宅的所有房间面积对象与阳台面积对象：

逐个选择或给点 P1、P2 框选应包括在 1-A 套内的各房间面积对象，选中的房间面积对象会亮显

请点取面积标注位置〈中心〉：　回车或者给点在适当位置标注套型编号和面积

图 7-2-9 为【套内面积】命令的应用实例，图中分别圈选套型 1-A 和 1-B 所属的已创建房间（包括管井）对象，获得套内面积并在图上标注。

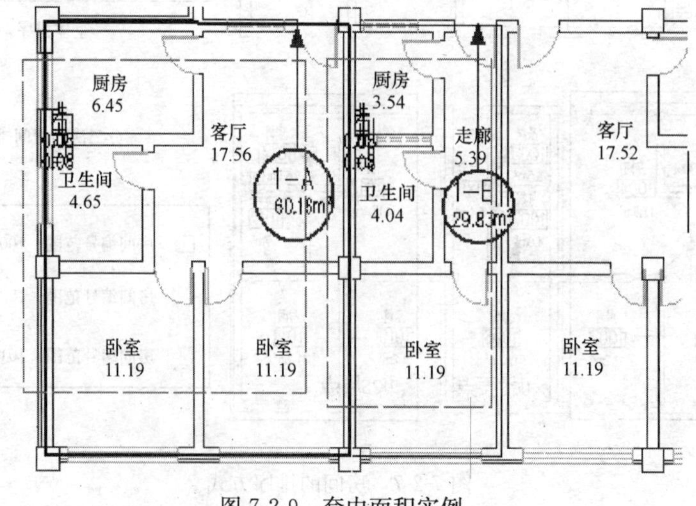

图 7-2-9　套内面积实例

7.2.7　面积计算

本命令用于统计【查询面积】或【套内面积】等命令获得的房间使用面积、阳台面积、建筑面积等，用于不能直接测量到所需面积的情况，取面积对象或者标注数字均可。本命令默认采用命令行模式，可以选项快捷键切换到对话框模式。

面积精度的说明：当取图上面积对象和运算时，命令会取得该对象的面积不加精度折减，在单击“标在图上<”对面积进行标注时，按用户设置的面积精度位数进行处理。

菜单命令：房间屋顶→面积计算（MJJS）

点取命令后，命令行提示：

请选择求和的房间面积对象或面积数值文字或[对话框模式(Q)]〈退出〉：点取第一个面积对象或数字（多选表示累加）

请选择求和的房间面积对象或面积数值文字：继续选择求和的房间面积对象或面积数值文字

请选择求和的房间面积对象或面积数值文字：回车结束

点取面积标注位置〈退出〉：给点标注“××.××m^2”的累加结果。

在命令行模式中键入Q切换到对话框模式，显示对话框如图7-2-10所示。

图7-2-10　面积计算对话框

此时命令行提示：

请选择求和的房间面积对象或面积数值文字〈退出〉：点取第一个面积对象或数字（多选表示累加）

请选择求和的房间面积对象或面积数值文字：继续选择求和的房间面积对象或面积数值文字

面积自动添加到计算器的显示栏中，各面积数字之间以加号（+）相连，你可以选择加号单击其他运算符，单击等号=得到结果，并随时单击“面积对象<”按钮增添面积，单击“标在图上<”将显示栏的结果在图上标注，命令行提示：

点取面积标注位置〈退出〉：给点标注“××.××m^2”的运算结果。

对话框模式下再次执行本命令，会在显示对话框同时在命令行提示：

请选择房间面积对象或面积数值文字[命令行模式(Q)]〈退出〉：可键入Q返回命令行模式。

目前【搜索房间】命令无法直接搜索得到嵌套平面的环形走廊本身的净面积，但可以搜索到走廊外圈和内圈的两个面积，可以用本命令使两者相减获得走廊面积。

▶对话框的控件说明

[数字]　直接键入面积数字

[←]　回退键用于清除显示栏光标左边的字符

[C]　清除运算结果

[(][)]　括号改变运算顺序

[＋ － ＊ / ＝]　加、减、乘、除运算符号，等号获得运算结果

[标在图上<]　把当前的运算结果标在图上

[面积对象<]　从“标注运算结果”状态切换回“选择面积对象”状态。

7.2.8　公摊面积

本命令用于定义按本层或全楼（幢）进行公摊的房间面积对象，需要预先通过【搜索房间】或【查询面积】命令创建房间面积，标准层自身的共用面积不需要执行本命令进行定义，没有归入套内面积的部分自动按层公摊。

菜单命令：房间屋顶→公摊面积（GTMJ）

点取菜单命令后，命令行提示：

请选择房间面积对象〈退出〉：选择已有的房间对象，可多次选取

请选择房间面积对象〈退出〉：选择其他的房间对象，以回车退出选择

命令即可把这些面积对象归入 SPACE _ SHARE 图层，公摊的房间名称不变，如图 7-2-11 所示。

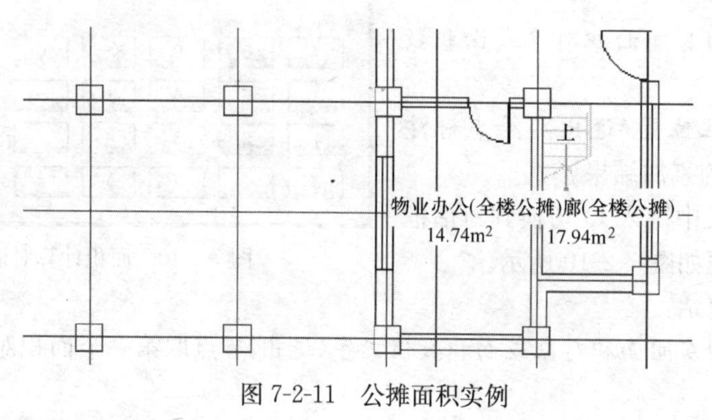

图 7-2-11　公摊面积实例

7.2.9　面积统计

本命令按《房产测量规范》和《住宅设计规范》GB 50096—2011 以及建设部限制大套型比例的有关文件，统计住宅的各项面积指标，为管理部门进行设计审批提供参考依据。

以下是本命令的统计规则：

• 套型统计中的“室”和“厅”的数量是从用户赋予房间的名称中提取的，“客厅”和“起居室”在命令中都被统计为“厅”。

• 本项目有多个标准层时，应注意户号在不同标准层不要重复；在住宅设计有跃层时，本命令提供选择可以将不同楼层编同一户号的套型合并计算面积。

• 有通高大厅，要把上层围绕洞口自动搜索到的“房间面积”以对象编辑设为“洞口面积”，否则统计面积不准确。

• 跃层住宅一个户号占两个楼层，它的面积统计结果在下面楼层显示，上一楼层的面积分摊、套型合并在同一户号一起统计。

• 阳台面积按当前图形上标注的阳台面积对象统计，详见 7.2.3 查询面积一节的阳台面积查询部分。

• 阳台面积在各地可能使用不同的术语，在本命令的输出表格中以“阳台面积”表

示，用户自行按各单位或项目要求修改。

菜单命令：房间屋顶→面积统计（MJTJ）

点取菜单命令后，点取菜单命令后，显示对话框如图7-2-12所示。

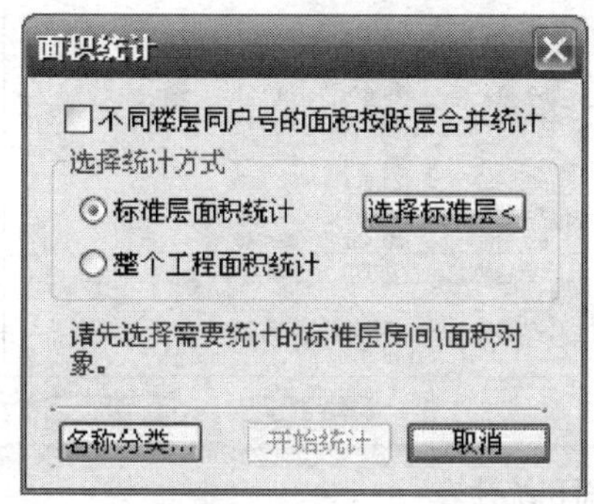

按标准层面积统计

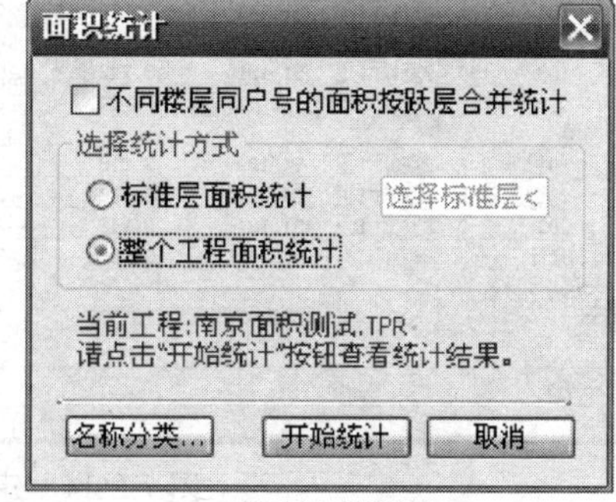

按工程面积统计

图7-2-12　面积统计对话框

在本工程中含有跃层套型时，需要把同一户号的两个楼层合并统计，此时勾选对话框中“不同楼层同户号的面积按跃层合并统计”。

然后选择统计类型，根据是统计本楼层面积还是多个楼层的工程面积，选择“标准层面积统计”或者“整个工程面积统计”，选择前者时右边的“选择标准层<”按钮可用，用户可单击该按钮选择当前图上要求统计的平面图作为当前标准层；选择后者时右边的按钮暗显，命令按当前工程的楼层表中的各楼层平面进行统计。

在面积统计中，房间面积是按名称分类的，名称的分类可以由用户自定义，单击“名称分类…”按钮进入名称分类对话框可进行面积分类定义，如图7-2-13所示。

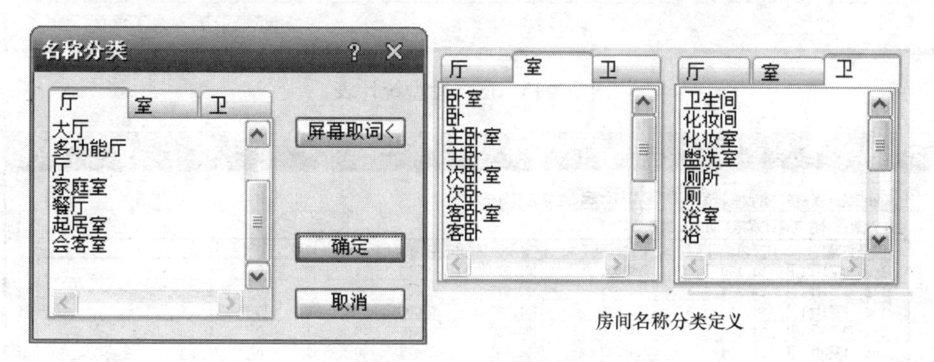

房间名称分类定义

图7-2-13　名称分类

单击“开始统计”按钮，显示如图7-2-14所示统计结果对话框。

第一个表格“建筑面积统计表”是按《房产测量规范》方法计算获得的，用户可以在屏幕上查看结果；或者单击“标在图上<”按钮，把表格标注在图上，此时命令行提示：

左上角点〈返回〉：给出一点用于插入统计表的左上角点

第二个表格“房产套型统计表”是按《房产测量规范》方法计算获得的，按上述方法可将表格插入图中。

第三个表格“住宅套型统计表”是按《住宅设计规范》GB 50096—2011方法计算获得的，按上述方法可将表格插入图中。

统计结果

建筑面积统计表 | 房产套型统计表 | 住宅套型统计表 | 住宅套型分析表

注：此表按《房产测量规范》方法计算获得。

楼层\户号	编号	套型	套内使用面积	套内墙体面积	阳台面积	套内建筑面积	分摊面积	建筑面积(含阳台)
1层								
101	1-A	2室1厅1卫	51.189	8.970	0.000	60.159	19.771	79.931
102	1-B	1室1厅1卫	24.304	5.528	0.000	29.832	9.804	39.636
103	1-C	2室1厅1卫	51.131	8.742	0.000	59.874	19.678	79.551
合计	--	--	126.625	23.240	0.000	149.865	49.253	199.118
2层								
201	2-A	2室0厅1卫	51.189	9.018	2.475	62.682	20.601	83.283
202	2-B	1室0厅1卫	24.304	5.528	2.475	32.307	10.618	42.925
203	2-C	2室0厅1卫	51.131	8.742	2.475	62.349	20.491	82.840
合计	--	--	126.625	23.288	7.425	157.338	51.710	209.047
3层								
合计	--	--	379.874	70.575	14.850	465.299	152.922	618.220

标在图上<　退出

图 7-2-14　建筑面积统计表

统计结果

建筑面积统计表 | 房产套型统计表 | 住宅套型统计表 | 住宅套型分析表

注：此表按《房产测量规范》方法计算获得。

编号	套型	套内使用面积	套内墙体面积	阳台面积	套内建筑面积	分摊面积	建筑面积(含阳台)	1层	2层	3层	合计
1-A	2室1厅1卫	51.189	8.970	0.000	60.159	19.771	79.931	1	0	0	1
1-B	1室1厅1卫	24.304	5.528	0.000	29.832	9.804	39.636	1	0	0	1
1-C	2室1厅1卫	51.131	8.742	0.000	59.874	19.678	79.551	1	0	0	1
2-A	2室0厅1卫	51.189	9.018	2.475	62.682	20.601	83.283	0	1	0	1
2-B	1室0厅1卫	24.304	5.528	2.475	32.307	10.618	42.925	0	1	0	1
2-C	2室0厅1卫	51.131	8.742	2.475	62.349	20.491	82.840	0	1	0	1
3-A	2室0厅1卫	51.189	9.472	2.475	63.136	20.750	83.886	0	0	1	1
3-B	1室0厅1卫	24.304	5.594	2.475	32.373	10.639	43.012	0	0	1	1
3-C	2室0厅1卫	51.131	8.980	2.475	62.587	20.569	83.156	0	0	1	1

标在图上<　退出

图 7-2-15　房产套型统计表

统计结果

建筑面积统计表 | 房产套型统计表 | 住宅套型统计表 | 住宅套型分析表

注：此表按《住宅设计规范》方法计算获得。

编号	套型	套内使用面积 S1	分摊面积 S2	套型建筑面积	阳台面积	1层	2层	3层	合计
1-A	2室1厅1卫	51.189	30.689	81.878	0.000	1	0	0	1
1-B	1室1厅1卫	24.304	14.571	38.875	0.000	1	0	0	1
1-C	2室1厅1卫	51.131	30.655	81.786	0.000	1	0	0	1
2-A	2室0厅1卫	51.189	29.670	80.859	2.475	0	1	0	1
2-B	1室0厅1卫	24.304	14.087	38.392	2.475	0	1	0	1
2-C	2室0厅1卫	51.131	29.637	80.768	2.475	0	1	0	1
3-A	2室0厅1卫	51.189	29.990	81.179	2.475	0	0	1	1
3-B	1室0厅1卫	24.304	14.239	38.543	2.475	0	0	1	1
3-C	2室0厅1卫	51.131	29.957	81.088	2.475	0	0	1	1

标在图上<　退出

图 7-2-16　住宅套型统计表

第四个表格“套型分析表”是按住房和城乡建设部“国六条”的文件要求和《住宅设计规范》GB 50096—2011 综合计算获得的，按上述方法可将表格插入图中。

统计结果

建筑面积统计表 | 房产套型统计表 | 住宅套型统计表 | 住宅套型分析表

注：此表按建设部“国六条”的文件要求和《住宅设计规范》综合计算获得。

分类\套型\编号	套内使用面积 S1	分摊面积 S2	套型建筑面积 S1+S2	阳台面积	套数 N	套型总面积 (S1+S2)*N	比例
90平米内							
2室1厅1卫							
1-A	51.189	30.689	81.878	0.000	1	81.878	13.6%
1-C	51.131	30.655	81.786	0.000	1	81.786	13.6%
合计	102.320	61.344	163.665	0.000	2	163.665	27.1%
1室1厅1卫							
1-B	24.304	14.571	38.875	0.000	1	38.875	6.4%
合计	24.304	14.571	38.875	0.000	1	38.875	6.4%
2室0厅1卫							
1室0厅1卫							
合计	379.874	223.497	603.370	14.850	9	603.370	100.0%

标在图上<　退出

图 7-2-17　套型统计表

如果预先没有执行【套内面积】命令对房间进行分户，提示“未找到已分户房间”并退出本命令。

7.3 房间的布置

在房间布置菜单中提供了多种工具命令，用于房间与天花的布置，添加踢脚线适用于装修建模。

7.3.1 加踢脚线

本命令自动搜索房间轮廓，按用户选择的踢脚截面生成二维和三维一体的踢脚线，门和洞口处自动断开，可用于室内装饰设计建模，也可以作为室外的勒脚使用，踢脚线支持 AutoCAD 的 Break（打断）命令，因此取消了【断踢脚线】命令。

菜单命令：房间屋顶→房间布置→加踢脚线（JTJX）

点取菜单命令后，显示如图 7-3-1 对话框。

图 7-3-1　踢脚线生成对话框

对话框控件的说明

[**取自截面库**] 点取本选项后，用户单击右边“...”按钮进入踢脚线图库，在右侧预览区双击选择需要的截面样式 。

[**点取图中曲线**] 点取本选项后，用户单击右边“<”按钮进入图形中选取截面形状，命令行提示：

请选择作为断面形状的封闭多段线：选择断面线后随即返回对话框

作为踢脚线的必须是PLINE线，x方向代表踢脚的厚度，y方向代表踢脚的高度。

[**拾取房间内部点**] 单击此按钮，命令行提示如下：

请指定房间内一点或[参考点(R)]〈退出〉：在加踢脚线的房间里点取一个点

请指定房间内一点或[参考点(R)]〈退出〉：回车结束取点，创建踢脚线路径

[**连接不同房间的断点**] 单击此按钮，命令行提示如下：（如果房间之间的门洞是无门套的做法，应该连接踢脚线断点。）

第一点〈退出〉：点取门洞外侧一点 P1

下一点〈退出〉：点取门洞内侧一点 P2

[**踢脚线的底标高**] 用户可以在对话框中选择输入踢脚线的底标高，在房间内有高差时在指定标高处生成踢脚线。

[**预览<**] 按钮用于观察参数是否合理，此时应切换到三维轴测视图，否则看不到三维显示的踢脚线。

[**截面尺寸**] 截面高度和厚度尺寸，默认为选取的截面实际尺寸，用户可以修改。

图 7-3-2 为【加踢脚线】命令的应用实例。

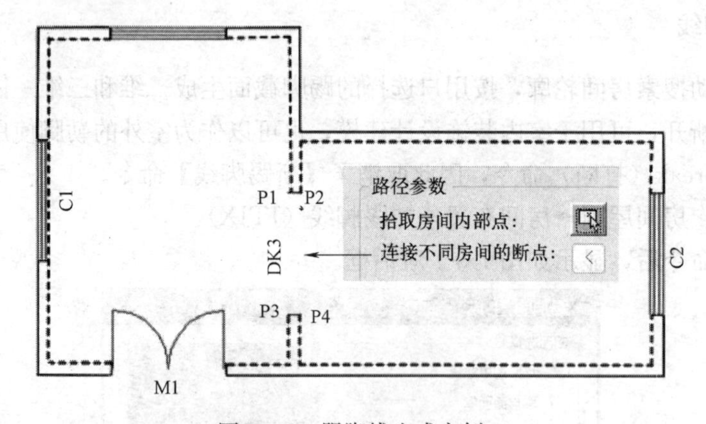

图 7-3-2 踢脚线生成实例

7.3.2 奇数分格

本命令用于绘制奇数分格的地面或天花平面，分格使用 AutoCAD 对象直线（line）绘制。

菜单命令：房间屋顶→房间布置→奇数分格

点取菜单命令后，命令行提示：

请用三点定一个奇数分格的四边形，第一点〈退出〉：点取四边形的第一个角点

第二点〈退出〉：点取四边形的第二个角点

第三点〈退出〉：点取四边形的第三个角点

在点取三个点定出四边形位置后，命令行接着提示：

第一、二点方向上的分格宽度(小于 100 为格数)〈500〉：

1. 如果键入的值大于 100 为分格宽度，命令行显示：

第二、三点方向上的分格宽度(小于 100 为格数)〈500〉：

2. 如果键入的值小于 100 为分格份数，命令行显示：

分格宽度为〈600〉：键入新值或回车接受默认值

第二、三点方向上的分格宽度(小于 100 为分格份数)〈500〉：键入新值或回车接受默认值

响应后，随即使用直线（line）绘制出按奇数分格的天花平面，且在中心位置出现对称轴，如图 7-3-3 所示。

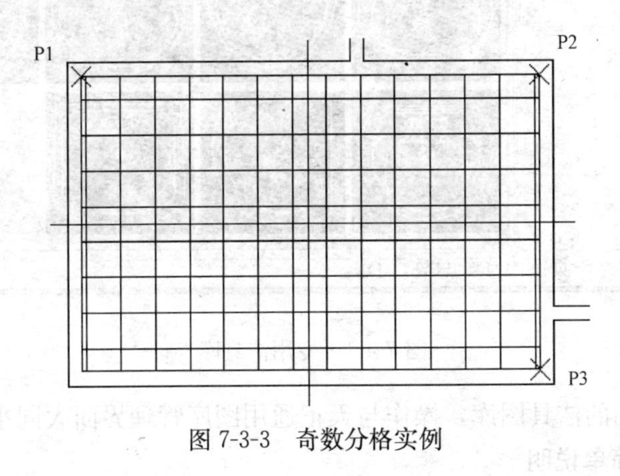

图 7-3-3　奇数分格实例

7.3.3　偶数分格

本命令用于绘制按偶数分格的地面或天花平面，分格使用 AutoCAD 对象直线（line）绘制，不能实现对象编辑和特性编辑。

菜单命令：房间屋顶→房间布置→偶数分格

点取菜单命令后，命令行提示与奇数分格相同，只是分格是偶数，不出现对称轴，交互过程从略。

7.4　洁具的布置

在房间布置菜单中提供了多种工具命令，适用于卫生间的各种不同洁具布置。

7.4.1　布置洁具

本命令按选取的洁具类型的不同，沿天正建筑墙对象和单墙线布置卫生洁具等设施。本软件的洁具是从洁具图库调用的二维天正图块对象，其他辅助线采用了 AutoCAD 的普通对象，在天正软件-建筑系统中支持洁具沿弧墙布置，洁具布置默认参数依照国家标准

《民用建筑设计通则》GB 50352—2005 中的规定。

菜单命令：房间屋顶→房间布置→布置洁具

点取菜单命令后，显示洁具图库如图 7-4-1 所示。

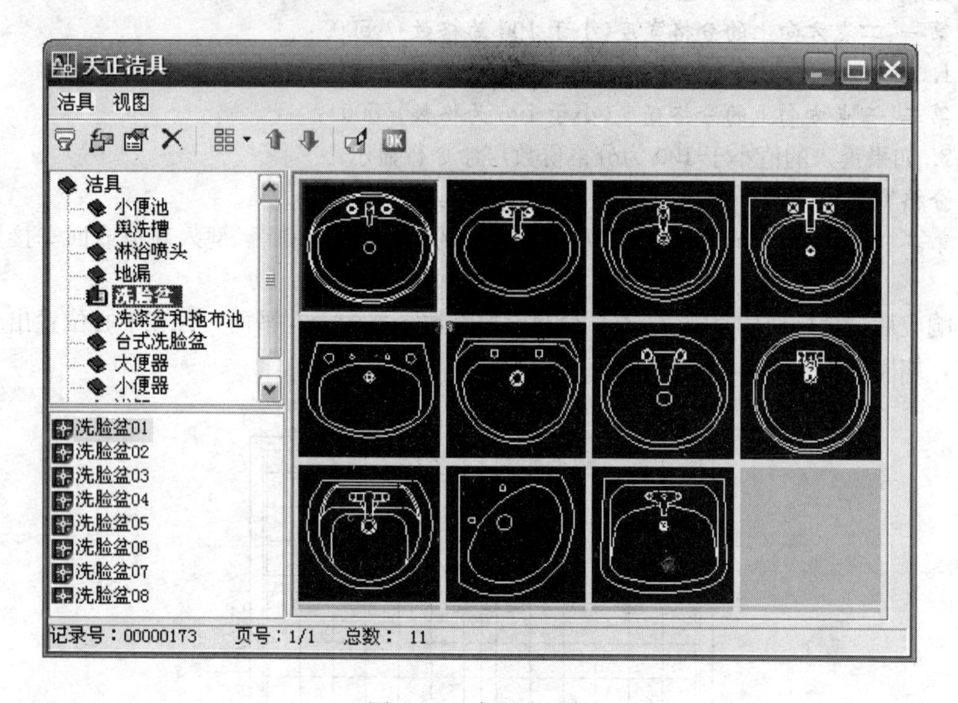

图 7-4-1　专用洁具库

本对话框为专用的洁具图库，操作与天正通用图库管理界面大同小异。

洁具图库的简单说明

[**洁具分类菜单**]　显示卫生洁具库的类别树状目录。其中，当前类别粗体显示。

[**洁具名称列表**]　显示卫生洁具库当前类别下的图块名称。

[**洁具图块预览**]　显示当前库内所有卫生洁具图块的预览图像。被选中的图块显示红框，同时名称列表中亮显该项洁具名称。

选取不同类型的洁具后，系统自动给出与该类型相适应的布置方法。在预览框中双击所需布置的卫生洁具，根据弹出的对话框和命令行提示在图中布置洁具，按照布置方式分类，布置洁具的操作方式介绍如下。

普通洗脸盆、大小便器、淋浴喷头、洗涤盆的布置

在“天正洁具”图库中双击所需布置的卫生洁具，屏幕弹出相应的布置洁具对话框如图 7-4-2 所示。

[**初始间距**]　侧墙和背墙同材质时，第一个洁具插入点与墙角点的默认距离。

[**设备间距**]　插入的多个卫生设备的插入点之间的间距。

[**离墙间距**]　坐便器时紧靠墙边布置，插入点距墙边的距离为 0，蹲便器时默认为 300。

单击“沿墙布置”图标，背墙为砖墙，侧墙为填充墙时，命令交互如下：

请选择沿墙边线〈退出〉：在洁具背墙内皮上，靠近初始间距的一端取点

请插入第一个洁具[插入基点(B)]〈退出〉：

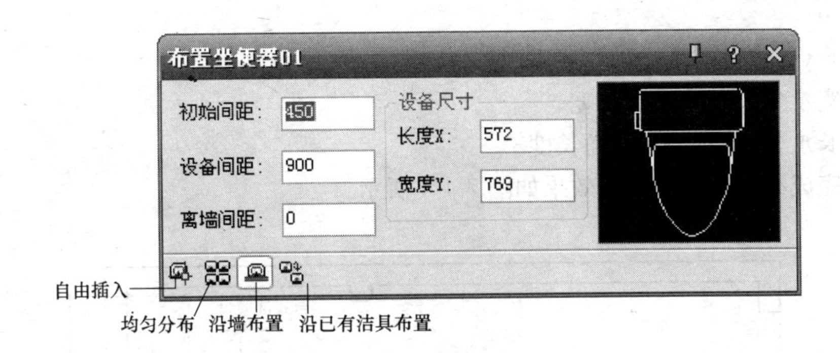

图 7-4-2 布置洁具对话框

在第一个洁具的插入位置附近给点，此时应键入B，在墙角定义基点，否则初始间距会错误缩小；各墙材质一致时，能自动得到正确基点，不用键入B定义基点。

下一个〈结束〉:在洁具增加方向取点

……

下一个〈结束〉:洁具插入完成后回车结束交互

命令完成绘图，各参数与效果如图 7-4-3 所示。

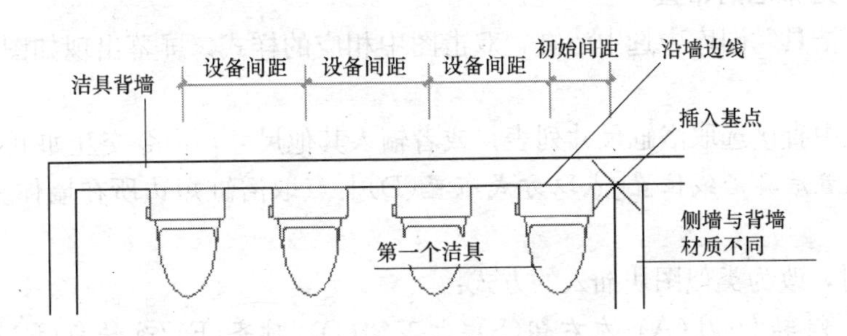

图 7-4-3 洁具布置实例一

单击“沿已有洁具布置”图标，此时确认参数“离墙间距”改为0，初始间距改为设备间距-洁具宽度/2，命令交互如下：

请选择已有洁具〈结束〉:选择你要继续布置的最末一个洁具

下一个〈结束〉:在洁具增加方向取点

……

下一个〈结束〉:洁具插入完成后回车结束交互，然后命令完成绘图

台式洗脸盆的布置

在“天正洁具”图库中双击所需布置的卫生洁具，屏幕弹出相应的布置洁具对话框，与上述普通洗脸盆等相同。

命令交互如下：

请点取沿墙边线〈退出〉:在洁具背墙内皮上，靠近初始间距的一端取点

插入第一个洁具[插入基点(B)]〈退出〉:在第一个洁具的插入位置附近给点，必要时定义基点如上例

下一个〈退出〉:在洁具增加方向取点

………

下一个〈退出〉：洁具插入完成后回车，接着提示

台面宽度〈600〉：输入台面宽

台面长度〈2500〉：输入台面长度

然后完成绘图，各参数与效果如图 7-4-4 所示。

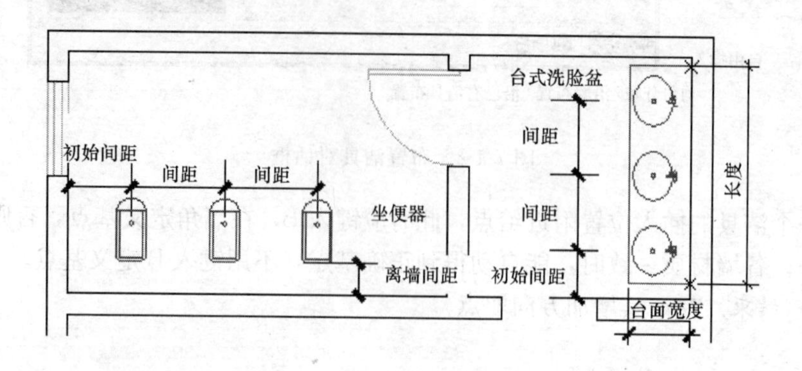

图 7-4-4　洁具布置实例二

浴缸、拖布池的布置

在“天正洁具”图库中选中浴缸，双击图中相应的样式，屏幕出现如图 7-4-5 所示对话框。

在对话框中直接选取浴缸尺寸列表，或者输入其他尺寸，命令交互如下：

请选择布置洁具沿线位置[点取方式布置(D)]：点取浴缸短边所在墙体一侧，对应短边中点

键入 D 时，改为类似图块插入的方式：

点取位置或[转 90 度(A)/左右翻(S)/上下翻(D)/对齐(F)/改转角(R)/改基点(T)/参考点(Q)]〈退出〉：

按需要的方式键入选项关键字

请选择布置洁具沿线位置[点取方式布置(D)]：　回车结束浴缸插入

然后完成绘图，各参数与效果如图 7-4-6 所示。

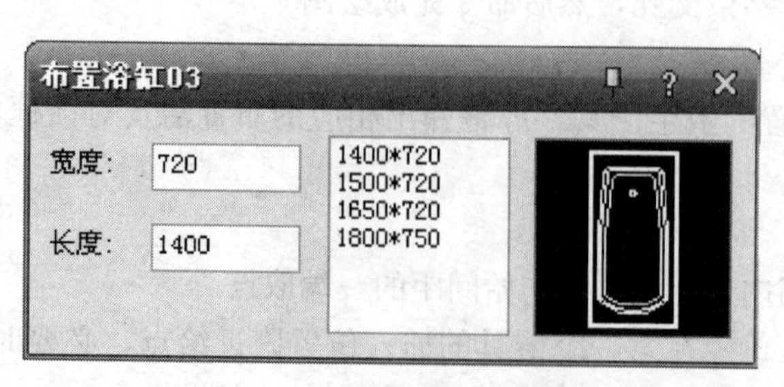

图 7-4-5　布置浴缸对话框

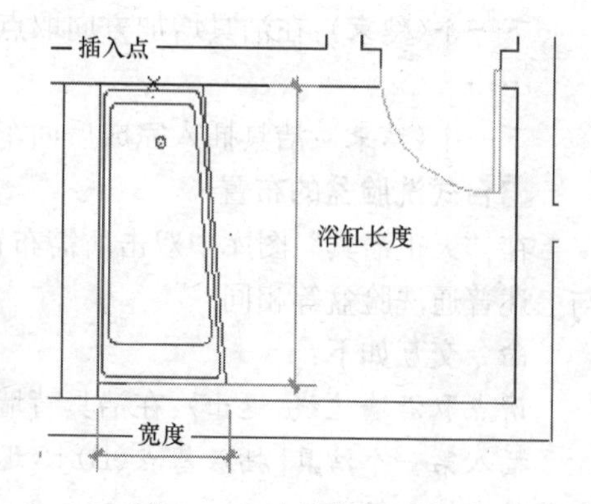

图 7-4-6　洁具布置实例三

小便池的布置

在“天正洁具”图库双击小便池后，命令交互如下：

请选择布置洁具的墙线〈退出〉:点取安装小便池的墙体内皮

输入小便池离墙角距离〈0〉:200 给出小便池开始点

请输入小便池的长度〈3000〉:2400 输入小便池的新长度

请输入小便池宽度〈600〉:620 键入新值

请输入台阶宽度〈300〉:回车接受默认值

请选择布置洁具的墙线〈退出〉:回车结束小便池的布置

然后完成绘图，各参数与效果如图 7-4-7 所示。

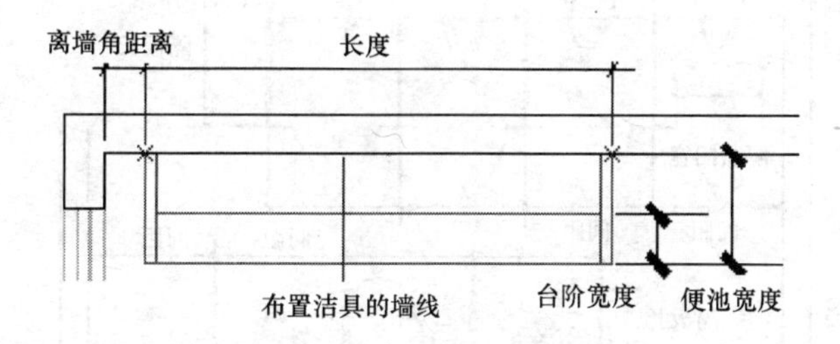

图 7-4-7 洁具布置实例四

盥洗槽的布置

在“天正洁具”图库找到盥洗槽分类，双击盥洗槽图块后，命令交互如下：

请选择布置洁具的墙线〈退出〉: 点取安装盥洗槽的墙内皮

盥洗槽离墙角距离〈0〉:400 给出盥洗槽开始点

盥洗槽的长度〈5300〉:2300 键入盥洗槽长度

盥洗槽的宽度〈690〉:700 键入盥洗槽宽度值

排水沟宽度〈100〉:100 键入新值或回车接受默认值

水龙头的数目〈3〉:4 键入新值或回车接受默认值

请选择布置洁具的墙线〈退出〉: 回车结束盥洗槽的布置

然后完成绘图，各参数与效果如图 7-4-8 所示。

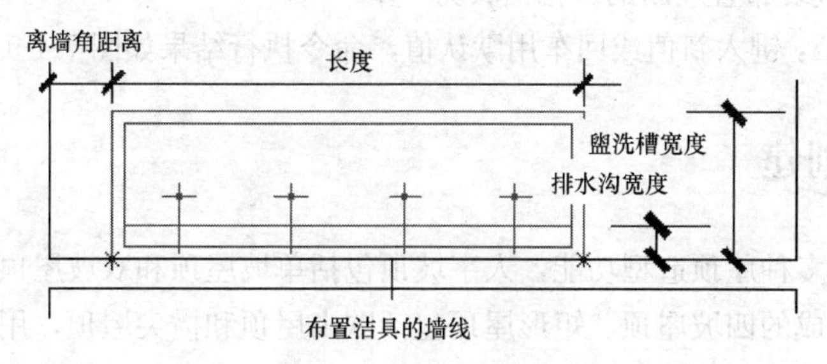

图 7-4-8 洁具布置实例五

7.4.2 布置隔断

本命令通过两点选取已经插入的洁具，布置卫生间隔断，要求先布置洁具才能执行，隔板与门采用了墙对象和门窗对象，支持对象编辑；墙类型由于使用卫生隔断类型，隔断内的面积不参与房间划分与面积计算。

菜单命令：房间屋顶→房间布置→布置隔断

点取菜单命令后，命令行提示：

输入一直线来选洁具,起点：点取靠近端墙的洁具外侧

终点:第二点过要布置隔断的一排洁具另一端

隔板长度〈1200〉:键入新值或回车用默认值

隔断门宽〈600〉:键入新值或回车用默认值，命令执行结果如图 7-4-9 所示。

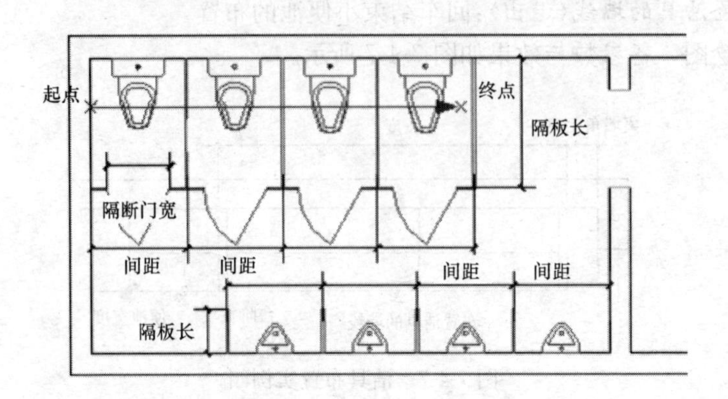

图 7-4-9 隔断与隔板布置实例

命令执行结果生成宽度等于洁具间距的卫生间，如图 7-4-9 所示；通过【内外翻转】、【门口线】等命令对门进行修改。

7.4.3 布置隔板

通过两点选取已经插入的洁具，布置卫生洁具，主要用于小便器之间的隔板。

菜单命令：房间屋顶→房间布置→布置隔板

点取菜单命令后，命令行提示：

输入一直线来选洁具,起点：点取靠近端墙的洁具外侧

终点:第二点过要布置隔断的一排洁具另一端

隔板长度〈400〉：键入新值或回车用默认值，命令执行结果如图 7-4-9 所示。

7.5 屋顶的创建

本软件提供了多种屋顶造型功能，人字坡顶包括单坡屋顶和双坡屋顶，任意坡顶是指任意多段线围合而成的四坡屋顶、矩形屋顶包括歇山屋顶和攒尖屋顶，用户也可以利用三维造型工具自建其他形式的屋顶，如用平板对象和路径曲面对象相结合构造带有复杂檐口的平屋顶，利用路径曲面构建曲面屋顶（歇山屋顶）。天正屋顶均为自定义对象，支持对象编辑、特性编辑和夹点编辑等编辑方式，可用于天正节能和天正日照模型。

在工程管理命令的“三维组合建筑模型”中，屋顶作为单独的一层添加，楼层号＝顶层的自然楼层号＋1，也可以在其下一层添加，此时主要适用于建模。

7.5.1　搜屋顶线

本命令搜索整栋建筑物的所有墙线，按外墙的外皮边界生成屋顶平面轮廓线。屋顶线在属性上为一个闭合的PLINE线，可以作为屋顶轮廓线，进一步绘制出屋顶的平面施工图，也可以用于构造其他楼层平面轮廓的辅助边界或用于外墙装饰线脚的路径。

菜单命令：房间屋顶→搜屋顶线（SWDX）

点取菜单命令后，命令行提示：

请选择构成一完整建筑物的所有墙体(或门窗)：

应选择组成同一个建筑物的所有墙体，以便系统自动搜索出建筑外轮廓线

请选择构成一完整建筑物的所有墙体(或门窗)：回车结束选择

偏移外皮距离〈600〉：　输入屋顶的出檐长度或回车接受默认值结束

然后，系统自动生成屋顶线，在个别情况下屋顶线有可能自动搜索失败，用户可沿外墙外皮绘制一条封闭的多段线（Pline），然后再用Offset命令偏移出一个屋檐挑出长度，以后可把它当做屋顶线进行操作。

7.5.2　人字坡顶

以闭合的PLINE为屋顶边界生成人字坡屋顶和单坡屋顶。两侧坡面的坡度可具有不同的坡角，可指定屋脊位置与标高，屋脊线可随意指定和调整，因此两侧坡面可具有不同的底标高。除了使用角度设置坡顶的坡角外，还可以通过限定坡顶高度的方式自动求算坡角，此时创建的屋面具有相同的底标高。

屋顶边界的形式可以是包括弧段在内的复杂多段线，也可以生成屋顶后，再使用【布尔运算】求差命令裁剪屋顶的边界。

菜单命令：房间屋顶→人字坡顶（RZPD）

点取菜单命令后，命令行提示：

请选择一封闭的多段线〈退出〉：选择作为坡屋顶边界的多段线

请输入屋脊线的起点〈退出〉：在屋顶一侧边界上给出一点作为屋脊起点

请输入屋脊线的终点〈退出〉：在起点对面一侧边界上给出一点作为屋脊终点

（注意屋脊起点和终点都取外边线时定义单坡屋顶）进入人字屋顶对话框，在其中设置屋顶参数，如图7-5-1所示：

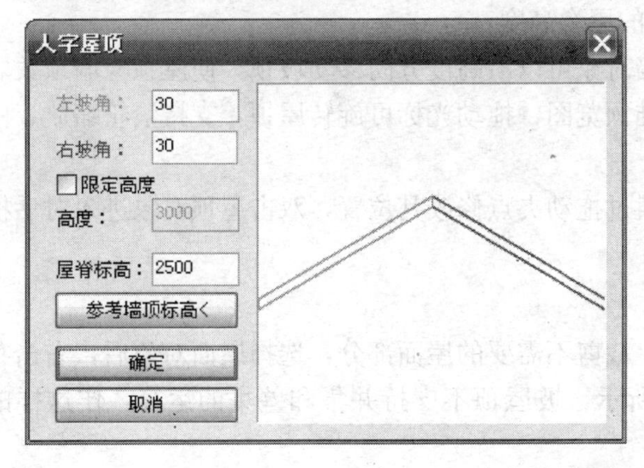

图7-5-1　人字屋顶参数对话框

参数输入后单击确定，随即创建人字屋顶。以下是其中参数的设置规则：

如果已知屋顶高度，选择勾选“限定高度”，然后输入高度值，或者输入已知坡角，输入屋脊标高（或者单击“参考墙顶标高<”进入图形中选取墙），单击“确定”绘制坡顶。屋顶可以带下层墙体在该层创建，此时可以通过【墙齐屋顶】命令改变山墙立面对齐屋顶；也可以不带墙体独立在屋顶层创建，两种情况的平面和剖面分别如图7-5-2所示。

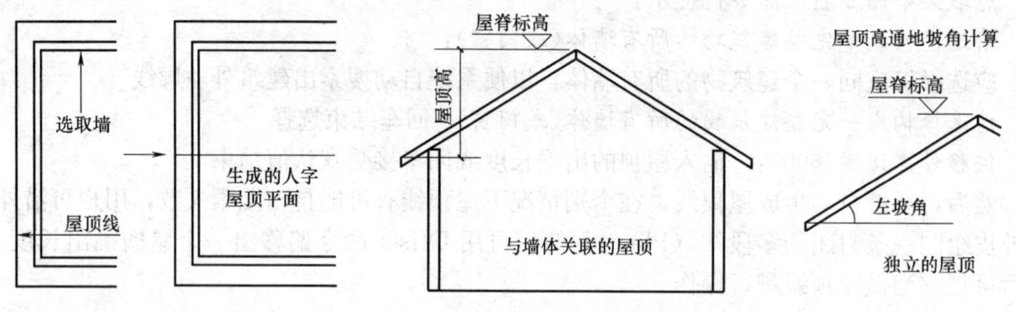

图 7-5-2　人字屋顶两种情况的平面和剖面

注意：

1. 勾选“限定高度”后可以按设计的屋顶高创建对称的人字屋顶，此时如果拖动屋脊线，屋顶依然维持坡顶标高和檐板边界范围不变，但两坡不再对称，屋顶高度不再有意义；

2. 特性栏中提供了檐板厚参数，可由用户修改，该参数的变化不影响屋脊标高；

3. “坡顶高度”是以檐口起算的，屋脊线不居中时坡顶高度没有意义。

对话框控件的说明

［**左/右坡角**］　在各栏中分别输入坡角，无论脊线是否居中，默认左、右坡角都是相等的；

［**限定高度**］　勾选限定高度复选框，用高度而非坡角定义屋顶，脊线不居中时左右坡角不等；

［**高度**］　勾选限定高度后，在此输入坡屋顶高度；

［**屋脊标高**］　以本图 Z=0 起算的屋脊高度；

［**参考墙顶标高<**］　选取相关墙对象可以沿高度方向移动坡顶，使屋顶与墙顶关联；

［**图象框**］　在其中显示屋顶三维预览图，拖动光标可旋转屋顶，支持滚轮缩放、中键平移。

人字屋顶的各边和屋脊都可以通过拖动夹点修改其位置，双击屋顶对象进入对话框修改屋面坡度。

人字屋顶布尔运算剪裁实例

人字屋顶支持布尔运算的求差，裁剪不需要的屋面部分，选择屋面对象后，右击菜单“布尔运算”命令，交互如图 7-5-3 所示，坡屋顶不支持并集和差集的运算，作这样的运算结果没有意义。

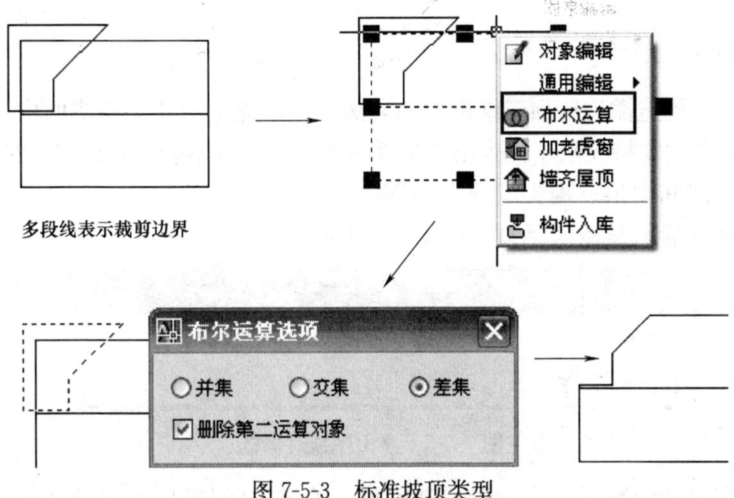

图 7-5-3　标准坡顶类型

7.5.3　任意坡顶

本命令由封闭的任意形状 PLINE 线生成指定坡度的坡形屋顶，可采用对象编辑单独修改每个边坡的坡度，可支持布尔运算，而且可以被其他闭合对象剪裁。

菜单命令：房间屋顶→任意坡顶（RYPD）

点取菜单命令后，命令行提示：

选择一封闭的多段线〈退出〉：点取屋顶线

请输入坡度角〈30〉：输入屋顶坡度角

出檐长〈600.000〉：如果屋顶有出檐，输入与搜屋顶线时输入的对应偏移距离，用于确定标高。

随即生成等坡度的四坡屋顶，可通过夹点和对话框方式进行修改，屋顶夹点有两种：一是顶点夹点；二是边夹点。拖动夹点可以改变屋顶平面形状，但不能改变坡度。

双击坡屋顶进入对象编辑对话框，可对各个坡面的坡度进行修改，单击行首可看到图中对应该边号的边线显示红色标志，可修改坡度参数，在其中把端坡的坡角设置为 90°（坡度为“无”）时为双坡屋顶，修改参数后单击新增的“应用”按钮，可以马上看到坡顶的变化。其中，底标高是坡顶各顶点所在的标高，由于出檐的原因，这些点都低于相对标高±0.00，如图 7-5-4 所示。

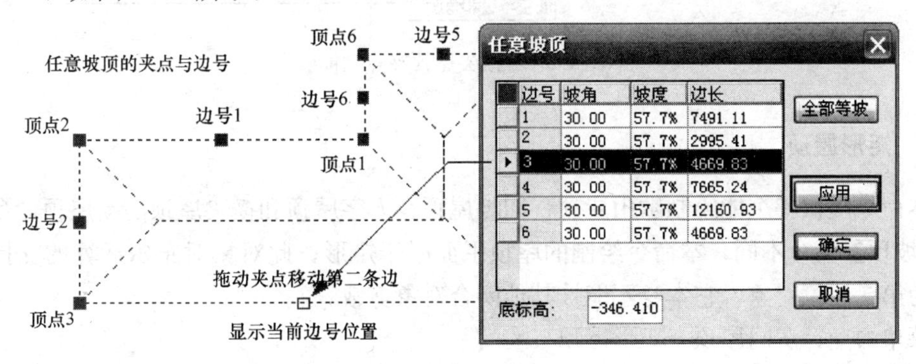

图 7-5-4　标准坡顶对象夹点

7.5.4 攒尖屋顶

本命令提供了构造攒尖屋顶三维模型的方法，但不能生成曲面构成的中国古建亭子顶。此对象对布尔运算的支持仅限于作为第二运算对象，它本身不能被其他闭合对象剪裁。

菜单命令：房间屋顶→攒尖屋顶（CJWD）

点取菜单命令后，显示对话框如图 7-5-5 所示。

图 7-5-5 攒尖屋顶对话框

在确定所有尺寸参数后，在图形拖动屋顶，给定位置与尺寸、初始角度，不必关闭对话框，命令行提示如下：

请输入屋顶中心位置〈退出〉：用光标点取屋顶的中心点

获得第二个点：拖动光标，点取取屋顶与柱子交点（定位多边形外接圆）

对话框控件的说明

［**屋顶高**］ 攒尖屋顶净高度；

［**边数**］ 屋顶正多边形的边数；

［**出檐长**］ 从屋顶中心开始偏移到边界的长度，默认 600，可以为 0；

［**基点标高**］ 与墙柱连接的屋顶上皮处的屋面标高，默认该标高为楼层标高 0；

［**半径**］ 坡顶多边形外接圆的半径。

> **注意：**攒尖屋顶提供了新的夹点，拖动夹点可以调整出檐长，特性栏中提供了可编辑的檐板厚度参数。图 7-5-6 所示为攒尖屋顶新的夹点功能。

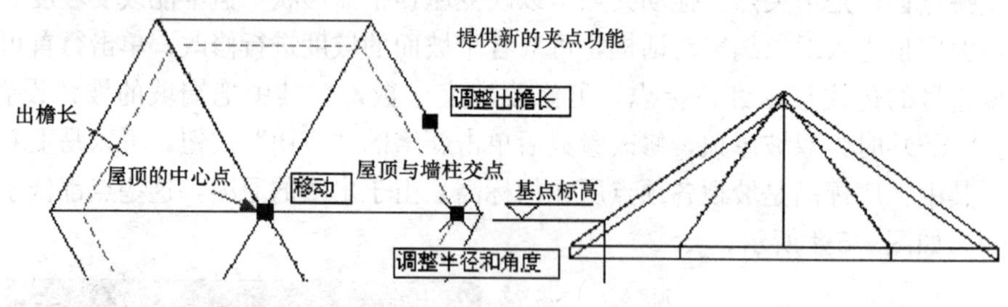

图 7-5-6 攒尖屋顶夹点功能

7.5.5 矩形屋顶

本命令提供一个能绘制歇山屋顶、四坡屋顶、人字屋顶和攒尖屋顶的新屋顶命令，与【人字坡顶】命令不同，本命令绘制的屋顶平面限于矩形；此对象对布尔运算的支持仅限于作为第二运算对象，它本身不能被其他闭合对象剪裁。

菜单命令：房间屋顶→矩形屋顶

点取菜单命令后，显示无模式对话框如图 7-5-7 所示，共有四种可选形式。

图 7-5-7　矩形屋顶对话框

在确定所有类型和尺寸参数后，在绘图区拖动屋顶，给定位置与尺寸、初始角度，命令行提示如下：

点取主坡墙外皮的左下角点〈退出〉：就是矩形墙长边的角点

点取主坡墙外皮的右下角点〈返回〉：就是矩形墙长边的另一角点

点取主坡墙外皮的右上角点〈返回〉：与第二点相邻的短边的另一角点

矩形屋顶的“屋顶高”是从基点位置算到屋脊标高处（不含檐板厚度），图 7-5-8 所示是矩形屋顶示意图。

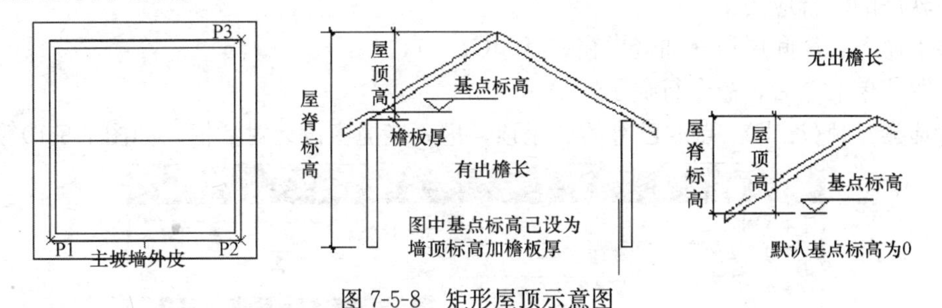

图 7-5-8　矩形屋顶示意图

对话框控件和其他参数的说明

[类型]　有歇山、四坡、人字、攒尖共计四种类型。

[屋顶高]　是从墙顶插入基点开始到屋脊的高度。

[基点标高]　默认屋顶单独作为一个楼层，默认基点位于屋面，标高是 0，屋顶在其下层墙顶放置时，应为墙高加檐板厚。

[出檐长]　屋顶檐口到主坡墙外皮的距离。

[歇山高]　歇山屋顶侧面垂直部分的高度，为 0 时屋顶的类型退化为四坡屋顶。

[侧坡角]　位于矩形短边的坡面与水平面之间的倾斜角，该角度受屋顶高的限制，两者之间的配合有一定的取值范围。

[出山长]　人字屋顶时短边方向屋顶的出挑长度。

[檐板厚]　屋顶檐板的厚度垂直向上计算，默认为 200，在特性栏修改。

[屋脊长]　屋脊线的长度，由侧坡角算出，在特性栏修改。

矩形屋顶的对象编辑，双击矩形屋顶对象弹出与上面类似的对话框进行编辑修改，单击“确认”更新，也可以拖动夹点进行夹点编辑。

使用 AutoCAD 拉伸（Stretch）命令时，应注意交叉窗口的选取位置，选在拖拽方向上的半个屋面范围以内时作用为拉伸，如图 7-5-9 所示，超过半个屋面范围时作用为移动。

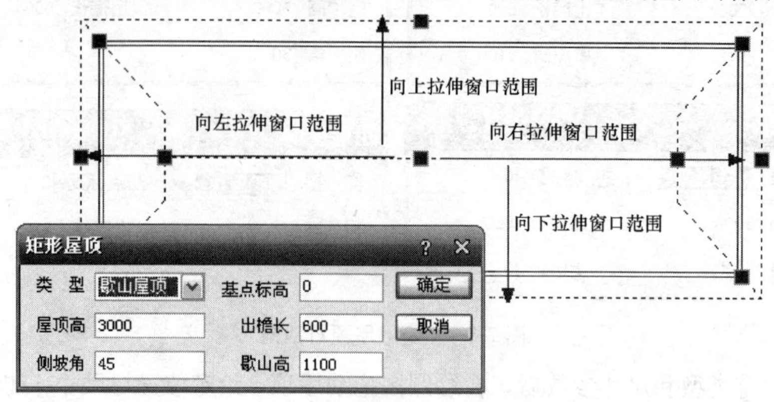

图 7-5-9　矩形屋顶实例图

7.5.6　加老虎窗

本命令在三维屋顶生成多种老虎窗形式，老虎窗对象提供了墙上开窗功能，并提供了图层设置、窗宽、窗高等多种参数，可通过对象编辑修改。本命令支持米单位的绘制，便于日照软件的配合应用。

菜单命令：房间屋顶→加老虎窗（JLHC）

点取菜单命令后，命令行提示：

请选择屋顶〈退出〉：点取已有的坡屋顶，进入老虎窗设计对话框，如图 7-5-10 所示。

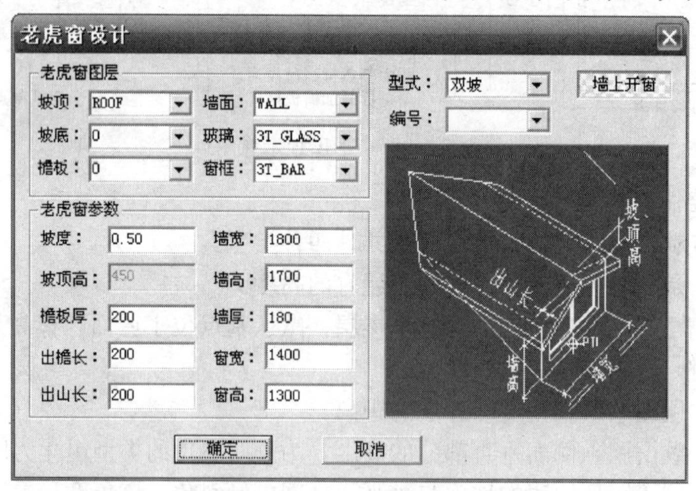

图 7-5-10　老虎窗对话框

对话框控件的说明

［**型式**］　有双坡、三角坡、平顶坡、梯形坡和三坡共计五种类型，如图 7-5-11 所示。

［**编号**］　老虎窗编号，用户给定。

［**窗高/窗宽**］　老虎窗开启的小窗高度与宽度。

［**墙宽/墙高**］　老虎窗正面墙体的宽度与侧面墙体的高度。

［**坡顶高/坡度**］　老虎窗自身坡顶高度与坡面的倾斜度。

［**墙上开窗**］　本按钮是默认打开的属性，如果关闭，老虎窗自身的墙上不开窗。

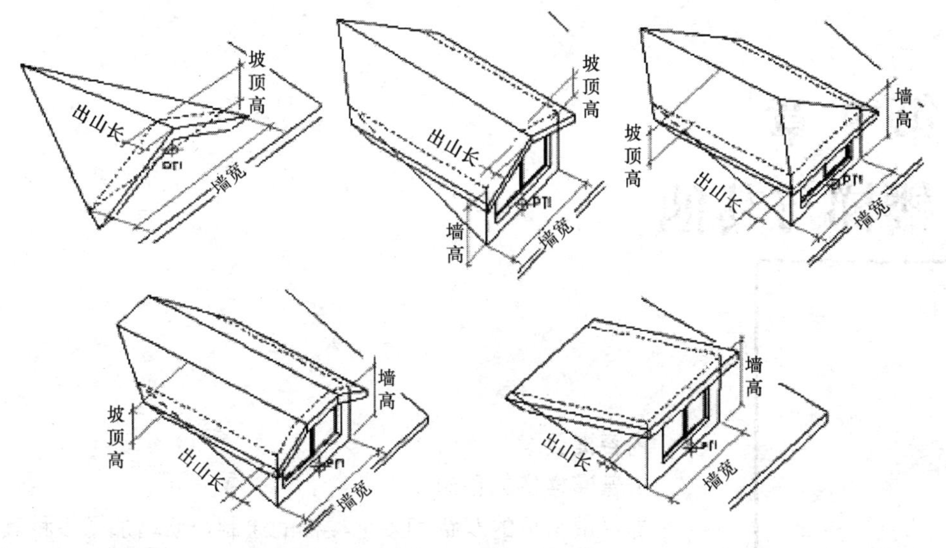

图 7-5-11　老虎窗类型示意图

单击“确定”关闭对话框，出现老虎窗平面供预览，命令行继续提示：

请点取插入点或[修改参数(S)]〈退出〉：键入 S 返回对话框修改参数；

在坡屋面上拖动老虎窗到插入位置，反坡向时老虎窗自动适应坡面改变其方向；

请点取插入点或[修改参数(S)]〈退出〉：在坡屋面上拖动老虎窗到插入位置，回车退出；

随即程序会在坡顶处插入指定形式的老虎窗，求出与坡顶的相贯线。双击老虎窗进入对象编辑即可在对话框进行修改，也可以选择老虎窗，按 Ctrl＋1 用特性栏进行修改。

7.5.7　加雨水管

本命令在屋顶平面图中绘制雨水管穿过女儿墙或檐板的图例，从 8.2 版本开始提供了洞口宽和雨水管的管径大小的设置。

菜单命令：房间屋顶→加雨水管（JYSG）

点取菜单命令后，命令行提示：

当前管径为 200，洞口宽 140

请给出雨水管入水洞口的起始点[参考点(R)/管径(D)/洞口宽(W)]〈退出〉：点取雨水管入水洞口的起始点；

出水口结束点[管径(D)/洞口宽(W)]〈退出〉：点取雨水管出水洞口的结束点；

在平面图中即绘制好雨水管位置的图例，如图 7-5-12 所示。

在命令中键入 D 可以改变雨水立管的管径，键入 W 可以改变雨水洞口的宽度，键入 R 给出雨水管入水洞口起始点的参考定位点。

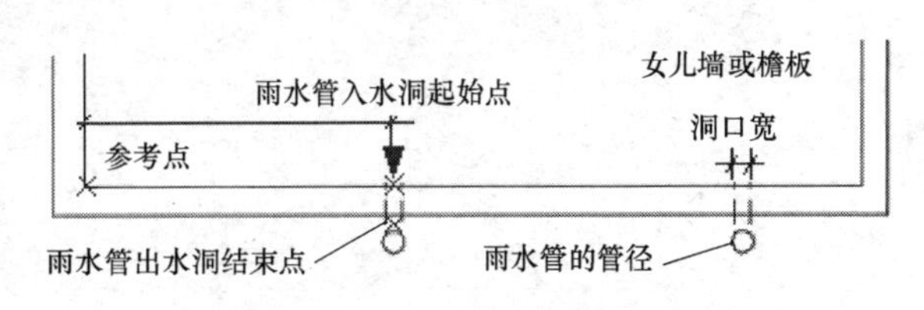

图 7-5-12　雨水管实例图

第 8 章 楼梯与其他

内容提要

• 普通楼梯的创建

提供最常见的双跑和多跑楼梯的绘制，新增加了多种其他形式的楼梯，提供楼梯组件（梯段、休息平台、扶手等）组成特殊楼梯。

• 其他楼梯的创建

天正软件-建筑系统提供了多种复杂楼梯，包括双分平行楼梯、双分转角楼梯、双分三跑楼梯和交叉楼梯、剪刀楼梯、三角楼梯、矩形转角楼梯，很大程度上满足了楼梯设计的需要。

• 自动扶梯和电梯

新的自动扶梯命令与以前同名命令不同，新命令基于自动扶梯对象，可以绘制自动扶梯和自动坡道、步道的参数化对象，可满足大型购物中心、超市和机场等绘制的需要。

• 楼梯扶手与栏杆

扶手与栏杆都是楼梯的附属构件，在天正软件-建筑系统中栏杆专用于三维建模，平面图时仅需绘制扶手。

• 其他设施的创建

基于墙体创建包括阳台、台阶与坡道等自定义对象，具有二维与三维特征以及夹点对象编辑功能。

8.1　普通楼梯的创建

天正软件-建筑系统提供了由自定义对象建立的基本梯段对象，包括直线、圆弧与任意梯段，由梯段组成了常用的双跑楼梯对象、多跑楼梯对象，考虑了楼梯对象在二维与三维视口下的不同可视特性。双跑楼梯具有梯段方便地改为坡道、标准平台改为圆弧休息平台等灵活可变特性，各种楼梯与柱子在平面相交时，楼梯可以被柱子自动剪裁；天正软件-建筑系统双跑楼梯的上下行方向标识符号可以随对象自动绘制，剖切位置可以预先按踏步数或标高定义。

8.1.1　直线梯段

本命令在对话框中输入梯段参数绘制直线梯段，可以单独使用或用于组合复杂楼梯与坡道，以【添加扶手】命令可以为梯段添加扶手，对象编辑显示上下剖断后重生成（Regen），添加的扶手能随之切断。

菜单命令：楼梯其他→直线梯段（ZXTD）

点取菜单命令后，显示对话框如图 8-1-1 所示，上图为默认的折叠效果，下图为展开后的效果。

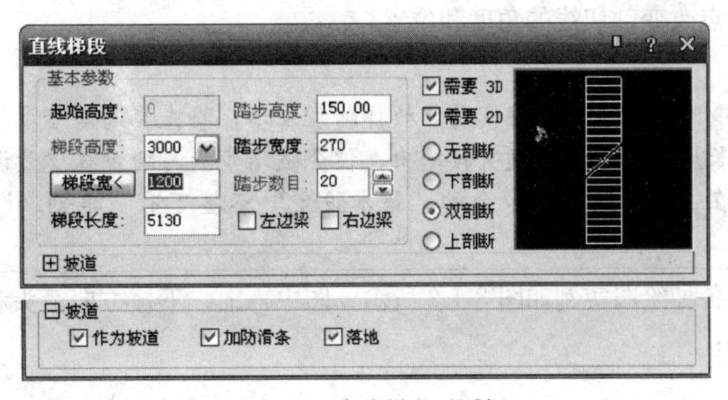

图 8-1-1　直线梯段对话框

对话框控件的说明

[梯段宽<]　梯段宽度，该项为按钮项，可在图中点取两点获得梯段宽。

[起始高度]　相对于本楼层地面起算的楼梯起始高度，梯段高以此算起。

[梯段长度]　直段楼梯的踏步宽度×(踏步数目－1)＝平面投影的梯段长度。

[梯段高度]　直段楼梯的总高，始终等于踏步高度的总和；如果梯段高度被改变，自动按当前踏步高调整踏步数，最后根据新的踏步数重新计算踏步高。

[踏步高度]　输入一个概略的踏步高设计初值，由楼梯高度推算出最接近初值的设计值。由于踏步数目是整数，梯段高度是一个给定的整数，因此踏步高度并非总是整数。用户给定一个概略的目标值后，系统经过计算确定踏步高的精确值。

[踏步数目]　该项可直接输入或者步进调整，由梯段高和踏步高概略值推算取整获得，同时修正踏步高，也可改变踏步数，与梯段高一起推算踏步高。

[踏步宽度]　楼梯段的每一个踏步板的宽度。

[需要 2D/3D]　用来控制梯段的二维视图和三维视图，某些梯段只需要二维视图，

某些梯段则只需要三维视图。

［**剖断设置**］ 包括无剖断、下剖断、双剖断和上剖断四种设置，下（上）剖断表示在平面图保留下（上）半梯段，双剖断用于剪刀楼梯，无剖断用于顶层楼梯。剖断设置仅对平面图有效，不影响梯段的三维显示效果。

［**作为坡道**］ 勾选此复选框，踏步作防滑条间距，楼梯段按坡道生成。有“加防滑条”和“落地”复选框。

对话框中的蓝字表示有弹出提示，光标滑过蓝字即可弹出有关该项的提示。

在无模式对话框中输入参数后，拖动光标到绘图区，命令行提示：

点取位置或[转 90 度(A)/左右翻(S)/上下翻(D)/对齐(F)/改转角(R)/改基点(T)]<退出>：

点取梯段的插入位置和转角插入梯段

直线梯段为自定义构件对象，因此具有夹点编辑特征，同时可用对象编辑重新设定参数。

梯段夹点的功能说明

［**改梯段宽**］ 梯段被选中后亮显，点取两侧中央夹点即可拖移该梯段改变宽度。

［**移动梯段**］ 在显示的夹点中，居于梯段四个角点的夹点为移动梯段，点取四个中任意一个夹点，即表示以该夹点为基点移动梯段。

［**改剖切位置**］ 在带有剖切线的梯段上，在剖切线的两端还有两个夹点为改剖切位置，可拖移该夹点改变剖切线的角度和位置。

> **注意：**
> 1. 作为坡道时，防滑条的稀密是靠楼梯踏步表示，事先要选好踏步数量。
> 2. 坡道的长度可由梯段长度直接给出，但会被踏步数与踏步宽少量调整。
> 3. 剖切线在【天正选项】命令的“基本设定”标签下有“单剖断”和“双剖断”样式可选。

直线梯段的各种绘图实例如图 8-1-2 所示，图中，上、下楼方向箭头和文字用【箭头引注】命令添加：

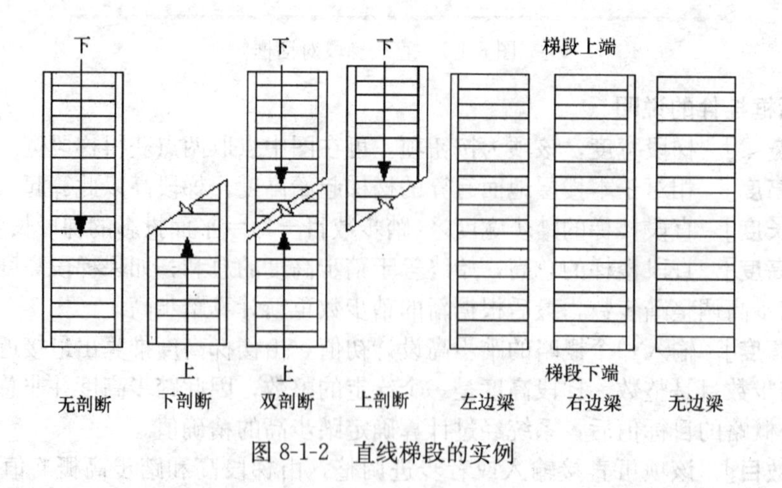

图 8-1-2　直线梯段的实例

8.1.2　圆弧梯段

本命令创建单段弧线型梯段，适合单独的圆弧楼梯，也可与直线梯段组合创建复杂楼梯和坡道，如大堂的螺旋楼梯与入口的坡道。

菜单命令：楼梯其他→圆弧梯段（YHTD）

点取菜单命令后，对话框显示如图 8-1-3 所示。

在对话框中输入楼梯的参数，可根据右侧的动态显示窗口，确定楼梯参数是否符合要求。对话框中的选项与【直线梯段】类似，可以参照上一节的描述。

命令行提示：

点取位置或[转 90 度(A)/左右翻(S)/上下翻(D)/对齐(F)/改转角(R)/改基点(T)]<退出>：

点取梯段的插入位置和转角插入圆弧梯段。

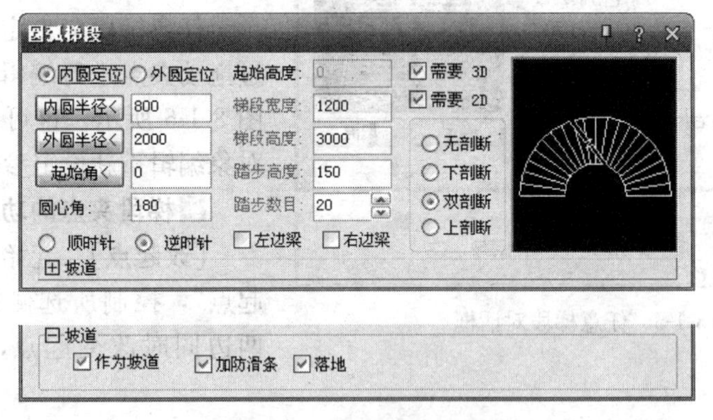

图 8-1-3　圆弧梯段对话框

圆弧梯段为自定义对象，可以通过拖动夹点进行编辑，夹点的意义如图 8-1-4 所示，也可以双击楼梯进入对象编辑重新设定参数。

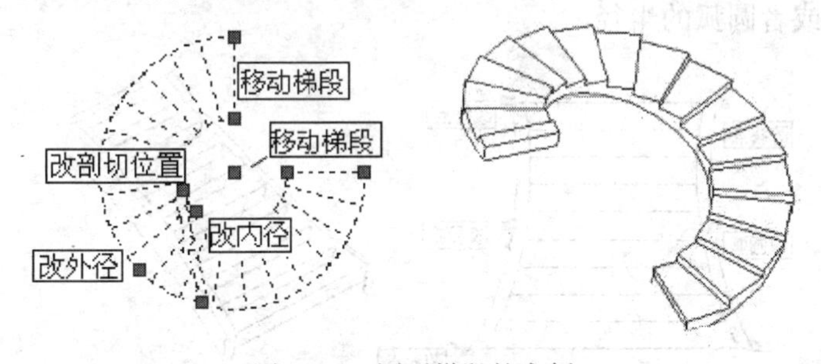

图 8-1-4　圆弧梯段的实例

▶梯段夹点的功能说明

［改内径］　梯段被选中后亮显，同时显示七个夹点；如果该圆弧梯段带有剖断，在剖断的两端还会显示两个夹点。在梯段内圆中心的夹点为改内径。点取该夹点，即可拖移该梯段的内圆改变其半径。

［改外径］　在梯段外圆中心的夹点为改外径。点取该夹点，即可拖移该梯段的外圆改变其半径。

［移动梯段］　拖动五个夹点中任意一个，即可以该夹点为基点移动梯段。

8.1.3　任意梯段

本命令以用户预先绘制的直线或弧线作为梯段两侧边界，在对话框中输入踏步参数，创建形状多变的梯段，除了两个边线为直线或弧线外，其余参数与直线梯段相同。

菜单命令：楼梯其他→任意梯段(RYTD)

点取菜单命令后，命令行提示：

请点取梯段左侧边线(LINE/ARC)：点取一根 LINE 线

请点取梯段右侧边线(LINE/ARC)：点取另一根 LINE 线

点取后屏幕弹出如图 8-1-5 所示的任意梯段对话框，其中选项与直梯段基本相同。

图 8-1-5　任意梯段对话框

输入相应参数后，点取“确定”，即绘制出以指定的两根线为边线的梯段。

任意梯段为自定义对象，可以通过拖动夹点进行编辑，夹点的意义如图 8-1-6 所示，也可以双击楼梯进入对象编辑重新设定参数。

梯段夹点的功能说明

[改起点]　起始点的夹点为“改起点”，控制所选侧梯段的起点。如两边同时改变起点，可改变梯段的长度。

[改终点]　终止点的夹点为“改终点”，控制所选侧梯段的终点。如两边同时改变终点，可改变梯段的长度。

[改圆弧/平移边线]　中间的夹点为“平移边线”或者“改圆弧”，按边线类型而定，控制梯段的宽度或者圆弧的半径。

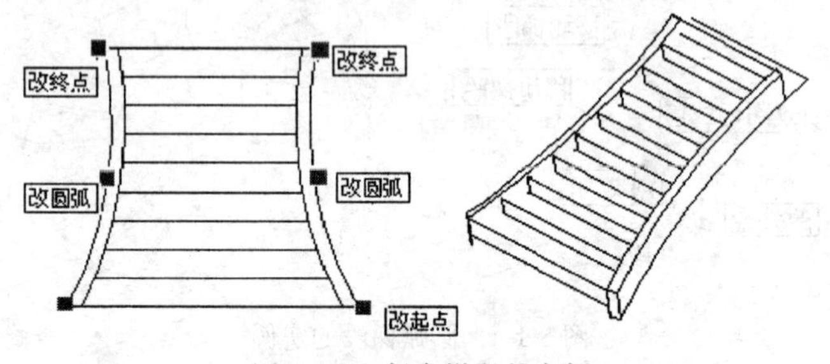

图 8-1-6　任意梯段的实例

8.1.4　双跑楼梯

双跑楼梯是最常见的楼梯形式，由两跑直线梯段、一个休息平台、一个或两个扶手和一组或两组栏杆构成的自定义对象，具有二维视图和三维视图。双跑楼梯可分解（EXPLODE）为基本构件即直线梯段、平板和扶手栏杆等，楼梯方向线属于楼梯对象的一部分，方便随着剖切位置改变自动更新位置和形式。天正软件-建筑系统还增加了扶手的伸出长度、扶手在平台是否连接、梯段之间位置可任意调整、特性栏中可以修改楼梯方向线的文字等新功能。

双跑楼梯对象内包括常见的构件组合形式变化，如是否设置两侧扶手、中间扶手在平台是否连接、设置扶手伸出长度、有无梯段边梁（尺寸需要在特性栏中调整）、休息平台是半圆形或矩形等，尽量满足建筑的个性化要求。

菜单命令：楼梯其他→双跑楼梯（SPLT）

点取菜单命令后，显示对话框如图 8-1-7 所示。

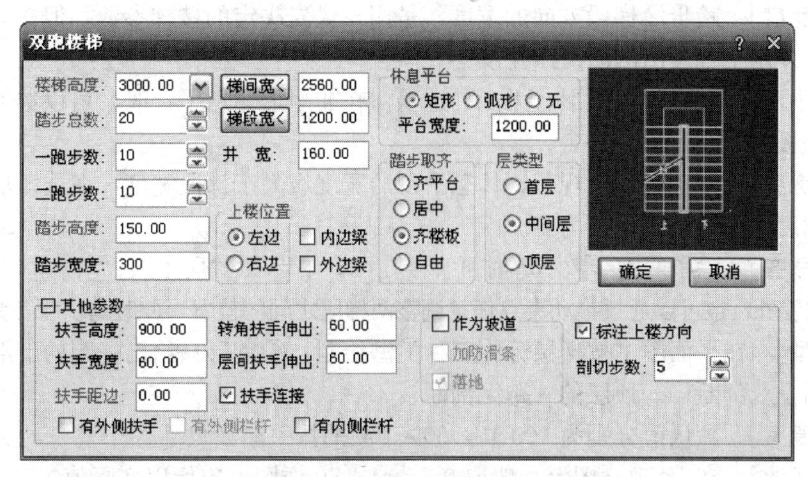

普通踏步楼梯

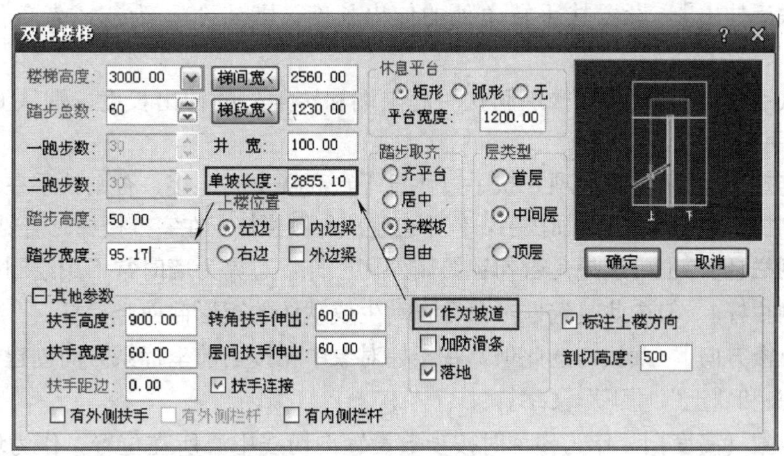

坡道楼梯

图 8-1-7　双跑梯段对话框

双跑楼梯对话框的控件说明

[梯间宽<]　双跑楼梯的总宽。单击按钮可从平面图中直接量取楼梯间净宽作为双跑楼梯总宽。

[梯段宽<]　默认宽度或由总宽计算，余下二等分作梯段宽初值，单击按钮可从平面图中直接量取。

[楼梯高度]　双跑楼梯的总高，默认取当前层高的值，对相邻楼层高度不等时应按实际情况调整。

[井宽]　设置井宽参数，井宽＝梯间宽－(2×梯段宽)，最小井宽可以等于 0，这三个数值互相关联。

[踏步总数]　默认踏步总数 20，是双跑楼梯的关键参数。

[一跑步数]　以踏步总数推算一跑与二跑步数，总数为奇数时先增一跑步数。

[二跑步数] 二跑步数默认与一跑步数相同，两者都允许用户修改。

[踏步高度] 踏步高度。用户可先输入大约的初始值，由楼梯高度与踏步数推算出最接近初值的设计值，推算出的踏步高有均分的舍入误差。

[踏步宽度] 踏步沿梯段方向的宽度，是用户优先决定的楼梯参数，但在勾选“作为坡道”后，仅用于推算出的防滑条宽度。

[休息平台] 有矩形、弧形、无三种选项，在非矩形休息平台时，可以选无平台，以便自己用平板功能设计休息平台。

[平台宽度] 按建筑设计规范，休息平台的宽度应大于梯段宽度，在选弧形休息平台时应修改宽度值，最小值不能为零。

[踏步取齐] 除了两跑步数不等时可直接在“齐平台”、“居中”、“齐楼板”中选择两梯段相对位置外，也可以通过拖动夹点任意调整两梯段之间的位置，此时踏步取齐为“自由”。

[层类型] 在平面图中按楼层分为三种类型绘制：①首层只给出一跑的下剖断；②中间层的一跑是双剖断；③顶层的一跑无剖断。

[扶手高宽] 默认值分别为 900 高，60×100 的扶手断面尺寸。

[扶手距边] 在 1∶100 图上一般取 0，在 1∶50 详图上应标以实际值。

[转角扶手伸出] 设置扶手转角处的伸出长度，默认 60，为 0 或者负值时扶手不伸出。

[层间扶手伸出] 设置在楼层间扶手起末端和转角处的伸出长度，默认 60，为 0 或者负值时扶手不伸出。

[扶手连接] 默认勾选此项，扶手过休息平台和楼层时连接，否则扶手在该处断开。

[有外侧扶手] 在外侧添加扶手，但不会生成外侧栏杆，在室外楼梯时需要单独添加。

[有外侧栏杆] 也可选择是否勾选绘制外侧栏杆，边界为墙时常不用绘制栏杆。

[有内侧栏杆] 勾选此复选框，命令自动生成默认的矩形截面竖栏杆。

[标注上楼方向] 默认勾选此项，在楼梯对象中，按当前坐标系方向创建标注上楼下楼方向的箭头和“上”、“下”文字。

[剖切步数（高度）] 作为楼梯时按步数设置剖切线中心所在位置，作为坡道时按相对标高设置剖切线中心所在位置。

[作为坡道] 勾选此复选框，楼梯段按坡道生成，在“单坡长度”中输入坡道长度。

[单坡长度] 在此输入其中一个坡道梯段的长度，但精确值依然受“踏步总数×踏步宽度”的制约，如图 8-1-7 所示。

> **注意：**
> 1. 勾选“作为坡道”前要求楼梯的两跑步数相等，否则坡长不能准确定义；
> 2. 坡道的防滑条的间距用步数来设置，在勾选“作为坡道”前要设好。

在确定楼梯参数和类型后，即可把鼠标拖到作图区插入楼梯，命令行提示：

点取位置或[转 90 度(A)/左右翻(S)/上下翻(D)/对齐(F)/改转角(R)/改基点(T)]<退出>：键入关键字改变选项，给点插入楼梯

点取插入点后，在平面图中插入双跑楼梯。注意对于三维视图，不同楼层特性的扶手不一样，其中顶层楼梯实际上只有扶手，而没有梯段。

双跑楼梯为自定义对象，可以通过拖动夹点进行编辑，夹点的意义如图 8-1-8 所示。也可以双击楼梯，进入对象编辑重新设定参数。

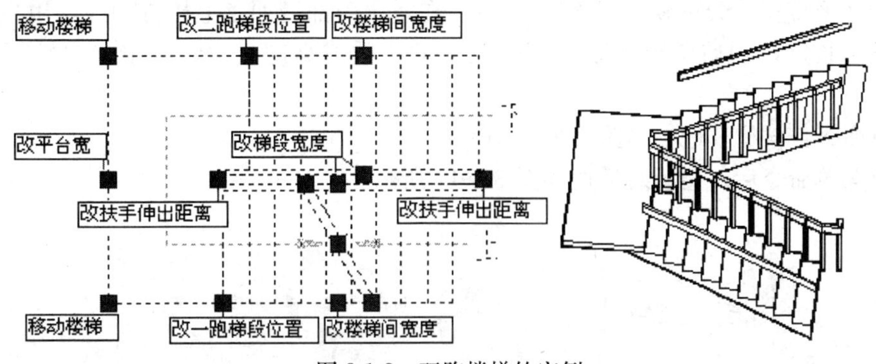

图 8-1-8　双跑楼梯的实例

梯段夹点的功能说明

［移动楼梯］ 该夹点用于改变楼梯位置，夹点位于楼梯休息平台两个角点。

［改平台宽］ 该夹点用于改变休息平台的宽度，同时改变方向线。

［改梯段宽度］ 拖动该夹点对称改变两梯段的梯段宽，同时改变梯井宽度，但不改变楼梯间宽度。

［改楼梯间宽度］ 拖动该夹点改变楼梯间的宽度，同时改变梯井宽度，但不改变两梯段的宽度。

［改一跑梯段位置］ 该夹点位于一跑末端角点，纵向拖动夹点可改变一跑梯段位置。

［改二跑梯段位置］ 该夹点位于二跑起端角点，纵向拖动夹点可改变二跑梯段位置。

［改扶手伸出距离］ 两夹点各自位于扶手两端，分别拖动改变平台和楼板处的扶手伸出距离。

［移动剖切位置］ 该夹点用于改变楼梯剖切位置，可沿楼梯拖动改变位置。

［移动剖切角度］ 两夹点用于改变楼梯剖切位置，可拖动改变角度。

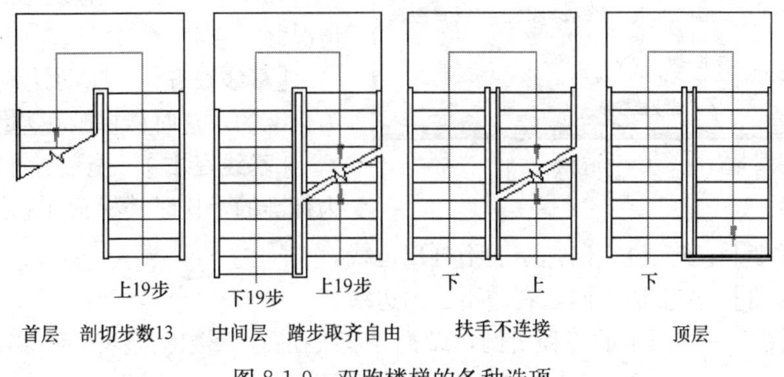

图 8-1-9　双跑楼梯的各种选项

8.1.5　多跑楼梯

本命令创建由梯段开始且以梯段结束、梯段和休息平台交替布置、各梯段方向自由的多跑楼梯，要点是先在对话框中确定“基线在左”或“基线在右”的绘制方向，在绘制梯段过程中实时显示当前梯段步数、已绘制步数以及总步数的功能，便于设计中决定梯段起止位置，绘图交互中的热键切换基线路径左右侧的命令选项，便于绘制休息平台间走向左右改变的Z形楼梯。天正软件-建筑系统中，在对象内部增加了上楼方向线，用户可定义扶手的伸出长度，剖切位置可以根据剖切点的步数或高度设定，可定义有转折的休息平台。

菜单命令：楼梯其他→多跑楼梯（DPLT）

点取菜单命令后，显示对话框如图 8-1-11 所示。

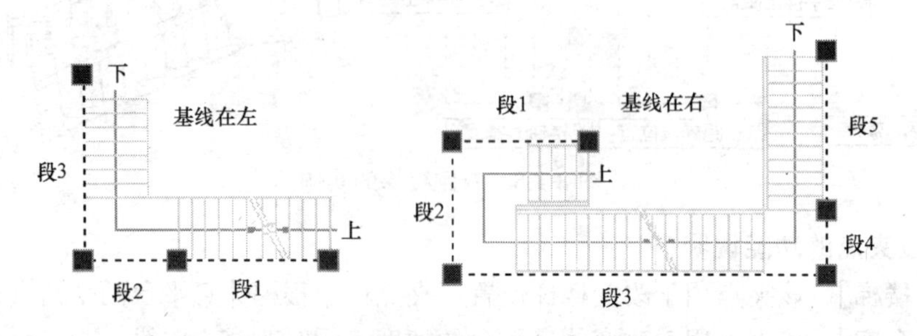

图 8-1-10　多跑梯段路径匹配实例说明

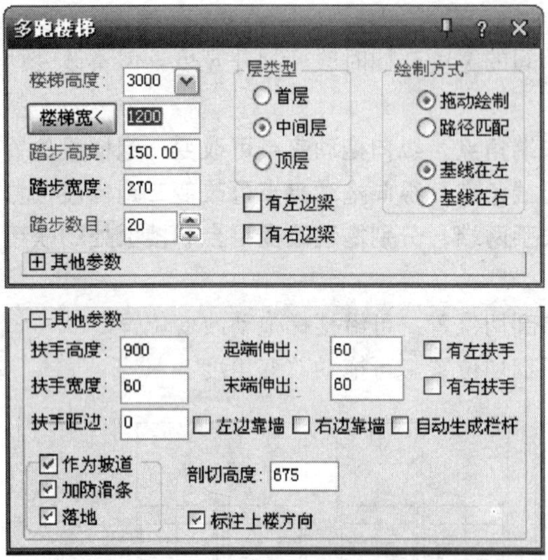

图 8-1-11　多跑梯段对话框

多跑楼梯对话框的控件说明

[拖动绘制]　暂时进入图形中量取楼梯间净宽作为双跑楼梯总宽。

[路径匹配]　楼梯按已有多段线路径（红色虚线）作为基线绘制，线中给出梯段起末点不可省略或重合，例如直角楼梯给 4 个点（三段），三跑楼梯是 6 个点（五段），路径分段数是奇数，如图 8-1-10 所示分别是以上楼方向为准，选“基线在左”和“基线在右”的两种情况。

[基线在左]　拖动绘制时是以基线为标准的，这时楼梯画在基线右边。

[基线在右]　拖动绘制时是以基线为标准的，这时楼梯画在基线左边。

[左边靠墙]　按上楼方向，左边不画出边线。

[右边靠墙]　按上楼方向，右边不画出边线。

参见如图 8-1-12 所示的工程实例，设置“基线在右”，楼梯宽度为 1820，确定楼梯参数和类型后，拖动鼠标到绘图区绘制，命令行提示：

起点＜退出＞：　在辅助线处点取首梯段起点 P1 位置；

输入下一点或[路径切换到左侧(Q)]＜退出＞：

在楼梯转角处点取首梯段终点 P2（此时过梯段终点显示当前 9/20 步）

输入下一点或[路径切换到左侧(Q)/撤销上一点(U)]＜退出＞：

拖动楼梯转角后在休息平台结束处点取 P3 作为第二梯段起点

输入下一点或［路径切换到左侧(Q)/撤销上一点(U)］<切换到绘制梯段>：

此时以回车结束休息平台绘制，切换到绘制梯段

输入下一点或［路径切换到左侧(Q)/撤销上一点(U)］<退出>：Q

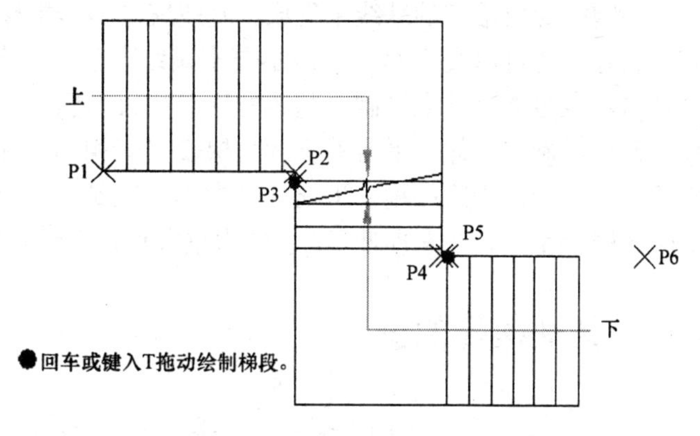

图 8-1-12　多跑楼梯工程实例说明

键入 Q 切换路径到左侧方便绘制；

输入下一点或［路径切换到左侧(Q)/撤销上一点(U)］<退出>：

拖动绘制梯段到显示踏步数为 4，13/20 给点作为梯段结束点 P4

输入下一点或［路径切换到左侧(Q)/撤销上一点(U)］<退出>：

拖动并转角后在休息平台结束处点取 P5 作为第三梯段起点

输入下一点或［路径切换到左侧(Q)/撤销上一点(U)］< 切换到绘制梯段>：

此时以回车结束休息平台绘制，切换到绘制梯段

输入下一点或［路径切换到左侧(Q)/撤销上一点(U)］< 退出>：

拖动绘制梯段到梯段结束，步数为 7，20/20 梯段结束点 P6

起点<退出>：回车结束绘制

多跑楼梯工程实例

按"基线在右"设置后的绘图过程如图 8-1-13 所示。

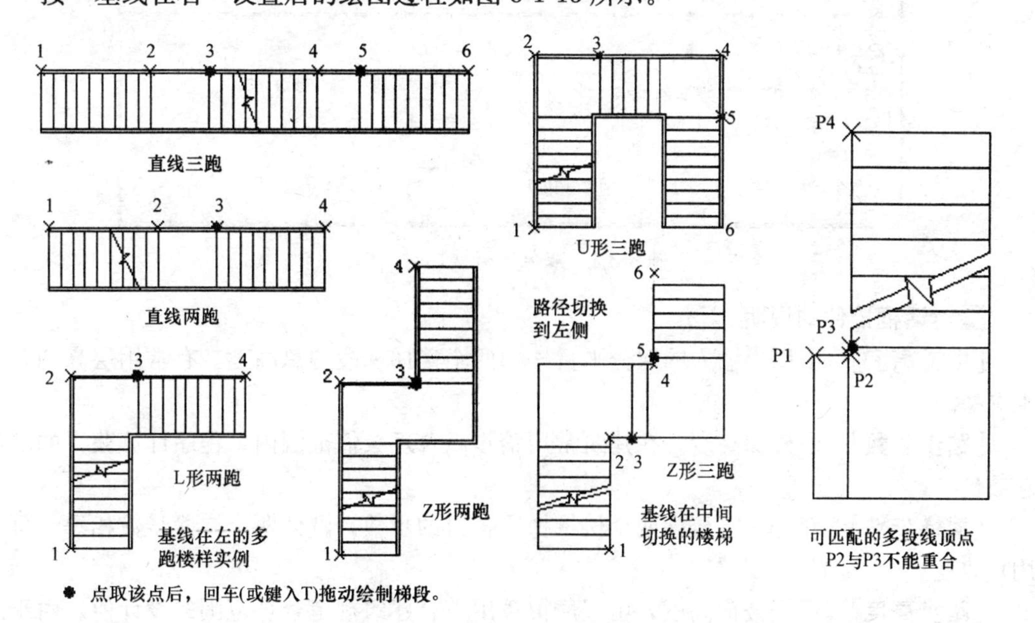

图 8-1-13　多跑梯段类型实例

多跑楼梯由给定的基线来生成，基线就是多跑楼梯左侧或右侧的边界线。基线可以事先绘制好，也可以交互确定，但不要求基线与实际边界完全等长，按照基线交互点取顶点，当步数足够时结束绘制，基线的顶点数目为偶数，即梯段数目的两倍。多跑楼梯的休息平台自动确定，休息平台的宽度与梯段宽度相同，休息平台的形状由相交的基线决定，默认的剖切线位于第一跑，可拖动改为其他位置。其中，右图为选路径匹配，基线在左时的转角楼梯生成，注意即使 P2、P3 为重合点，但绘图时仍应分开两点绘制。

8.2 其他楼梯的创建

8.2.1 双分平行

本命令在对话框中输入梯段参数绘制双分平行楼梯，可以选择从中间梯段上楼或者从边梯段上楼，通过设置平台宽度可以解决复杂的梯段关系。

菜单命令：楼梯其他→双分平行（SFPX）

点取菜单命令后，显示对话框如图 8-2-1 所示，上图为默认的折叠效果，下图为展开后的效果。

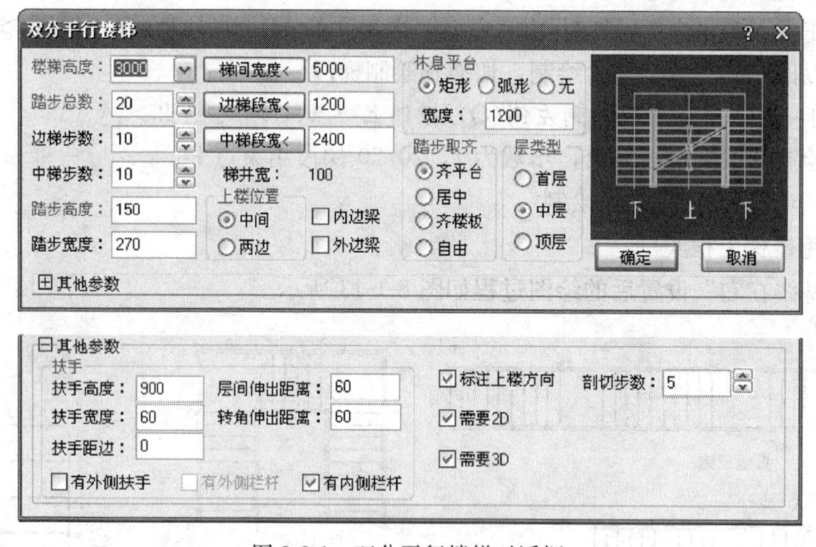

图 8-2-1　双分平行楼梯对话框

对话框控件的说明

[楼梯高度]　由用户输入的双分平行楼梯两个楼梯梯段的总高度，有常用层高列表可供选择。

[踏步总数]　由楼梯高度，在建筑常用踏步高合理数值范围内，程序计算获得的踏步总数。

[楼梯步数]　双分平行楼梯两个楼梯梯段各自的步数，默认两个梯段步数相等，可由用户改变。

[踏步高度]　根据楼梯高度，由程序推算出符合建筑规范合理范围的设计值。由于踏步数目是整数，楼梯高度是给定的整数，因此踏步高度并非总是整数。用户也可以给定边

梯和中梯步数，系统重新计算确定踏步高的精确值。

[踏步宽度] 楼梯段的每一个踏步板的宽度。

[梯间宽度＜] 梯间宽度既可输入，也可以直接从图上量取，等于中梯段宽+2×(边梯段宽+梯井宽)。

[中梯段宽/边梯段宽＜] 两类楼梯段各自的梯段宽度。

[梯井宽] 显示梯井宽参数，修改梯间宽时梯井宽自动改变。

[休息平台] 有矩形、圆弧、无这几种选择，无休息平台用于连接用户自己绘制的异形休息平台。

[宽度] 休息平台的宽度。

[踏步取齐] 有齐平台、居中、齐楼板、自由四种对齐选项，后者是为夹点编辑改梯段位置后再作对象编辑而设置的。

[上楼位置] 可以绘制按从边跑和中跑上楼两种上楼位置，自动处理剖切线和上楼方向线的绘制。

[内外边梁] 用于绘制梁式楼梯，可分别绘制内侧边梁和外侧边梁，梁宽和梁高参数在特性栏中修改。

[层类型] 可以按当前平面图所在的楼层，以建筑制图规范的图例绘制楼梯的对应平面表达形式。

[扶手高宽] 默认值分别为从第一步台阶起算 900 高，断面 60×100 的扶手尺寸。

[扶手距边] 扶手边缘距梯段边的数值，在 1∶100 图上一般取 0，在 1∶50 详图上应标以实际值。

[伸出距离] 层间伸出距离为在楼板处的扶手伸出距离，转角伸出距离为休息平台处的扶手伸出距离。

[有外侧扶手] 楼梯内侧默认总是绘制扶手，外侧按照要求而定，勾选后绘制外侧扶手。

[有外侧栏杆] 外侧绘制扶手也可选择是否勾选绘制外侧栏杆，边界为墙时常不用绘制栏杆。

[有内侧栏杆] 如果需要绘制自定义栏杆或者栏板时可去除勾选，不绘制默认栏杆。

[标注上楼方向] 可选择是否标注上楼方向箭头线。

[剖切步数] 可选择楼梯的剖切位置，以剖切线所在踏步数定义。

[需要 2D、需要 3D] 用来控制绘制二维视图和三维视图，某些情况只需要二维视图，某些情况则只需要三维视图。

在对话框中输入楼梯的参数，可根据右侧的动态显示窗口，确定楼梯参数是否符合要求。

单击“确定”按钮，命令行提示：

点取位置或[转 90 度(A)/左右翻(S)/上下翻(D)/对齐(F)/改转角(R)/改基点(T)]＜退出＞：

点取梯段的插入位置和转角插入楼梯，如果希望设定方向，请在插入时键入选项，对楼梯进行各向翻转和旋转。

楼梯为自定义的构件对象，因此具有夹点编辑的特征，可以通过拖动夹点改变楼梯的特征，也可以双击楼梯对象，用对象编辑重新设定参数。

梯段夹点的功能说明

［**移动楼梯**］　在显示的夹点中，居于梯段四个角点的夹点为移动梯段，点取四个中任意一个夹点，即表示以该夹点为基点移动梯段。

［**改休息平台尺寸**］　在休息平台中间有一个夹点，可拖移该夹点改变休息平台的宽度。

［**改楼梯间宽度**］　在边梯段外侧中间各有一夹点，拖动任意一侧夹点修改梯间宽度，同时更新井道宽，另一侧边界不变。

［**改边梯段宽度**］　在边梯段内侧各有一夹点，拖动任意一侧夹点同时修改两个边梯段的宽度，同时更新井道宽。

［**改边梯段位置**］　在边梯段外侧平台处各有一夹点，拖动任意一侧夹点同时修改两个边梯段与中间梯段的相对偏移位置。

［**改中梯段宽度**］　在中梯段内侧各有一夹点，拖动任意一侧夹点同时修改两个边梯段的宽度，同时更新井道宽。

［**改中梯段位置**］　在中间梯段平台有一个夹点，拖动该夹点可以修改中间梯段与边梯段的相对偏移位置。

［**移动剖切位置**］　拖动剖切线中间的夹点可以移动剖切线位置，保持原有角度，楼梯方向线自动更新。

［**修改剖切角度**］　拖动剖切线两端的夹点可以改变剖切线的角度。

［**改扶手伸出距离**］　在两个井道两端各有一个夹点，用于改变扶手的伸出距离。

在图 8-2-2 中详细列出了双分平行楼梯的夹点提示，为图形简洁计，在后面的夹点示意图中不再列出重复的夹点提示，如有关剖切位置的夹点。

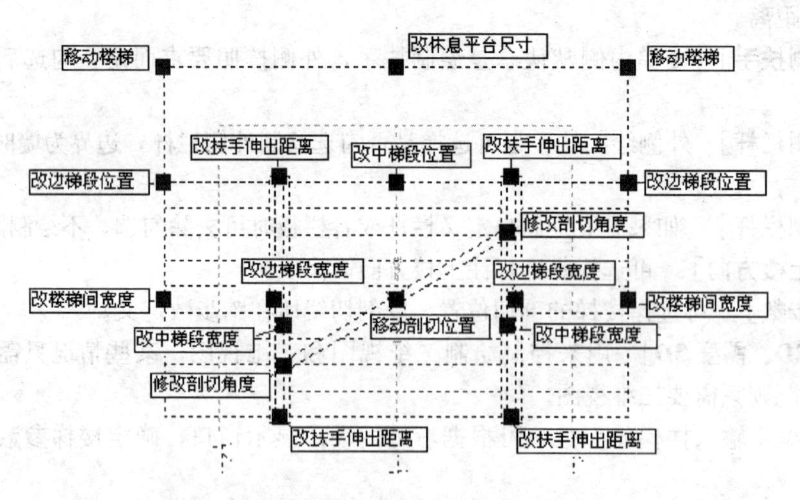

图 8-2-2　双分平行楼梯夹点示意图

双分平行楼梯工程实例

如图 8-2-3 所示。

8.2.2　双分转角

本命令在对话框中输入梯段参数绘制双分转角楼梯，可以选择从中间梯段上楼或者从

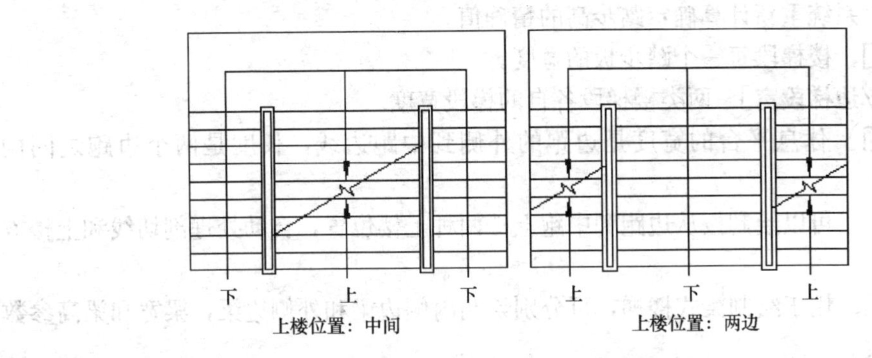

图 8-2-3　双分平行楼梯实例图

边梯段上楼。

菜单命令：楼梯其他→双分转角（SFZJ）

点取菜单命令后，显示对话框如图 8-2-4 所示，上图为默认的折叠效果，下图为展开后的效果。

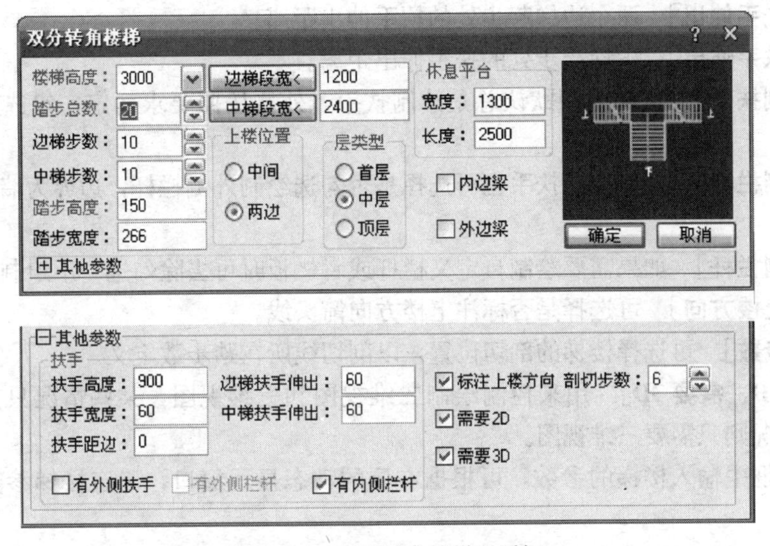

图 8-2-4　双分转角楼梯对话框

在对话框中输入楼梯的参数，可根据右侧的动态显示窗口，确定楼梯参数是否符合要求。

▶对话框控件的说明

[楼梯高度<] 由用户输入的双分转角楼梯两个楼梯梯段的总高度，有常用层高列表可供选择。

[踏步总数] 由楼梯高度，在建筑常用踏步高合理数值范围内，程序计算获得的踏步总数。

[楼梯步数] 双分转角楼梯两个楼梯梯段各自的步数，默认两个梯段步数相等，可由用户改变。

[踏步高度] 根据楼梯高度，由程序推算出符合建筑规范合理范围的设计值。由于踏步数目是整数，楼梯高度是给定的整数，因此踏步高度并非总是整数。用户也可以给定边

梯和中梯步数，系统重新计算确定踏步高的精确值。

[踏步宽度] 楼梯段每一个踏步板的宽度。

[中梯段宽/边梯段宽] 两类楼梯段各自的梯段宽度。

[休息平台] 休息平台的宽度是边跑的外侧到中跑边线，长度是两个边跑之间的距离。

[上楼位置] 可以绘制按从边跑和中跑上楼两种上楼位置，自动处理剖切线和上楼方向线的绘制。

[内外边梁] 用于绘制梁式楼梯，可分别绘制内侧边梁和外侧边梁，梁宽和梁高参数在特性栏中修改。

[层类型] 可以按当前平面图所在的楼层，以建筑制图规范的图例绘制楼梯的对应平面表达形式。

[扶手高宽] 默认值分别为从第一步台阶起算 900 高，断面 60×100 的扶手尺寸。

[扶手距边] 扶手边缘距梯段边的数值，在 1∶100 图上一般取 0，在 1∶50 详图上应标以实际值。

[边梯扶手伸出] 两个边梯起步处的扶手伸出距离。

[中梯扶手伸出] 中梯起步处的扶手伸出距离。

[有外侧扶手] 楼梯内侧默认总是绘制扶手，外侧按照要求而定，勾选后绘制外侧扶手。

[有外侧栏杆] 外侧绘制扶手也可选择是否勾选绘制外侧栏杆，边界为墙时常不用绘制栏杆。

[有内侧栏杆] 如果需要绘制自定义栏杆或者栏板时可去除勾选，不绘制默认栏杆。

[标注上楼方向] 可选择是否标注上楼方向箭头线。

[剖切步数] 可选择楼梯的剖切位置，以剖切线所在踏步数定义。

[需要 2D、需要 3D] 用来控制绘制二维视图和三维视图，某些情况只需要二维视图，某些情况则只需要三维视图。

在对话框中输入楼梯的参数，可根据右侧的动态显示窗口，确定楼梯参数是否符合要求。

单击“确定”按钮，命令行提示：

点取位置或[转 90 度(A)/左右翻(S)/上下翻(D)/对齐(F)/改转角(R)/改基点(T)]<退出>：

点取梯段的插入位置和转角插入楼梯，如果希望设定方向，请在插入时键入选项，对楼梯进行各向翻转和旋转。

楼梯为自定义的构件对象，因此具有夹点编辑的特征。可以通过拖动夹点改变楼梯的特征，也可以双击楼梯对象，用对象编辑重新设定参数。

▶梯段夹点的功能说明

[移动楼梯] 在显示的夹点中，拖动休息平台中点表示以该夹点为基点移动梯段。

[改边梯段宽和休息平台宽] 在休息平台中间有一个夹点，可拖移该夹点改变休息平台的宽度。

[移动边梯段] 在两边梯段与休息平台边界处各有一夹点，拖动任意一侧夹点同时修

改两个边梯段与平台的相对偏移。

[改中梯段宽度] 在中梯段两侧各有一夹点，拖动任意一侧夹点修改中梯段的宽度。

[移动中梯段] 在中间梯段与休息平台边界处有一夹点，拖动该夹点可以修改中间梯段与平台段的相对偏移。

[移动剖切位置] 拖动剖切线中间的夹点可以移动剖切线位置，保持原有角度，楼梯方向线自动更新。

[修改剖切角度] 拖动剖切线两端的夹点可以改变剖切线的角度。

[改扶手伸出距离] 在梯段扶手端各有一个夹点，用于改变扶手的伸出距离。

在图 8-2-5 中详细列出了双分转角楼梯的夹点提示。

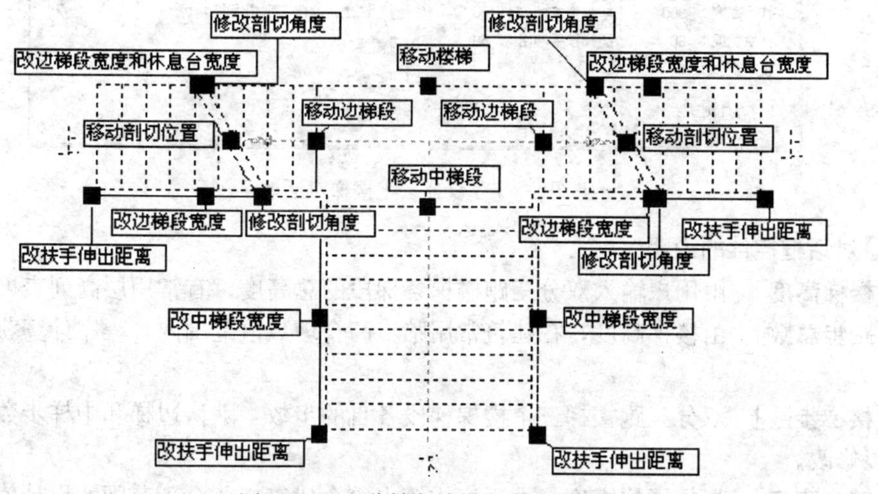

图 8-2-5　双分转角楼梯夹点示意图

双分平行楼梯工程实例

如图 8-2-6 所示。

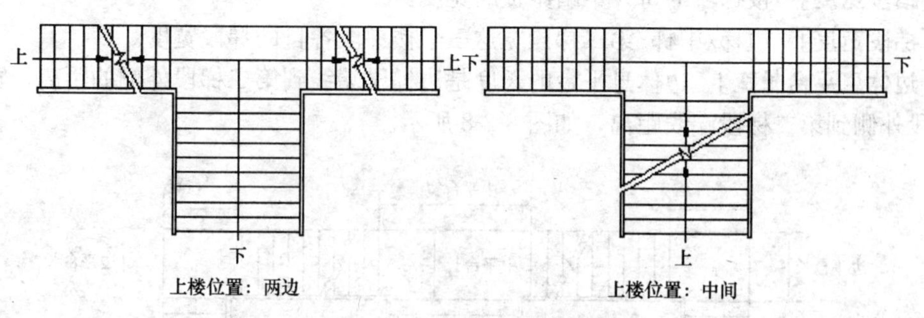

图 8-2-6　双分转角楼梯实例图

8.2.3　双分三跑

本命令在对话框中输入梯段参数绘制双分转角楼梯，可以选择从中间梯段上楼或者从边梯段上楼。

菜单命令：楼梯其他→双分三跑（SFSP）

点取菜单命令后，显示对话框如图 8-2-7 所示。

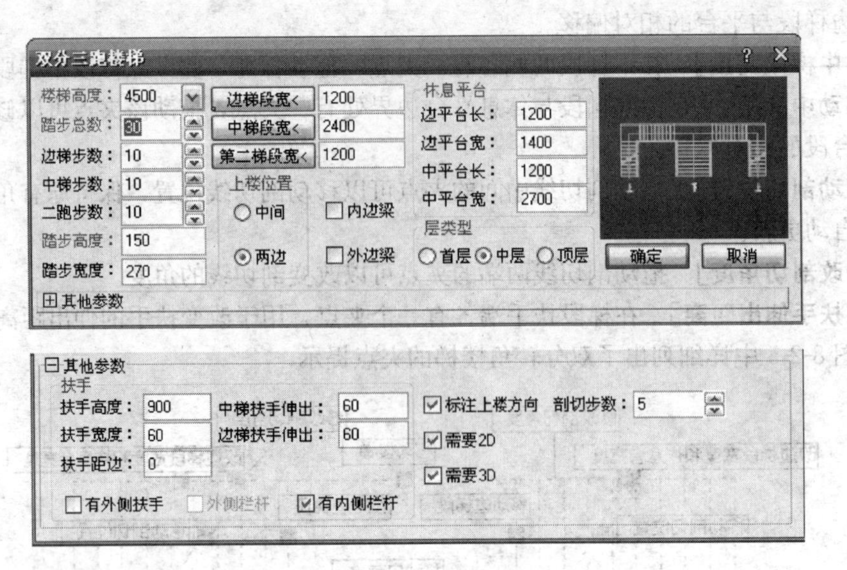

图 8-2-7　双分三跑楼梯对话框

对话框控件的说明

[楼梯高度]　由用户输入双分三跑楼梯各梯段的总高度，有常用层高列表可供选择。

[踏步总数]　由楼梯高度，在建筑常用踏步高合理数值范围内，程序计算获得的踏步总数。

[楼梯步数]　双分三跑楼梯三个楼梯梯段各自的步数，默认边梯和中梯步数一致，用户可以修改。

[踏步高度]　根据楼梯高度，由程序推算出符合建筑规范合理范围的设计值。由于踏步数目是整数，楼梯高度是给定的整数，因此踏步高度并非总是整数。用户也可以给定边梯和中梯步数，系统重新计算确定踏步高的精确值。

[踏步宽度]　楼梯段的每一个踏步板的宽度。

[梯段宽度]　边梯/中梯/第二梯段宽这三个楼梯段各自的梯段宽度。

[边休息平台长宽]　边休息平台的长度是边梯段端线到第二梯段外侧的距离，宽度是边梯段外侧到第二梯段端线距离，如图 8-2-8 所示。

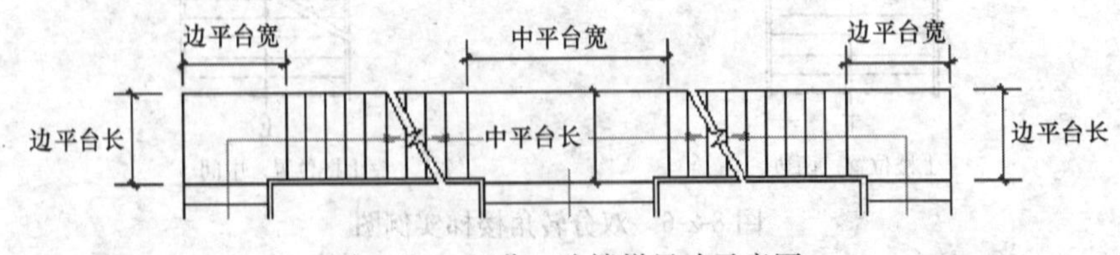

图 8-2-8　双分三跑楼梯尺寸示意图

[中休息平台长宽]　中休息平台的长度是第二梯段外侧到中梯段边线的距离，宽度是两个第二梯段端线间的距离。

[上楼位置]　可以绘制按从边跑和中跑上楼两种上楼位置，自动处理剖切线和上楼方向线的绘制。

[内外边梁]　用于绘制梁式楼梯，可分别绘制内侧边梁和外侧边梁，梁宽和梁高参数

在特性栏中修改。

[层类型]　可以按当前平面图所在的楼层，以《建筑制图规范》的图例绘制楼梯的对应平面表达形式。

[扶手高宽]　默认值分别为从第一步台阶起算900高，断面60×100的扶手尺寸。

[扶手距边]　扶手边缘距梯段边的数值，在1：100图上一般取0，在1：50详图上应标以实际值。

[边梯扶手伸出]　两个边梯起步处的扶手伸出距离。

[中梯扶手伸出]　中梯起步处的扶手伸出距离。

[有外侧扶手]　楼梯内侧默认总是绘制扶手，外侧按照要求而定，勾选后绘制外侧扶手。

[有外侧栏杆]　外侧绘制扶手也可选择是否勾选绘制外侧栏杆，边界为墙时常不用绘制栏杆。

[有内侧栏杆]　如果需要绘制自定义栏杆或者栏板时可去除勾选，不绘制默认栏杆。

[上楼方向]　可以按当前平面图所在的楼层，以建筑制图规范的图例绘制楼梯的对应平面表达形式。

[剖切步数]　可选择楼梯的剖切位置，以剖切线所在踏步数定义。

[需要2D、需要3D]　用来控制绘制二维视图和三维视图，某些情况只需要二维视图，某些情况则只需要三维视图。

在对话框中输入楼梯的参数，可根据右侧的动态显示窗口，确定楼梯参数是否符合要求。

单击"确定"按钮，命令行提示：

点取位置或[转90度(A)/左右翻(S)/上下翻(D)/对齐(F)/改转角(R)/改基点(T)]＜退出＞：

点取梯段的插入位置和转角插入楼梯，如果希望设定方向，请在插入时键入选项，对楼梯进行各向翻转和旋转。

楼梯为自定义的构件对象，因此具有夹点编辑的特征，可以通过拖动夹点改变楼梯的特征，也可以双击楼梯对象，用对象编辑重新设定参数。

▶梯段夹点的功能说明

[移动楼梯]　在显示的夹点中，拖动休息平台中点表示以该夹点为基点移动梯段。

[改边平台宽]　横向拖动边平台中夹点改边休息平台宽。

[改边平台长]　纵向拖动边梯段端夹点改边休息平台长。

[改中平台宽]　拖动二跑梯段中夹点，该梯段移动位置，同时改变中休息平台宽与中梯段位置，另一侧二跑梯段不变。

[改中平台长]　拖动中梯段中夹点，该梯段移动位置，同时改变中休息平台长。

[改边梯段宽度]　两个边梯段内侧中点各有一夹点，拖动任意一侧夹点同时修改两个边梯段的宽度。

[改中梯段宽度]　中梯段两侧各有一夹点，拖动任意一侧夹点修改中梯段的宽度。

[改二跑梯段位置]　在边平台与二跑梯段连接处有一夹点，拖动一侧夹点移动二跑梯段的位置与中平台宽，中梯段不变。

[改二跑梯段宽]　在二跑梯段内侧中间有一夹点，拖动一侧夹点改变二跑梯段的宽度。

[移动剖切位置] 拖动剖切线中间的夹点可以移动剖切线位置，保持原有角度，楼梯方向线自动更新。

[修改剖切角度] 拖动剖切线两端的夹点可以改变剖切线的角度。

[改扶手伸出距离] 在梯段扶手端各有一个夹点，用于改变扶手的伸出距离。

在图 8-2-9 中，详细列出了双分三跑楼梯的夹点提示。

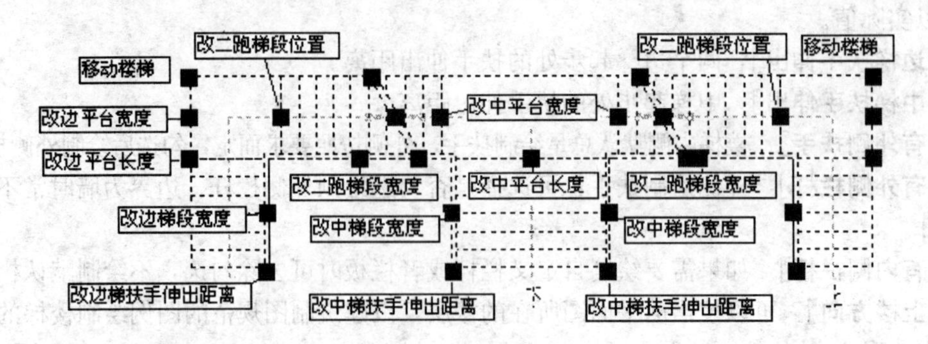

图 8-2-9　双分三跑楼梯夹点示意图

双分三跑楼梯工程实例

如图 8-2-10 所示。

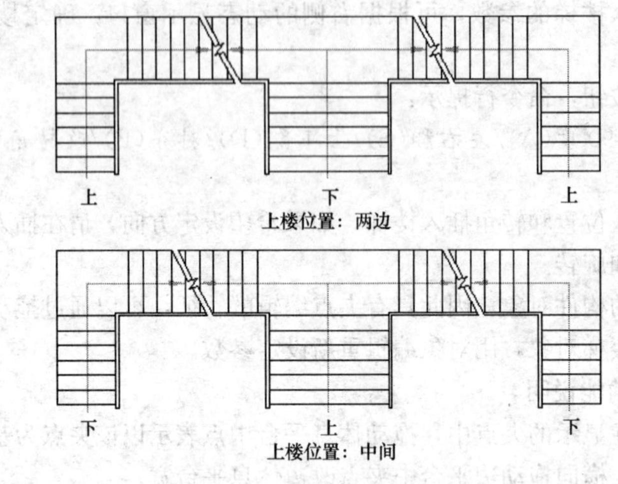

图 8-2-10　双分三跑楼梯实例图

8.2.4　交叉楼梯

本命令在对话框中输入梯段参数绘制交叉楼梯，可以选择不同的上楼方向。

菜单命令：楼梯其他→交叉楼梯（JCLT）

点取菜单命令后，显示对话框如图 8-2-11 所示。

对话框控件的说明

[梯间宽<] 交叉楼梯的梯间宽包括两倍的梯段宽加梯井宽。单击“梯间宽<”按钮可从平面图中直接量取。

[梯段宽<] 梯段宽由用户直接键入，或者单击“ 梯段宽<”按钮从平面图中直接

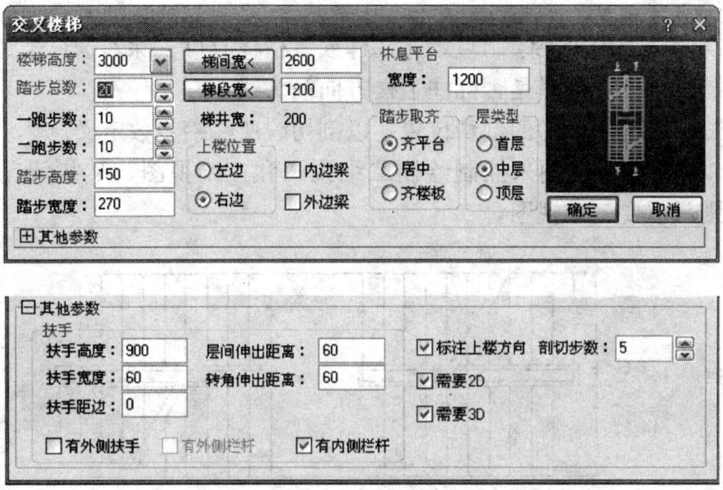

图 8-2-11 交叉楼梯对话框

量取。

[楼梯高度] 楼梯高度应按实际当前绘制的楼梯高度参数键入。

[梯井宽] 显示梯井宽参数，它等于梯间宽减两倍的梯段宽。修改梯间宽时，梯井宽自动改变。

[踏步总数] 由楼梯高度，在建筑常用踏步高合理数值范围内，程序计算获得的踏步总数。

[一跑步数] 以踏步总数推算一跑与二跑步数，总数为偶数时两跑步数相等。

[二跑步数] 二跑步数默认与一跑步数相同，总数为奇数时先增二跑步数。

[踏步高] 根据楼梯高度，由程序推算出符合建筑规范合理范围的设计值。由于踏步数目是整数，楼梯高度是给定的整数，因此踏步高度并非总是整数。用户也可以给定边梯和中梯步数，系统重新计算确定踏步高的精确值。

[踏步宽] 楼梯段的每一个踏步板的宽度。

[平台宽度] 交叉楼梯的休息平台宽等于梯段之间的最短距离，按建筑设计规范，休息平台的宽度应大于梯段宽度。

[踏步取齐] 当一跑步数与二跑步数不等时，两梯段的长度不一样，因此有两梯段的对齐要求，由设计人选择三种取齐方式之一。

[扶手高度/宽度] 默认值分别为从第一步台阶起算 900 高，断面 60×100 的扶手尺寸。

[扶手距边] 扶手边缘距梯段边的数值，在 1∶100 图上一般取 0，在 1∶50 详图上应标以实际值。

[层间伸出距离] 楼梯底端和顶端即层间处的扶手伸出距离。

[转角伸出距离] 中间休息平台楼梯转角处的扶手伸出距离。

[有外侧扶手] 楼梯内侧默认总是绘制扶手，外侧按照要求而定，勾选后绘制外侧扶手。

[有外侧栏杆] 外侧绘制扶手也可选择是否勾选绘制外侧栏杆，边界为墙时常不用绘

制栏杆。

[有内侧栏杆] 如果需要绘制自定义栏杆或者栏板时可去除勾选，不绘制默认栏杆。

[标注上楼方向] 可选择是否标注上楼方向箭头线。

[剖切步数] 可选择楼梯的剖切位置，以剖切线所在踏步数定义。

[需要 2D、需要 3D] 用来控制绘制二维视图和三维视图，某些情况只需要二维视图，某些情况则只需要三维视图。

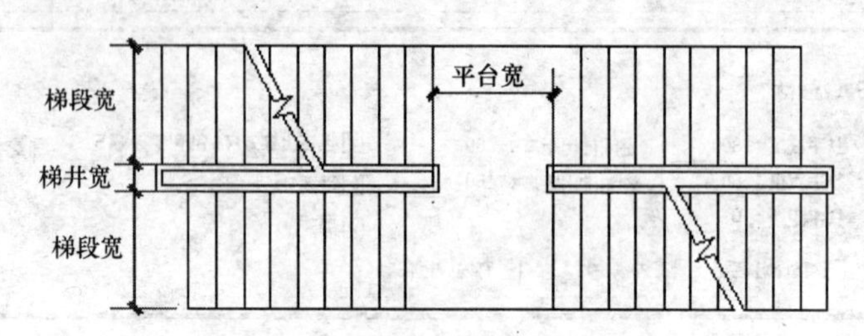

图 8-2-12　交叉楼梯尺寸示意图

在对话框中输入楼梯的参数，可根据右侧的动态显示窗口，确定楼梯参数是否符合要求。单击“确定”按钮，命令行提示：

点取位置或[转 90 度(A)/左右翻(S)/上下翻(D)/对齐(F)/改转角(R)/改基点(T)]<退出>:

点取梯段的插入位置和转角插入楼梯，如果希望设定方向，请在插入时键入选项，对楼梯进行各向翻转和旋转。

楼梯为自定义的构件对象，因此具有夹点编辑的特征，可以通过拖动夹点改变楼梯的特征，也可以双击楼梯对象，用对象编辑重新设定参数。

梯段夹点的功能说明

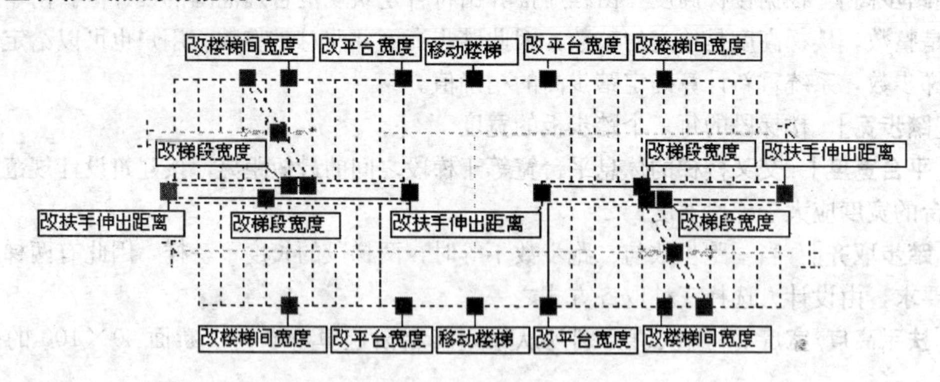

图 8-2-13　交叉楼梯夹点示意图

[移动楼梯] 在显示的夹点中，拖动休息平台中点表示以该夹点为基点移动梯段。

[改楼梯间宽度] 横向拖动边平台中夹点改边休息平台宽。

[改平台宽] 纵向拖动夹点改休息平台宽。

[改梯段宽度] 四个梯段内侧中点各有一夹点，拖动任意一侧夹点同时修改四个梯段的宽度。

[移动剖切位置] 拖动剖切线中间的夹点可以移动剖切线位置，保持原有角度，楼梯

方向线自动更新。

[修改剖切角度] 拖动剖切线两端的夹点，可以改变剖切线的角度。

[改扶手伸出距离] 楼层和平台端的扶手处各有一个夹点，分别改变扶手的伸出距离。

在图 8-2-13 中，详细列出了交叉楼梯的夹点提示。

▶叉楼梯工程实例

如图 8-2-14 所示。

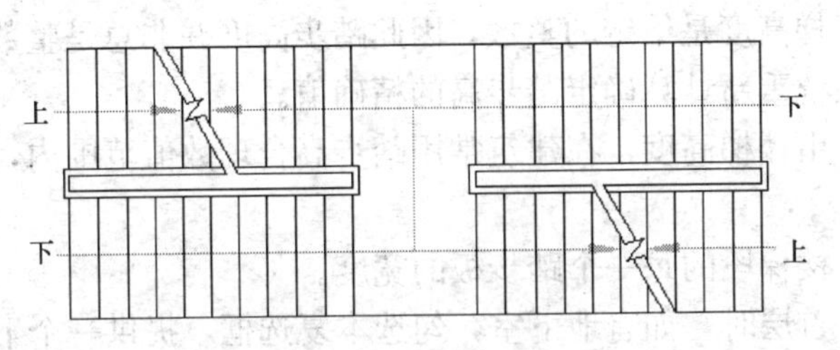

图 8-2-14　交叉楼梯实例图

8.2.5　剪刀楼梯

本命令在对话框中输入梯段参数绘制剪刀楼梯，考虑作为交通梯内的防火楼梯使用。两跑之间需要绘制防火墙，因此本楼梯扶手和梯段各自独立，在首层和顶层楼梯有多种梯段排列可供选择。

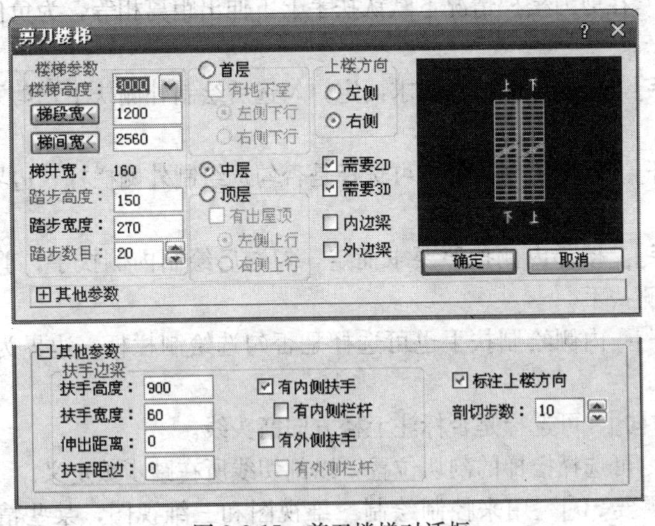

图 8-2-15　剪刀楼梯对话框

在对话框中输入楼梯的参数，可根据右侧的动态显示窗口，确定楼梯参数是否符合要求。

菜单命令：楼梯其他→交叉楼梯（JDLT）

点取菜单命令后，显示对话框如图 8-2-15 所示。

▶对话框控件的说明

[梯间宽<] 剪刀楼梯的梯间宽包括两倍的梯段宽加梯井宽。单击“梯间宽<”按钮，可从平面图中直接量取。

[梯段宽<] 梯段宽由用户直接键入，或者单击“梯段宽<”按钮从平面图中直接量取。

[楼梯高度] 楼梯高度应按实际当前绘制的楼梯高度参数键入。

[梯井宽] 显示梯井宽参数，它等于梯间宽减两倍的梯段宽，修改梯间宽时，梯井宽自动改变。

[踏步高度] 根据楼梯高度，由程序推算出符合建筑规范合理范围的设计值。由于踏步数目是整数，楼梯高度是给定的整数，因此踏步高度并非总是整数。用户也可以给定边梯和中梯步数，系统重新计算确定踏步高的精确值。

[踏步数目] 由楼梯高度，在建筑常用踏步高合理数值范围内，程序计算获得的踏步总数。

[踏步宽度] 楼梯段的每一个踏步板的宽度。

[有地下室] 首层时，如有地下室，勾选本复选框，提供一个下行梯段。

[左侧/右侧下行] 单击单选按钮，选择其中一侧有一个梯段作为下行梯段。

[有出屋顶] 顶层时，如有出屋顶，勾选本复选框，提供一个上行梯段。

[左侧/右侧上行] 单击单选按钮，选择其中一侧有一个梯段作为上行梯段。

[扶手高度/宽度] 默认值分别为从第一步台阶起算 900 高，断面 60×100 的扶手尺寸。

[扶手距边] 扶手边缘距梯段边的数值，在 1∶100 图上一般取 0，在 1∶50 详图上应标以实际值。

[伸出距离] 在剪刀楼梯情况下默认扶手上下伸出距离相等，为负值时不伸出楼梯端线外。

[有外侧扶手] 楼梯外侧按照要求而定，勾选后绘制外侧扶手，剪刀梯比较窄，常不设外侧扶手。

[有外侧栏杆] 外侧绘制扶手也可选择是否勾选绘制外侧栏杆，边界为墙时常不用绘制栏杆。

[有内侧扶手] 楼梯内侧按照要求而定，勾选后绘制内侧扶手，剪刀梯内侧有防火墙，一般不设内侧扶手。

[有内侧栏杆] 内侧绘制扶手也可选择是否勾选绘制栏杆，边界为墙时常不用绘制栏杆。

[标注上楼方向] 可选择是否标注上楼方向箭头线。

[剖切步数] 可选择楼梯的剖切位置，以剖切线所在踏步数定义。

[需要 2D、需要 3D] 用来控制绘制二维视图和三维视图，某些情况只需要二维视图，某些情况则只需要三维视图。

在对话框中输入楼梯的参数，可根据右侧的动态显示窗口，确定楼梯参数是否符合要求。

单击“确定”按钮，命令行提示：

点取位置或 [转 90 度(A)/左右翻(S)/上下翻(D)/对齐(F)/改转角(R)/改基点(T)] <退出>：

点取梯段的插入位置和转角插入楼梯，如果希望设定方向，请在插入时键入选项，对楼梯进行各向翻转和旋转。

楼梯为自定义的构件对象，因此具有夹点编辑的特征。可以通过拖动夹点改变楼梯的特征，也可以双击楼梯对象，用对象编辑重新设定参数。

梯段夹点的功能说明

[移动楼梯] 在显示的夹点中，拖动休息平台角点表示以该夹点为基点移动整个楼梯。

[调整梯段位置] 在梯段四角均有一夹点，横向拖动夹点即可独立修改每一个梯段的相对位置。

[改楼梯间宽度] 在梯段两侧中点均有一夹点，横向拖动夹点即可改变梯间宽。

[改平台外侧尺寸] **纵向拖动夹点改休息平台宽，对平面图意义不大，三维建模时可调整平台楼板。**

[改边梯段宽度] 各梯段内侧中点各有一夹点，拖动任意一侧夹点同时修改两个梯段的宽度。

[移动剖切位置] 拖动剖切线中间的夹点可以移动剖切线位置，保持原有角度，楼梯方向线自动更新。

[修改剖切角度] 拖动剖切线两端的夹点，可以改变剖切线的角度。

[改扶手伸出距离] 在梯段两端扶手处各有一个夹点，分别改变扶手的伸出距离。

在图 8-2-16 中，详细列出了剪刀楼梯的夹点提示。

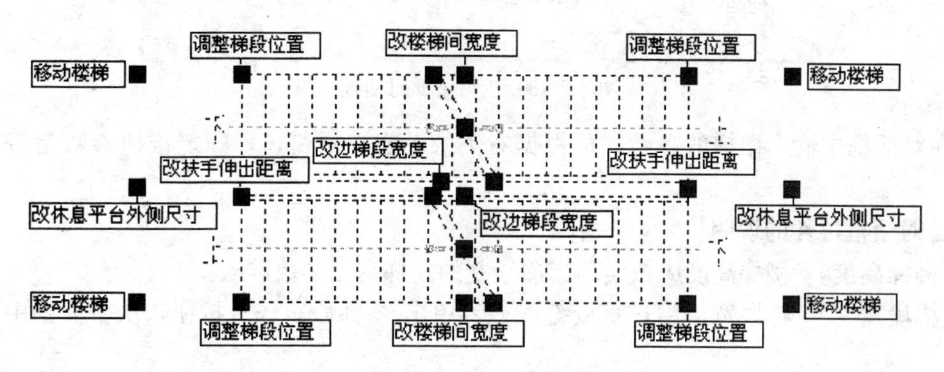

图 8-2-16 剪刀楼梯夹点示意图

剪刀楼梯工程实例

如图 8-2-17 所示。

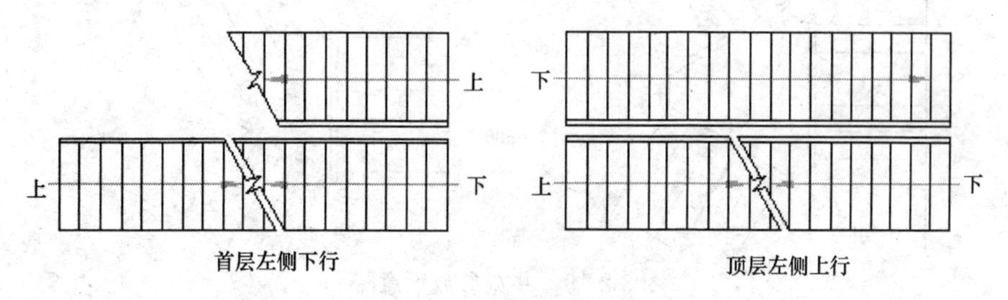

图 8-2-17 剪刀楼梯实例图

如果顶层需要绘制楼板开洞、部分楼梯被楼板遮挡的情况，只要按开洞范围减少楼梯步数即可，因为顶层不创建三维，因此不会对三维生成造成问题。

8.2.6　三角楼梯

本命令在对话框中输入梯段参数绘制三角楼梯，可以选择不同的上楼方向。

菜单命令：楼梯其他→三角楼梯（SJLT）

点取菜单命令后，显示对话框如图 8-2-18 所示。

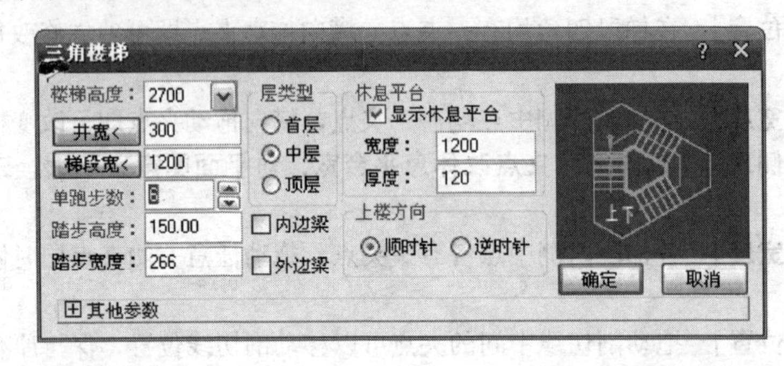

图 8-2-18　三角楼梯对话框

在对话框中输入楼梯的参数，可根据右侧的动态显示窗口，确定楼梯参数是否符合要求。

对话框控件的说明

[楼梯高度]　楼梯高度应按实际当前绘制的楼梯高度参数键入。

[梯段宽<]　梯段宽由用户直接键入或者单击“梯段宽<”按钮，从平面图中直接量取。

[井宽<]　由于三角楼梯的井宽参数是变化的，这里的井宽是两个梯段连接处起算的初始值，最小井宽为 0，参见图 8-2-19。

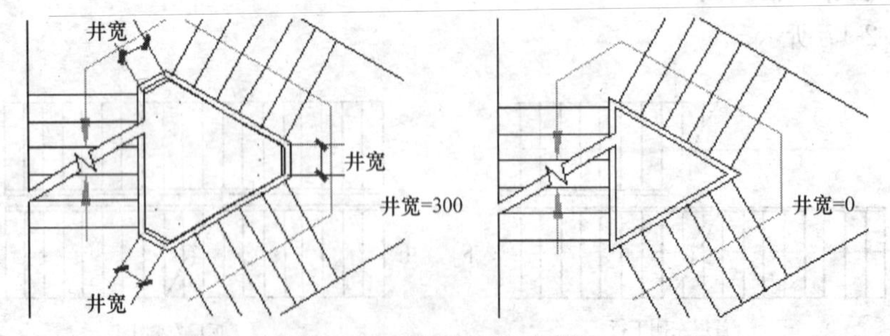

图 8-2-19　井宽参数示意图

[单跑步数]　由楼梯高度在建筑常用踏步高合理数值范围内，程序按三跑计算出的单跑步数。

[踏步高度]　根据楼梯高度，由程序推算出符合建筑规范合理范围的设计值。由于踏

步数目是整数，楼梯高度是给定的整数，因此踏步高度并非总是整数。用户也可以给定边梯和中梯步数，系统重新计算确定踏步高的精确值。

[踏步宽度] 楼梯段的每一个踏步板的宽度。

[显示平台] 去除勾选表示不显示休息平台，当用户需要自行绘制非标准的休息平台时使用。

[宽度/厚度] 休息平台宽度是梯段端线到平台角点的距离，参见图 8-2-20，厚度是平台的三维厚度。

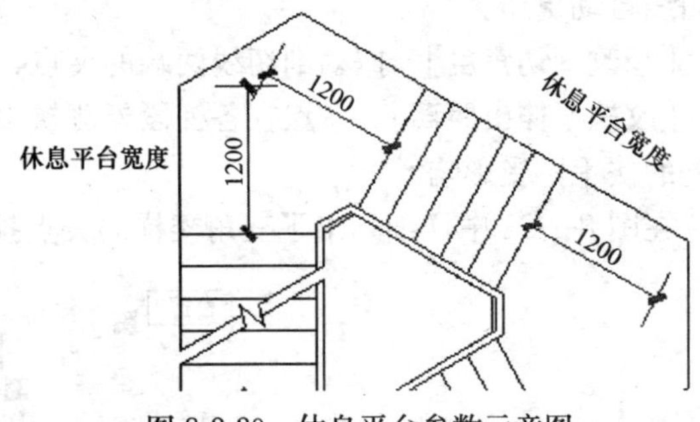

图 8-2-20 休息平台参数示意图

[上楼方向] 可按设计要求，选择“顺时针”或者“逆时针”两种之一，改变上楼的梯段和剖切位置。

[扶手连接] 默认勾选，扶手经各休息平台时连接；去除勾选，用户可自己绘制楼梯柱或绘制圆弧等扶手。

[扶手端头开口] 扶手在休息平台处的端头开口，便于用户自己插入楼梯柱等构件。

[有外侧扶手] 楼梯外侧按照要求而定，勾选后绘制外侧扶手；如果梯间有墙，常不设外侧扶手。

[有外侧栏杆] 外侧绘制扶手也可选择是否勾选绘制栏杆，边界为墙时常不用绘制栏杆。

[有内侧栏杆] 楼梯内侧按照要求而定，勾选后绘制内侧栏杆，默认有内侧扶手。

[伸出距离] 默认扶手上下伸出距离相等，为负值时不伸出楼梯端线外。

[标注上楼方向] 可选择是否标注上楼方向箭头线。

[剖切步数] 可选择楼梯的剖切位置，以剖切线所在踏步数定义。

[需要 2D、需要 3D] 用来控制绘制二维视图和三维视图，某些情况只需要二维视图，某些情况则只需要三维视图。

单击“确定”按钮，命令行提示：

点取位置或[转 90 度(A)/左右翻(S)/上下翻(D)/对齐(F)/改转角(R)/改基点(T)]<退出>：

点取梯段的插入位置和转角插入楼梯，如果希望设定方向，请在插入时键入选项，对楼梯进行各向翻转和旋转。

楼梯为自定义的构件对象，因此具有夹点编辑的特征，可以通过拖动夹点改变楼梯的特征，也可以双击楼梯对象，用对象编辑重新设定参数。

梯段夹点的功能说明

[移动楼梯] 在显示的夹点中，拖动梯段中点表示以该夹点为基点移动整个楼梯。

[改楼梯井宽] 在梯段与休息平台相交处，拖动此夹点可同时移动三个梯段，改变梯井的最小宽度，楼梯间尺寸同时改变。

[改楼梯井宽和梯段宽] 在梯段内侧中点，横向拖动夹点即可同时改变梯段宽和梯井最小宽度，此时保持楼梯间尺寸不变。

[改平台宽] 纵向拖动夹点改休息平台宽，但不改变各梯段的大小和位置。

[改梯段宽度] 各梯段外侧中点各有一夹点，拖动任意一侧夹点，以梯井为中心向外

修改三个梯段的宽度，梯井保持不变。

[移动剖切位置] 拖动剖切线中间的夹点可以移动剖切线位置，保持原有角度，楼梯方向线自动更新。

[修改剖切角度] 拖动剖切线两端的夹点，可以改变剖切线的角度。

[改扶手伸出距离] 夹点在各梯段外侧扶手端，拖动改变外侧扶手端部伸出距离，平台处的扶手不受影响。

在图 8-2-21 中详细列出了三角楼梯的夹点提示。

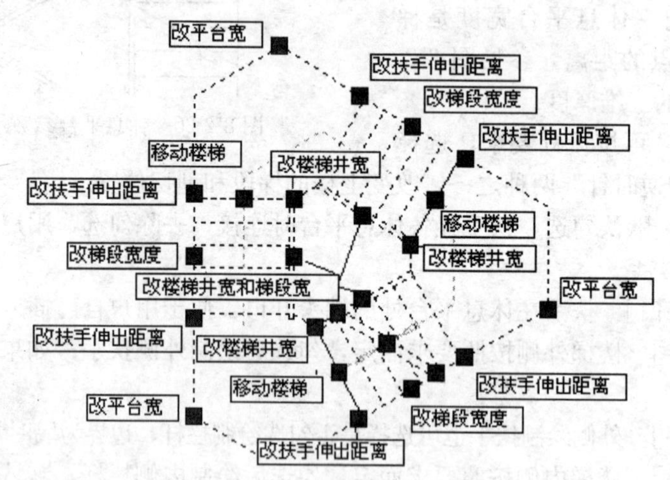

图 8-2-21　三角楼梯夹点示意图

三角楼梯绘图实例

如图 8-2-22 所示。

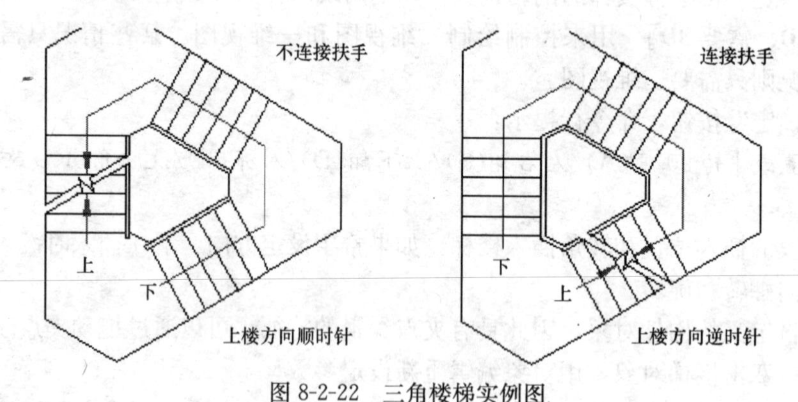

图 8-2-22　三角楼梯实例图

8.2.7　矩形转角

本命令在对话框中输入梯段参数绘制矩形转角楼梯，梯跑数量可以从两跑到四跑，可选择两种上楼方向。

菜单命令：楼梯其他→矩形转角（JXZJ）

点取菜单命令后，显示对话框如图 8-2-23 所示。

在对话框中输入楼梯的参数，可根据右侧的动态显示窗口，确定楼梯参数是否符合要求。

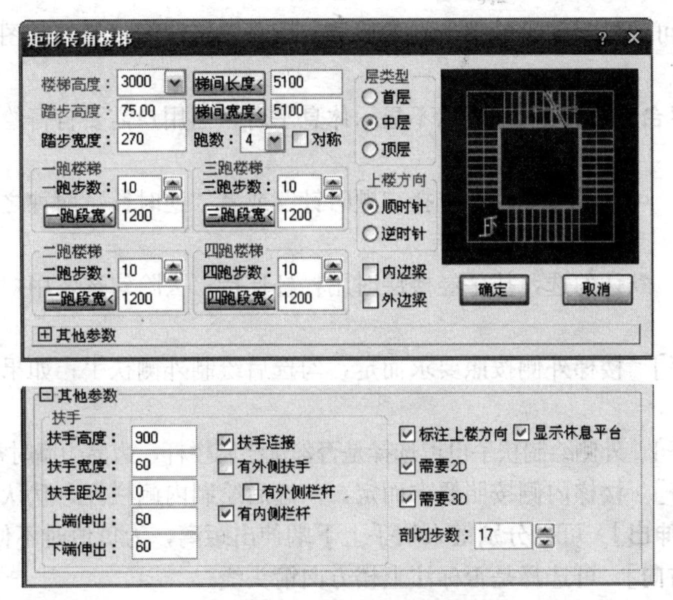

图 8-2-23　矩形转角楼梯对话框

对话框控件的说明

[楼梯高度]　楼梯高度应按实际当前绘制的楼梯高度参数键入。

[踏步高度]　根据楼梯高度，由程序推算出符合建筑规范合理范围的设计值。由于踏步数目是整数，楼梯高度是给定的整数，因此踏步高度并非总是整数。用户也可以给定边梯和中梯步数，系统重新计算确定踏步高的精确值。

[踏步宽度]　楼梯段的每一个踏步板的宽度。

[×跑步数]　第×跑的踏步数，由用户直接键入或者单击上下箭头步进改变。

[×跑段宽<]　第×跑的梯段宽，由用户直接键入或者单击“梯段宽<”按钮，从平面图中直接量取。

[跑数]　单击“跑数”下拉列表，从表中直接选取 2～4 的整数。

[对称]　对于 3～4 跑楼梯，提供对称的复选框，勾选后，3 跑时第一和第三梯段参数相同（后者暗显）；4 跑时除此外，第二跑还和第四跑相同（后者暗显）。

[梯间长度]　第二跑梯段长度加两端休息平台的长度，可以从图中直接点取，如图 8-2-24 所示；输入参数小于容许最小长度时，自动取最小长度创建平台。

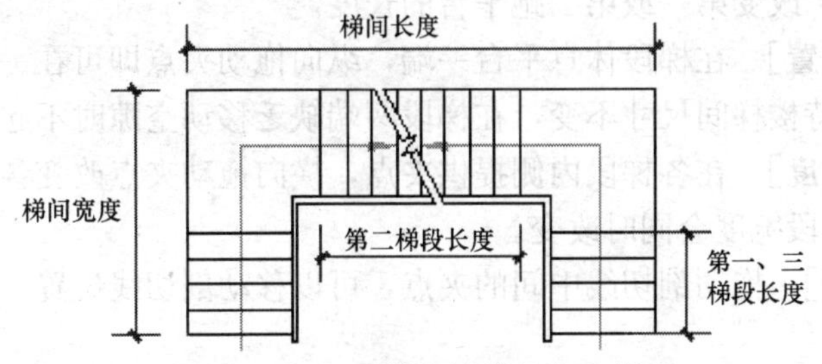

图 8-2-24　矩形转角楼梯长度示意图

[梯间宽度]　第一跑梯段长度加休息平台的宽度，可从图中直接点取；在对称时起作用，非对称时暗显，输入参数小于容许最小宽度时自动取最小宽度创建平台。

[层类型] 可以按当前平面图所在的楼层，以《建筑制图规范》的图例绘制楼梯的对应平面表达形式。

[显示休息平台] 去除勾选表示不显示休息平台，当用户需要自行绘制非标准的休息平台时使用。

[上楼方向] 可按设计要求，选择“顺时针”或者“逆时针”两种之一，改变上楼的梯段和剖切位置。

[扶手连接] 默认勾选，扶手经楼层时用栏杆连接；去除勾选，用户在楼层自己绘制栏板或墙体。

[有外侧扶手] 楼梯外侧按照要求而定，勾选后绘制外侧扶手；如果梯间有墙，常不设外侧扶手。

[有外侧栏杆] 外侧绘制扶手也可选择是否勾选绘制栏杆，边界为墙时常不用绘制栏杆。

[有内侧栏杆] 楼梯内侧按照要求而定，勾选后绘制内侧栏杆，默认有内侧扶手。

[上端/下端伸出] 可以分别键入扶手上下端伸出距离，为负值时不伸出楼梯端线外。

[标注上楼方向] 可选择是否标注上楼方向箭头线。

[剖切步数] 可选择楼梯的剖切位置，以剖切线所在踏步数定义。

[需要 2D、需要 3D] 用来控制绘制二维视图和三维视图，某些情况只需要二维视图，某些情况则只需要三维视图。

单击“确定”按钮，命令行提示：

点取位置或[转 90 度(A)/左右翻(S)/上下翻(D)/对齐(F)/改转角(R)/改基点(T)]<退出>：

点取梯段的插入位置和转角插入楼梯，如果希望设定方向，请在插入时键入选项，对楼梯进行各向翻转和旋转。

楼梯为自定义的构件对象，因此具有夹点编辑的特征。可以通过拖动夹点改变楼梯的特征，也可以双击楼梯对象，用对象编辑重新设定参数。

▶梯段夹点的功能说明

[移动楼梯] 在显示的夹点中，拖动梯段中点表示以该夹点为基点移动整个楼梯。

[改一跑和二跑平台宽度] 拖动第二梯段中间的夹点移动第二梯段，改变第一和第二平台的宽度。

[改一跑和二跑平台长度] 横向拖动第一梯段或者第三梯段外侧中间的夹点，可移动第一或者第三梯段，改变第一或第二跑平台的长度。

[改×跑梯段位置] 在梯段休息平台一端，纵向拖动夹点即可在一定范围内改变该梯段的位置，此时保持楼梯间尺寸不变，在梯段两端缺乏移动空隙时不起作用。

[改×跑梯段宽度] 在各梯段内侧提供夹点，横向拖动夹点改变各梯段的宽度，勾选“对称”时，两个梯段宽度会同时改变。

[移动剖切位置] 拖动剖切线中间的夹点，可以移动剖切线位置，保持原有角度，楼梯方向线自动更新。

[修改剖切角度] 拖动剖切线两端的夹点，可以改变剖切线的角度。

[改起步端扶手伸出距离] 二跑和三跑时，该夹点在上楼梯段扶手端头，拖动改变外侧扶手端部伸出距离；四跑时仅影响首层上楼端。

［改终步端扶手伸出距离］　二跑和三跑时，该夹点在下楼梯段扶手端头，拖动改变外侧扶手端部伸出距离；四跑时仅影响顶层下楼端。

在图 8-2-25 中，详细列出了矩形楼梯的夹点提示。

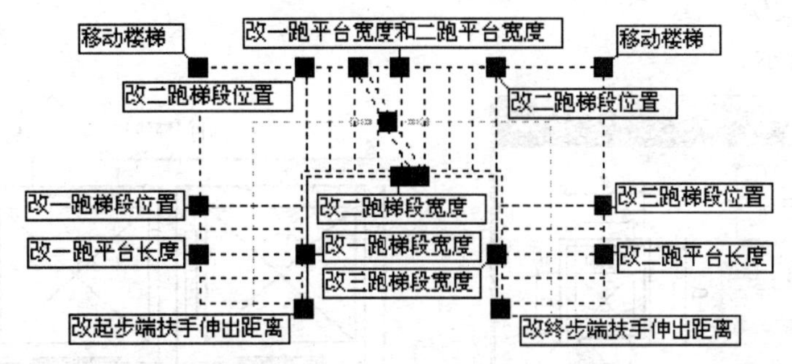

图 8-2-25　三角楼梯夹点示意图

矩形转角楼梯绘图实例

如图 8-2-26 所示。

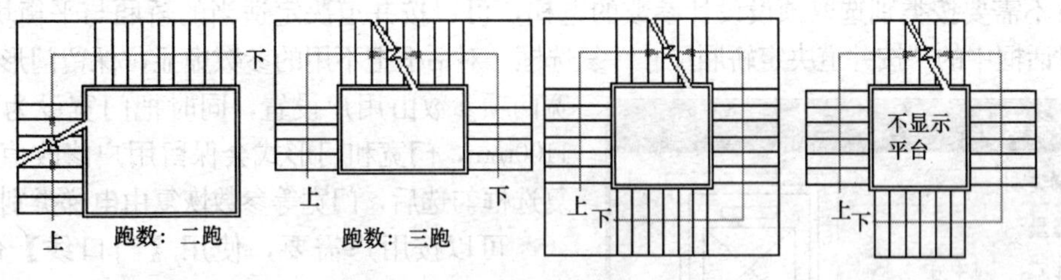

图 8-2-26　矩形转角楼梯实例图

8.3　自动扶梯与电梯

天正软件-建筑系统提供了由自定义对象创建的自动扶梯对象，分为自动扶梯和自动坡道两个基本类型。后者可根据步道的倾斜角度为零，自动设为水平自动步道，改变对应的交互设置，使得设计更加人性化。自动扶梯对象根据扶梯的排列和运行方向，提供了多种组合供设计时选择，适用于各种商场和车站、机场等复杂的实际情况。

8.3.1　电梯

本命令创建的电梯图形包括轿厢、平衡块和电梯门，其中轿厢和平衡块是二维线对象，电梯门是天正门窗对象；绘制条件是每一个电梯周围已经由天正墙体创建了封闭房间作为电梯井；如要求电梯井贯通多个电梯，请临时加虚墙分隔。

菜单命令：楼梯其他→电梯（DT）

点取菜单命令后，显示对话框如图 8-3-1 所示。

在对话框中，设定电梯类型、载重量、门形式、门宽、轿厢宽、轿厢深等参数。其中，电梯类别分别有客梯、住宅梯、医院梯、货梯 4 种类别，每种电梯形式均有已设定好的不同的设计参数。输入参数后按命令行提示执行命令，不必关闭对话框。

请给出电梯间的一个角点或[参考点(R)]<退出>:点取第一角点

再给出上一角点的对角点：点取第二角点

请点取开电梯门的墙线＜退出＞：点取开门墙线，开双门时可多选，如下图右侧电梯

请点取平衡块的所在的一侧＜退出＞：点取平衡块所在的一侧的墙体后回车开始绘制

电梯绘图实例

如图 8-3-2 所示。

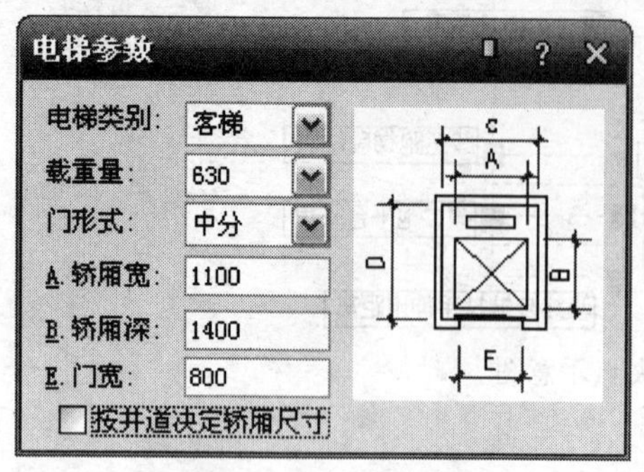

图 8-3-1　电梯对话框

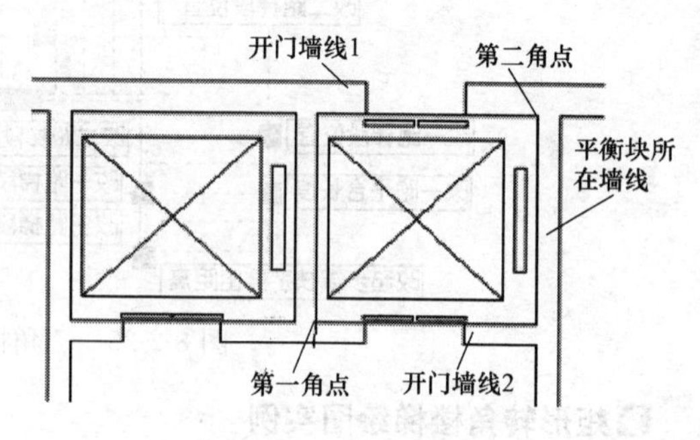

图 8-3-2　电梯的实例

对不需要按类别选取预设设计参数的电梯，可以按井道决定适当的轿厢与平衡块尺寸，勾选对话框中的"按井道决定轿厢尺寸"复选框，对话框把不用的参数虚显，保留门形式和门宽两项参数由用户设置，同时把门宽设为常用的 1100mm，门宽和门形式会保留用户修改值。去除复选框勾选后，门宽等参数恢复由电梯类别决定。

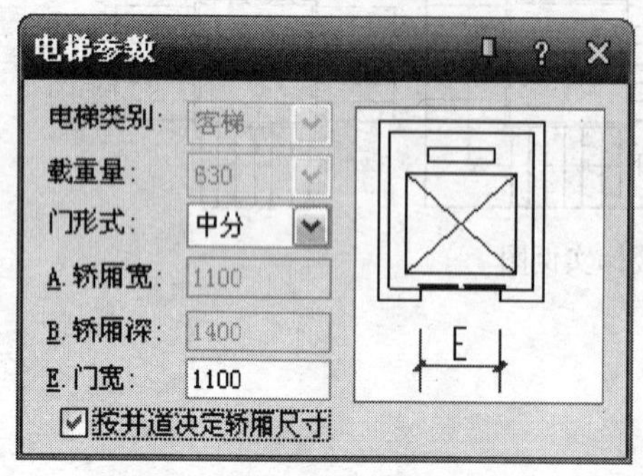

图 8-3-3　按井道决定轿厢尺寸

可以按用户需要，使用【门口线】命令在电梯门外侧添加和删除门口线，电梯轿箱与平衡块的图层改为"建筑-电梯/EVTR"，与楼梯图层分开。

8.3.2　自动扶梯

本命令在对话框中输入自动扶梯的类型和梯段参数绘制，可以用于单梯和双梯及其组合，在顶层还设有洞口选项，拖动夹点可以解决楼板开洞时，扶梯局部隐藏的绘制，本命令目前仅适用于二维图形绘制，不能创建立面和三维模型。

菜单命令：楼梯其他→自动扶梯（ZDFT）

点取菜单命令后，默认显示单梯自动扶梯对话框如图 8-3-4 所示。

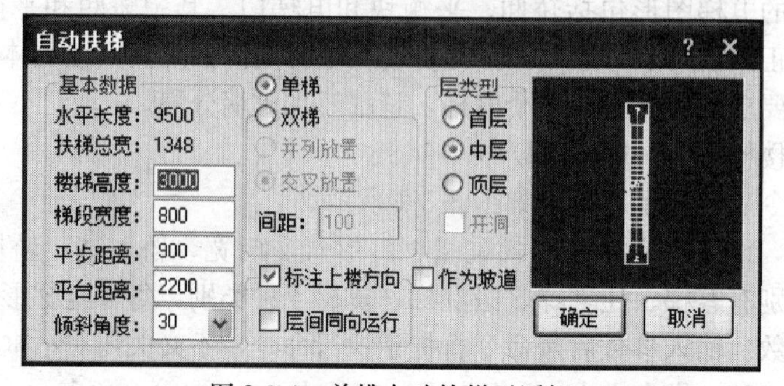

图 8-3-4　单排自动扶梯对话框

双排自动扶梯对话框如图 8-3-5 所示。

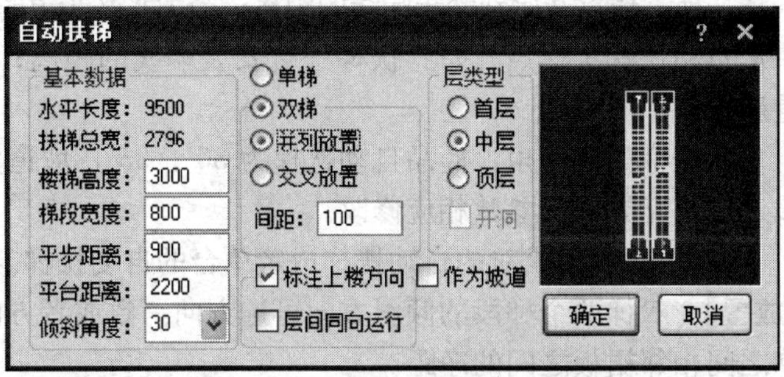

图 8-3-5　双排自动扶梯对话框

当勾选“作为坡道”同时选中倾斜角度为 0，此时对话框改为如图 8-3-6 所示。

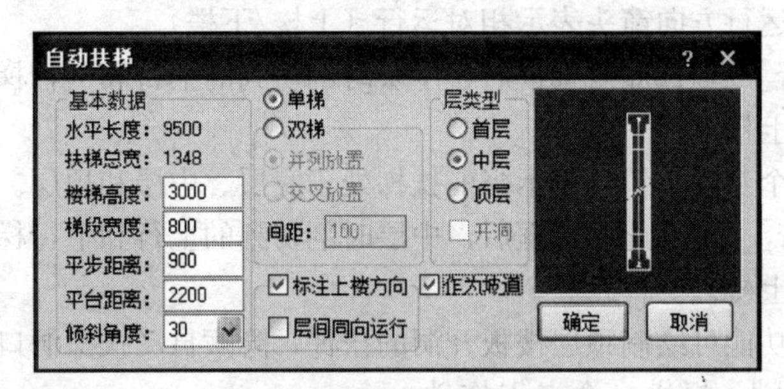

图 8-3-6　水平自动步道对话框

注意：此时，平台距离应按水平步道的产品样本修改为一个较短的设计值，自动扶梯的有关参数示意图如图 8-3-7 所示。

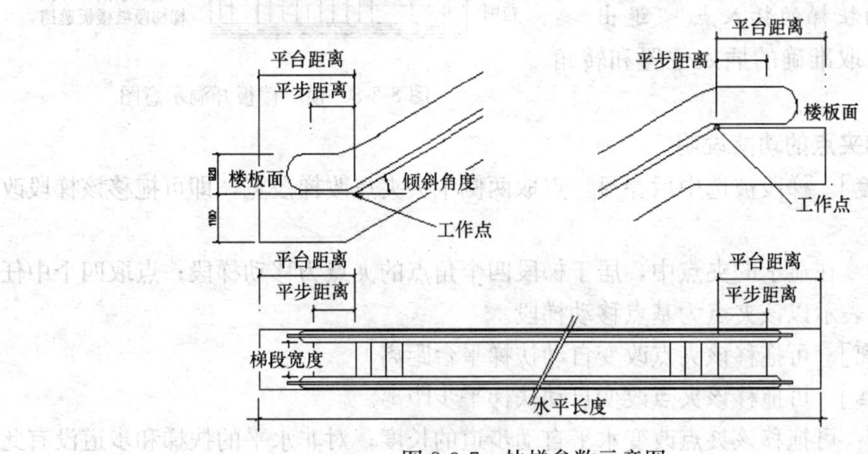

图 8-3-7　扶梯参数示意图

在对话框中，不一定能准确设置扶梯的运行和安装方向。如果希望设定扶梯的方向，请在插入扶梯时键入选项，对扶梯进行各向翻转和旋转。必要时不标注运行方向，另行用箭头引注命令添加，上下楼方向的注释文字还可在特性栏进行修改。

自动扶梯对话框的控件说明

[楼梯高度]　相对于本楼层自动扶梯第一工作点起，到第二工作点止的设计高度。

[梯段宽度] 是指自动扶梯不算两侧裙板的活动踏步净长度作为梯段的净宽。

[平步距离] 从扶梯工作点开始到踏步端线的距离；当为水平步道时，平步距离为 0。

[平台距离] 从自动扶梯工作点开始到扶梯平台安装端线的距离；当为水平步道时，平台距离请用户重新设置。

[倾斜角度] 自动扶梯的倾斜角，商品自动扶梯为 30°、35°，坡道为 10°、12°，当倾斜角为 0 时作为步道，交互界面和参数相应修改。

[单梯/双梯] 可以一次创建成对的自动扶梯或者单台的自动扶梯。

[并列与交叉放置] 双梯两个梯段的倾斜方向可选方向一致或者方向相反。

[间距] 双梯之间相邻裙板之间的净距。

[作为坡道] 勾选此复选框，扶梯按坡道的默认角度 10°或 12°取值，长度重新计算。

[标注上楼方向] 默认勾选此复选框，标注自动扶梯上下楼方向，默认中层时剖切到的上行和下行梯段运行方向箭头表示相对运行（上楼/下楼）。

[层间同向运行] 勾选此复选框后，中层时剖切到的上行和下行梯段运行方向箭头表示同向运行（都是上楼）。

[层类型] 三个互锁按钮，表示当前扶梯处于底层、中层和顶层。

[层间同向运行] 勾选此复选框后，中层时剖切到的上行和下行梯段运行方向箭头表示同向运行（都是上楼）。

[开洞] 开洞功能可绘制顶层楼板开洞的扶梯，隐藏自动扶梯洞口以外的部分；勾选开洞后遮挡扶梯下端，提供一个夹点拖动改变洞口长度，如图 8-3-8 所示。

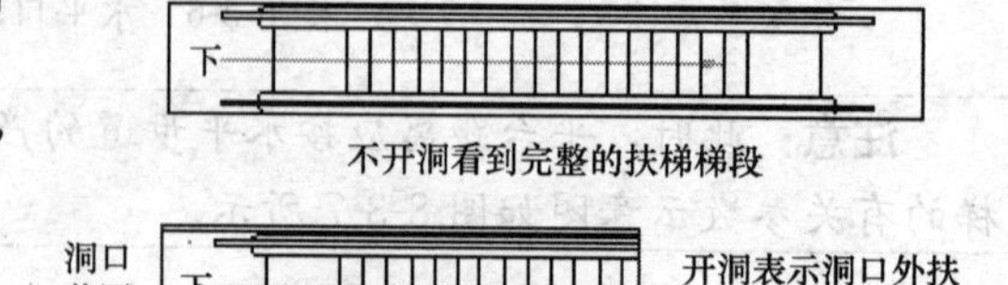

图 8-3-8　顶层楼板开洞示意图

在对话框中调整各参数，单击“确定”后，命令行提示：

请给出自动扶梯的插入点 <退出>:

选择方向，点取准确的插入位置和转角插入自动扶梯。

自动扶梯夹点的功能说明

[改梯段宽度] 梯段被选中后亮显，点取两侧中央夹点改梯段宽，即可拖移该梯段改变宽度。

[移动楼梯] 在显示的夹点中，居于梯段四个角点的夹点为移动梯段；点取四个中任意一个夹点，即表示以该夹点为基点移动梯段。

[改平台距离] 可拖移该夹点改变自动扶梯平台距离。

[改平步距离] 可拖移该夹点改变自动扶梯平步距离。

[改步道长] 可拖移该夹点改变水平自动步道的长度，对非水平的扶梯和步道没有此夹点，长度由楼梯高度和倾斜角决定。

[改梯段间距] 可拖移该夹点改变两扶梯之间的净距。

[改洞口长度] 可拖移该夹点改变顶层楼梯的洞口遮挡长度，隐藏洞口外侧范围的部分楼梯。

[改剖切角度] 在带有剖切线的梯段上，可拖移该夹点改变剖切线的角度和位置，位置默认是在梯段中间。

在图 8-3-9～图 8-3-11 中，详细列出了常用几种自动扶梯对象的夹点提示。

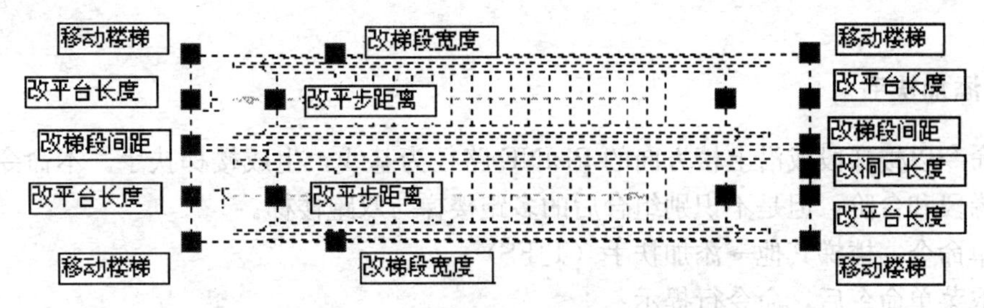

图 8-3-9　双排顶层自动扶梯夹点示意图

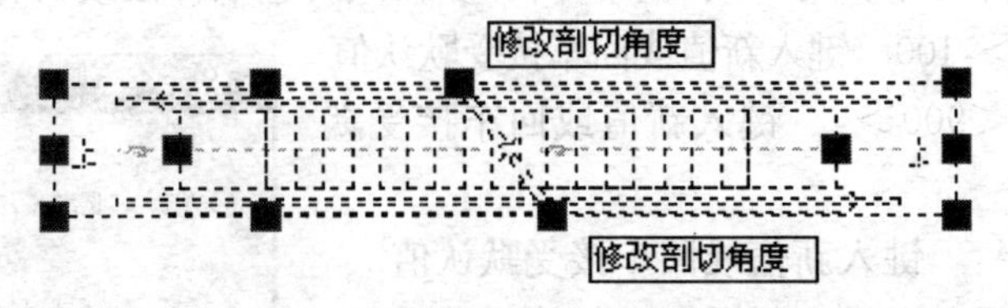

图 8-3-10　单排中层自动扶梯夹点示意图

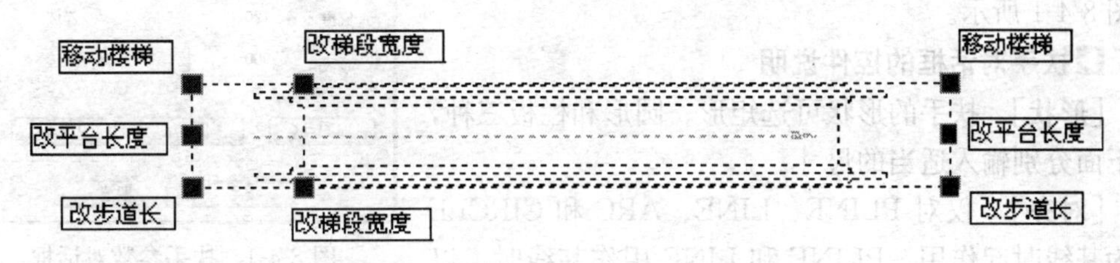

图 8-3-11　单排水平自动步道参数示意图

自动扶梯的几种绘图实例

如图 8-3-12 所示。

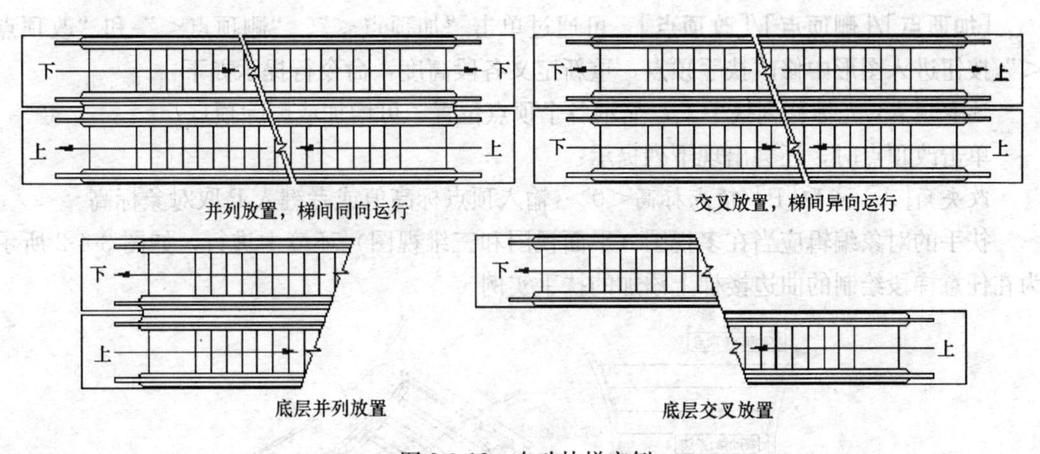

图 8-3-12　自动扶梯实例

8.4　楼梯扶手与栏杆

扶手作为与梯段配合的构件，与梯段和台阶产生关联。放置在梯段上的扶手，可以遮挡梯段，也可以被梯段的剖切线剖断。通过连接扶手命令，把不同分段的扶手连接起来。

8.4.1　添加扶手

本命令以楼梯段或沿上楼方向的 PLINE 路径为基线，生成楼梯扶手。本命令可自动识别楼梯段和台阶，但是不识别组合后的多跑楼梯与双跑楼梯。

菜单命令：楼梯其他→添加扶手（TJFS）

点取菜单命令后，命令行提示：

请选择梯段或作为路径的曲线(线/弧/圆/多段线):选取梯段或已有曲线

扶手宽度<60>:100　键入新值或回车接受默认值

扶手顶面高度<900>:　键入新值或回车接受默认值

扶手距边<0>:　键入新值或回车接受默认值

双击创建的扶手，可进入对话框进行扶手的编辑，如图 8-4-1 所示。

图 8-4-1　扶手参数对话框

扶手对话框的控件说明

[形状]　扶手的形状可选矩形、圆形和栏板三种，在下面分别输入适当的尺寸。

[对齐]　仅对 PLINE、LINE、ARC 和 CIRCLE 作为基线时起作用。PLINE 和 LINE 用作基线时，以绘制时取点方向为基准方向；对于 ARC 和 CIRCLE 内侧为左，外侧为右；而楼梯段用作基线时对齐默认为对中，为与其他扶手连接，往往需要改为一致的对齐方向。

[加顶点]/[删顶点]/[改顶点]　可通过单击“加顶点<”、“删顶点<”和“改顶点<”按钮进入图形中修改扶手顶点，重新定义各段高度，命令行提示如下：

选取顶点：光标移到扶手上，显示各个顶点位置，可增加或删除顶点；

单击改顶点时，还会出现下列提示：

改夹角[A]/点取[P]/顶点标高<0>:输入顶点标高值或者键入 P 取对象标高

扶手的对象编辑应当在多视图（平面视图和三维视图）环境中进行，如图 8-4-2 所示为在任意梯段绘制的曲边楼梯上添加的扶手实例。

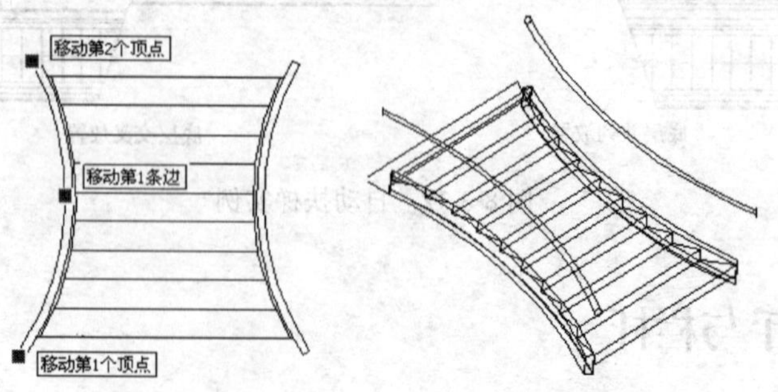

图 8-4-2　添加扶手的实例

8.4.2 连接扶手

本命令把未连接的扶手彼此连接起来。如果准备连接的两段扶手的样式不同，连接后的样式以第一段为准；连接顺序要求是前一段扶手的末端连接下一段扶手的始端，梯段的扶手则按上行方向为正向，需要从低到高顺序选择扶手的连接，接头之间应留出空隙，不能相接和重叠。

菜单命令：楼梯其他→连接扶手（LJFS）

点取菜单命令后，命令行提示：

选择待连接的扶手(注意与顶点顺序一致)：选取待连接的第一段扶手

选择待连接的扶手(注意与顶点顺序一致)：选取待连接的第二段扶手

回车后，两段楼梯扶手被连接起来了，图 8-4-3 为扶手连接的实例。

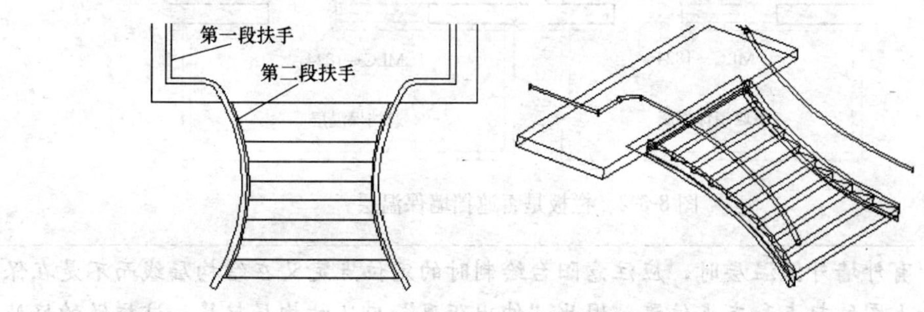

图 8-4-3 连接扶手的实例

8.4.3 楼梯栏杆的创建

双跑楼梯对话框有自动添加竖栏杆的设置，但其他楼梯则仅可创建扶手或者栏杆与扶手都没有。此时，可先按上述方法创建扶手，然后使用“三维建模”下“造型对象”菜单的【路径排列】命令来绘制栏杆。

由于栏杆在施工平面图不必表示，主要用于三维建模和立剖面图，在平面图中没有显示栏杆时，注意选择视图类型。

操作步骤：

1. 先用“三维建模”菜单下“造型对象”子菜单的【栏杆库】命令选择栏杆的造型效果；2. 在平面图中插入合适的栏杆单元（也可用其他三维造型方法创建栏杆单元）；

3. 使用“三维建模”菜单下“造型对象”子菜单的【路径排列】命令，来构造楼梯栏杆。

8.5 其他设施的创建

8.5.1 阳台

本命令以几种预定样式绘制阳台，或选择预先绘制好的路径转成阳台，以任意绘制方式创建阳台；阳台可以自动遮挡散水，阳台对象可以被柱子、墙体（包括墙体造型）局部遮挡。

图 8-5-1　阳台参数对话框

菜单命令：楼梯其他→阳台（YT）

点取菜单命令后，显示对话框如图 8-5-1 所示。

工具栏从左到右分别为：凹阳台、矩形阳台、阴角阳台、偏移生成、任意绘制与选择已有路径绘制共 6 种阳台绘制方式。勾选“阳台梁高”后，输入阳台梁高度可创建梁式阳台。阳台栏板能按不同要求处理保温墙体保温层的关系，在“高级选项”中，用户可以设定阳台栏板是否遮挡墙保温层。

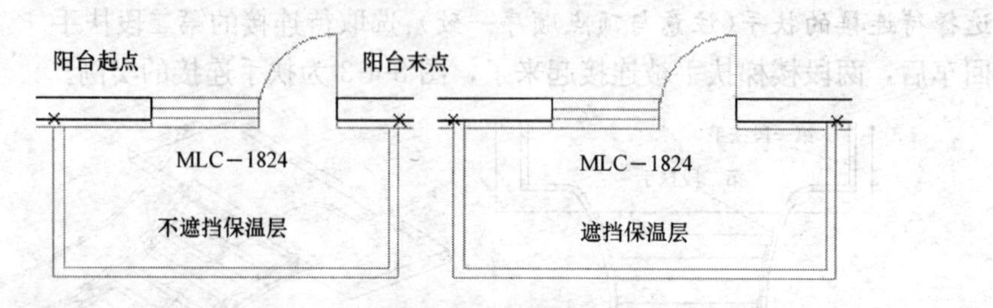

图 8-5-2　栏板是否遮挡墙保温层

> **注意：**有外墙外保温层时，应注意阳台绘制时的定位点定义在结构层线而不是在保温层线，如上图的起点和末点位置，因此“伸出距离”应从结构层起算。这样做的好处是因为结构层的位置相对固定，调整墙体保温层厚度时，不影响已经绘制的阳台对象。

阳台创建的实例说明

1. 阴角阳台绘制

点取菜单命令，对话框修改阳台参数，单击阴角阳台图标后，命令行提示：

阳台起点<退出>：给出外墙阴角点，沿着阳台长度方向拖动

阳台终点或［翻转到另一侧(F)］：F 看到此时阳台在室内一侧显示，键入热键 F 翻转阳台

阳台终点或［翻转到另一侧(F)］：3000 键入阳台长度值或者给出阳台终点位置

阳台起点<退出>：回车退出命令或者绘制其他阳台

绘图过程与结果如图 8-5-3 所示。

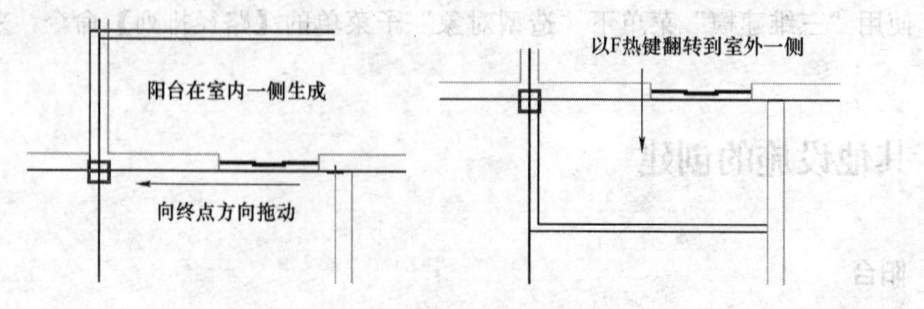

图 8-5-3　阴角阳台实例

2. 任意绘制

点取菜单命令，在对话框修改阳台参数。单击任意绘制图标后，命令行提示：

起点<退出>：点取阳台侧栏板与墙外皮交点作为阳台起点

直段下一点 [弧段(A)/回退(U)]<结束>：点取阳台经过的外墙角点 P1

……

最后，点取侧栏板与墙外皮的交点作为阳台终点 P5，回车结束，命令行继续提示：

请选择邻接的墙(或门窗)和柱：　此时应选择邻接的两段墙

请点取接墙的边：　回车，红色的是自动识别出的墙边

可以点取其他栏板线作为与墙连接的边，这些栏板线最终不会显示

起点<退出>：　回车结束阳台回车或者在另一处绘制阳台

绘图过程与结果如图 8-5-4 所示。

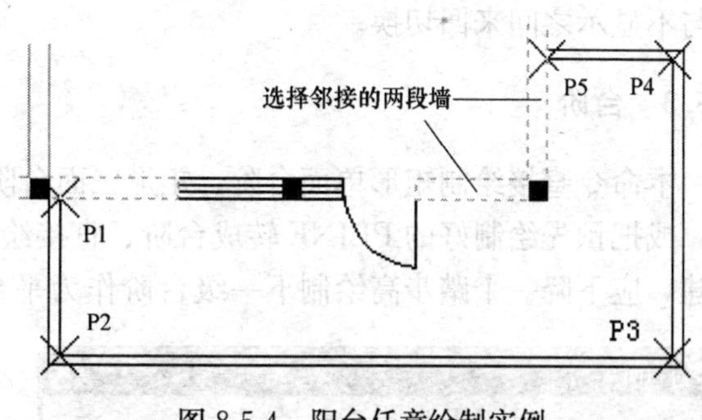

图 8-5-4　阳台任意绘制实例

3. 选择已有路径绘制

点取菜单命令，在对话框修改阳台参数，单击选择已有路径图标后，命令行提示：

选择一曲线(LINE/ARC/PLINE)：<退出>选取已有的一段路径曲线

如果 PLINE 不封闭，则类似于直接绘制的情况，需要搜索沿着围护结构的边界。

选择所邻接的墙(或窗)柱：回车或选取与阳台连接的墙或窗

如果 PLINE 封闭，则要用户指出不创建栏板的部分线段，提示：

请点取接墙的边：——点取与墙边重合的边

绘图过程与结果如图 8-5-5 所示。

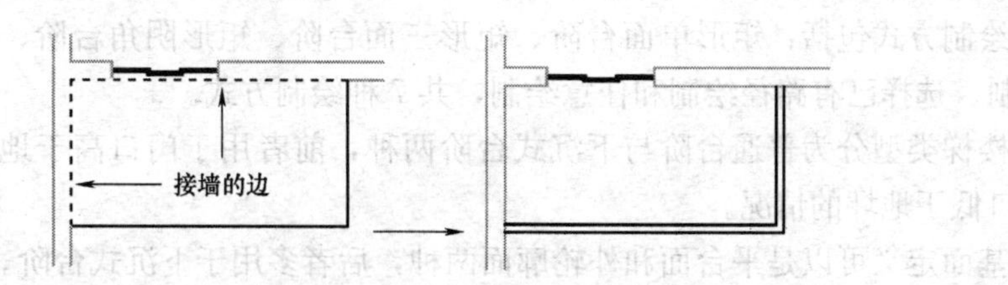

图 8-5-5　已有路径绘制阳台

复杂的栏杆阳台可先以本命令创建阳台基本结构然后添加栏杆；简单的雨篷也可以通过阳台命令生成，双击阳台对象进入阳台对话框修改参数，单击“确定”按钮更新，如图 8-5-6 所示。

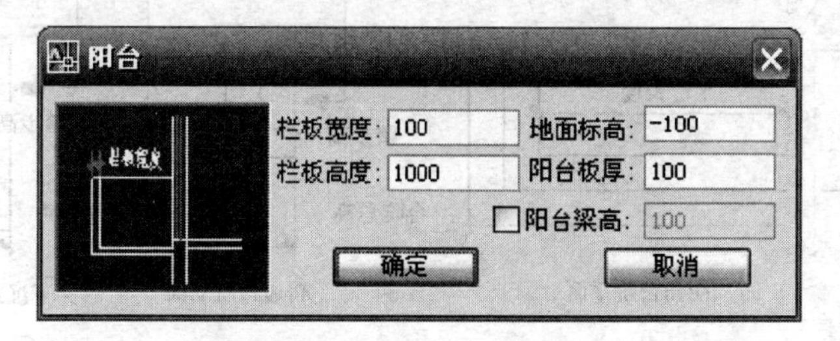

图 8-5-6　阳台对象编辑对话框

8.5.2 栏板切换

天正软件-建筑系统为阳台对象提供了栏板切换命令，为用户提供了分段显示栏板的功能。选择阳台对象后，右击出现右键菜单，单击其中“栏板切换”命令，命令行提示：

请选择阳台<退出>:点取要切换栏板的阳台对象

请点取需添加或删除栏板的阳台边界<退出>:此时阳台栏板变虚，单击要切换（删除或添加）栏板的边界分段

请点取需添加或删除栏板的阳台边界<退出>:此时重复点取的阳台栏板分段会在显示与不显示之间来回切换。

8.5.3 台阶

本命令直接绘制矩形单面台阶、矩形三面台阶、阴角台阶、沿墙偏移等预定样式的台阶，或把预先绘制好的 PLINE 转成台阶、直接绘制平台创建台阶；如平台不能由本命令创建，应下降一个踏步高绘制下一级台阶作为平台；直台阶两侧需要单独补充 Line 线画出二维边界；台阶可以自动遮挡之前绘制的散水。

图 8-5-7 台阶对话框

菜单命令：楼梯其他→台阶（TJ）

点取菜单命令后，显示对话框如图 8-5-7 所示。

工具栏从左到右分别为绘制方式、楼梯类型、基面定义三个区域，可组合成满足工程需要的各种台阶类型：

1. 绘制方式包括：矩形单面台阶、矩形三面台阶、矩形阴角台阶、弧形台阶、沿墙偏移绘制、选择已有路径绘制和任意绘制，共 7 种绘制方式。

2. 楼梯类型分为普通台阶与下沉式台阶两种，前者用于门口高于地坪的情况，后者用于门口低于地坪的情况。

3. 基面定义可以是平台面和外轮廓面两种，后者多用于下沉式台阶。

台阶对话框的控件说明

对话框控件的参数意义如图 8-5-8 所示。

台阶预定义的样式还包括图 8-5-9 所示类型。

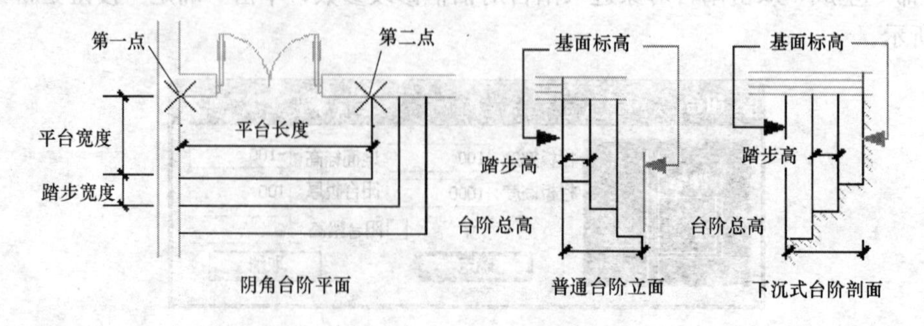

图 8-5-8 台阶控件的意义

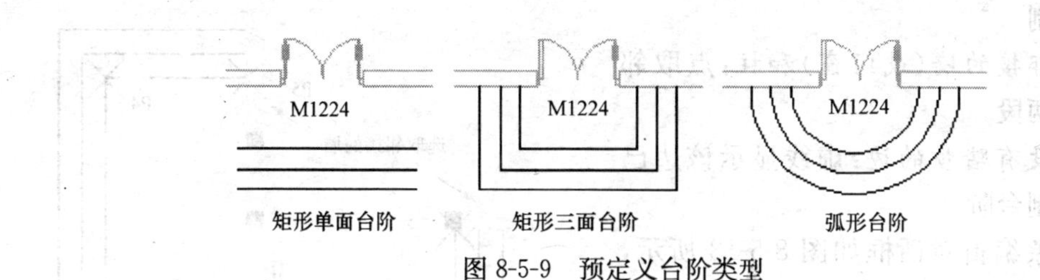

图 8-5-9 预定义台阶类型

台阶创建的实例说明

1. 沿墙偏移绘制，以墙体为路径基线偏移给定宽度绘制，对话框如图 8-5-10 所示。

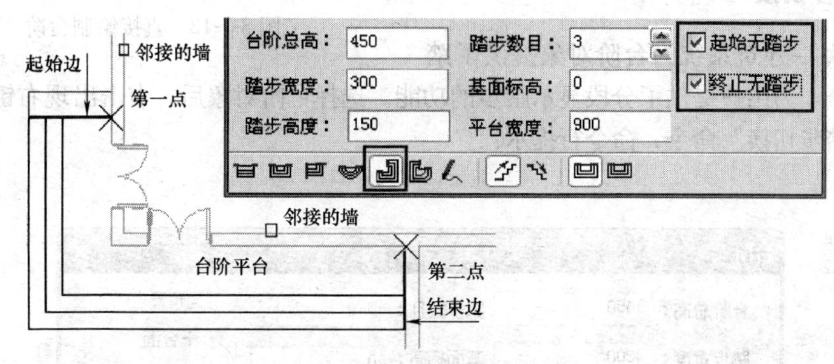

图 8-5-10 沿墙偏移绘制台阶

命令行提示：

第一点<退出>：在起始边墙体相接处给一点；

第二点<退出>：在结束边墙体相接处给一点；请选择邻接的墙（或门窗）：选择台阶经过的所有墙体，回车开始绘制台阶。

2. 选择已有路径绘制，即把已有的 PLINE 线定义为平台绘制，命令行提示：

台阶平台轮廓线的起点或[点取图中曲线(P)/点取参考点(R)]<退出>：P

选择一曲线(LINE/ARC/PLINE)：选取图上已有的多段线或直线、圆弧；

请点取没有踏步的边：点取平台内侧不要踏步的边；

……

请点取没有踏步的边：回车结束，显示台阶对话框。

在该对话框中输入修改台阶有关数据，点取“确定”生成台阶，如图 8-5-11 所示。

3. 任意绘制，默认定义一个区域作为平台绘制，如图 8-5-12 所示，命令行提示：

台阶平台轮廓线的起点或[点取图中曲线(P)/点取参考点(R)]<退出>：给点 P1 绘制台阶平台

直段下一点[弧段(A)/回退(U)]<结束>：直接点取各顶点绘制台阶平台 P2～P5

……

直段下一点[弧段(A)/回退(U)]<结束>：

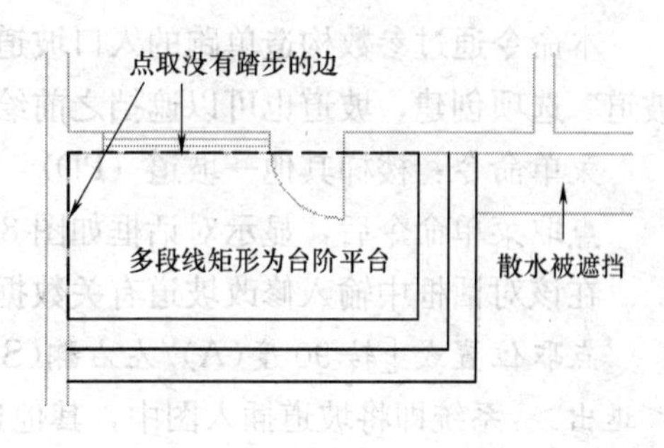

图 8-5-11 沿已有路径生成台阶

回车结束绘制

请选择邻接的墙(或门窗)和柱:点取邻接墙在此共两段

请点取没有踏步的边:虚线显示该边已选，回车绘制台阶

台阶对象编辑对话框如图 8-5-13 所示，双击台阶即可显示，在对话框中输入修改台阶有关数据，点取“确定”更新台阶。

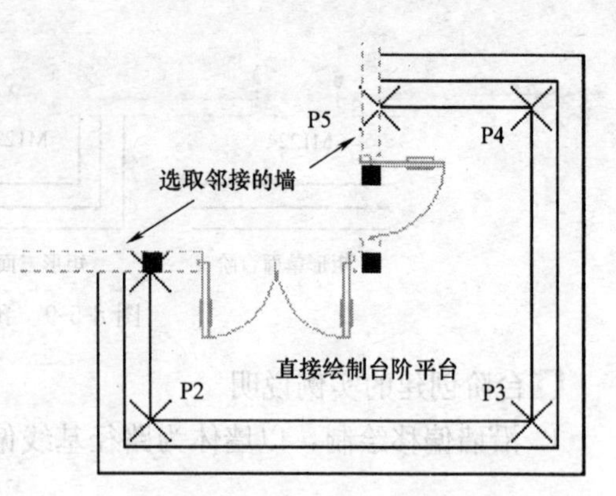

图 8-5-12　直接绘制台阶

8.5.4　踏步切换

天正软件-建筑系统为台阶对象提供了踏步切换命令，为用户提供了分段显示踏步的功能。选择台阶对象后，右击出现右键菜单，单击其中“踏步切换”命令，命令行提示：

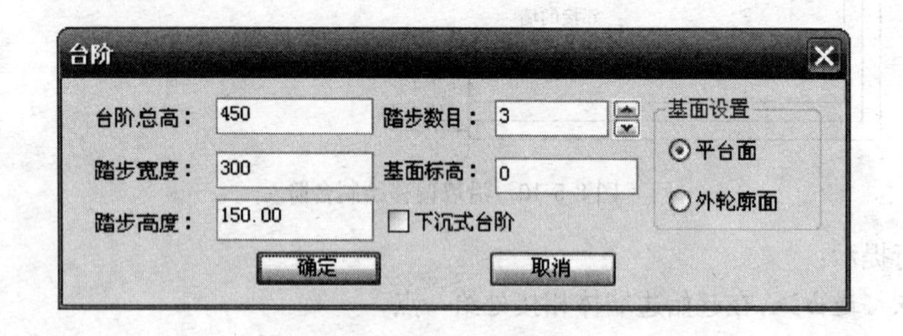

图 8-5-13　对象编辑台阶

请选择台阶<退出>:点取要切换栏板的阳台对象

请点取需要添加或删除踏步的台阶边界<退出>:此时台阶踏步变虚，单击要切换(删除或添加) 踏步分段的显示

请点取需要添加或删除踏步的台阶边界<退出>:此时重复点取所选择的台阶踏步分段，会在显示与不显示之间来回切换。

8.5.5　坡道

本命令通过参数构造单跑的入口坡道，多跑、曲边与圆弧坡道由各楼梯命令中“作为坡道”选项创建，坡道也可以遮挡之前绘制的散水。

菜单命令：楼梯其他→坡道 (PD)

点取菜单命令后，显示对话框如图 8-5-14 所示。

在该对话框中输入修改坡道有关数据，单击“确定”按钮后命令提示如下：

点取位置或［转 90 度(A)/左右翻(S)/上下翻(D)/对齐(F)/改转角(R)/改基点(T)］<退出>:系统即将坡道插入图中，其他选项设置与楼梯类似

坡道共计有如下变化形式，插入点在坡道上边中点处，如图 8-5-16 所示。

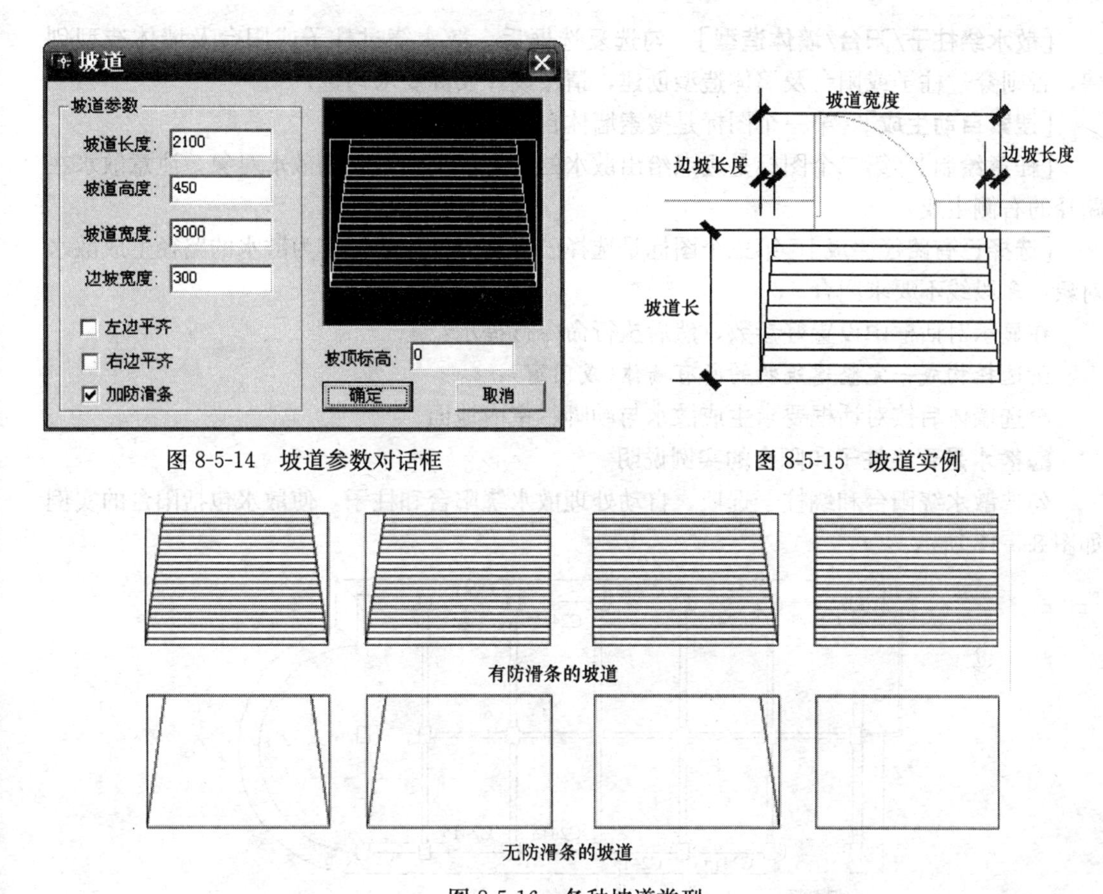

图 8-5-14　坡道参数对话框

图 8-5-15　坡道实例

图 8-5-16　各种坡道类型

8.5.6　散水

本命令通过自动搜索外墙线绘制散水对象，可自动被凸窗、柱子等对象裁剪；也可以通过勾选复选框或者对象编辑，使散水绕壁柱、绕落地阳台生成；阳台、台阶、坡道、柱子等对象自动遮挡散水，位置移动后遮挡自动更新。

散水每一条边宽度可以不同，开始按统一的全局宽度创建，通过夹点和对象编辑单独修改各段宽度，也可以再修改为统一的全局宽度。

菜单命令：楼梯其他→散水（SS）

点取菜单命令后，显示散水对话框如图 8-5-17 所示。

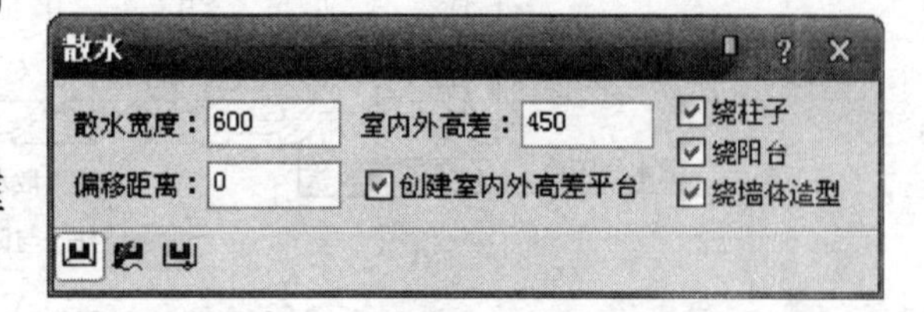

图 8-5-17　散水对话框

散水对话框的控件说明

[室内外高差]　键入本工程范围使用的室内外高差，默认为 450；

[偏移外墙皮]　键入本工程外墙勒脚对外墙皮的偏移值；

[散水宽度]　键入新的散水宽度，默认为 600；

[创建高差平台]　勾选复选框后，在各房间中按零标高创建室内地面；

[散水绕柱子/阳台/墙体造型] 勾选复选框后，散水绕过柱子或阳台及墙体造型创建，否则穿过柱子或阳台及墙体造型创建，请按设计实际要求勾选；

[搜索自动生成] 第一个图标是搜索墙体自动生成散水对象；

[任意绘制] 第二个图标是逐点给出散水的基点，动态地绘制散水对象，注意散水在路径的右侧生成；

[选择已有路径生成] 第三个图标是选择已有的多段线或圆作为散水的路径生成散水对象，多段线不要求闭合。

在显示对话框中设置好参数，然后执行命令行提示：

请选择构成一完整建筑物的所有墙体(或门窗)：

全选墙体后按对话框要求生成散水与勒脚、室内地面。

散水是否绕柱子和阳台的实例说明

勾选散水绕阳台和绕柱子选项，自动处理散水绕阳台和柱子，使散水包括阳台的实例如图 8-5-18 所示。

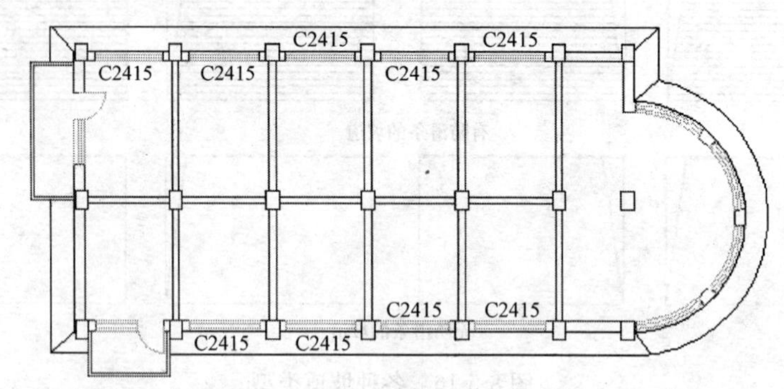

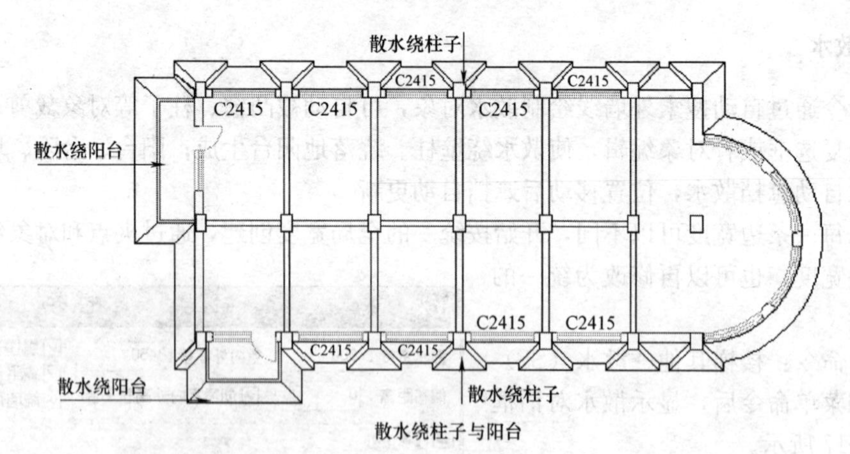

图 8-5-18　创建散水的实例

8.5.7　散水的对象编辑与夹点编辑

对象编辑：双击散水对象，进入对象编辑的命令行选项进行编辑。

选择[加顶点(A)/减顶点(D)/改夹角(S)/改单边宽度(W)/改全局宽度(Z)/改标高(E)]<退出>:A 键入选项热键添加顶点，提示：

点取新的顶点位置：在图上通过捕捉给出准确的新顶点位置，回车结束编辑

选择[加顶点(A)/减顶点(D)/改夹角(S)/改单边宽度(W)/改全局宽度(Z)/改标高(E)]<退出>：W 键入选项热键修改一条边宽度，提示：

选取边：点取要改变散水宽度的一条散水边，注意是点取散水的内侧

输入新宽度<600>：700 键入散水的新宽度

选取边：点取要改变散水宽度的其他散水边，回车退出选边，回到下面的提示：

选择[加顶点(A)/减顶点(D)/改夹角(S)/改单边宽度(W)/改全局宽度(Z)/改标高(E)]<退出>：回车退出命令。

夹点编辑：单击散水对象，激活夹点后如图 8-5-19 所示，拖动夹点即可进行夹点编辑，独立修改各段散水的宽度。

特性编辑：单击 Ctrl+1 选择散水对象，在特性栏中可以看到散水的顶点号与坐标的关系；通过单击顶点栏的箭头可以识别当前顶点，改变坐标，也可以统一修改全局宽度。

其他	
是否闭合	是
几何图形	
顶点	3
顶点 X	32266
顶点 Y	41536
夹角	0

数据	
内侧高度	20
外侧高度	10
标高	-450
长度	33160.00
全局宽度	600.00
侧面面积	40.79
体积	0.298

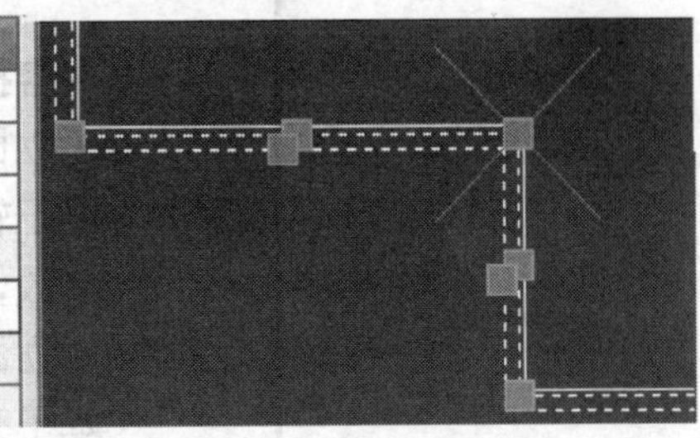

图 8-5-19　散水夹点编辑实例

第 9 章 立 面

内容提要

• 立面的概念

天正软件-建筑系统的立面图通过本工程的多个平面图中的参数，建立三维模型后进行消隐计算生成。

• 立面的创建

基于工程管理界面，可在同一个 DWG 文件中创建立面图，提供单独创建门窗、阳台、屋顶等构件的命令。

• 立面的编辑

生成后的立面图是纯二维图形，提供门窗套、雨水管、轮廓线等立面细化功能。

9.1 立面的概念

设计好一套工程的各层平面图后，需要绘制立面图表达建筑物的立面设计细节，立剖面的图形表达和平面图有很大的区别，立剖面表现的是建筑三维模型的一个投影视图。受三维模型细节和视线方向建筑物遮挡的影响，天正立面图形是通过平面图构件中的三维信息进行消隐获得的纯粹二维图形，除了符号与尺寸标注对象以及门窗阳台图块是天正自定义对象外，其他图形构成元素都是 AutoCAD 的基本对象。

9.1.1 立面生成与工程管理

立面生成是由【工程管理】功能实现的，在【工程管理】命令界面上，通过新建工程→添加图纸（平面图）的操作建立工程，在工程的基础上定义平面图与楼层的关系，从而建立平面图与立面楼层之间的关系，支持如下两种楼层定义方式：

1. 每层平面设计一个独立的 DWG 文件集中放置于同一个文件夹中，这时先要确定是否每个标准层都有共同的对齐点，默认的对齐点在原点（0，0，0）的位置，用户可以修改，建议使用开间与进深方向的第一轴线交点。事实上，对齐点就是 DWG 作为图块插入的基点，用 AutoCAD 的 BASE 命令可以改变基点。

2. 允许多个平面图绘制到一个 DWG 中，然后在楼层栏的电子表格中分别为各自然层在 DWG 中指定标准层平面图，同时也允许部分标准层平面图通过其他 DWG 文件指定，提高了工程管理的灵活性。

软件通过工程数据库文件（*.TPR）记录、管理与工程总体相关的数据，包含图纸集、楼层表、工程设置参数等，提供了“导入楼层表”命令从楼层表创建工程。在工程管理界面中，以楼层下面的表格定义标准层的图形范围以及和自然层的对应关系，双击楼层表行即可把该标准层加红色框，同时充满屏幕中央，方便查询某个指定楼层平面。

为了能获得尽量准确和详尽的立面图，用户在绘制平面图时，楼层高度、墙高、窗高、窗台高、阳台栏板高和台阶踏步高、级数等竖向参数希望能尽量正确。

9.1.2 立面生成的参数设置

在生成立面图时，可以设置标注的形式，如在图形的哪一侧标注立面尺寸和标高；同时可以设置门窗和阳台的式样，其方法与标准层立面设置相同；设定是否在立面图上绘制出每层平面的层间线；设定首层平面的室内外高差；在楼层表设置中可以修改标准层的层高。

需要指出，立面生成使用的“内外高差”需要同首层平面图中定义的一致。用户应当通过适当更改首层外墙的 z 向参数（即底标高和高度）或设置内外高差平台，来实现创建室内外高差的目的。立面生成的概念如图 9-1-1 所示。

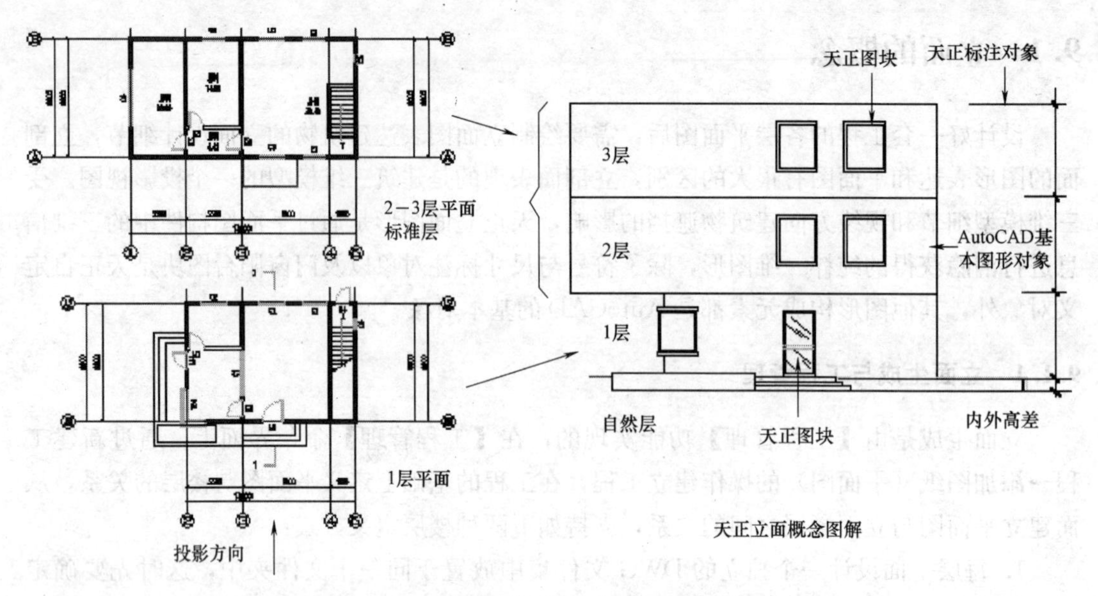

图 9-1-1　天正软件-建筑系统立面生成概念

9.2　立面的创建

9.2.1　建筑立面

本命令按照【工程管理】命令中的数据库楼层表格数据，一次生成多层建筑立面。在当前工程为空的情况下执行本命令，会出现警告对话框：

请打开或新建一个工程管理项目，并在工程数据库中建立楼层表！

在当前工程打开的情况下，才能顺利执行本命令。

菜单命令：立面→建筑立面（JZLM）

单击菜单命令后，命令行提示：

请输入立面方向或［正立面(F)/背立面(B)/左立面(L)/右立面(R)］<退出>：F

键入快捷键或者按视线方向给出两点，指出生成建筑立面的方向。

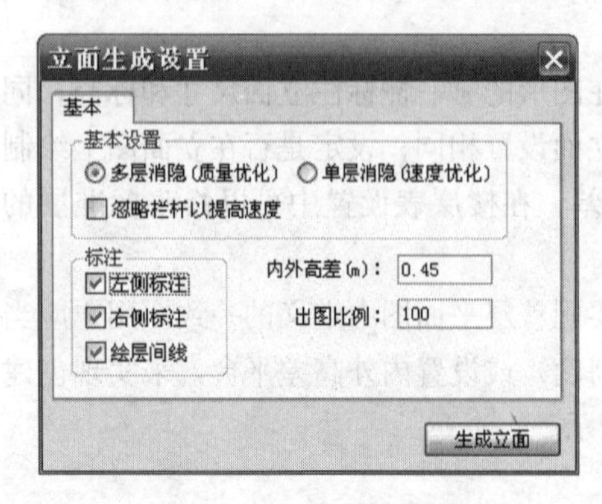

图 9-2-1　建筑立面对话框

请选择要出现在立面图上的轴线：

一般是选择同立面方向上的开间或进深轴线，选轴号无效。

显示建筑立面对话框，如图 9-2-1 所示。

如果当前工程管理界面中有正确的楼层定义，即可提示保存立面图文件，否则不能生成立面文件。

立面的消隐计算是由天正编制的算法进行的，在楼梯栏杆采用复杂的造型栏杆时，由于这样的栏杆实体面数极多，如果也参加消隐计算，可能会使消隐计算的时间大大增长。在这种情况下可选择“忽略栏杆以提高速度”；也就是说：“忽略栏杆”只对造型栏杆对象（TCH_RAIL）有影响。

对话框控件的说明

[多层消隐/单层消隐] 前者考虑到两个相邻楼层的消隐，速度较慢，但可考虑楼梯扶手等伸入上层的情况，消隐精度比较好。

[内外高差] 室内地面与室外地坪的高差。

[出图比例] 立面图的打印出图比例。

[左侧标注/右侧标注] 是否标注立面图左右两侧的竖向标注，含楼层标高和尺寸。

[绘层间线] 楼层之间的水平横线是否绘制。

[忽略栏杆] 勾选此复选框，为了优化计算，忽略复杂栏杆的生成。

单击“生成立面”按钮，进入标准文件对话框，在其中选取文件名称，单击“确定”按钮后生成立面图文件，并且打开该文件，显示的效果如图 9-2-2 所示。

图 9-2-2　建筑立面生成实例

> **注意：执行本命令前必须先行存盘，否则无法对存盘后更新的对象创建立面。**

9.2.2　构件立面

本命令用于生成当前标准层、局部构件或三维图块对象在选定方向上的立面图与顶视图。生成的立面图内容取决于选定的对象的三维图形。本命令按照三维视图对指定方向进行消隐计算，优化的算法使立面生成快速而准确，生成立面图的图层名为原构件图层名加“E_”前缀。

菜单命令：立面→构件立面（GJLM）

单击菜单命令后，命令行提示：

请输入立面方向或［正立面(F)/背立面(B)/左立面(L)/右立面(R)/顶视图(T)］＜退出＞：F

键入 F 生成正立面，继续命令提示：

请选择要生成立面的建筑构件：点取楼梯平面对象

请选择要生成立面的建筑构件：回车结束选择

请点取放置位置：拖动生成后的立面图，在合适的位置给点插入如图 9-2-3 所示。

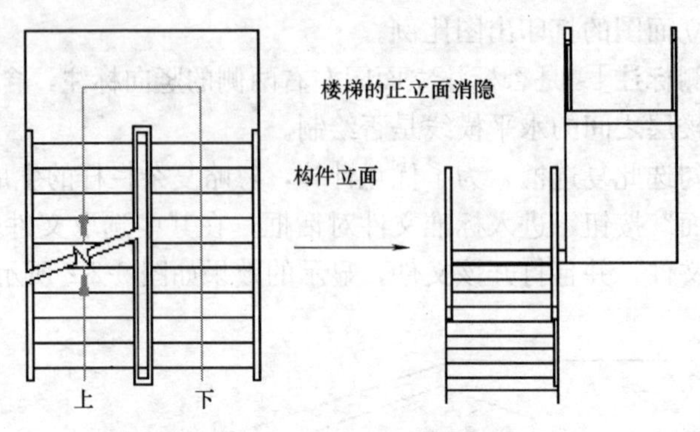

图 9-2-3　楼梯构件立面实例

9.2.3　立面门窗

本命令用于替换、添加立面图上门窗，同时也是立剖面图的门窗图块管理工具，可处理带装饰门窗套的立面门窗，并提供了与之配套的立面门窗图库。

菜单命令：立面→立面门窗（LMMC）

单击菜单命令后，显示“天正图库管理系统”对话框如图 9-2-4 所示。

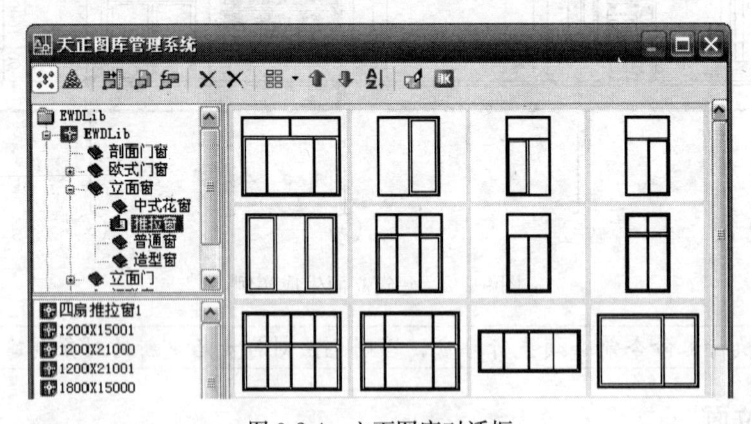

图 9-2-4　立面图库对话框

对立面图库的操作详见【图库管理】一节，在立面编辑中最常用的是工具栏右面的图块替换功能。

一、替换已有门窗的操作

在图库中选择所需门窗图块，然后单击上方的门窗替换图标，命令行提示如下：

选择图中将要被替换的图块：在图中选择一次要替换的门窗

选择对象：接着选取其他图块

选择对象：回车退出

程序自动识别图块中由插入点和右上角定位点对应的范围，以对应的洞口方框等尺寸替换为指定的门窗图块。

二、直接插入门窗的操作

除了替换已有门窗外，本命令在图库中双击所需门窗图块，然后键入E，通过“外框E”选项可插入与门窗洞口外框尺寸相当的门窗，命令提示为：

点取插入点[转90(A)/左右(S)/上下(D)/对齐(F)/外框(E)/转角(R)/基点(T)/更换(C)]<退出>：

键入E，提示如下：

第一个角点或[参考点(R)]<退出>：选取门窗洞口方框的左下角点

另一个角点：选取门窗洞口方框的右上角点

程序自动按照图块插入点和右上角定位点对应的范围，对应的洞口方框来替换指定的门窗图块。

9.2.4 立面阳台

本命令用于替换、添加立面图上阳台的样式同时也是对立面阳台图块管理的工具。

菜单命令：立面→立面阳台（LMYT）

单击菜单命令后，显示“天正图库管理系统”立面阳台对话框如图9-2-5所示，详细请参考插入立面门窗的操作。

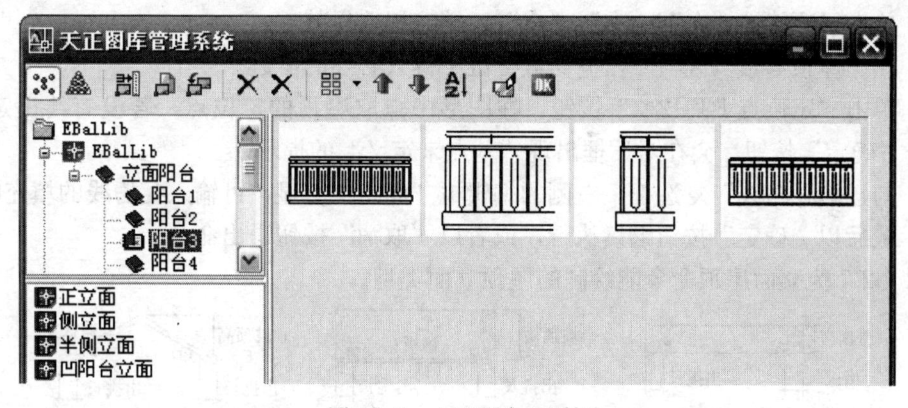

图9-2-5 立面阳台对话框

9.2.5 立面屋顶

本命令可完成包括平屋顶、单坡屋顶、双坡屋顶、四坡屋顶与歇山屋顶的正立面和侧立面、组合的屋顶立面、一侧与其他物体（墙体或另一屋面）相连接的不对称屋顶。

立面屋顶命令提供编组功能，将构成立面屋顶的多个对象进行组合，以便整体复制与移动；当需要对组成对象进行编辑时，请单击状态行新增的“编组”按钮，使按钮弹起后将立面屋顶解组，编辑完成后单击按下该按钮，即可恢复立面屋顶编组。也可在创建立面屋顶前事先将“编组”按钮弹起，生成不作编组的立面屋顶。

菜单命令：立面→立面屋顶

单击菜单命令后，显示对话框如图9-2-6所示。

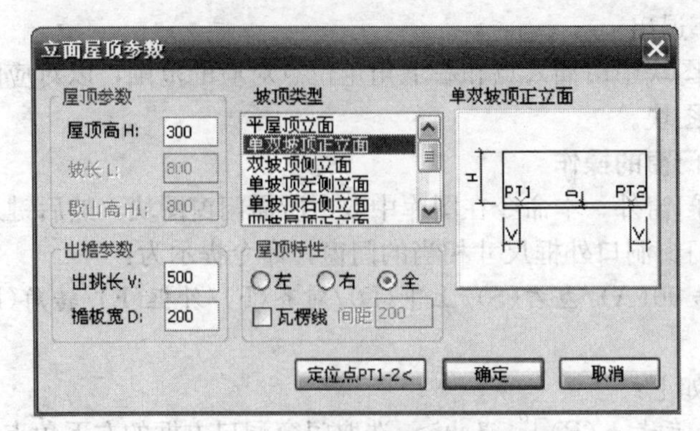

图 9-2-6　立面屋顶参数对话框

对话框控件的说明

[屋顶高]　各种屋顶的高度，即从基点到屋顶最高处。

[坡长]　坡屋顶倾斜部分的水平投影长度。

[屋顶特性]　“左”、“右”以及“全”3 个互锁按钮默认是左右对称出挑。假如一侧相接于其他墙体或屋顶，应将此侧“左”或“右”关闭；

[出挑长]　在正立面时为出山长；在侧立面时为出檐长。

该对话框的使用步骤如下：

1. 先从“坡屋顶类型”列表框中选择所需类型。

2. 单击屋顶特性“左”、“右”、“全”互锁按钮选择其一。

3. 在“屋顶参数”区与“出檐参数”区中键入必要的参数。

4. 单击“定位点 PT1-2<”按钮，在图形中点取屋顶的定位点；若没有给出定位点即单击“确定”按钮，会在对话框出现“基点未定义”的提示。

5. 勾选“瓦楞线”复选框，右侧的编辑框“间距”亮显，可输入瓦楞线的填充间距。

6. 最后以“确定”按钮继续执行，或者以“取消”按钮退出命令。

图 9-2-7 为立面屋顶命令能绘制的屋顶立面类型。

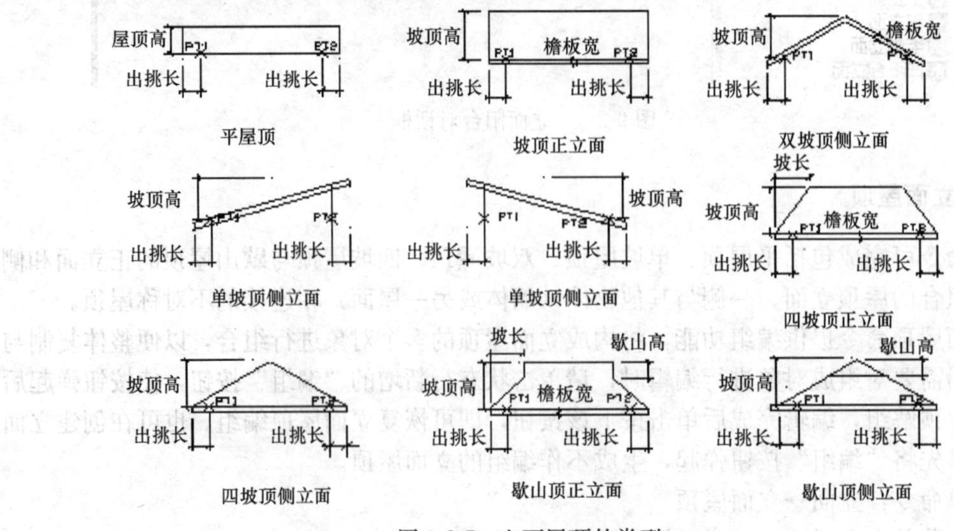

图 9-2-7　立面屋顶的类型

9.3 立面的编辑

9.3.1 门窗参数

本命令把已经生成的立面门窗尺寸以及门窗底标高作为默认值，用户修改立面门窗尺寸，系统按尺寸更新所选门窗。

菜单命令：立面→门窗参数（MCCS）

点取菜单命令后，命令行提示：

选择立面门窗:选择要改尺寸的门窗

选择立面门窗:回车结束

底标高＜3600＞:需要时键入新的门窗底标高，从地面起算

高度＜1400＞:1800 键入新值回车

宽度＜2400＞:1800 键入新值回车后，各个选择的门窗均以底部中点为基点对称更新

如果在交互时选择的门窗大小不一，会出现这样的提示：

底标高从×到××00 不等;高度从××00 到××00 不等;宽度从×00 到××00 不等。

用户输入新尺寸后，不同尺寸的门窗会统一更新为新的尺寸。

9.3.2 立面窗套

本命令为已有的立面窗创建全包的窗套或者窗楣线和窗台线。

菜单命令：立面→立面窗套（LMCT）

点取菜单命令后，对话框显示如图 9-3-1 所示。

对话框控件的说明

[全包] 环窗四周的创建矩形封闭窗套。

[上下] 在窗的上下方分别生成窗上沿与窗下沿。

[窗上沿/窗下沿] 仅在选中“上下”时有效，分别表示仅要窗上沿或仅要窗下沿。

[上沿宽/下沿宽] 表示窗上沿线与窗下沿线的宽度。

[两侧伸出] 窗上、下沿两侧伸出的长度。

[窗套宽] 除窗上、下沿以外部分的窗套宽。

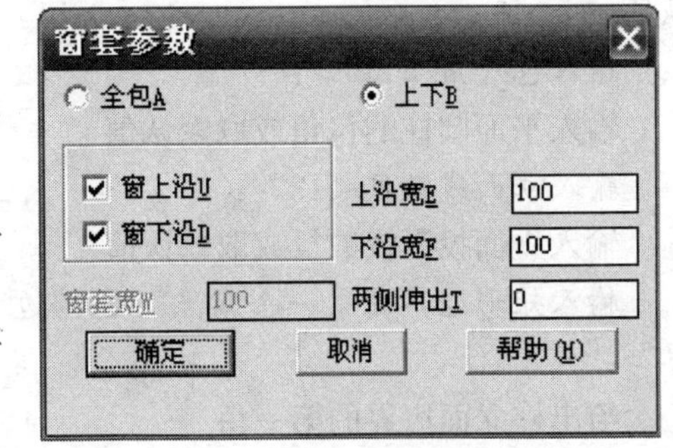

图 9-3-1 窗套参数对话框

在对话框中输入合适的参数，单击“确定”按钮绘制窗套，也可根据需要将若干个门窗连在一起生成窗套、窗上沿线与窗下沿线，如图 9-3-2 所示。

9.3.3 雨水管线

本命令在立面图中按给定的位置生成竖直向下的雨水管。

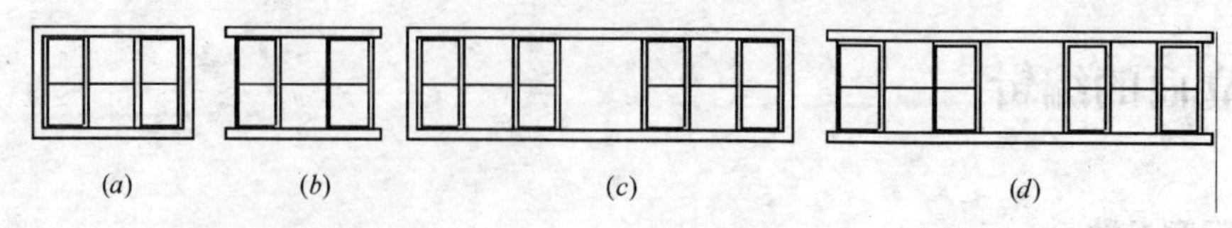

图 9-3-2　立面窗套的类型

菜单命令：立面→雨水管线（YSGX）

点取菜单命令后，命令行提示：

请指定雨水管的起点:P--参考点/＜起点＞:点取雨水管的起点

或键入“P”以指定参考点，则命令行显示：

请指定雨水管的参考点:点取容易获得的一个点作为参考点

不易直接定位时，往往需要找到一个已知点作为参考点，给出与起点的相对位置。

请指定雨水管的起点＜退出＞:给出相对点

请指定雨水管的终点:P--参考点 /＜终点＞:点取雨水管的终点

请指定雨水管的管径＜100＞:输入雨水管的管径

随即，在上面两点间竖向画出平行的雨水管，其间的墙面饰线均被雨水管断开。

9.3.4　柱立面线

本命令按默认的正投影方向模拟圆柱立面投影，在柱子立面范围内画出有立体感的竖向投影线。

菜单命令：立面→柱立面线（ZLMX）

点取菜单命令后，命令行提示：

输入起始角＜180＞:

输入平面圆柱的起始投影角度或取默认值

输入包含角＜180＞:

输入平面圆柱的包角或取默认值

输入立面线数目＜12＞:

输入立面投影线数量或取默认值

输入矩形边界的第一个角点＜选择边界＞:

给出柱立面边界的第一角

输入矩形边界的第二个角点＜退出＞:给出柱立面边界的第二角点

图 9-3-3 为柱立面线的绘制实例与对应平面图的参照。

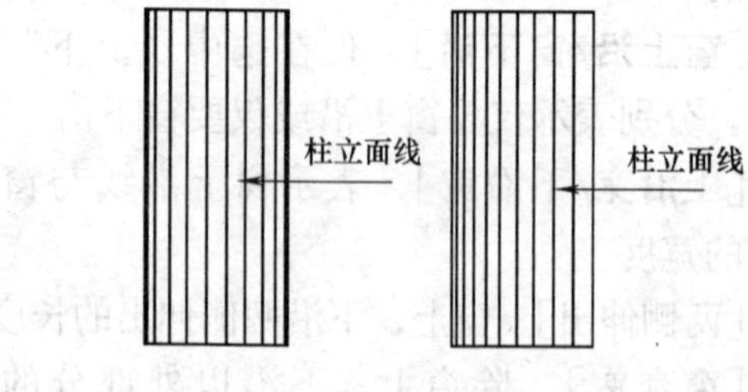

图 9-3-3　柱立面线实例

9.3.5　立面轮廓

本命令自动搜索建筑立面外轮廓，在边界上加一圈粗实线，但不包括地坪线在内。

菜单命令：立面→立面轮廓（LMLK）

点取菜单命令后，命令行提示：

选择二维对象:选择外墙边界线和屋顶线

请输入轮廓线宽度<0>:键入 30～50 之间的数值

在复杂的情况下搜索轮廓线会失败，无法生成轮廓线，此时请使用多段线绘制立面轮廓线，图 9-3-4 是立面轮廓加粗宽度 50 的实例。

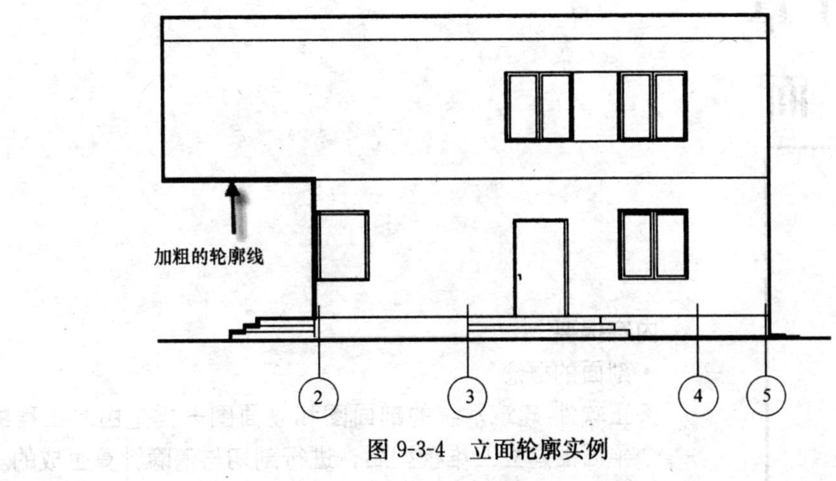

图 9-3-4　立面轮廓实例

第 10 章 剖 面

内容提要

• 剖面的概念

天正软件-建筑系统的剖面图和立面图一样是由本工程的多个平面图建立三维模型后，进行剖切与消隐计算生成的。

• 剖面的创建

基于工程管理界面，可在同一个 DWG 文件中创建剖面图(可见部分按立面图处理)，此外还提供直接绘制剖面的功能。

• 剖面楼梯与栏杆

提供不通过平面图剖切，直接以剖面楼梯工具创建详细的楼梯、栏杆、栏板等剖面构件。

• 剖面加粗填充

生成后的剖面图（包括可见立面）是纯二维图形，提供多种墙体加粗填充工具命令。

10.1 剖面的概念

设计好一套工程的各层平面图后，需要绘制剖面图表达建筑物的剖面设计细节，立剖面的图形表达和平面图有很大的区别，立剖面表现的是建筑三维模型的一个剖切与投影视图，与立面图同样受三维模型细节和视线方向建筑物遮挡的影响。天正剖面图形是通过平面图构件中的三维信息在指定剖切位置消隐获得的纯粹二维图形，除了符号与尺寸标注对象以及可见立面门窗阳台图块是天正自定义对象外，如墙线等构成元素都是 AutoCAD 的基本对象，提供了对墙线的加粗和填充命令。

一、剖面创建与工程管理

剖面图可以由【工程管理】功能从平面图开始创建，在【工程管理】命令界面上，通过新建工程→添加图纸（平面图）的操作建立工程，在工程的基础上定义平面图与楼层的关系，从而建立平面图与剖面楼层之间的关系。支持两种楼层定义方式。

1. 每层平面设计一个独立的 DWG 文件集中放置于同一个文件夹中，这时先要确定是否每个标准层都有共同的对齐点，默认的对齐点在原点（0，0，0）的位置，用户可以修改，建议使用开间与进深方向的第一轴线交点。事实上，对齐点就是 DWG 作为图块插入的基点，用 AutoCAD 的 BASE 命令可以改变基点。

2. 允许多个平面图绘制到一个 DWG 中，然后在工程管理器楼层栏的电子表格中分别为各自然层在 DWG 中指定标准层平面图，同时也允许部分标准层平面图通过其他 DWG 文件指定，提高了工程管理的灵活性。

软件通过工程数据库文件（*.TPR）记录、管理与工程总体相关的数据，包含图纸集、楼层表、工程设置参数等，提供了“导入楼层表”命令从楼层表创建工程，在工程管理界面中以楼层下面的表格定义标准层的图形范围以及和自然层的对应关系，双击楼层表行即可把该标准层加红色框，同时充满屏幕中央，方便查询某个指定楼层平面。

为了能获得尽量准确和详尽的剖面图，用户在绘制平面图时楼层高度、墙高、窗高、窗台高、阳台栏板高和台阶踏步高、级数等竖向参数希望能尽量正确。

二、剖面生成的参数设置

剖面图的剖切位置依赖于剖切符号，所以事先必须在首层建立合适的剖切符号。在生成剖面图时，可以设置标注的形式，如在图形的哪一侧标注剖面尺寸和标高，设定首层平面的室内外高差；在楼层表中可以修改标准层的层高。

剖面生成使用的“内外高差”需要同首层平面图中定义的一致，用户应当通过适当更改首层外墙的 z 向参数（即底标高和高度）或设置内外高差平台，来实现创建室内外高差的目的。

以平面图生成的剖面示意图如图 10-1-1 所示。

三、剖面图的直接创建

剖面图除了以上所介绍那样从平面图剖切位置创建，在软件中也提供了直接绘制的命令，先绘制剖面墙，然后在剖面墙上插入剖面门窗、添加剖面梁等构件，用剖面楼梯和剖面栏杆命令可以直接绘制楼梯与栏杆、栏板。

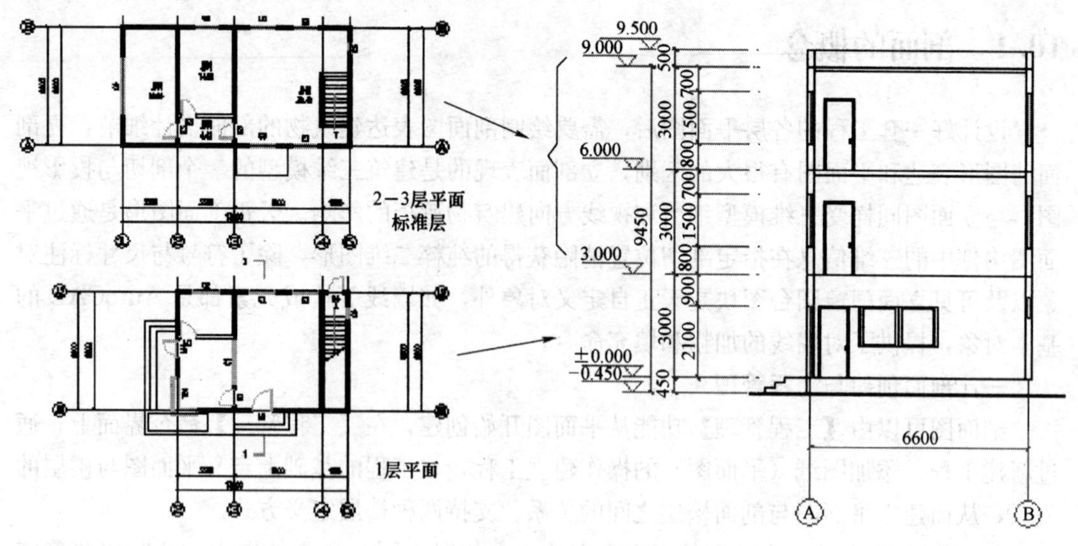

图 10-1-1　天正软件-建筑系统剖面生成概念

10.2　剖面的创建

10.2.1　建筑剖面

本命令按照工程数据库文件中的楼层表格数据，一次生成多层建筑剖面，在当前工程为空的情况下执行本命令，会出现警告对话框：请打开或新建一个工程管理项目，并在工程数据库中建立楼层表！

菜单命令：剖面→建筑剖面（JZPM）

单击菜单命令后，命令行提示：

请点取一剖切线以生成剖视图：点取首层需生成剖面图的剖切线

请选择要出现在剖面图上的轴线：一般点取首末轴线或回车不要轴线

屏幕显示“剖面生成设置”对话框，其中包括基本设置与楼层表参数。

建筑剖面生成设置对话框如图 10-2-1 所示。

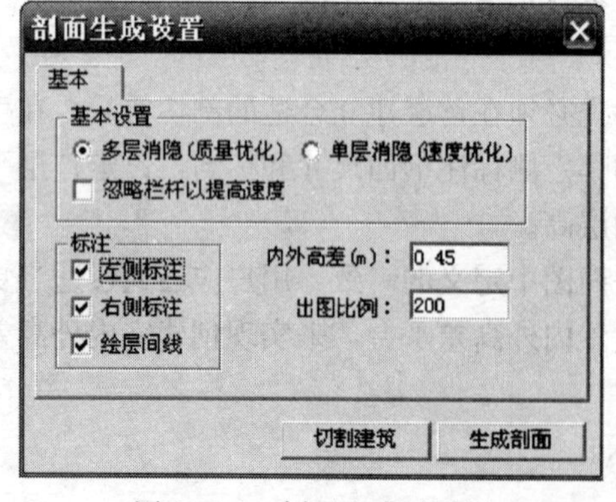

图 10-2-1　剖面生成对话框

对话框控件的说明

［多层消隐/单层消隐］　前者考虑到两个相邻楼层的消隐，速度较慢，但可考虑楼梯扶手等伸入上层的情况，消隐精度比较好。

［内外高差］　室内地面与室外地坪的高差。

［出图比例］　剖面图的打印出图比例。

［左侧标注/右侧标注］　是否标注剖面图左右两侧的竖向标注，含楼层标高和尺寸。

［绘层间线］ 楼层之间的水平横线是否绘制。

［忽略栏杆］ 勾选此复选框，为了优化计算，忽略复杂栏杆的生成。

单击“生成剖面”后，要求当前工程管理界面中有正确的楼层定义，否则不能生成剖面文件。出现标准文件对话框保存剖面图文件，输入剖面图的文件名及路径，单击“确认”后生成剖面图，如图 10-2-2 所示。

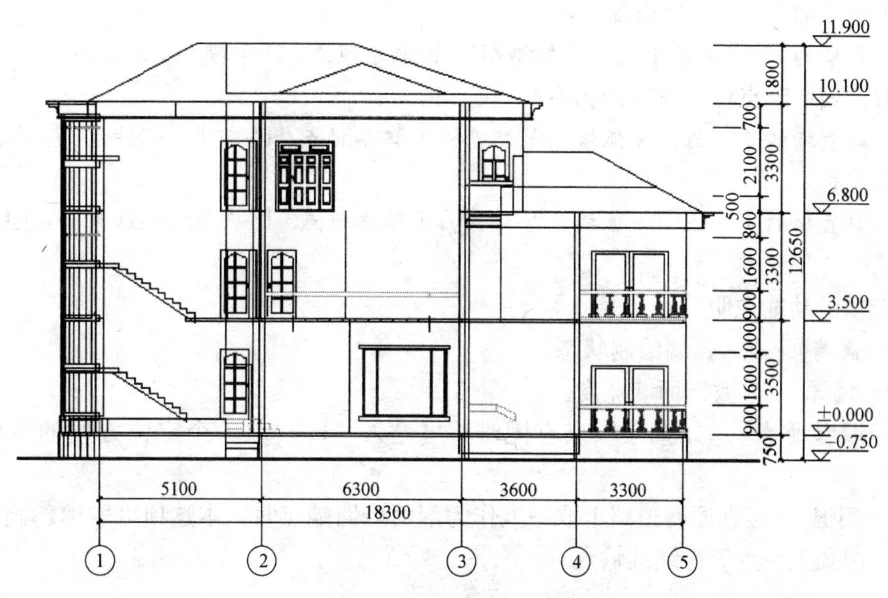

图 10-2-2 剖面生成实例

单击“切割建筑”按钮后，立刻开始三维模型的切割，完成后命令行提示：

请点取放置位置：在本图上拖动生成的剖切三维模型，给出插入位置

由于建筑平面图中不表示楼板，而在剖面图中要表示楼板，本软件可以自动添加层间线，用户自己用偏移（Offset）命令创建楼板厚度。如果已用平板或者房间命令创建了楼板，本命令会按楼板厚度生成楼板线。

在剖面图中创建的墙、柱、梁、楼板不再是专业对象，所以在剖面图中可使用通用 AutoCAD 编辑命令进行修改，或者使用剖面菜单下的命令加粗或图案填充。

> **注意：** 执行本命令前必须先行存盘，否则无法对存盘后更新的对象创建剖面。

10.2.2 构件剖面

本命令用于生成当前标准层、局部构件或三维图块对象在指定剖视方向上的剖视图。

菜单命令：剖面→构件剖面（GJPM）

单击菜单命令后，命令行提示：

请选择一剖切线：点取用符号标注菜单中的剖面剖切命令定义好的剖切线

请选择需要剖切的建筑构件：选择与该剖切线相交的构件以及沿剖视方向可见的构件

请选择需要剖切的建筑构件：回车结束选择

请点取放置位置：拖动生成后的立面图，在合适的位置插入。

10.2.3　画剖面墙

本命令用一对平行的 AutoCAD 直线或圆弧对象，在 S_WALL 图层直接绘制剖面墙。

菜单命令：剖面→画剖面墙（HPMQ）

单击菜单命令后，命令行提示：

请点取墙的起点(圆弧墙宜逆时针绘制)/ F-取参照点/ D-单段/ ＜退出＞：

点取剖面墙起点位置或键入选项；

请点取直墙的下一点/ A-弧墙/ W-墙厚/ F-取参照点/ U-回退/ ＜结束＞：点取剖面墙下一点位置

请点取直墙的下一点/ A-弧墙/ W-墙厚/ F-取参照点/ U-回退/ ＜结束＞：回车结束剖面墙。

选项的功能说明

[**A一弧墙**]　进入弧墙绘制状态。

[**W一墙厚**]　修改剖面墙宽度。

[**F一取参照点**]　如直接取点有困难，可键入“F”，取一个定位方便的点作为参考点。

[**U一回退**]　当在原有道路上取一点作为剖面墙墙端点时，本选项可取消新画的那段剖面墙，回到上一点等待继续输入。

10.2.4　双线楼板

本命令用一对平行的 AutoCAD 直线对象，在 S_FLOOR 图层直接绘制剖面双线楼板。

菜单命令：剖面→双线楼板（SXLB）

单击菜单命令后，命令行提示：

请输入楼板的起始点＜退出＞:点取楼板的起始点

结束点＜退出＞:点取楼板的结束点

楼板顶面标高 ＜23790＞：输入从坐标 $y=0$ 起算的标高或回车

楼板的厚度(向上加厚输负值)＜200＞:键入新值或回车接受默认值

结束命令后，按指定位置绘出双线楼板。

10.2.5　预制楼板

木命令用一系列预制板剖面的 AutoCAD 图块对象，在 S_FLOOR 图层按要求尺寸插入一排剖面预制板。

菜单命令：剖面→预制楼板（YZLB）

单击菜单命令后，显示如图 10-2-3 所示对话框。

对话框控件的功能说明

[**楼板类型**]　选定当前预制楼板的形式：“圆孔板”（横剖和纵剖）、“槽形板”（正放和反放）、“实心板”。

［**楼板参数**］　确定当前楼板的尺寸和布置情况：楼板尺寸“宽 A”、“高 B”和槽形板“厚 C”以及布置情况的“块数 N”，其中“总宽＜”是全部预制板和板缝的总宽度，单击从图上获取，修改单块板宽和块数，可以获得合理的板缝宽度。

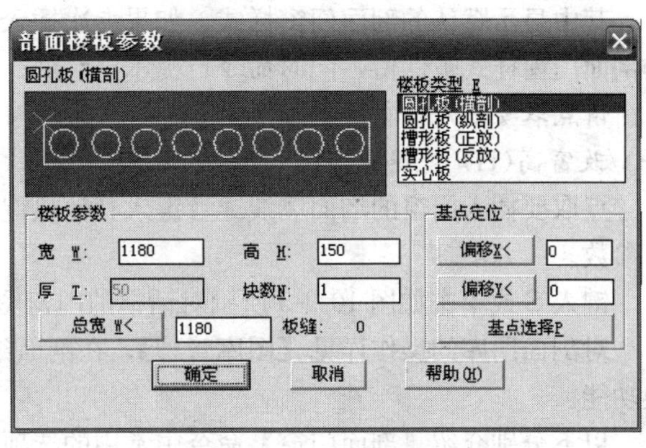

图 10-2-3　剖面楼板参数

［**基点定位**］　确定楼板的基点与楼板角点的相对位置，包括“偏移 X＜”、“偏移 Y＜”和“基点选择 P”。

选定楼板类型并确定各参数后，单击“确定”按钮，命令行提示：

请给出楼板的插入点＜退出＞：点取楼板插入点

再给出插入方向＜退出＞：点取另一点给出插入方向后绘出所需预制楼板。

10.2.6　加剖断梁

本命令在剖面楼板处按给出尺寸加梁剖面，剪裁双线楼板底线。

菜单命令：剖面→加剖断梁（JPDL）

单击菜单命令后，命令行提示：

请输入剖面梁的参照点 ＜退出＞：点取楼板顶面的定位参考点

梁左侧到参照点的距离 ＜100＞：键入新值或回车接受默认值

梁右侧到参照点的距离 ＜150＞：键入新值或回车接受默认值

梁底边到参照点的距离 ＜300＞：键入包括楼板厚在内的梁高

命令剪裁楼板底线，绘制剖断梁如图 10-2-4 所示。

10.2.7　剖面门窗

本命令可连续插入剖面门窗（包括含有门窗过梁或开启门窗扇的非标准剖面门窗），可替换已经插入的剖面门窗。此外，还可以修改剖面门窗高度与窗台高度值，为剖面门窗详图的绘制和修改提供了全新的工具。

菜单命令：剖面→剖面门窗（PMMC）

单击菜单命令后，显示“剖面门窗样式”对话框如图 10-2-5 所示。

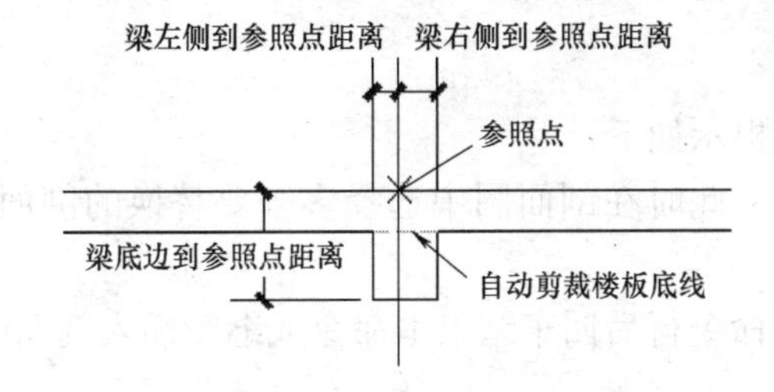

图 10-2-4　加剖断梁实例

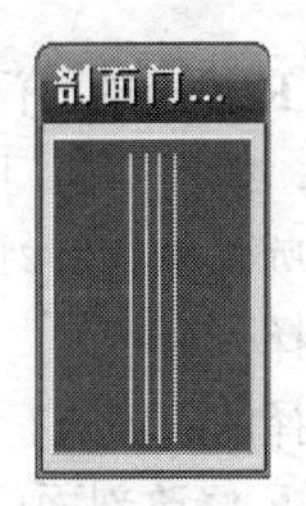

图 10-2-5　剖面门窗窗样式对话框

其中显示默认的剖面门窗样式，如果上次插入过剖面门窗，最后的门窗样式即为默认的剖面门窗样式被保留，同时命令行提示：

请点取要插入门窗的剖面墙线[选择剖面门窗样式(S)/替换剖面门窗(R)/改窗台高(E)/改窗高(H)]＜退出＞：

点取要插入门窗的剖面墙线或者键入其他热键选择门窗替换、替换门窗样式、修改门窗参数。

键入 S 或单击如图 10-2-5 所示对话框的门窗图像，可重新从图库中选择门窗样式。

对剖面图库的操作详见【图库管理】；在剖面编辑中最常用的是工具栏右面的图块替换功能。

以下分别介绍【剖面门窗】命令中常用的选项操作。

插入剖面门窗的操作

选择墙线插入门窗时，自动找到所点取墙线上标高为 0 的点作为相对位置，命令行接着显示：

门窗下口到墙下端距离＜900＞：点取门窗的下口位置或键入相对高度值

门窗的高度＜1500＞：键入新值或回车接受默认值

分别输入数值后，即按所需插入剖面门窗，然后命令返回如上提示，以上一个距离为默认值插入下一个门窗，图形中的插入基点移到刚画出的门窗顶端，循环反复，以＜Esc＞键退出命令。

键入 S 选择剖面门窗

键入 S 热键后，进入剖面门窗图库如图 10-2-6 所示，在此剖面门窗图库中双击选择所需的剖面门窗作为当前门窗样式，可供替换或者插入使用。

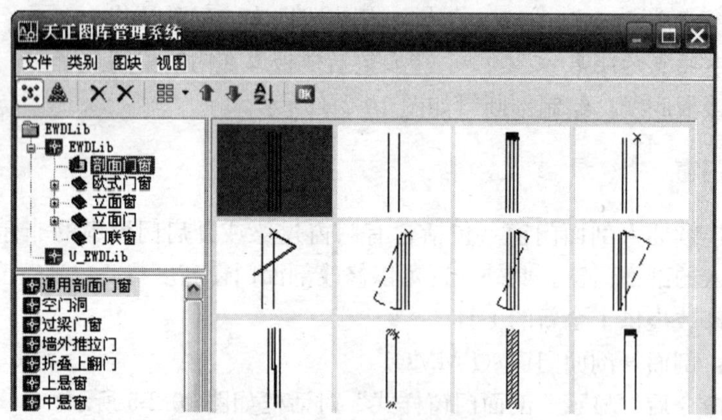

图 10-2-6　剖面门窗图库

键入 R 替换剖面门窗

键入 R，替换剖面门窗选项，命令行提示如下：

请选择所需替换的剖面门窗＜退出＞：此时在剖面图中选择多个要替换的剖面门窗，回车结束选择

对所选择的门窗进行统一替换，返回命令行后回车结束本命令或继续插入剖面门窗。

键入 E 修改剖面门窗

键入 E，修改剖面窗台高选项，提示如下：

请选择剖面门窗<退出>:此时可在剖面图中选择多个要修改窗台高的剖面门窗，以回车确认

请输入窗台相对高度[点取窗台位置(S)]<退出>:

输入相对高度，正值上移，负值下移，或者键入S，给点定义窗台位置

▶键入H修改剖面门窗

键入H，修改剖面门窗高度的选项，提示如下：

请选择剖面门窗<退出>:此时可在剖面图中选择多个要统一修改门窗高的剖面门窗，以回车确认

请指定门窗高度<退出>:用户此时可键入一个新的统一高度值，以回车确认更新

▶剖面门窗图块的定制

剖面门窗与立面门窗图块定制方法类似。立剖面门窗图块的基点必须是窗洞的左下角，如果窗洞的右上角不与图块外框的右上角重合，图块中要加一个点（Point）来作为控制点，标明窗洞的右上角，门窗替换时门窗图块的基点和右上角控制点将与窗洞的左下角点和右上角点对齐。如果自定义立剖面门窗的窗洞右上角点与图块外框的右上角一致，则不必绘制控制点，如图10-2-7右图所示。

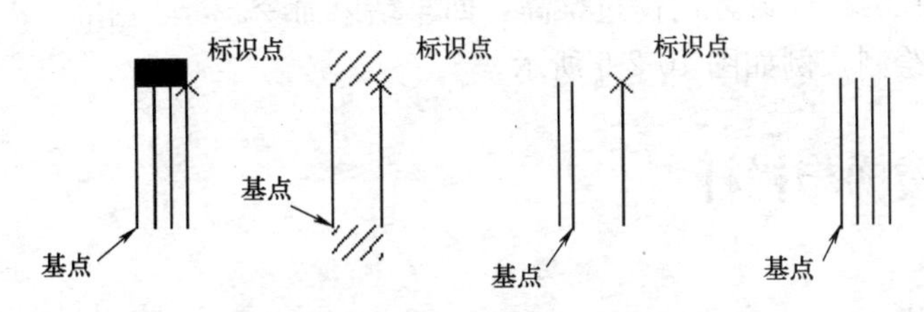

图10-2-7 剖面门窗图块定制实例

图10-2-7中的标识点是需要用点（Point）命令绘制的，而基点是在入库或重制图块时点取的插入基点，不需要特意绘制；入库使用【通用图库】命令中的“新图入库”，如果剖面图是在原图块基础上修改，请对插入后的图块执行两次分解（Explode）命令，把图块分解为线，然后才能进行入库操作。

10.2.8 剖面檐口

本命令在剖面图中绘制剖面檐口。

菜单命令：剖面→剖面檐口(PMYK)

单击菜单命令后，显示对话框如图10-2-8所示。

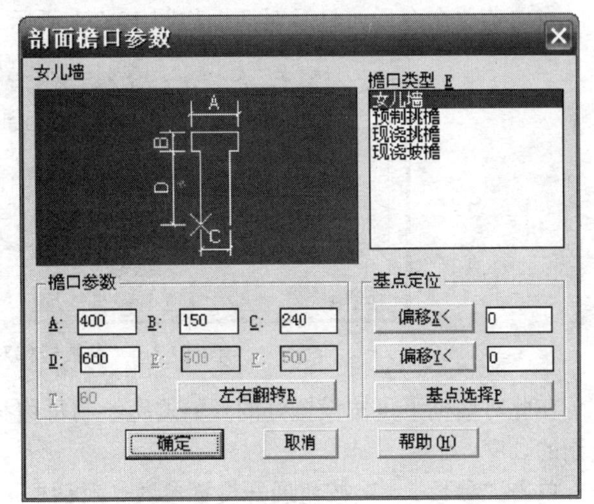

图10-2-8 剖面檐口对话框

▶对话框控件的功能说明

［**檐口类型**］ 选择当前檐口的形式，有四个选项：“女儿墙”、“预制挑檐”、“现浇挑檐”和“现浇坡檐”。

［**檐口参数**］ 确定檐口的尺寸及相对位置。各参数的意义参见示意图，“左右翻转 R”可使檐口作整体翻转。

［**基点定位**］ 用以选择屋顶的基点与屋顶的角点的相对位置包括：“偏移 X<“偏移 Y<”和“基点选择 P”三个按钮。

选定檐口形式并确定各参数，单击“确定”后，命令行提示：

请给出剖面檐口的插入点<退出>：给出檐口插入点后，绘出所需的檐口

10.2.9　门窗过梁

本命令可在剖面门窗上方画出给定梁高的矩形过梁剖面，带有灰度填充。

菜单命令：剖面→门窗过梁（MCGL）

单击菜单命令后，命令行提示：

选择需加过梁的剖面门窗：

点取要添加过梁的剖面门窗图块，可多选

……

选择需加过梁的剖面门窗： 回车退出选择

输入梁高<120>： 键入门窗过梁高，回车结束命令。

门窗过梁的绘制实例如图 10-2-9 所示。

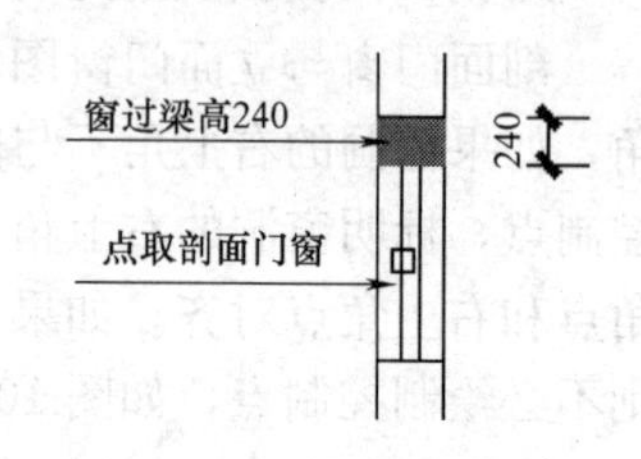

图 10-2-9　门窗过梁实例

10.3　剖面楼梯与栏杆

10.3.1　参数楼梯

本命令在包括两种梁式楼梯和两种板式楼梯，并可从平面楼梯获取梯段参数，本命令一次可以绘制超过一跑的双跑 U 形楼梯，条件是各跑的步数相同，而且之间对齐（没有错步），此时参数中的梯段高是其中的分段高度而非总高度。

菜单命令：剖面→参数楼梯（CSLT）

点取菜单命令后，显示对话框如图 10-3-1 所示。

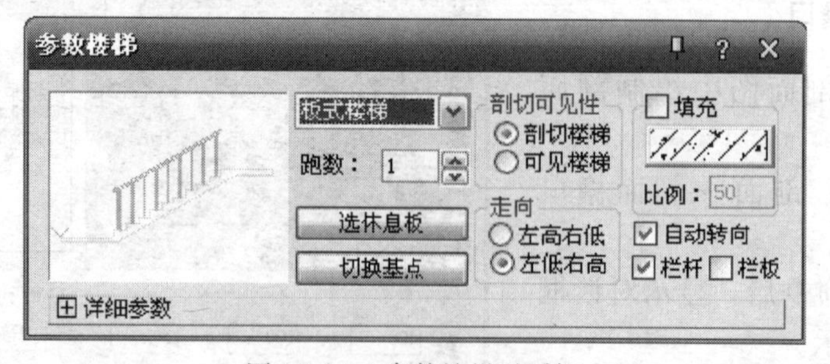

图 10-3-1　参数楼梯对话框

在此对话框下可按设置好的参数逐跑绘制每跑参数不同的多层剖面楼梯，以下为逐跑绘制的顺序：

单击“参数...”按钮展开设置参数，对话框展开为如图 10-3-3 所示，再次单击“参数...”按钮收缩对话框。在此对话框下，可按设置好的参数逐跑绘制每跑参数不同的多

层剖面楼梯。

用户绘制参数楼梯的实例

以自动转向功能绘制4段带栏杆的剖面楼梯，可以设置每一梯段的高度和踏步数各不相同：

点取【参数楼梯】命令进入对话框，单击“详细参数”按钮展开对话框设置参数，再单击“详细参数”按钮返回，设置当前为“自动转向”、“左低右高”、绘制“栏杆”，第一梯段两端都有休息板，如图10-3-2图1所示，此时拖动光标到绘图区，命令提示如下。

请选择插入点<退出>：此时在楼梯间的一端0标高处取点，楼梯自动换向，同时切换为可见梯段，此时单击“选休息板”按钮选择右边无平台板，如图10-3-2图2所示；

请选择插入点<退出>：此时在休息平台右侧顶面处取点，楼梯自动换向，同时切换为剖切梯段以及左边无楼板（平台板）状态，如图10-3-2图3所示；

请选择插入点<退出>：此时在楼板（平台板）左侧顶面处取点，楼梯自动换向，同时切换为可见梯段以及右边无平台板状态，如图10-3-2图4所示；

请选择插入点<退出>：此时在休息平台右侧顶面处取点，回车结束4段楼梯的绘制，结果如下图所示，最后以【扶手接头】命令连接扶手。

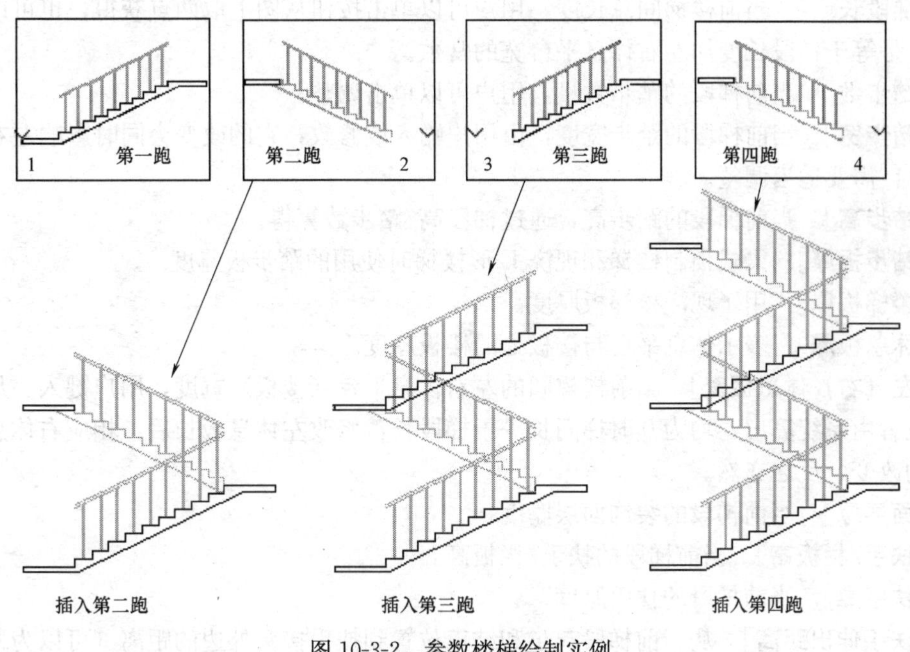

图10-3-2 参数楼梯绘制实例

对话框控件的说明

［**梯段类型列表**］ 选定当前梯段的形式，有四种可选：板式楼梯、梁式现浇L形、梁式现浇△形和梁式预制。

［**跑数**］ 默认跑数为1，在无模式对话框下可以连续绘制，此时各跑之间不能自动遮挡；跑数大于2时，各跑之间按剖切与可见关系自动遮挡。

［**剖切可见性**］ 用以选择画出的梯段是剖切部分还是可见部分，以图层S_STAIR或S_E_STAIR表示，颜色也有区别。

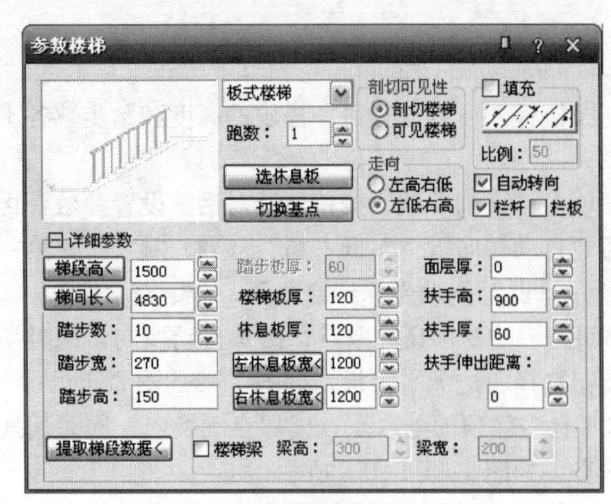

图 10-3-3　参数楼梯对话框展开

［**自动转向**］　在每次执行单跑楼梯绘制后，楼梯走向会自动更换，便于绘制多层的双跑楼梯。

［**选休息板**］　用于确定是否绘出左右两侧的休息板：全有、全无、左有和右有。

［**切换基点**］　确定基点（绿色×）在楼梯上的位置，在左右平台板端部切换。

［**栏杆/栏板**］　一对互锁的复选框，切换栏杆或者栏板，也可两者都不勾选。

［**填充**］　以颜色填充剖切部分的梯段和休息平台区域，可见部分不填充。

［**梯段高＜**］　当前梯段左右平台面之间的高差。

［**梯段长＜**］　当前楼梯间总长度，用户可以单击按钮从图上取两点获得，也可以直接键入，是等于梯段长度加左右休息平台宽的常数。

［**踏步数**］　当前梯段的踏步数量，用户可以单击调整。

［**踏步宽**］　当前梯段的踏步宽度，由用户输入或修改，它的改变会同时影响左右休息平台宽，需要适当调整。

［**踏步高**］　当前梯段的踏步高，通过梯段高/踏步数算得。

［**踏步板厚**］　梁式预制楼梯和现浇 L 形楼梯时使用的踏步板厚度。

［**楼梯板厚**］　用于现浇楼梯板厚度。

［**休息板厚**］　表示休息平台与楼板处的楼板厚度。

［**左（右）休息板宽**］　当前楼梯间的左右休息平台（楼板）宽度，用户键入、从图上取得或者由系统算出，均为 0 时梯间长等于梯段长，修改左休息板长后，相应右休息板长会自动改变，反之亦然。

［**面层厚**］　当前梯段的装饰面层厚度。

［**扶手/栏板高**］　当前梯段的扶手/栏板高。

［**扶手厚**］　当前梯段的扶手厚度。

［**扶手伸出距离**］　从当前梯段起步和结束位置到扶手接头外边的距离（可以为 0）。

［**提取楼梯数据＜**］　从天正 5 以上平面楼梯对象提取梯段数据，双跑楼梯时只提取第一跑数据。

［**楼梯梁**］　勾选后，分别在编辑框中输入楼梯梁剖面的高度和宽度。

［**斜梁高**］　选梁式楼梯后出现此参数，应大于楼梯板厚。

> **注意：**直接创建的多跑剖面楼梯带有梯段遮挡特性，逐段叠加的楼梯梯段不能自动遮挡栏杆，请使用 AutoCAD 剪裁命令自行处理。

以上提及的参数意义如图 10-3-4 所示。

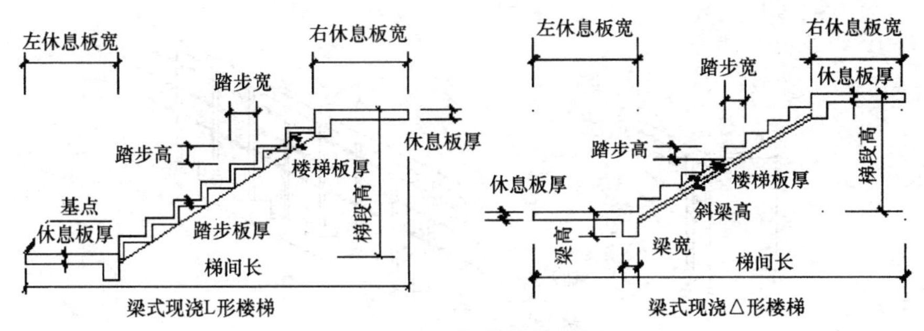

图 10-3-4 参数楼梯实例

10.3.2 参数栏杆

本命令按参数交互方式生成楼梯栏杆。

菜单命令：剖面→参数栏杆（CSLG）

点取菜单命令后，显示对话框如图 10-3-5 所示。

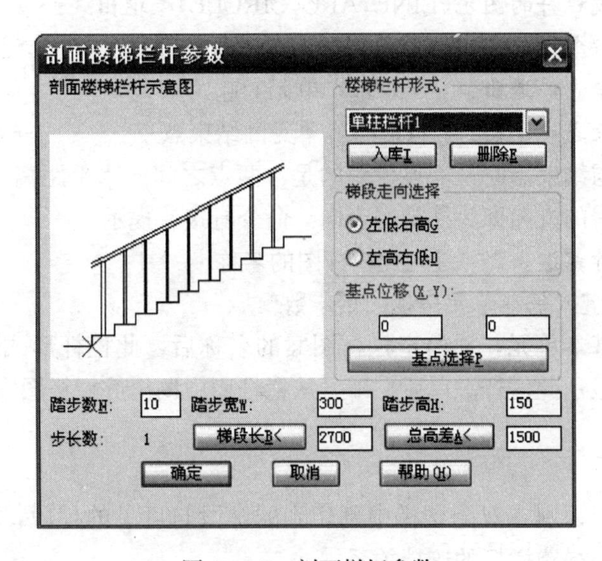

图 10-3-5 剖面栏杆参数

对话框控件的说明

[**栏杆列表框**] 列出已有的栏杆形式

[**入库**] 用来扩充栏杆库

[**删除**] 用来删除栏杆库中由用户添加的某一栏杆形式

[**步长数**] 指栏杆基本单元所跨越楼梯的踏步数

在对话框中输入合适的参数，单击“确定”按钮，命令行提示：

请给出剖面楼梯栏杆的插入点 <退出>：点取插入点后，插入剖面楼梯栏杆

栏杆单元与对应的栏杆插入完成结果如图 10-3-6 所示。

用户制作新栏杆

1. 在图中绘制一段楼梯，以此楼梯为参照物，绘制栏杆基本单元，从而确定了基本

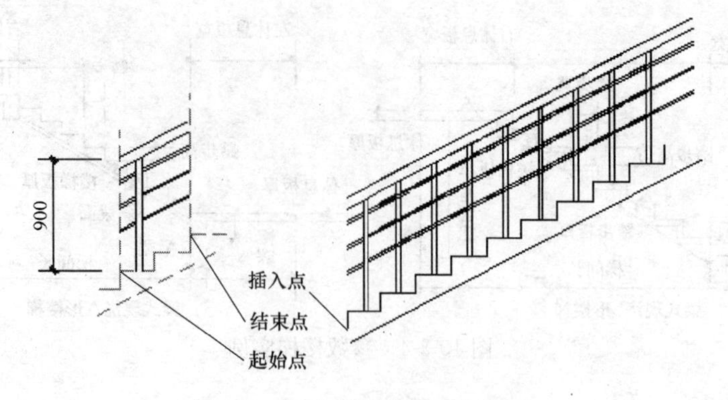

图 10-3-6　参数栏杆单元与插入

单元与楼梯的相对位置关系，如图 10-3-6 左图所示。注意栏杆高度由用户给定，一经确定，就不会随后续踏步参数的变化而变化。

2. 点取【参数栏杆】命令进入对话框，再点取“入库 I”按钮，命令行提示：

请选取要定义成栏杆的图元(LINE,ARC,CIRCLE)<退出>:

此时可开窗选取图元，选中的图元亮显，选毕命令行显示：

栏杆图案的起始点<退出>：点取基本单元的起始点

栏杆图案的结束点<退出>：点取基本单元的结束点

在点取起始点与结束点时，需要说明的是：两点之间的水平距离为基本单元的长度，也即步长；两点连线的方向即为楼梯的走向。命令行接着提示：

栏杆图案的名称<退出>：键入此栏杆图的名称

步长数<1>：键入基本单元跨越的踏步数

定义好栏杆的基本单元，并给定栏杆图案的名称后，此栏杆形式便装入楼梯栏杆库中，并在示意图中显示此栏杆。以后，即可从栏杆库中调出此栏杆图案。

10.3.3　楼梯栏杆

本命令根据图层识别在双跑楼梯中剖切到的梯段与可见的梯段，按常用的直栏杆设计，自动处理两相邻梯跑栏杆的遮挡关系。

菜单命令：剖面→楼梯栏杆（LTLG）

点取菜单命令后，命令行提示：

请输入楼梯扶手的高度<1000>：键入新值或回车接受默认值

是否打断遮挡线<Y/N>？<Yes>　键入 N 或者回车使用默认值

回车后由系统处理可见梯段被剖面梯段的遮挡，自动截去部分栏杆扶手；命令行接着显示：

输入楼梯扶手的起始点<退出>:

结束点<退出>:

……

重复要求输入各梯段扶手的起始点与结束点，分段画出楼梯栏杆扶手，键入<回车>退出。

10.3.4　楼梯栏板

本命令根据实心栏板设计，可按图层自动处理栏板遮挡踏步：对可见梯段以虚线表示；对剖面梯段以实线表示。

菜单命令：剖面→楼梯栏板（LTLB）

本命令操作与【楼梯栏杆】命令相同，栏杆与栏板的实例如图 10-3-7 所示。

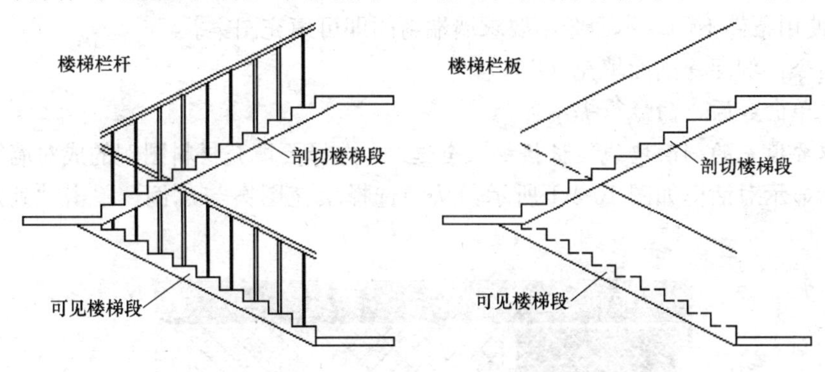

图 10-3-7　楼梯栏杆与楼梯栏板实例

10.3.5　扶手接头

本命令与剖面楼梯、参数栏杆、楼梯栏杆、楼梯栏板各命令均可配合使用，对楼梯扶手和楼梯栏板的接头作倒角与水平连接处理，水平伸出长度可以由用户输入。

菜单命令：剖面→扶手接头（FSJT）

请输入扶手伸出距离<0.00>：100

请选择是否增加栏杆[增加栏杆(Y)/不增加栏杆(N)]<增加栏杆(Y)>：

默认是在接头处增加栏杆（对栏板两者效果相同）；

请指定两点来确定需要连接的一对扶手！选择第一个角点<取消>：给出第一点

另一个角点<取消>：给出第二点，开始处理第一对扶手（栏板），继续提示：

请指定两点来确定需要连接的一对扶手！选择第一个角点<取消>：给出第一点

另一个角点<取消>：给出第二点，处理第二对扶手（栏板），继续提示角点，最后以回车退出命令

……

楼梯扶手的接头效果是近段遮盖远段，图 10-3-8 为处理栏杆与栏板的实例。

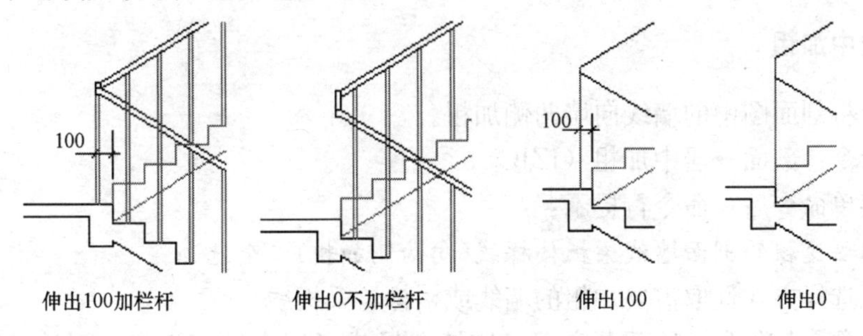

图 10-3-8　楼梯栏杆与楼梯栏板实例

10.4 剖面加粗与填充

10.4.1 剖面填充

本命令将剖面墙线与楼梯按指定的材料图例作图案填充，与 AutoCAD 的图案填充（Bhatch）使用条件不同，本命令不要求墙端封闭即可填充图案。

菜单命令：剖面→剖面填充（PMTC）

点取菜单命令后，命令行提示：

请选取要填充的剖面墙线梁板楼梯<全选>：选择要填充材料图例的成对墙线

回车后显示对话框如图 10-4-1 所示，从中选择填充图案与比例，单击“确定”后执行填充。

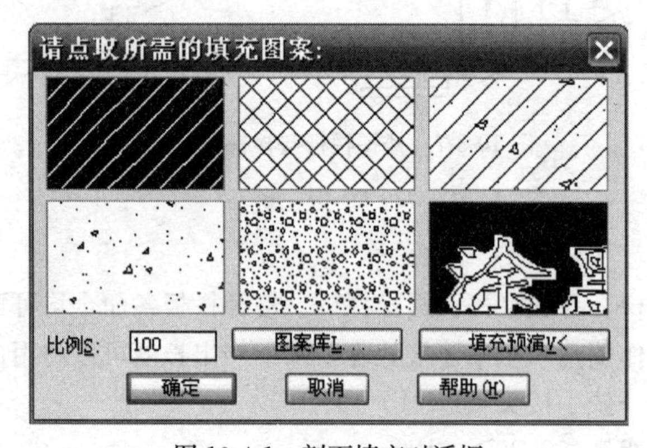

图 10-4-1 剖面填充对话框

如图 10-4-2 所示是不同材料图例的墙剖面填充效果（没有加粗）。

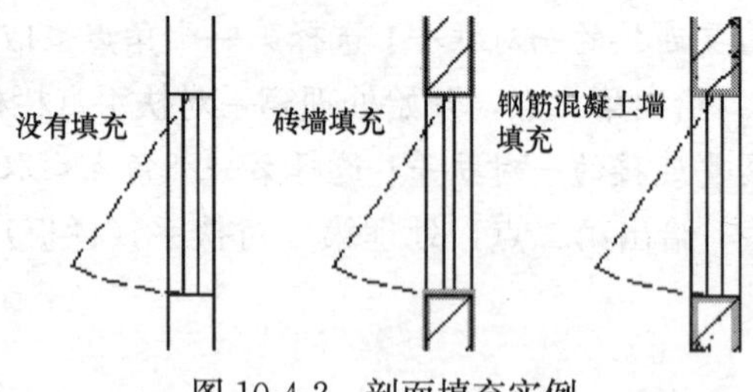

图 10-4-2 剖面填充实例

10.4.2 居中加粗

本命令将剖面图中的墙线向墙两侧加粗。

菜单命令：剖面→居中加粗（JZJC）

点取菜单命令后，命令行提示：

请选取要变粗的剖面墙线梁板楼梯线(向两侧加粗)<全选>：

以任意选择方式选取需要加粗的墙线或楼梯、梁板线

选择对象：上次选择的部分亮显，继续选择或者回车结束选择，误选按 Esc 键放弃

命令。

完成命令后，选中的部分加粗，这些加粗的墙线是绘制在PUB_WALL图层的多段线，如果需要对加粗后的墙线进行编辑，应该先执行【取消加粗】命令。

10.4.3 向内加粗

本命令将剖面图中的墙线向墙内侧加粗，能做到窗墙平齐的出图效果。

菜单命令：剖面→向内加粗（XNJC）

本命令操作与【居中加粗】命令相同，两种加粗的效果如图10-4-3所示。

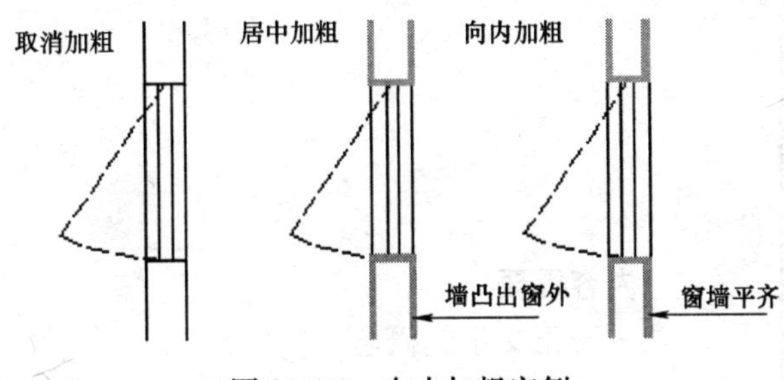

图10-4-3 向内加粗实例

10.4.4 取消加粗

本命令将已加粗的剖面墙线恢复原状，但不影响该墙线已有的剖面填充。

菜单命令：剖面→取消加粗（QXJC）

点取菜单命令后，命令行提示：

请选取要恢复细线的剖切线 <全选>：选取已经加粗的墙线或回车恢复本图所有的加粗墙线

选择对象：继续选择或者回车结束选择，误选按Esc键放弃命令。

第 11 章 文字表格

内容提要

• 天正文字的概念

天正在其系列软件中提供了自定义的文字对象，有效地改善了中西文字混合注写的效果，提供了上下标和工程字符的输入。

• 天正表格的概念

天正在其系列软件中提供了自定义的表格对象，具有多层次结构，表格内的文字可以在位编辑。

• 天正文字工具

包括文字样式定义以及单行文字、多行文字等注写命令，以及中国特色的简繁体转换命令、文字替换命令等工具。

• 天正表格工具

包括表格的创建工具，天正表格与电子表格 Excel 软件之间的转换命令与行列编辑工具。

• 表格单元编辑

介绍表格的单元编辑工具，表格单元的修改可通过双击对象编辑和在位编辑实现。

11.1　天正文字的概念

文字表格的绘制在建筑制图中占有重要的地位，所有的符号标注和尺寸标注的注写离不开文字内容，而必不可少的设计说明整个图面主要是由文字和表格所组成。

AutoCAD 提供了一些文字书写的功能，但主要是针对西文的，对于中文字，尤其是中西文混合文字的书写，编辑就显得很不方便。在 AutoCAD 简体中文版的文字样式里，尽管提供了支持输入汉字的大字体（bigfont），但是 AutoCAD 却无法对组成大字体的中英文分别规定高宽比例，您即使拥有简体中文版 AutoCAD，有了文字字高一致的配套中英文字体，但完成的图纸中的尺寸与文字说明里，依然存在中文与数字符号大小不一、排列参差不齐的问题，长期没有根本的解决方法。

一、AutoCAD 的文字问题

AutoCAD 提供了设置中西文字体及宽高比的命令—Style，但只能对所定义的中文和西文提供同一个宽高比和字高，即使是号称本地化的 AutoCAD 2000 简体中文版本亦是如此；而在建筑设计图纸中，如将中文和西文写成一样大小是很难看的；而且 AutoCAD 不支持建筑图中常常出现的上标与特殊符号，如面积单位 m^2 和我国大陆地区特有的二三级钢筋符号等。AutoCAD 的中英文混排存在的问题主要有：

1. AutoCAD 汉字字体与西文字体高度不等；
2. AutoCAD 汉字字体与西文字体宽度不匹配；
3. Windows 的字体在 AutoCAD 内偏大（名义字高小于实际字高）。

二、天正建筑 3.0 的文字

旧版本天正的文字注写依然采用 AutoCAD 文字对象，分别调整中文与西文两套字体的宽高比例，再把用户输入的中西文混合字串里中西文分开，使两者达到比例最佳的效果；但是带来问题是：一个完整字串被分解为多个对象，导致文字的编辑和复制、移动都十分不便，特别是当比例改变后，文字多的图形常常需要重新调整版面。

三、天正建筑高版本的文字

天正新开发的自定义文字对象改进了原有的文字对象，可方便地书写和修改中西文混合文字，可使组成天正文字样式的中西文字体有各自的宽高比例，方便地输入和变换文字的上下标。特别是天正对 AutoCAD 的 SHX 字体与 Windows 的 Truetype 字体存在名义字高与实际字高不等的问题作了自动修正，使汉字与西文的文字标注符合国家制图标准的要求。此外，由于我国的建筑制图规范规定了一些特殊的文字符号，在 AutoCAD 中提供的标准字体文件中无法解决，国内自制的各种中文字体繁多，不利于图档交流，为此天正建筑在文字对象中提供了多种特殊符号，如钢号、加圈文字、上标、下标等处理，但与非对象格式文件交流时，要进行格式转换处理。

四、中文字体的使用

在 AutoCAD 中注写中文如果希望文件处理效率高，还是不要使用 Windows 的字体，而应该使用 AutoCAD 的 SHX 字体，这时需要文件扩展名为 .SHX 的中文大字体，最常见的汉字形文件名是 HZTXT. SHX，在 AutoCAD 简体中文版中还提供了中西文等高的一套国标字体，名为 GBCBIG. SHX（仿宋）、GBENOR. SHX（等线）、GBEITC. SHX

（斜等线），是近年来得到广泛使用的字体。其他还有：CHINA. SHX、ST64F. SHX（宋体）、HT64F. SHX（黑体）、FS64F. SHX（仿宋）和 KT64F. SHX（楷体）等，还有些公司对常用字体进行修改，加入了一些结构专业标注钢筋等的特殊符号，如探索者、PK-PM 软件都带有各自的中文字体，所有这些能在 AutoCAD 中使用的汉字字体文件都可以在天正软件中使用。

要使用新的 AutoCAD 字体文件（*. SHX），可将它复制到 \ AutoCAD200X \ Fonts 目录下，在天正软件中执行【文字样式】命令时，从对话框的字体列表中就能看见相应的文件名。

要使用 Windows 下的各种 Turetype 字体，只要把新的 Turetype 字体（*. TTF），复制到 \ Windows \ Fonts 目录下，利用它可以直接写出实心字，缺点是导致绘图的运行效率降低。图 11-1-1 是各种字体在 AutoCAD 和天正软件下的效果比较。

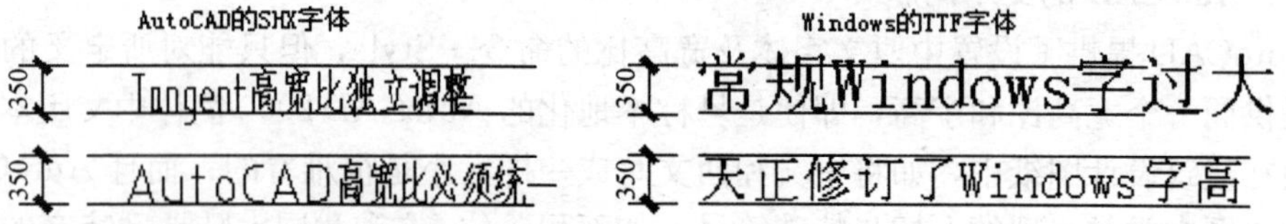

图 11-1-1　字体的比较

五、特殊文字符号的导出

在天正文字对象中，这些符号和普通文字是结合在一起的，属于同一个天正文字对象，因此在【图形导出】命令转为 T3 或其他不支持新符号的低版本时，会把这些符号分解为以 AutoCAD 文字和图形表示的非天正对象，如加圈文字在图形导出到 T6 格式图形时，旧版本文字对象不支持加圈文字，因此分解为外观与原有文字大小相同的文字与圆的叠加，图 11-1-2 为天正文字对象支持的特殊文字符号。

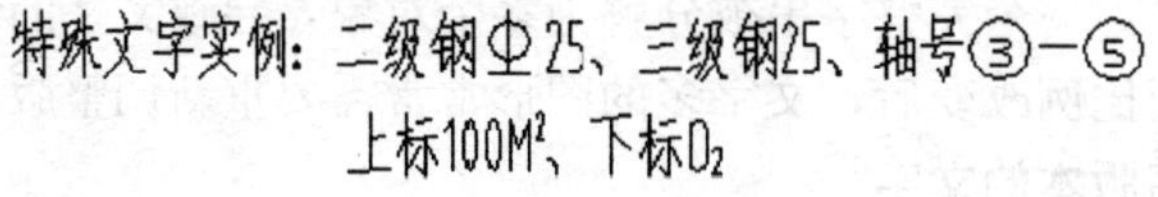

图 11-1-2　特殊文字符号

11.2　天正表格的概念

天正表格是一个具有层次结构的复杂对象，用户应该完整地掌握如何控制表格的外观表现，制作出美观的表格。天正表格对象除了独立绘制外，还在门窗表和图纸目录、窗日照表等处应用，请参阅有关章节。

11.2.1　表格的构造

◆ 表格的功能区域组成：标题和内容两部分。

◆ 表格的层次结构：由高到低的级次为：1. 表格，2. 标题、表行和表列，3. 单元格和合并格。

◆ 表格的外观表现：文字、表格线、边框和背景，表格文字支持在位编辑，双击文字即可进入编辑状态，按方向键，文字光标即可在各单元之间移动。

表格对象由单元格、标题和边框构成，单元格和标题的表现是文字，边框的表现是线条，单元格是表行和表列的交汇点。天正表格通过表格全局设定、行列特征和单元格特征三个层次控制表格的表现，可以制作出各种不同外观的表格。

图 11-2-1 和图 11-2-2 分别为标题在边框内与标题在边框外的表格对象图解。

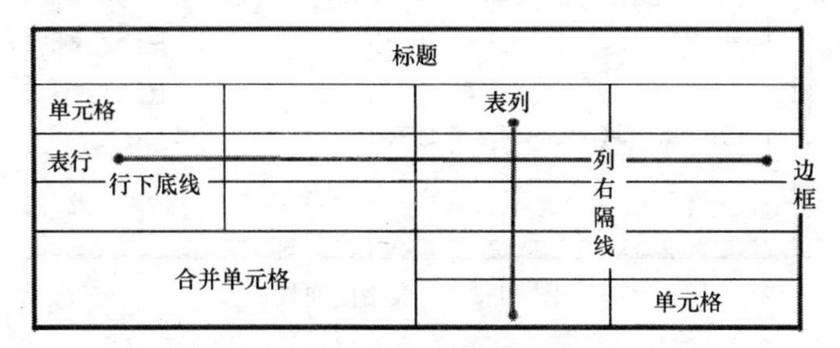

图 11-2-1　标题在内的表格对象示意图

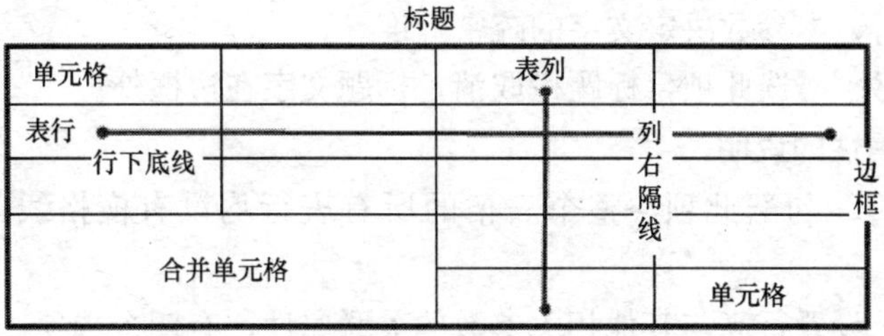

图 11-2-2　标题在外的表格对象示意图

11.2.2　表格的特性设置

◆ 全局设定：表格设定。控制表格的标题、外框、表行和表列和全体单元格的全局样式。

◆ 表行：表行属性。控制选中的某一行或多个表行的局部样式。

◆ 表列：表列属性。控制选中的某一列或多个表列的局部样式。

◆ 单元：单元编辑。控制选中的某一个或多个单元格的局部样式。

11.2.3　表格的属性

双击表格边框进入表格设定对话框如图 11-2-3，可以对标题、表行、表列和内容等全局属性进行设置。

◆ 在［表格设定］中的全局属性项如果勾选了“强制下属…”复选框，则影响全局；不勾选此项，只影响未设置过个性化的单元格。

◆ 在［行设定］/［列设定］中，如果勾选了“继承…”复选框，则本行或列的属性继承［表格设定］中的全局设置，不勾选则本次设置生效。

◆ 个性化设置只对本次选择的单元格有效，边框属性只有设不设边框的选择。

▶标题属性的说明

［**隐藏标题**］ 设置标题不显示。

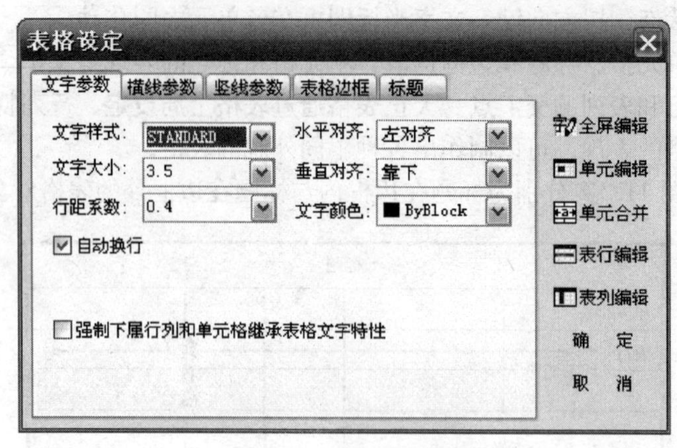

图 11-2-3　表格的属性

［**标题高度**］ 打印输出的标题栏高度，与图中实际高度差一个当前比例系数。

［**行距系数**］ 标题栏内的标题文字的行间的净距，单位是当前的文字高度，比如 1 为两行间相隔一空行，本参数决定文字的疏密程度。

［**标题在边框外**］ 选此项，标题栏取消，标题文字在边框外。

▶横线参数属性的说明

［**不分格横线**］ 勾选此项，整个表格的所有表行均没有横格线，其下方参数设置无效。

［**行高特性**］ 设置行高与其他相关参数的关联属性，有四个选项，默认是“自由”：

固定　行高固定为［行高］设置的高度不变；

至少　表示行高无论如何拖动夹点，不能少于全局设定里给出的全局行高值；

自动　选定行的单元格文字内容允许自动换行，但是某个单元格的自动换行要取决于它所在的列或者单元格是否已经设为自动换行；

自由　表格在选定行首部增加了多个夹点，可自由拖拽夹点改变行高。

［**强制下属各行继承**］ 勾选此项，整个表格的所有表行按本页设置的属性显示；不勾选，进行过单独个性设置的单元格保留原设置。

▶竖线参数属性的说明

［**不分格竖线**］ 勾选此项，整个表格的所有表行的均没有竖格线，其下方参数设置无效。

［**强制下属各列继承**］ 勾选此项，整个表格的所有表列按本页设置的属性显示，未涉及的选项保留原属性；不勾选，进行过单独个性设置的单元格保留原设置。

▶文字参数属性的说明

［**行距系数**］ 单元格内的文字的行间的净距，单位是当前的文字高度。

［**强制下属行列和单元格继承**］ 勾选此项，单元格内的所有文字强行按本页设置的属性显示，未涉及的选项保留原属性。不勾选，进行过单独个性设置的单元格文字保留原设置。

11.2.4　表行编辑

【表行编辑】命令在右键菜单中，首先选中准备编辑表格，右击表行编辑菜单项，进入本命令后移动光标选择表行，单击进入如图 11-2-4 所示对话框。

行参数的说明

［**继承表格横线参数**］ 勾选此项，本次操作的表行对象按全局表行的参数设置显示。

［**自动换行**］ 勾选此项，本行文字自动换行。这个设置必须和行高特性配合才可以完成，即行高特性必须为自由或自动。否则，文字换行后覆盖表格前一行或后一行。

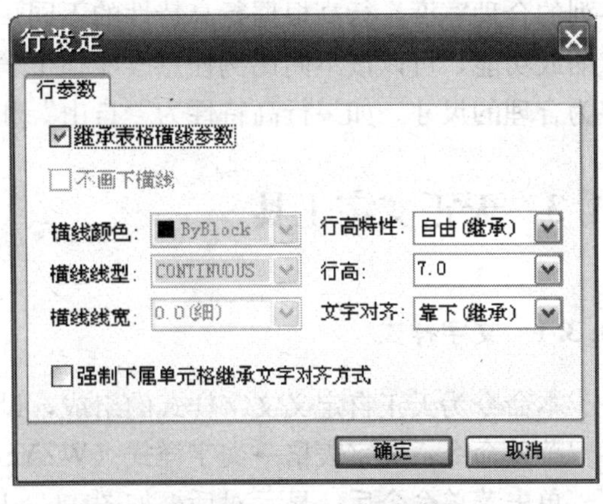

图 11-2-4　行设定对话框

11.2.5　表列编辑

表行编辑命令在右键菜单中，首先选中准备编辑表格，右击表列编辑菜单项，进入本命令后，移动光标选择表列，单击进入如图 11-2-5 所示对话框。

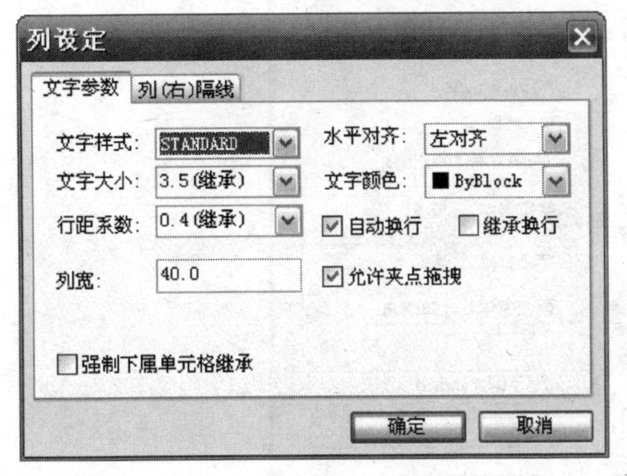

图 11-2-5　列设定对话框

列参数的说明

［**继承表格竖线参数**］ 勾选此项，本次操作的表列对象按全局表列的参数设置显示。

［**强制下属单元格继承**］ 勾选此项，本次操作的表列各单元格按文字参数设置显示。

［**不设竖线**］ 勾选此项，相邻两列间的竖线不显示，但相邻单元不进行合并。

［**自动换行**］ 勾选此项，表列内的文字超过单元宽后自动换行，必须和前面提到的行高特性结合才可以完成。

11.2.6　夹点编辑

对于表格的尺寸调整，除了用命令外，也可以通过选择表格，拖动如图 11-2-6 中的

移动表格

移动第1列	移动第2列	移动第3列	移动第4列
第一行第1列	第一行第2列	第一行第3列	第一行第4列
第二行第1列	第二行第2列	第二行第3列	第二行第4列
第三行第1列	第三行第2列	第三行第3列	第三行第4列
			角点缩放

图 11-2-6　表格的夹点编辑

夹点，获得合适的表格尺寸。在生成表格时，总是按照等分生成列宽，通过夹点可以调整各列的合理宽度，行高根据行高特性的不同，可以通过夹点、单元字高或换行来调整。角点缩放功能，可以按不同比例任意改变整个表格的大小，行列宽高、字高随着缩放自动调整为合理的尺寸。如果行高特性为“自由”和“至少”，那么就可以启用夹点来改变行高。

11.3 天正文字工具

11.3.1 文字样式

本命令为天正自定义文字样式的组成，设定中西文字体各自的参数。

菜单命令：文字表格→文字样式（WZYS）

单击菜单命令后，显示对话框如图 11-3-1 所示。

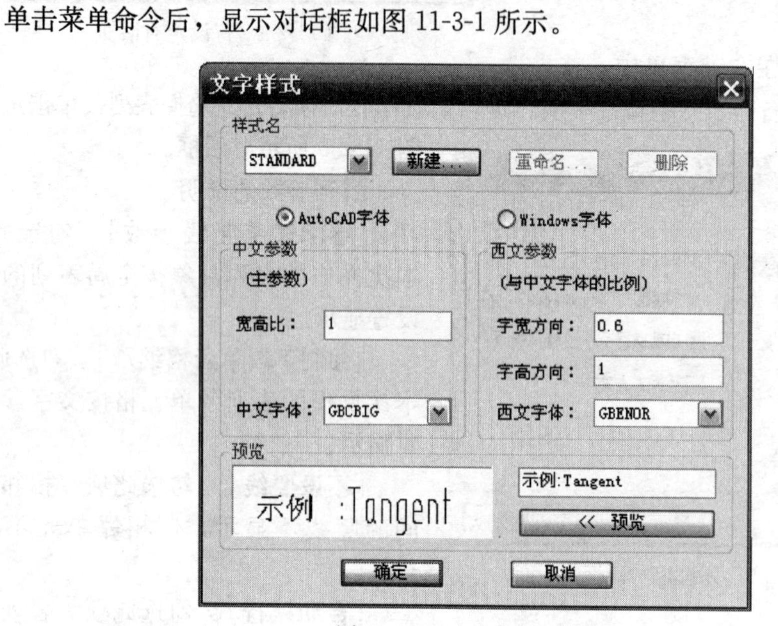

图 11-3-1　文字样式对话框

对话框控件的说明

［**新 建**］ 新建文字样式，首先给新文字样式命名，然后选定中西文字体文件和高宽参数。

［**重命名**］ 给文件样式赋予新名称。

［**删 除**］ 删除图中没有使用的文字样式，已经使用的样式不能被删除。

［**样式名**］ 显示当前文字样式名，可在下拉列表中切换其他已经定义的样式。

［**宽高比**］ 表示中文字宽与中文字高之比。

［**中文字体**］ 设置组成文字样式的中文字体。

［**字宽方向**］ 表示西文字宽与中文字宽的比。

［**字高方向**］ 表示西文字高与中文字高的比。

［**西文字体**］ 设置组成文字样式的西文字体。

［**Windows 字体**］ 使用 Windows 的系统字体 TTF，这些系统字体（如“宋体”等）

包含有中文和英文，只需设置中文参数即可。

［**预览**］　使新字体参数生效，浏览编辑框内文字以当前字体写出的效果。

［**确定**］　退出样式定义，把“样式名”内的文字样式作为当前文字样式。

文字样式由分别设定参数的中西文字体或者 Windows 字体组成，由于天正扩展了 AutoCAD 的文字样式，可以分别控制中英文字体的宽度和高度，达到文字的名义高度与实际可量度高度统一的目的，字高由使用文字样式的命令确定。

11.3.2　单行文字

本命令使用已经建立的天正文字样式，输入单行文字，可以方便为文字设置上下标、加圆圈、添加特殊符号，导入专业词库内容。

菜单命令：文字表格→单行文字（DHWZ）

单击菜单命令后，显示对话框如图 11-3-2 所示。

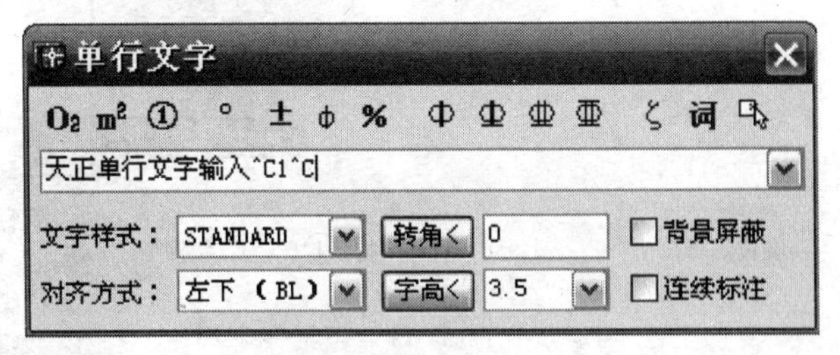

图 11-3-2　单行文字对话框

对话框控件的说明

［**文字输入列表**］　可供键入文字符号；在列表中保存有已输入的文字，方便重复输入同类内容，在下拉选择其中一行文字后，该行文字复制到首行。

［**文字样式**］　在下拉列表中选用已由 AutoCAD 或天正文字样式命令定义的文字样式。

［**对齐方式**］　选择文字与基点的对齐方式。

［**转 角<**］　输入文字的转角。

［**字 高<**］　表示最终图纸打印的字高，而非在屏幕上测量出的字高数值，两者有一个绘图比例值的倍数关系。

［**背景屏蔽**］　勾选后文字可以遮盖背景例如填充图案，本选项利用 AutoCAD 的 WipeOut 图像屏蔽特性，屏蔽作用随文字移动存在。

［**连续标注**］　勾选后单行文字可以连续标注。

［**上下标**］　鼠标选定需变为上下标的部分文字，然后点击上下标图标。

［**加圆圈**］　鼠标选定需加圆圈的部分文字，然后点击加圆圈的图标。

［**钢筋符号**］　在需要输入钢筋符号的位置，点击相应的钢筋符号。

［**其他特殊符号**］　点击进入特殊字符集，在弹出的对话框中选择需要插入的符号。

单行文字在位编辑实例

单行文字的在位编辑：双击图上的单行文字即可进入在位编辑状态，直接在图上显示编辑框，方向总是按从左到右的水平方向方便修改，如图 11-3-3 所示。

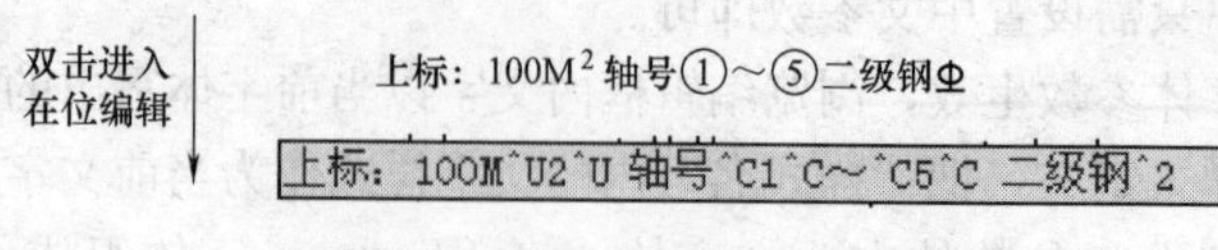

图 11-3-3 单行文字进入在位编辑

在需要使用特殊符号、专业词汇等时，移动光标到编辑框外右击，即可调用单行文字的快捷菜单进行编辑，使用方法与对话框中的工具栏图标完全一致，如图 11-3-4 所示。

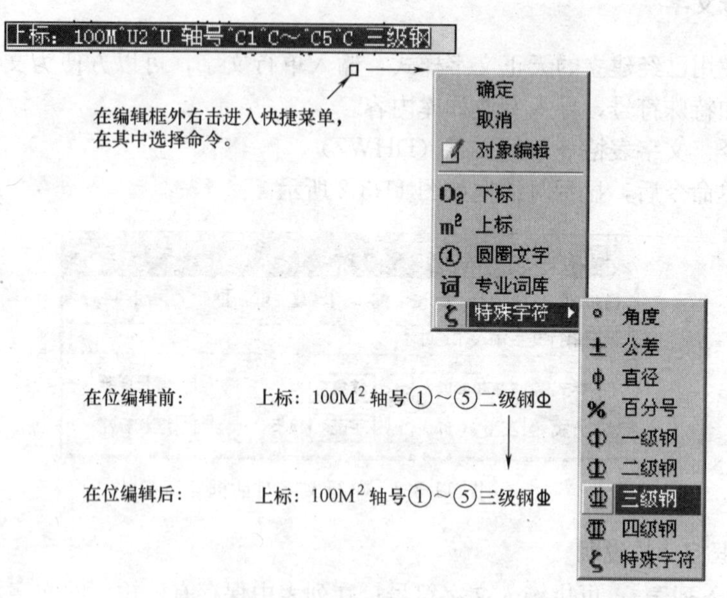

图 11-3-4 单行文字的在位编辑右键快捷菜单

11.3.3 多行文字

本命令使用已经建立的天正文字样式，按段落输入多行中文文字，可以方便设定页宽与硬回车位置，并随时拖动夹点改变页宽。

菜单命令：文字表格→多行文字

单击菜单命令后，显示对话框如图 11-3-5 所示。

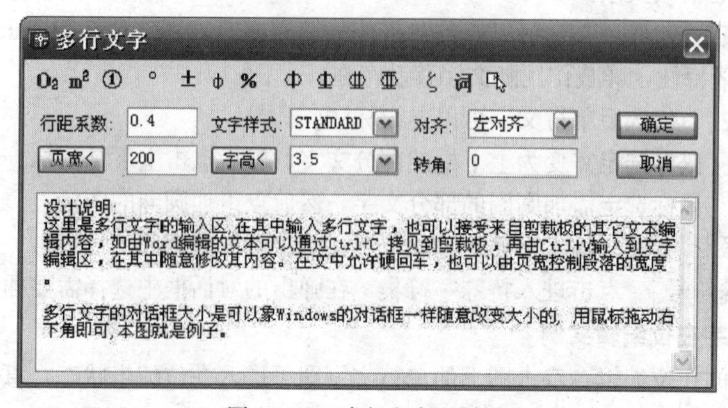

图 11-3-5 多行文字对话框

对话框控件的功能说明

［**文字输入区**］ 在其中输入多行文字，也可以接受来自剪裁板的其他文本编辑内容，如由Word编辑的文本可以通过<Ctrl+C>拷贝到剪贴板，再由<Ctrl+V>输入到文字编辑区，在其中随意修改其内容。允许硬回车，也可以由页宽控制段落的宽度。

［**行距系数**］ 与AutoCAD的MTEXT中的行距有所不同，本系数表示的是行间的净距，单位是当前的文字高度，比如1为两行间相隔一空行，本参数决定整段文字的疏密程度。

［**字高**］ 以毫米单位表示的打印出图后实际文字高度，已经考虑当前比例。

［**对齐**］ 决定了文字段落的对齐方式，共有左对齐、右对齐、中心对齐、两端对齐四种对齐方式。

其他控件的含义与单行文字对话框相同。

输入文字内容编辑完毕以后，单击“确定”按钮完成多行文字输入，本命令的自动换行功能特别适合输入以中文为主的设计说明文字。

多行文字对象设有两个夹点，左侧的夹点用于整体移动，而右侧的夹点用于拖动改变段落宽度，当宽度小于设定时，多行文字对象会自动换行，而最后一行的结束位置由该对象的对齐方式决定。

多行文字的编辑考虑到排版的因素，默认双击进入多行文字对话框，而不推荐使用在位编辑，但是可通过右键菜单进入在位编辑功能。

11.3.4 曲线文字

本命令有两种功能：直接按弧线方向书写中英文字符串，或者在已有的多段线(POLYLINE)上布置中英文字符串，可将图中的文字改排成曲线。

菜单命令：文字表格→曲线文字（QXWZ）

单击菜单命令后，命令的运行请参见以下实例说明。

A-直接写弧线文字/P-按已有曲线布置文字<A>：

直接注写弧线文字的实例

回车选取默认值，使用直接写出按弧形布置的文字的选项，提示如下：

请输入弧线文本圆心位置<退出>：点取圆心点

请输入弧线文本中心位置<退出>：点取字串中心插入的位置

输入文字：这时可以在命令行中键入文字，回车后继续提示

请输入字高<5>：键入新值或回车接受默认值

文字面向圆心排列吗(Yes/No)<Yes>?

回车后即生成按圆弧排列的曲线文字；若在提示中以N回应，可使文字背向圆心方向生成。

按已有曲线布置文字的实例

选项P可使文字按已有的曲线排列。在使用前，先用AutoCAD的Pline（复线）命令绘制一条曲线，有效的文字基线包括POLYLINE、ARC、CIRCLE等图元，其中POLYLINE可以经过拟合或者样条化处理。其后提示：

请选取文字的基线<退出>：用拾取框拾取作为基线的POLYLINE线后，提示：

输入文字：输入欲排在这条 POLYLINE 线上的文字，回车结束后，命令行显示：

请键入字高＜5＞：键入新值或回车接受默认值

系统将按等间距将输入的文字沿曲线书写在图上。曲线文字生成如图 11-3-6 所示。

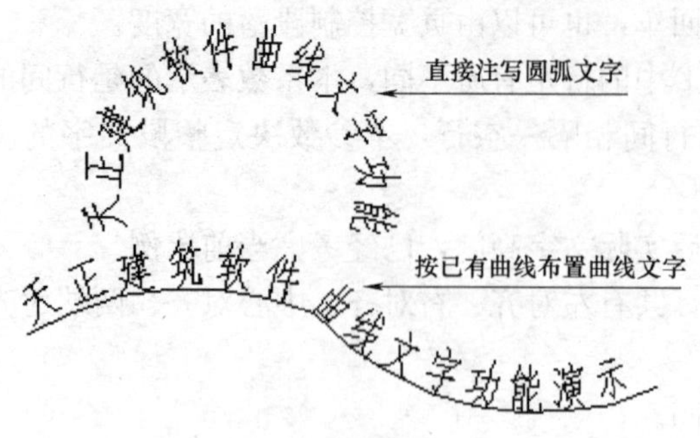

图 11-3-6　曲线文字实例

11.3.5　专业词库

本命令组织一个可以由用户扩充的专业词库，提供一些常用的建筑专业词汇随时插入图中，词库还可在各种符号标注命令中调用，其中做法标注命令可调用其中北方地区常用的 88J1-×12000 版工程做法的主要内容。词库数据采用 XML 格式保存，可由 dbf、txt 数据源读取数据转化为词库的 xml 文件，或从别的词库 xml 数据文件转化为词库的 xml 文件，同时支持将当前词库中数据导出为 txt 和 xml 文件。词汇可以在文字编辑区进行内容修改（更改或添加多行文字），单击“修改索引”按钮把原词汇作为索引使用，单击“入库”按钮可直接保存多行文字段落。

菜单命令：文字表格→专业词库（ZYCK）

单击菜单命令后，显示对话框如图 11-3-7 所示。

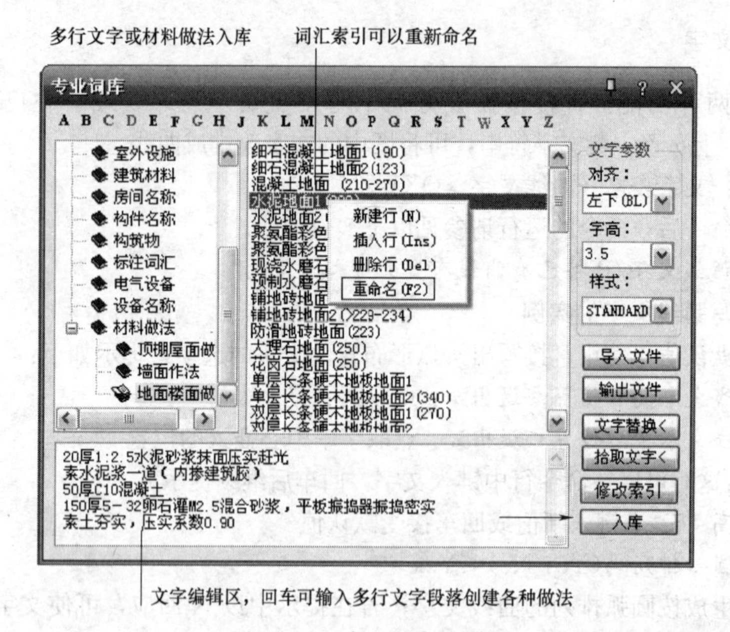

图 11-3-7　专业词库对话框

▶对话框控件的功能说明

［**词汇分类**］　在词库中按不同专业提供分类机制，也称为分类或目录，一个目录下列表存放很多词汇。

［**词汇索引表**］　按分类组织起词汇索引表，对应一个词汇分类的列表存放多个词汇或者索引，材料做法中默认为索引，以右键“重命名”修改。

［入 库］ 把编辑框内的内容保存入库，索引区中单行文字全显示，多行文字默认显示第一行，可以通过右键“重命名”修改作为索引名。

［**导入文件**］ 把文本文件中按行作为词汇，导入当前类别（目录）中，有效扩大了词汇量。

［**输出文件**］ 在文件对话框中可选择把当前类别中所有的词汇输出为文本文档或 XML 文档，目前 txt 只支持词条。

［**文字替换**<］ 在对话框中选择好目标文字，然后单击此按钮，按照命令行提示：

请选择要替换的文字图元<文字插入>：选取打算替换的文字对象

［**拾取文字**<］ 把图上的文字拾取到编辑框中进行修改或替换。

［**修改索引**］ 在文字编辑区修改打算插入的文字（回车可增加行数），单击此按钮后更新词汇列表中的词汇索引。

［**字母按钮**］ 以汉语拼音的韵母排序检索，用于快速检索到词汇表中与之对应的第一个词汇。

选定词汇后，命令行连续提示：

请指定文字的插入点<退出>：编辑好的文字可一次或多次插入到适当位置，回车结束。

本词汇表提供了多组常用的施工做法词汇，与【做法标注】命令结合使用，可快速标注“墙面”、“楼面”、“屋面”的 88J1-×12000 版图集标准做法。

词汇和多行文字的入库：

专业词库的类别和内容的编辑和入库是在文字编辑区进行的，在其中写入专业词汇，材料做法和设计说明可以按回车键多行写入，然后单击“入库”，把文字加入词库中，其中多行文字入库后会按一行显示，可以通过右键菜单重命名为一个有意义的标题，编辑多行文字和入库的过程参见图 11-3-7，类别和词汇区的右键菜单命令如图 11-3-8 所示。

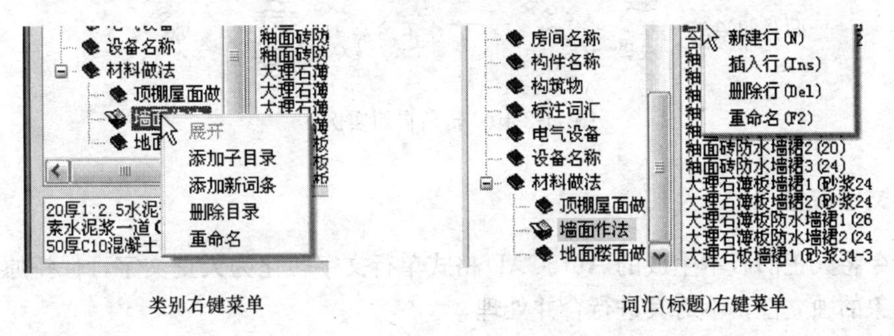

类别右键菜单　　　　词汇(标题)右键菜单

图 11-3-8　类别和词汇区的右键菜单

11.3.6　递增文字

本命令用于附带有序数的天正单行文字、CAD 单行文字、图名标注、剖面剖切、断面剖切以及索引图名，支持的文字内容包括数字，如 1、2、3；字母，如 A\B\C，a\b\c；中文数字如一、二、三，同时对序数进行递增或者递减的复制操作。

文字表格→递增文字（DZWZ）

单击菜单命令后，命令行提示：

请选择要递增拷贝的文字(注:同时按 CTRL 键进行递减拷贝,仅对单个选中字符进行操作)＜退出＞：选择文字中的序数中的变化位，如图 11-3-9 中的 1

请指定基点:给出复制基点位置

请点取插入位置＜退出＞:给出复制的目标位置

请点取插入位置＜退出＞:给出其他目标位置

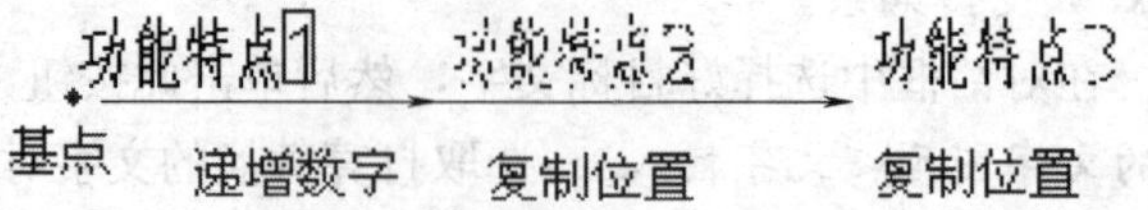

功能特点1　功能特点2　功能特点3

基点　递增数字　复制位置　复制位置

图 11-3-9　递增文字实例

上图实例中，递增的文字选“功能特点 1”，逐次递增为“功能特点 2”、“功能特点 3”。

11.3.7　转角自纠

本命令用于翻转调整图中单行文字的方向，符合制图标准对文字方向的规定，可以一次选取多个文字一起纠正。

菜单命令：文字表格→转角自纠（ZJZJ）

单击菜单命令后，命令行提示：

请选择天正文字＜退出＞：

点取要翻转的文字后回车，其文字即按国家标准规定的方向作了相应的调整，如图 11-3-10 所示。

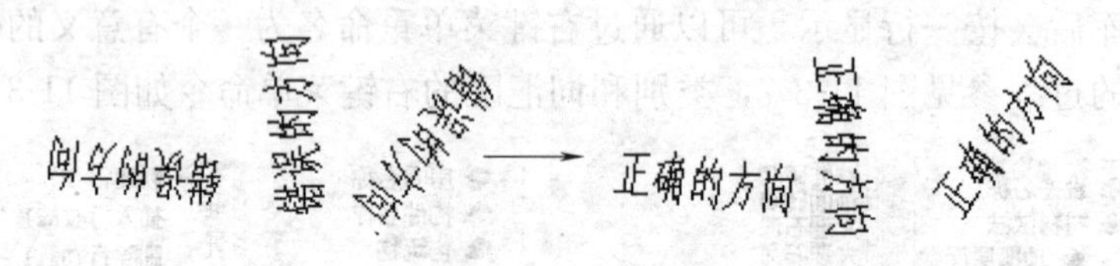

图 11-3-10　转角自纠实例

11.3.8　文字转化

本命令将天正旧版本生成的 AutoCAD 格式单行文字转化为天正文字，保持原来每一个文字对象的独立性，不对其进行合并处理。

菜单命令：文字表格→文字转化（WZZH）

单击菜单命令后，命令行提示：

请选择 AutoCAD 单行文字：可以一次选择图上的多个文字串，回车结束报告如下：

全部选中的 N 个 AutoCAD 文字成功地转化为天正文字!

本命令对 AutoCAD 生成的单行文字起作用，但对多行文字不起作用。

11.3.9　文字合并

本命令将天正旧版本生成的 AutoCAD 格式单行文字转化为天正多行文字或者单行文

字，同时对其中多行排列的多个 text 文字对象进行合并处理，由用户决定生成一个天正多行文字对象或者一个单行文字对象。

菜单命令：文字表格→文字合并（WZHB）

单击菜单命令后，命令行提示：

请选择要合并的文字段落：一次选择图上的多个文字串，回车结束

[合并为单行文字(D)]<合并为多行文字>：

回车表示默认合并为一个多行文字，键入 *D* 表示合并为单行文字

移动到目标位置<替换原文字>：拖动合并后的文字段落，到目标位置取点定位

如果要合并的文字是比较长的段落，希望你合并为多行文字，否则合并后的单行文字会非常长，在处理设计说明等比较复杂的说明文字的情况下，尽量把合并后的文字移动到空白处，然后使用对象编辑功能，检查文字和数字是否正确。还要把合并后遗留的多余硬回车换行符删除，然后再删除原来的段落，移动多行文字取代原来的文字段落。

文字合并的实例

有如图 11-3-11 所示的工程说明，是天正 3.0 绘制的 text 对象，要求转换为多行文字对象并进行整理。

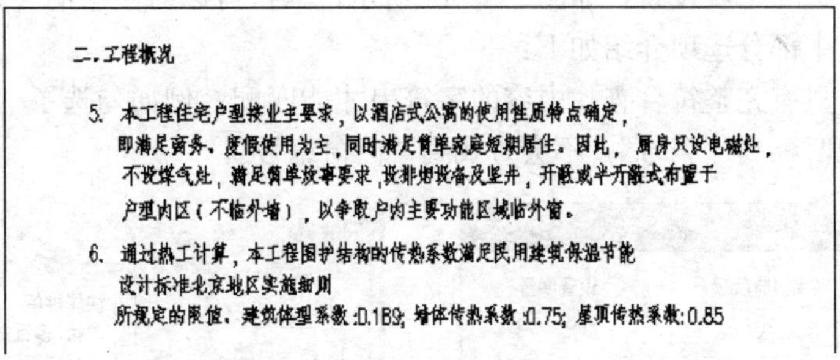

二. 工程概况

5. 本工程住宅户型按业主要求，以酒店式公寓的使用性质特点确定，
即满足商务、度假使用为主，同时满足简单家庭短期居住。因此，厨房只设电磁灶，
不设煤气灶，满足简单炊事要求，设排烟设备及竖井，开敞或半开敞式布置于
户型内区（不临外墙），以争取户内主要功能区域临外窗。

6. 通过热工计算，本工程围护结构的传热系数满足民用建筑保温节能
设计标准北京地区实施细则
所规定的限值。建筑体型系数:0.189；墙体传热系数:0.75；屋顶传热系数:0.85

图 11-3-11　文字合并前

完成合并，并进行对象编辑改变行距后的结果如图 11-3-12 所示，其中标题和序号不参与合并。

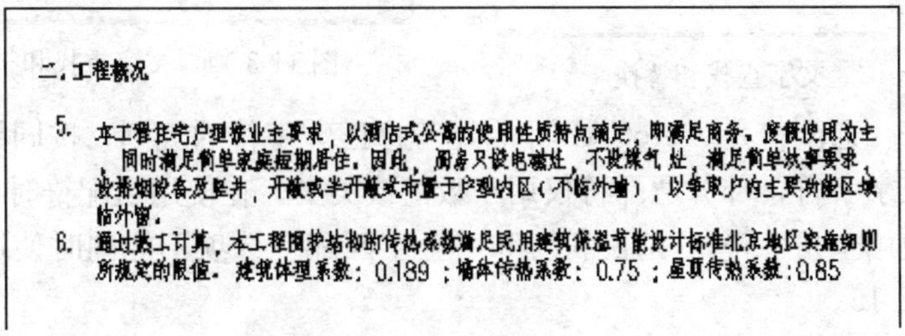

二. 工程概况

5. 本工程住宅户型按业主要求，以酒店式公寓的使用性质特点确定，即满足商务、度假使用为主，同时满足简单家庭短期居住。因此，厨房只设电磁灶，不设煤气灶，满足简单炊事要求，设排烟设备及竖井，开敞或半开敞式布置于户型内区（不临外墙），以争取户内主要功能区域临外窗。

6. 通过热工计算，本工程围护结构的传热系数满足民用建筑保温节能设计标准北京地区实施细则所规定的限值。建筑体型系数：0.189；墙体传热系数：0.75；屋顶传热系数：0.85

图 11-3-12　文字合并后

11.3.10　统一字高

本命令将涉及 AutoCAD 文字，天正文字的文字字高按给定尺寸进行统一。

菜单命令：文字表格→统一字高（TYZG）

单击菜单命令后，命令行提示：

请选择要修改的文字(AutoCAD 文字,天正文字)＜退出＞：选择这些要统一高度的文字

请选择要修改的文字(AutoCAD 文字,天正文字)＜退出＞：退出命令

字高()＜3.5mm＞：4　键入新的统一字高 4，这里的字高也是指完成后的图纸尺寸。

11.3.11　查找替换

本命令查找替换当前图形中所有的文字，包括 AutoCAD 文字、天正文字和包含在其他对象中的文字，如轴号文字、索引图号和索引符号中的圈内文字、门窗编号、房间名称等。此外，还提供了丰富的查找设置过滤选项，查找范围扩大到图纸空间布局，增加了加前后缀和增量替换功能。

菜单命令：文字表格→查找替换（CZTH）

单击菜单命令后，显示对话框如图 11-3-13 所示。

查找替换命令提供了三项基本功能，查找替换、加前后缀、设置文字增量，大大扩展了 AutoCAD 同类命令的功能。同时，提供了自动缩放定位的辅助功能，在大图中可以准确地找到当前替换的目标位置，在相对合适的大小图面下，不希望缩放时请去除勾选。

查找有多个选项可供设置，如图 11-3-14 所示，默认可以对图中的各种文字类型进行替换，我们对其中部分选项介绍如下：

全字匹配：只有完整符合查找内容的字符串才能匹配，例如勾选了“全字匹配”，查找“编号”只能匹配到“编号”，不会查找到“门窗编号”。

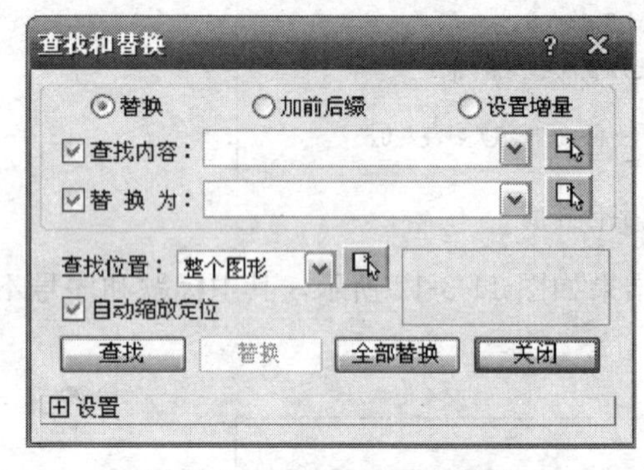

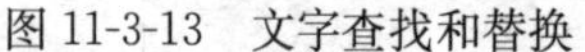
图 11-3-13　文字查找和替换

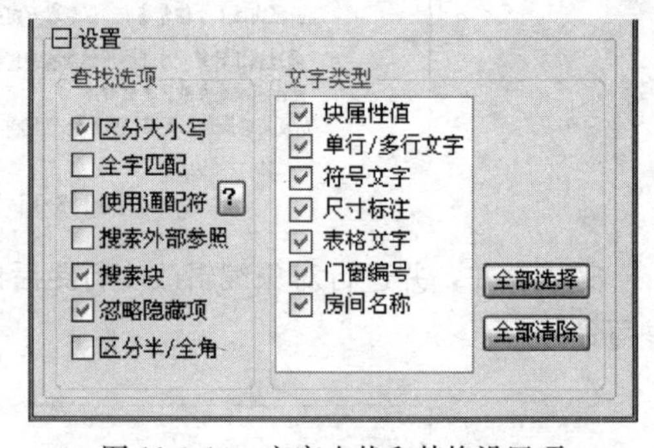

图 11-3-14　文字查找和替换设置项

使用通配符：通配符是 AutoCAD 平台中程序匹配字符的规则，按同样的原则可以匹配英文字母和汉字字符，部分通配符仅用于数值或英文，在使用通配符时，注意应使用半角字符，不要使用全角字符，“通配符”和“全字匹配”选项不能同时使用，通配符定义实例详见图 11-3-15。

替换：对图中或选定的范围的所有文字类信息进行查找，按要求进行逐一替换或者全体替换，在搜索过程中在图上找到该文字处显示红框，单击下一个时，红框转到下一个找到文字的位置，查找替换后在右边统计搜索结果，如果显示“共替换 0 个”或者“共找到 0 个”，表示没有找到需要替换的文字或者没有找到需要查找的文字。

加前后缀：对图上的选定文字加前缀或者后缀，用于类似批量添加门窗编号前后缀等场合，前后缀可以同时使用，如把“天正公司”替换为“北京天正公司研发中心”。

字符	定义
#（井号）	匹配任意数字字符
@ (At)	匹配任意字母字符
.（句点）	匹配任意非字母数字字符
*（星号）	匹配任意字符串，可以在搜索字符串的任意位置使用
?（问号）	匹配任意单个字符，例如，?编号 匹配 门编号、窗编号、防火门编号等等
~（波浪号）	匹配不包含自身的任意字符串，例如，~*标高* 匹配所有不包含 标高 的字符串
[ ]	匹配括号中包含的任意一个字符，例如，[门窗]编号 匹配 门编号 和 窗编号
[~]	匹配括号中未包含的任意字符，例如，[~门窗]编号 匹配 洞口编号 而不匹配 门编号
[-]	指定单个字符的范围，例如，[A-G]C 匹配 AC、BC 等，直到 GC，但不匹配 HC
`（单引号）	逐字读取其后的字符；例如，`~AB 匹配 ~AB

图 11-3-15　文字查找和替换通配符

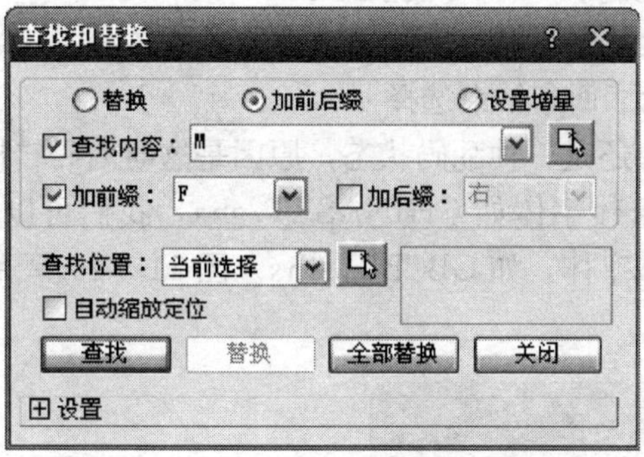

图 11-3-16　文字查找和替换加前缀

设置增量：对图上的选定数值设置增量，一次性把多个数值按增量进行替换，增量为正负整数或小数，但不能是文字、字符和其他符号，也不能为空。

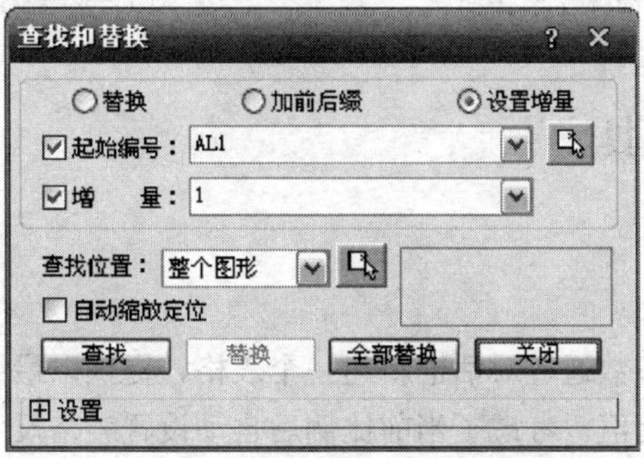

图 11-3-17　文字查找和替换设置增量

设置增量替换的实例如下表所示：

起始编号	增量	替换前	替换后
AL1	2	AL1\AL3\AL7	AL3\AL5\AL9
GL-1	3	GL-1\GL-3\GL-4\GL-6	GL-4\GL-6\GL-7\GL-9
2.100	0.5	2.100\3.100\4.500	2.150\3.150\4.550

11.3.12　繁简转换

中国大陆与港台地区习惯使用不同的汉字内码，给双方的图纸交流带来困难，【繁简转换】命令能将当前图档的内码在 BIG5 与 GB 之间转换。为保证本命令的执行成功，应确保当前环境下的字体支持文件路径内，即 AutoCAD 的 fonts 或天正软件安装文件夹 sys 下存在内码 BIG5 的字体文件，才能获得正常显示与打印效果。转换后，重新设置文字样式中字体内码与目标内码一致。

菜单命令：文字表格→繁简转换（FJZH）

单击菜单命令后，显示对话框如图 11-3-18 所示。

按当前的任务要求，在其中选择转换方式，例如要处理繁体图纸，就选“繁转简”，选“选择对象”，单击“确认”后命令行提示：

选择包含文字的图元：在屏幕中选取要转换的繁体文字

选择包含文字的图元：回车结束选择

经转换后图上的文字还是一种乱码状态，原因是这时内码转换了，但是使用的文字样式中的字体还是原来的繁体字体如 CHINASET.shx，我们可以通过 Ctrl＋1 的特性栏，把其中的字体更改为简体字体，如 GBCBIG.shx。图 11-3-19 是一个内码相同而字体不同的实例。

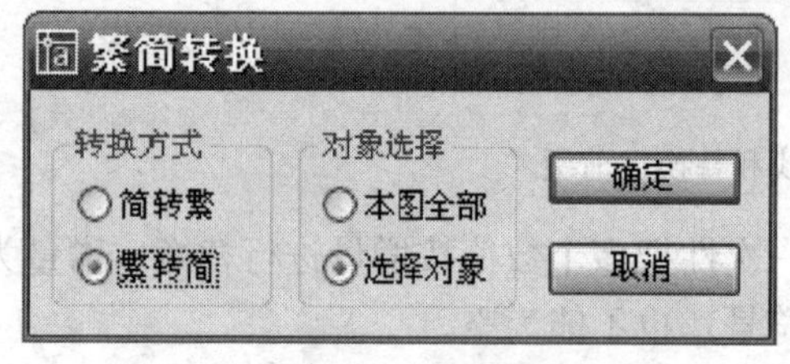

图 11-3-18　繁体与简体文字转换

字体是CHINASET.shx　字体是GBCBIG.shx

中国建筑工程总公司

两者内码都已经转换为国标码，但是字体不同

图 11-3-19　繁体文字的转换实例

11.4　天正表格工具

11.4.1　新建表格

本命令从已知行列参数通过对话框新建一个表格，提供以最终图纸尺寸值（毫米）为单位的行高与列宽的初始值，考虑了当前比例后自动设置表格尺寸大小。

菜单命令：文字表格→新建表格（XJBG）

单击菜单命令后，显示新建表格对话框如图 11-4-1 所示。

在其中输入表格的标题以及所需的行数和列数，单击“确定”后，命令行提示：

左上角点或[参考点(R)]<退出>：给出表格在图上的位置

单击选中表格，双击需要输入的单元格，即可启动“在位编辑”功能，在编辑栏进行文字输入。

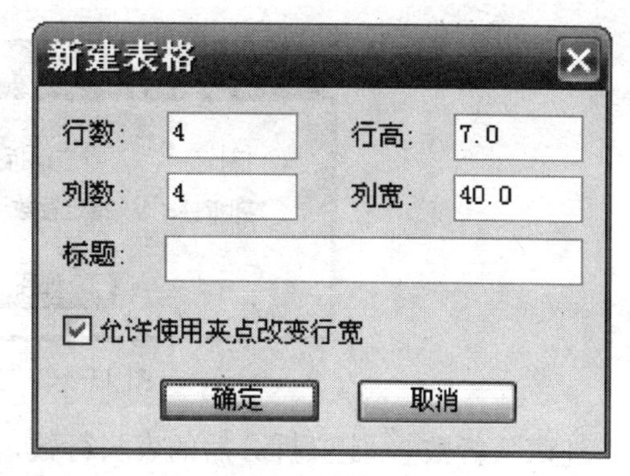

图 11-4-1　新建表格对话框

11.4.2　全屏编辑

本命令用于从图形中取得所选表格，在对话框中进行行列编辑以及单元编辑，单元编辑也可由在位编辑所取代。

菜单命令：文字表格→表格编辑→全屏编辑（QPBJ）

单击菜单命令后，命令行提示：

选择表格：点取要编辑的表格，显示对话框如图 11-4-2 所示

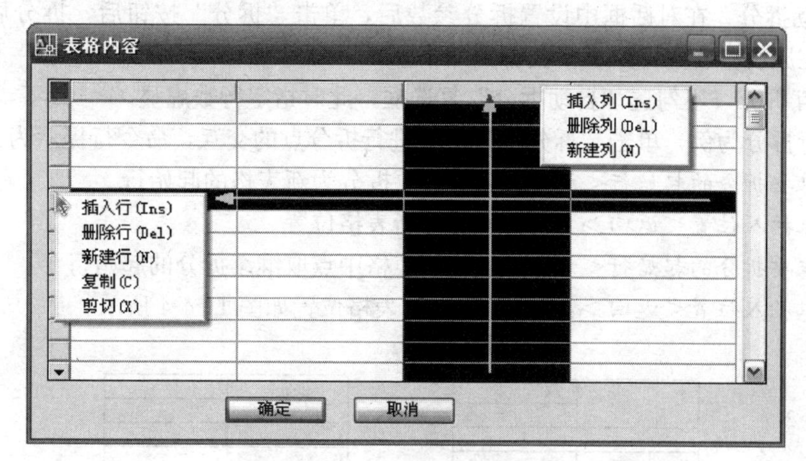

图 11-4-2　表格全屏编辑

在对话框的电子表格中，可以输入各单元格的文字，以及表行、表列的编辑：选择一到多个表行（表列）后右击行（列）首，显示快捷菜单如图所示（实际行列不能同时选择），还可以拖动多个表行（表列）实现移动、交换的功能，最后单击“确定”按钮完成全屏编辑操作，全屏编辑界面的最大化按钮适用于大型表格编辑。

11.4.3　拆分表格

本命令把表格按行或者按列拆分为多个表格，也可以按用户设定的行列数自动拆分，有丰富的选项由用户选择，如保留标题、规定表头行数等。

菜单命令：文字表格→表格编辑→拆分表格（CFBG）

单击菜单命令后，显示拆分表格对话框如图 11-4-3 所示。

对话框控件的功能说明

[行（列）拆分]　选择表格的拆分是按行或者按列进行。

[带标题]　拆分后的表格是否带有原来表格的标题（包括在表外的标题），注意标题不是表头。

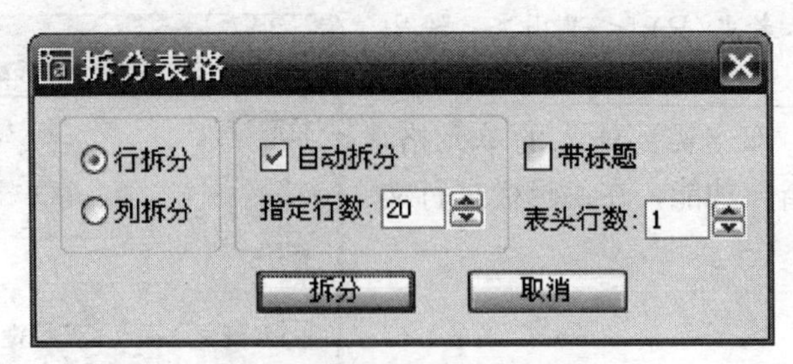

图 11-4-3　拆分表格对话框

［**表头行数**］　定义拆分后的表头行数，如果值大于 0，表示按行拆分后的每一个表格以该行数的表头为首，按照指定行数在原表格首行开始复制。

［**自动拆分**］　按指定行数自动拆分表格。

［**指定行数**］　配合自动拆分输入拆分后，每个新表格不算表头的行数。

拆分表格命令的实例

1. 自动拆分　在对话框中设置拆分参数后，单击“拆分”按钮后，拆分后的新表格自动布置在原表格右边，原表格被拆分缩小。

2. 交互拆分　不勾选“自动拆分”复选框，此时指定行数虚显。

以按行拆分为例，单击“拆分”按钮，进行拆分点的交互，命令行提示为：

请点取要拆分的起始行<退出>：点取要拆分为新表格的起始行

请点取插入位置<返回>：拖动插入的新表格位置

请点取要拆分的起始行<退出>：在新表格中点取继续拆分的起始行

请点取插入位置<返回>：拖动插入的新表格位置如图 11-4-4 所示。

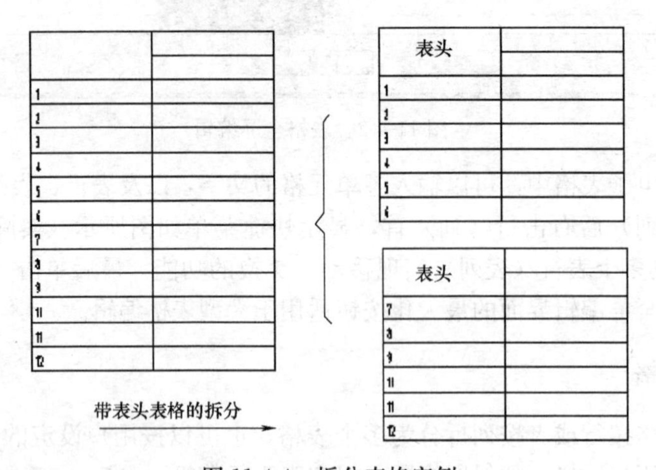

图 11-4-4　拆分表格实例

11.4.4　合并表格

本命令可把多个表格逐次合并为一个表格，这些待合并的表格行列数可以与原来表格不等，默认按行合并，也可以改为按列合并。

菜单命令：文字表格→表格编辑→合并表格（HBBG）

单击菜单命令后，命令行提示：

选择第一个表格或［列合并(C)］<退出>：选择位于首行的表格

选择下一个表格<退出>：选择紧接其下的表格

选择下一个表格<退出>：回车退出命令

完成后表格行数合并，最终表格行数等于所选择各个表格行数之和，标题保留第一个表格的标题。

> **注意**：如果被合并的表格有不同列数，最终表格的列数为最多的列数，各个表格的合并后多余的表头由用户自行删除。

▶合并表格命令的实例

图 11-4-5 为不同行列数的两个表格合并前后的情况，被合并的表格有不同行数时，最终表格的行数为最多的行数。

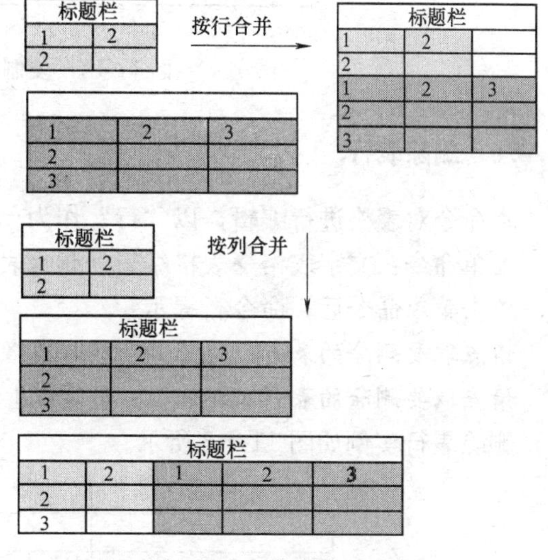

图 11-4-5　合并表格实例

11.4.5　增加表行

本命令对表格进行编辑，在选择行上方一次增加一行或者复制当前行到新行，也可以通过［表行编辑］实现。

菜单命令：文字表格→表格编辑→增加表行（ZJBH）

单击菜单命令后，命令行提示如下：

请点取一表行以(在本行之前)插入新行［在本行之后插入(A)/复制当前行(S)］<退出>：

点取表格时显示方块光标，单击要增加表行的位置，如图 11-4-6 所示。

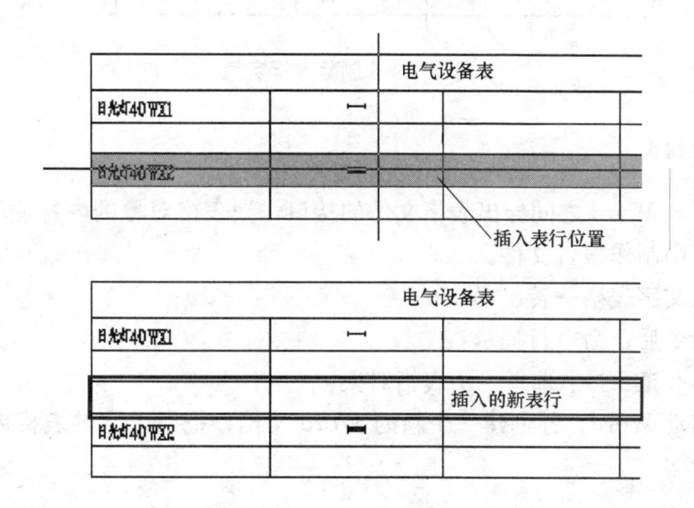

图 11-4-6　增加表行实例

或者在提示下响应如下：

请点取一表行以(在本行之前)插入新行[在本行之后插入(A)/复制当前行(S)]<退出>:S

键入 S 表示增加表行时，顺带复制当前行内容，如图 11-4-7 所示。

电气设备表		
日光灯40WX1	⊢	
日光灯40WX2	▬	复制了当前行的内容
日光灯40WX2	▬	

图 11-4-7　复制当前表行实例

11.4.6　删除表行

本命令对表格进行编辑，以“行”作为单位一次删除当前指定的行。

菜单命令：文字表格→表格编辑→删除表行（SCBH）

单击菜单命令后，命令行提示：

请点取要删除的表行<退出>：点取表格时显示方块光标，单击要删除的某一行

请点取要删除的表行<退出>：重复以上提示，每次删除一行，以回车退出命令

删除表行实例如图 11-4-8 所示。

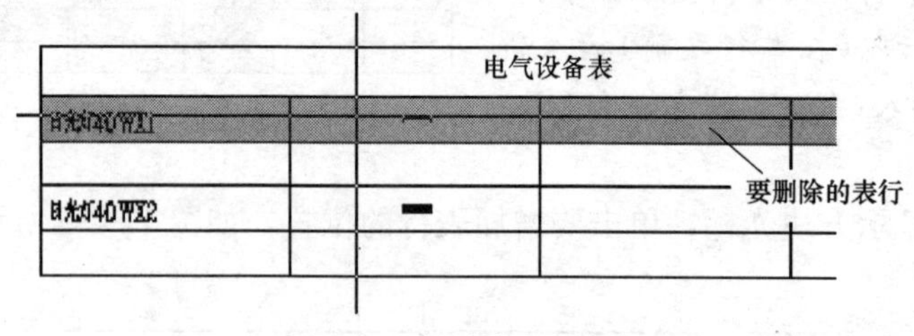

图 11-4-8　删除表行实例

11.4.7　转出 Word

天正提供了与 Word 之间导出表格文件的接口，把表格对象的内容输出到 Word 文件中，供用户在其中制作报告文件。

菜单命令：文字表格→转出 Word

单击菜单命令后，命令行提示：

请选择表格<退出>：选择一个表格对象。

系统自动启动 Word，并创建一个新的 Word 文档，把所选定的表格内容输入到该文档中。

11.4.8　转出 Excel

天正提供了与 Excel 之间交换表格文件的接口，把表格对象的内容输出到 Excel 中，

供用户在其中进行统计和打印，还可以根据 Excel 中的数据表更新原有的天正表格；当然也可以读入 Excel 中建立的数据表格，创建天正表格对象。

菜单命令：文字表格→转出 Excel

单击菜单命令后，命令行提示：

请点取表格对象<退出>：选择一个表格对象

系统自动开启一个 Excel 进程，并把所选定的表格内容输入到 Excel 中，转出 Excel 的内容包含表格的标题。

11.4.9　读入 Excel

把当前 Excel 表单中选中的数据更新到指定的天正表格中，支持 Excel 中保留的小数位数。

菜单命令：文字表格→读入 Excel

单击菜单命令后，如果没有打开 Excel 文件，会提示你要先打开一个 Excel 文件并框选要复制的范围，接着显示如图 11-4-9 所示的对话框。

如果打算新建表格，单击“是(Y)”按钮，命令行提示：

请点取表格位置或［参考点(R)］<退出>：给出新建表格对象的位置

如果打算更新表格，命令行提示：

请点取表格对象<退出>：选择已有的一个表格对象

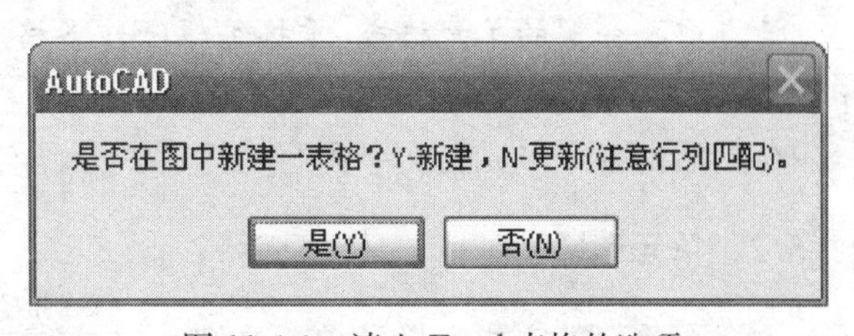

图 11-4-9　读入 Excel 表格的选项

本命令要求事先在 Excel 表单中选中一个区域，系统根据 Excel 表单中选中的内容，新建或更新天正的表格对象。在更新天正表格对象的同时，检验 Excel 选中的行列数目与所点取的天正表格对象的行列数目是否匹配，按照单元格一一对应地进行更新，如果不匹配将拒绝执行。

注意：读入 Excel 时，不要选择作为标题的单元格，因为程序无法区分 Excel 的表格标题和内容。程序把 Excel 选中的内容全部视为表格内容。

11.5　表格单元编辑

11.5.1　单元编辑

本命令启动单元编辑对话框，可方便地编辑该单元内容或改变单元文字的显示属性，实际上可以使用在位编辑取代，双击要编辑的单元即可进入在位编辑状态，可直接对单元内容进行修改。

菜单命令：文字表格→单元编辑→单元编辑（DYBJ）

单击菜单命令后，命令行提示：

请点取一单元格进行编辑或［多格属性(M)/单元分解(X)］<退出>：

单击指定要修改的单元格，显示单元格编辑对话框，如图 11-5-1 所示。

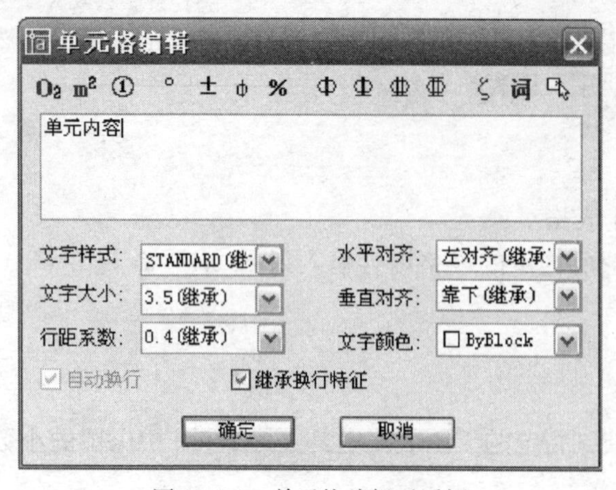

图 11-5-1　单元格编辑对话框

如果要求一次修改多个单元格的内容，可以键入 M 选定多个单元格，命令行继续提示：

请点取确定多格的第一点以编辑属性或［单格编辑(S)/单元分解(X)］<退出>：

单击选取多个单元格

请点取确定多格的第二点以编辑属性<退出>：回车退出选取状态

这时出现单元格属性编辑对话框，其中仅可以改单元文字格的属性，不能更改其中的文字内容。

对已经被合并的单元格，可以通过键入 X 单元分解选项，把这个单元格分解还原为独立的标准单元格，恢复了单元格间的分隔线。命令行提示：

请点取要分解的单元格或[单格编辑(S)/多格属性(M)]<退出>：单击指定要修改的单元格

分解后的各个单元格文字内容均拷贝了分解前的该单元文字内容。

11.5.2　单元递增

本命令将含数字或字母的单元文字内容在同一行或一列复制，并同时将文字内的某一项递增或递减，同时按 Shift 为直接拷贝，按 Ctrl 为递减。

菜单命令：文字表格→单元编辑→单元递增（DYDZ）

单击菜单命令后，命令行提示：

请点取第一个单元格<退出>：单击已有编号的首单元格

点取最后一个单元格<退出>：单击递增编号的末单元格

完成单元递增命令，图形进行更新，实例如图 11-5-2 所示，在点取最后单元格时可选项执行：按 Shift 键可改为复制，编号不进行递增，同时按 Ctrl 键，编号改为递减。

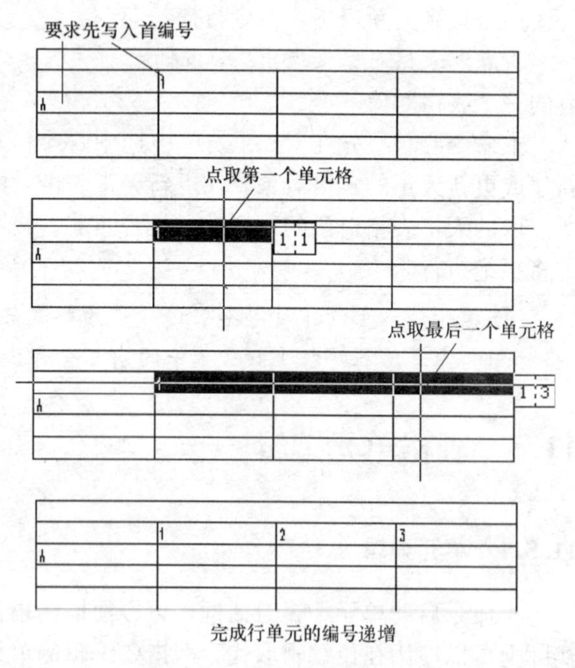

图 11-5-2　单元编号递增实例

11.5.3　单元复制

本命令复制表格中某一单元内容或者图形中的文字、图块至目标单元，插入图块到单元格请使用【单元插图】命令。

菜单命令：文字表格→单元编辑→单元复制（DYFZ）

1. 复制单元格

单击菜单命令后，命令行提示：

点取拷贝源单元格[选取文字(A)]＜退出＞：

点取表格上已有内容的单元格，复制其中内容

点取粘贴至单元格(按 CTRL 键重新选择复制源)[选取文字(A)]＜退出＞：

点取表格上目标单元格，粘贴源单元格内容到这里或以回车结束命令

单元格复制文字的实例如图 11-5-3 所示。

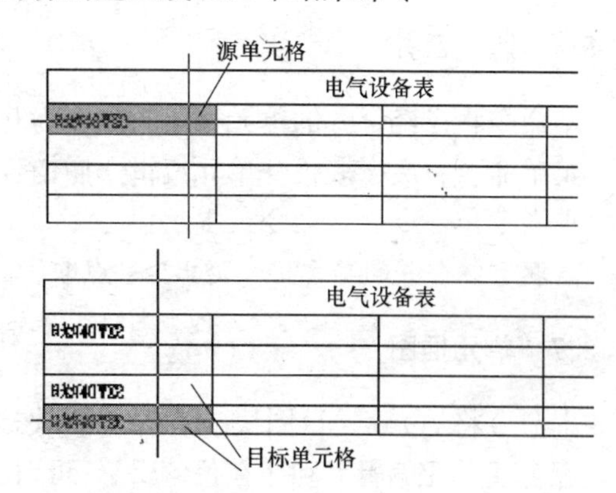

图 11-5-3 单元复制文字实例

2. 复制图内的文字到单元格

单击菜单命令后，命令行提示：

点取拷贝源单元格[选取文字(A)]＜退出＞：A 键入 *A* 选取文字，命令行提示：

请选择拷贝源文字＜退出＞：在当前图形上点取需要复制的文字

点取粘贴至单元格(按 CTRL 键重新选择复制源)或[选取文字(A)]＜退出＞：

点取表格上目标单元格，粘贴源文字到这里或以回车结束命令。

11.5.4 单元累加

本命令累加行或列中的数值，结果填写在指定的空白单元格中。

菜单命令：文字表格→单元编辑→单元累加（DYLJ）

单击菜单命令后，命令行提示：

点取第一个需累加的单元格：点取一行或一列的首个数值单元格

点取最后一个需累加的单元格：点取一行或一列的末个数值单元格，参与累加的单元格显示白色

单元累加结果是：×××××

点取存放累加结果的单元格＜退出＞：点取一行或一列的空白单元格，如图 11-5-4 所示。

11.5.5 单元合并

本命令将几个单元格合并为一个大的表格单元。

菜单命令：文字表格→单元编辑→单元合并（DYHB）

单击菜单命令后，命令行提示：

点取第一个角点：以两点定范围框选表格中要合并的单元格

点取另一个角点：即可完成合并

合并后的单元文字居中，使用的是第一个单元格中的文字内容。需要注意的是，点取这两个角点时，不要点取在横线、竖线上，而应点取单元格内，如图 11-5-5 所示。

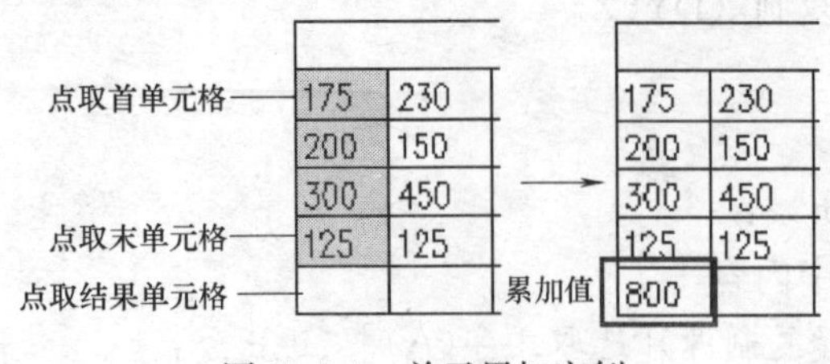

图 11-5-4　单元累加实例

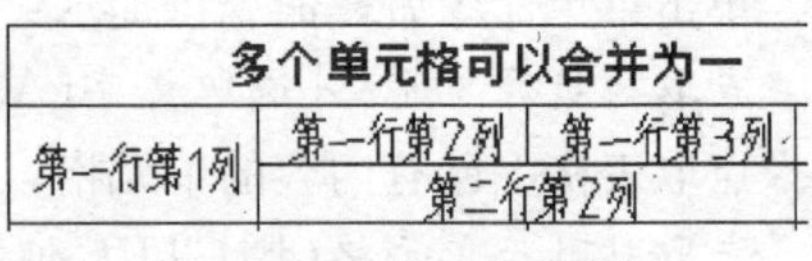

图 11-5-5　单元合并实例

11.5.6　撤销合并

本命令将已经合并的单元格重新恢复为几个小的表格单元。

菜单命令：文字表格→单元编辑→撤销合并（CXHB）

单击菜单命令后，命令行提示：

点取已经合并的单元格<退出>：点取后命令即恢复该单元格的原有单元的组成结构。

11.5.7　单元插图

本命令将 AutoCAD 图块或者天正图块插入到天正表格中的指定一个或者多个单元格，配合【单元编辑】和【在位编辑】，可对已经插入图块的表格单元进行修改。

菜单命令：文字表格→单元编辑→单元插图（DYCT）

单击菜单命令后，显示对话框如图 11-5-6 所示。

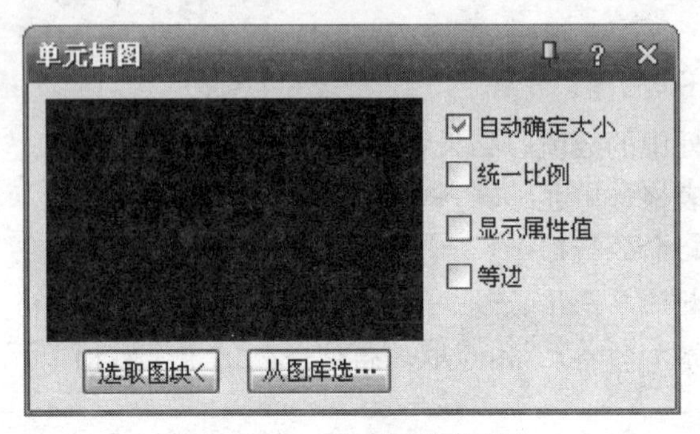

图 11-5-6　单元插图对话框

对话框控件的说明

［**自动确定大小**］　使图块在插入时充满单元格。

［**统一比例**］　插入单元时保持 X 和 Y 方向的比例统一，改变表格大小时图块比例不变。

［**显示属性值**］　插入包含属性的图块，插入后显示属性值。

［**等边**］　插入时自动缩放图块，使得图块 XY 方向尺寸相等。

［**选取图块<**］　从图面已经插入的图块中选择要插入单元格的图块，包括 AutoCAD 图块或天正图块。

［**从图库选…**］　进入天正图库，从其中选择要插入单元格的图块。

此时，我们可以选择选取图上的图块或者选取图库内的图块插入到指定单元格中。

单击“选取图块<”按钮，命令提示：

请选择插入图块<退出>：从图上选择一个已有图块（如门联窗立面），随即返回对话框勾选“统一比例”如图 11-5-7 所示。

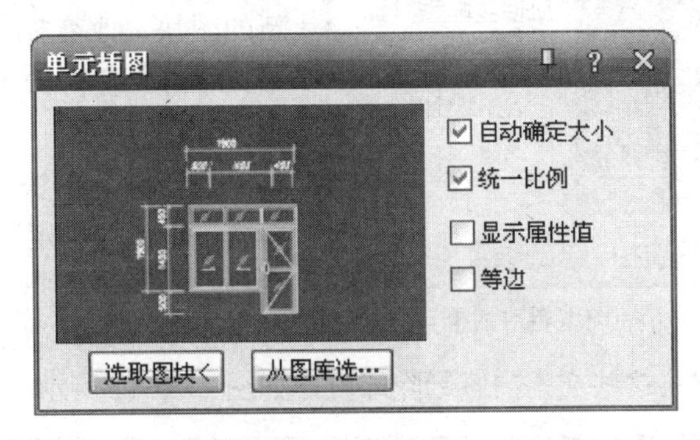

图 11-5-7　选取图块实例

在此同时命令行提示：

点取插入单元格或［选取图块(B)］<退出>：点取需要插入的各单元格，右键退出。

单元插图命令实例

光标移到要插入的单元格后，单击该单元格如图 11-5-8 所示。

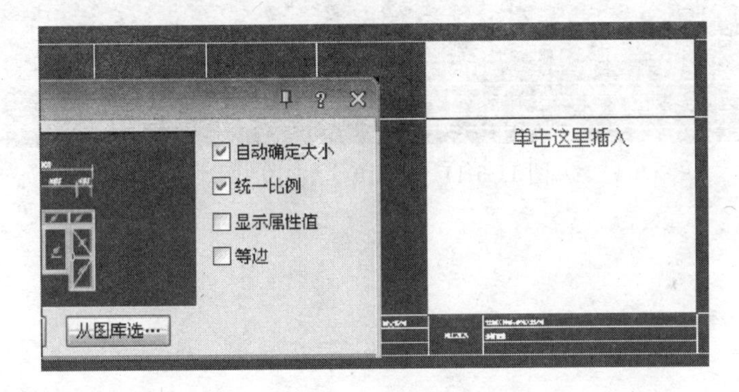

图 11-5-8　图块插入单元格

如果需要，可连续插入其他单元格，如图 11-5-9 所示，右键退出命令。

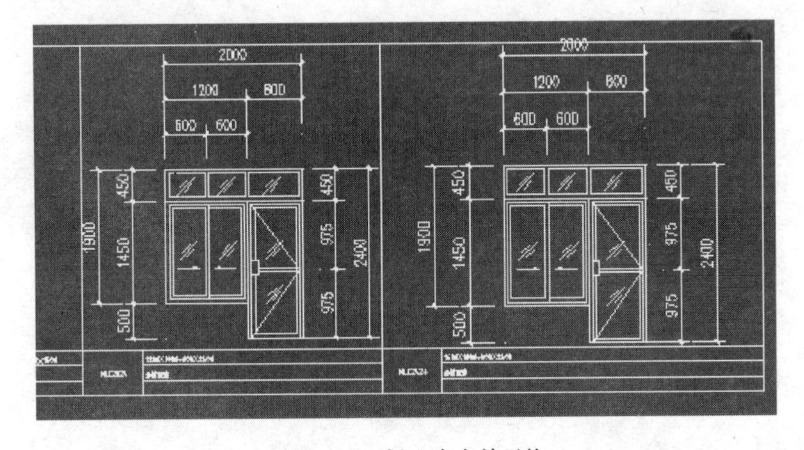

图 11-5-9　插入多个单元格

执行【单元编辑】命令，可对已经插入的单元格进行修改，可以进行替换新的图块、改变比例等修改，命令显示单元插图编辑对话框，如图 11-5-10 所示。

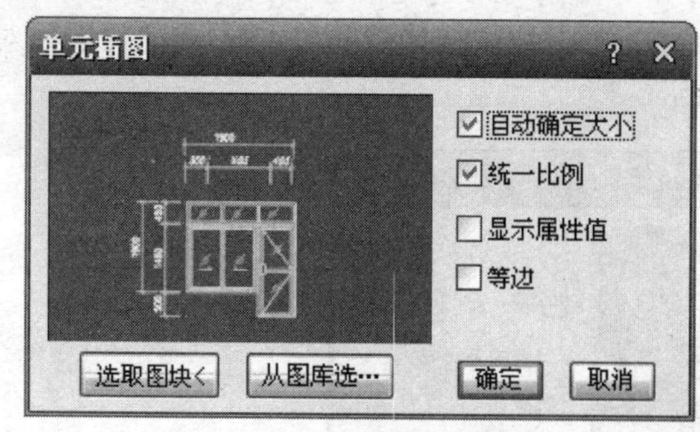

图 11-5-10　单元插图编辑对话框

在选取新图块，改变比例控制等操作后，单击“确定”按钮即可完成修改；清除已经插入图形的表格单元，可以执行【在位编辑】命令，在表格单元显示表达式，按“Del”键将这些文本内容删除即可，如图 11-5-11 所示实例。

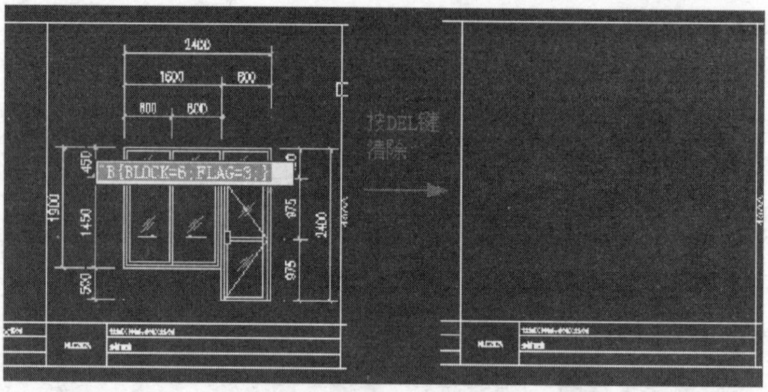

图 11-5-11　删除单元格中的图块

第 12 章
尺寸标注

内容提要

• 尺寸标注的概念

天正软件提供了专用于建筑工程设计的尺寸标注对象，本节主要介绍了天正尺寸标注的夹点行为和对象特点，除了默认的毫米单位外，可切换到米单位标注。

• 尺寸标注的创建

天正尺寸标注可针对图上的门窗、墙体、楼梯对象的特点进行门窗墙体楼梯标注，也可以按几何特征对直线、角度、弧长标注，可把 AutoCAD 标注转化为天正尺寸标注。

• 尺寸标注的编辑

介绍了针对天正尺寸标注的各种专门的尺寸编辑命令，除了在屏幕菜单点取外，主要通过选取尺寸对象后在右键快捷菜单执行。

12.1 尺寸标注的概念

尺寸标注是设计图纸中的重要组成部分，图纸中的尺寸标注在国家颁布的建筑制图标准中有严格的规定，直接沿用 AutoCAD 本身提供的尺寸标注命令不适合建筑制图的要求，特别是编辑尺寸尤其显得不便，为此软件提供了自定义的尺寸标注系统，完全取代了 AutoCAD 的尺寸标注功能，分解后退化为 AutoCAD 的尺寸标注。

12.1.1 尺寸标注对象与转化

天正尺寸标注分为连续标注与半径标注两大类标注对象，其中连续标注包括线性标注和角度标注，这些对象按照国家建筑制图规范的标注要求，对 AutoCAD 的通用尺寸标注进行了大胆的简化与优化，通过图 12-1-1 所示的夹点编辑操作，对尺寸标注的修改提供了前所未有的灵活手段。

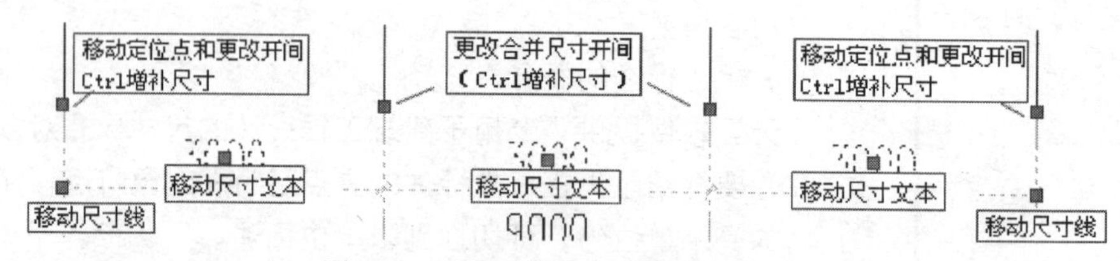

图 12-1-1 尺寸标注对象夹点示意图

由于天正的尺寸标注是自定义对象，在利用旧图资源时，通过【转化尺寸】命令可将原有的 AutoCAD 尺寸标注对象转化为等效的天正尺寸标注对象。反之，在导出天正图形到其他非天正对象环境时，需要分解天正尺寸标注对象，系统提供的【图形导出】命令可以自动完成分解操作，分解后天正尺寸标注对象按其当前比例，使用天正建筑 3.0 的兼容标注样式（如 DIMN、DIMN200）退化为 AutoCAD 的尺寸标注对象，以此保证了天正版本之间的双向兼容性。

12.1.2 标注对象的单位与基本单元

天正尺寸标注系统以毫米为默认的标注单位，当用户在“天正基本设定”中对整个 DWG 图形文件进行了以米为绘图单位的切换后，标注系统可改为以米为标注单位，按《总图制图标准》GB/T 50103—2010 2.3.1 条的要求，默认精度设为两位小数，可以通过修改样式改精度为三位小数。

天正尺寸标注系统以连续的尺寸区间为基本标注单元，相连接的多个标注区间属于同一尺寸标注对象，并具有用于不同编辑功能的夹点，而 AutoCAD 的标注对象每个尺寸区间都是独立的，相互之间没有关联，夹点功能不便于常用操作。

12.1.3 标注对象的样式

天正自定义尺寸标注对象是基于 AutoCAD 的几种标注样式开发的，因此用户通过修改这几种 AutoCAD 标注样式更新天正尺寸标注对象的特性。天正软件-建筑系统 2013 支持修改角度与弧长标注中箭头的大小，尺寸文字离开标准位置时可以自动增加引线，但这些参数需要用户自行设置。

• 尺寸标注对象支持_TCH_ARCH（毫米单位按毫米标注）、_TCH_ARCH_mm_M（毫米单位按米标注）与_TCH_ARCH_M_M（米单位按米标注）共三种尺寸样式的参数；

• 支持修改“线”页面的尺寸线＞超出标记，实现尺寸线出头效果，修改“文字”页面文字位置的“从尺寸线偏移”调整文字与尺寸线距离；

• 支持“符号和箭头”页面的箭头＞箭头大小，用于标注弧长和角度的尺寸样式_TCH_ARROW 的箭头大小调整；

• 支持“调整”页面的文字位置＞尺寸线上方，带引线，使得移出尺寸界线外的小尺寸文字的归属更明确；

• 角度标注对象的标注角度格式改为“度/分/秒”，符合制图规范的要求。

天正自定义标注对象支持的两种标注样式。

1. _TCH_ARCH（包括_TCH_ARCH_mm_M 与_TCH_ARCH_M_M）—用于直线型的尺寸标注，如门窗标注和逐点标注等，如图 12-1-2 所示。

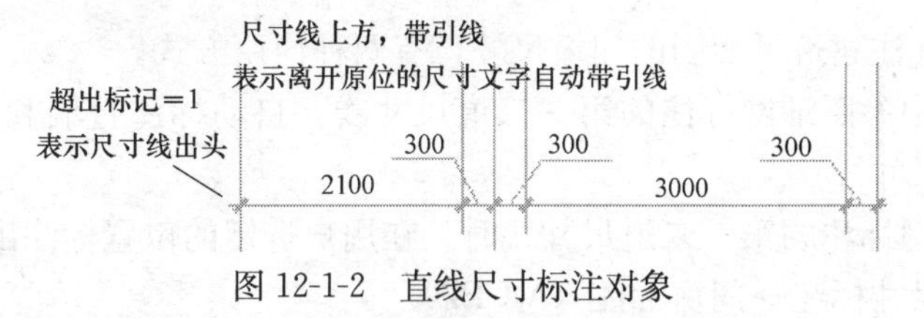

图 12-1-2　直线尺寸标注对象

2. _TCH_ARROW—用于角度标注，如弧轴线和弧窗的标注，如图 12-1-3 是“度/分/秒”单位的角度标注实例。

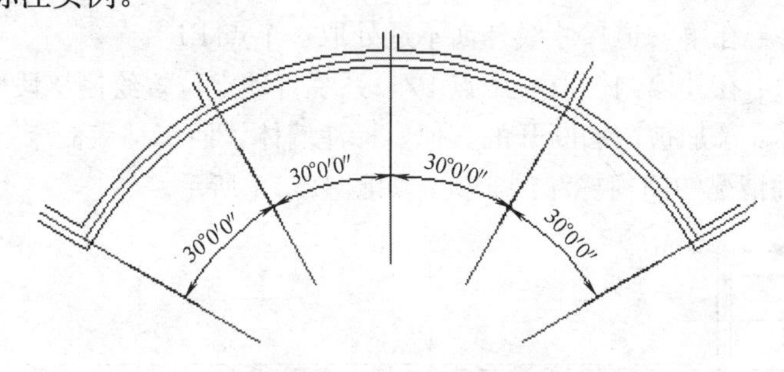

图 12-1-3　角度标注对象

12.1.4　尺寸标注的状态设置

菜单中提供了“尺寸自调”开关控制尺寸线上的标注文字拥挤时，是否自动进行上下移位调整，可来回反复切换，自调开关的状态影响各标注命令的结果，如图 12-1-4 所示。

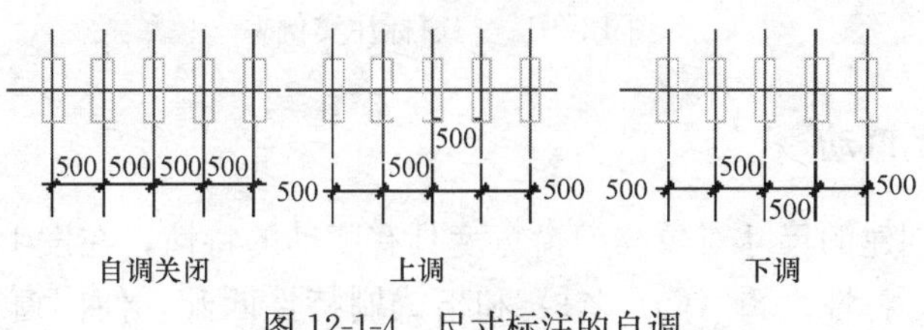

图 12-1-4　尺寸标注的自调

菜单中提供了“尺寸检查”开关控制尺寸线上的文字是否自动检查与测量值不符的标注尺寸，经人工修改过的尺寸以红色文字显示在尺寸线下的括号中，如图 12-1-5 所示。

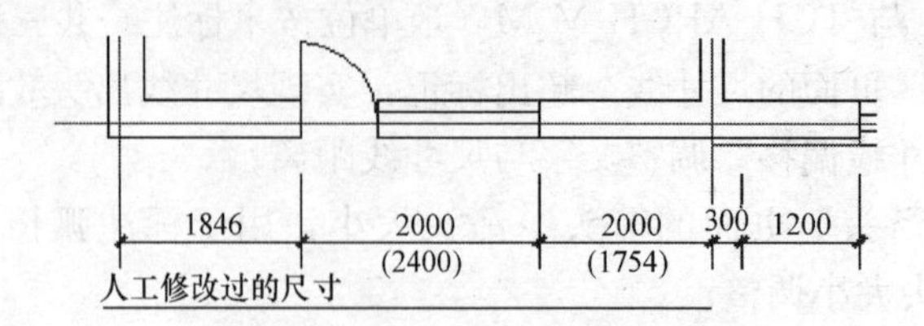

图 12-1-5　尺寸标注的自动检查

12.2　尺寸标注的创建

12.2.1　门窗标注

本命令适合标注建筑平面图的门窗尺寸，有两种使用方式。

1. 在平面图中参照轴网标注的第一二道尺寸线，自动标注直墙和圆弧墙上的门窗尺寸，生成第三道尺寸线；

2. 在没有轴网标注的第一二道尺寸线时，在用户选定的位置标注出门窗尺寸线。

菜单命令：尺寸标注→门窗标注（MCBZ）

点取菜单命令后，命令行提示：

请用线选第一、二道尺寸线及墙体

起点<退出>：在第一道尺寸线外面不远处取一个点 P1

终点<退出>：在外墙内侧取一个点 P2，系统自动定位置绘制该段墙体的门窗标注

选择其他墙体：添加被内墙断开的其他要标注墙体，回车结束命令

分别表示两种情况的门窗标注的实例，如图 12-2-1 所示。

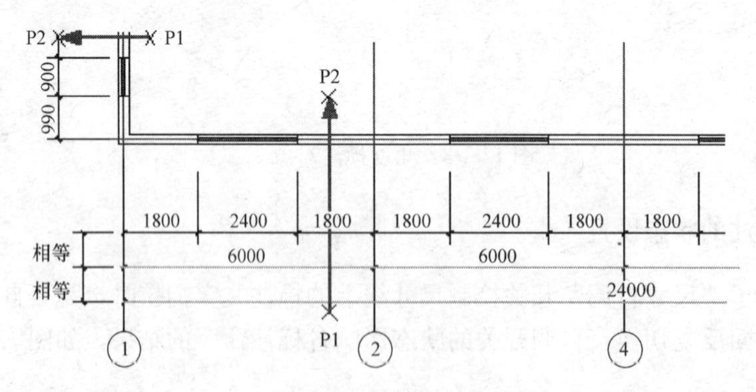

图 12-2-1　门窗标注实例

12.2.2　门窗标注的联动

门窗标注命令创建的尺寸对象与门窗宽度具有联动的特性，在发生包括门窗移动、夹点改宽、对象编辑、特性编辑（Ctrl＋1）和格式刷特性匹配，使门窗宽度发生线性变化

时，线性的尺寸标注将随门窗的改变联动更新；门窗的联动范围取决于尺寸对象的联动范围设定，即由起始尺寸界线、终止尺寸界线以及尺寸线和尺寸关联夹点所围合范围内的门窗才会联动，避免发生误操作。

沿着门窗尺寸标注对象的起点、中点和结束点另一侧共提供了三个尺寸关联夹点，其位置可以通过鼠标拖动改变，对于任何一个或多个尺寸对象可以在特性表中设置联动是否启用；

门窗尺寸的联动关联范围如图 12-2-2 所示。

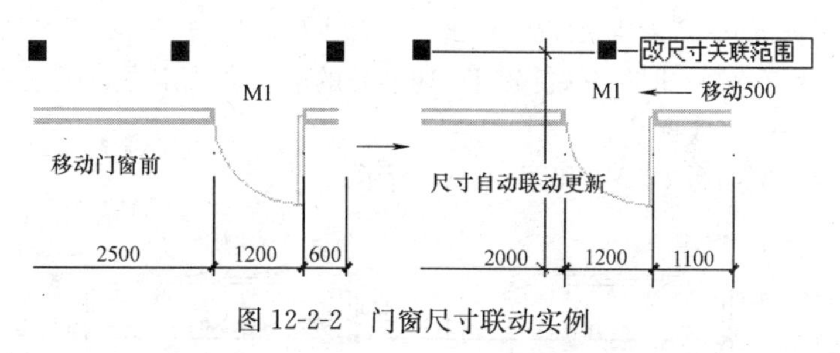

图 12-2-2　门窗尺寸联动实例

> **注意：**目前带形窗与角窗（角凸窗）、弧窗还不支持门窗标注的联动；通过镜像、复制创建新门窗不属于联动，不会自动增加新的门窗尺寸标注。

12.2.3　墙厚标注

本命令在图中一次标注两点连线经过的一至多段天正墙体对象的墙厚尺寸，标注中可识别墙体的方向，标注出与墙体正交的墙厚尺寸。在墙体内有轴线存在时，标注以轴线划分的左右墙宽；墙体内没有轴线存在时，标注墙体的总宽。

菜单命令：尺寸标注→墙厚标注（QHBZ）

点取菜单命令后，命令行提示：

直线第一点<退出>：在标注尺寸线处点取起始点

直线第二点<退出>：在标注尺寸线处点取结束点

墙厚标注的实例如图 12-2-3 所示。

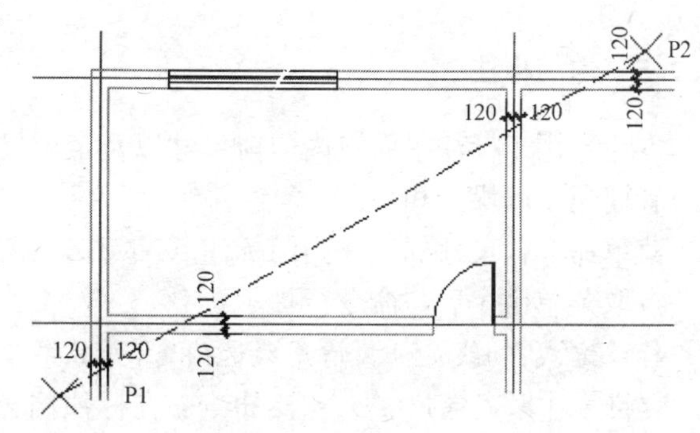

图 12-2-3　墙厚标注实例

12.2.4　两点标注

本命令为两点连线附近有关系的轴线、墙线、门窗、柱子等构件标注尺寸，并可标注各墙中点或者添加其他标注点，U 热键可撤销上一个标注点。

菜单命令：尺寸标注→两点标注（LDBZ）

点取菜单命令后，命令行提示：

起点(当前墙面标注)或［墙中标注(C)］<退出>：

在标注尺寸线一端点取起始点或键入 C 进入墙中标注，提示相同

终点<选物体>：在标注尺寸线另一端点取结束点

请选择不要标注的轴线和墙体：如果要略过其中不需要标注的轴线和墙，这里有机会去掉这些对象

请选择不要标注的轴线和墙体：回车结束选择

选择其他要标注的门窗和柱子：

此时可以用任何一种选取图元的方法选择其他墙段上的窗等图元，最后提示：

请输入其他标注点[参考点(R)/撤销上一标注点(U)]<退出>：选择其他点或键入 U 撤销标注点

请输入其他标注点[参考点(R)/撤销上一标注点(U)]<退出>：回车结束标注

取点时可选用有对象捕捉（快捷键 F3 切换）的取点方式定点，天正将前后多次选定的对象与标注点一起完成标注。

两点标注的实例如图 12-2-4 和图 12-2-5 所示。

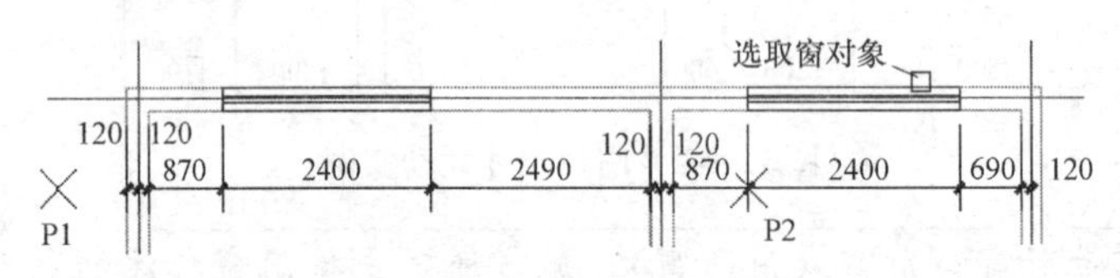

图 12-2-4　墙门窗标注

键入 C 切换为墙中标注，实例如图 12-2-5 所示。

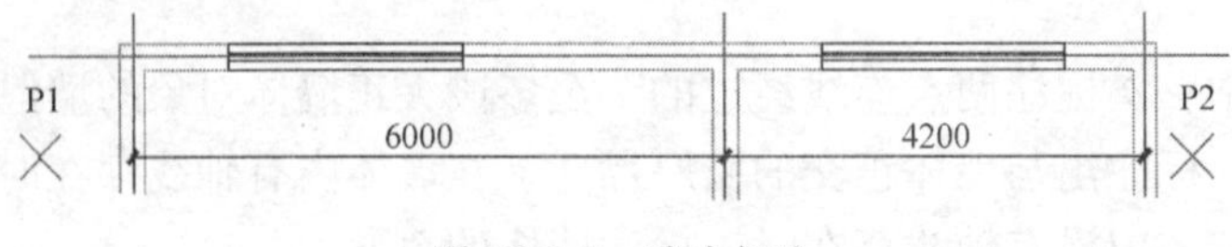

图 12-2-5　墙中标注

12.2.5　内门标注

本命令用于标注平面室内门窗尺寸以及定位尺寸线，其中定位尺寸线与邻近的正交轴线或者墙角（墙垛）相关。

菜单命令：尺寸标注→内门标注（NMBZ）

点取菜单命令后，命令行提示：

标注方式:轴线定位。请用线选门窗,并且第二点作为尺寸线位置!

起点或［垛宽定位(A)]<退出>：在标注门窗的另一侧点取起点或者键入 A 改为垛宽定位

终点<退出>：经过标注的室内门窗，在尺寸线标注位置上给终点

分别表示轴线和垛宽两种定位方式的内门标注实例，如图 12-2-6 所示。

12.2.6　快速标注

本命令类似 AutoCAD 的同名命令，适用于天正对象，特别适用于选取平面图后快速标注外包尺寸线。

菜单命令：尺寸标注→快速标注（KSBZ）

点取菜单命令后，命令行提示：

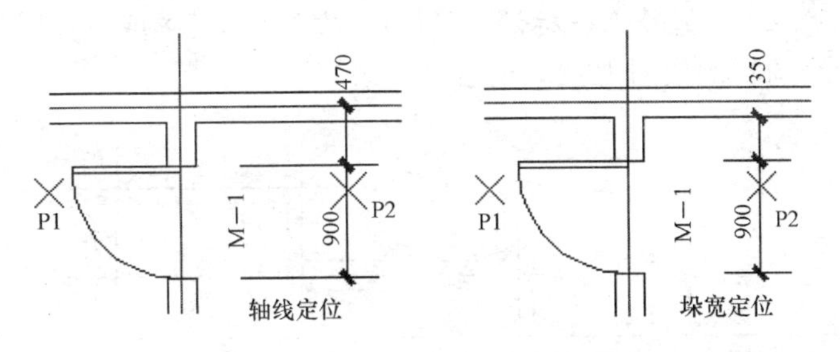

图 12-2-6　内门标注实例

选择要标注的几何图形：选取天正对象或平面图

选择要标注的几何图形：选取其他对象或回车结束

请指定尺寸线位置或［整体(T)/连续(C)/连续加整体(A)］<整体>：

选项中，整体是从整体图形创建外包尺寸线，连续是提取对象节点创建连续直线标注尺寸，连续加整体是两者同时创建。

快速标注外包尺寸线的实例如图 12-2-7 所示，标注步骤如下。

选取整个平面图，默认整体标注，下拉完成外包尺寸线标注，键入 C 可标注连续尺寸线。

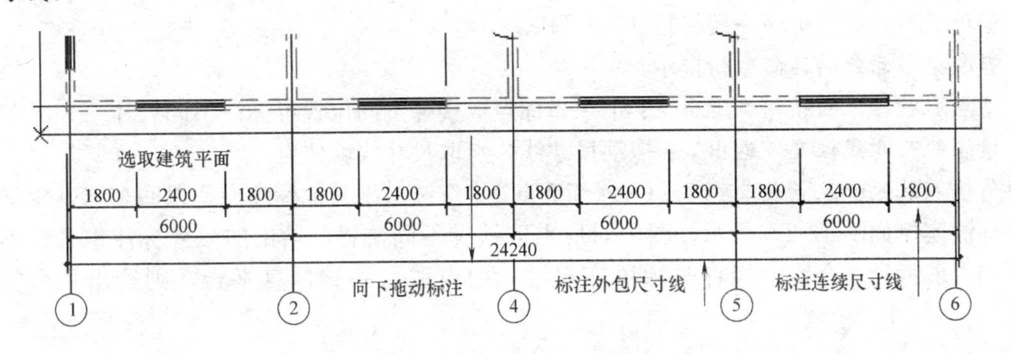

图 12-2-7　快速标注外包尺寸

12.2.7　逐点标注

本命令是一个通用的灵活标注工具，对选取的一串给定点沿指定方向和选定的位置标注尺寸。特别适用于没有指定天正对象特征，需要取点定位标注的情况，以及其他标注命令难以完成的尺寸标注。

菜单命令：尺寸标注→逐点标注（ZDBZ）

点取菜单命令后，命令行提示：

起点或［参考点(R)］<退出>：点取第一个标注点作为起始点

第二点<退出>：点取第二个标注点

请点取尺寸线位置或［更正尺寸线方向(D)］<退出>：

拖动尺寸线，点取尺寸线就位点，或键入 D 选取线或墙对象用于确定尺寸线方向

请输入其他标注点或［撤销上一标注点(U)］<结束>：逐点给出标注点，并可以回退

……

请输入其他标注点或［撤销上一标注点(U)］<结束>：继续取点，以回车结束命令

逐点标注尺寸线的实例如图 12-2-8 所示。

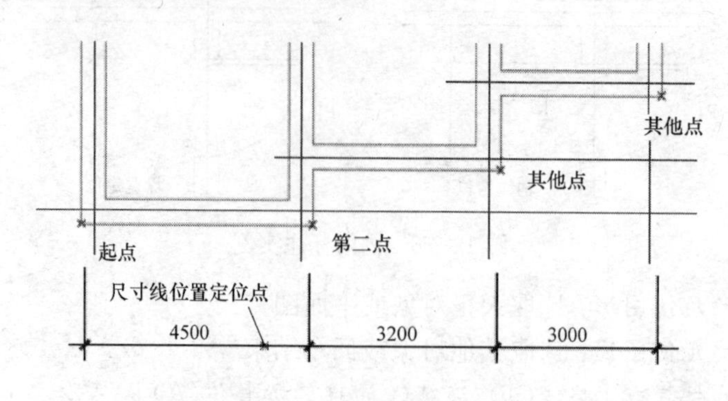

图 12-2-8　逐点标注的实例

12.2.8　楼梯标注

用于标注各种直楼梯、梯段的踏步、楼梯井宽、梯段宽、休息平台深度等楼梯尺寸，提供踏步数×踏步宽＝总尺寸的梯段长度标注格式。

菜单命令：尺寸标注→楼梯标注（LTBZ）

点取菜单命令后，命令行提示：

请点取待标注的楼梯<退出>：十字光标点取楼梯不同位置可标注不同尺寸

请点取尺寸线位置<退出>：拖动尺寸线，点取尺寸线就位点

请输入其他标注点或［参考点(R)］<退出>：继续给出其他标注点，以回车结束命令

标注实例如图 12-2-9 所示，图中对应点取楼梯不同位置，给出的尺寸标注也各自不同，如点取栏杆，会给出栏杆与梯段宽尺寸；而点取另一侧休息平台，则给出平台宽尺寸。

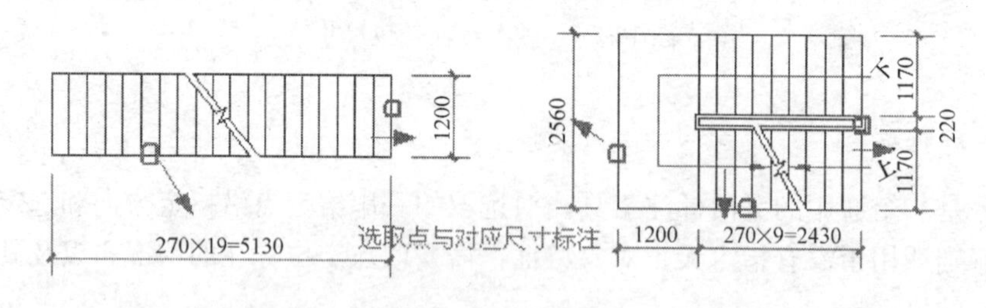

图 12-2-9　梯段和双跑楼梯的楼梯标注实例

本命令有效的楼梯对象包括：直线梯段、双跑楼梯、多跑楼梯、三种双分楼梯、交叉楼梯、剪刀楼梯、三角楼梯和矩形转角楼梯，部分楼梯不能标注梯井宽和梯段宽尺寸。

12.2.9　外包尺寸

本命令是一个简捷的尺寸标注修改工具。在大部分情况下，可以一次按规范要求完成四个方向的两道尺寸线共 8 处修改，期间不必输入任何墙厚尺寸。

菜单命令：尺寸标注→外包尺寸（WBCC）

点取菜单命令后，命令行提示：

请选择建筑构件：以对角点框选范围，给出第一个点后提示

指定对角点：给出对角点后提示找到××个对象

请选择建筑构件：回车结束选择

请选择第一、二道尺寸线：以对角点选尺寸线范围，给出第一个点后提示

指定对角点：给出对角点后提示找到 8 个对象

请选择第一、二道尺寸线：回车结束绘制或继续选择尺寸线

图 12-2-10 为外包尺寸标注实例，其中执行外包尺寸命令后，自动修改 16 处尺寸标注，完成外包尺寸。

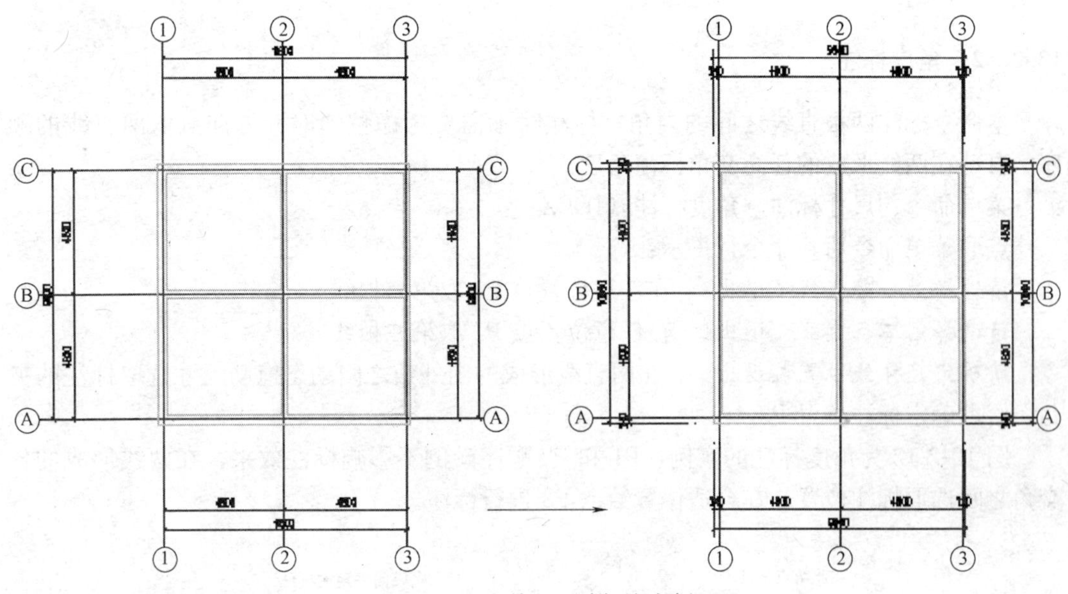

图 12-2-10　外包尺寸标注实例

12.2.10　半径标注

本命令在图中标注弧线或圆弧墙的半径，尺寸文字容纳不下时，会按照制图标准规定，自动引出标注在尺寸线外侧。

菜单命令：尺寸标注→半径标注（BJBZ）

点取菜单命令后，命令行提示：

请选择待标注的圆弧<退出>：此时点取圆弧上任一点，即在图中标注好半径，如图 12-2-10 所示。

12.2.11　直径标注

本命令在图中标注弧线或圆弧墙的直径，尺寸文字容纳不下时，会按照制图标准规定，自动引出标注在尺寸线外侧。

菜单命令：尺寸标注→直径标注（ZJBZ）

点取菜单命令后，命令行提示：

请选择待标注的圆弧<退出>:此时点取圆弧上任一点，即在图中标注好直径

图 12-2-11 为半径与直径标注实例，在半径大小不同时自动设置标注文字位置。

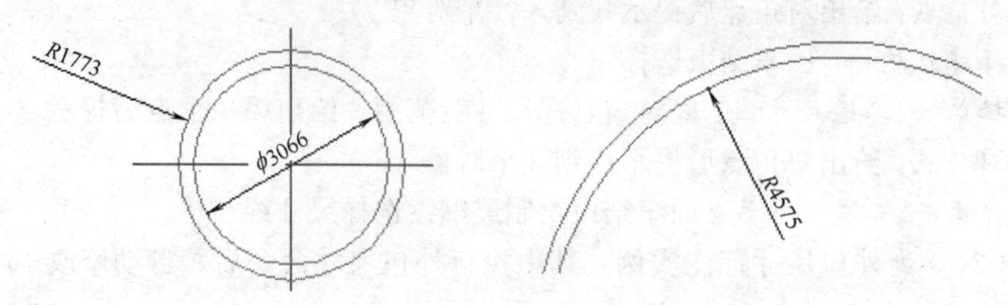

图 12-2-11　直径标注与半径标注

12.2.12　角度标注

本命令标注两根直线之间的内角，标注时不需要考虑按逆时针方向点取两直线的顺序，自动在两线形成的任意交角标注角度。

菜单命令：尺寸标注→角度标注（JDBZ）

点取菜单命令后，命令行提示：

请选择第一条直线<退出>:在任意位置点 P1 取第一根线

请选择第二条直线<退出>:在任意位置点 P2 取第二根线

请确定尺寸线位置<退出>：在两直线形成的内外角之间动态拖动尺寸选取标注的夹角，给点确定标注位置 P3

图 12-2-12 为角度标注的实例，P1 和 P2 顺序颠倒不影响标注效果，在两线形成的各交角之间选取标注位置，在合适位置给点 P3 进行标注。

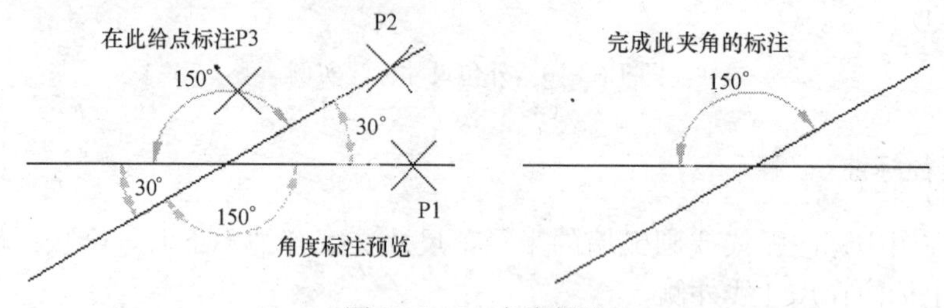

图 12-2-12　角度标注

12.2.13　弧长标注

本命令以国家建筑制图标准规定的弧长标注画法分段标注弧长，保持整体的一个角度标注对象，可在弧长、角度和弦长三种状态下相互转换，其中弧长标注的样式可在基本设定或高级选项中设为“新标准”，即《房屋建筑制图统一标准》GB/T 50001—2010 条文 11.5.2 中要求的尺寸界线应指向圆心的样式，在基本设定中设置后是对本图所有的弧长标注起作用，在高级选项中设置后是在新建图形中起作用。

菜单命令：尺寸标注→弧长标注（HCBZ）

点取菜单命令后，命令行提示：

请选择要标注的弧段：点取准备标注的弧墙、弧线

请点取尺寸线位置<退出>：类似逐点标注，拖动到标注的最终位置
请输入其他标注点<结束>：继续点取其他标注点
……
请输入其他标注点<结束>：回车结束
图 12-2-13 为弧长标注实例。

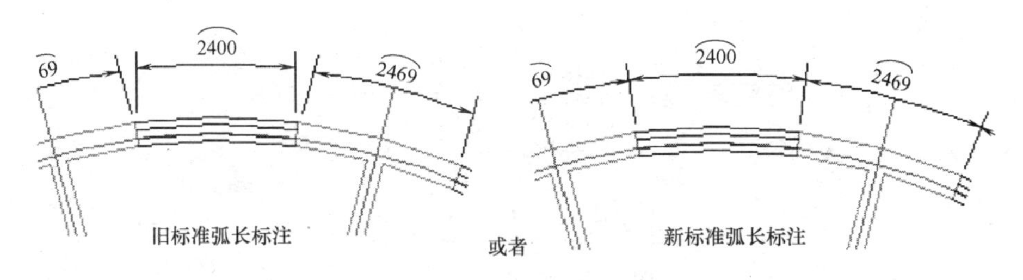

图 12-2-13　弧长标注实例

12.3　尺寸标注的编辑

尺寸标注对象是天正自定义对象，支持裁剪、延伸、打断等编辑命令，使用方法与AutoCAD尺寸对象相同。以下介绍的是本软件提供的专用尺寸编辑命令的详细使用方法。除了单击尺寸编辑命令外，双击尺寸标注对象，即可进入对象编辑的默认的增补尺寸功能，详见【增补尺寸】命令一节。

12.3.1　文字复位

本命令将尺寸标注中被拖动夹点移动过的文字恢复回原来的初始位置，可解决夹点拖动不当时与其他夹点合并的问题。本命令也能用于符号标注中的"标高符号"、"箭头引注"、"剖面剖切"和"断面剖切"四个对象中的文字。

菜单命令：尺寸标注→尺寸编辑→文字复位（WZFW）

点取菜单命令后，命令行提示：

请选择天正尺寸标注：点取要恢复的天正尺寸标注，可多选

请选择天正尺寸标注：回车结束命令，系统把选到的尺寸标注中所有文字恢复原始位置。

本命令支持 WCS 和 UCS 坐标系，恢复到尺寸和符号对象创建时文字的正确位置。

12.3.2　文字复值

本命令将尺寸标注中被有意修改的文字恢复回尺寸的初始数值。有时为方便考虑，会把其中一些标注尺寸文字加以改动，为了校核或提取工程量等需要尺寸和标注文字一致的场合，可以使用本命令按实测尺寸恢复文字的数值。

菜单命令：尺寸标注→尺寸编辑→文字复值（WZFZ）

点取菜单命令后，命令行提示：

请选择天正尺寸标注：点取要恢复的天正尺寸标注，可多选

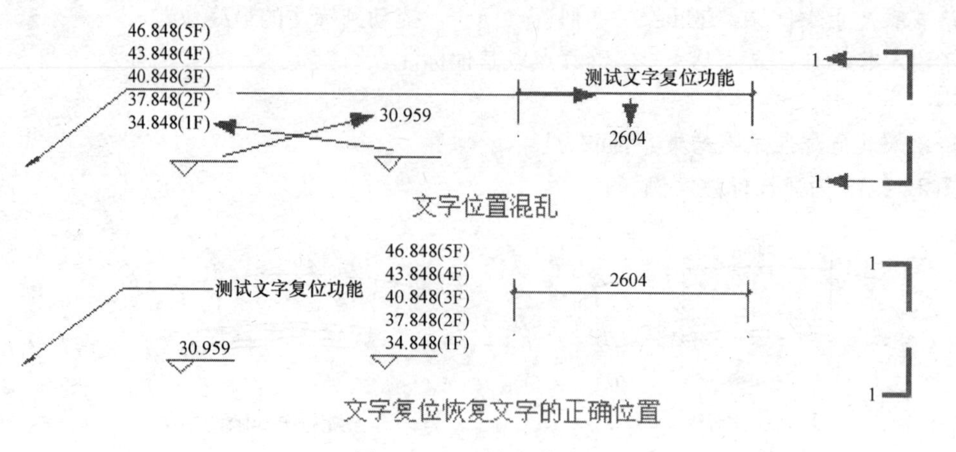

图 12-3-1 文字复位实例

请选择天正尺寸标注：回车结束命令，系统把选到的尺寸标注中所有文字恢复实测数值

12.3.3 剪裁延伸

本命令在尺寸线的某一端，按指定点剪裁或延伸该尺寸线。本命令综合了 Trim（剪裁）和 Extend（延伸）两命令，自动判断对尺寸线的剪裁或延伸。

菜单命令：尺寸标注→尺寸编辑→剪裁延伸（JCYS）

点取菜单命令后，命令行提示：

请给出剪裁延伸的基准点或[参考点(R)]<退出>：点取剪裁线要延伸到的位置

要剪裁或延伸的尺寸线<退出>：点取要作剪裁或延伸的尺寸线

所点取的尺寸线的点取一端即作了相应的剪裁或延伸。

要剪裁或延伸的尺寸线<退出>：命令行重复以上显示，<回车>退出

剪裁延伸命令实例如图 12-3-2 所示，标注步骤如下。

执行两次剪裁延伸命令，第一次执行延伸功能构造外包尺寸，第二次执行剪裁功能执行剪裁尺寸。

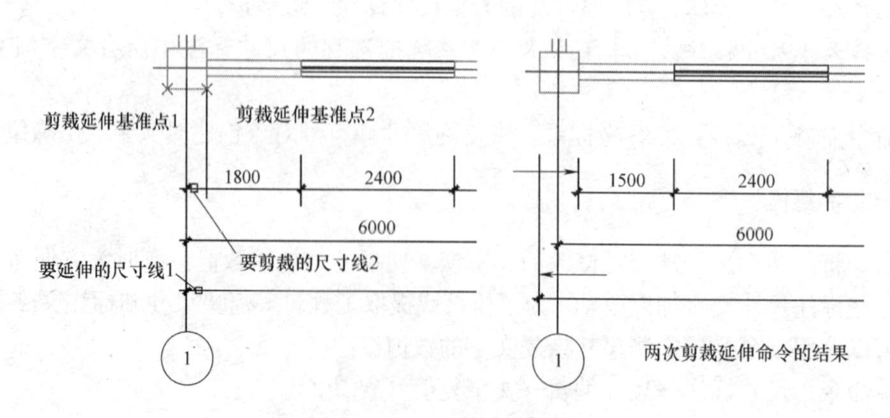

图 12-3-2 剪裁延伸实例

12.3.4　取消尺寸

本命令删除天正标注对象中指定的尺寸线区间，如果尺寸线共有奇数段，【取消尺寸】删除中间段会把原来标注对象分开成为两个相同类型的标注对象。因为天正标注对象是由多个区间的尺寸线组成的，用 Erase（删除）命令无法删除其中某一个区间，必须使用本命令完成。

菜单命令：尺寸标注→尺寸编辑→取消尺寸（QXCC）

点取菜单命令后，命令行提示：

请选择待取消的尺寸区间的文字<退出>：点取要删除的尺寸线区间内的文字或尺寸线均可

请选择待取消的尺寸区间的文字<退出>：点取其他要删除的区间，或者回车结束命令。

12.3.5　连接尺寸

本命令连接两个或多个独立的天正自定义直线或圆弧标注对象，将选取的尺寸线区间段加以连接，原来的两个或多个标注对象合并成为一个标注对象。如果准备连接的标注对象尺寸线之间不共线，连接后的标注对象以第一个点取的标注对象为主标注尺寸对齐，通常用于把 AutoCAD 的尺寸标注对象转为天正尺寸标注对象。

菜单命令：尺寸标注→尺寸编辑→连接尺寸（LJCC）

点取菜单命令后，命令行提示：

请选择主尺寸标注<退出>：点取要对齐的尺寸线作为主尺寸

选择需要连接的其他尺寸标注<结束>：点取其他要连接的尺寸线

……

选择需要连接的其他尺寸标注<结束>：回车结束

执行【连接尺寸】命令，结果如图 12-3-3 所示。

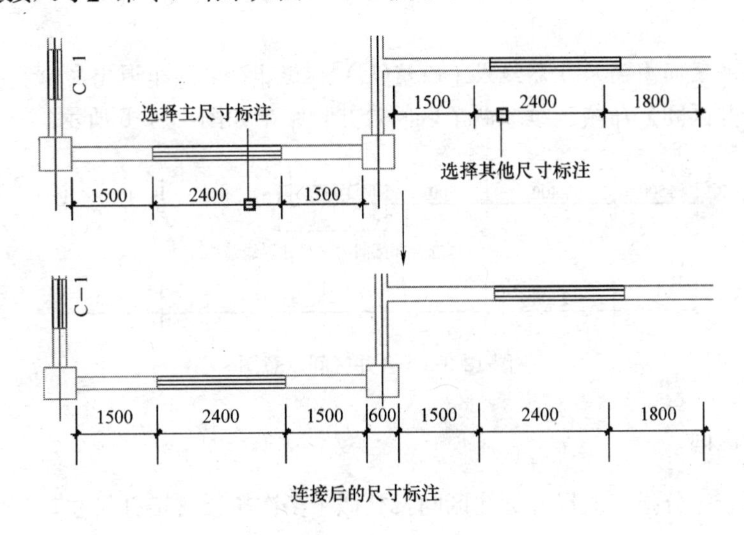

图 12-3-3　连接尺寸对象

12.3.6　尺寸打断

本命令把整体的天正自定义尺寸标注对象在指定的尺寸界线上打断，成为两段互相独立的尺寸标注对象，可以各自拖动夹点、移动和复制。

菜单命令：尺寸标注→尺寸编辑→尺寸打断（CCDD）

点取菜单命令后，命令行提示：

请在要打断的一侧点取尺寸线<退出>：在要打断的位置点取尺寸线，系统随即打断尺寸线

选择预览尺寸线可见已经是两个独立对象，如图 12-3-4 所示。

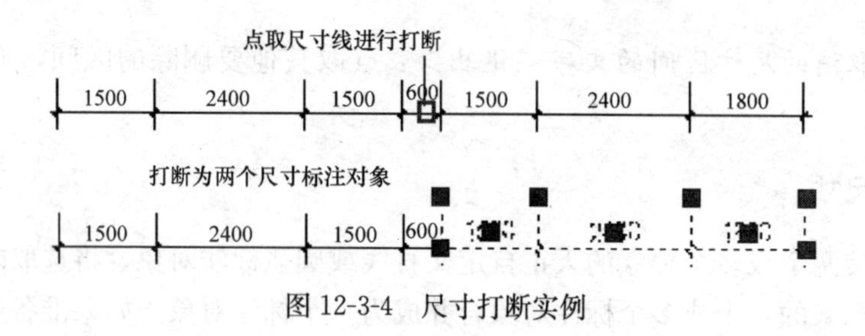

图 12-3-4　尺寸打断实例

12.3.7　合并区间

合并区间新增加了一次框选多个尺寸界线箭头的命令交互方式，可大大提高合并多个区间时的效率，本命令可作为【增补尺寸】命令的逆命令使用。

菜单命令：尺寸标注→尺寸编辑→合并区间（HBQJ）

点取菜单命令后，命令行提示：

请点取合并区间中的尺寸界线<退出>：点取两个要合并区间之间的尺寸界线

请点取合并区间中的尺寸界线或［撤销(U)］<退出>：

点取其他要合并区间之间的尺寸界线或者键入 U 撤销合并

……

请点取合并区间中的尺寸界线或［撤销(U)］<退出>：回车退出命令

执行【合并区间】命令连续取两个区间合并，结果如图 12-3-5 所示。

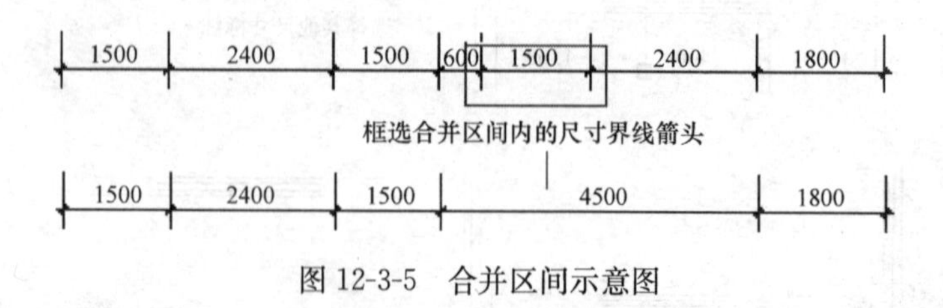

图 12-3-5　合并区间示意图

12.3.8　等分区间

本命令用于等分指定的尺寸标注区间，类似于多次执行【增补尺寸】命令，可提高标注效率。

菜单命令：尺寸标注→尺寸编辑→等分区间（DFQJ）

点取菜单命令后，命令行提示：

请选择需要等分的尺寸区间<退出>：点取要等分区间内的尺寸线

输入等分数<退出>:3 键入等分数量

请选择需要等分的尺寸区间<退出>：继续执行本命令或回车退出命令

执行【等分区间】命令把区间等分为三段，结果如图 12-3-6 所示。

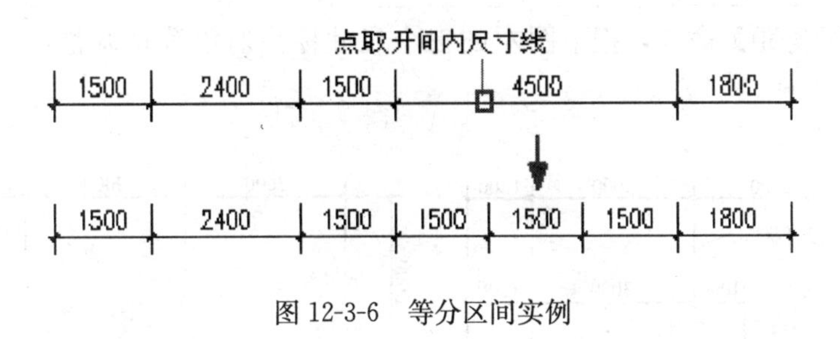

图 12-3-6　等分区间实例

12.3.9　等式标注

本命令对指定的尺寸标注区间尺寸自动按等分数列出等分公式作为标注文字，除不尽的尺寸保留一位小数。

菜单命令：尺寸标注→尺寸编辑→等式标注（DSBZ）

点取菜单命令后，命令行提示：

请选择需要等分的尺寸区间<退出>:点取要按等式标注的区间尺寸线

输入等分数<退出>:6 按该处的等分公式要求键入等分数

请选择需要等分的尺寸区间<退出>：该区间的尺寸文字按等式标注，回车退出命令

执行【等式标注】命令标注 6 步的楼梯，标注结果如图 12-3-7 所示。

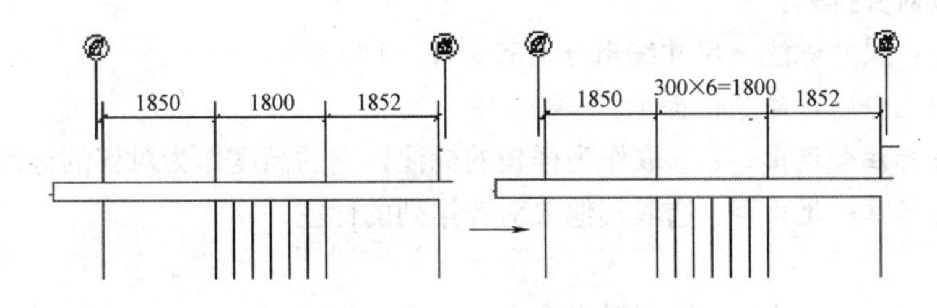

图 12-3-7　等式标注

12.3.10　尺寸等距

本命令用于对选中尺寸标注在垂直于尺寸线方向进行尺寸间距的等距调整。

菜单命令：尺寸标注→尺寸编辑→尺寸等距（CCDJ）

点取菜单命令后，命令行提示：

选择参考标注<退出>：选取作为基点的尺寸标注，在等距调整中参考标注不动，其他标注按要求调整位置

选择其它标注<退出>：选取等距调整的尺寸标注，支持点选和框选

请选择其它标注：重复提示直至右键回车或空格确认

请输入尺寸线间距<2000>:3000　键入尺寸线间距，回车退出命令

> **注意：** 1. 命令仅对线性标注起作用；
>
> 2. 在其他标注选择的多个尺寸标注中，命令只对与参考标注同一方向的尺寸标注执行操作；
>
> 3. 下次命令执行给出的尺寸间距默认值为上一次的修改值。

执行【尺寸等距】命令，把下图左的三个尺寸标注对象等距调整，结果如图 12-3-8 所示。

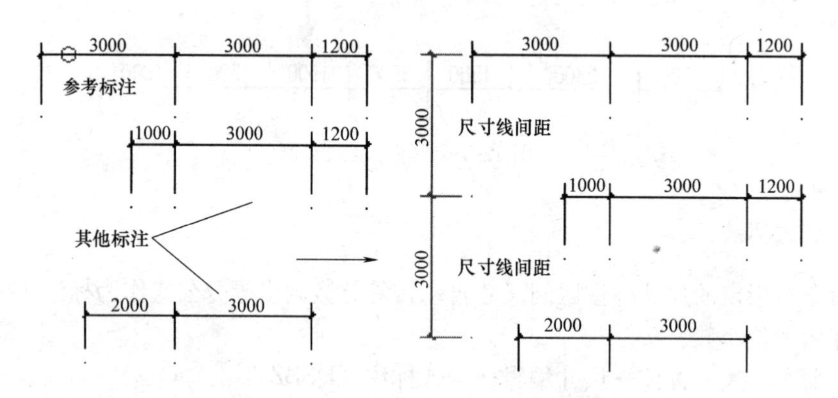

图 12-3-8　尺寸等距

12.3.11　对齐标注

本命令用于一次按 y 向坐标对齐多个尺寸标注对象，对齐后各个尺寸标注对象按参考标注的高度对齐排列。

菜单命令：尺寸标注→尺寸编辑→对齐标注（DQBZ）

点取菜单命令后，命令行提示：

选择参考标注<退出>：选取作为样板的标注，它的高度作为对齐的标准

选择其它标注<退出>：选取其他要对齐排列的标注

……

选择其它标注<退出>：回车退出命令

执行【对齐标注】命令把三个标注对象对齐，结果如图 12-3-9 所示。

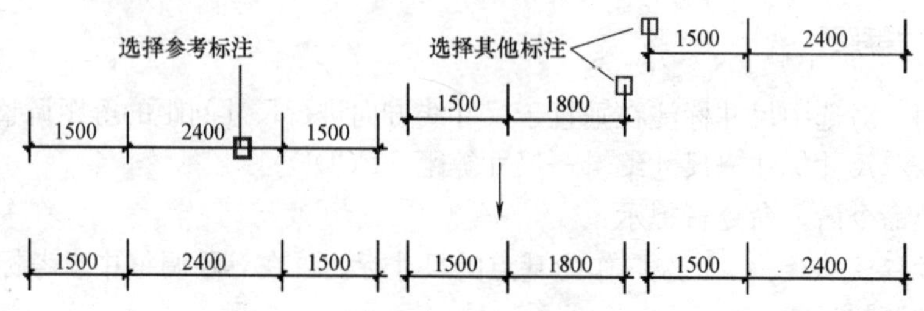

图 12-3-9　对齐标注实例

12.3.12　增补尺寸

本命令在一个天正自定义直线标注对象中增加区间，增补新的尺寸界线断开原有区间，但不增加新标注对象。

菜单命令：尺寸标注→尺寸编辑→增补尺寸（ZBCC）

点取菜单命令后，命令行提示：

请选择尺寸标注<退出>：点取要在其中增补的尺寸线分段

点取待增补的标注点的位置或［参考点(R)］<退出>：捕捉点取增补点或键入 R 定义参考点

如果给出了参考点，这时命令提示：

参考点：点取参考点，然后从参考点引出定位线，（无参考点直接到这里）提示

点取待增补的标注点的位置或［参考点(R)/撤销上一标注点(U)］<退出>：

按该线方向键入准确数值定位增补点

点取待增补的标注点的位置或［参考点(R)/撤销上一标注点(U)］<退出>：

连续点取其他增补点，没有顺序区别

……

点取待增补的标注点的位置或［参考点(R)/撤销上一标注点(U)］<退出>：最后回车退出命令

执行【增补尺寸】命令添加标注，结果如图 12-3-10 所示。

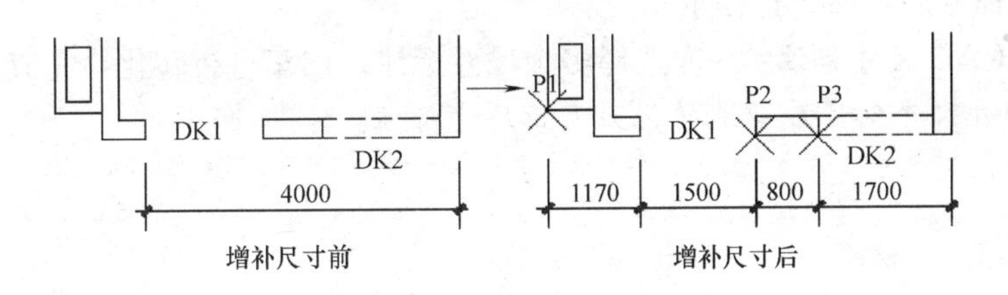

图 12-3-10　增补尺寸实例

> **注意**：1. 尺寸标注夹点提供“增补尺寸”模式控制，拖动尺寸标注夹点时，按 Ctrl 切换为“增补尺寸”模式，即可在拖动位置添加尺寸界线。
>
> 2. 在 7.5 以上版本，双击尺寸对象即可作为默认的对象编辑，进入【增补尺寸】命令点取待增补标注点的操作。

12.3.13　切换角标

本命令把角度标注对象在角度标注、弦长标注与新标准或者旧标准的弧长标注三种模式之间切换。

菜单命令：尺寸标注→尺寸编辑→切换角标（QHJB）

点取菜单命令后，命令行提示：

请选择天正角度标注：点取角度标注或者弦长标注，切换为其他模式显示

请选择天正角度标注：以回车结束命令

重复执行【切换角标】命令，选择同一个角度标注，切换三种标注方式，结果如图 12-3-11 所示。

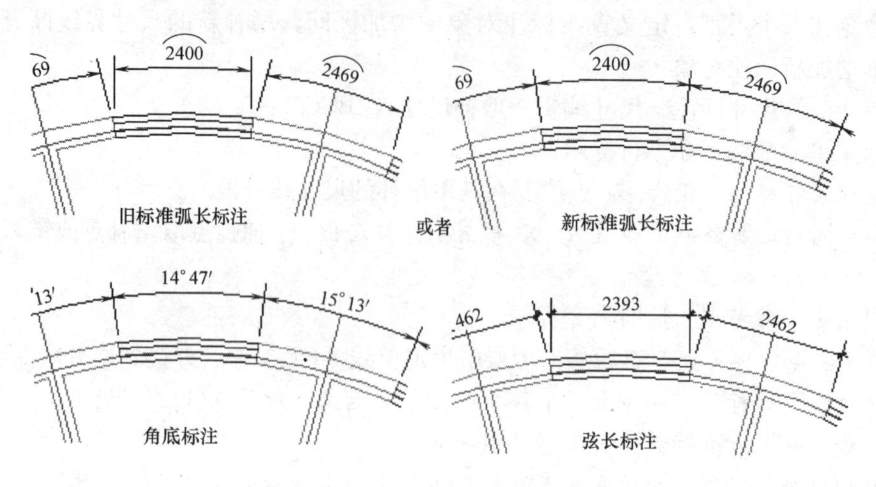

图 12-3-11 切换角标实例

12.3.14 尺寸转化

本命令将 AutoCAD 尺寸标注对象转化为天正标注对象。

菜单命令：尺寸标注→尺寸编辑→尺寸转化（CCZH）

点取菜单命令后，命令行提示：

请选择 ACAD 尺寸标注：一次选择多个尺寸标注，回车进行转化，完成后提示：

全部选中的 N 个对象成功地转化为天正尺寸标注！

第 13 章
符号标注

内容提要

- 符号标注的概念

按照国标规定的建筑工程符号画法，天正提供了自定义符号标注对象，可方便地绘制剖切号、指北针、箭头、详图符号、引出标注等工程符号，修改极其方便。

- 坐标与标高符号

针对《总图制图标准》GB/T 50103—2010 的要求，天正提供了符合规范的坐标标注和标高标注符号，适用于各种坐标系下对米单位和毫米单位的总图平面图进行标注。

- 工程符号标注

创建天正符号标注绝非是简单地插入符号图块，而是在图上添加了代表建筑工程专业含义的图形符号对象，平面图的剖面符号可用于立面和剖面工程图生成。

13.1 符号标注的概念

按照建筑制图的国标工程符号规定画法，天正软件提供了一整套的自定义工程符号对象，这些符号对象可以方便地绘制剖切号、指北针、引注箭头，绘制各种详图符号、引出标注符号。使用自定义工程符号对象，不是简单地插入符号图块，而是在图上添加了代表建筑工程专业含义的图形符号对象，工程符号对象提供了专业夹点定义和内部保存有对象特性数据，用户除了在插入符号的过程中通过对话框的参数控制选项，根据绘图的不同要求，还可以在图上已插入的工程符号上，拖动夹点或者 Ctrl+1 启动对象特性栏，在其中更改工程符号的特性，双击符号中的文字，启动在位编辑即可更改文字内容。

符号标注的特点功能：

1. 引入了文字的在位编辑功能，只要双击符号中涉及的文字进入在位编辑状态，无需命令即可直接修改文字内容。

2. 索引符号提供多索引，拖动“改变索引个数”夹点可增减索引号，还提供了在索引延长线上标注文字的功能。

3. 剖切索引符号可增加多个剖切位置线，可拖动夹点分别改变剖切位置线各段长度，引线可增加转折点。

4. 箭头引注提供了规范的半箭头样式，用于坡度标注，坐标标注提供了 4 种箭头样式。

5. 图名标注对象方便了比例修改时图名的更新，文字加圈功能便于注写轴号。

6. 大部分工程符号标注改为无模式对话框连续绘制方式，不必单击“确认”按钮，提高了效率。

7. 做法标注结合了【专业词库】命令，提供了标准的楼面、屋面和墙面做法，提供了新制图规范的索引点标注功能。

图 13-1-1 是各自工程符号标注示例。

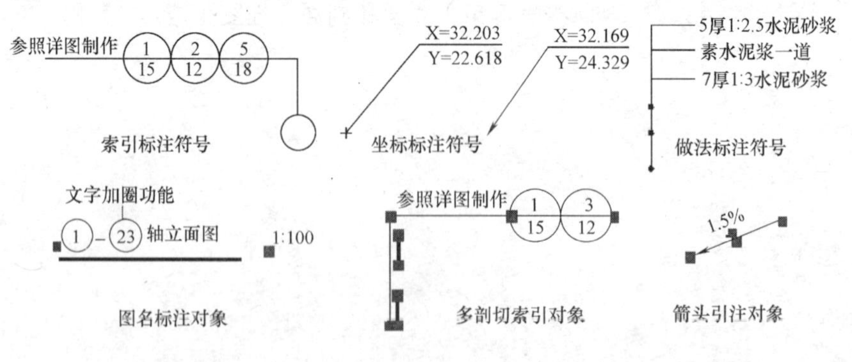

图 13-1-1　各种工程符号标注

天正的符号对象可随图形指定范围的绘图比例的改变，对符号大小、文字字高等参数进行适应性调整以满足规范的要求。剖面符号除了可以满足施工图的标注要求外，还为生成剖面定义了与平面图的对应规则。天正符号标注扩展了【文字复位】命令的功能，可以恢复包括标高符号、箭头引注、剖面剖切和断面剖切四个对象中的文字原始位置。

符号标注的各命令位于主菜单下的“符号标注”子菜单。

【索引符号】和【索引图名】两个命令用于标注索引号。

【剖切符号】命令用于标注剖切符号，同时为剖面图的生成提供了依据。

【绘制云线】命令用于在设计过程中表示审校后需要修改的范围。

【画指北针】和【箭头绘制】命令分别用于在图中画指北针和指示方向的箭头。

【引出标注】和【做法标注】主要用于标注详图。

【图名标注】为图中的各部分注写图名。

符号标注的图层设置：

天正的符号对象提供了【当前层】和【默认层】两种标注图层选项，由符号标注菜单下有标注图层的设定开关切换，菜单开关项为【当前层】，表示当前绘制的符号对象是绘制在当前图层上的，而菜单开关项为【默认层】，表示当前绘制的符号对象是绘制在这个符号对象本身设计默认的图层上的。

例如：【引出标注】命令默认的图层是 DIM _ LEAD 图层，而索引符号默认的图层是 DIM _ IDEN，如果你把菜单开关设为【默认层】，此时绘制的符号对象就会在默认图层上创建，与当前层无关。

13.2　坐标标高符号

坐标标注在工程制图中用来表示某个点的平面位置，一般由政府的测绘部门提供，而标高标注则是用来表示某个点的高程或者垂直高度，标高有绝对标高和相对标高的概念，绝对标高的数值也来自当地测绘部门，而相对标高则是设计单位设计的，一般是室内一层地坪，与绝对标高有相对关系。天正分别定义了坐标对象和标高对象来实现坐标和标高的标注，这些符号的画法符合国家制图规范的工程符号图例。

13.2.1　标注状态设置

标注的状态分动态标注和静态标注两种，移动和复制后的坐标受状态开关项的控制：

• 动态标注状态下，移动和复制后的坐标数据将自动与当前坐标系一致，适用于整个 DWG 文件仅仅布置一个总平面图的情况；

• 静态标注状态下，移动和复制后的坐标数据不改变原值，例如在一个 DWG 上复制同一总平面，绘制绿化、交通的等不同类别图纸，此时只能使用静态标注。

在 2004 以上 AutoCAD 平台，软件提供了状态行的按钮开关，可单击切换坐标的动态和静态两种状态，新提供了固定角度的勾选，使插入坐标符号时方便决定坐标文字的标注方向。

13.2.2　坐标标注

本命令在总平面图上标注测量坐标或者施工坐标，取值根据世界坐标或者当前用户坐标 UCS。2013 版本新增加批量标注坐标功能，坐标对象增加了线端夹点，可调整文字基线长度。

菜单命令：符号标注→坐标标注（ZBBZ）

点取菜单命令后，命令行提示：

当前绘图单位:mm,标注单位:M;以世界坐标取值;北向角度 90.0000 度

请点取标注点或［设置(S)\批量标注(Q)］＜退出＞:S

我们首先要了解当前图形中的绘图单位是否是毫米，图形的当前坐标原点和方向是否与设计坐标系统一致；

如果有不一致之处，需要键入 S 设置绘图单位、设置坐标方向和坐标基准点，显示注坐标点对话框如图 13-2-1 所示。

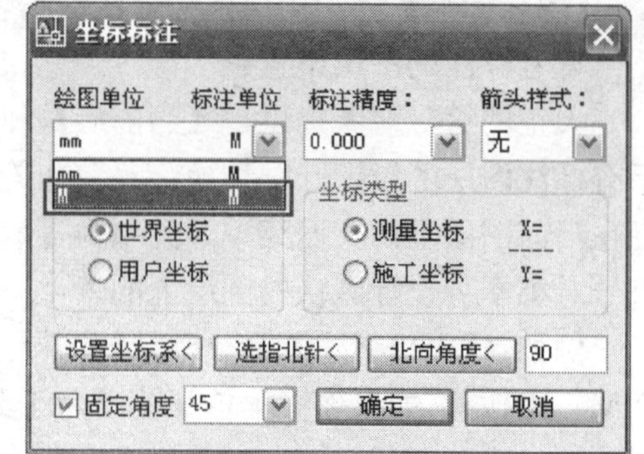

图 13-2-1　注坐标点设置对话框

• 坐标取值可以从世界坐标系或用户坐标系 UCS 中任意选择（默认取世界坐标系），注意如选择以用户坐标系 UCS 取值，应该以 UCS 命令把当前图形设为要选择使用的 UCS（因为 UCS 可以有多个），当前如果为世界坐标系时，坐标取值与世界坐标系一致；

• 按照《总图制图标准》GB/T 50103—2010 第 2.4.1 条的规定，南北向的坐标为 X（A），东西方向坐标为 Y（B），与建筑绘图习惯使用的 XOY 坐标系是相反的；

• 如果图上插入了指北针符号，在对话框中单击“选指北针＜”，从图中选择了指北针，系统以它的指向为 X（A）方向标注新的坐标点。

• 默认图形中的建筑坐北朝南布置，“北向角度＜”为 90（图纸上方），如正北方向不是图纸上方，单击“北向角度＜”给出正北方向；

• 使用 UCS 标注的坐标符号使用颜色为青色，区别于使用世界坐标标注的坐标符号，在同一 DWG 图中不得使用两种坐标系统进行坐标标注。

坐标对象的坐标注写方式与夹点功能如图 13-2-2 所示：

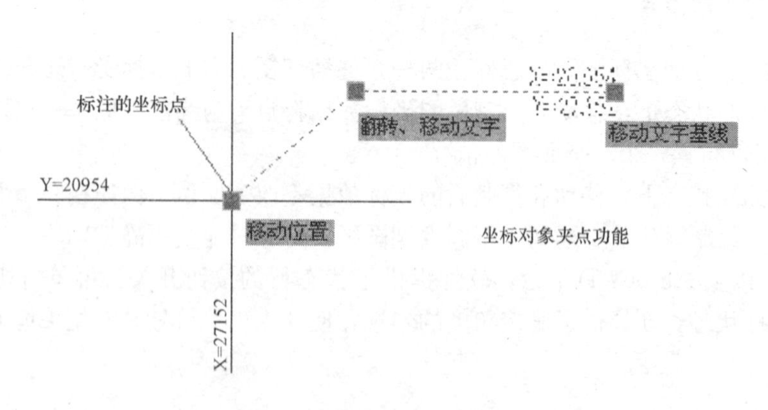

图 13-2-2　坐标注写方式与夹点功能

在其中单击下拉列表设置绘图单位是 M，标注单位也是 M，单击“确定”按钮返回命令行。

当前绘图单位:M;标注单位:M;以世界坐标取值;北向角度 90 度

请点取标注点或［设置(S)\批量标注(Q)］＜退出＞:点取坐标标注点

点取坐标标注方向<退出>：拖动点取确定坐标标注方向

勾选“固定角度”复选框后，此时坐标引线会按鼠标拖动的方向，倾斜给定角度。

请点取标注点<退出>:重复点取坐标标注点或回车退出命令

对有已知坐标基准点的图形，在对话框中单击“设置坐标系<”设置，交互过程如下：

点取参考点:点取已知坐标的基准点作为参考点

输入坐标值<14260.8,18191.2>：　按 XOY 坐标(非测量坐标)键入该点坐标值

注意键入坐标应使用本图的绘图单位，米单位图键入 27856.75，165970.32，毫米单位图键入 27856750，165970320。

请点取标注点或[设置(S)]<退出>：　点取其他标注点进行标注

如需要执行批量标注功能，在本命令执行后键入 Q：

请点取标注点或[设置(S)\批量标注(Q)]<退出>:Q

此时显示批量标注对话框如图 13-2-3 所示：

在其中勾选本次批量标注需要关注的重点位置，命令就会根据这些位置进行标注，同时命令行提示：

请选择需标注坐标的对象或[设置(S)\单点标注(Q)]<退出>：

圈选有关区域的所有对象，即会按你选择的位置特征点进行批量标注

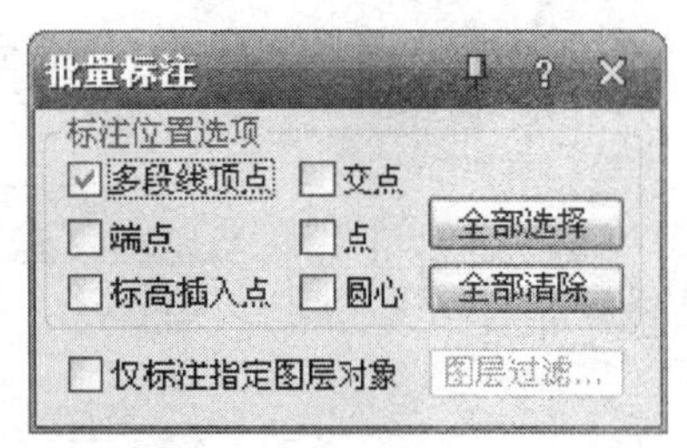

图 13-2-3　批量标注对话框

图 13-2-4 是米单位绘制的总图的示意，其坐标以 UCS 方向标注，按 WCS 取值，图中的 WCS 坐标系图标是为说明情况而特别添加的，实际不会与 UCS 同时出现。

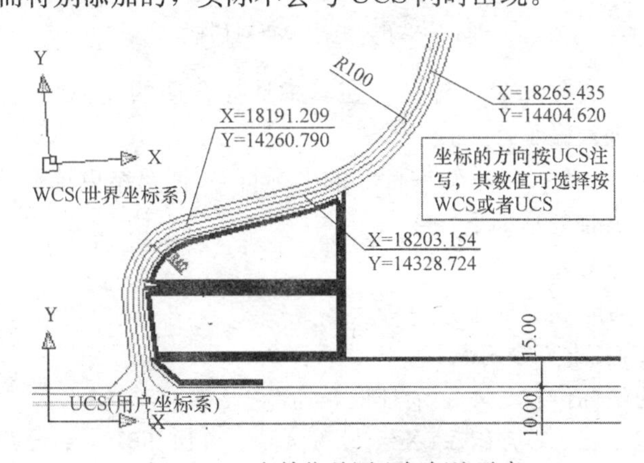

图 13-2-4　米单位总图坐标标注示意

图 13-2-5 是批量标注的实例，坐标标注点是选取了圆心、端点、交点、标高插入点、多段线顶点。

13.2.3　坐标检查

本命令用以在总平面图上检查测量坐标或者施工坐标，避免由于人为修改坐标标注值导致设计位置的错误，本命令可以检查世界坐标系 WCS 下的坐标标注和用户坐标系 UCS

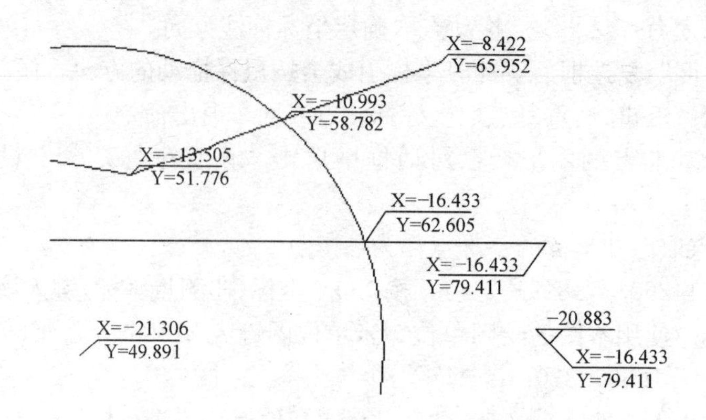

图 13-2-5 批量坐标标注示意

下的坐标标注，但注意只能选择基于其中一个坐标系进行检查，而且应与绘制时的条件一致。

菜单命令：符号标注→坐标检查（ZBJC）

点取菜单命令后，显示如图 13-2-6 对话框。

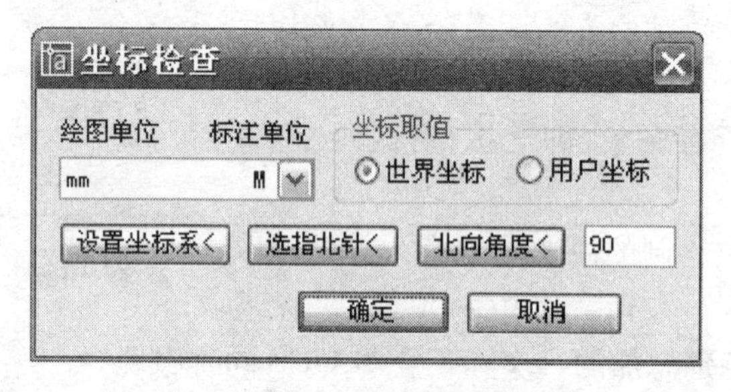

图 13-2-6 坐标检查对话框

用户可以按图形中实际的坐标标注，在其中选择合适的坐标系类型、标注单位和精度，单击“确定”后进入提示：

选择待检查的坐标：选择以本软件标注的坐标符号，回车结束选择

如果坐标标注正确时提示如下：

选中的坐标 13 个，全部正确！

如果坐标标注不对时提示如下：

选中的坐标 3 个，其中 1 个有错！

程序会在错误的坐标位置显示一个红框，命令行继续进行提示：

第 1/1 个错误的坐标，正确标注（X＝35.644，Y＝114.961）[全部纠正(A)/纠正坐标(C)/纠正位置(D)/退出(X)] <下一个>：

• 键入 C，纠正错误的坐标值，程序自动完成坐标纠正。

• 键入 D，则不改坐标值，而是移动原坐标符号，在该坐标值的正确坐标位置进行坐标标注。

• 键入 A，则全部错误的坐标值都进行纠正。

单击确定后返回命令行提示，默认坐标点符号的绘图方向服从当前用户坐标系，以下为对话框的按键功能。

图 13-2-7 是米单位绘制的总图，其坐标以 UCS 方向标注，按 WCS 取值进行检查。

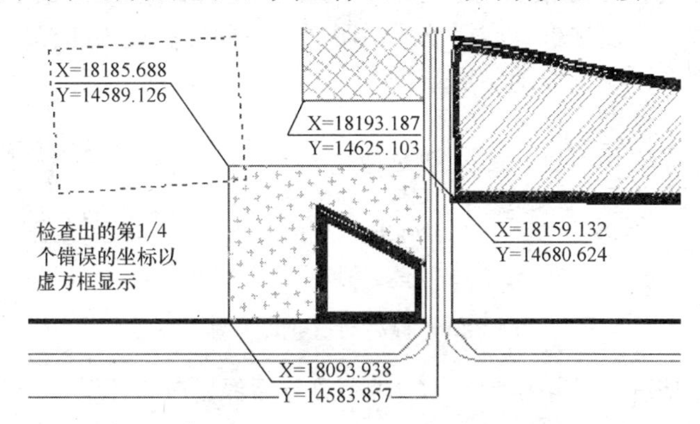

图 13-2-7　总图坐标检查实例

13.2.4　标高标注

本命令在界面中分为两个页面，分别用于建筑专业的平面图标高标注、立剖面图楼面标高标注以及总图专业的地坪标高标注、绝对标高和相对标高的关联标注，地坪标高符合总图制图规范的三角形、圆形实心标高符号，提供可选的两种标注排列，标高数字右方或者下方可加注文字，说明标高的类型。标高文字新增了夹点，需要时可以拖动夹点移动标高文字。新版本支持《总图制图标准》GB/T 50103—2010 新总图标高图例的画法。

菜单命令：符号标注→标高标注（BGBZ）

点取菜单命令后，显示如图 13-2-8 对话框。

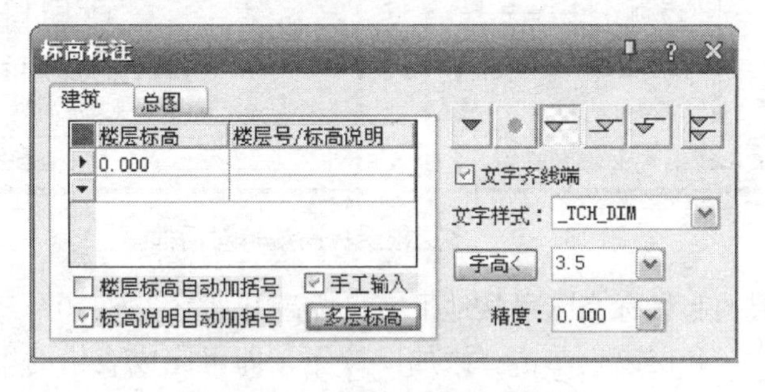

图 13-2-8　建筑标高标注对话框

默认不勾选“手工输入”复选框，自动取光标所在的 Y 坐标作为标高，当勾选“手工输入”复选框时，要求在表格内输入楼层标高。

其他参数包括文字样式与字高、精度的设置。上面有五个可按下的图标按钮：“实心三角”除了用于总图也用于沉降点标高标注，其他几个按钮可以同时起作用，例如可注写带有“基线”和“引线”的标高符号。此时命令提示点取基线端点，也提示点取引线位置。

清空电子表格的内容，还可以标注用于测绘手工填写用的空白标高符号。

建筑标高

单击“建筑”标签切换到建筑标高页面，界面左方显示一个输入标高和说明的电子表格，在楼层标高栏中可填入一个起始标高，右栏可以填入相对标高值，用于标注建筑和结构的相对标高，此时两者均可服从动态标志，在移动或复制后根据当前位置坐标自动更新；当勾选“手工输入”复选框，右栏填入说明文字，此标高成为注释性标高符号，在复制与移动时显示红色，说明不能动态更新。

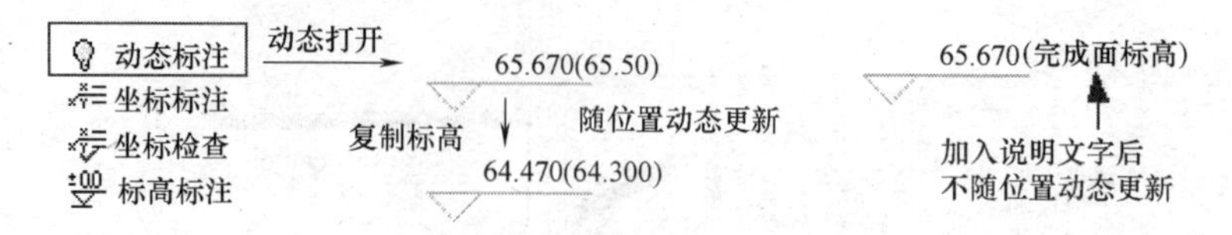

图 13-2-9　标高动态更新实例

建筑标高的标注精度自动切换为 0.000，小数点后保留三位小数。

“文字齐线端”复选框用于规定标高文字的取向，勾选后文字总是与文字基线端对齐；去除勾选表示文字与标高三角符号一端对齐，与符号左右无关。

“楼层标高自动加括号”复选框用于按《房屋建筑制图统一标准》GB/T 50001—2010 第 10.8.6 的规定绘制多层标高，勾选后除第一个楼层标高外，其他楼层的标高加括号。

“标高说明自动加括号”复选框用于设置是否在说明文字两端添加括号，勾选后说明文字自动添加括号。

“多层标高”按钮用于处理多层标高的电子表格自动输入和清理，如图 13-2-10 所示。

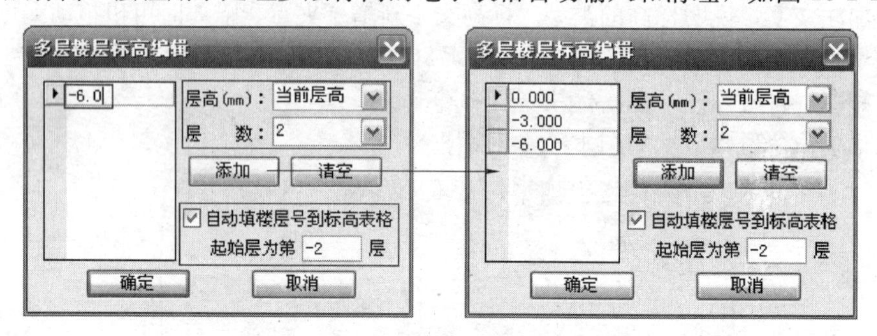

图 13-2-10　多层楼层标高编辑对话框

先键入首个楼层的起始标高（可从地下室负标高开始）“−6.0”，然后键入起始层号“−2”，选取层数“2”和层高，单击“添加”按钮，即可完成表格的填写，单击“确定”按钮返回“标高标注”对话框。

“自动填楼层号到标高表格”复选框勾选后，以−2F、−1F、1F 顺序自动添加标高说明，最终结果如图 13-2-11 所示。

图 13-2-11　自动添加楼层号实例

“清空”按钮用于清除多层标高电子表格全部标高数据；“添加”按钮用于按当前起始标高和层号自动计算各层标高填入电子表格。

“自动对齐” 图标按钮仅用于建筑标高，按下后，后面注写的各个标高符号均保持同一方向，并竖向对齐。

对带变量标高符号的说明：

当需要标注带有变量 H 的标高时，如果勾选“手工输入”，在楼层标高栏中仅仅输入一个 H 字符，文字基线不会拉出足够长度，请在 H 前面加入若干空格，如图 13-2-12 所示。

图 13-2-12　带变量标高符号实例

建筑楼层标高标注实例

勾选“手工输入”复选框后，在表格中键入需要输入的内容，单击向下箭头，可以输入多个楼层标高，按国家标准图的示例楼层说明总是在标高数字右边，图 13-2-13 为不同方向、不同选项的楼层地坪标高标注实例与添加说明文字的普通标高实例。

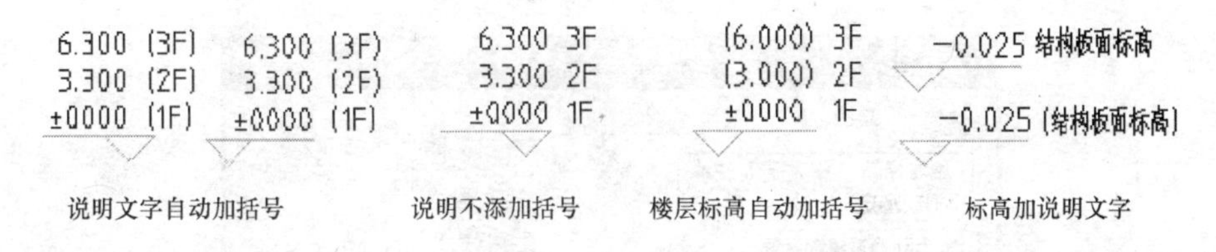

图 13-2-13　建筑标高实例

总图标高

单击总图标签切换到总图标高页面，如图 13-2-14 所示，上面有四个可按下的图标按钮中，用于表示标高符号的四种不同样式，仅可任选其中之一进行标注。总图标高的标注精度自动切换为 0.00，保留两位小数。2013 版本对实心三角标高符号提供了三种标高文字位置的选择，右上是按新总图制图标准新图例补充的，为用户对标注室内标高的需求新增了空心三角的标高符号，文字位置固定在上方。

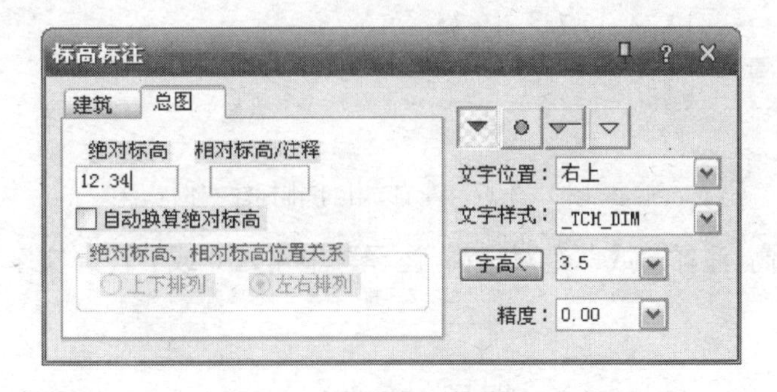

图 13-2-14　总图标高标注对话框

标高符号的圆点直径和三角高度尺寸可由用户定义，见【天正选项】命令的“基本设定”＞“符号设置”。

“自动换算绝对标高”复选框勾选，在换算关系框输入标高关系，绝对标高自动算出并标注两者换算关系，如图 13-2-15 所示。

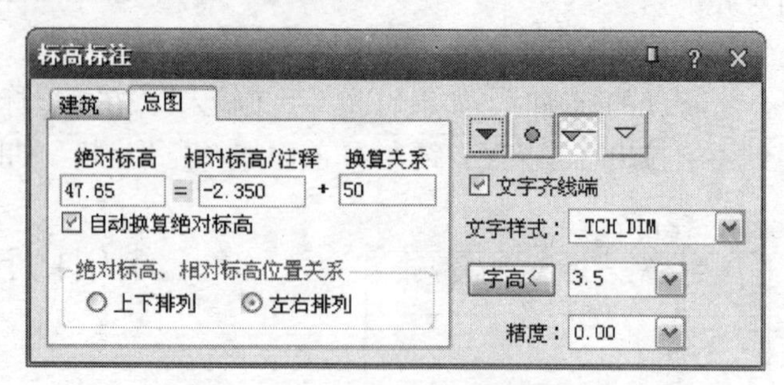

图 13-2-15　绝对、相对标高的换算

“绝对标高=相对标高+换算关系”中的“换算关系”用于输入相对标高和绝对标高之间的高差，如图 13-2-15 中的 50 表示相对标高±0.00 等于绝对标高 50.00。

“相对标高/注释”中输入相对标高，由命令计算出绝对标高框的内容。

当“自动换算绝对标高”复选框没有勾选时，可在绝对标高位置手工输入文字说明，如图 13-2-16 所示。

图 13-2-16　自动换算绝对标高

“上下排”、“左右排”用于标注绝对标高和相对标高的关系，有两种排列方式由用户自己选择，标注实例如图 13-2-17 所示。

总图标高标注实例

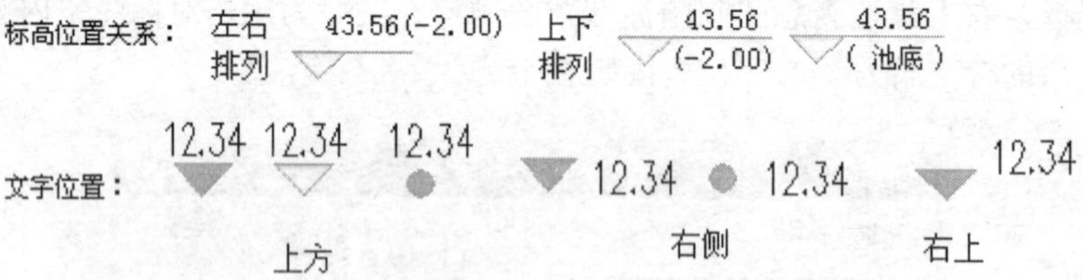

标高位置关系：　左右排列　43.56(-2.00)　上下排列　43.56 (-2.00)　43.56 (池底)

文字位置：　12.34　12.34　12.34　上方　12.34　12.34　右侧　12.34　右上

图 13-2-17　左右、上下排标注实例

在“相对标高/注释”或“绝对标高/注释”中输入 0 或者注释文字的情况如图 13-2-18 所示。

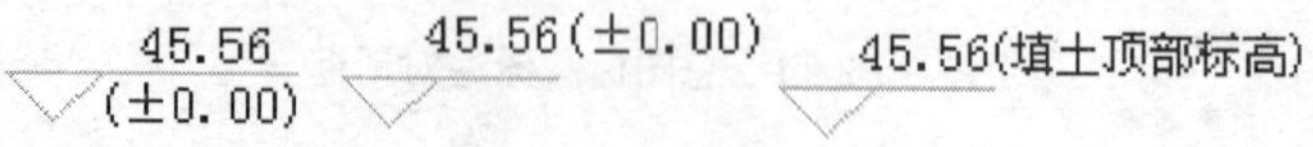

45.56 (±0.00)　45.56(±0.00)　45.56(填土顶部标高)

图 13-2-18　相对标高/注释实例

双击标高对象的文字即可进入在位编辑，直接修改标高数值，如图 13-2-19 所示。

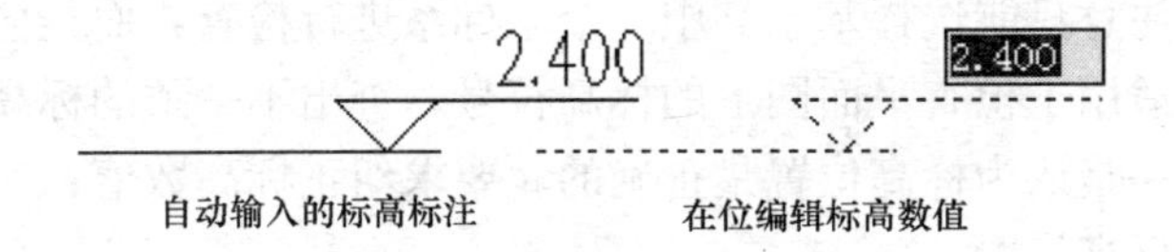

图 13-2-19　标高的在位编辑

双击标高对象非文字部分即可进入对象编辑，显示对话框，单击“确定”按钮完成修改，建筑和总图的不同情况如图 13-2-20 和图 13-2-21 所示。

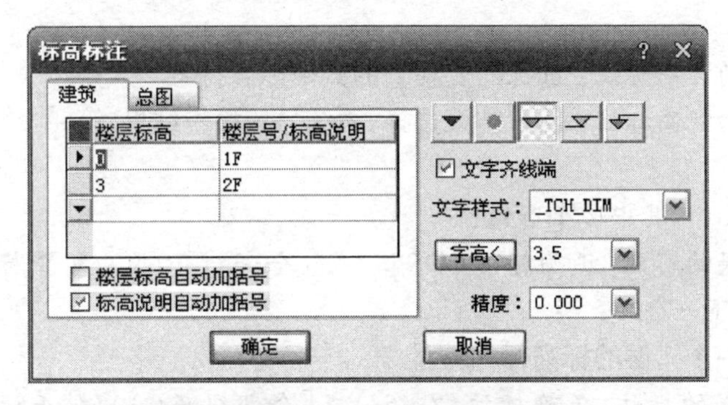

图 13-2-20　建筑标高编辑对话框

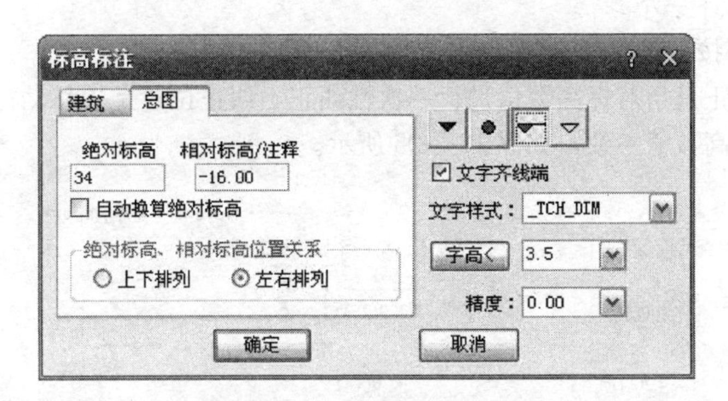

图 13-2-21　总图标高编辑对话框

多层标高标注为保持对象完整性，不提供标高文字的在位编辑，双击文字部分仍进入对象编辑，通过表格进行标高文字的修改。

拖动标高对象的夹点可以改变标高符号的方向和标高文字位置，如图 13-2-22 所示为拖动夹点改变方向的实例。

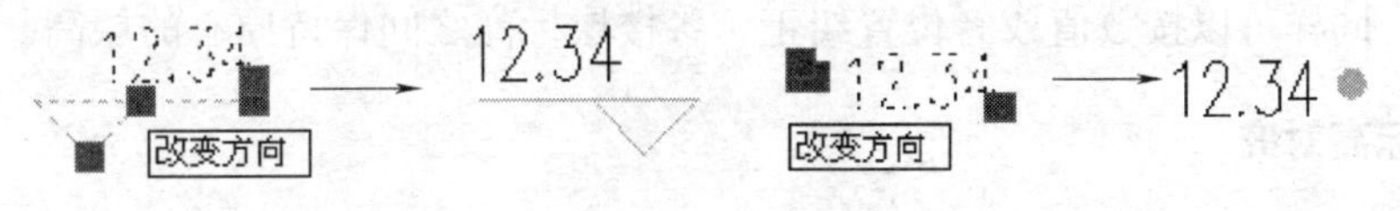

图 13-2-22　标高夹点编辑实例

13.2.5　标高检查

本命令适用于在立面图和剖面图上检查天正标高符号，避免由于人为修改标高标注值导致设计位置的错误，本命令可以检查世界坐标系 WCS 下的标高标注和用户坐标系 UCS 下的标高标注，但注意只能选择基于其中一个坐标系进行检查，而且应与绘制时的条件一致；注意本命令不适用于检查平面图上的标高符号，查出不一致的标高对象后用户可以选择两种解决方法：一是认为标高位置是正确的，要求纠正标高数值；二是认为标高数值是正确的，要求移动标高位置。

菜单命令：符号标注→标高检查（BGJC）

点取菜单命令后，命令行提示：

选择参考标高或［参考当前用户坐标系(T)］<退出>：选择作为标准的具有正确标高数值的标高符号

选择待检查的标高标注：选择需要检查的其他标高符号

选择待检查的标高标注：回车结束选择，系统显示检查结果，第一个错误的标高符号被红色方框框起来

选中的标高 5 个，其中 2 个有错！

第 2/1 个错误的标注，正确标注(4.963)或［全部纠正(A)/纠正标高(C)/纠正位置(D)/退出(X)］<下一个>：

回车观察下一个错误的标高标注符号

第 2/2 个错误的标注，正确标注(2.463)或［全部纠正(A)/纠正标高(C)/纠正位置(D)/退出(X)］<下一个>：

键入 A 全部按正确数值进行纠正

其中全部纠正是指对标高数值进行一次性纠正，纠正位置是指移动标高对象，使得标高位置与自身标高数值一致，如图 13-2-23 所示。

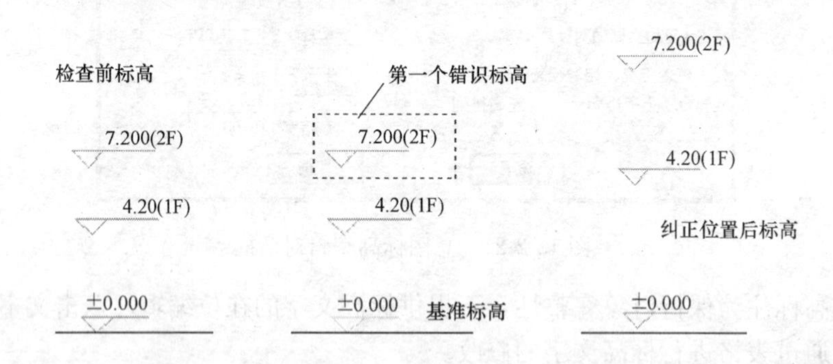

图 13-2-23　标高检查纠正实例

本命令能对多层标高进行检查纠正，所检查的标高是多层标高中起始的标高数值和对应的位置，同样可以按数值或者位置纠正，各楼层标高之间保持原有的层高。

13.2.6　标高对齐

本命令用于把选中的所有标高按新点取的标高位置或参考标高位置竖向对齐。如果当前标高采用的是带基线的形式，则还需要再点取一下基线对齐点。

菜单命令：符号标注→标高对齐（BGDQ）

点取菜单命令后，命令行提示：

请选择需对齐的标高标注或[参考对齐(Q)]<退出>：选择需要对齐的多个标高对象，或者键入 Q 参见下面的说明

请选择需对齐的标高标注或[参考对齐(Q)]<退出>：继续选择或者回车结束选择

请点取标高对齐点<不变>：拖动对齐标高，给出对齐点，标高在给出位置就位，右键回车或空格取消本命令

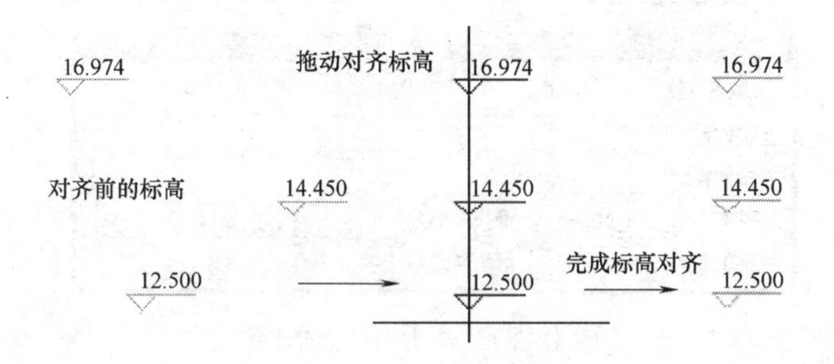

图 13-2-24　标高对齐实例

请点取标高基线对齐点<不变>：当选择的有一个标高对象是带基线的形式，则还需要给出基线对齐点，如图 13-2-25 所示

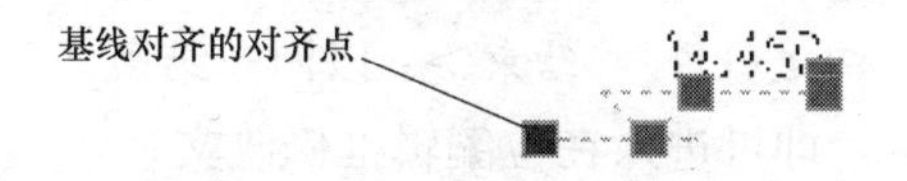

图 13-2-25　标高基线对齐点

当第一步操作时如果输入"Q"，则命令行继续提示如下：

请选择参考标高标注或[自由对齐(Q)]<退出>：选择用于参考(标准位置)的一个标高对象，或者键入 Q 回到上面第一个命令提示；

请选择需对齐的标高标注：选择要对齐的其他标高对象

请选择需对齐的标高标注：继续选择或者回车结束选择完成对齐。

13.3　工程符号标注

13.3.1　箭头引注

本命令绘制带有箭头的引出标注，文字可从线端标注也可从线上标注，引线可以多次转折，用于楼梯方向线、坡度等标注，提供共 5 种箭头样式和两行说明文字。

菜单命令：符号标注→箭头引注（JTYZ）

点取菜单命令后，显示如图 13-3-1 所示对话框，在线端时仅输入一行文字。

在对话框中输入引线端部要标注的文字，可以从下拉列表选取命令保存的文字历史记录，也可以不输入文字只画箭头，对话框中还提供了更改箭头长度、样式的功能，箭头长度按最终图纸尺寸为准，以毫米为单位给出；箭头的可选样式有"箭头"、"半箭头"、"点"、"十字"、"无"共 5 种。

图 13-3-1 箭头引注对话框

对话框中输入要注写的文字，设置好参数，按命令行提示取点标注：

箭头起点或［点取图中曲线(P)/点取参考点(R)］<退出>：点取箭头起始点

直段下一点［弧段(A)/回退(U)］<结束>：画出引线(直线或弧线)

……

直段下一点［弧段(A)/回退(U)］<结束>：以回车结束

双击箭头引注中的文字，即可进入在位编辑框修改文字。

箭头引注与在位编辑实例如图 13-3-2 所示。

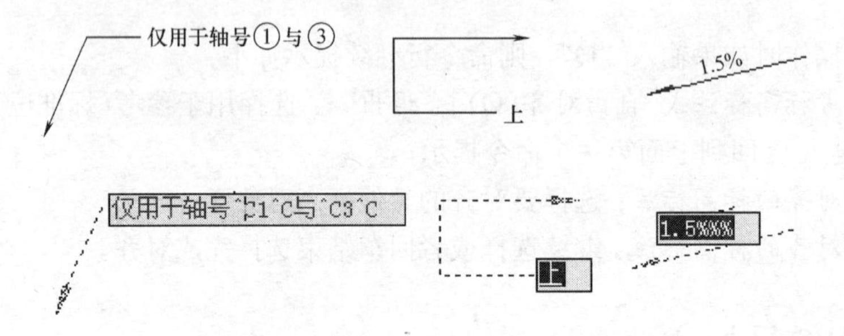

图 13-3-2 箭头引注与在位编辑实例

13.3.2 引出标注

本命令可用于对多个标注点进行说明性的文字标注，自动按端点对齐文字，具有拖动自动跟随的特性，新增“引线平行”功能，默认是单行文字，需要标注多行文字时在特性栏中切换，标注点的取点捕捉方式完全服从命令执行时的捕捉方式，以 F3 切换捕捉方式的开关。

菜单命令：符号标注→引出标注（YCBZ）

点取菜单命令后，显示如图 13-3-3 对话框。

引出标注的控件功能说明

［上标注文字］ 把文字内容标注在引出线上。

［下标注文字］ 把文字内容标注在引出线下。

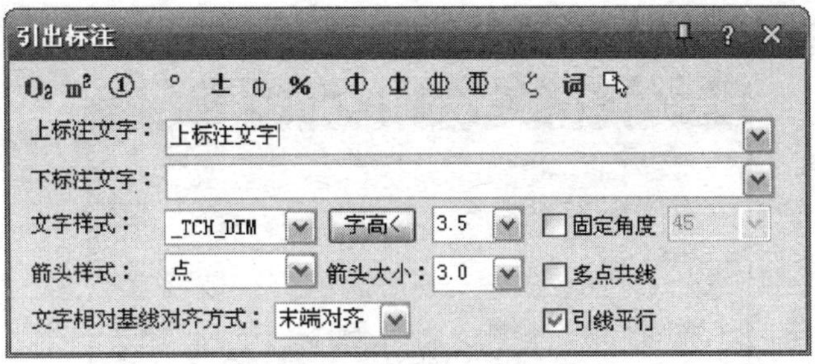

引出标注

上标注文字：上标注文字
下标注文字：
文字样式：_TCH_DIM　字高<　3.5　固定角度　45
箭头样式：点　箭头大小：3.0　多点共线
文字相对基线对齐方式：末端对齐　引线平行

图 13-3-3　引出标注对话框

［箭头样式］ 下拉列表中包括“箭头”、“点”、“十字”和“无”四项，用户可任选一项指定箭头的形式。

［字高<］ 以最终出图的尺寸（毫米），设定字的高度，也可以从图上量取（系统自动换算）。

［文字样式］ 设定用于引出标注的文字样式。

［固定角度］ 设定用于引出线的固定角度，勾选后引线角度不随拖动光标改变，从0～90 度可选。

［多点共线］ 设定增加其他标注点时，这些引线与首引线共线添加，适用于立面和剖面的材料标注。

［引线平行］ 设定增加其他标注点时，这些引线与首引线平行，适用于类似钢筋标注等场合。

［文字相对基线对齐］ 增加了“始端对齐”和“居中对齐”、“末端对齐”三种文字对齐方式。

在对话框中编辑好标注内容及其形式后，按命令行提示取点标注：

请给出标注第一点<退出>：点取标注引线上的第一点

输入引线位置或［更改箭头形式(A)］<退出>：点取文字基线上的第一点

点取文字基线位置<退出>：取文字基线上的结束点

输入其它的标注点<结束>：点取第二条标注引线上端点

……

输入其它的标注点<结束>：回车结束

勾选“多点共线”和“引线平行”的结果分别如图 13-3-4 所示。

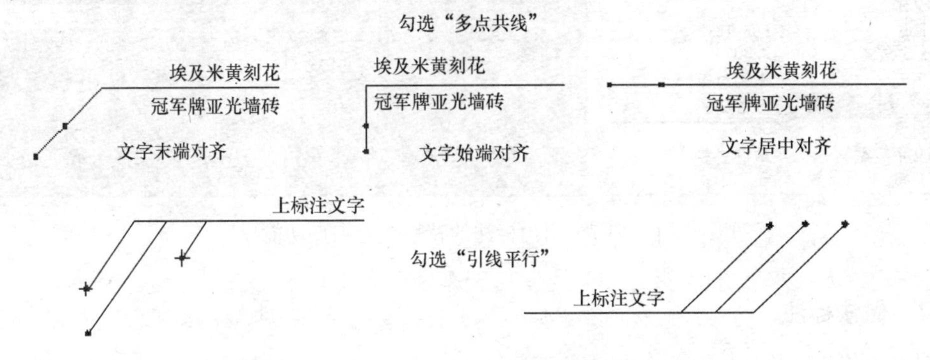

图 13-3-4　引出标注的文字对齐和多点共线

双击引出标注对象可进入编辑对话框，如图 13-3-5 所示。

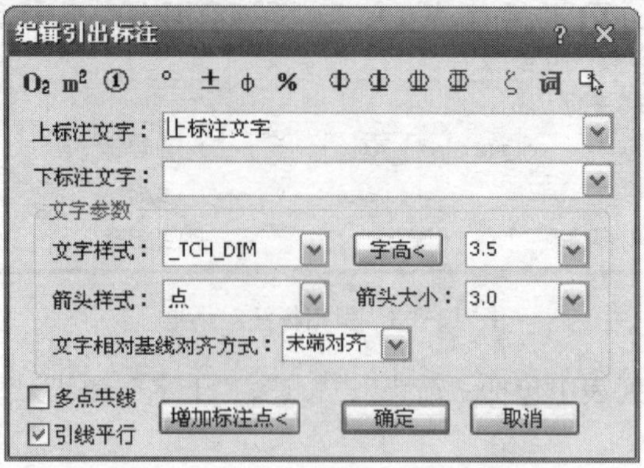

图 13-3-5　引出标注编辑界面

在其中与引出标注对话框所不同的是下面多了“增加标注点＜”按钮，单击该按钮，可进入图形添加引出线与标注点。

1. 引出标注对象还可实现方便的夹点编辑，如拖动标注点时箭头（圆点）自动跟随，拖动文字基线时文字自动跟随等特性，除了夹点编辑外，双击其中的文字进入在位编辑，修改文字后右击屏幕，启动快捷菜单，在其中选择修饰命令，单击确定结束编辑。

引出标注在位编辑实例如图 13-3-6 所示。

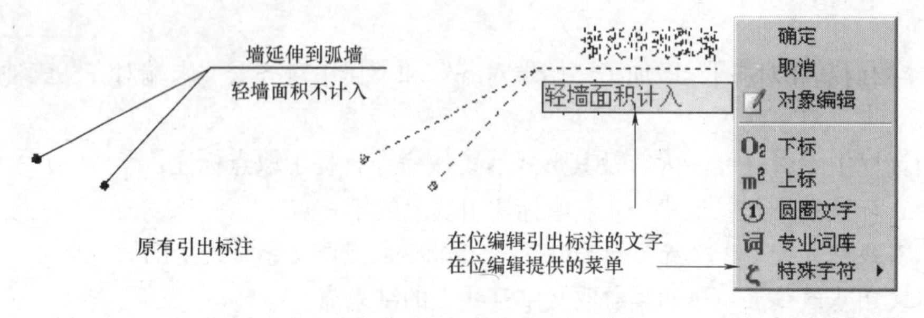

图 13-3-6　引出标注的在位编辑

2. 引出标注对象的上下标注文字均可使用多行文字，文字先在一行内输入，通过切换特性栏文字类型改为多行文字，夹点拖动改变页宽，如图 13-3-7 所示。

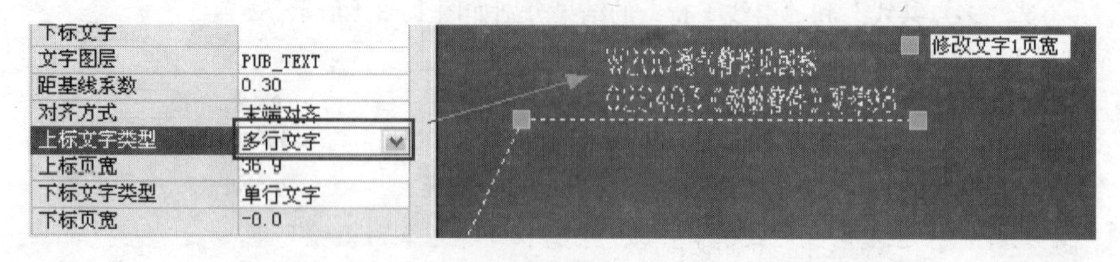

图 13-3-7　引出标注的特性表与夹点功能

13.3.3　做法标注

本命令用于在施工图纸上标注工程的材料做法，通过专业词库可调入北方地区常用的

88J1-×1（2000 版）的墙面、地面、楼面、顶棚和屋面标准做法，软件提供了多行文字的做法标注文字，每一条做法说明都可以按需要的宽度拖动为多行，还增加了多行文字位置和宽度的控制夹点，按新版国家制图规范要求提供了做法标注圆点的标注选项，在 2013 版本增加了做法标注的输入界面行数，输入更方便。

菜单命令：符号标注→做法标注（ZFBZ）

点取菜单命令后，显示如图 13-3-8 对话框。

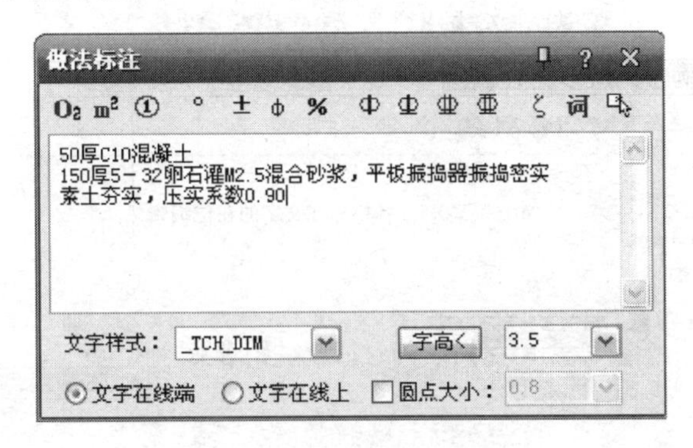

图 13-3-8　做法标注对话框

做法标注的控件功能说明

[多行编辑框]　供输入多行文字使用，回车结束的一段文字写入一条基线上，可随宽度自动换行。

[文字在线端]　文字内容标注在文字基线线端，为一行表示，多用于建筑图。

[文字在线上]　文字内容标注在文字基线线上，按基线长度自动换行，多用于装修图。

[圆点大小]　勾选圆点大小复选框，可以在引出线上增补分层标注圆点。

[圆点直径]　圆点直径下拉列表，在其中选取以毫米为单位的标注圆点直径。

光标进入“多行编辑框”后单击“词库”图标，可进入专业词库，从第一栏取得系统预设的做法标注。其他控件的功能与【引出标注】命令相同。

在对话框中编辑好标注内容及其形式后，按命令行提示取点标注：

请给出标注第一点<退出>：点取标注引线上的第一点

请给出标注第二点<退出>：点取标注引线上的转折点

请给出文字线方向和长度<退出>：拉伸文字基线的末端定点

请输入其他标注点<结束>：拖动在做法标注圆点位置上定点

……

请输入其他标注点<结束>：回车结束命令

做法标注与编辑实例如图 13-3-9 所示。

“改变文字位置点”为标注文字的起始位置，“改变文字宽度点”改变文字的宽度范围，当宽度设为小于文字单行长度自动将文字折行排列，按下 Ctrl 即可在增加标注和拖动标注圆点位置之间切换标注圆点的夹点拖动功能，将圆点拖动到重叠位置可以消去多余的标注点。

双击做法标注对象，在对话框中可见到新提供的“增加标注点<”按钮，单击可在引线上增加做法定位的标注点。

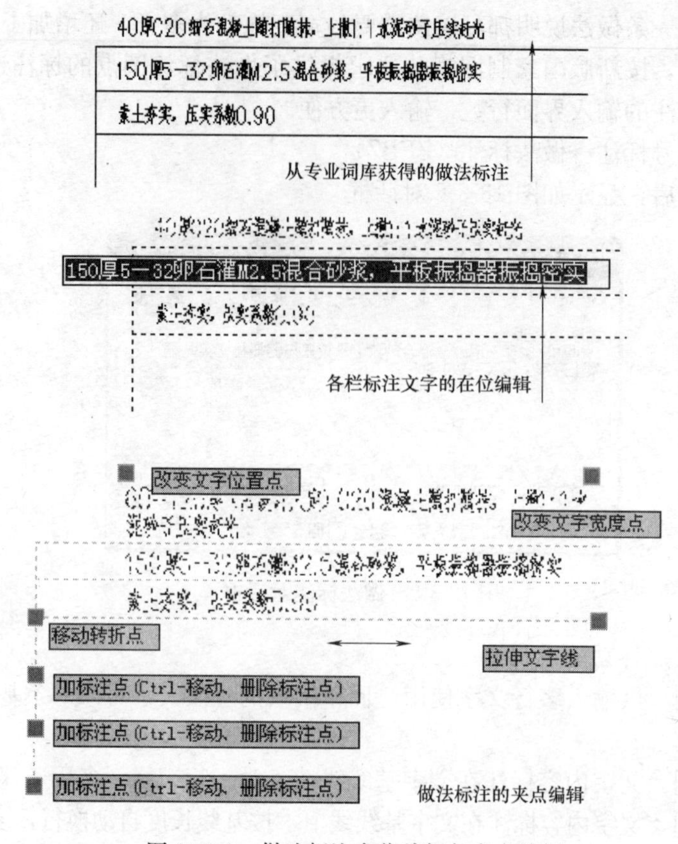

图 13-3-9　做法标注在位编辑与夹点编辑

13.3.4　索引符号

本命令为图中另有详图的某一部分标注索引号，指出表示这些部分的详图在哪张图上，分为“指向索引”和“剖切索引”两类，索引符号的对象编辑提供了增加索引号与改变剖切长度的功能。为满足用户急切的需求，新增加“多个剖切位置线”和“引线增加一个转折点”复选框，还为符合制图规范的图例画法，增加了“在延长线上标注文字”复选框。

菜单命令：符号标注→索引符号（SYFH）

点取菜单命令后，显示如图 13-3-10 对话框。

其中控件功能与【引出标注】命令类似，区别在本命令分为“指向索引”和“剖切索引”两类，标注时按要求选择标注类型。

勾选“在延长线上标注文字”复选框，上标文字和下标文字均标注于索引圈外侧延长线上，如图 13-3-11 所示。

选择“指向索引”时的命令行交互：

请给出索引节点的位置<退出>：点取需索引的部分

如果勾选“添加索引范围”复选框，会显示下一行提示：

请给出索引节点的范围<0.0>：拖动圆上一点，单击定义范围或回车不画出范围

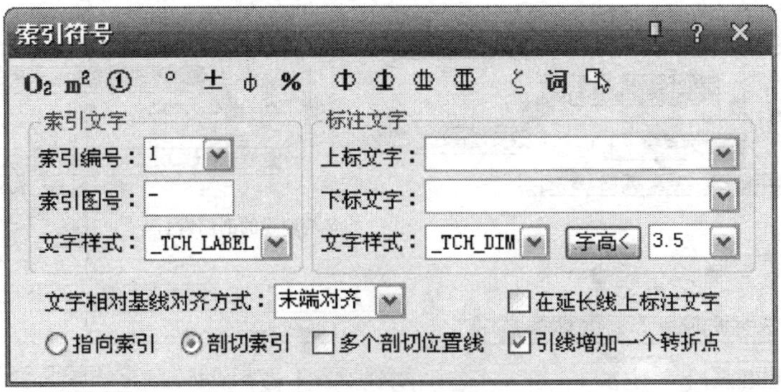

图 13-3-10　索引符号

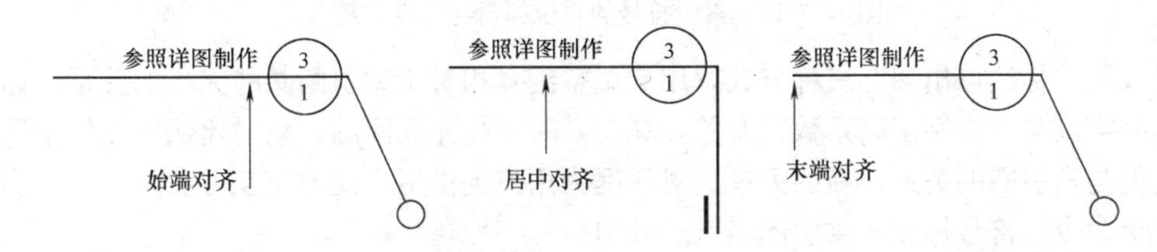

图 13-3-11　索引符号的文字对齐方式

请给出转折点位置＜退出＞：拖动点取索引引出线的转折点

请给出文字索引号位置＜退出＞：点取插入索引号圆圈的圆心

选择“剖切索引”时的命令行交互：

请给出索引节点的位置＜退出＞：点取需索引的部分

请给出转折点位置＜退出＞：按 F8 打开正交，拖动点取索引引出线的转折点

请给出转折点位置＜退出＞：勾选“引线增加一个转折点”复选框后会提示第二个转折点

请给出文字索引号位置＜退出＞：点取插入索引号圆圈的圆心

请给出剖视方向＜当前＞：拖动给点定义剖视方向

请给出其它剖切线位置：勾选“多个剖切位置线”后会出现本提示，给出第二个剖切线位置点

请给出其它剖切线位置：给出其他剖切线位置点或者回车结束剖切线定义

双击索引标注对象可进入编辑对话框，双击索引标注文字部分，进入文字在位编辑。

夹点编辑增加了“改变索引个数”功能，拖动边夹点即可增删索引号，向外拖动增加索引号，超过 2 个索引号时向左拖动至重合删除索引号，双击文字修改新增索引号的内容，超过 2 个索引号的符号在导出 T 3～7 版本格式时，分解索引符号对象为 AutoCAD 基本对象。

指向索引和剖切索引与在位编辑实例如图 13-3-12 所示。

13.3.5　索引图名

本命令为图中被索引的详图标注索引图名，在特性栏中提供“圆圈文字”项，用于选择圈内的索引编号和图号注写方式，默认“随基本设定”，还可选择“标注在圈内”、“旧

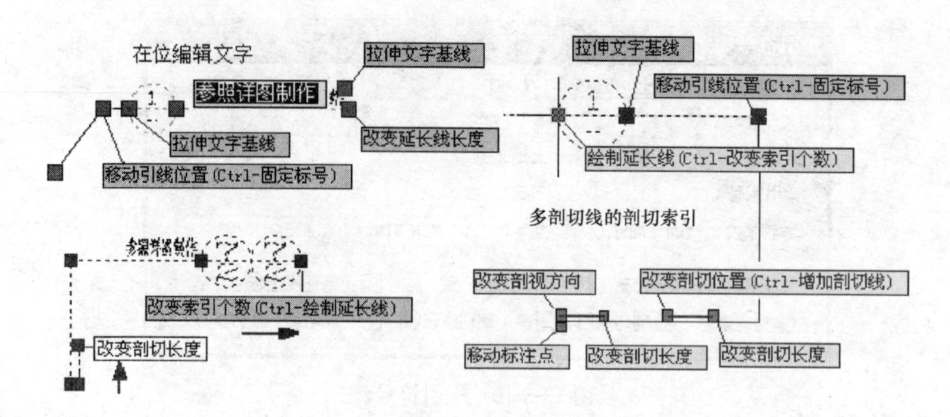

图 13-3-12　索引符号的在位编辑与夹点编辑

圆圈样式"、"标注可出圈"三种方式，用于调整编号相对于索引圆圈的大小的关系。标注在圈内时字高与"文字字高系数"有关，在 1.0 时字高充满圆圈。新增比例夹点便于调整详图比例与索引圈的关系，新的无模式对话框为用户提供更方便的交互方法。

菜单命令：符号标注→索引图名（SYTM）

点取菜单命令后，对话框显示如图 13-3-13 所示。

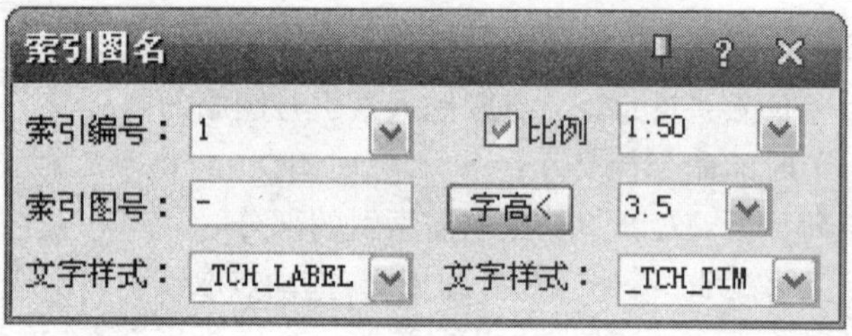

索引图名
索引编号：1　☑比例　1:50
索引图号：-　字高<　3.5
文字样式：_TCH_LABEL　文字样式：_TCH_DIM

图 13-3-13　索引图名对话框

[索引编号]　在本图中的索引图形编号。

[索引图号]　索引本图的那张图的编号，很多情况下这个编号被忽略不填。

[文字样式]　分别是索引圈内文字所用的文字样式和比例所用的文字样式。

[比例]　本索引图采用的绘图比例。

[字高]　绘图比例文字采用的字高。

命令行交互：

请点取标注位置<退出>：拖动索引图名对象插入图中指定位置

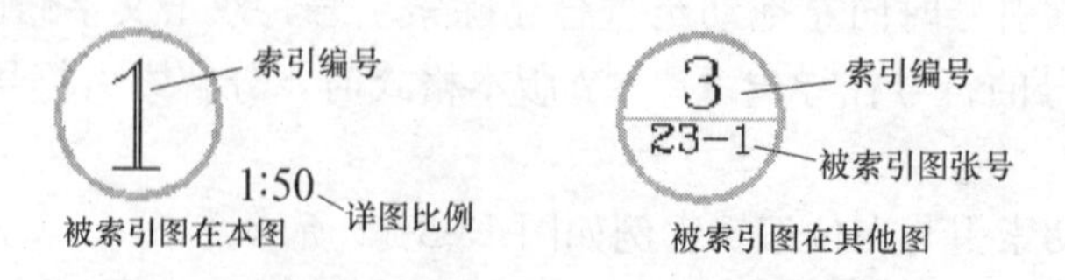

图 13-3-14　索引图名对象

插入如图 13-3-14 的索引图名对象有两个夹点，拖动圈内的夹点可移动索引图名，第二个夹点调整比例文字与索引圈的关系。

13.3.6　剖切符号

本命令从 2013 版本开始，取代以前的【剖面剖切】与【断面剖切】命令，扩充了任意角度的转折剖切符号绘制功能，用于图中标注制图标准规定的剖切符号，用于定义编号的剖面图，表示剖切断面上的构件以及从该处沿视线方向可见的建筑部件，生成剖面时执行【建筑剖面】与【构件剖面】命令需要事先绘制此符号，用以定义剖面方向。

菜单命令：符号标注→剖切符号（PQFH）

点取菜单命令后，对话框显示如图 13-3-15 所示。

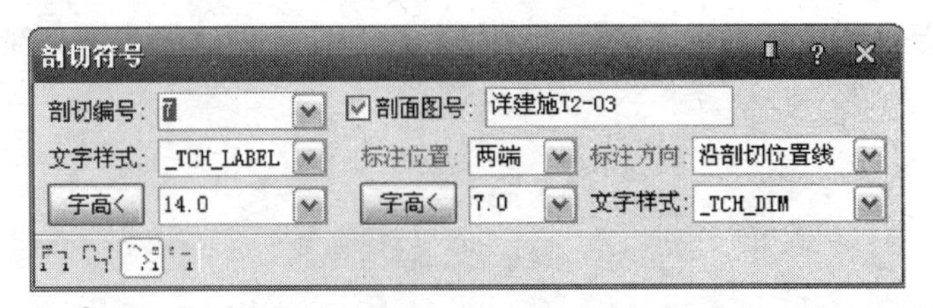

图 13-3-15　剖切符号对话框

工具栏从左到右，分别是“正交剖切”、“正交转折剖切”、“非正交转折剖切”、“断面剖切”命令共 4 种剖面符号的绘制方式。勾选“剖面图号”，可在剖面符号处标注索引的剖面图号，右边的标注位置、标注方向、字高、文字样式都是有关剖面图号的，剖面图号的标注方向有两个：剖切位置线与剖切方向线，两者的含义如图 13-3-16 所示。

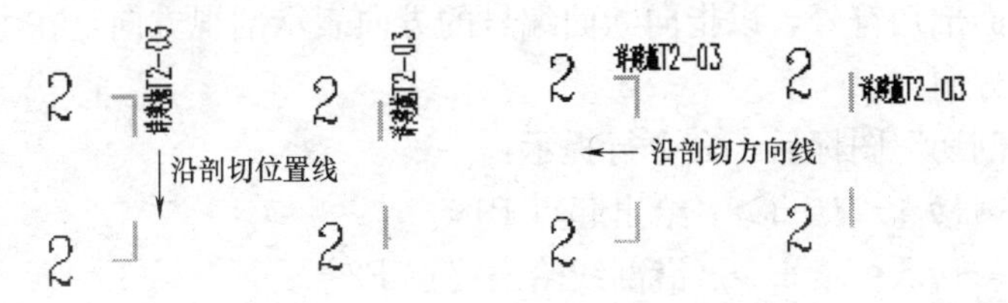

图 13-3-16　剖切位置线与剖切方向线

单击“正交转折剖切”图标后，命令行提示：

点取第一个剖切点＜退出＞：给出第一点 P1

点取第二个剖切点＜退出＞：沿剖线给出第二点 P2

点取下一个剖切点＜结束＞：沿剖线给出第三点 P3

点取下一个剖切点＜结束＞：给出结束点 P4

点取下一个剖切点＜结束＞：回车表示结束

点取剖视方向＜当前＞：给点 P5 指示剖视方向

单击“非正交转折剖切”图标后，命令行提示：

点取第一个剖切点＜退出＞：给出第一点 P1

点取第二个剖切点＜退出＞：沿剖线给出转折点也就是第二点 P2

点取下一个剖切点＜结束＞：拖动剖线按要求转折方向给出第三点 P3

点取剖视方向＜当前＞：给点 P4 指示剖视方向

标注完成后，拖动不同夹点即可改变剖面符号的位置以及改变剖切方向，双击可以修改剖切编号。

图 13-3-17 是按以上的【正交转折剖切】命令交互创建的阶梯剖切符号。

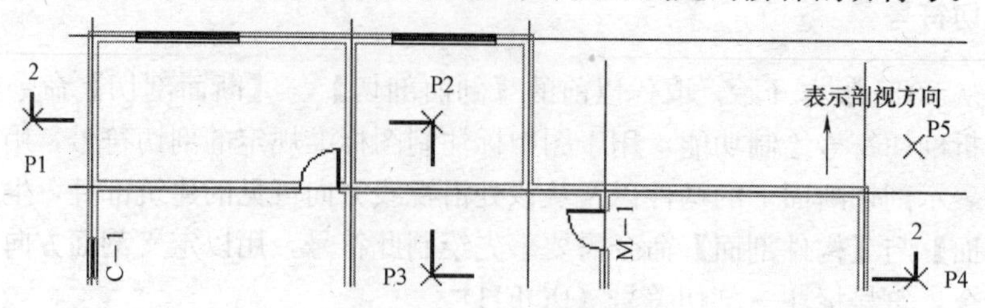

图 13-3-17　阶梯剖切符号

图 13-3-18 是按以上的【非正交转折剖切】命令交互创建的非正交剖切符号。

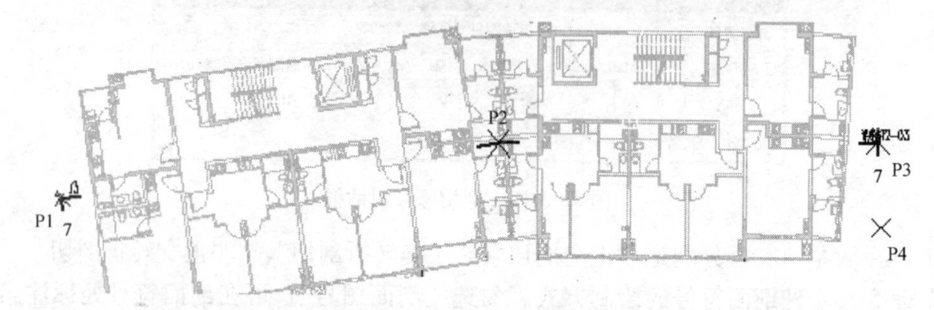

图 13-3-18　非正交剖切符号

本功能对应命令工具栏的第四个图标，在图中标注国标规定的剖面剖切符号，指不画剖视方向线的断面剖切符号，以指向断面编号的方向表示剖视方向，在生成剖面中要依赖此符号定义剖面方向。

点取“断面剖切”图标后，命令行提示：

点取第一个剖切点＜退出＞：给出起点 P1

点取第二个剖切点＜退出＞：沿剖线给出终点 P2

点取剖视方向＜当前＞：

此时在两点间可预览该符号，您可以移动鼠标改变当前默认的方向，点取确认或回车采用当前方向，完成断面剖切符号的标注。

标注完成后，拖动不同夹点即可改变剖面符号的位置以及改变剖切方向。

图 13-3-19 是上面的【断面剖切】命令交互的结果。

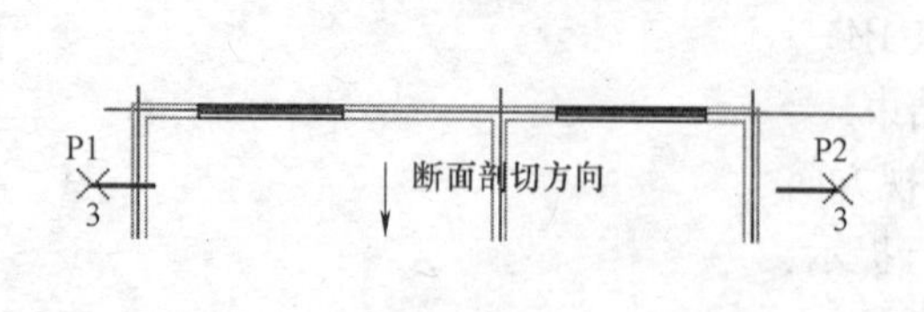

图 13-3-19　断面剖切符号

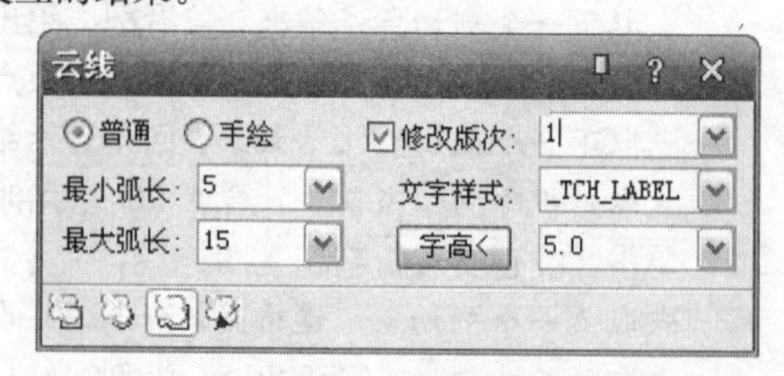

图 13-3-20　绘制云线对话框

13.3.7　绘制云线

按 2010 年新版《房屋建筑制图统一标准》GB/T 50001 第 7.4.4 条增加了绘制云线功

能，用于在设计过程中表示审校后需要修改的范围。

菜单命令：符号标注→绘制云线（HZYX）

点取菜单命令后，对话框显示如图 13-3-20 所示。

在对话框中选择云线类型是“普通”还是“手绘”，手绘云线效果比较突出，但比较耗费图形资源；如果勾选复选框“修改版次”，会在云线给定一个角位处标注一个表示图纸修改版本号的三角形版次标志，如图 13-3-21 所示。

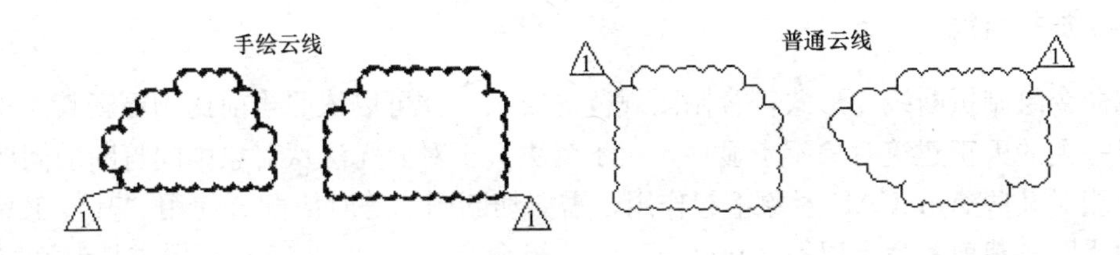

图 13-3-21　云线示例图

最大和最小弧长用于绘制云线的规则程度，对话框下面提供了一个工具栏，从左到右分别是“矩形云线”、“圆形云线”、“任意绘制”、“选择已有对象生成”共四种生成方式，如图 13-3-22 所示。

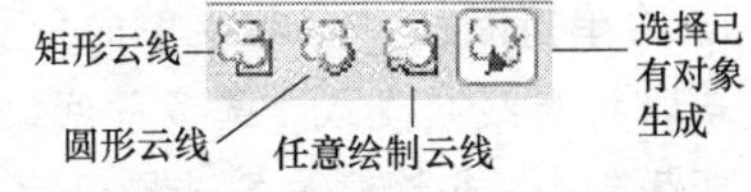

图 13-3-22　云线生成的四种方式

1. 矩形云线，命令行提示如下：

请指定第一个角点<退出>:点取矩形云线的左下角点,右键回车或空格直接退出命令

请指定另一个角点<退出>：点取矩形云线的右上角点,右键回车或空格直接退出命令

请指定版次标志的位置<取消>：如果在对话框中勾选“修改版次”会显示本提示,给点回应,在给点上绘制三角形的版号标识

2. 圆形云线，命令行提示如下：

请指定圆形云线的圆心<退出>：点取圆形云线的圆心,右键回车或空格直接退出命令

请指定圆形云线的半径<×××>：拖动引线给点或键入圆形云线半径,右键回车或空格采用上一次输入的半径值,随即按对话框参数画出云线

请指定版次标志的位置<取消>：如果在对话框中勾选“修改版次”会显示本提示,在所需位置给点回应,绘制三角形的版号标识

3. 任意绘制云线，命令行提示如下：

指定起点 <退出>：点取一个云线起点

沿云线路径引导十字光标... 拖动十字光标围出需要绘制云线的区域,在接近围合处任意位置给点,命令自动围合

修订云线完成。注意不需要一定点取起点闭合云线,也不要右击鼠标,任何位置左键给点即可自动完成

请指定版次标志的位置<取消>：如果在对话框中勾选“修改版次”会显示本提示,在

所需位置给点回应，绘制三角形的版号标识

4. 选择已有对象生成云线，命令行提示如下：

请选择要转换为云线的闭合对象<退出>：点取闭合的圆、闭合多段线、椭圆(Pellipe=1)作为闭合对象，右键回车或空格直接退出命令

请指定版次标志的位置<取消>：如果在对话框中勾选"修改版次"会显示本提示，在所需位置给点回应，绘制三角形的版号标识

13.3.8 加折断线

本命令绘制折断线，形式符合制图规范的要求，并可以依照当前比例更新其大小，在切割线一侧的天正建筑对象不予显示，用于解决天正对象无法从对象中间打断的问题。切割线功能对某些 AutoCAD 对象不起作用，需要切断图块等时应配合使用"其他工具"菜单下的【图形裁剪】命令以及 AutoCAD 的编辑命令。在 2013 版本开始支持制图标准的双折断线功能，可以自动屏蔽双折断线内部的天正构件对象；还对折断线延长的夹点拖动增加了锁定方向的模式，以 Ctrl 键切换。

菜单命令：符号标注→加折断线 (JZDX)

1. 绘单折断线，点取菜单命令后，命令行提示：

点取折断线起点或[选多段线(S)\绘双折断线(Q)，当前：绘单折断线]<退出>：点取折断线起点，或者键入 S 选择已有的多段线

点取折断线终点或[改折断数目，当前=1(N)]<退出>：点取折断线终点或者键入 N 修改折断数目

注意：折断数目为 0 时不显示折断线，可用于切割图形

折断数目<1>：2

点取折断线终点或[改折断数目，当前=2(N)]<退出>：拖动折断线给出终点

当前切除外部，请选择保留范围或[改为切除内部(Q)]<不切割>：

拖动切割线边框改变保留范围(外部被切割)给点完成命令，回车仅画出折断线

此时折断线自动从两端出头，出头的长度与折断范围长度有关，在【天正选项】命令->高级选项->折断线两端出头距离中可以设置。

切除内部和外部是指对由折断线与切割线围合的区域而言的，请参见实例图示，使用切除内部时不会隐藏切割范围内的注释对象包括门窗编号，请单独使用隐藏特性等关闭。

• 键入选项 Q 时命令提示如下：

当前切除内部，请选择切除范围或[改为切除外部(Q)]<不切割>：

拖动切割线边框改变切割范围(内部被切割)给点完成命令，回车仅画出折断线

• 键入选项 S 时命令提示如下：

选择闭合多段线：选择后显示对话框如图 13-3-23 所示

在对话框单击按钮，进入图形中设置各边的作用，折断边为折断线所在的边；

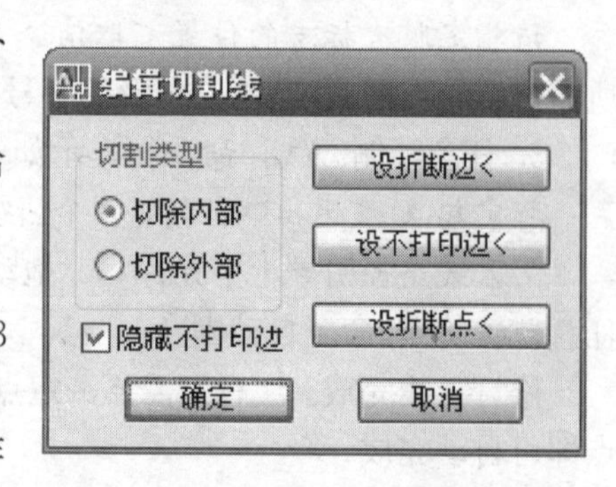

图 13-3-23 切割线对象编辑对话框

单击“设不打印边<”可把折断边恢复回不打印边，“设折断点<”给指定位置添加折断号，同时定义一段折断线。

勾选“隐藏不打印边”可隐藏非折断线边，避免干扰图面（即使不隐藏也不会打印出来），此功能仅用于对象编辑，创建时切割线总是打开的，双击折断线也可打开对话框进入对象编辑。在全部边界都设为不打印边，而且被隐藏时，会保留四个以上可选择的不打印点，需要修改时双击不打印边或不打印点即可进入对象编辑，参见对象编辑的实例，如图 13-3-23 所示。

2. 绘双折断线，点取菜单命令后，命令行提示：

点取折断线起点或［选多段线(S)\绘双折断线(Q)，当前：绘单折断线］<退出>：键入 Q 切换到绘制双折断线模式

点取第一折断线起点或［选多段线(S)\绘单折断线(Q)，当前：绘双折断线］<退出>：点取双折断线中第一折断线的起点

点取第一折断线终点或［改折断数目(N)，当前=1］<退出>：拖动第一折断线直到第一折断线的终点

点取第二折断线位置<退出>：从第一折断线平行拖拽出第二折断线，拖动到第二折断线的终点处给点完成双折断线的绘制

【加折断线】命令的工程实例如图 13-3-24 和图 13-3-25 所示。

• 加单折断线的实例：

其中默认显示切割线，右图双击进入对话框，勾选隐藏不打印边将切割线关闭，保留范围外如有多余的天正对象，表明这些对象是独立存在的，与切割无关，可以直接删除。

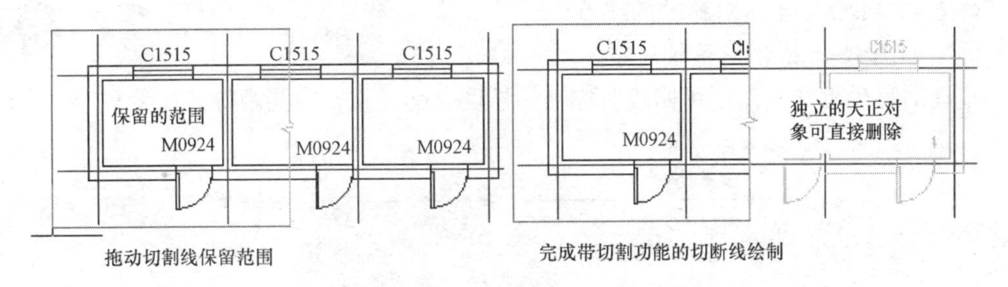

图 13-3-24　加单折断线实例

• 加双折断线的实例：

其中两折断线端部相连的线段是切割线不打印边，不会被打印出来。

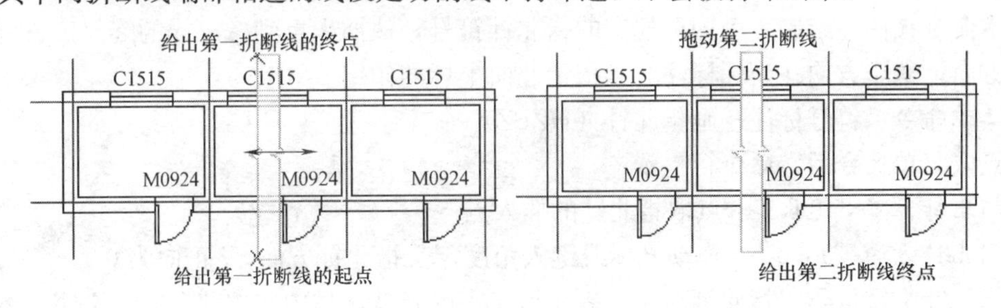

图 13-3-25　加双折断线实例

折断线的对象编辑实例如图 13-3-26 所示。

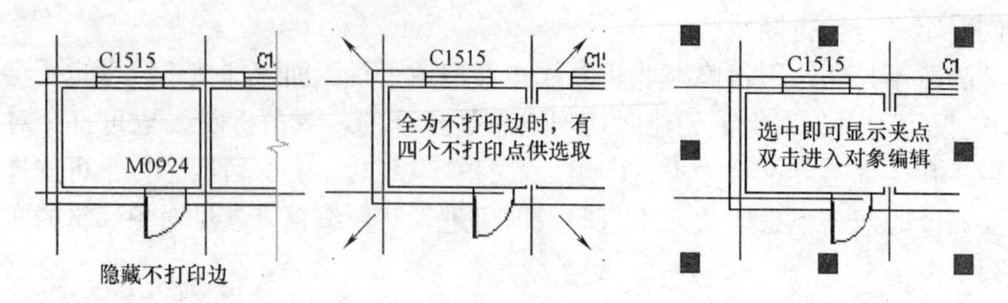

图 13-3-26　折断线对象编辑的实例

折断线夹点拖动方向的锁定模式由 Ctrl 键切换，如图 13-3-27 所示。

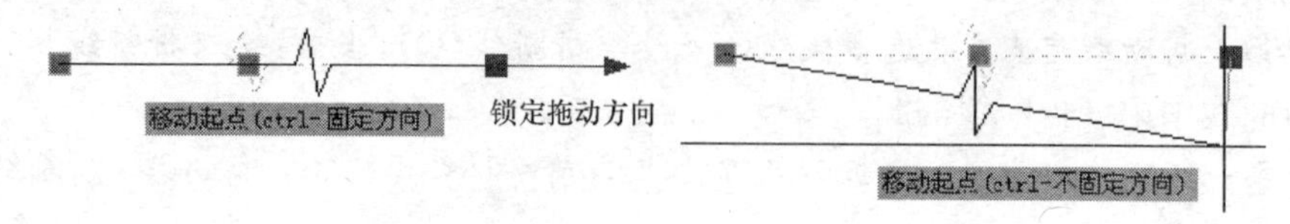

图 13-3-27　折断线夹点编辑

13.3.9　画对称轴

本命令用于在施工图纸上标注表示对称轴的自定义对象。

菜单命令：符号标注→画对称轴（HDCZ）

点取菜单命令后，命令行提示：

起点或［参考点(R)］<退出>：给出对称轴的端点 1

终点<退出>：给出对称轴的端点 2

画出如图 13-3-28 的对称轴对象。

拖动对称轴上的夹点，可修改对称轴的长度、端线长、内间距等几何参数。

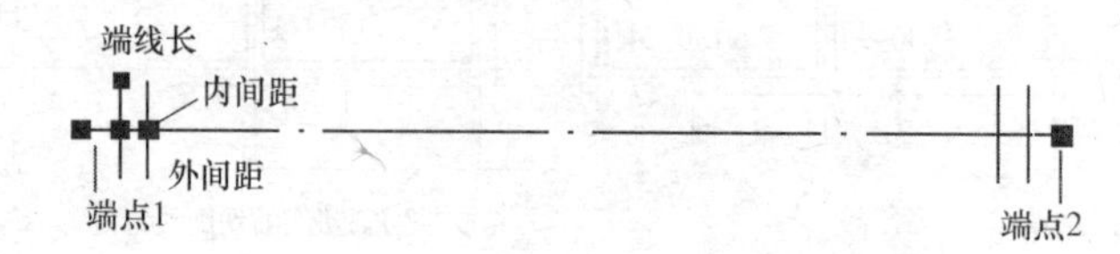

图 13-3-28　对称轴对象

13.3.10　画指北针

本命令在图上绘制一个国标规定的指北针符号，从插入点到橡皮线的终点定义为指北针的方向，这个方向在坐标标注时起指示北向坐标的作用。

菜单命令：符号标注→画指北针（HZBZ）

点取菜单命令后，命令行提示：

指北针位置<退出>：点取指北针的插入点

指北针方向<90.0>：拖动光标或键入角度定义指北针方向，X 正向为 0

指北针文字从属于指北针对象，指北针文字内容默认是中文“北”字，文字内容和方向可通过特性表修改；在天正高级选项中可设置文字方向的绘图规则，默认“沿 Y 轴方向”，可改为“沿半径方向”，如图 13-3-29 所示；用户拖动指北针文字后，可以用【文字复位】命令恢复默认位置。

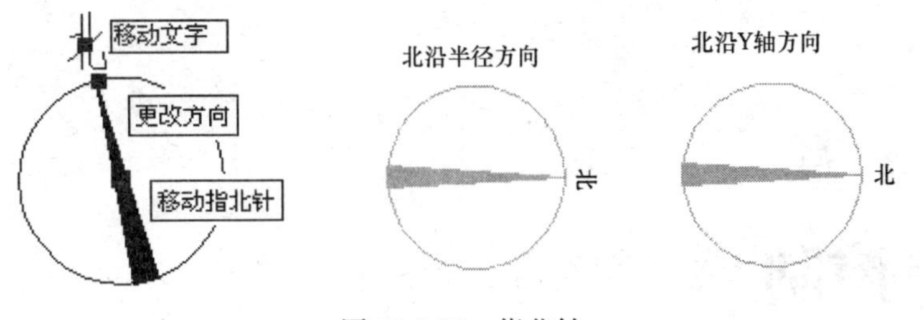

图 13-3-29 指北针

13.3.11 图名标注

一个图形中绘有多个图形或详图时，需要在每个图形下方标出该图的图名，并且同时标注比例，比例变化时会自动调整其中文字的合理大小，新增特性栏“间距系数”项，表示图名文字到比例文字间距的控制参数。

菜单命令：符号标注→图名标注（TMBZ）

点取菜单命令后，显示对话框如图 13-3-30 所示。

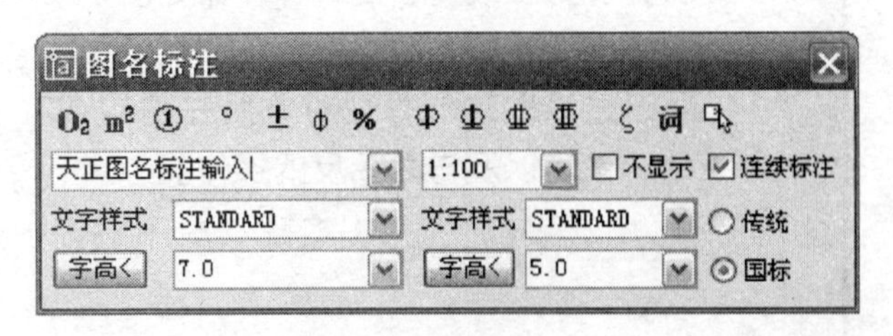

图 13-3-30 图名标注对话框

在对话框中编辑好图名内容，选择合适的样式后，按命令行提示标注图名，图名和比例间距可以在【天正选项】命令中预设，已有的间距可在特性栏中修改“间距系数”进行调整，该系数为图名字高的倍数。

双击图名标注对象进入对话框修改样式设置，双击图名文字或比例文字进入在位编辑修改文字，移动图名标注夹点设在对象中间，可以用捕捉对齐图形中心线获得良好效果。如图 13-3-31 所示。

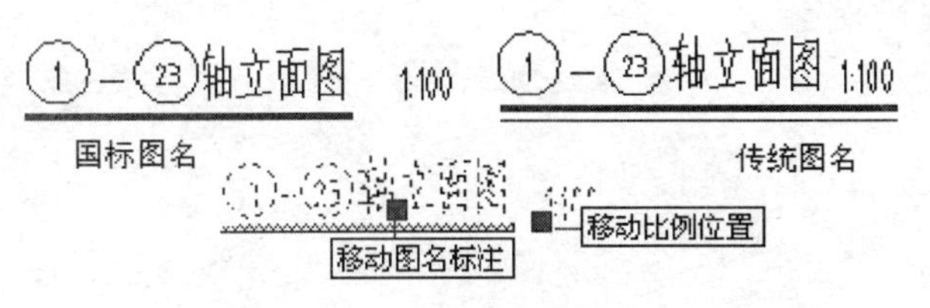

图 13-3-31 图名标注的夹点编辑

第 14 章
图层控制

内容提要

- 图层管理

天正软件-建筑系统提供了图层的定制，图层标准的转换、合并等方便统一管理的操作命令。

- 图层工具

可通过点取对象管理对象所在图层或其他图层的开关、冻结、锁定以及与之相反的操作。

14.1 图层管理

14.1.1 图层管理

本命令为用户提供灵活的图层名称、颜色和线型的管理，同时也支持用户自己创建的图层标准，特点如下：

①通过外部数据库文件设置多个不同图层的标准；②可恢复用户不规范设置的颜色和线型；③对当前图的图层标准进行转换。

系统不对用户定义的标准图层数量进行限制，用户可以新建图层标准，在图层管理器在中修改标准中各图层的名称和颜色、线型，对当前图档的图层按选定的标准进行转换。

菜单命令：图层控制→图层管理（TCGL）

单击菜单命令后，显示对话框如图 14-1-1 所示。

图层管理

图层标准：TArch　置为当前标准　新建标准

图层关键字	图层名	颜色	线型	备注
轴线	DOTE	1	CONTINUOUS	此图层的直线和弧认为是
阳台	BALCONY	6	CONTINUOUS	存放阳台对象，利用阳台
柱子	COLUMN	9	CONTINUOUS	存放各种材质构成的柱子
石柱	COLUMN	9	CONTINUOUS	存放石材构成的柱子对象
砖柱	COLUMN	9	CONTINUOUS	存放砖砌筑成的柱子对象
钢柱	COLUMN	9	CONTINUOUS	存放钢材构成的柱子对象
砼柱	COLUMN	9	CONTINUOUS	存放砼材料构成的柱子对
门	WINDOW	4	CONTINUOUS	存放插入的门图块
窗	WINDOW	4	CONTINUOUS	存放插入的窗图块
墙洞	WINDOW	4	CONTINUOUS	存放插入的墙洞图块
轴标	AXIS	3	CONTINUOUS	存放轴号对象，轴线尺寸
地面	GROUND	2	CONTINUOUS	地面与散水
墙线	WALL	9	CONTINUOUS	存放各种材质的墙对象
石墙	WALL	9	CONTINUOUS	存放石材砌筑的墙对象
砖墙	WALL	9	CONTINUOUS	存放砖砌筑的墙对象
充墙	WALL	9	CONTINUOUS	存放各种材质的填充墙对
砼墙	WALL	9	CONTINUOUS	存放砼材料构成的墙对象
幕墙	CURTWALL	4	CONTINUOUS	存放玻璃幕墙对象
隔墙	WALL-MOVE	6	CONTINUOUS	存放轻质材料的墙对象

图层转换　颜色恢复　关　闭

图 14-1-1　图层管理对话框

设置对话框中的参数，单击“图层转换”按钮后，即以新的图层系统作为当前天正软件-建筑系统使用的图层系统运行，多余的图层标准文件存放在 Sys 文件夹下，扩展名为 LAY，用户可以在资源管理器下直接删除，删除后的图层标准名称不会在“图层标准”列表中出现。

用户自己创建图层标准的方法：

1. 复制默认的图层标准文件作为自定义图层的模板，用英文标准的可以复制 TArch. lay 文件，用中文标准的可以复制 GBT 18112—2000. lay 文件，例如把文件复制为 Mylayer. lay；

2. 确认自定义的图层标准文件保存在天正安装文件夹下的 sys 文件夹中；

3. 使用文本编辑程序例如“记事本”编辑自定义图层标准文件 Mylayer. lay，注意在改柱和墙图层时，要按材质修改各自图层，例如砖墙、混凝土墙等都要改，只改墙线图层不起作用的；

4. 改好图层标准后，执行本命令，在“图层标准”列表里面就能看到 Mylayer 这个新标准了，选择它然后单击“置为当前标准”就可以用了。

注意：图层转换命令的转换方法是图层名全名匹配转换，图层标准中的组合用图层名（如 3T _、S _、E _ 等前缀）是不进行转换的。

▶对话框控件说明：

控　件	功　能
图层标准	默认在此列表中保存有两个图层标准，一个是天正自己的图层标准，国标 GB/T 18112—2000 推荐的中文图层标准，下拉列表可以把其中的标准调出来，在界面下部的编辑区进行编辑
置为当前标准	单击本按钮后，新的图层标准开始生效，同时弹出如下对话框。 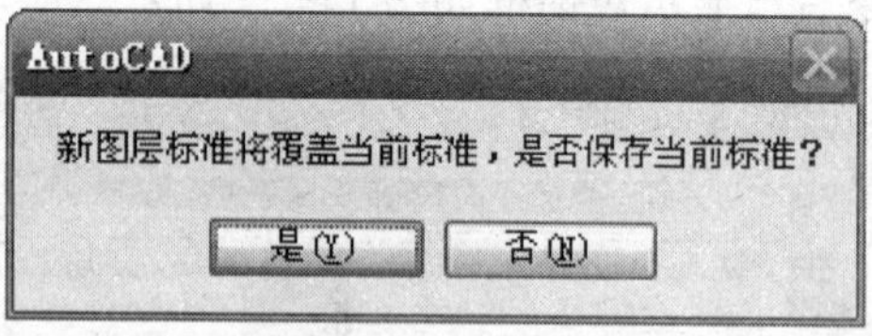 单击“是”回应，表示将当前使用中的图层定义 LAYERDEF. DAT 数据覆盖到 TArch. lay 文件中，保存你做的新图层定义。如果你没有做新的图层定义，单击“否”，不保存当前标准，TArch. lay 文件没有被覆盖，把新图层标准 GB/T 18112—2000 改为当前图层定义 LAYERDEF. DAT 执行。如果你没有修改图层定义，单击是和否的结果都是一样的
新建标准	单击本按钮后，如果该图层定义修改后没有保存，会显示如图左的对话框，提示是否保存当前修改，以“是”回应表示以旧标准名称保存当前定义，以“否”回应，你对图层定义的修改不保存在旧图层标准中，而仅在新建标准中出现。 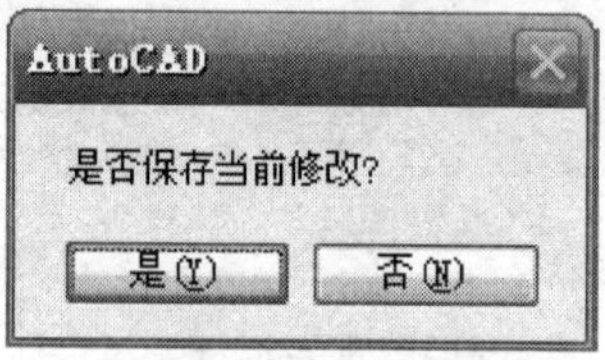 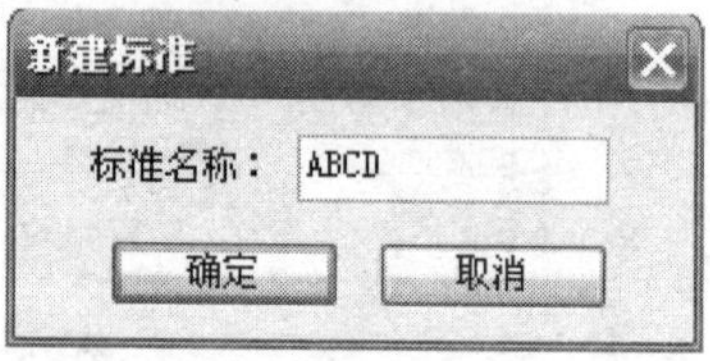 接着会弹出上图右的对话框，用户在其中输入新的标准名称，这个名称代表下面的列表中的图层定义
图层转换	尽管单击“置为当前标准”按钮后，新对象将会按新图层标准绘制，但是已有的旧标准图层还在，已有的对象还是在旧标准图层中，单击“图层转换”按钮后，会显示图层转换对话框如下。  把已有的旧标准图层转换为新标准图层，程序提供了图层冲突的处理，详见图层转换命令

续表

控　　件	功　　能
颜色恢复	自动把当前打开的 DWG 中所有图层的颜色恢复为当前标准使用的图层颜色
图层关键字	图层关键字是系统用于对图层进行识别用的，用户不能修改
图层名	用户可以对提供的图层名称进行修改或者取当前图层名与图层关键字对应
颜色	用户可以修改选择的图层颜色，单击此处可输入颜色号或单击按钮进入界面选取颜色
线型	用户可以修改选择的图层线型，单击此处可输入线型名称或单击下拉列表选取当前图形已经加载的线型
备注	用户自己输入对本图层的描述

14.1.2　图层转换

软件可通过外部数据库文件设置多个不同图层的标准，本命令使当前整个 DWG 图形由原图层标准转换为目标图层标准，适宜用于需要大量转换文件图层时使用，与【图层管理】命令不同，本命令仅用于对已有图形的图层进行转换，并不会自动设置当前图层标准为目标图层标准。

菜单命令：图层控制→图层转换（TCZH）

点取菜单命令后，对话框显示如图 14-1-2 所示：

图 14-1-2　图层转换对话框

选择转换前后的图层标准，选择转换的图形范围后，单击"转换"按钮完成图层转换。

[原图层标准] 还没有转换之前的当前图层标准。

[目标图层标准] 已经在图层管理命令中已有定义的图层标准。

图 14-1-3　图层标准冲突

当遇到图层定义冲突时，提示如图 14-1-3 所示对话框，在冲突项为"WINDOW"时，根据图层关键字（"门"、"窗"、"墙洞"）选择其中之一（如"墙洞"），在表格中指定目标图层名（如"建筑-门窗"），单击"转换"解决。

注意：图层转换命令的转换方法是图层名全名匹配转换，图层标准中的组合用图层名（如 3T _ 、S _ 、E _ 等前缀）是不进行转换的。

14.1.3　合并图层

选取当前图上若干个对象，提取对象所在图层，用户选择把其中一个或多个图层上的

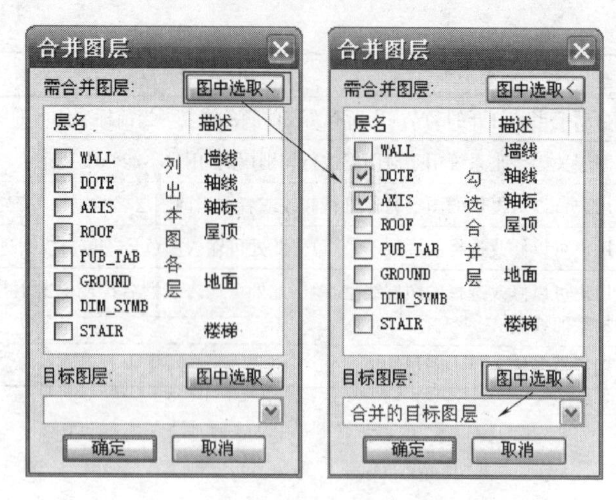

图 14-1-4 合并图层对话框

对象转换到一个指定图层。

菜单命令：图层控制→合并图层（HBTC）

点取菜单命令后，显示列出本图各层的合并图层对话框如下图左所示：

单击对话框“需合并图层”中的“图中选取＜”按钮，进入绘图区选取要合并图层中的对象。

命令行提示：

请选择要合并图层上的任意对象＜返回＞：

……

回车返回对话框，在对话框中将这些对象所属的多个图层勾选，如图 14-1-4 右所示。

单击对话框“目标图层”中的“图中选取＜”按钮，进入绘图区选取要目标图层中的对象；也可以直接在“目标图层”下拉列表中选取目标图层。单击“确定”按钮完成图层的合并。如果没有选取“需合并图层”或者“目标图层”，命令均会反复显示警告对话框提示；如果键入的目标图层在图形中不存在，命令会提示用户是否创建该图层。

说明：

1）此命令只修改对象的图层，该对象的其他特性，如颜色、线型等并不发生变化；

2）如果选中的要合并图层上的天正自定义对象中包含嵌套图层，则此操作只修改对象的图层，对于对象内部图层不做处理；

3）如果所选择的要合并图层全部或部分处于锁定状态，则命令行提示“锁定图层请解锁后再操作”。此时只对非锁定图层上的对象进行操作，然后退出命令；

4）操作完成后，原需合并图层保留。

14.1.4 图元改层

选取图形中的对象，把所选择的对象转换到指定的图层上，会自动创建新目标图层。

菜单命令：图层控制→图元改层（TYGC）

点取菜单命令后，命令行提示：

请选择要改层的对象＜退出＞：支持框选和点选操作，右键直接退出命令

请选择要改层的对象＜退出＞：继续选择对象，右键结束选择

……

请选择目标图层的对象或[输入图层名(N)]＜退出＞：点选目标图层上任一对象，右键直接退出命令，键入N显示对话框如图14-1-5所示

可直接在其中选取对象要改的目标图层，单击“确定”按钮后，命令行会提示执行结果如下。

XX个对象被转换到“YYYY”图层。

如果键入的目标图层在图形中不存在，命令会提示用户是否创建该图层。

目标图层

目标图层：WALL

本图图层列表：

层名	描述
WALL	墙线
DOTE	轴线
AXIS	轴标
ROOF	屋顶
PUB_TAB	
GROUND	地面
DIM_SYMB	
STAIR	楼梯

确定　取消

图14-1-5　图元改层对话框

14.2　图层工具

14.2.1　关闭图层

通过选取要关闭图层所在的一个对象，关闭该对象所在的图层，例如点取一个家具来关闭家具所在图层，可支持关闭在块或外部参照内的某个图层，如图14-2-1所示。

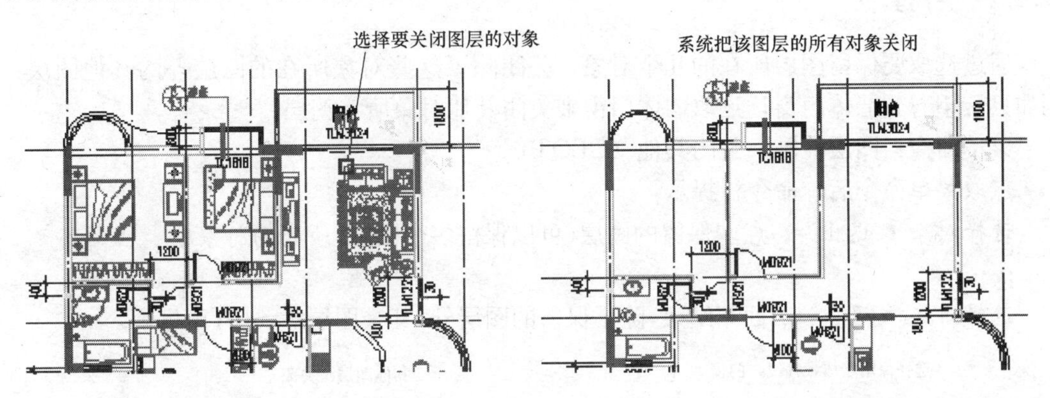

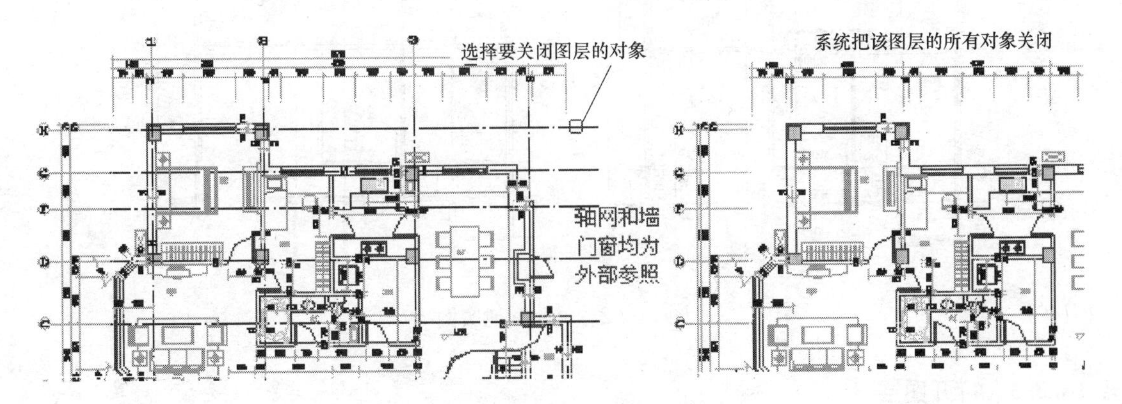

图14-2-1　关闭图层实例

菜单命令：图层控制→关闭图层（GBTC）

点取菜单命令后，命令行提示：

关闭块或内部参照内图层：

选择对象[关闭块参照或外部参照内部图层(Q)]<退出>：Q 键入 Q 关闭块或内部参照图层；

选择块参照或外部参照[关闭对象所在图层(Q)]<退出>：光标改为十字线，此时选取块或者外部参照

继续选择参照中要关闭的对象(注：只支持点选)<退出>：拾取要关闭的块或外部参照内的图层所在对象

继续选择参照中要关闭的对象(注：只支持点选)<退出>：回车结束选择，图层关闭后退出命令，保留当前状态为关闭块或内部参照图层

关闭对象所在图层：

选择块参照或外部参照[关闭对象所在图层(Q)]<退出>：Q 键入 Q 返回选择关闭图层对象状态

选择对象[关闭块参照或外部参照内部图层(Q)]<退出>：点取要关闭图层(可以关闭多个图层)所属的对象

选择对象 <退出>：回车结束命令

14.2.2　关闭其他

通过选取要保留图层所在的几个对象，关闭除了这些对象所在的图层外的其他图层，例如只希望看到墙体门窗，点取墙体门窗来关闭其他对象所在图层。

菜单命令：图层控制→关闭其他（GBQT）

点取菜单命令后，命令行提示：

选择对象 <退出>：点取保留的图层(可以保留多个图层)所属的对象

……

选择对象 <退出>：回车结束，除了保留的图层外，其余图层被关闭(不显示)

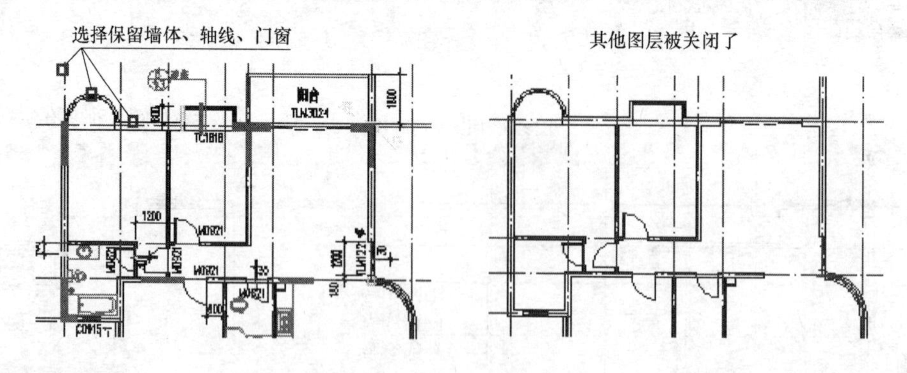

图 14-2-2　关闭其他实例

14.2.3　打开图层

本命令在对话框中分别对本图和外部参照列出被关闭的图层，由用户选择打开这些图

层。对不论是用天正图层相关命令，还是用 CAD 的图层相关命令关闭的图层均能起作用，对话框中描述一列为与天正软件-建筑系统内部定义对应的对象关键字。

菜单命令：图层控制→打开图层（DKTC）

点取菜单命令后，显示如图 14-2-3 对话框，如果本图没有外部参照图层，不显示右边的图层列表。

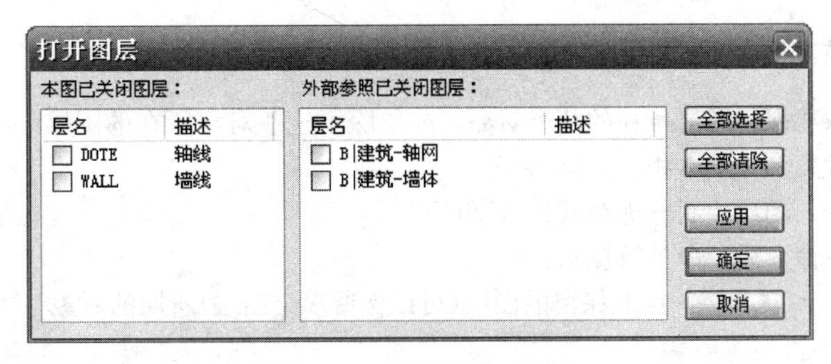

图 14-2-3　打开图层对话框

逐一勾选需要打开的图层，单击"应用"或"确定"可打开图层，单击"应用"可当时看到结果而不需要退出对话框。

14.2.4　图层全开

本命令打开被关闭图层命令关闭的图层，但不会对冻结图层和锁定图层进行解冻和解锁处理。

菜单命令：图层控制→图层全开（TCQK）

点取菜单命令后，系统直接执行命令，命令行不出现提示。

14.2.5　冻结图层

通过选取要冻结图层所在的一个对象，冻结该对象所在的图层，该图层的对象不能显示，也不参与操作。本命令可支持冻结在块或外部参照内的图层。

菜单命令：图层控制→冻结图层（DJTC）

点取菜单命令后，命令行提示：

冻结对象所属的图层

选择对象[冻结块参照和外部参照内部图层(Q)]＜退出＞：点取要冻结图层(可冻结多个图层)的对象

当选择了块参照或者外部参照的对象，回车时命令将冻结该块参照或外部参照所在的图层；

冻结块或外部参照内图层

选择对象[冻结块参照和外部参照内部图层(Q)]＜退出＞：Q 键入 Q 冻结块或外部参照图层

选择块参照或外部参照[冻结对象所在图层(Q)]＜退出＞：选择块参照或者外部参照对象

继续选择参照中要关闭的对象(注：只支持点选)＜退出＞：点取要冻结图层的块内

对象

继续选择参照中要关闭的对象(注:只支持点选)<退出>: 回车结束,这些图层被冻结

再次执行命令时会记忆上次退出是在冻结块参照模式，提示如下：

选择块参照或外部参照[冻结对象所在图层(Q)]<退出>: 键入选项 Q 回到冻结普通对象图层模式

14.2.6　冻结其他

通过选取要保留图层所在的几个对象，冻结除了这些对象所在的图层外的其他图层，与【关闭其他】命令基本相同。

菜单命令：图层控制→冻结其他（DJQT）

点取菜单命令后，命令行提示：

选择对象 <退出>: 点取保留的图层(可以保留多个图层)所属的对象

……

选择对象 <退出>: 回车结束,除了保留的图层外,其余图层被冻结(不显示)

14.2.7　解冻图层

通过选择已经冻结的图层列表，选择需要的图层解冻。

菜单命令：图层控制→解冻图层（JDTC）

点取菜单命令后，显示如图对话框。如果本图没有外部参照图层，不显示右边的图层列表。

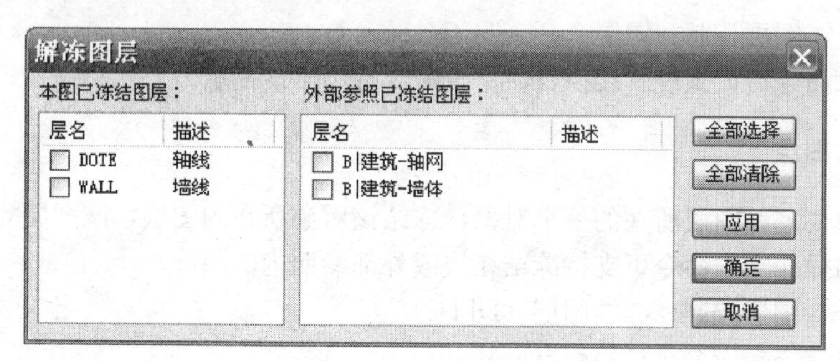

图 14-2-4　解冻图层对话框

逐一勾选需要解冻的图层，单击“应用”或“确定”可解冻图层，单击“应用”可立即看到结果而不需要退出对话框。

14.2.8　锁定图层

通过选取要锁定图层所在的一个对象，锁定该对象所在的图层，锁定后图面看不出变化，只是该图层的对象不能编辑了。

菜单命令：图层控制→锁定图层（SDTC）

点取菜单命令后，命令行提示：

选择对象 <退出>: 点取打算锁定的图层(可以锁定多个图层)所属的对象

……

选择对象 <退出>：回车结束，图面没有任何变化

14.2.9　锁定其他

通过选取要保留图层所在的几个对象，锁定除了这些对象所在的图层外的其他图层，与【关闭其他】命令基本相同。

菜单命令：图层控制→锁定其他（SDQT）

点取菜单命令后，命令行提示：

选择对象 <退出>：点取保留的图层(可以保留多个图层)所属的对象

……

选择对象 <退出>：回车结束，除了保留的图层外，其余图层被锁定(不能操作)

14.2.10　解锁图层

用于解除选择对象所在图层的锁定状态，不论是用天正图层相关命令，还是用CAD的图层相关命令锁定的图层均能起作用。

菜单命令：图层控制→解锁图层（JSTC）

点取菜单命令后，命令行提示：

请选择要解锁图层上的对象(Esc退出）<全部>：

如果点鼠标右键或直接回车，则当前图中所有锁定图层（包括外部参照的图层）全部解除锁定状态，并退出命令；

如果左键选择了要解锁图层上的对象，则命令行继续提示第二步，程序支持点选和框选操作；

请选择要解锁图层上的对象<退出>：反复提示，直到右键结束选择退出命令，选中对象所在的图层全部解除锁定状态

14.2.11　图层恢复

本命令恢复被本节的其他命令操作过的图层，恢复原有图层状态。

菜单命令：图层控制→图层恢复（TCHF）

点取菜单命令后，系统直接执行命令，命令行不出现提示。

第 15 章 工　具

内容提要

• 常用工具

对象的编辑选择工具与复制移动工具、隐藏显示工具。

• 曲线工具

线与多段线的转换、连接加粗、清理和布尔运算工具。

• 观察工具

视图的管理与坐标设置，提供相机设置和用户实时控制的透视漫游观察功能。

• 其他工具

还提供了统一标高、图形剪裁、图形切割、矩形等命令。

15.1　常用工具

15.1.1　对象查询

本命令功能比 List 更加方便，它不必选取，只要光标经过对象，即可出现文字窗口动态查看该对象的有关数据；如点取对象，则自动进入对象编辑进行修改，修改完毕继续本命令。例如查询墙体，屏幕出现详细信息，点取墙体则弹出“墙体编辑”对话框。

菜单命令：工具→对象查询（DXCX）

点取菜单命令后，图上显示光标，经过对象时出现如图 15-1-1 所示的文字窗口，对于天正定义的专业对象，将有反映该对象的详细的数据；对于 AutoCAD 的标准对象，只列出对象类型和通用的图层、颜色、线型等信息，点取标准对象也不能进行对象编辑。

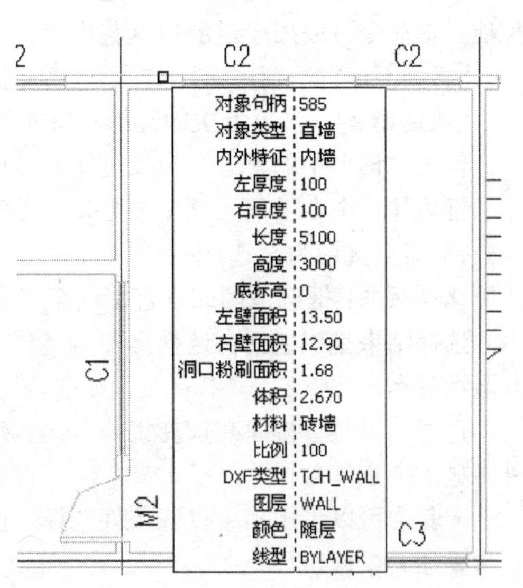

图 15-1-1　对象查询实例

15.1.2　对象编辑

本命令提供了天正对象的专业编辑功能，系统自动识别对象类型，调用相应的编辑界面对天正对象进行编辑，默认双击对象启动本命令，在对多个同类对象进行编辑时，对象编辑不如特性编辑（Ctrl+1）功能强大。

菜单命令：工具→对象编辑（DXBJ）

点取菜单命令或双击对象，命令行提示：

选择要编辑的物体：选取需编辑的对象，随即进入各自的对话框或命令行，根据所选择的天正对象而定

15.1.3　对象选择

本命令提供过滤选择对象功能。首先选择作为过滤条件的对象，再选择其他符合过滤条件的对象，在复杂的图形中筛选同类对象，建立需要批量操作的选择集，新提供构件材料的过滤，柱子和墙体可按材料过滤进行选择，默认匹配的结果存在新选择集中，也可以选择从新选择集中排除匹配内容。

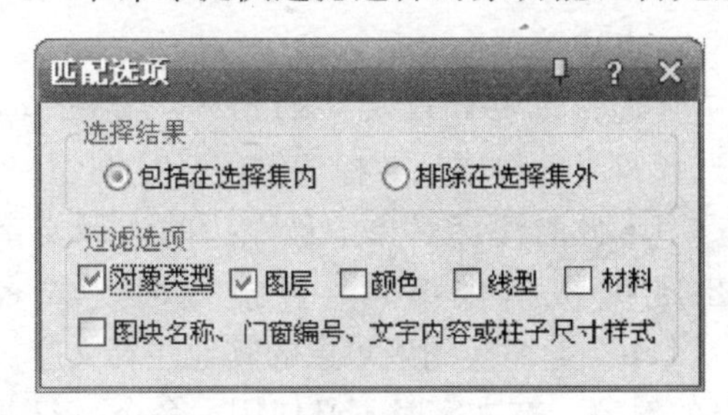

图 15-1-2　对象选择对话框

菜单命令：工具→对象选择（DXXZ）

点取菜单命令后，显示对话框如图 15-1-2 所示。

对话框控件与选项的功能说明

［**对象类型**］　过滤选择条件为图元对象的类型，比如选择所有的 PLINE。

［图层］ 过滤选择条件为图层名，比如过滤参考图元的图层为 A，则选取对象时只有 A 层的对象才能被选中。

［颜色］ 过滤选择条件为图元对象的颜色，目的是选择颜色相同的对象。

［线型］ 过滤选择条件为图元对象的线型，比如删去虚线。

［图块名称等］ 过滤选择条件为图块名称、门窗编号、文字属性和柱子类型与尺寸，快速选择同名图块，或编号相同的门窗、相同的柱子。

［包括在选择集内］ 结果包含在选择集内。

［排除在选择集外］ 结果从选择集中扣除，用户选取范围中可能包括某些不需要的匹配项，本命令可以用于过滤掉这些内容。

［材料］ 过滤选择条件为柱子或者墙体的材料类型。

［快捷键 2］ 恢复上次的选择对象并将其选择，使夹点显示出来。

勾选对话框中的复选框定义过滤选择项后，进入命令行交互：

请选择一个参考图元或［恢复上次选择(2)］<退出>：选择要过滤的对象(如墙体)

提示:空选即为全选,中断用 Esc!

选择对象：框选范围或者直接回车表示全选(DWG 整个范围)

选择结果是“包括在选择集内”，包含墙体的一个区域被框选，其中仅有墙体被选中并显示夹点；

选择结果是“排除在选择集外”，包含墙体的一个区域被框选，墙体被排除在选择集外不显示夹点。

• 其中可以采用多重过滤条件选择。也可连续使用【对象选择】命令，多次选择的结果为叠加关系。

• 对柱子的过滤是按照柱高、材料和面积（间接表示了尺寸）进行的，无法区别大小相同的镜像柱子。

• 【自定义】中默认设置 2 为本命令的快捷键。

15.1.4　在位编辑

本命令适用于几乎所有天正注释对象（多行文字除外）的文字编辑，此功能不需要进入对话框即可直接在图形上以简洁的界面修改文字，如图 15-1-3 所示。

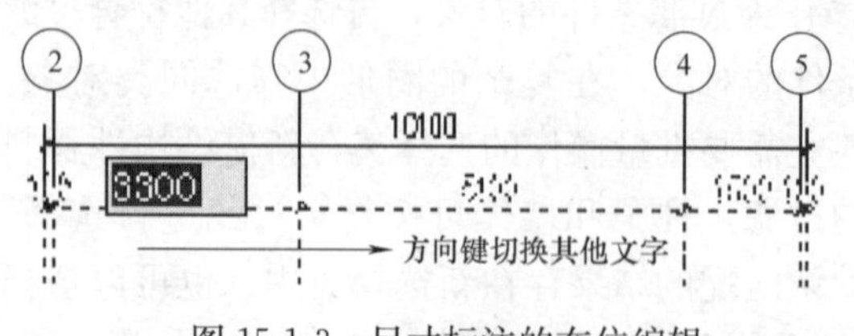

图 15-1-3　尺寸标注的在位编辑

菜单命令：工具→在位编辑（ZWBJ）

点取菜单命令后，命令行提示：

选择需要修改文字的图元<退出>：选择符号标注或尺寸标注等注释对象

• 此时注释对象中最左边的注释文字出现编辑框供编辑，可按方向键或者<Tab>键切换到该对象的其他注释文字。

• 本命令特别适合用于填写类似空门窗编号的对象，有文字时不必使用本命令，双击该文字即可进入本命令。

15.1.5　自由复制

本命令对 AutoCAD 对象与天正对象均起作用，能在复制对象之前对其进行旋转、镜像、改插入点等灵活处理，而且默认为多重复制，十分方便。

菜单命令：工具→自由复制（ZYFZ）

点取菜单命令后，命令行提示：

请选择要拷贝的对象：用任意选择方法选取对象

点取位置或［转 90 度(A)/左右翻(S)/上下翻(D)/对齐(F)/改转角(R)/改基点(T)］＜退出＞：

拖动到目标位置给点或者键入选项热键

此时系统自动把参考基点设在所选对象的左下角，用户所选的全部对象将随鼠标的拖动复制至目标点位置，本命令以多重复制方式工作，可以把源对象向多个目标位置复制。还可利用提示中的其他选项重新定制复制，特点是每一次复制结束后基点返回左下角。

15.1.6　自由移动

本命令对 AutoCAD 对象与天正对象均起作用，能在移动对象就位前使用键盘先行对其进行旋转、镜像、改插入点等灵活处理。

菜单命令：工具→自由移动（ZYYD）

点取菜单命令后，命令行提示：

请选择要移动的对象：用任意选择方法选取对象

点取位置或［转 90 度(A)/左右翻(S)/上下翻(D)/对齐(F)/改转角(R)/改基点(T)］＜退出＞：

拖动到目标位置给点或者键入选项热键

与自由复制类似，但不生成新的对象。

15.1.7　移位

本命令按照指定方向精确移动图形对象的位置，可减少键入次数，提高效率。

菜单命令：工具→移位（YW）

点取菜单命令后，命令行提示：

请选择要移动的对象：选择要移动的对象

请输入位移(x,y,z)或［横移(X)/纵移(Y)/竖移(Z)］＜退出＞：

键入完整的位移矢量 x,y,z 或者选项关键字

常常用户仅需改变对象某个坐标方向的位置，此时直接键入 x 或 y、z 指出移位的方向，竖向移动时键入 z，提示：

竖移＜0＞：在此输入移动长度或在屏幕中给两点指定距离，正值表示上移，负值下移

15.1.8　自由粘贴

本命令能在粘贴对象前对其进行旋转、镜像、改插入点等灵活处理，对 AutoCAD 对象与天正对象均起作用。

菜单命令：工具→自由粘贴（ZYNT）

点取菜单命令后，命令行提示：

点取位置或［转 90 度(A)/左右翻(S)/上下翻(D)/对齐(F)/改转角(R)/改基点(T)］＜退出＞：

取点定位或者键入选项关键字

这时可以键入 A、S、D、F、R、T 多个选项进行各种粘贴前的处理，点取一点将对象粘贴到图形中的指定点。

本命令在【复制】或【带基点复制】命令后执行，基于粘贴板的复制和粘贴，主要是为了在多个文档或者在 AutoCAD 与其他应用程序之间交换数据而设立。

15.1.9　局部隐藏

本命令把妨碍观察和操作的对象临时隐藏起来；在三维操作中，经常会遇到前方的物体遮挡了想操作或观察的物体，这时可以把前方的物体临时隐藏起来，以方便观察或其他操作。例如在某个墙面上开不规则洞口，需要把 UCS 设置到该墙面上，然后在该墙面上绘制洞口轮廓，但常常其他对象在立面视图上的重叠会造成墙面定位困难，这时可以把无关的对象临时隐藏起来，以方便定位操作。

菜单命令：工具→局部隐藏（JBYC）

点取菜单命令后，命令行提示：

选择对象：选择待隐藏的对象

可以连续多次执行本命令进行隐藏操作，请用后面介绍的【恢复可见】命令恢复隐藏对象的显示。

15.1.10　局部可见

本命令选取要关注的对象进行显示，而把其余对象临时隐藏起来。

菜单命令：工具→局部可见（JBKJ）

点取菜单命令后，命令行提示：

选择对象：选择非隐藏的对象，其余对象隐藏

选择对象：回车结束选择

可以连续多次执行本命令进行隐藏操作，但目前不能先执行局部隐藏再执行局部可见，结果是后面的命令无效；反过来是可以的，即允许先执行局部可见，如果看到的内容还嫌多，接着可以执行局部隐藏再临时隐去一部分。隐去的部分是以整个对象为单元，例如无法隐去半边墙、半个窗、切去部分楼梯等。

【局部可见】命令的应用实例如图 15-1-4 所示。

在下图中执行【局部可见】命令选取组合模型中作为外部参照的二层，其他楼层对象均被隐藏，只有二层作为整体显示出来。

15.1.11　恢复可见

本命令对被局部隐藏的图形对象重新恢复可见。

菜单命令：工具→恢复可见（HFKJ）

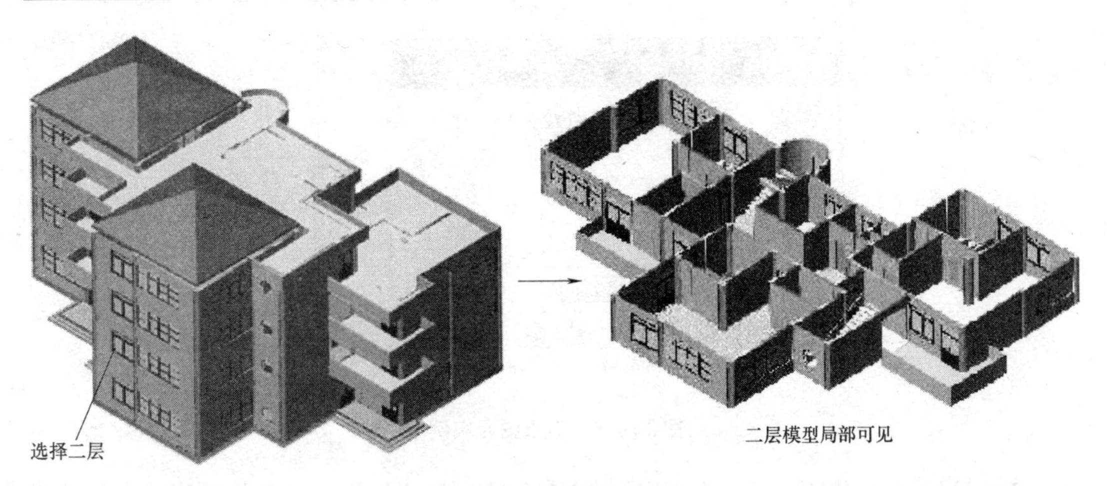

图 15-1-4　局部可见实例

点取菜单命令后，之前被隐藏的物体立即恢复可见，没有命令提示。

> **注意：** 被临时隐藏的物体，放置在名为 _ TCH _ HIDE _ GROUP 的编组（GROUP）中，用户不可以对该编组擅自进行任何操作。

15.1.12　消重图元

本命令消除重合的天正对象以及普通对象，如线、圆和圆弧，消除的对象包括部分重合和完全重合的墙对象和线条。当多段墙对象共线部分重合时，也会作出需要清理的提示。

菜单命令：工具→消重图元（XCTY）

点取菜单命令后，显示对话框如图 15-1-5 所示：

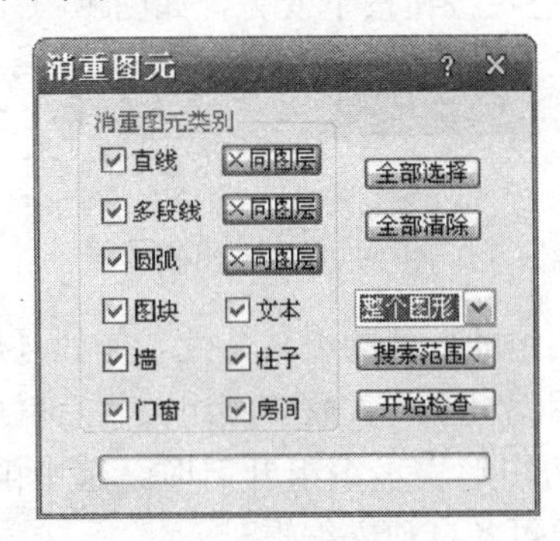

图 15-1-5　消重图元对话框

用户可以选择去除某些不用的勾选项，以加快检查速度，然后单击搜索范围下拉列表为“当前选择”选取要求检查的局部范围，或者直接单击“开始检查”按钮开始检查过程。

当命令发现重合或者部分重合的对象时，会显示如图 15-1-6 所示界面，单击“删除红色”或者“删除黄色”按钮，即可把其中一道重合墙对象删除。

同时命令行提示如下，单击按钮和键入关键字效果是一致的；

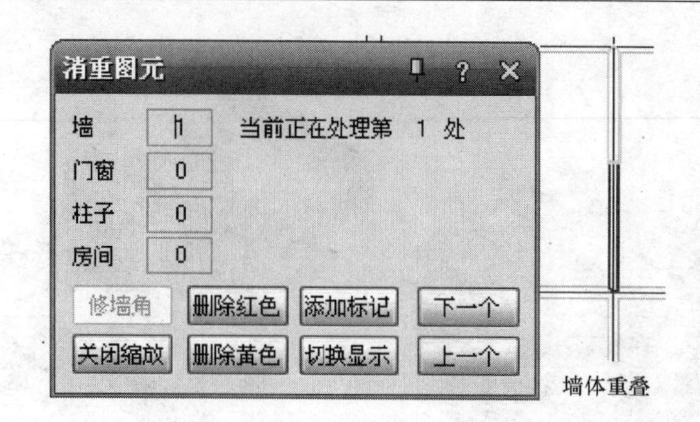

图 15-1-6　消重图元实例

选择操作[下一处(Q)/上一处(W)/删除黄色(E)/删除红色(R)/添加标记(A)/切换显示(Z)/完全消重(D)]<退出>:

选择操作[下一处(Q)/上一处(W)]<退出>: 单击下一处,命令继续运行对下一处重合部分进行处理

注意: 对于墙、柱、房间（面积）对象，本命令提供了完全消重（D）选项，可以一次消除完全重合的这几类对象，不必依次逐个清理。

15.1.13　编组的状态管理

菜单中提供了“编组开启”和“编组关闭”开关项用于控制图形中使用的编组，可来回反复切换。除了在菜单中设有编组开关外，在图形编辑区下面的状态栏也设有编组按钮，两者的操作互相关联。单击“编组关闭”菜单开关可使状态栏按钮松开变暗，单击“编组开启”菜单开关可使状态栏按钮按下变亮，如图 15-1-7 所示的两种编组状态。

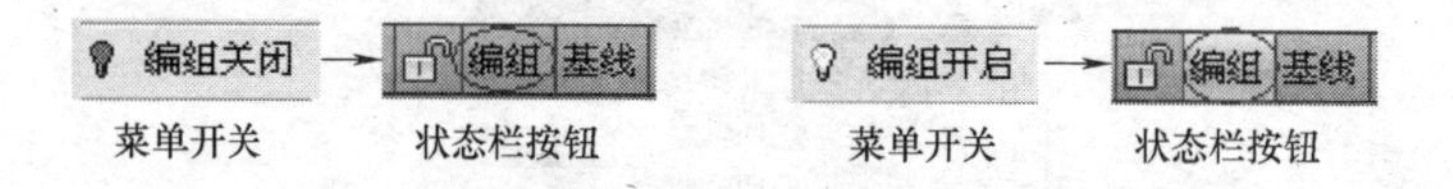

图 15-1-7　编组状态

编组的状态控制着采用编组的构件的编辑特性，例如【加雨水管】命令创建的三个图形对象组成雨水管构件就采用编组互相关联，编组关闭后就可以独立进行编辑，编组开启后恢复关联。图 15-1-8 中左边图形表示编组开启时，选中雨水管时三个对象关联，而中间图形表示编组关闭后，对象可各自独立编辑。

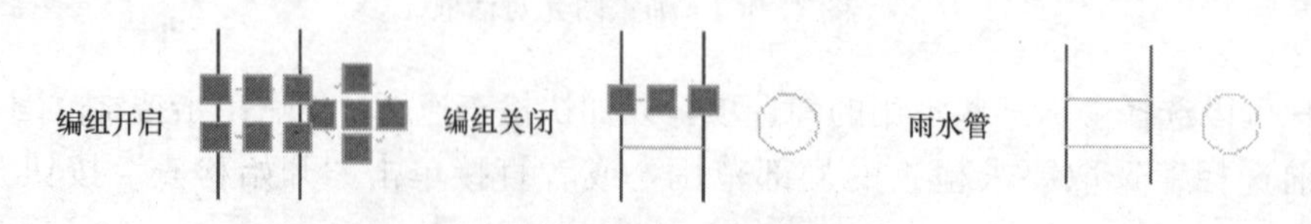

图 15-1-8　编组实例

“编组”（group）是 AutoCAD 系统中对多个图形对象的一种组织方式，有关的详细解释请见《AutoCAD 用户手册》，此处不再赘述。

15.1.14 组编辑

用于创建新组、添加或移除编组的对象，分解编组；注意本命令与上述编组开关配合使用，编组打开状态时，组编辑的效果才能起作用。

菜单命令：工具→组编辑（ZBJ）

点取菜单命令后，命令行提示：

创建编组：

请选择操作[创建(N)/添加(A)/移除(R)/分解(X)]<N>:需要键入关键字选择操作方式,默认回车为N创建新编组

选择对象<退出>:选取图上需要编组的对象,可以使用AutoCAD选取方法一次选取多个对象

选择对象<退出>:回车结束选取,完成新编组的创建

N个对象成功编组!

为已有编组添加对象:

请选择操作[创建(N)/添加(A)/移除(R)/分解(X)]<N>:A 键入关键字A选择添加方式为已有编组添加对象

请选择编组<退出>:选取需要添加的某个编组,图中可以有很多编组,因此要选定当前添加内容的编组

请选择要添加到该组的对象<退出>:选取需要往编组中添加的图形对象,可以是天正对象或者Auto CAD基本对象;

请选择要添加到该组的对象<退出>:回车结束对象选取,完成编组的对象添加

N个对象成功添加到编组!

从已有编组移除对象:

请选择操作[创建(N)/添加(A)/移除(R)/分解(X)]<N>:R 键入关键字R选择移除方式,从已有编组移除对象

请选择编组<退出>:选取需要移除对象的某个编组,图中可以有很多编组,因此要选定当前移除内容的编组

请选择要从该组移除的对象<退出>:选取需要从编组中移除的图形对象,可以是天正对象或者Auto CAD基本对象

请选择要从该组移除的对象<退出>:回车结束对象选取,完成编组的对象移除

N个对象成功从编组移除!

分解编组:

请选择操作[创建(N)/添加(A)/移除(R)/分解(X)]<N>:X 键入关键字X选择分解方式,将从已有编组分解

请选择要分解的编组<退出>:选取需要分解的编组,命令显示编组情况

找到4个,2个编组,请选择要分解的编组<退出>:回车结束编组的选取,完成编组的分解

2个编组成功分解!

编组分解仅是指组成编组的各对象不再一起被选择，而对象自身的特性不变，与【分

解对象】命令意义不同。

15.2 曲线工具

15.2.1 线变复线

本命令将若干段彼此衔接的线（Line）、弧（Arc）、多段线（Pline）连接成整段的多段线（Pline），即复线。

菜单命令：工具→曲线工具→线变复线（XBFX）

点取菜单命令后，显示对话框如图 15-2-1 所示。

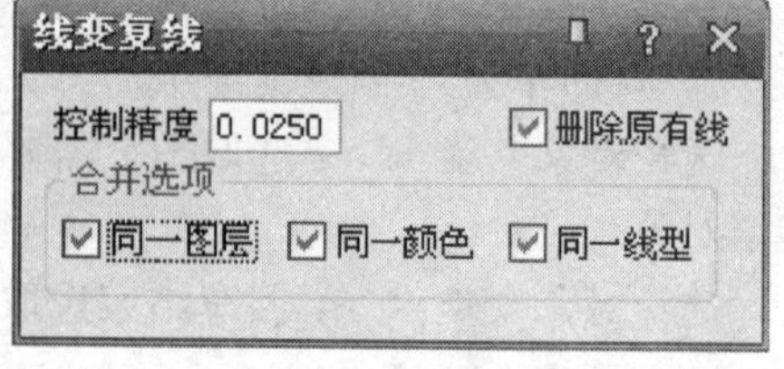

图 15-2-1 线变复线对话框

控制精度用于控制在两线线端距离比较接近，希望通过倒角合并为一根时的可合并距离，即倒角顶点到其中一个端点的距离，如图 15-2-2 所示，用户通过精度控制倒角合并与否，单位为当前绘图单位。

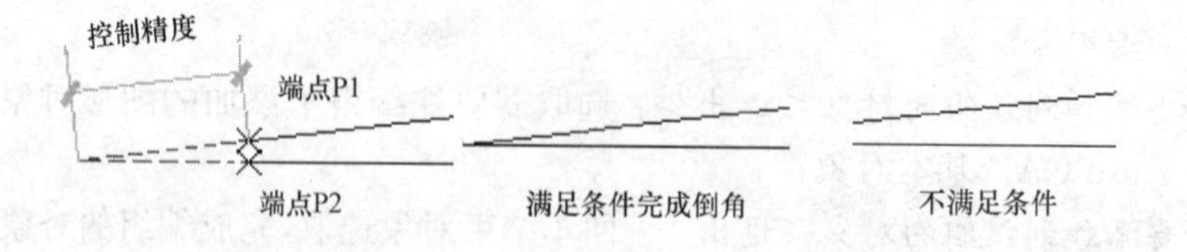

图 15-2-2 线变复线精度控制

默认合并选项去除勾选，即执行条件默认不要求同一图层、同一颜色和同一线型，合并条件比以前版本适当宽松，用户可按需要勾选适当的合并选项，例如勾选"同一颜色"复选框，可仅把同颜色首尾衔接的线变为多段线，但注意线型、颜色的分类包括"ByLayer、ByBlock"等在内。

请选择要合并的线

选择对象：选择需要连接的对象，包括线、多段线和弧

选择对象：回车结束选择，系统把可能连接的线与弧连接为多段线

15.2.2 连接线段

本命令将共线的两条线段或两段弧、相切的直线段与弧相连接，如两 LINE 位于同一直线上、或两根弧线同圆心和半径、或直线与圆弧有交点，便将它们连接起来。

菜单命令：工具→曲线工具→连接线段（LJXD）

点取菜单命令后，命令行提示：

请拾取第一根线(LINE)或弧(ARC)<退出>：点取第一根直线或弧

再拾取第二根线(LINE)或弧(ARC)进行连接 <退出>：点取第二根直线或弧

图 15-2-3 为连接线段的实例，注意拾取弧时应取要连接的近端。

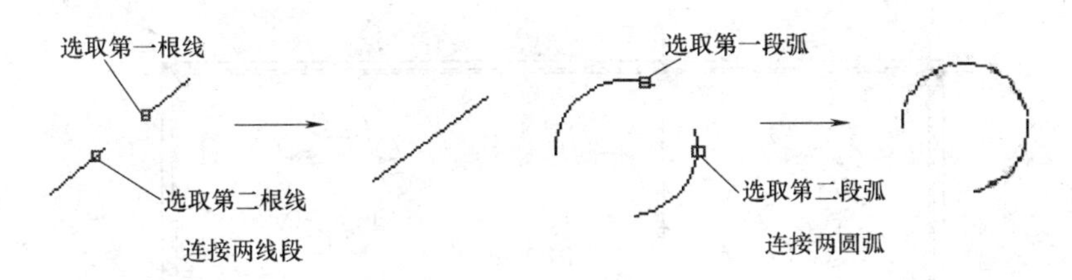

图 15-2-3　连接线段实例

15.2.3　交点打断

本命令将通过交点并在同一平面上的线（包括线、多段线和圆、圆弧）打断，一次打断经过框选范围内的交点的所有线段。

菜单命令：工具→曲线工具→交点打断（JDDD）

点取菜单命令后，命令行提示：

请框选需要打断交点的范围：在需要打断线或弧的交点范围框选两点，至少包括一个交点

请框选需要打断交点的范围：回车退出选择

通过交点的线段被打断，通过该点的线或弧变成为两段，有效被打断的相交线段是直线（line）、圆弧（arc）和多段线（Pline），可以一次打断多根线段，包括多段线节点在内；椭圆和圆自身仅作为边界，本身不会被其他对象打断。实例如图 15-2-4 所示。

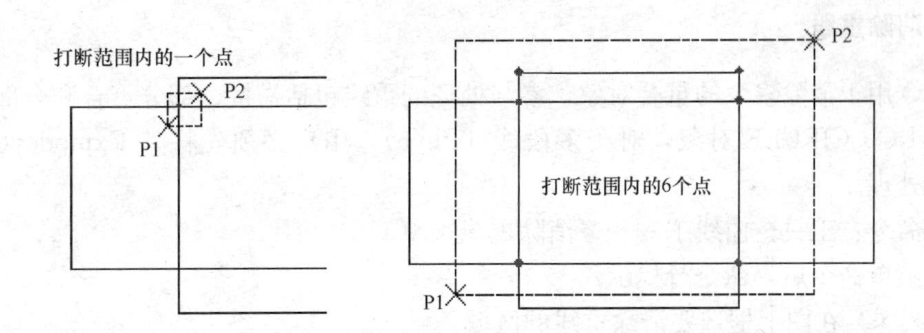

图 15-2-4　交点打断实例

15.2.4　虚实变换

本命令使图形对象（包括天正对象）中的线型在虚线与实线之间进行切换。

菜单命令：工具→曲线工具→虚实变换（XSBH）

点取菜单命令后，命令行提示：

请选取要变换线型的图元 <退出>：选毕，回车后进行变换

原来线型为实线的则变为虚线，原来线型为虚线的则变为实线；若虚线的效果不明显，可用系统变量 LTSCALE 调整其比例。

本命令不适用于天正图块。如需要变换天正图块的虚实线型，应先把天正图块分解为标准图块，如图 15-2-5 所示。

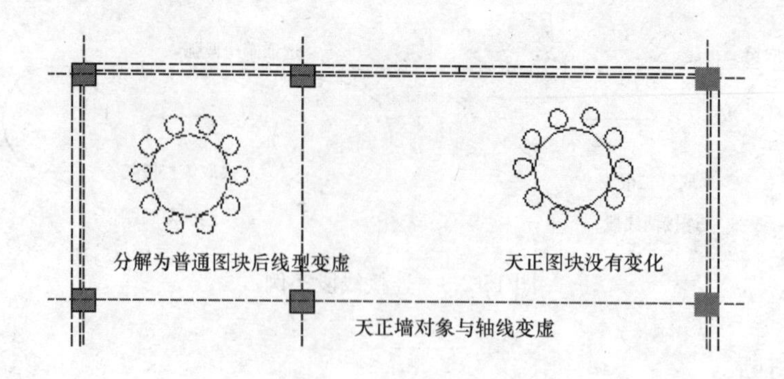

图 15-2-5　虚实变换实例

15.2.5　加粗曲线

本命令将 Line、Arc、Circle 转换为多段线，与原有多段线一起按指定宽度加粗，本命令支持直线、圆、弧、多段线和以多段线创建的椭圆。

菜单命令：工具→曲线工具→加粗曲线（JCQX）

点取菜单命令后，命令行提示：

请指定加粗的线段：选择各要加粗的线和圆弧

选择对象：以右击或回车结束选择

线段宽<50>：60 给出加粗宽度

15.2.6　消除重线

本命令用于消除多余的重叠对象，参与处理的重线包括搭接、部分重合和全部重合的 LINE、ARC、CIRCLE 对象，对于多段线（Pline），用户必须先将其 Explode（分解），才能参与处理。

菜单命令：工具→曲线工具→>消除重线（XCCX）

点取菜单命令后，命令行提示：

选择对象：在图上框选要清除重线的区域

选择对象：回车执行消除，提示消除结果

对图层 ABC 消除重线：由 XX1 变为 YY1

15.2.7　反向

本命令用于改变多段线、墙体、线图案和路径曲面的方向，在遇到方向不正确时，本命令可进行纠正而不必重新绘制，对于墙体解决镜像后两侧左右墙体相反的问题。

菜单命令：工具→曲线工具→反向（FX）

点取菜单命令后，命令行提示：

选择要反转的 PLINE、墙体、线图案或路径曲面：选择要处理的对象，在遇到封闭对象时会提示：

××××现在变为逆时针(顺时针)!

1. 散水反向的实例，如图 15-2-6 所示。

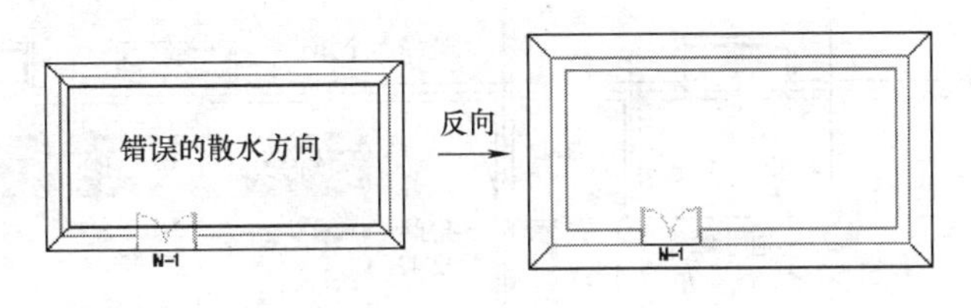

图 15-2-6　散水反向实例

2. 墙体反向的实例，如图 15-2-7 所示。

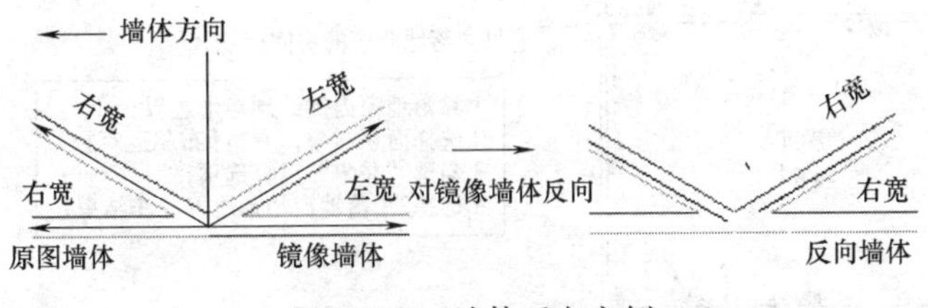

图 15-2-7　墙体反向实例

15.2.8　布尔运算

本命令除了 AutoCAD 的多段线外，已经全面支持天正对象，包括墙体造型、柱子、平板、房间、屋顶、路径曲面等，不但多个对象可以同时运算，而且各类型对象之间可以交叉运算；布尔运算和在位编辑一样，是新增的对象通用编辑方式，通过对象的右键快捷菜单可以方便启动，可以把布尔运算作为灵活方便的造型和图形裁剪功能使用。

菜单命令：工具→曲线工具→布尔运算(BEYS)

点取菜单命令后，显示对话框如图 15-2-8 所示。

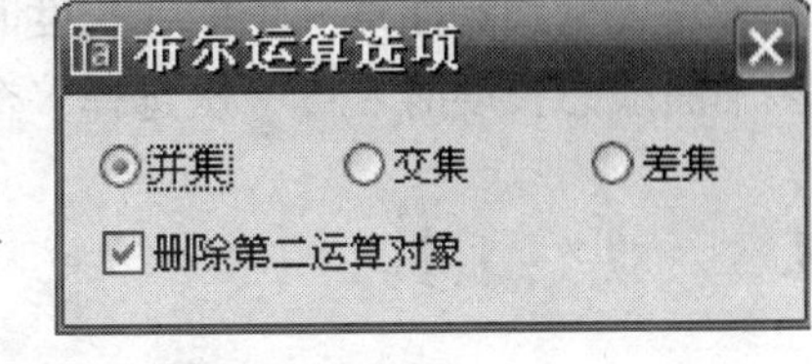

图 15-2-8　布尔运算对话框

在其中“并集”、“交集”、“差集”三种运算方式中选择一种，命令提示：

选择第一个闭合轮廓对象(pline、圆、平板、柱子、墙体造型、房间、屋顶、散水等)：

选择第一个运算对象

选择其他闭合轮廓对象(pline、圆、平板、柱子、墙体造型、房间、屋顶、散水等)：

选择其他多个运算对象

系统对选择的多个对象的区域进行指定的布尔运算，如图 15-2-9 就是把房间和落地凸窗的边界线做并的布尔运算，获得房间面积的实例。

15.2.9　长度统计

本命令支持线形对象包括直线、多段线、圆弧、圆，多个对象的长度可以合并统计和分别统计，可标注在图上给定位置。

菜单命令：工具→曲线工具→长度统计（CDTJ）

点取菜单命令后，命令提示：

请选择需统计长度的曲线(支持直线、多段线、圆弧、圆、椭圆弧、椭圆、样条曲线)<退

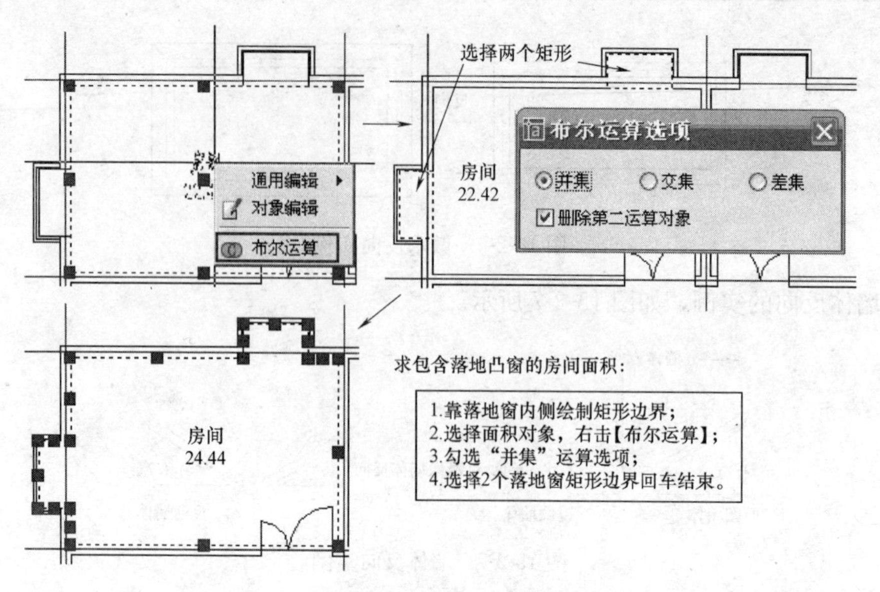

图 15-2-9　布尔运算实例

出＞：选择一个或多个曲线

请选择需统计长度的曲线（支持直线、多段线、圆弧、圆、椭圆弧、椭圆、样条曲线）＜退出＞：回车结束选择

共选中×根曲线，计算结果＝××.××m

请点取结果标注位置＜退出＞：需要标注长度统计结果时给出标注点

当需要分别标注每一个曲线长度时，请在第一个提示时选择一个曲线；当需要合并标注多个曲线总长度时，可一次选择多个曲线。

15.3　观察工具

15.3.1　视口放大

在 AutoCAD 中的视口有模型视口与布局视口两种，这里所说的视口是专指模型空间通过拖动边界，可以增减的模型视口。本命令在当前视口执行，使该视口充满整个 AutoCAD 图形显示区，如图 15-3-1 右所示。

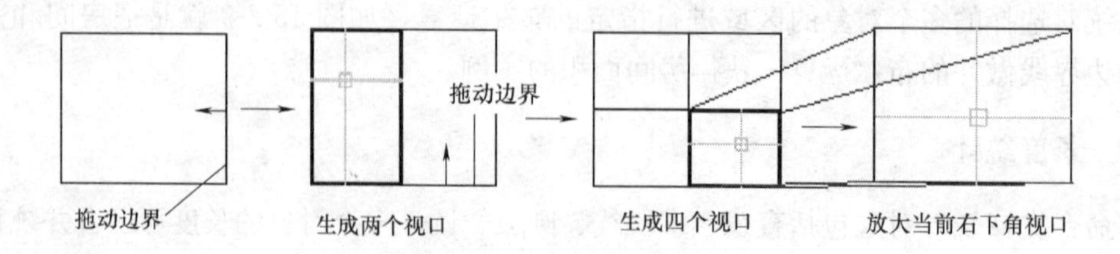

图 15-3-1　视口放大示意图

菜单命令：工具→观察工具→视口放大（SKFD）

点取菜单命令后立即放大当前视口，没有命令行提示。

15.3.2 视口恢复

本命令在单视口下执行，恢复原设定的多视口状态。如果本图没有创建过视口，命令行会提示“找不到视口配置”。

菜单命令：工具→观察工具→视口恢复（SKHF）

点取菜单命令后，立刻恢复原有多视口配置，如图 15-3-2 所示，没有命令行提示。

15.3.3 视图满屏

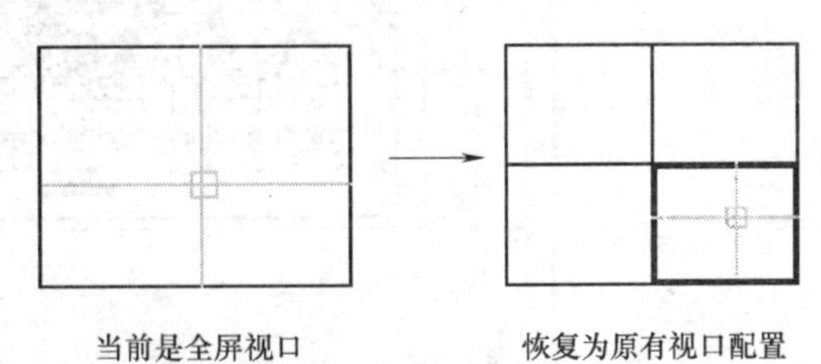

图 15-3-2 视口恢复示意图

本命令临时将 AutoCAD 所有界面工具关闭，提供一个最大的显示视口，用于图形演示。

菜单命令：工具→观察工具→视图满屏（STMP）

点取菜单命令后，立刻放大当前视口，没有命令行提示。在满屏状态可以执行右键菜单中的各项设置，以 ESC 键退出满屏状态，如图 15-3-3 所示。

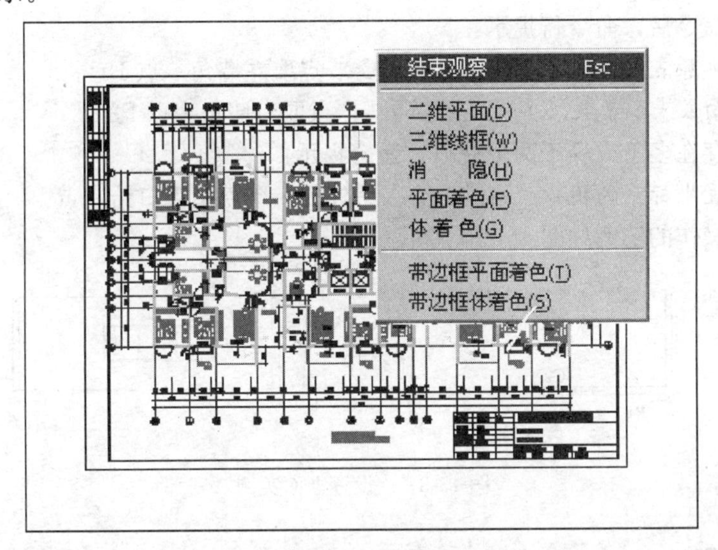

图 15-3-3 视图满屏实例

15.3.4 视图存盘

本命令把视图满屏命令的当前显示抓取保存为 BMP 或 JPG 格式图像文件。

菜单命令：工具→观察工具→视图存盘（STCP）

点取菜单命令后，立刻显示对话框如图 15-3-4 所示，其中是当前视口的图形。

单击其中“保存...”按钮，把当前的视图保存为 BMP 或 JPG 格式的图像文件。

15.3.5 设置立面

本命令将用户坐标系（UCS）和观察视图设置到平面两点（P1、P2）所确定的立

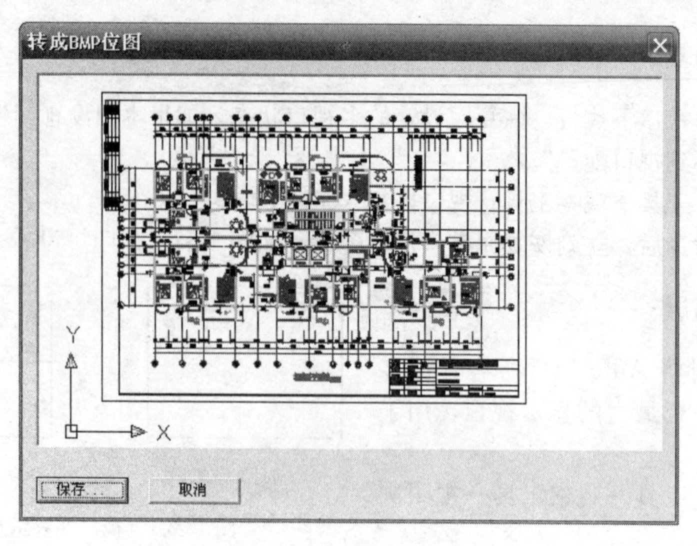

图 15-3-4 视图存盘对话框

面上。

菜单命令：工具→观察工具→设置立面（SZLM）

点取菜单命令后，命令行提示：

立面坐标系原点或［参考点(R)］<退出>：点取左墙角一点 P1

X 轴正方向或［参考点(R)］<退出>： 点取右墙角一点 P2

如果当前存在多于或等于两个视口，还会提示：

点取要设置坐标系的视口<当前>：在另外的一个模型视口给一点

上述交互操作的实例如图 15-3-5 所示。

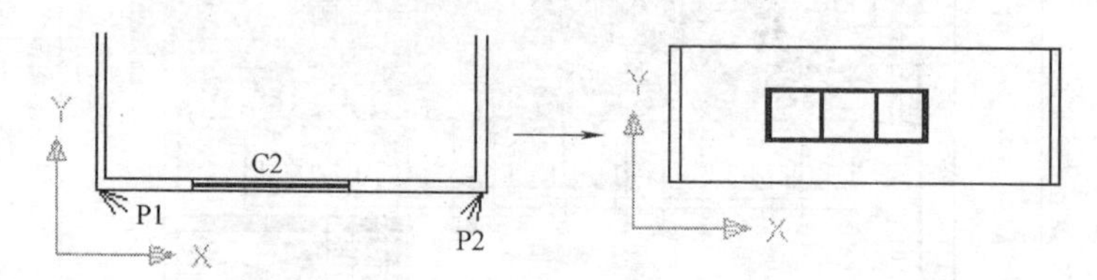

图 15-3-5 设置立面实例

15.3.6 定位观察

本命令与【设置立面】类似，由两个点定义一个立面的视图。所不同的是每次执行本命令会新建一个相机，相机观察方向是平行投影，位置为立面视口的坐标原点。更改相机位置时，视图和坐标系可以联动，并且相机后面的物体自动从视图上裁剪掉，以便排除干扰。

菜单命令：工具→观察工具→定位观察（DWGC）

事先有一个平面图，通过拖动边界创建了两个视口，平面图在左边的视口显示，如图 15-3-6 左所示。

点取菜单命令后，命令行提示：

左位置或［参考点(R)］<退出>：在平面图上取点表示将来立面图的左位置

右位置<退出>：在平面图上取点表示将来立面图的右位置

点取观察视口<当前视口>：在右边的视口取一点

至此本命令结束，立面图显示在右边视口，如图 15-3-6 右所示。

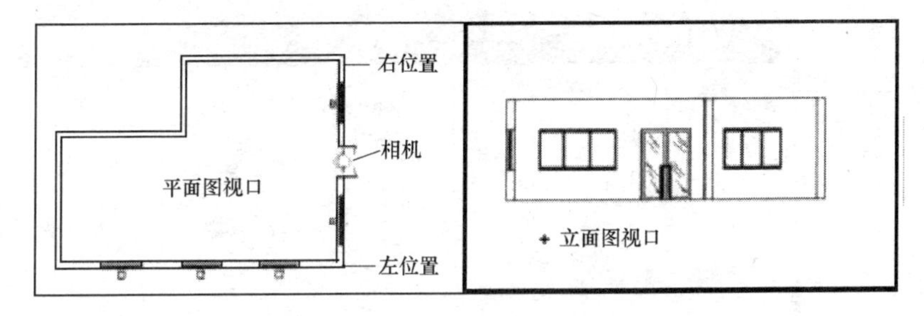

图 15-3-6 定位观察实例

15.3.7 相机透视

本命令适用于 AutoCAD2000～2006 平台，建立相机对象，用相机拍照的方法建立透视图，设定三维物体的透视参数存于相机对象中，修改相机对象即可动态改变透视效果，在 2007 以上平台由 Camera（创建相机）命令取代。

对三维物体进行透视观察，可通过 Dview（动态观察）命令，动态调整观察角度，但仅仅使用该命令，无法给出一系列参数，获得准确透视效果图。而通过建立多个相机对象，可以切换相机，获得不同角度的多个准确透视图，又可以随时改变参数调整透视角度。

菜单命令：工具→观察工具→相机透视（XJTS）

点取菜单命令后，命令行提示：

相机位置或［参考点(R)］<退出>：输入相机位置，最好在平面视窗中指定

输入目标位置<退出>：点取目标位置点

点取观察视口<当前视口>：点取生成透视图的视口

在平面视口以夹点移动相机，在右侧视口可以同时动态更新当前透视画面，获得动态漫游的效果，如图 15-3-7 所示。

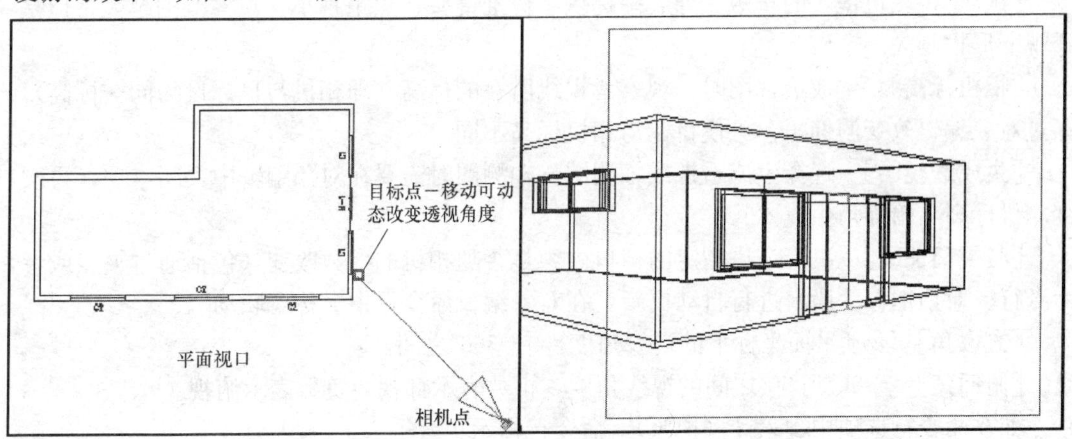

图 15-3-7 相机透视实例

如果要获得轴测图，必须对相机使用对象编辑，双击相机进入对象编辑命令行：

对话框[D]/焦距[N]/标高[E]/方位角[G]/俯仰角[H]/拍照[T]/透视[P]/联动[A]/前裁剪[F]/后裁剪[B]/<退出>：键入参数选项 D 启动对话框，如图 15-3-8 所示

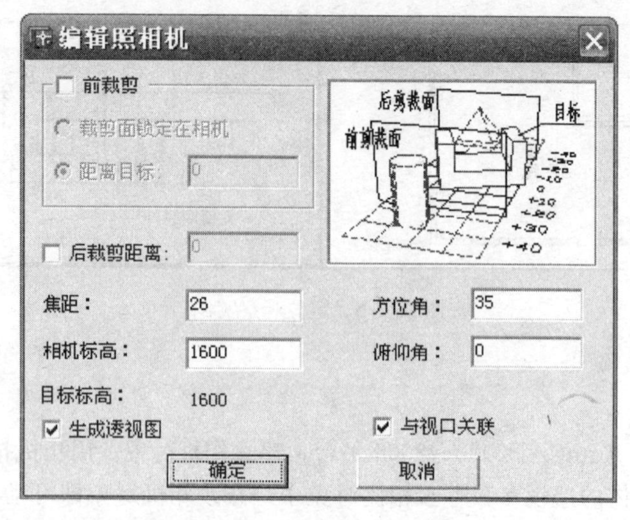

图 15-3-8　相机编辑对话框

对话框控件的功能说明

[前裁剪]　垂直于视线方向建立前裁剪平面，参见上图中对话框的图示，假定以视线方向为前进方向，位于前裁剪平面背后的物体都被剪裁而不显示（即作为透明处理），这个选项多用于室内透视时消除墙体的遮挡，前裁剪平面的相对位置除了输入参数外，也可以由夹点拖动设置。

[裁剪面锁定在相机]　对平行投影时有意义，因为此时默认裁剪平面在视线后方很远处，不起裁剪作用，对透视投影不起作用，此时裁剪平面默认就在相机处。

[距离目标]　设定裁剪平面的位置，以视线为轴线，目标为原点计算。

[后裁剪距离]　与前裁剪面类似，但默认没有后裁剪面，对视线通过的物体全部显示，如果需要遮蔽观察对象背后的背景，可以设定本参数。

[焦距]　相机镜头的长短，列表中提供了标准镜头，焦距越小，观察范围越大，但是透视变形也越大。

[相机标高]　生成透视图时，观察者视线所在的标高（即相机与目标设为同一标高），通过对象编辑改变俯仰角，可使目标与相机标高不同。

[生成透视图]　选择生成透视或轴测图，轴测图时需要在对象编辑中关闭本项，再改变相机标高与俯仰角生成。

[与视口关联]　决定今后指定的视口内容是否随相机的参数改变（包括通过夹点或者命令行、对话框等手段）进行自动更新。在对象编辑命令行中又称“联动”。

[方位角]　xoy 平面坐标下的视线角度，0～360°之间。

[俯仰角]　−90°到 90°之间的视线角度，正数表示仰视，负数表示俯视。

如在命令行选项中键入 T（拍照），命令行提示：

点取观察视口<当前视口>：点取平面图所在的当前视口或其他视口

程序即可按照当前相机的参数，在指定的视口内生成视图，并建立与该视口的关联关系。如果“联动”选项是打开状态，改变相机对象时关联的视口的视图将自动更新。

15.3.8　视图固定

本命令适用于 AutoCAD2000～2006 平台，本命令专门为解决漫游时视口重生成问题而设计，进行无命令的虚拟漫游时，如果中途执行了 Regen（重生成）命令，或其他导致重生成的功能，视图就会恢复到虚拟漫游前的图形视图。因此在必要时，可以用本命令把视图固定下来。

菜单命令：工具→观察工具→视图固定（STGD）

15.3.9　虚拟漫游

本命令适用于 AutoCAD2000～2006 平台，提供了实时的虚拟漫游，首先通过相机设置透视图，在着色状态下，即可直接用键盘实现虚拟漫游，而不需要启用任何命令。这样建模和漫游观察就无缝地结合在一起，可以把三维建模想象为在虚拟的世界里摆放物体，然后驾驶飞机对它们进行观察，可以通过启用材质和纹理（“材质与渲染”），获得更加真实的效果；本命令在 2007 以上平台由 3DWalk（漫游）和 3DFly（飞行）命令取代。

为了把虚拟漫游的过程永久性的录制下来形成动画文件，本软件提供了虚拟漫游的菜单命令方式，在启动命令后可以拍摄动画。

菜单命令：工具→观察工具→虚拟漫游（XNMY）

本命令要求首先执行【相机透视】命令建立相机，点取菜单命令后，显示如图 15-3-9 所示对话框。

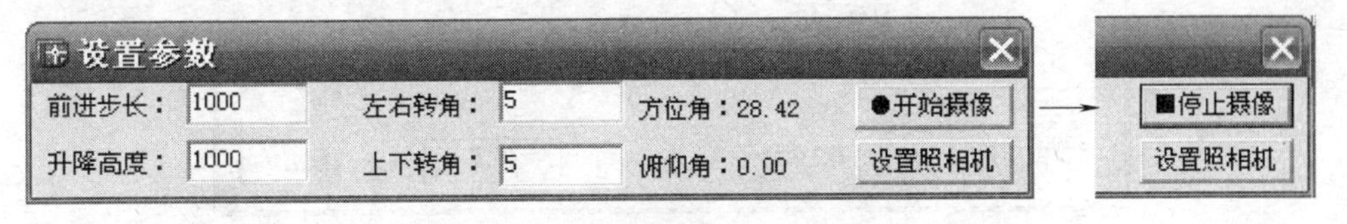

图 15-3-9　设置虚拟漫游参数

此时用户可以用键盘控制视图的原则是操纵观察者，用户操纵上下左右方向键加上 Ctrl 以及 Shift 键的组合，即可环绕或者进入建筑物进行透视漫游。表 15-3-1 为虚拟漫游的键位表。

虚拟漫游键位功能　　**表 15-3-1**

按键组合	←	↑	↓	→
无	左移	前进	后退	右移
Shift 键	左转	仰视	俯视	右转
Ctrl 键	左转 90°	上升	下降	右转 90°

在命令执行过程中，控制条对话框一直浮动在 AutoCAD 主窗口上，用户可以把它移动到命令行窗口上面，以免盖住漫游视口。控制条上列出的前进步长指在水平面上移动相机时的步长，升降高度指竖直方向上移动相机上的步长，左右转角在水平面上转动视角的步长，上下转角指俯视和仰视时的步长。设置照相机弹出相机参数设置对话框，可以设置

相机的焦距、裁剪面等参数。

用户可把虚拟漫游的过程拍摄成动画，动画的格式为 Windows 标准的 AVI 格式，可以脱离 AutoCAD 环境进行观看。单击“开始摄像”开始拍摄，初次点取开始拍摄时系统要求输入 AVI 文件名，请确定创建文件所在的磁盘上有足够的空间，根据漫游时间的长短，动画规模从数兆到数百兆不等。只有光标控制键改变视图时才摄制动画，空闲等待时并不摄制动画，因此无需担心拍摄到重复无效的内容；单击“停止摄像”中止拍摄，保存动画文件。

15.3.10　环绕动画

本命令适用于 AutoCAD2000～2006 平台，功能主要用来创建建筑外景的视频动画，即类似坐在直升机上对建筑物进行盘旋观察的效果。首先，要在图上用曲线（LINE/ARC/CIRCLE/PLINE/3DPOLY）绘制好相机的路径，可以采用固定目标点或者创建与相机路径相类似的目标曲线，创建相机并设置好焦距；在 2007 以上平台被 anipath（运动路径动画）命令的一种选项取代。

菜单命令：工具→观察工具→环绕动画（HRDH）

点取菜单命令后，命令行提示：

请选择天正照相机：选取相机后显示对话框，如图 15-3-10 所示

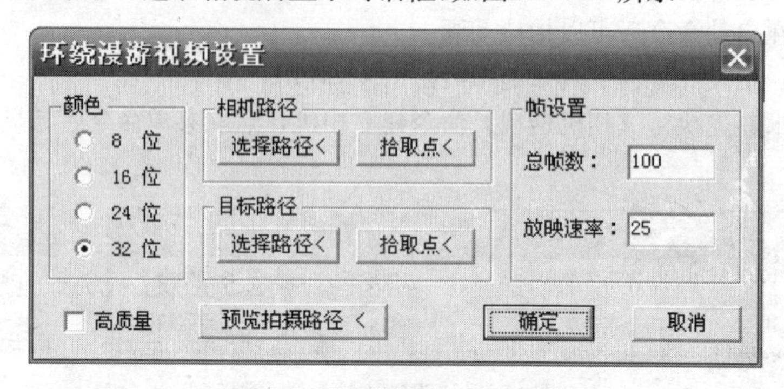

图 15-3-10　设置环绕动画参数

注意事先设置好观察环境。对话框中有按钮选择用来拍摄动画的相机与目标点或者目标路径，确定相机和目标的路径后，单击“预览拍摄路径<”观察环绕效果。

对话框控件的功能说明

［**颜色**］　通过设置表达图像颜色的二进制位数预设动画的色彩效果，颜色越多色彩效果越好，但保存的文件也越大。

［**高质量**］　勾选高质量设置时，将按照光线追踪的渲染方式制作高质量的动画，包括阴影、倒影等效果都可以体现，当然制作动画所需要的时间也以数十倍的量级增加。

［**相机路径/目标路径**］　可以是平面曲线或空间曲线（多段线不能进行拟合），也可以是点，但相机路径和目标路径不能同时为点。

［**帧设置**］　总帧数指定了整个动画的总的画面数，系统按照总帧数对相机路径和目标路径进行等分，分别以此设置相机位置和目标位置，拍照并制作动画。速率即动画的播放速率，即每秒播放的帧数，一般取默认值就可以了。

［**预览拍摄路径<**］　即预先观察相机的行走过程，确定是否符合用户的意图。

单击“确定”按钮后，系统将沿着相机路径和目标路径不断调整相机位置和观察角度，连续摄制视频动画，以 AVI 的格式存放。

15.3.11　穿梭动画

本命令适用于 AutoCAD2000～2006 平台，相机位置和观察角度都沿着给定的路径，摄制视频动画；在 2007 平台被 anipath（运动路径动画）命令的另一种选项取代。

菜单命令：工具→观察工具→穿梭动画（CSDH）

本项功能模拟人穿梭于建筑室内空间上所看到的景象。首先，要在图上用曲线（LINE/ARC/CIRCLE/PLINE/3DPOLY）绘制好行走的路径，创建相机并设定好相机焦距。命令的执行过程与【环绕动画】非常相似，区别在于相机和目标都沿着同样的路径。

15.4　其他工具

15.4.1　测量边界

本命令测量选定对象的外边界，点击菜单选择目标后，显示所选择目标（包括图上的注释对象和标注对象在内）的最大边界的 x 值、y 值和 z 值，并以虚框表示对象最大边界，对象旋转不同角度时的边界测量规则如图 15-4-1 所示。

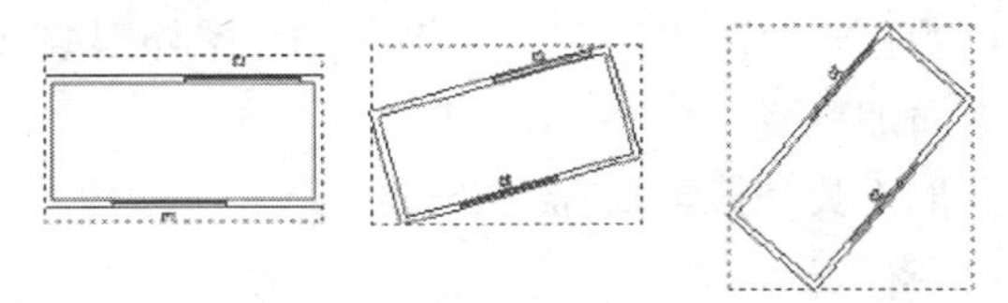

图 15-4-1　测量边界实例

菜单命令：工具→其他工具→测量边界（CLBJ）

点取菜单命令后，命令行提示：

选择对象：框选所要测量的对象范围

选择对象：以右击或回车结束选择退出命令

返回边界参数：X=8682.11；Y=9210.18；Z=3000

15.4.2　统一标高

本命令用于整理二维图形，包括天正平面、立面、剖面图形，使绘图中避免出现因错误的取点捕捉，造成各图形对象 z 坐标不一致的问题。本命令能处理 AutoCAD 各种图形对象，包括点、线、弧与多段线，在对非 WCS 下的图形对象本命令也能加以处理，将这些对象按世界坐标系 WCS 的 XOY 平面进行投影，Z 坐标统一为 0，三维多段线 3DPOLY 暂时不加以处理。

菜单命令：工具→其他工具→统一标高（TYBG）

点取菜单命令后，命令行提示：

选择需要恢复零标高的对象或[不处理立面视图对象(F),当前:处理/不重置块内对象(Q),当前:重置]<退出>：默认处理立面视图对象并可重置图块内的对象的标高为 0

选择需要恢复零标高的对象或[不处理立面视图对象(F),当前:处理/不重置块内对象(Q),当前:重置]<退出>：F 键入 F 改为不处理立面视图对象

选择需要恢复零标高的对象或[处理立面视图对象(F),当前:不处理/不重置块内对象(Q),当前:重置]<退出>：Q 键入 Q 改为不重置块内对象

选择需要恢复零标高的对象或[处理立面视图对象(F),当前:不处理/重置块内对象(Q),当前:不重置]<退出>：

可用两点框选要处理的图形范围即可对这些对象统一标高，包括 AutoCAD 图形对象以及天正建筑对象在内，墙、玻璃幕墙、柱子、墙体造型、任意坡顶、攒尖屋顶、矩形屋顶、各种楼梯对象，统一标高后将其底标高\基点标高\起始高度设置为 0，阳台统一标高后将其地面标高设为－100；普通门窗、转角窗和带形窗的门槛高和窗台高始终保持不变，即门窗与墙底部间距不变，统一标高修改的是门窗在 WCS 下的绝对标高；轴号、尺寸、天正单行/多行文字、表格、符号等标注性对象移到 WCS 的 XOY 平面内。

为了适应用户利用立面视图创建立面或者三维模型的需要，此时可设为不对立面视图中的对象进行统一标高处理。

15.4.3　搜索轮廓

本命令在建筑二维图中自动搜索出内外轮廓，在上面加一圈闭合的粗实线，如果在二维图内部取点，搜索出点所在闭合区内轮廓；如果在二维图外部取点，搜索出整个二维图外轮廓，用于自动绘制立面加粗线。

菜单命令：工具→其他工具→搜索轮廓（SSLK）

点取菜单命令后，命令行提示：

选择二维对象：选择 Auto CAD 的基本图形对象,如天正生成的立面图

此时用户移动十字光标在二维图中搜索闭合区域，同时反白预览所搜索到的范围。

点取要生成的轮廓(提示:点取外部生成外轮廓;PLINEWID 设置 pline 宽度)<退出>：

点取建筑物边界外生成立面轮廓线

成功生成轮廓,接着点取生成其他轮廓!

点取要生成的轮廓(提示:点取外部生成外轮廓;PLINEWID 设置 pline 宽度)<退出>：

以回车退出命令,生成结果如图 15-4-2 所示

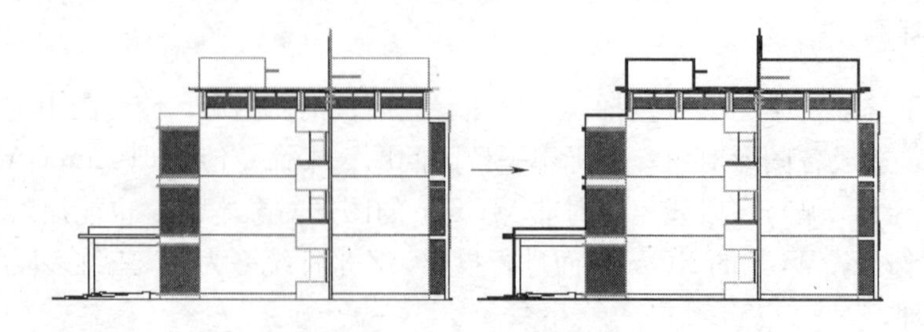

图 15-4-2　搜索轮廓实例

15.4.4 图形裁剪

本命令以选定的矩形窗口、封闭曲线或图块边界作参考，对平面图内的天正图块和AutoCAD二维图元进行剪裁删除。主要用于立面图中构件的遮挡关系处理。

菜单命令：工具→其他工具→图形裁剪（TXCJ）

点取菜单命令后，命令行提示：

矩形的第一个角点或［多边形裁剪(P)/多段线定边界(L)/图块定边界(B)］<退出>：在图上点取第一角点

第二点：图上点取第二角点，定义裁剪范围完成裁剪，如图 15-4-3 所示

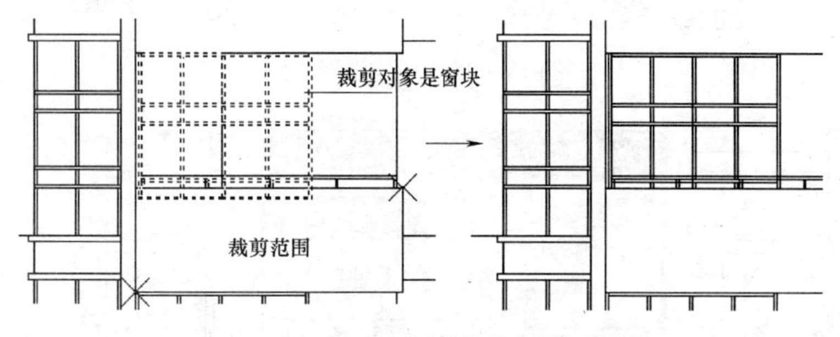

图 15-4-3　图形裁剪实例

用户还可以使用其他选项设置裁剪边界，注意本命令不能裁剪 AutoCAD 的图案填充。

15.4.5 图形切割

本命令以选定的矩形窗口、封闭曲线或图块边界在平面图内切割并提取带有轴号和填充的局部区域用于详图；命令使用了新定义的切割线对象，能在天正对象中间切割，遮挡范围随意调整，可把切割线设置为折断线或隐藏。

菜单命令：工具→其他工具→图形切割（TXQG）

点取菜单命令后，命令行提示：

矩形的第一个角点或［多边形裁剪(P)/多段线定边界(L)/图块定边界(B)］<退出>：图上点取一角点

另一个角点<退出>：输入第二角点定义裁剪矩形框

此时程序已经把刚才定义的裁剪矩形内的图形完成切割，并提取出来，在光标位置拖动，同时提示：

请点取插入位置：在图中给出该局部图形的插入位置，如图 15-4-4 所示

双击切割线可显示编辑切割线对话框，设置其中某些边为折断边（显示折断线），并隐藏不打印的切割线，如图 15-4-5 所示。

15.4.6 矩形

本命令的矩形是天正定义的三维通用对象，具有丰富的对角线样式，可以拖动其夹点改变平面尺寸，可以代表各种设备、家具使用。

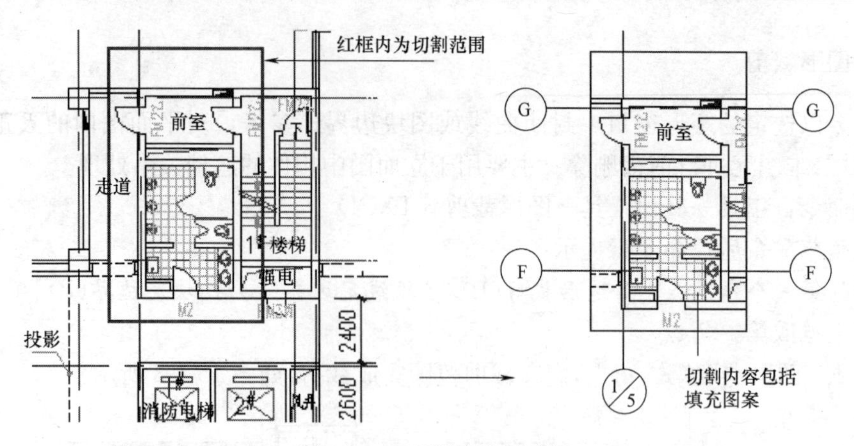

图 15-4-4　图形切割实例

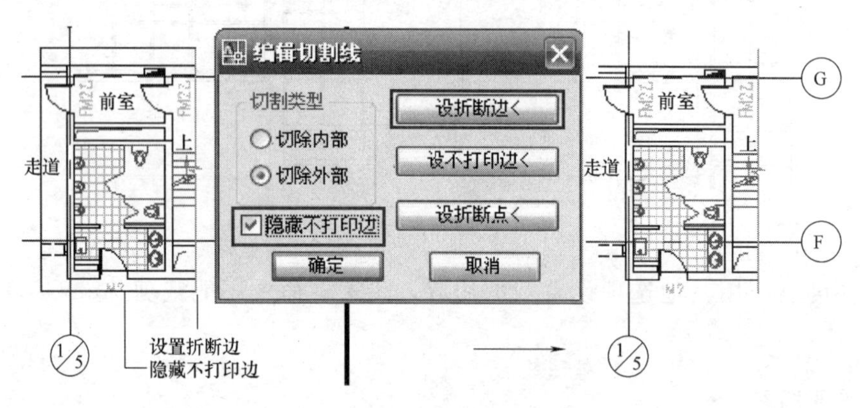

图 15-4-5　切割线对象编辑

菜单命令：工具→其他工具→矩形（JX）

点取菜单命令后，显示对话框如图 15-4-6 所示。

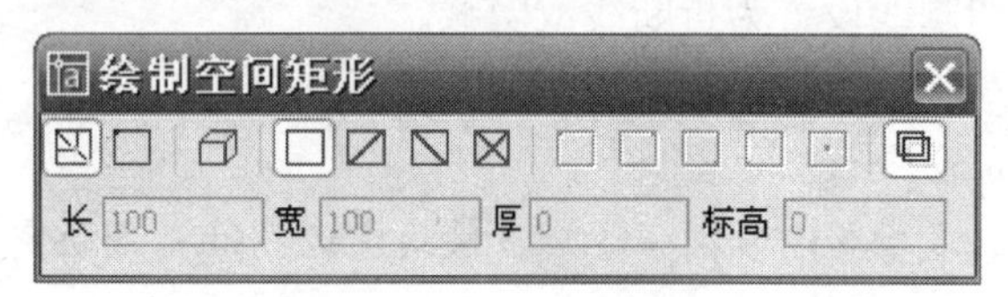

图 15-4-6　矩形对话框

对话框控件的功能说明

[长度/宽度]　矩形的长度和宽度。

[厚度]　赋予三维矩形高度，使其成为长方体。

[标高]　矩形在图中的相对高度。

从对话框的图标工具栏中可以单击图标选择所画矩形的形式，如图 15-4-7 所示，也可以预选矩形的插入基点位置，默认是矩形的中心。

矩形的绘制方式有“拖动绘制”、“插入矩形”和“三维矩形”三种，后两种是参数矩形，在对话框中先输入矩形参数再进行插入，默认的绘制方式为工具栏第一个“动态拖动”图标，用户可进入绘图区拖动绘制矩形，命令行提示：

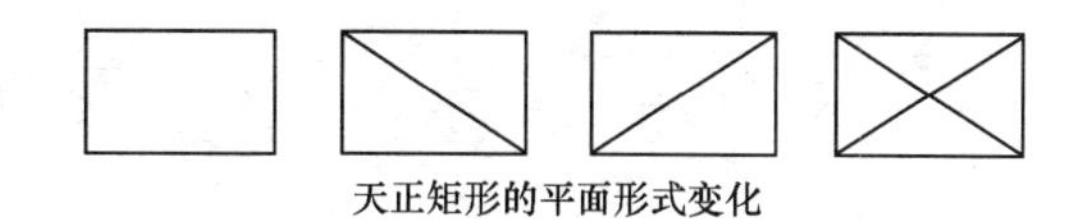

图 15-4-7　天正矩形的平面类型

输入第一个角点或［插入矩形(I)］<退出>：点取矩形的一个角点位置

输入第二个角点或［插入矩形(I)/撤销第一个角点(U)］<退出>：

拖动给出矩形的对角点或者指定准确的相对坐标

拖动夹点可以动态修改已有的天正矩形的平面尺寸，夹点“对角拉伸”和“中心旋转”都可通过按一次 Ctrl 键，切换为“移动”功能，尺寸参数在 AutoCAD 2004 以上平台提供动态输入进行修改，矩形的两个方向的参数通过 Tab 键切换，当前参数以方框表示，键入数字即可修改，如图 15-4-8 所示。

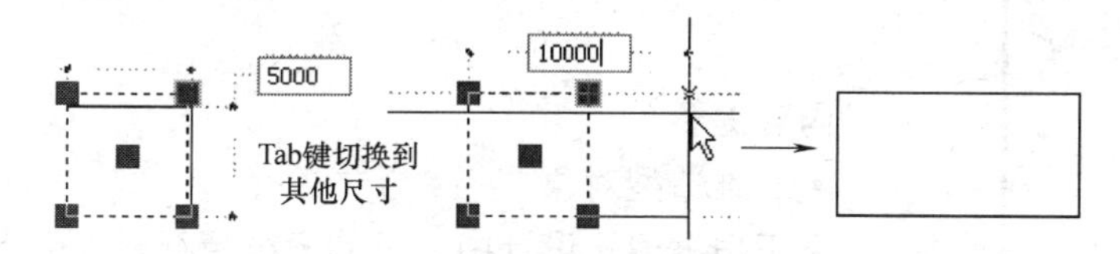

图 15-4-8　天正矩形的动态修改

第 16 章 三维建模

内容提要

• 三维造型对象

天正根据建筑设计中常见的三维特征，专门定义了一些三维建筑构件对象，以满足常用建筑构件的建模。

• 体量建模工具

天正提供了参数化的体量单元，通过对截面拉伸、沿路径放样或者截面绕固定轴旋转创建复杂实体，同时支持实体间的布尔运算。

• 三维编辑工具

这里提供的多数是从旧版本保留的三维面编辑工具，用户可以对三维面模型进行灵活的编辑修改，【三维切割】命令可创建剖透视图。

16.1　三维造型对象

16.1.1　平板

用于构造广义的板式构件，例如实心和镂空的楼板、平屋顶、楼梯休息平台、装饰板和雨篷挑檐。只要你发挥空间想像力，事实上任何平板状和柱状的物体都可以用它来构造。平板对象不只支持水平方向的板式构件，只要事先设置好 UCS，可以创建其他方向的斜向板式构件。

菜单命令：三维建模→造型对象→平板（PB）

使用本命令前，请用 PLINE 线绘制一封闭的图形作为平板的轮廓线，如图 16-1-1 所示。

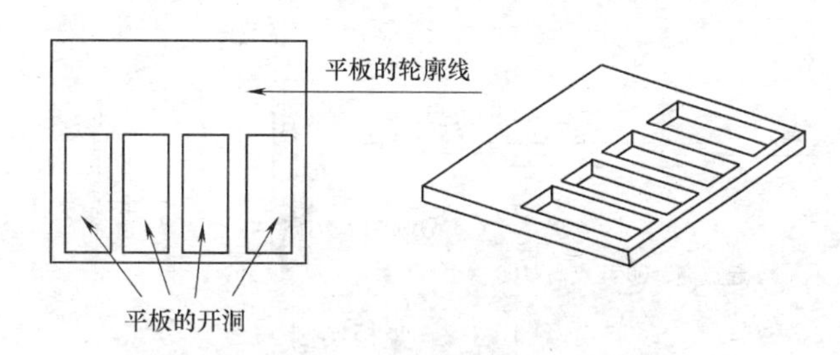

图 16-1-1　平板实例

单击菜单命令后，命令行提示：

选择一多段线＜退出＞：选取一段多段线

请点取不可见的边＜结束＞或[参考点(R)]＜退出＞：点取一边或多个不可见边

不可见边实际是存在的，只是在二维显示中不可见，主要是为了与其他构件衔接得更好，选取完毕后命令行继续提示：

选择作为板内洞口的封闭的多段线或圆：选取一段多段线，没有则空回车

选取作为板内洞口的 PLINE 线或圆（同样请在执行本命令之前，先绘制要作为板内洞口的 PLINE 线），如果不存在，直接回车进入下一个提示：

板厚(负值表示向下生成)＜200＞：输入板厚后生成平板

如果平板以顶面定位，则输入负数表示向下生成；

如要修改平板参数，选取平板后右击选取【对象编辑】命令，命令行提示：

[加洞(A)/减洞(D)/加边界(P)/减边界(M)/边可见性(E)/板厚(H)/标高(T)/参数列表(L)]＜退出＞：

键入修改选项说明如下。

命令选项的功能说明

[加洞 A]　在平板中添加通透的洞口，命令行提示：

选择封闭的多段线或圆：选中平板中定义洞口的闭合多段线，平板上增加若干洞口

[减洞 D]　移除平板中的洞口，命令行提示：

选择要移除的洞：选中平板中定义的洞口回车，从平板中移除该洞口

［**边可见性 E**］ 控制哪些边在二维视图不可见，洞口边无法逐个控制可见性。命令行提示：

点取不可见的边或［全可见(Y)/全不可见(N)］<退出>：点取要设置成不可见的边

［**板厚 H**］ 平板的厚度。正数表示平板向上生成，负数向下生成。厚度可以为 0，表示一个薄片。

［**标高 T**］ 更改平板基面的标高。

［**参数列表 L**］ 相当于 LIST 命令，程序会提供该平板的一些基本参数属性，便于用户查看修改。

16.1.2 竖板

本命令用于构造竖直方向的板式构件，常用于遮阳板、阳台隔断等，图 16-1-2 为阳台隔断的实例。

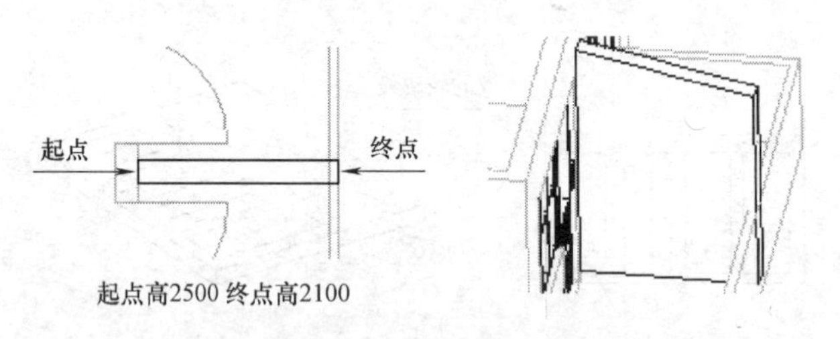

图 16-1-2　竖板实例

菜单命令：三维建模→造型对象→竖板（SB）

单击菜单命令后，命令行提示：

起点或［参考点(R)］<退出>：点取起始点

终点或［参考点(R)］<退出>：点取结束点

起点标高<0>：键入新值或回车接受默认值

终点标高<0>：键入新值或回车接受默认值

起点与终点的标高可用于将该竖板抬升至一定高度，作为阳台的隔断等。

起边高度<1000>：2500 键入新值后回车接受默认值

终边高度<1000>：2100 键入新值后回车接受默认值

板厚<200>：150 键入新值后回车接受默认值

是否显示二维竖板？(Y/N)［Y］：键入 Y 或 N。

如要修改竖板参数，可用【对象编辑】命令进行修改，选取竖板后单击鼠标右键，选取【对象编辑】命令，拖动夹点可改变竖板的长度。

16.1.3 路径曲面

本命令采用沿路径等截面放样创建三维，是最常用的造型方法之一，路径可以是三维 PLINE 或二维 PLINE 和圆，PLINE 不要求封闭。生成后的路径曲面对象可以编辑修改，新版本的路径曲面对象支持 Trim（裁剪）与 Extend（延伸）命令。

菜单命令：三维建模→造型对象→路径曲面（LJQM）

单击菜单命令后，显示对话框如图 16-1-3 所示。

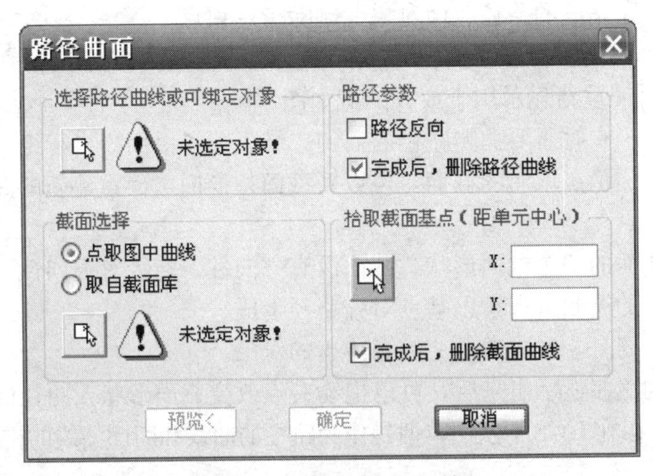

图16-1-3　路径曲面对话框

对话框控件的功能说明

[**路径选择**]　点击选择按钮进入图中选择路径，选取成功后出现V形手势，并有文字提示。路径可以是LINE、ARC、CIRCLE、PLINE或可绑定对象路径曲面、扶手和多坡屋顶边线，墙体不能作为路径。

[**截面选择**]　点取图中曲线或进入图库选择，选取成功后出现V形手势，并有文字提示。截面可以是LINE、ARC、CIRCLE、PLINE等对象。

[**路径反向**]　路径为有方向性的PLINE线，如预览发现三维结果反向了，选择该选项将使结果反转。

[**拾取截面基点**]　选定截面与路径的交点，缺省的截面基点为截面外包轮廓的形心，可点击按钮在截面图形中重新选取。

路径曲面的绘制实例如图16-1-4所示。

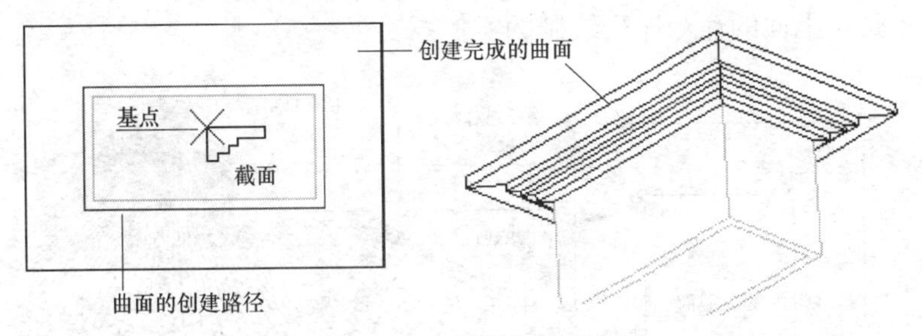

图16-1-4　路径曲面实例

用户可以拖拽绘图屏幕区域打开两个视口，一个置为平面视图另一个设定为三维透视窗口；如预览观察放样方向不正确，可勾选“路径反向”翻转过来。

如要修改路径曲面参数，选取路径曲面后右击【对象编辑】命令，命令行提示：

请选择[加顶点(A)/减顶点(D)/设置顶点(S)/截面显示(W)/改截面(H)/关闭二维(G)]<退出>：

命令选项的功能说明

[**加顶点A**]　可以在完成的路径曲面对象上增加顶点，详见7.2.1“添加扶手”一节。

[**减顶点 D**]　在完成的路径曲面对象上删除指定顶点。

[**设置顶点 S**]　设置顶点的标高和夹角，提示参照点是取该点的标高。

[**截面显示 W**]　重新显示用于放样的截面图形。

[**关闭二维 G**]　有时需要关闭路径曲面的二维表达，由用户自行绘制合适的形式。

[**改截面 H**]　提示点取新的截面，可以新截面替换旧截面重建新的路径曲面。

路径曲面的特点

截面是路径曲面的一个剖面形状，截面没有方向性，路径有方向性，路径曲面的生成方向总是沿着路径的绘制方向，以基点对齐路径生成。

- 截面曲线封闭时，形成的是一个有体积的对象。
- 路径曲面的截面显示出来后，可以拖动夹点改变截面形状，路径曲面动态更新。
- 路径曲面可以在 UCS 下使用，但是作为路径的曲线和断面曲线的构造坐标系应平行。

16.1.4　变截面体

本命令用三个不同截面沿着路径曲线放样，第二个截面在路径上的位置可选择。变截面体由路径曲面造型发展而来，路径曲面依据单个截面造型，而变截面体采用三个或两个不同形状截面，不同截面之间平滑过渡，可用于建筑装饰造型等。

菜单命令：三维建模→造型对象→变截面体（BJMT）

单击菜单命令后，命令行提示：

请选取路径曲线(点取位置作为起始端)＜退出＞：点取 PLINE（如非 PLINE 要先转换）一端作第一截面端

请选择第 1 个封闭曲线＜退出＞：选取闭合 PLINE 定义为第一截面

请指定第 1 个截面基点或[重心(W)/形心(C)]＜形心＞：点取截面对齐用的基点

……顺序点取三个截面封闭曲线和基点

指定第 2 个截面在路径曲线的位置：最后点取中间截面的位置，完成变截面体的制作

图 16-1-5 是用上面的命令序列绘制的实例。

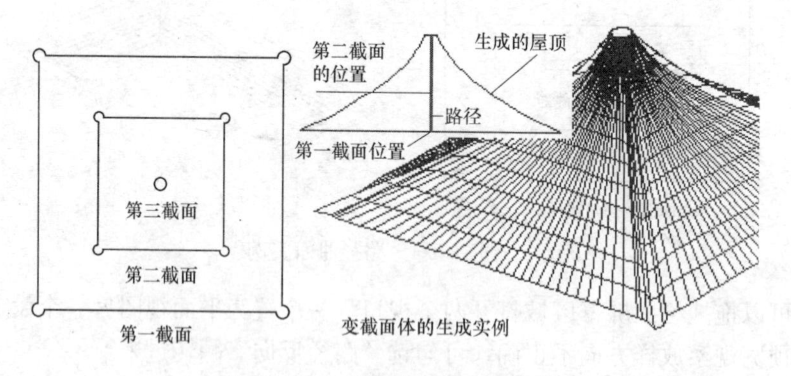

图 16-1-5　变截面体应用实例

16.1.5　等高建模

本命令将一组封闭的 PLINE 绘制的等高线生成自定义对象的三维地面模型，用于创建规划设计的地面模型。

菜单命令：三维建模→造型对象→等高建模（DGJM）

在执行本命令前，应先绘出全部的闭合等高线，移动这些等高线到其相应的高度位置，可以使用【移位】命令或 Move 命令完成等高线 z 标高的设置，如图 16-1-6 所示。

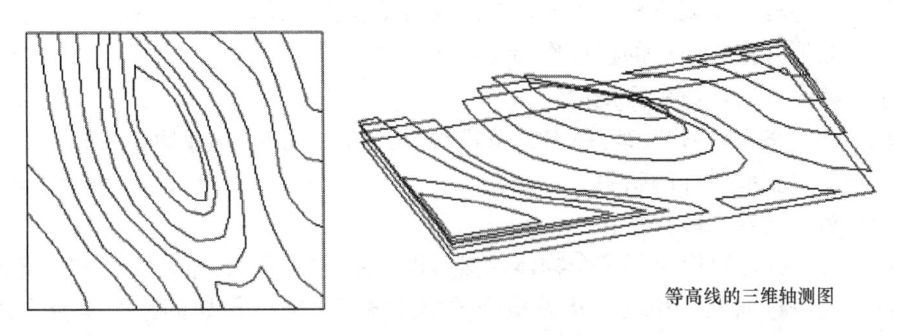

图 16-1-6　等高建模实例

单击菜单命令后，命令行提示：

请选取闭合曲线<退出>：选取已经给出高度作地面模型等高线的多个闭合 PLINE

系统随即绘制出基于该等高线的三维地面模型，目前地面模型的光滑程度还有待改善。

16.1.6　栏杆库

本命令从通用图库的栏杆单元库中调出栏杆单元，以便编辑后进行排列生成栏杆。

菜单命令：三维建模→造型对象→栏杆库（LGK）

单击菜单命令后，显示如图 16-1-7 所示栏杆单元图库对话框。

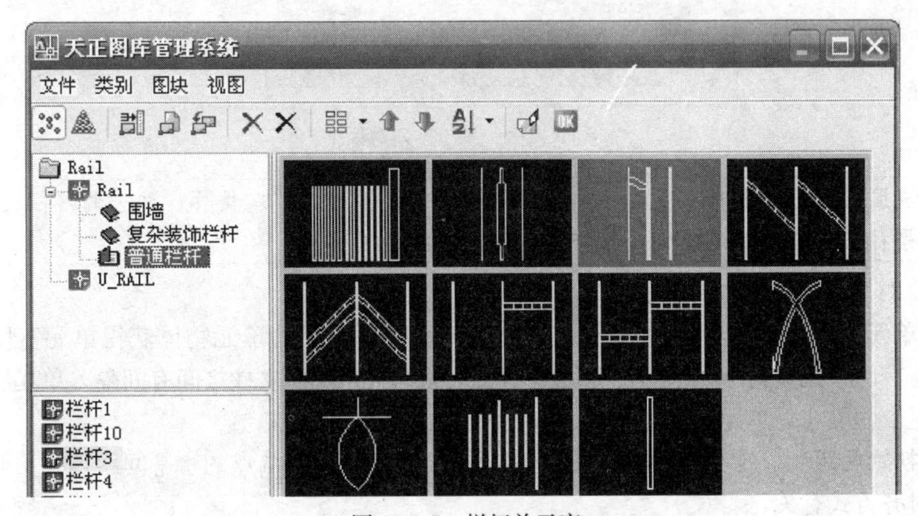

图 16-1-7　栏杆单元库

注意插入的栏杆单元是平面视图，而图库中显示的侧视图是为增强识别性重制的。

16.1.7　路径排列

本命令沿着路径排列生成指定间距的图块对象，本命令常用于生成楼梯栏杆，但是功能不仅仅限于此，故没有命名为栏杆命令。

菜单命令：三维建模→造型对象→路径排列（LJPL）

在使用本命令前请确认图上有作为路径的曲线或者楼梯扶手，还要有用于排列的单元图块，例如从栏杆库中调出栏杆单元，并用【对象编辑】设置好单元图块的尺寸，或者按例图先使用矩形并指定厚度的栏杆作为排列单元。

单击菜单命令后，命令行提示：

请选择作为路径的曲线(线/弧/圆/多段线)或可绑定对象(路径曲面/扶手/坡屋顶)：

选取要生成栏杆的扶手

选择作为排列单元的对象：

选取栏杆单元时可以选择多个物体，然后进入路径排列对话框，如图 16-1-8 所示。

在其中已经选取栏杆单元，接着检查“单元宽度”及“初始间距”是否合适，单击“确定”按钮完成栏杆的创建。

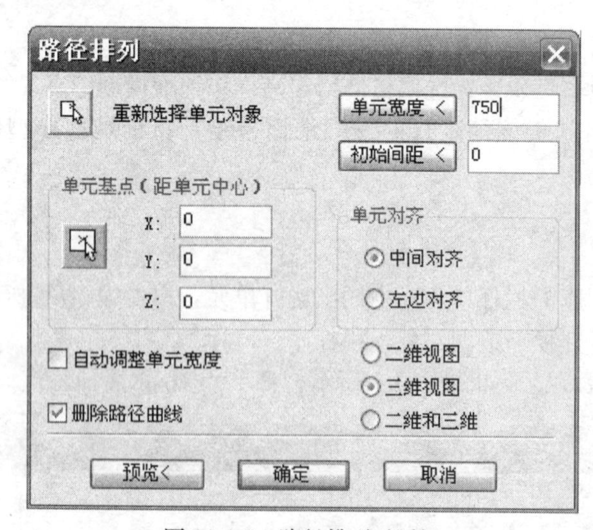

图 16-1-8 路径排列对话框

> **注意：**绘制路径时一定要按照实际走向进行，如作为单跑楼梯，扶手的路径就一定要在楼梯一侧从下而上绘制，栏杆单元的对齐才能起作用。

对话框控件的功能说明

[单元宽度<] 排列物体时的单元宽度，由刚才选中的单元物体获得单元宽度的初值，但有时单元宽与单元物体的宽度是不一致的，例如栏杆立柱之间有间隔，单元物体宽加上这个间隔才是单元宽度。

[初始间距<] 栏杆沿路径生成时，第一个单元与起始端点的水平间距，初始间距与单元对齐方式有关。

[中间对齐] 和 **[左边对齐]** 参见图 16-1-9 所示单元对齐的两种不同方式，栏杆单元从路径生成方向起始端起排列。

[单元基点] 是用于排列的基准点，默认是单元中点，可取点重新确定；重新定义基点时，为准确捕捉，最好在二维视图中点取。

[二维视图] 通常生成后的栏杆属于纯三维对象，不提供二维视图；如果需要在二维

视图，则使本选项被选择。

[**预览**<] 参数输入后可以单击预览键，在三维视口获得预览效果，这时注意在二维视口中是没有显示的，所以事先应该设置好视口环境，以确认键执行。

程序在插入排列单元时，可以自动调整单元的宽度，以便充满路径，取得比较好的三维效果。单元间距取栏杆单元的宽度，而不能仅仅是栏杆立柱的尺寸，如图 16-1-9 所示的单元间距就是两组立柱之间（包括柱间空白处）的距离。

对齐方式的实例说明

从栏杆图库插入两个矩形栏杆柱，分解为多段线后用作栏杆单元（斜向的栏杆按扶手创建），按 Ctrl+1 在对象特性栏中改厚度为 850。

图 16-1-9 为左边对齐。

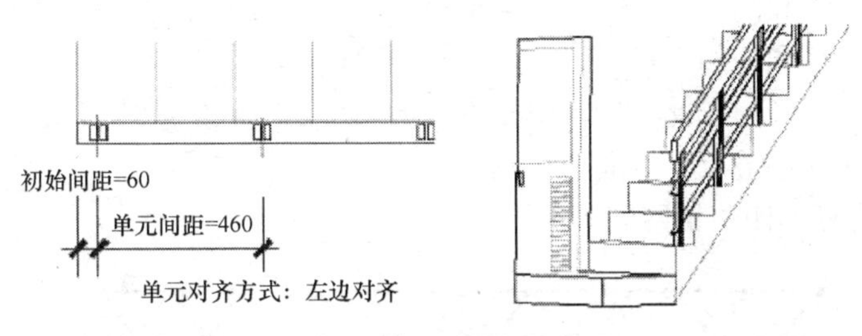

图 16-1-9 左边对齐的实例

图 16-1-10 为中间对齐。

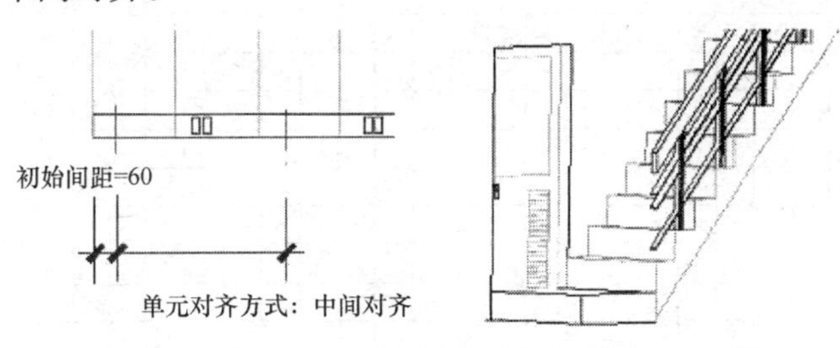

图 16-1-10 中间边对齐的实例

排列单元（栏杆）的对象编辑方法如下。

选取栏杆后单击鼠标右键，选取【对象编辑】命令，命令行提示有两种情况。

1. 当栏杆绑定在其他提供路径对象上时

单元宽[W]/单元对齐[R]/单元自调[F]/初始间距[H]/上下移动[M]/二维视图[V]/<退出>：

2. 当栏杆拥有独立的路径时

加顶点[A]/减顶点[D]/设顶点[S]/单元宽[W]/单元对齐[R]/单元自调[F]/初始间距[H]/上下移动[M]/二维视图[V]/<退出>：

键入关键字即执行相应的命令，通过上下移动可以使栏杆单元改变标高，以便其与扶手更好地衔接。

16.1.8 三维网架

本命令把沿着网架杆件中心绘制的一组空间关联直线转换为有球节点的等直径空间钢

管网架三维模型，在平面图上只能看到杆件中心线。

菜单命令：三维建模→造型对象→三维网架(SWWJ)

单击菜单命令后，命令行提示：

选择直线或多段线：选取已有的杆件中心线

选择直线或多段线：回车退出选取，进入如图16-1-11 所示对话框设置参数

图 16-1-11 网架设计对话框

单击“确定”，开始创建三维网架，如图 16-1-11 所示。

对话框控件的功能说明

［**网架图层**］ 球和网架所在图层，如果材质不同，需单独定义两者的图层以便渲染。

［**网架参数**］ 球和杆的直径。

［**单甩节点加球**］ 勾选此项后，单根直线的两个端点也生成球节点。去除勾选，系统只在两根以上直线交汇节点处生成球节点。

图 16-1-12 为矩形四角锥网架实例。

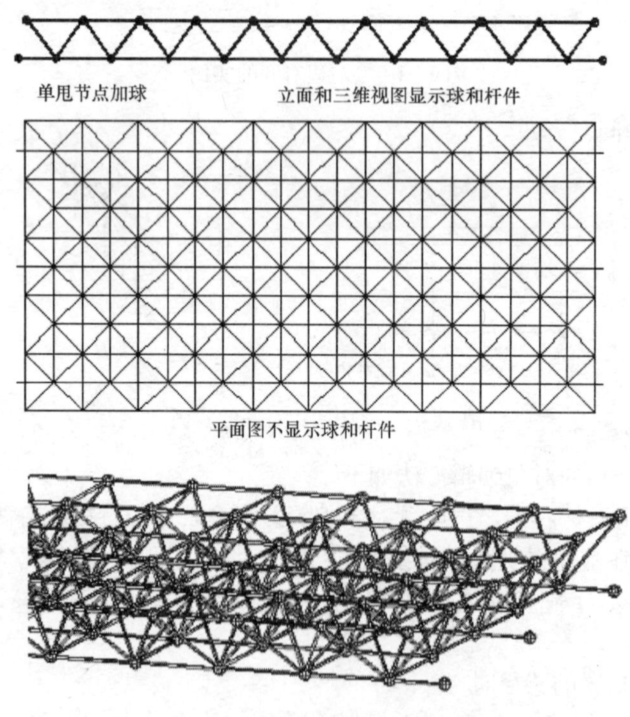

图 16-1-12 矩形四角锥网架实例

> **注意**：本命令生成的空间网架模型不能指定逐个杆件与球节点的直径和厚度。

16.2 体量建模工具

以下内容适用于 AutoCAD2000～2006 平台，由于 AutoCAD2007 以上版本提供了更

先进的参数化三维建模工具，在该平台下直接使用 AutoCAD 建模功能，取消以下的体量建模子菜单；AutoCAD 的实体对象 3dsolid 在日照分析中可以直接作为遮挡物使用。

16.2.1　基本形体

本命令基于 10 种基本形体（长方体、圆锥体、圆柱体、球体、圆环体和楔体等）创建参数化实体。

菜单命令：三维建模→体量建模→基本形体（JBXT）

单击菜单命令后，首先显示最常用的长方体对话框，其他基本形体从对话框下的图标工具栏选取，各对话框的功能分别说明如下：

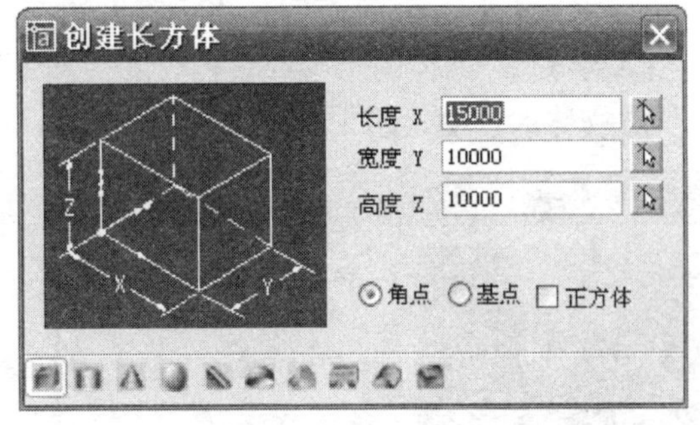

图 16-2-1　创建长方体

长方体的创建（图 16-2-1）

［**正方体**］　勾选此复选框，表示强制以 x 长度为边长定义一个正方体，此时参数："宽度 y、高度 z" 不可用。

［**角点/基点**］　两个互锁按钮决定长方体的插入基点，角点是长方体底面的左下角点，基点是长方体底面的中点。

［**长/宽/高**］　长方体沿 $X/Y/Z$ 方向的边长。单击右侧按钮，可进入屏幕取两点获得长度。

圆柱体的创建（图 16-2-2）

［**椭圆体**］　勾选此复选框，表示当前图形定义的是椭圆体参数。此时，"y 半轴" 变成可用参数。

［**半径/直径**］　互锁按钮，决定输入的参数 x、y 为半径还是直径。

［**X 半轴**］　圆柱体的半径或直径长度，选中直径时显示为 "x 轴"。当椭圆体选项选中后，表示椭圆体 x 方向长度。

［**Y 半轴**］　椭圆体的 y 方向长度，选中直径时显示为 "y 轴"。

［**高度**］　圆柱的高度。

圆台体的创建（图 16-2-3）

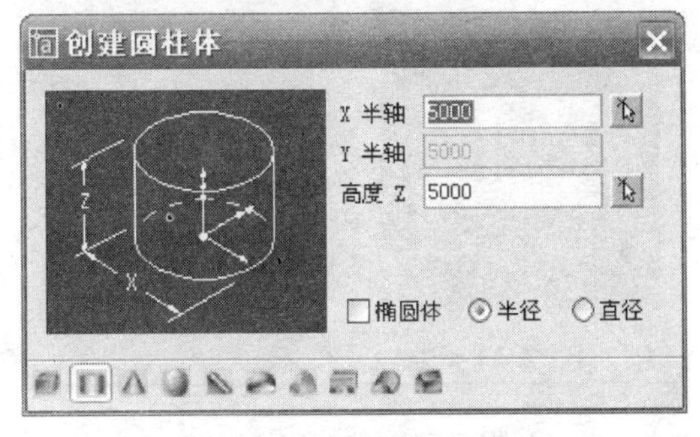

图 16-2-2　创建圆柱体

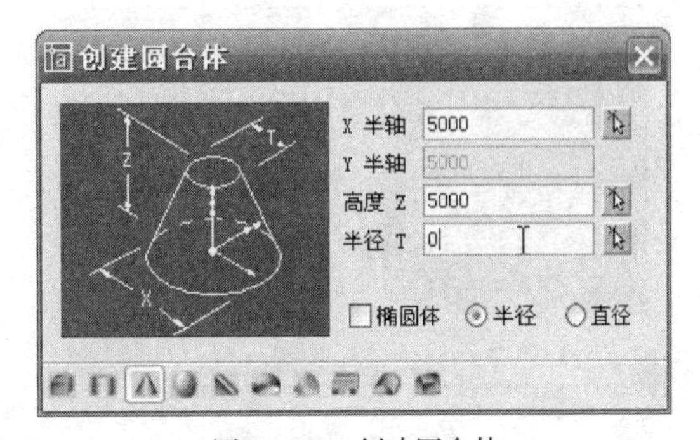

图 16-2-3　创建圆台体

［**椭圆体**］　勾选此复选框，表示当前图形定义的是椭圆台体参数。此时参数："y 半轴" 变成可用。

［**半径/直径**］ 互锁按钮，决定输入的参数 x、y 为半径还是直径。

［**X 半轴**］ 圆柱体的半径或直径长度，选中直径时显示为“x 轴”。当椭圆体选项选中后，表示椭圆体 x 方向长度。

［**Y 半轴**］ 椭圆台体的 y 方向长度，选中直径时显示为“y 轴”。

［**半径 T**］ 圆台体顶面的半径或直径长度，选中直径时显示为“直径 T”。当椭圆台体选项选中后，表示椭圆台体顶面 x 方向长度。

［**高度 H**］ 圆台体的高度。

球体的创建（图 16-2-4）

［**半径/直径**］ 互锁按钮，决定输入的参数 x 为半径还是直径。

［**X 半轴**］ 球体的半径或直径长度，选中直径时显示为“x 轴”。

楔体的创建（图 16-2-5）

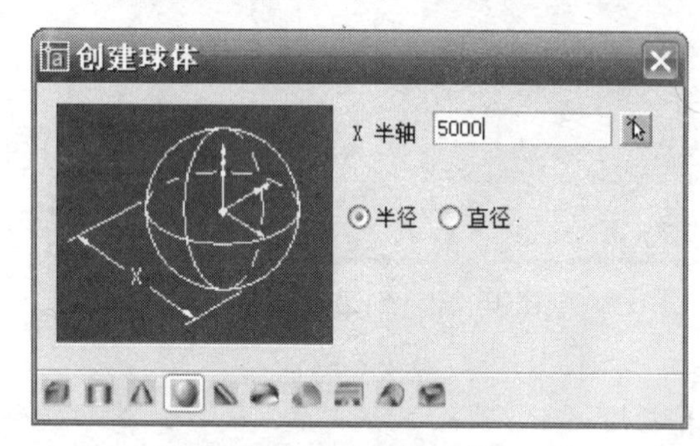

图 16-2-4　创建球体

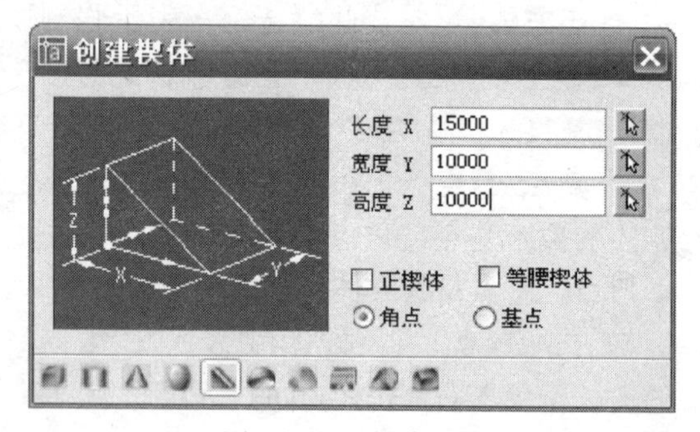

图 16-2-5　创建楔体

［**正楔体**］ 勾选表示当前图形定义的是正楔体参数。

［**等腰楔体**］ 勾选表示当前图形定义的是等腰楔体参数。

［**长/宽/高**］ 楔体三个坐标方向上的长度。

［**角点/基点**］ 互锁按钮，决定楔体的插入基点。

球缺体的创建（图 16-2-6）

［**宽度/高度**］ 球缺直径与球缺高度。

四棱锥的创建（图 16-2-7）

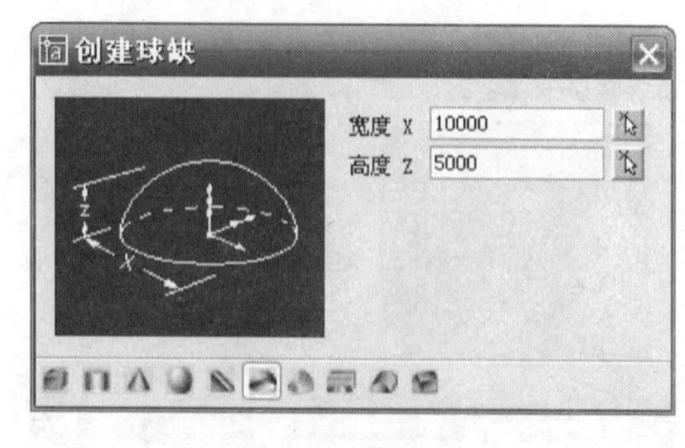

图 16-2-6　创建球缺体

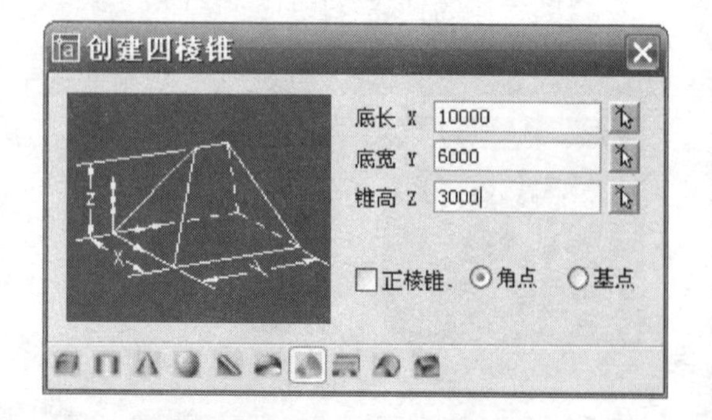

图 16-2-7　创建四棱锥体

［**正棱锥**］ 勾选表示当前图形定义的是正四棱锥参数。

［**角点/基点**］ 互锁按钮，决定四棱锥体的插入基点，角点是四棱锥体底面的左下角

点，基点是四棱锥体底面的中点。

[**底长 X/底宽 Y/锥高 Z**]　四棱锥体三个坐标方向上的长度。

桥拱体的创建（图 16-2-8）

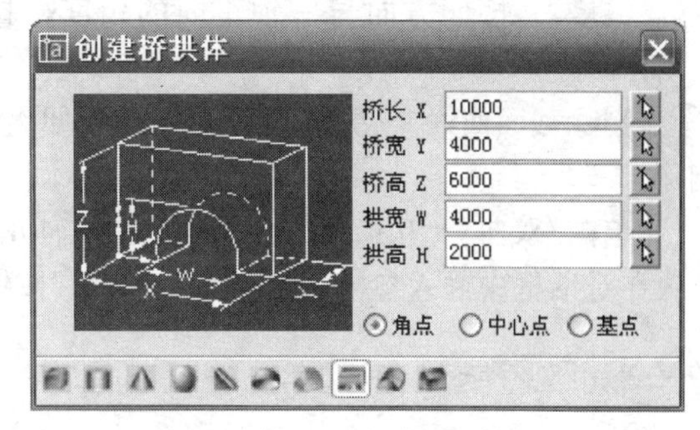

图 16-2-8　创建桥拱体

[**角点/中心点/基点**]　互锁按钮，决定桥拱体的插入基点，角点是桥拱体底面的左下角点，中心点是桥拱体底面的中点，基点是指桥拱侧面中心点。

[**桥长 X/桥宽 Y/桥高 Z**]　桥拱体三个坐标方向上的长度。

[**拱宽 W/拱高 H**]　桥拱体的洞口宽度 W 和高度 H。

圆拱体的创建（图 16-2-9）

[**角点/中心点/基点**]　互锁按钮，决定圆拱体的插入基点，角点是圆拱体底面的左下角点，中心点是圆拱体底面的中点，基点是指圆拱体侧面中心点。

[**拱宽 X/拱长 Y**]　圆拱体 x、y 坐标方向上的长度。

[**拱高 Z**]　圆拱体的高度。

山墙体的创建（图 16-2-10）

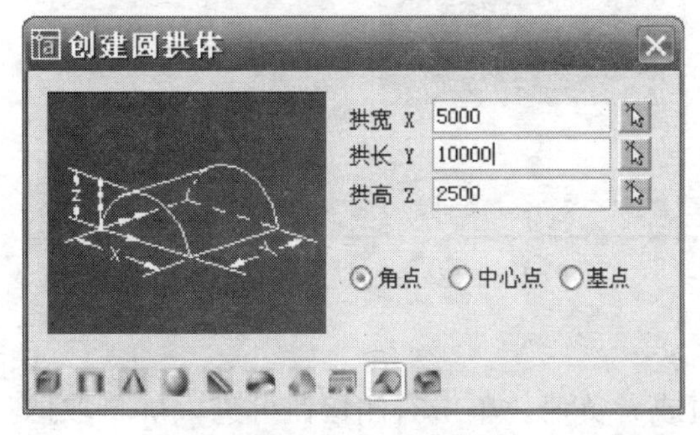

图 16-2-9　创建圆拱体

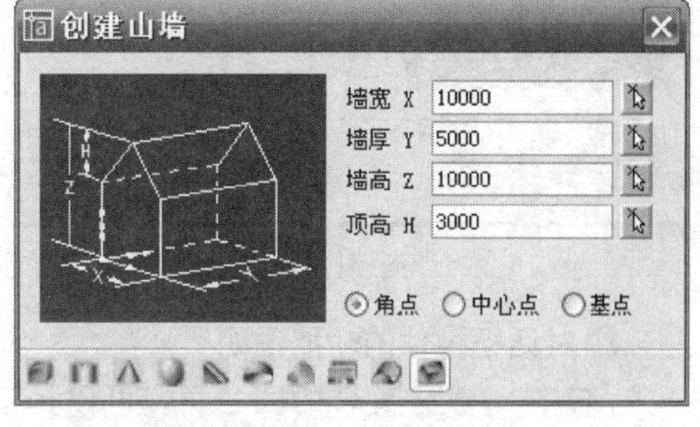

图 16-2-10　创建山墙

[**角点/中心点/基点**]　互锁按钮，决定山墙体的插入基点，角点是山墙体底面的左下角点，中心点是山墙体底面的中点，基点是指山墙体侧面中心点。

[**墙宽 X/墙厚 Y**]　山墙体 x、y 坐标方向上的长度。

[**墙高 Z/顶高 H**]　山墙体的整体高度和山墙体中坡顶部分的高度。

16.2.2　截面拉伸

本命令通过拉伸闭合截面的方式创建实体。

菜单命令：三维建模→体量建模→截面拉伸（JMLS）

单击菜单命令后，命令行提示：

请选择拉伸截面曲线：依命令行提示选取闭合的拉伸截面曲线

请选择拉伸截面曲线：回车结束选择，显示对话框如图 16-2-11 所示

对话框控件的功能说明

[**高度**]　拉伸形成实体的高度。

[**锥度**]　拉伸方向与 z 轴正向的角度，起点到终点的延伸方向角度就是所获得的角度。

[**删除截面曲线**]　决定是否在完成拉伸生成实体后把定义实体形状的闭合截面曲线删除。

[**单向/双向**]　互锁按钮分别表示沿 z 轴正向创建实体和沿 z 轴正负双向创建实体。

在对话框中输入参数后，单击“确定”按钮完成命令，创建拉伸实体。

16.2.3　截面旋转

本命令通过使闭合截面曲线绕某个固定轴旋转创建环形、盘形实体。

菜单命令：三维建模→体量建模→截面旋转（JMXZ）

单击菜单命令后，命令行提示：

请选择旋转截面曲线：选取闭合的旋转截面曲线

请选择旋转截面曲线：回车退出选择，显示对话框如图 16-2-12 所示

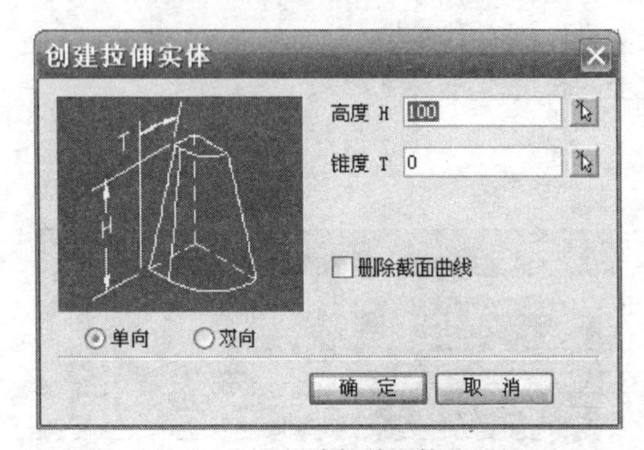

图 16-2-11　创建拉伸实体对话框

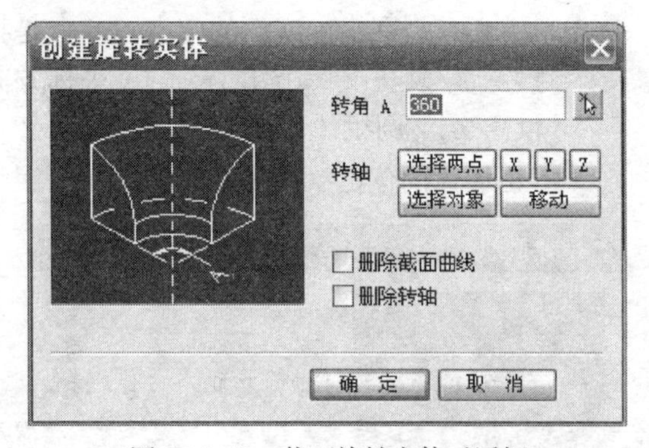

图 16-2-12　截面旋转实体对话框

对话框控件的功能说明

[**转角**]　实体旋转的圆心角，可以是正值或者负值。单击右侧按钮可进入屏幕取两点，起点到终点的延伸方向就是转轴方向。

[**选择两点**]　在图上取两点定义转轴方向，起点和终点的延伸方向决定了旋转的方向。

[**X/Y/Z**]　取坐标轴定义转轴方向。

[**移动对象**]　移动转轴位置（已选择有效转轴时起作用）。

[**删除截面曲线**]　决定是否在完成旋转生成实体后把闭合截面曲线删除。

在对话框中输入参数后，单击“确定”按钮完成命令，图 16-2-13 是实体旋转生成方向的规则。

16.2.4　截面放样

本命令通过使闭合截面曲线沿放样路径曲线扫描创建实体，要求截面必须是闭合曲线（多段线）、圆、椭圆、闭合矩形。除了椭圆外，程序可以自动求得这些闭合曲线的中心，以中心对齐路径曲线进行放样。

菜单命令：三维建模→体量建模→截面放样（JMFY）

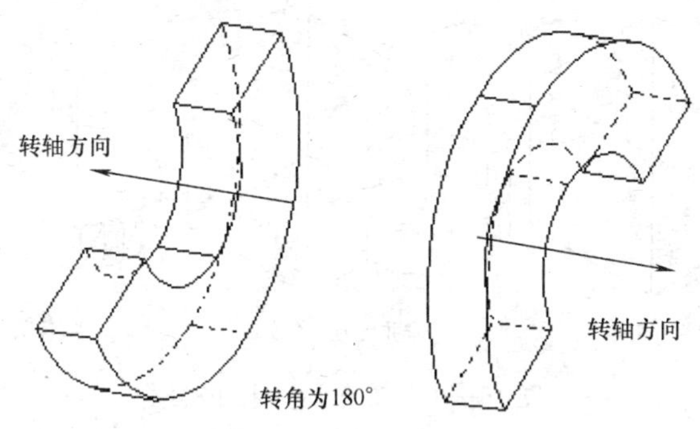

图 16-2-13　实体与旋转轴方向的关系

单击菜单命令后，命令行提示：

请选择放样路径曲线：点取图形上已有的放样路径曲线，可以同时选择多根路径曲线

出现对话框交互界面，由于截面对象还没有选定，上面显示警告标志，如图 16-2-14 所示。

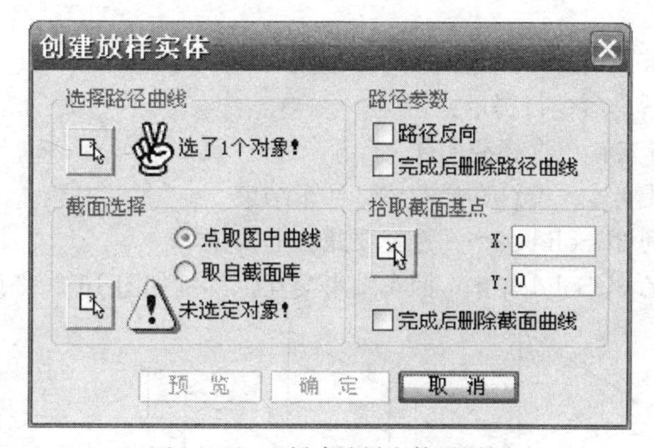

图 16-2-14　创建放样实体对话框

它的使用和功能与【路径曲面】命令完全相同，只是截面放样的结果是 3DSolid 实体，而路径曲面是基于面的三维对象。

16.2.5　布尔并集

类似于 AutoCAD 中的实体并集 UNION 操作，适用于合并天正创建的基本体量元素，创建组合实体，此命令附带天正定义的内部数据，便于合并后的组合实体进行对象编辑处理；如果多个实体在几何上有部分重叠的关系，求并集后获得的组合实体保留有源实体相交处的相贯线；如果多个实体没有任何部分存在几何重叠关系，执行结果会使这几个实体逻辑上形成类似图块（Block）的同一个对象。

菜单命令：三维建模→体量建模→布尔并集（BRBJ）

单击菜单命令后，命令行提示：

请选择 3DSolid 实体：选择两个有重叠关系的实体

请选择 3DSolid 实体：继续选择实体

请选择 3DSolid 实体：回车结束交互，实例如图 16-2-15 所示

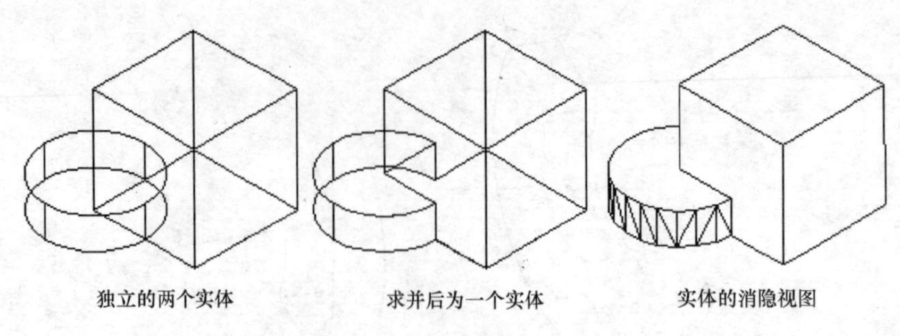

图 16-2-15　布尔运算求并实例

16.2.6　布尔差集

类似于 AutoCAD 中的实体差集（SUTRACT）操作，适用于对天正创建的基本体量元素求差，创建组合实体。此命令附带天正定义的内部数据，便于求交后的组合实体进行对象编辑处理。如果参加操作的多个体量元素有几何重叠部分，才能获得有意义的求差结果。

菜单命令：三维建模→体量建模→布尔差集（BRCJ）

单击菜单命令后，命令行提示：

请选择 3DSolid 实体：选择源实体

请选择 3DSolid 实体：继续选择实体，回车结束

请选择要减去的 3DSolid 实体：选择要减去的实体

请选择要减去的 3DSolid 实体：回车结束交互，实例如图 16-2-16 所示。

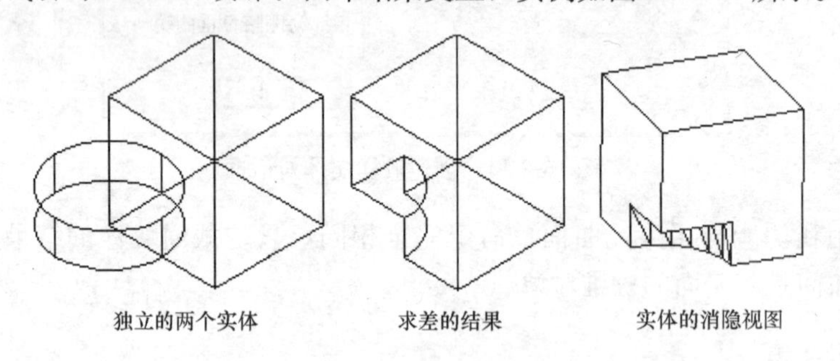

图 16-2-16　布尔运算求差实例

16.2.7　布尔交集

类似于 AutoCAD 中的实体交集（INTERSECT）操作，适用于对天正创建的基本体量元素求交，创建组合实体。此命令附带天正定义的内部数据，便于求交后的组合实体进行对象编辑处理。参与运算的实体要有部分几何重叠关系，才能获得有意义的组合实体。

菜单命令：三维建模→体量建模→布尔交集（BRJJ）

单击菜单命令后，命令行提示：

请选择 3DSolid 实体：选择两个有重叠关系的实体

请选择 3DSolid 实体：继续选择实体，回车结束

请选择 3DSolid 实体：回车结束交互，实例如图 16-2-17 所示。

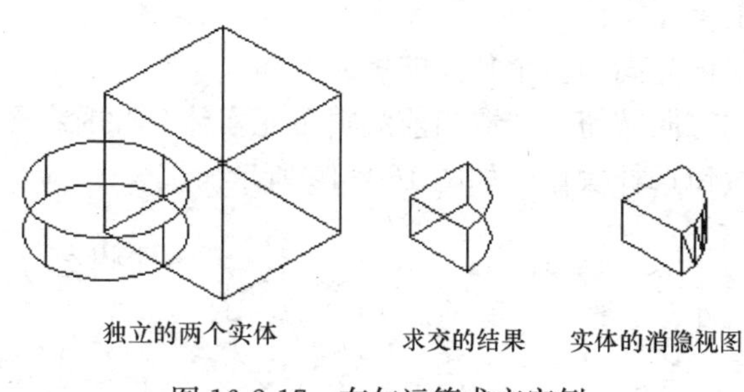

图 16-2-17　布尔运算求交实例

16.2.8　编辑实体

本命令进行实体编辑，包括修改实体参数，控制实体外形。基本形体的编辑对话框中各控件和参数意义与创建该类形体时的对话框相同，用户可以对其中的各个参数进行修改，具体操作不再详述。编辑复合实体时，用户可以顺序选择组成复合实体的单个实体，对其进行参数编辑。

菜单命令：三维建模→体量建模→编辑实体（BJST）

单击菜单命令后，命令行提示：

请选择要编辑的实体：选择复合实体后，系统显示对话框如图 16-2-18 所示。

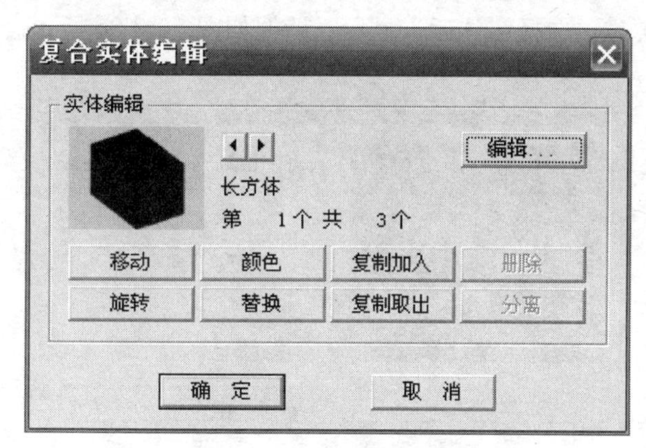

图 16-2-18　复合实体编辑对话框

对话框控件的功能说明

[←→]　顺序选择组成复合实体的单元实体对象，使其成为当前被编辑对象。

[编辑]　进入此单元实体编辑对话框，编辑当前选择的单元实体。

[移动]　临时分离当前单元实体，移动单元实体，改变单元实体在复合实体中的位置。

[旋转]　临时分离当前单元实体，使单元实体绕某点旋转，从而改变单元实体在复合实体中的位置。

[颜色]　改变当前单元实体的颜色。

[替换]　选择某个实体替换当前单元实体。

[复制加入]　临时分离当前单元实体，复制后的实体属于复合实体。

[复制取出]　临时分离当前单元实体，复制后的实体是独立的实体。

［**删除**］ 删除当前单元实体。

［**分离**］ 把复合实体分离为多个独立的单元实体。

先单击对话框中的方向按钮，选取当前编辑单元实体，此时在图形中可以看到该实体亮显，然后单击功能按钮选择操作，如图 16-2-19 所示。

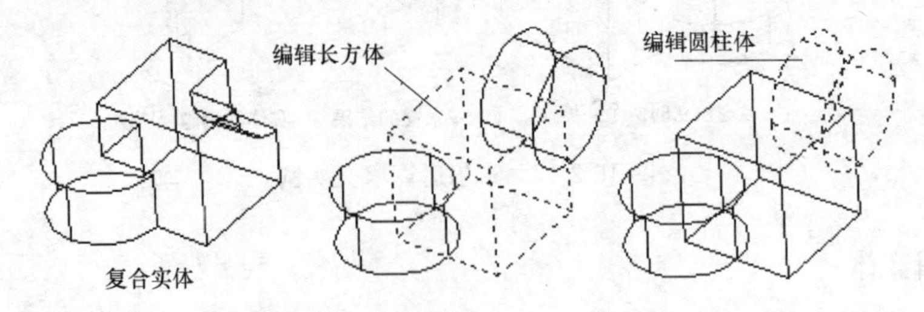

图 16-2-19　复合实体的编辑实例

16.2.9　实体切割

本命令沿某个切割面把实体切割为两部分，用户可以选择保留其中任意一侧，也可以把切割面的两侧实体全部保留，切割面可以通过两点或三点来确定。

菜单命令：三维建模→体量建模→实体切割（STQG）

单击菜单命令后，命令行提示：

选择要切割的实体：选择实体后，显示对话框如图 16-2-20 所示。

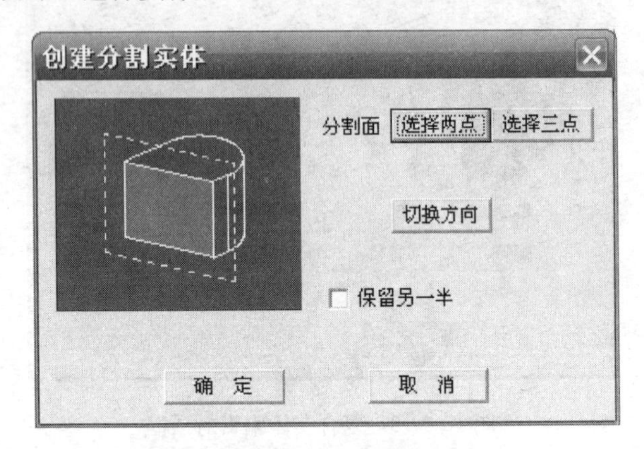

图 16-2-20　实体切割的对话框

对话框控件的功能说明

［**选择两点<**］ 在平面上由两点方向定义一个垂直切割面，该两点是存在这个垂直面内的点。

［**选择三点<**］ 三点在空间上定义一个任意方向切割面，第三点也要求是存在这个空间面上的一点。

［**切换方向**］ 定义保留的实体方向。

［**保留另一半**］ 切割面两侧的实体都给予保留。

先选择单击“选择两点”或者“选择三点”进入图形中定义切割面，然后按需要单击方向切换按钮，最后单击“确定”完成实体切割，如图 16-2-21 所示。

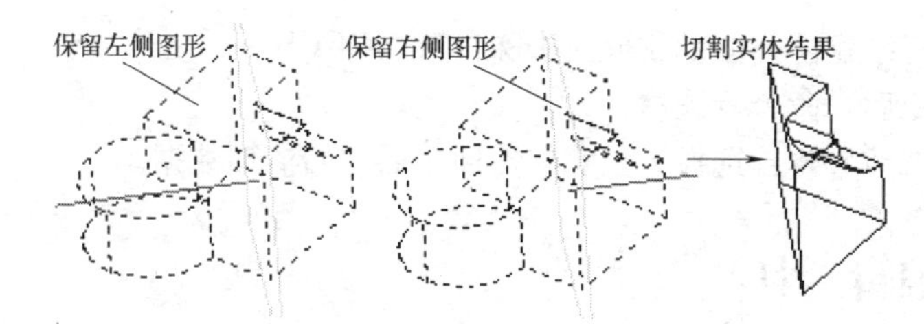

图 16-2-21　复合实体的切割实例

16.2.10　分离最近

本命令把最近一次进行的布尔运算撤销，并把最近一次布尔运算中参与运算的各实体分离；如执行分割实体后执行，会恢复被分割的实体，同时把原来舍弃的部分分离。

菜单命令：三维建模→体量建模→分离最近（FLZJ）

单击菜单命令后，命令行提示：

请选择要分解的实体：选择实体后，实体分解为两部分

本例中的复合实体由立方体与圆柱体求并后，减去一个圆柱体创建而成，在分离最近命令执行后，最后参与运算的圆柱体被分离，如图 16-2-22 所示。

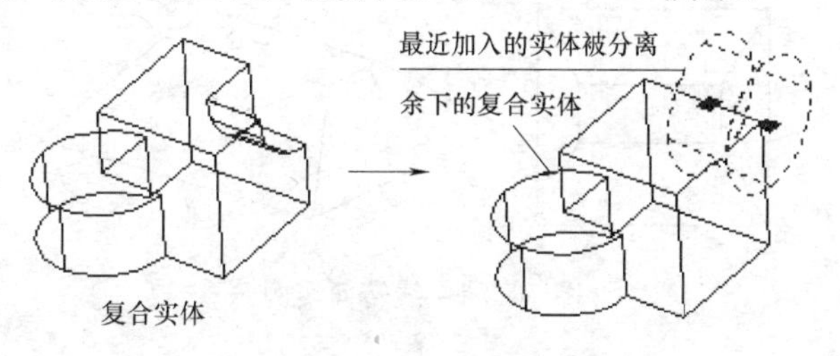

图 16-2-22　复合实体的分离最近

16.2.11　完全分离

本命令用来编辑复合实体，把所有布尔运算中参与运算的各实体分离为独立实体。

菜单命令：三维建模→体量建模→完全分离（WQFL）

单击菜单命令后，命令行提示：

请选择要分解的实体：选择实体后实体分解为单元实体，如图 16-2-23 所示。

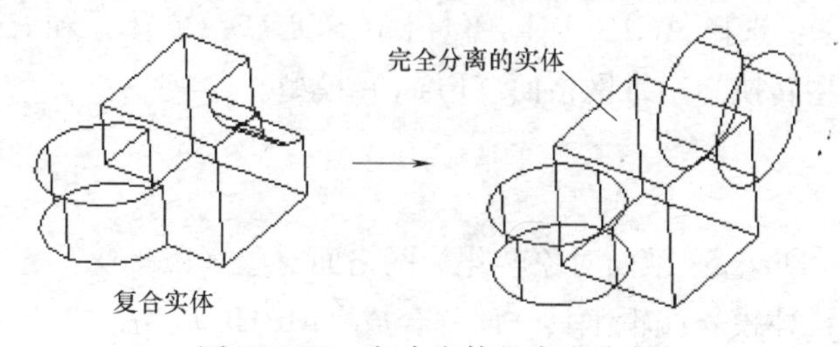

图 16-2-23　复合实体的完全分离

16.2.12　去除参数

编辑天正体量元素和复合实体，把附加的数据去除，成为 AutoCAD 的 ACIS 实体。

菜单命令：三维建模→体量建模→去除参数（QCCS）

单击菜单命令后，命令行提示：

请选择要清理的实体：选择天正实体，回车后开始清理数据。

16.3 三维编辑工具

16.3.1 线转面

本命令根据由线构成的二维视图生成三维网格面（Pface）。

菜单命令：三维建模→编辑工具→线转面（XZM）

单击菜单命令后，命令行提示：

选择构成面的边(LINE/PLINE)：选择代表网格面的各边

是否删除原始的边线？(Y/N)[Y]：生成三维网格面后，是否删除原来的线

随即将由线构成的二维图形转换为三维网格面（Pface）模型。这时，网格面还是压扁的模型，通过特性编辑可以更改其顶点坐标，完成最终的三维形体模型。

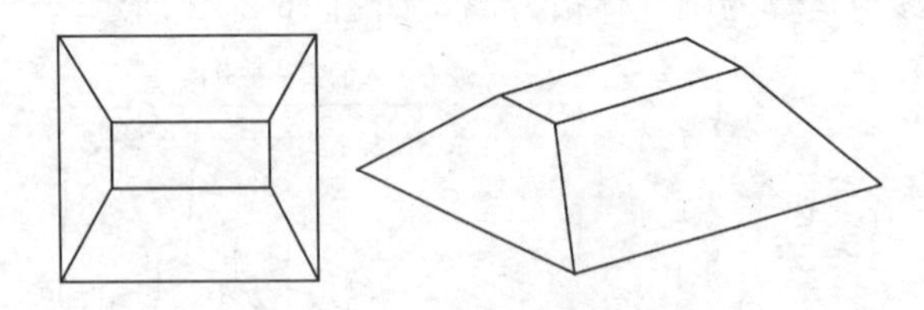

图 16-3-1 线转面实例

图 16-3-1 左是由二维线构成的屋顶的二维视图，图 16-3-1 右是转换为面并设置顶点坐标后的三维屋顶模型。

16.3.2 实体转面

本命令用于将 AutoCAD 的三维实体（ACIS）转化为网格面对象（Pface）。

菜单命令：三维建模→编辑工具→实体转面（STZM）

单击菜单命令后，命令行提示：

选择 ACIS 对象：选择 *ACIS* 实体，包括 3*DSOLID*（实体）和 *REGION*（面域）

随即将实体模型转换为三维网格面（Pface）模型。

16.3.3 面片合成

本命令用于将 3Dface 三维面对象转化为网格面对象（Pface）。

菜单命令：三维建模→编辑工具→面片合成（MPHC）

单击菜单命令后，命令行提示：

选择三维面(3DFACE)：可以使用各种选择方式选择多个三维面对象

随即将三维面对象模型转换为三维网格面对象模型，如果选择集中包括了邻接的三维面，命令可以将它们合成一个更大的三维网格面，但仍保持原三维面边的可见性，不会自

动隐藏内部边界线，如图 16-3-2 所示。本命令把零散的三维面组合成为一个网格面对象，以方便操作。

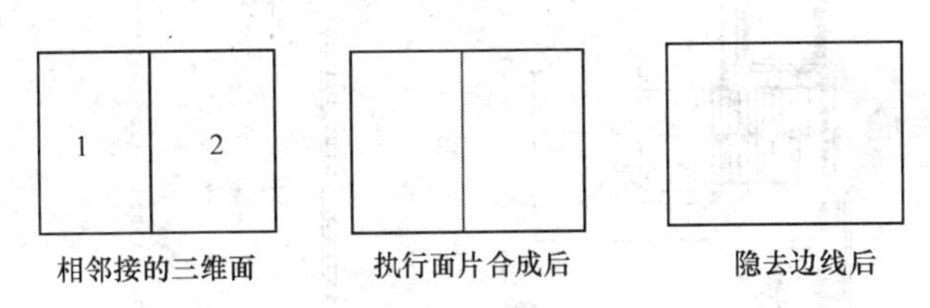

图 16-3-2　面片合成与隐去边线

> **注意：**本命令只识别三维面，无法将三维面与网格面进行合并。

16.3.4　隐去边线

本命令用于将三维面对象（3DFace）与网格面对象（Pface）的指定边线变为不可见，如图 16-3-2 所示。

菜单命令：三维建模→编辑工具→隐去边线（YQBX）

单击菜单命令后，命令行提示：

点取 3DFace 或 PFace 的边：这时点取需要隐去的边界，当点取到多个对象时会提示

是否为该对象？(Y/N)[Y]：请您逐个确认后执行命令

在稍为复杂的图形中，几个三维面的边界常常是共线的，这时相邻的两个对象要都选上，它们的边界才能隐去。

16.3.5　三维切割

本命令可切割任何三维模型，而不是仅仅切割 SOLID 实体模型，可以在任意 UCS 下切割（如立面 UCS 下），便于生成剖透视模型。切割后生成两个结果图块，方便用户移动或删除，使用的是面模型，分解（EXPLODE）后全部是 3DFACE。切割处自动加封闭的红色面。

菜单命令：三维建模→编辑工具→三维切割（SWQG）

单击菜单命令后，命令行提示：

请选择需要剖切的三维对象：给出第一点

请选择需要剖切的三维对象：给出对角点指定图形范围

选择切割直线起点或[多段线切割(D)]＜退出＞：给出起点

选择切割直线终点＜退出＞：给出终点，两点连线为剖切线或者键入 D 选择已有多段线。

三维切割工程实例

本命令以两点确定的垂直面将选定的对象切割成为两部分，如图 16-3-3 所示。

三维切割从 6.5 版本后得到扩展，可用于为特殊的剖透视渲染建立三维模型的情况，如图所示的模型生成后，以本命令进行剖切，生成其中一部分的三维剖面模型图块后，可以转换视角，形成剖透视图。

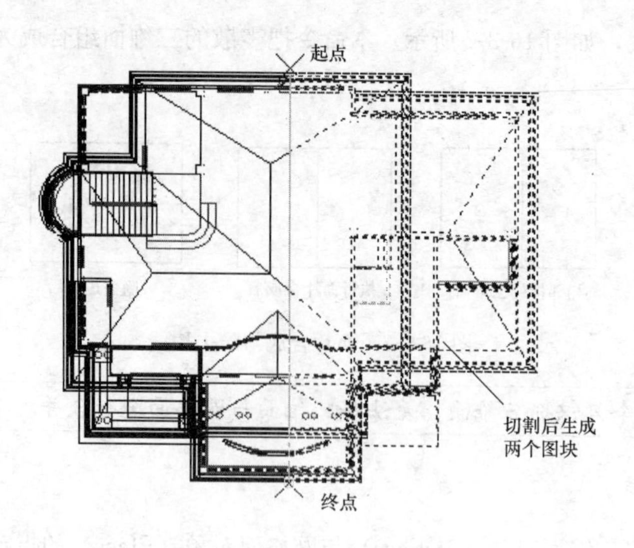

图 16-3-3 三维切割示意图

其中剖面会自动使用暗红色面填充，图 16-3-4 为利用剖切后的模型创建三维剖透视图。

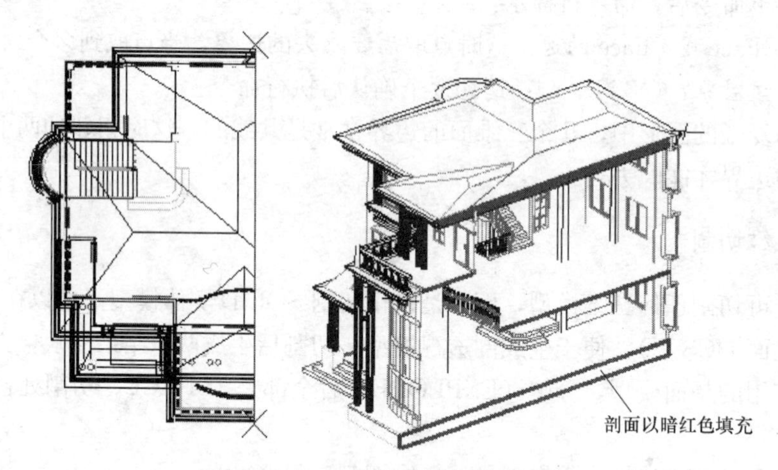

图 16-3-4 三维切割创建剖透视图

16.3.6 厚线变面

本命令将有厚度的线、弧、多段线对象按照厚度转化为网格面（PFace）。

菜单命令：三维建模→编辑工具→厚线变面（HXBM）

单击菜单命令后，命令行提示：

选择有厚度的曲线：点取要转换的对象，可以一次选择多个对象一起转换

选择有厚度的曲线 <退出>：回车结束选择

在转换圆弧或者圆时，转换网格面的分弧精度由本软件的系统变量控制。进入“天正基本设定”页面可进行分弧精度的设置。在转换多段线时，命令按照多段线的宽度进行立面的转换，然后自动加上顶面和底面，整体生成一个网格面对象，如图 16-3-5 所示。

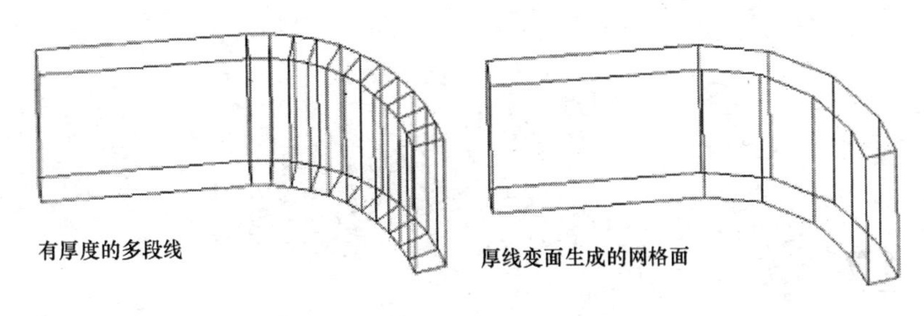

图 16-3-5　厚线变面示意图

16.3.7　线面加厚

本命令适用于 AutoCAD2000～2006 平台，为选中的闭合线和三维面沿当前坐标系的 Z 轴方向赋予厚度，生成网格面对象，用于将线段加厚为平面，三维面加厚为有顶面的多面体；在 2007 以上平台以 Extrude 命令代替本命令生成三维实体对象。

菜单命令：三维建模→编辑工具→线面加厚（XMJH）

单击菜单命令后，命令行提示：

选取要沿当前 Z 坐标方向加厚的平面或线段：

点取需要加厚的对象，允许多选，回车后显示对话框如图 16-3-6 所示

单击“确定”按钮执行命令，对多段线中的圆弧的转换处理也受上一个命令提及的“分弧精度”系统变量的控制。

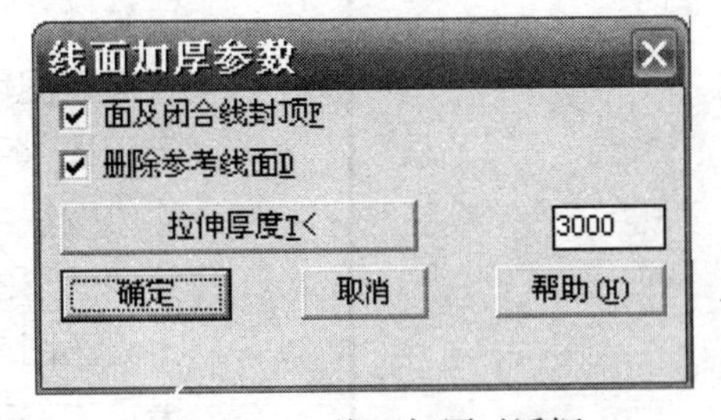

图 16-3-6　线面加厚对话框

对话框控件的功能说明

［**闭合线封顶**］　对封闭的线对象或平面对象起作用，确定在拉伸厚度后顶部加封平面。

［**删除参考线面**］　指定在拉伸加厚之后，将已有对象删除。

［**拉伸厚度<**］　键入厚度值，或从图上点取厚度值。当厚度值为负值时，可以生成凹入的图形。

第 17 章 图库与线图案

内容提要

• 天正图块的概念

天正扩展了 AutoCAD 的块参照对象，增加了夹点功能后称为天正图块。它和 AutoCAD 图块类似，但插入时不支持图块属性，可以通过拖动夹点来修改块参照的大小。

• 天正图块工具

天正提供了丰富的图块插入与修改工具，例如，修改图块名称或图块中对象的图层、替换已经插入的图块、改变图块对其他图形的遮挡关系、提取三维图块制作二维图块等功能。

• 天正图库管理

天正软件提供了开放的图库管理体系结构，图库管理系统可以同时包含由天正软件维护的系统图库和可扩展的用户图库，用户可以自行收集扩充自己的图块资源。

• 天正构件库

新增的开放构件库，类似图库管理系统，用于管理带参数和尺寸的天正自定义对象建筑构件组成的构件库，提供插入构件与构件入库、构件重制等功能。

• 天正图案工具

用户可自己绘制图案并保存入库进行填充，还提供了独特的线图案填充工具，天正图案库提供了涵盖建筑制图常用的各种图案样式，并且图案比例与国标的毫米单位相匹配。

17.1 天正图块的概念

17.1.1 天正图块的概念

天正图块是基于 AutoCAD 普通图块的自定义对象，普通天正图块的表现形式依然是块定义与块参照，“块定义”是插入到 DWG 图中，可以被多次使用的一个被“包装”过的图形组合，块定义可以有名字（有名块），也可以没有名字（匿名块），“块参照”是使用中引用“块定义”，重新指定了尺寸和位置的图块“实例”又称为“块参照”。

AutoCAD 图块可以定义为与多项文字属性特征相关联的属性图块，在 2006 以上版本还可以定义为带有不同预设参数和预设动作的动态图块，在天正软件-建筑系统中可以通过图库对以上图块进行入库，再将其按 AutoCAD 标准图块插入，可利用图块的属性和动态的特性。

图块与图库

块定义的作用范围可以在一个图形文件内有效（简称内部图块），也可以对全部文件都有效（简称外部图块）。如非特别申明，块定义一般指内部图块。外部图块就是有组织管理的 DWG 文件，通常把分类保存利用的一批 DWG 文件称为图库，把图库里面的外部图块通过命令插入图内，作为块定义，可以被参照使用；内部图块可以通过 Wblock 导出外部图块，通过图库管理程序保存称为“入库”。

天正图库以使用方式来划分，可以分为专用图库和通用图库；以物理存储和维护来划分，可以分为系统图库和用户图库，多个图块文件经过压缩打包保存为 DWB 格式文件。

专用图库：用于特定目的的图库，采用专门有针对性的方法来制作和使用图块素材，如门窗库、多视图库。

通用图库：即常规图块组成的图库。代表含义和使用目的完全取决于用户，系统并不认识这些图块的内涵。

系统图库：随软件安装提供的图库，由天正公司负责扩充和修改。

用户图库：由用户制作和收集的图库。对于用户扩充的专用图库（多视图库除外），系统给定了一个“U_”开头的名称，这些图块和专用的系统图块一起放在 DWB 文件夹下。

> **注意：** *用户图库在更新软件重新安装时不会被覆盖，但是用户为方便起见会把用户图库的内容拖到通用图库中，此时如果重装软件就应该事先备份图库。*

块参照与外部参照

块参照有多种方式，最常见的就是块插入（INSERT），如非特别申明，块参照就是指块插入。此外，还有外部参照，外部参照自动依赖于外部图块，即外部文件变化了，外部参照可以自动更新。块参照还有其他更多的形式，例如门窗对象也是一种块参照，而且它还参照了两个块定义（一个二维的块定义和一个三维的块定义）。与其他图块不同，门窗图块有自己的名称 TCH_OPENING，而且插入时门窗的尺寸受到墙对象的约束。天正图库提供了插入 AutoCAD 图块的选项，可以选择按 AutoCAD 图块的形式插入图库中保存的内容，包括 AutoCAD 的动态图块和属性图块。在插入图块时，在对话框中要选择是按天正图块还是按 AutoCAD 图块插入，如图 17-1-1 所示。

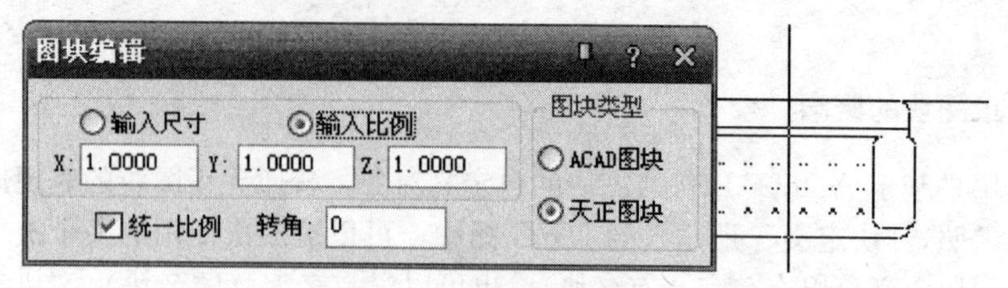

图 17-1-1　插入图块对话框

17.1.2　图块的夹点

天正图块有 5 个夹点，如图 17-1-2 所示。四角的夹点用于图块的拉伸，以实时地改变图块的大小，要精确地控制图块的大小，可通过右键菜单启动“对象编辑”或按＜TAB＞键启动“动态输入”功能实现，中间的夹点用于图块的旋转。点中任何一个夹点后，都可以通过单击＜Ctrl＞键切换夹点的操作方式，把相应的拉伸、移动操作变成以此夹点为基点的移动操作。

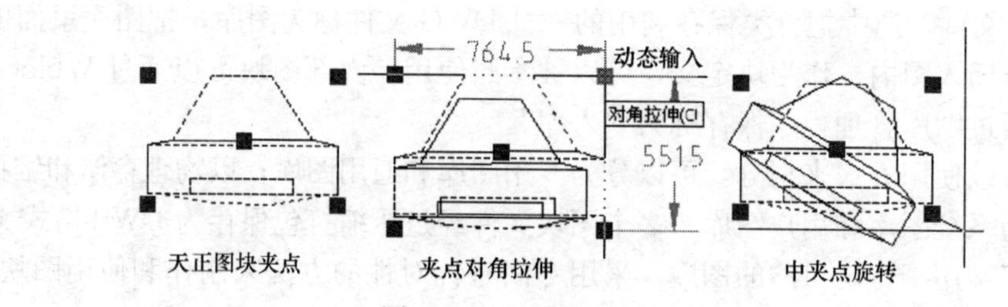

图 17-1-2　天正图块的夹点

17.1.3　图块的对象编辑

无论是天正图块还是 AutoCAD 块参照，可以通过“对象编辑”功能准确地修改尺寸大小。选中图块，右键菜单单击【对象编辑】命令，即可调出“图块编辑”对话框对图块进行编辑和修改，可选按“输入比例”修改或者按“输入尺寸”修改，单击“确定”按钮完成修改，如图 17-1-3 所示。

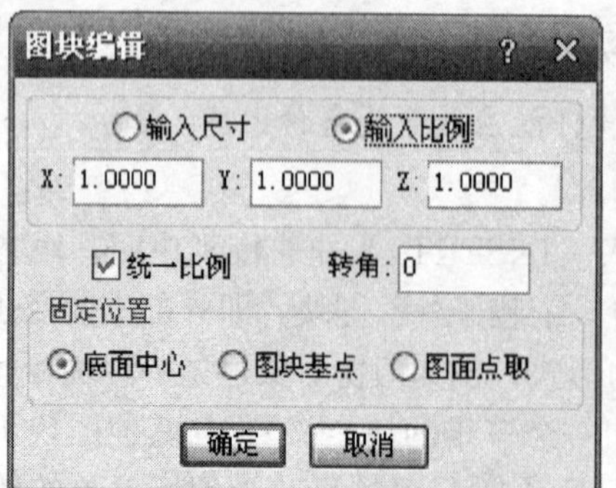

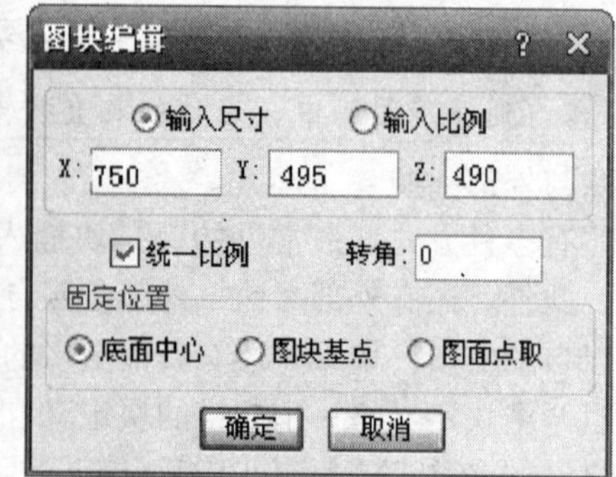

图 17-1-3　天正图块编辑对话框

如图块夹点一节所述，在本软件中，完全可以使用对角夹点，按<TAB>键激活动态输入功能，完成二维尺寸的精确修改。

17.2　天正图块工具

17.2.1　图块改层

图块内部往往包含不同的图层，在不分解图块的情况下无法更改这些图层，本命令用于修改块定义的内部图层，以便能够区分图块不同部位的性质。

菜单命令：图库图案→图块改层（TKGC）

单击菜单命令后，命令行提示：

选择要编辑的图块：选择图块回车后显示“图块图层编辑”对话框，如图 17-2-1 所示。

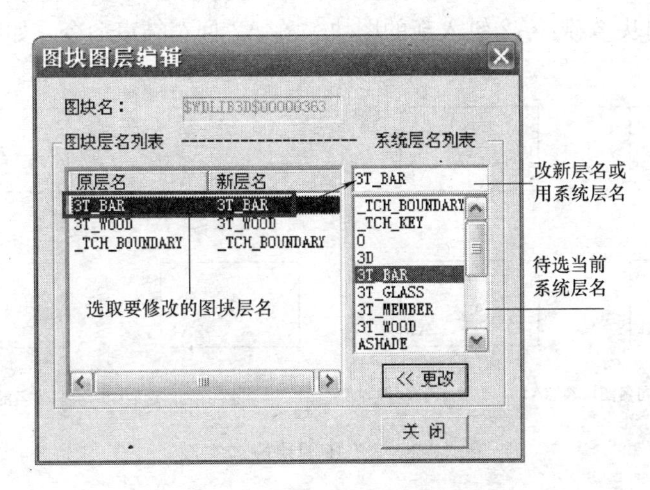

图 17-2-1　图块图层编辑对话框

操作顺序如下：

1. 选择左边列表中要修改的图层如 3T_BAR，可在系统层名列表中选择已有系统层名或新建目标层名，键入 E_0 这个新层名；

2. 单击“<<更改”按钮，即可把图层由原层名 3T _ BAR 改为新层名 E _ 0。

3. 继续更改层名，完成后单击“关闭”按钮退出本命令。

如图 17-2-2 中的三个沙发，如何拥有不同的面料材质呢？只要使用【图块改层】命令，在对话框中修改该图块面料所在图层，即可轻松办到（原图为彩色）。

图 17-2-2　天正图块改层实例

17.2.2　图块改名

图块的名称往往需要更改，2013 版本新增灵活更改图块名称的命令，存在多个同名块参照时，可指定全部修改或者仅修改指定的块参照。

菜单命令：图块图案→图块改名（TKGM）

单击菜单命令后，命令行提示：

请选择要改名的图块<退出>：单选一个需要改名的图块参照；

请输入新的图块名称：键入新的图块名称；

当所选择的图块 A1 有多个同名图块参照 1－4 时，假设选择图块 1，会出现如下提示：

其他 3 个同名的图块是否同时参与修改？[全部(A)/部分(S)/否(N)]<A>：S 键入 S 表示再次选择图块参照进行改名，提示如下：

请选择同时参与修改的图块：此时选择其他参与修改的同名图块 2，回车继续提示：

请输入新的图块名称：A2 键入新的图块名称 A2 回车结束命令，如图 17-2-3 所示。

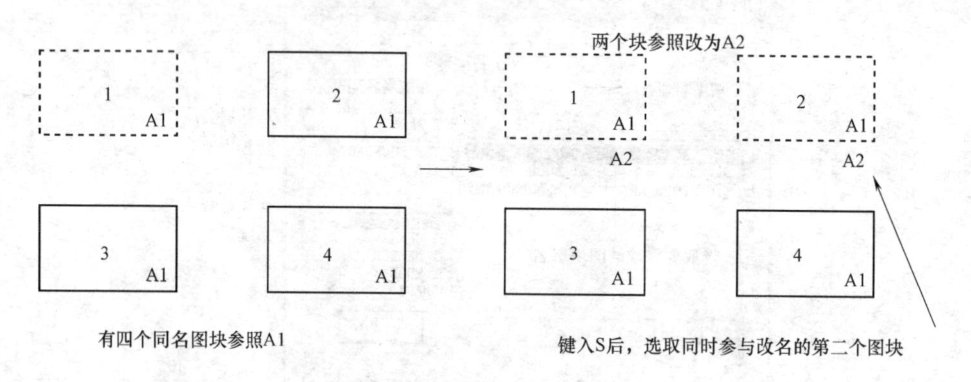

图 17-2-3　天正图块改名实例

如键入 A 则对所有同名图块 1－4 进行改名，键入 N 则仅对选取的 1 号图块参照改名；有关图块与图块参照的含义，请参照 AutoCAD 的使用手册。

17.2.3　图块替换

本命令作为菜单命令功能是选择已经插入图中的图块，进入图库选择其他图块，对该图块进行替换；在图块管理界面，也有类似的“图块替换”功能。

菜单命令：图库图案→图块替换（TKTH）

单击菜单命令后，命令行提示：

选择插入的图块<退出>：选择图形中要替换的图块，进入图库进行图块选择，命令行继续提示：

[维持相同插入比例替换(S)/维持相同插入尺寸替换(D)]<退出>：S

键入 S 按以前图块插入的相同比例替换图块。

• 相同插入比例的替换：维持图中图块的插入点位置和插入比例，适合于代表标注符号的图块。

• 相同插入尺寸的替换：维持替换前后的图块外框尺寸和位置不变，更换的是图块的类型，适用于代表实物模型的图块，例如，替换不同造型的立面门窗、洁具、家具等图块需要这种替换类型。

17.2.4 图块转化

天正图块和 AutoCAD 块参照之间可以互相转化；本命令可将 AutoCAD 块参照转化为天正图块，而 Explode（分解）命令可以将天正图块转化为 AutoCAD 块参照。它们在外观上完全相同，天正图块的突出特征是具有五个夹点，用户选中图块即可看到夹点数目，判断其是否是天正图块，如图 17-2-4 所示。

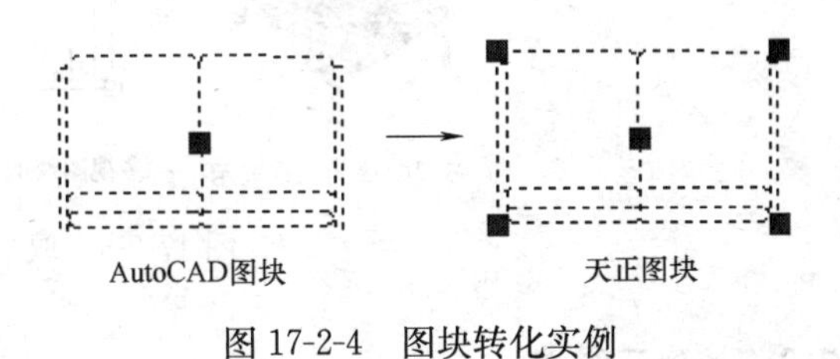

图 17-2-4 图块转化实例

菜单命令：图库图案→图块转化（TKZH）

单击菜单命令后，命令行提示：

选择图块：选择要转换到天正图块的 AutoCAD 图块。

17.2.5 生二维块

本命令利用天正建筑图中已插入的普通三维图块，生成含有二维图块的同名多视图图块，以便用于室内设计等领域。

菜单命令：图库图案→多视图块→生二维块（SEWK）

单击菜单命令后，命令行提示：

选择三维图块：选择已有的三维图块

选择三维图块：回车结束选择

以一个三维书柜为例，插入图形后，书柜中的书在平面图中可见，而执行命令后被消隐，而三维视图中没有影响，如图 17-2-5 所示。

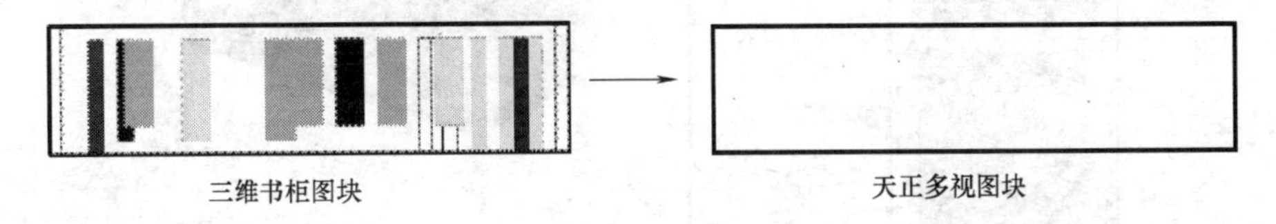

图 17-2-5 生二维块实例

17.2.6 取二维块

本命令将天正多视图块中含有的二维图块提取出来，转化为纯二维的天正图块，以便利用 AutoCAD 的在位编辑来修改二维图块的定义。

菜单命令：图库图案→多视图块→取二维块（QEWK）

单击菜单命令后，命令行提示：

选择多视图块：选择图中已经插入的多视图块

移动到临时位置以便在位编辑：拖动平面图块到空白位置，如图 17-2-4 所示。

取出的平面图块是 AutoCAD 的块参照，必要时可以通过下面介绍的【图块转化】命令转换为天正图块，如图 17-2-6 所示。

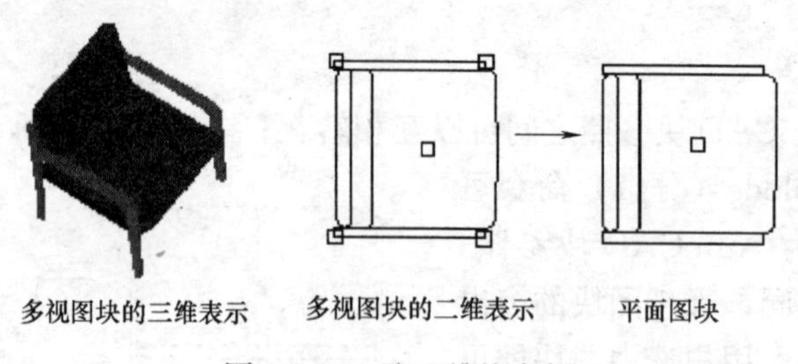

图 17-2-6 取二维块实例

17.2.7 建三维块

天正软件-建筑系统中定义了一种特殊的图块对象，称为“多视图块”。这种图块内部由一个平面图块与一个三维图块组成，插入图内的显示依视图而定。在平面视图下，只显示平面图块；而在三维轴测与透视视图下，只显示三维图块。

多视图块给二维工程图和三维室内模型带来了便利，一般用户只需要知道从天正多视库插入多视图块就可以，不要求了解多视图块是如何制作的；这里为那些想深入了解多视图块的制作原理的用户进行详细介绍；由于 2007 平台材质渲染发生变化，因此本命令在 2007 以上平台不再提供。

菜单命令：图库图案→建三维块（JSWK）

单击菜单命令后，显示一个停靠窗口，如图 17-2-7 所示（开始时窗口内容是空白的）。

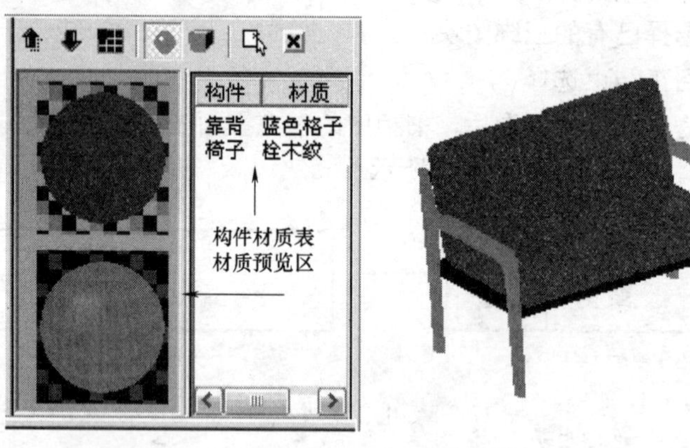

图 17-2-7 建三维块实例

下面是创建一个双人沙发多视图块的实例，以此说明建三维块的过程。

▶设置沙发的三维材质

1. 打开存放有三维图块的图形，如本实例的双人沙发三维图块。

2. 拖动视口右侧边界，建立两个或更多的模型空间视口，有关视口的概念和操作请参看“观察工具”下的视口放大一节。

3. 在视口中拖动三键鼠标的中键，通过 Pan（动态移屏）操作，使图形同时在两视口中都能充满。

4. 设置三维视图为着色模式。

5. 使用工具栏的命令新建三维图块构件。注意相同材质的一个组成部件应当为一个 pface，不要使用图块作为部件，避免图块名称冲突的隐患。单击界面上方的工具栏图标，命令行提示为：

请选择实体＜退出＞：选择两个沙发靠背作为第一个新构件

请选择实体＜退出＞：回车结束选择

6. 此时，在构件材质表中出现“新构件 1”的临时构件名称，把临时名称改为“靠背”。

7. 右击材质预览区的图标，单击“插入材质”，从材质库取得材质，如图 17-2-7 左图所示。

8. 在其中选择“织物→布艺类”材质，右边显示材质图案预览，双击打算用于靠背构件的材质（蓝色格子），于是材质被放入材质面板上。

9. 拖放材质到其右边的“靠背”栏完成材质附着，如图 17-2-8 右图所示。

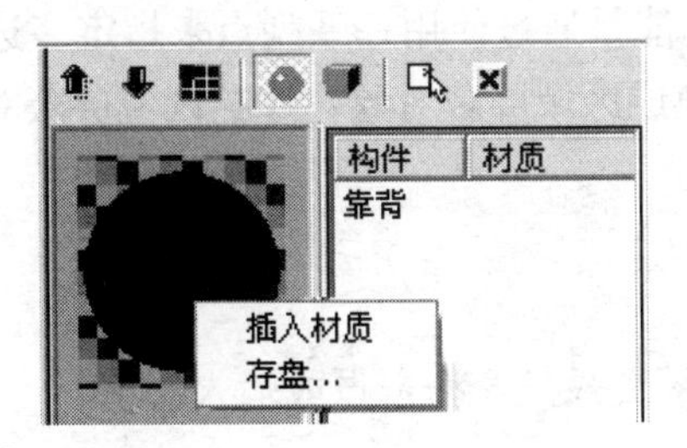

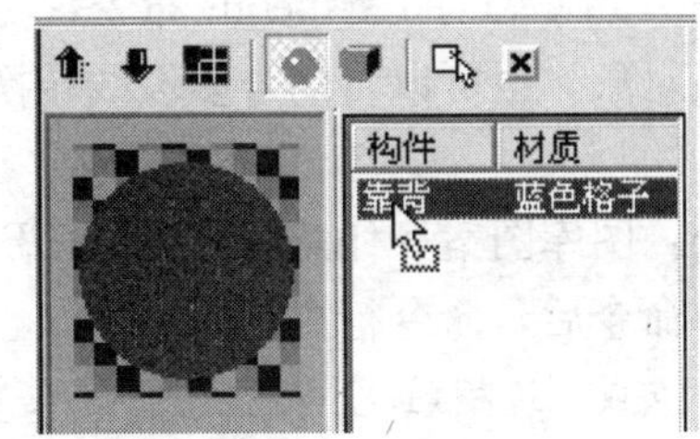

图 17-2-8　取二维块实例

10. 重复 5～9 步，把沙发其他部分命名为“主体”，插入并附着“木材→木材饰面→红榉木纹”材质。

建立二维与三维视图

对于简单的物体可以通过【立面】→【构件立面】命令自动生成顶视图的方法，但是对于沙发一类三维面比较多的物体，构件立面命令不一定能生成。因此，使用最简单的手工绘制方法：

1. 新建图层 2D，并设为当前图层。

2. 描着三维面的轮廓绘制半个沙发的靠背和坐垫，然后取半径 50 对沙发靠背和坐垫倒圆角，再添加沙发扶手，然后镜像生成其余的一半。注意不要使用对象捕捉，否则造成 z 坐标不统一。

3. 新建图层 3D，把三维模型放到 3D 图层，如图 17-2-9 所示。

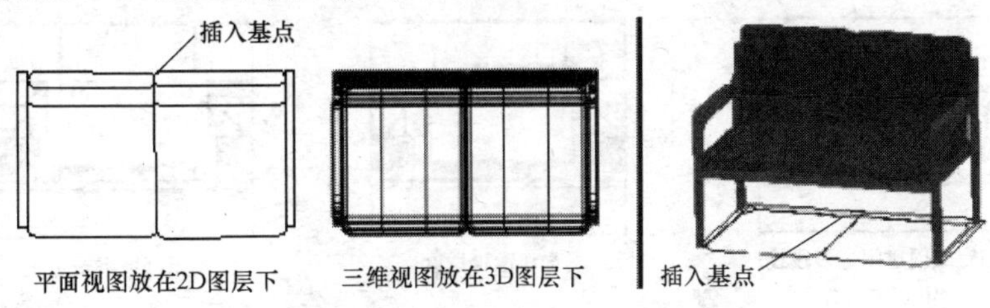

图 17-2-9　多视图块入库实例

▶图块加入多视图库

1. 把视口大小、宽高比例调整合适（320×240 左右），并调整好合适的观察角度。

2. 预先设置基点位置，键入 insbase 命令，在顶视图上点取，注意不要使用对象捕捉，以免造成 z 坐标不合适。

3. 对三维视图执行【简单渲染】，效果如图 17-2-10 所示，以便建立美观的模型图片。

图 17-2-10　渲染待入库图形

4. 启动【通用图库】，打开已有的多视图库，或新建一个多视图库（见 17.3.2“图库管理”中的“新建库”一节），然后单击工具栏中“新图入库”按钮，提示基点时注意把当前视口切换到渲染过的视口，回车接受刚才设置的基点（这时不要在三维视图上取点，以免定点不准确），多视图块就加入图库了。

17.2.8　任意屏蔽

本命令是 AutoCAD 的 Wipeout 命令，功能是通过使用一系列点来指定多边形的区域创建区域屏蔽对象，也可以将闭合多段线转换成区域屏蔽对象，遮挡区域屏蔽对象范围内的图形背景。

菜单命令：图库图案→任意屏蔽（RYPB）

单击菜单命令后，命令行提示：

指定第一点或［边框(F)/多段线(P)］<多段线>：指定点或输入选项

指定下一点：指定下一点

指定下一点或［放弃(U)］：指定下一点

指定下一点或［闭合(C)/放弃(U)］：指定下一点

……

指定下一点或［闭合(C)/放弃(U)］：直到闭合的边框按 C 键完成闭合

键入 F 边框选项确定是否显示所有区域覆盖对象的边。

输入模式［开(ON)/关(OFF)］<ON>：输入 on 或 off ，输入 on 将显示屏蔽边框，输入 off 将禁止显示屏蔽边框

回车或键入 P，根据选定的多段线确定作为屏蔽的多边形边界。

选择闭合多段线：使用对象选择方法选择闭合的多段线

是否要删除多段线？［是(Y)/否(N)］<否>：输入 y 或 n，输入 y 将删除用于创建区域屏蔽的多段线；输入 n 将保留多段线。

实例如图 17-2-11 所示。

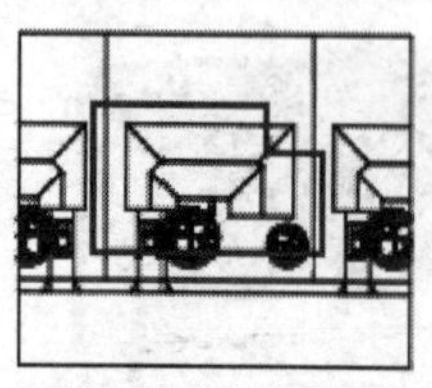

指定或创建闭合多段线

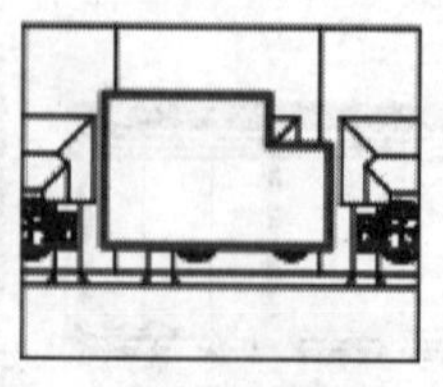

创建区域屏蔽

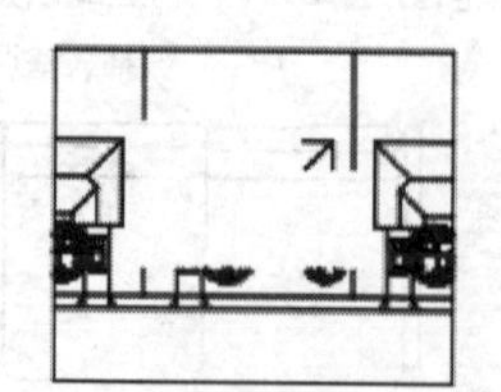

关闭区域屏蔽边框

图 17-2-11　任意屏蔽实例

17.2.9　矩形屏蔽

本命令将图块增加矩形屏蔽特性，以图块包围合的长度 x 和宽度 y 为矩形边界，对背景进行屏蔽。

菜单命令：图库图案→矩形屏蔽（JXPB）

单击菜单命令后，命令行提示：

选择图块：选择要屏蔽的图块即可。

17.2.10　精确屏蔽

本命令以图块的轮廓为边界，对背景进行精确屏蔽，只对二维图块有效。对于某些外形轮廓过于复杂或者制作不精细的图块而言，图块轮廓可能无法搜索出来。

菜单命令：图库图案→精确屏蔽（JQPB）

单击菜单命令后，命令行提示与矩形屏蔽相同，各种屏蔽如图 17-2-12 所示。

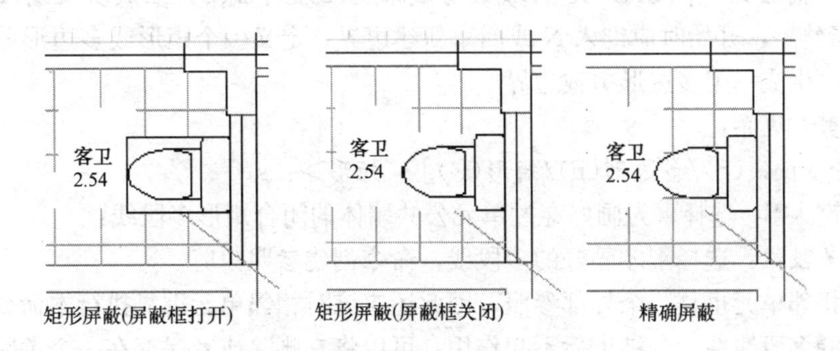

图 17-2-12　各种图块屏蔽实例

17.2.11　取消屏蔽

本命令取消设置了屏蔽的图块对背景的屏蔽功能，透过图块显示出背景。

菜单命令：图库图案→取消屏蔽（QXPB）

单击菜单命令后，命令行提示选择要取消屏蔽的图块。

17.2.12　屏蔽框开

系统缺省情况下在矩形屏蔽的边界处显示屏蔽框，由本命令控制屏蔽框的显示。

菜单命令：图库图案→屏蔽框开（Wipeout）

单击菜单命令后，命令行提示：

指定第一点或［边框(F)/多段线(P)］<多段线>：F 命令由系统回应

输入模式［开(ON)/关(OFF)］<OFF>：ON

17.2.13　屏蔽框关

菜单命令：图库图案→屏蔽框关（Wipeout）

单击菜单命令后，命令行提示：

指定第一点或［边框(F)/多段线(P)］<多段线>：F 命令由系统回应

输入模式［开(ON)/关(OFF)］<ON>：Off

> **注意：** 屏蔽框开关每开关一次系统都要对图形进行重新生成，图形很大时需要等待。

17.2.14　参照裁剪

本命令是 AutoCAD 的 XClip 命令，将图形作为外部参照进行附着或插入块后，可以使用 XCLIP 命令定义剪裁边界，仅显示块或外部参照的界内部分，而不显示界外部分，但外部参照图形本身并没有改变。

菜单命令：图库图案→参照裁剪（CZCJ）

单击菜单命令后，命令行提示：

选择对象：选择要裁剪的外部参照图形，按 Enter 键结束

输入剪裁选项［开(ON)/关(OFF)/剪裁深度(C)/删除(D)/生成多段线(P)/新建边界(N)］<新建>：开始时应键入 N 或回车新建边界，定义一个矩形或多边形剪裁边界，或者用多段线生成一个多边形剪裁边界

指定剪裁边界：

［选择多段线(S)/多边形(P)/矩形(R)］<矩形>：s

这里键入 S，选择事先画好穿过单元公共墙体的闭合矩形多段线：

选择多段线：选择刚才画好的多段线，命令创建参照裁剪

由于相邻单元也是一个外部参照，因此还应该对相邻单元重复执行本命令。

创建的多段线在命令结束后不起作用，可以将它删除或者保存在一个关闭图层中。

开(ON)/关(OFF)选项表示参照裁剪打开（起裁剪作用）。如果需要关闭，键入 OFF 即可。

参照裁剪的实例

常常使用户型单元拼合做成住宅平面，例如图 17-2-13 所示有几个住宅户型单元平面分别保存为外部参照 DWG 图形文件。

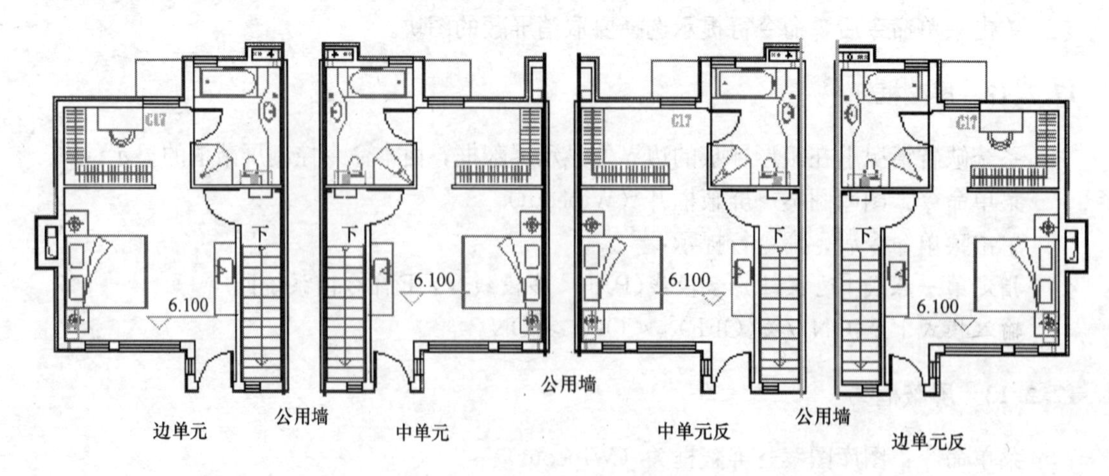

图 17-2-13　未参照剪裁的图形

在外部参照 Xref 拼合为楼层平面时，两相邻单元墙体为两单元公用，在墙连接处无法清理墙角。使用本命令创建参照裁剪解决清理墙角问题，完成剪裁后如图 17-2-14 所示。

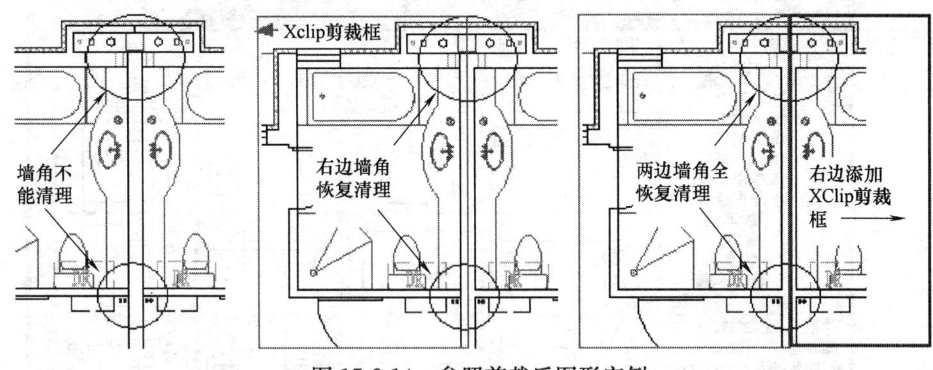

图 17-2-14　参照剪裁后图形实例

17.3　天正图库管理

天正图库的逻辑组织结构层次为：图库组→图库（多视图库）→类别→图块。物理结构如下。

◆ 图库　由文件主名相同的 TK、DWB 和 SLB 三个类型文件组成，必须位于同目录下才能正确调用。其中，DWB 文件由许多外部图块打包压缩而成；SLB 为界面显示幻灯库，存放图块包内的各个图块对应的幻灯片，TK 为这些外部图块的索引文件，包括分类和图块描述信息。

◆ 多视图库　文件组成与普通图库有所不同，它由 TK、* _2D. DWB、* _3D. DWB 和 JPB 组成：其中 * _2D. DWB 保存二维视图，* _3D. DWB 保存三维视图，JPB 为界面显示三维图片库，存放图块对应的着色图像 JPG 文件，TK 为这些外部图块的索引文件，包括分类和图块描述信息。

◆ 图库组　是多个图库的组合索引文件 TKW，即指出图库组由哪些 TK 文件组成。

17.3.1　通用图库

本命令是调用图库管理系统的菜单命令。除了本命令外，其他很多命令也在其中调用图库中的有关部分进行工作，如插入图框时就调用了其中的图框库内容。图块名称表提供了人工拖动排序操作和保存当前排序功能，方便了用户对大量图块的管理。图库的内容既可以选择按天正图块插入，也可以按 AutoCAD 图块插入，满足了用户插入 AutoCAD 属性块和动态块的需求。

菜单命令：图库图案→通用图库（TYTK）

单击菜单命令后，显示对话框如图 17-3-1 所示，其中图库保留上次选择的状态。

天正图库界面包括六大部分：工具栏、菜单栏、类别区、图块名称表、图块预览区、状态栏。对话框大小可随意调整并记录最后一次关闭时的尺寸。类别区、块名区和图块预览区之间也可随意调整最佳可视大小及相对位置，贴近用户的操作顺序，符合 Windows 的使用风格，其中菜单栏方便不熟悉图标的用户使用。

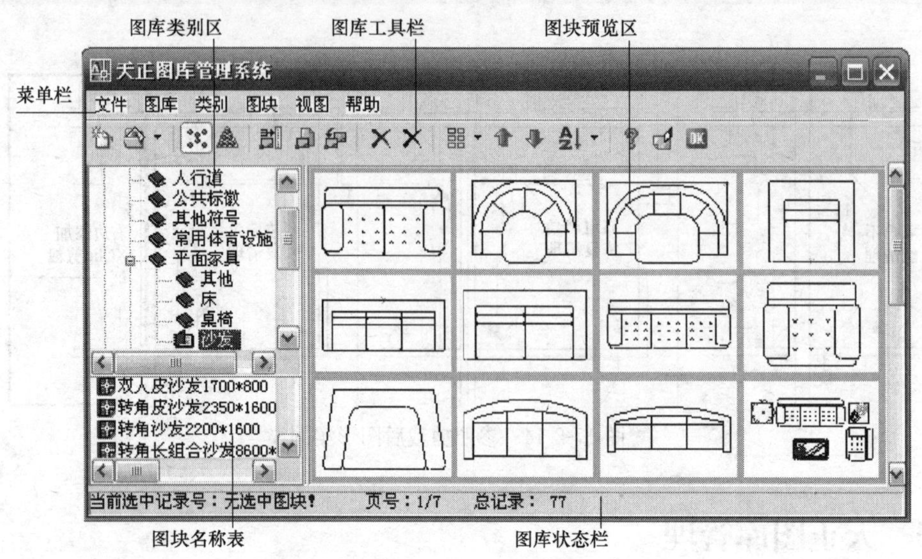

图 17-3-1 天正图库界面

通用图库的控件说明

［**工具栏**］ 如图 17-3-2 提供部分常用图库操作的按钮命令。

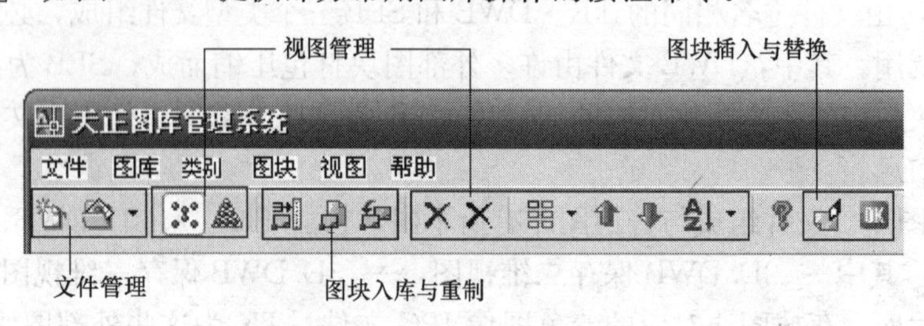

图 17-3-2 天正图库工具栏

［**菜单栏**］ 和［**工具栏**］功能类似，以下拉菜单的形式提供常用图库操作的命令。

［**类别区**］ 显示当前图库或图库组文件的树形分类目录。

［**块名区**］ 图块的描述名称（并非插入后的块定义名称），与图块预览区的图片一一对应。选中某图块名称，然后单击该图块可重新命名。

［**图块预览区**］ 显示类别区被选中类别下的图块幻灯片或彩色图片，被选中的图块会被加亮显示，可以使用滚动条或鼠标滚轮翻滚浏览。

［**状态栏**］ 根据状态的不同显示图块信息或操作提示。

界面的大小可以通过拖动对话框右下角来调整；也可以通过拖动区域间的界线来调整各个区域的大小；各个不同功能的区域都提供了相应的右键菜单。

天正图库支持鼠标拖放的操作方式，只要在当前类别中点取某个图块或某个页面（类型），按住鼠标左键拖动图块到目标类别，然后释放左键，即可实现在不同类别、不同图库之间成批移动、复制图块。图库页面拖放操作规则与 Windows 的资源管理器类似，具体说就是：

从本图库（TK）中不同类别之间的拖动是移动图块，从一个图库拖动到另一个图库的拖动是复制图块。如果拖放的同时按住 Shift 键，则为移动。

17.3.2　文件管理

可从图库工具栏的图标命令与右键菜单命令执行，从类别单击右键菜单执行：“新建类别”，功能是往当前图库组中添加新图库或加入已有的图库，“移出 TK 组”可以把图库从图库组中移出（文件不会从磁盘删除）。进行文件操作的时候，注意工具栏的“合并”功能不要启用，否则无法启动右键菜单，类别区也看不到图库文件。

图标命令的功能说明

[**新建库**]　在如图 17-3-3 所示对话框中输入新的图库组文件位置和名称，并选择图库类型是“普通图库”还是“多视图图库”，然后单击“新建”按钮即可。系统自动建立一个空白的 TKW 文件，准备加入图库（TK）。

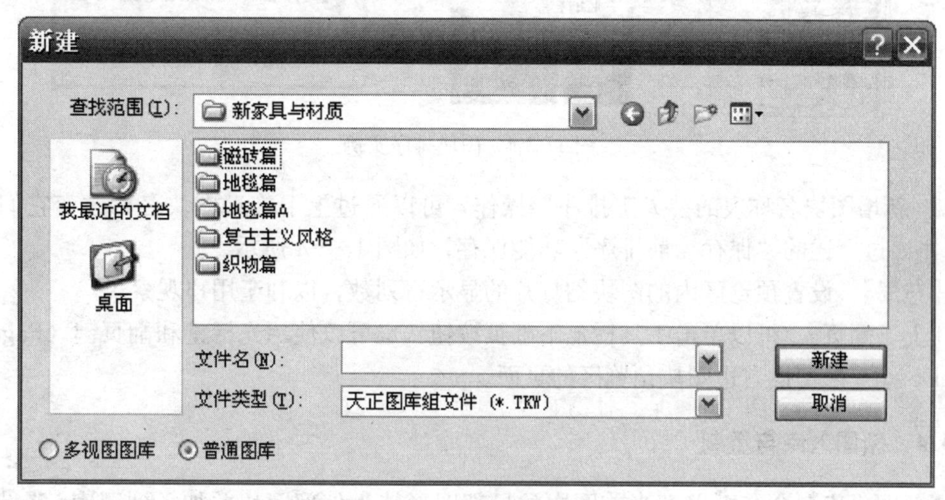

图 17-3-3　新建库对话框

[**打开图库**]　选择已有图库组文件（TKW）或图库文件（TK）。如果选择图库文件，会自动为该图库建立一个同名的图库组文件。可以使用快捷方式打开图库组，快捷菜单列出最近打开的图库组列表以及预定义的系统图库组列表。

快捷菜单命令的功能说明

[**新建 TK**]　类似新建库命令，只是新建的不是空白图库组而是空白图库。

[**加入 TK**]　选择一个已经存在的图库（TK 文件），加入到当前图库组中。

17.3.3　视图管理

管理图库界面视图的排列，由于图库可以分很多批次下载，“合并”与“还原”命令使图库内查看和选择不同批次的图块变得更加容易，而通过还原命令可以保留管理具体图库文件的方便性。

图标命令的功能说明

[**合并**]　在合并模式下，图库集下的各个图库按类别合并，这样更加方便用户检索，即用户不需要对各个图库都分别找一遍，而是只要顺着分类目录查找即可，不必在乎图块

是在哪个图库里。

［**还原**］ 如果要添加修改图块，那么就要取消合并模式，因为用户必须知道修改的是不同时期获得的某个图库里的内容。

［**排序**］

1. 新增图块名称表的“临时排序”和“保存当前排序”功能，先使用“临时排序”将当前类别下的图块按图块描述名称的拼音字母排序（如图 17-3-4 中 L-W-Y 等），以方便用户检索。但“临时排序”仅在本次操作有效，退出图库管理命令后即恢复默认顺序，如果需要保留当前的图块顺序，单击“保存当前排序”后在确认对话框单击“确认”，把当前的排序保存下来。

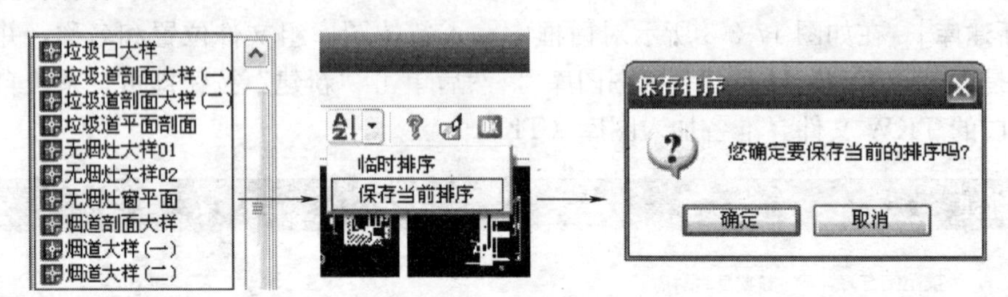

图 17-3-4　图块排序实例

2. 新增图块名称表的“人工排序”操作，可以通过上下拖动图块名称改变它们相对顺序，通过上述的“保存当前排序”功能保存，如图 13-3-4 所示。

［**布局**］ 设置预览区内的图块幻灯片的显示行列数，以利于用户观察。

［**上下翻页**］ 可以单击工具栏上下翻页按钮，也可以使用光标键和翻页键（PageUp/PageDown）来切换右边图块预览区的页面。

17.3.4　新图入库与重制

【新图入库】命令可以把当前图中的局部图形转为外部图块并加入到图库；【批量入库】命令可以把磁盘上已有外部图块按文件夹批量加入图库；【重制】命令利用新图替换图库中的已有图块或仅修改当前图块的幻灯片或图片，而不修改图库内容，也可以仅更新构件库内容而不修改幻灯片或图片。

▶图标命令的功能说明

［**新图入库**］

1. 从工具栏执行【新图入库】命令，根据命令行提示选择构成图块的图元；

2. 根据命令行提示输入图块基点（默认为选择集中心点）；

3. 命令行提示制作幻灯片，三维对象最好键入 H 先进行消隐：

制作幻灯片(请用 zoom 调整合适)或［消隐(H)/不制作返回(X)］<制作>：

调整视图回车完成幻灯片制作；键入 X 表示取消入库。

4. 新建图块被自动命名为“长度 X 宽度”，长度和宽度由命令实测入库图块得到，用户可以右击【重命名】修改为自己需要的图块名。

［**批量入库**］

1. 从工具栏执行【批量入库】命令；

2. 确定是否自动消隐制作幻灯片，为了视觉效果良好，应当对三维图块进行消隐。

3. 在文件选择对话框中用 Ctrl 和 Shift 键进行多选，单击打开按钮完成批量入库。

[**重制**]

1. 单击图库中要重制的图块，从工具栏执行【重制】命令；提示如下：

选择构成图块的图元<只重制幻灯片>：

2. 按命令提示取图中的图元重新制作一个图块，代替选中的图块，接着提示：

制作幻灯片(请用 zoom 调整合适)或 [消隐(H)/不制作(N)/返回(X)]<制作>：

回车为制作新幻灯片，键入 N 只入库不制作幻灯片；键入 X 表示取消重制。

3. 命令提示时空回车（不选取图元），则只按当前视图显示的图形制作新幻灯片代替旧幻灯片，不更新图块定义。

17.3.5　图块插入与替换

从图库管理界面选择一个新图块插入当前图形中，就是图块插入；对当前图形中所选择的图块进行替换就是图块替换。软件提供两种图块类型的插入，其中“天正图块”插入不支持图块属性和动态块特性，需要插入到图形中的图块支持属性和动态块特性时，请选择使用“ACAD 图块”插入。

图标命令的功能说明

[**图块插入**]　双击预览区内的图块或选中某个图块后单击按钮，弹出如图 17-3-5 所示对话框。

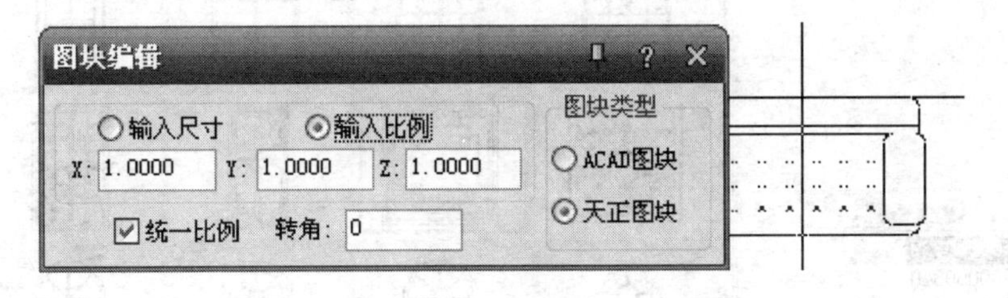

图 17-3-5　插入图块对话框

在其中用户可选择输出的图块类型是“ACAD 图块”还是“天正图块”，前者插入的是 AutoCAD 创建的图块，用于输出在天正图库保存的 AutoCAD 图块；后者插入的是带有天正夹点的嵌套图块，天正图块经分解后，也可以得到 ACAD 图块；

“输入尺寸”直接给出块参照的最终尺寸；“输入比例”按插入比例给出块参照的尺寸大小；勾选“统一比例”复选框，保持图块三个方向等比缩放。该非模式对话框不必关闭，光标移出对话框，按命令行提示操作插入图块：

点取插入点[转 90(A)/左右(S)/上下(D)/对齐(F)/外框(E)/转角(R)/基点(T)/更换(C)]<退出>：给出插入点或者键入选项关键字修改参数

> **注意：** 插入动态图块时要选择“ACAD 图块”，而且不要去掉“统一比例”复选框的勾选，否则插入的就不是动态图块了。

[**图块替换**]　用选中的图块替换当前图中已经存在的块参照，可以选中保持插入比例不变或保持块参照尺寸不变，如图 17-3-6 所示。

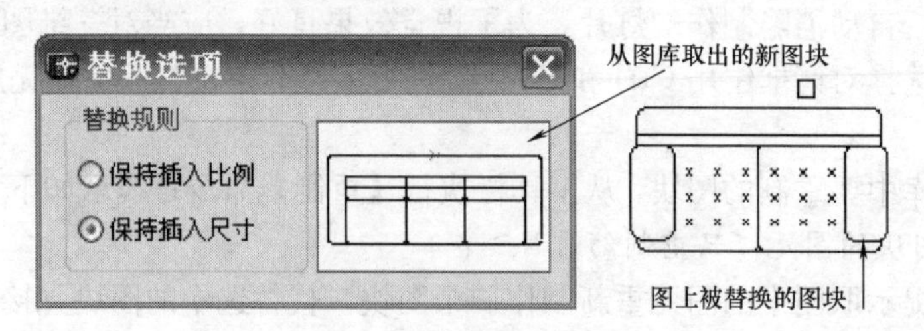

图 17-3-6　替换图块对话框

17.3.6　幻灯管理

本命令以可视的方式管理幻灯库 SLB 文件，用于图库的辅助管理；幻灯管理的内容包括：增加、删除、拷贝、移动、改名等。

菜单命令：图库图案→幻灯管理（HDGL）

单击菜单命令后，显示对话框如图 17-3-7 所示（图为选择到阳台幻灯图库后的情况）。

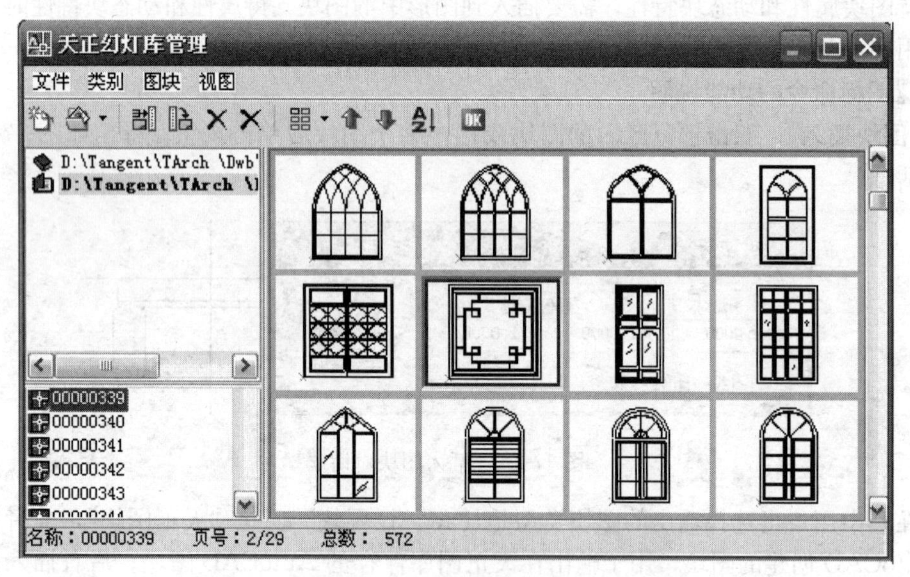

图 17-3-7　天正幻灯库界面

对话框控件的功能说明

［**新建**］　新建一个用户幻灯库文件，选择文件位置并输入文件名称。

［**打开**］　用户选择需要编辑的幻灯库 SLB 文件。如果该文件不存在，则取消操作。本系统支持多库操作，即不关闭当前库的条件下打开目标幻灯片文件，并将此文件设为当前库。

［**批量入库**］　可将所选定的幻灯片 SLD 文件添加到当前幻灯库中。

［**拷贝到**］　将幻灯库中的幻灯片文件提取出来，另存到指定的目录下中，形成单独的幻灯片文件。要将幻灯库中的幻灯片文件复制到指定的 SLB 文件中，可以将目标 SLB 幻灯库加入管理系统，然后才用鼠标拖拽此幻灯片文件至 SLB 即可。

［**删除类别**］ 将选中的幻灯库从系统面板中删除。

［**删除**］ 将选中的幻灯片从幻灯库中删除，不可恢复。

注意：由于幻灯库中的幻灯片没有描述名，所以名称区直接显示幻灯片名，由系统保证不会重名，用户对幻灯片更名或同名拷贝要慎重。

17.4　天正构件库

17.4.1　天正构件的概念

天正构件是基于天正对象的图形单元，一个构件代表一个参数定义完整的天正对象。将天正构件以外部库文件方式组织起来，便形成了天正构件库。天正构件库包括若干个独立构件库，每个构件库内保存一种类型的天正构件对象。

用户可以将定义好参数的常用构件对象作为标准构件命名入库。通过构件库的支持，这些构件对象在多项工程的图纸中可以很方便地重复使用。构件库内的构件对象可以直接插入到当前图；在一些构件创建的命令过程中（如插门窗、插柱子），也可以直接从对应构件库选取库中已有的标准构件。

天正构件库与图库的比较：

构件库与图库的界面和操作都比较相似，构件库可以看做是一种特殊的图库，但两者有明显区别：

• 构件库内每个构件保存的是一个完整的可重用天正对象，而图库中每一项保存的是一个任意可重用图块；

• 构件库内构件插入图中后，是一个与入库时完全相同的天正对象，而不是一个图块；

• 构件库有类型匹配机制，一个构件库内保存的必然是同一种类型的天正对象，一个构件只对应一个对象，而图库没有这些要求。

总之，构件库的目的是天正构件对象的重用，而非一般意义的图形重用。

17.4.2　构件库

本命令是调用图库管理系统的菜单命令，操作与普通图库类似，其中一些功能以工具栏图标的形式执行。

菜单命令：图库图案→构件库（GJK）

单击菜单命令后，命令显示对话框如图 17-4-1 所示。

天正构件库界面包括五大部分：工具栏、类别区、构件名称表、构件预览区、状态栏。对话框大小可随意调整并记录最后一次关闭时的尺寸。类别区、构件名区和构件预览区之间也可随意调整最佳可视大小及相对位置，贴近用户的操作顺序，符合 Windows 的使用风格。

［**工具栏**］ 提供部分常用图库操作的按钮命令，左边预定义了常用的构件库列表。

［**类别区**］ 显示当前加载的构件库文件的树形分类目录。

［**名称表**］ 构件的描述名称与构件预览区的图片一一对应。选中某构件名称，然后单

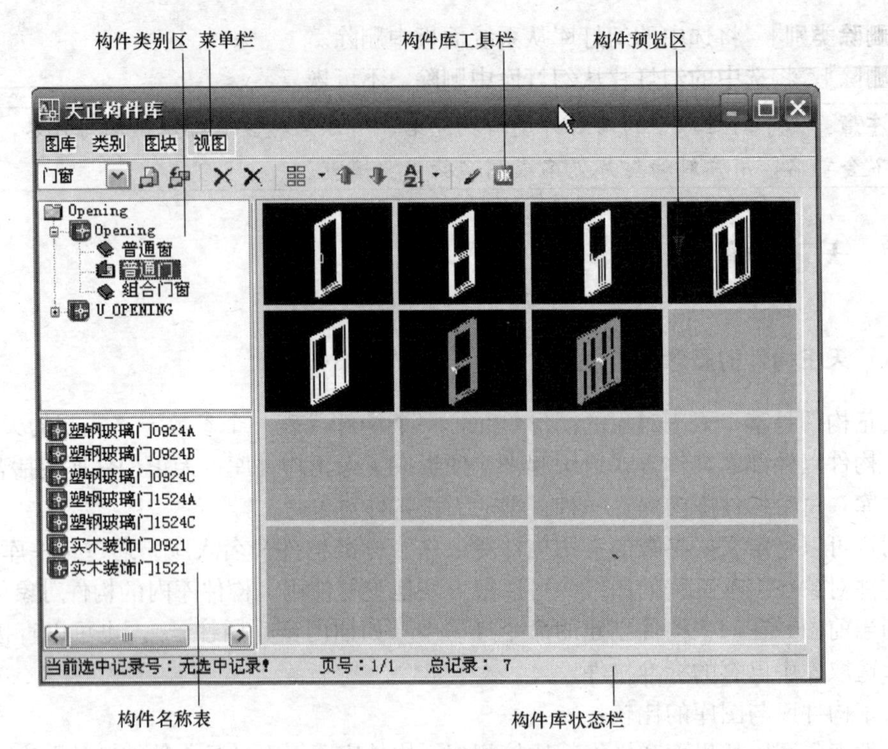

图 17-4-1　天正构件库界面

图 17-4-2　天正构件库工具栏

击该构件可重新命名。

［**预览区**］ 显示类别区被选中类别下的图块幻灯片或彩色图片，被选中的图块会被加亮显示，可以使用滚动条或鼠标滚轮选择浏览。

［**状态栏**］ 根据状态的不同显示图块信息或操作提示。

界面的大小可以通过拖动对话框右下角来调整，也可以通过拖动区域间的界线来调整各个区域的大小；各个不同功能的区域都提供了相应的右键菜单。

天正构件库支持鼠标拖放的操作方式，只要在当前类别中点取某个构件或某个页面(类型)，按住鼠标左键拖动图块到目标类别，然后释放左键，即可实现在构件库不同类别之间成批移动、复制。构件库页面拖放操作规则与 Windows 的资源管理器类似，具体说就是：从本构件库（TK）中不同类别之间的拖动是移动，从一个库拖动到另一个库的拖动是复制。如果拖放的同时按住 Shift 键，则为移动。

17.4.3　构件入库与重制

【构件入库】命令可以是从菜单执行，也可以从构件库工具栏图标执行，功能是把当前图中的天正对象加入到构件库，利用新构件替换库中的已有构件则称为重制，也可以仅修改当前库内构件的幻灯片，而不修改图库内容，也可以仅更新构件库内容而不修改幻灯片。

菜单命令：图库图案→构件入库（GJRK）

单击菜单命令后，命令行提示：

选择对象：在图上点取天正对象

请选择对象：回车结束选择

图块基点＜(6212.18,28259.8,0)＞：在图上点取合适的插入基点方便构件插入

制作幻灯片(请用 zoom 调整合适)或[消隐(H)/不制作返回(X)]＜制作＞：

回车直接入库或者键入 H 先行消隐，显示“选择构件库目录”对话框，如图 17-4-3 所示。

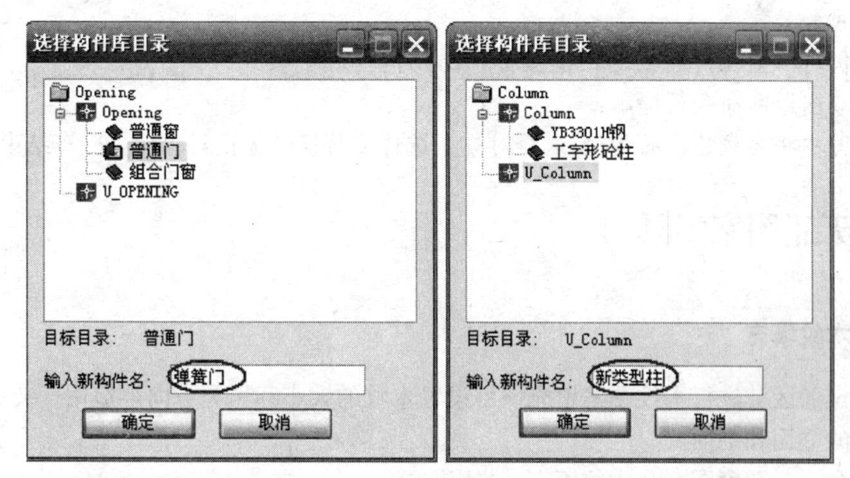

图 17-4-3　不同天正构件入库

系统将根据当前入库对象的类型自动选择相应的构件库入库。在对话框中选择目标目录、输入构件名称，单击确定完成入库，如上左图是选择普通门窗构件入库时系统打开门窗构件库；上右图是选择柱子构件入库时系统打开柱子构件库。你也可以在构件库的总目录下使用右键菜单，来新建一个构件目录。

每一种类型的构件库都包括系统构件库和用户自定义构件库（U _ 开头）。在构件入库时一般应选择用户构件库，这样保证重新安装软件时，用户自定义构件不会丢失。

重制功能首先要从构件库中选择一个需重制的构件，从构件库工具栏的重制图标执行，命令提示与入库类似：

选择构成构件的图元＜只重制幻灯片＞：在图上点取天正对象

如此时空回车（不选取图元），则只按当前视图显示的图形制作新幻灯片代替旧幻灯片，不更新构件定义；若选择图元，出现以下提示：

图块基点＜(6212.18,28259.8,0)＞：在图上点取合适的插入基点方便构件插入

制作幻灯片(请用 zoom 调整合适)或［消隐(H)/不制作(N)/返回(X)]＜制作＞：回车为制作新幻灯片

键入 N，为入库时不重新制作幻灯片；键入 X，表示取消重制。

17.4.4　构件插入与替换

从构件库选择一个新构件，可以插入当前图形中。与图库不同，构件库插入的是构件对象本身而不是图块。

双击构件库中一个构件，即可进入插入构件的命令行提示：

点取位置或［转 90 度(A)/左右翻(S)/上下翻(D)/对齐(F)/改转角(R)/改基点(T)］＜退出＞：

在图形中给出构件的插入位置或者键入选项关键字修改参数。

对当前图形中所选择的构件进行替换就是构件替换，此时单击工具栏上的替换图标，显示一个图形对话框，如图 17-4-4 所示。

图 17-4-4　构件替换

此时仍可单击构件替换对话框图标，回到构件库更换构件，再双击返回命令行提示：

选择图中将要被替换的构件,选择对象：选择要替换的天正对象后，回车结束替换。

17.5　天正图案工具

17.5.1　木纹填充

对给定的区域进行木纹图案填充，可设置木纹的大小和填充方向，适用于装修设计绘制木制品的立面和剖面。

菜单命令：图库图案→木纹填充（MWTC)

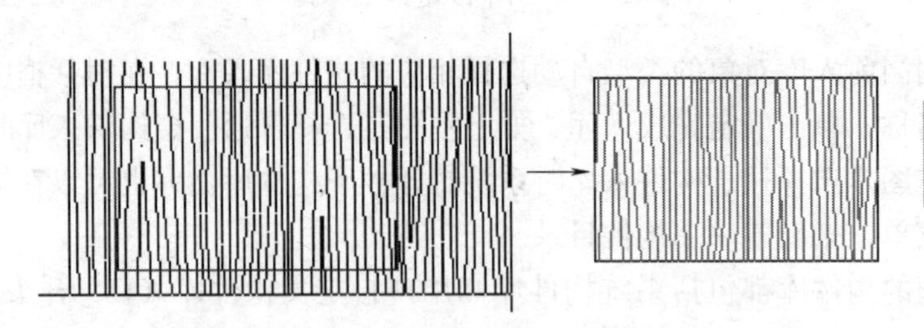
图 17-5-1　木纹填充实例

单击菜单命令后，命令行提示：

输入矩形边界的第一个角点＜选择边界＞：

如果填充区域是闭合多段线，可回车选择边界，否则给出矩形边界的第一对角点；

输入矩形边界的第二个角点＜退出＞：给出矩形边界的第二个对角点；

选择木纹［横纹(H)/竖纹(S)/断纹(D)/自定义(A)］＜退出＞：S

键入 S 选择竖向木纹或键入其他木纹选项；

这时可以看到预览的木纹大小，如果尺寸或角度不合适键入选项修改；

点取位置或［改变基点(B)/旋转(R)/缩放(S)］＜退出＞：S 键入 S 进行放大；

输入缩放比例＜退出＞：2 键入缩放倍数放大木纹 2 倍；

点取位置或[改变基点(B)/旋转(R)/缩放(S)]<退出>：

拖动木纹图案使图案在填充区域内取点定位（如图 17-5-1 所示），回车结束命令。

17.5.2　图案加洞

本命令编辑已有的图案填充，在已有填充图案上开洞口。执行本命令前，图上应有图案填充，可以在命令中画出开洞边界线，也可以用已有的多段线或图块作为边界。

菜单命令：图库图案→图案加洞（TAJD）

单击菜单命令后，命令行提示：

请选择图案填充<退出>：选择要开洞的图案填充对象

矩形的第一个角点或[圆形裁剪(C)/多边形裁剪(P)/多段线定边界(L)/图块定边界(B)]<退出>：L

使用两点定义一个矩形裁剪边界或者键入关键字使用命令选项，如果我们采用已经画出的闭合多段线作边界，键入 L。

请选择封闭的多段线作为裁剪边界<退出>：选择已经定义的多段线

程序自动按照多段线的边界对图案进行裁剪开洞，洞口边界保留，如图 17-5-2 所示。其余的选项与本例类似，依此类推。

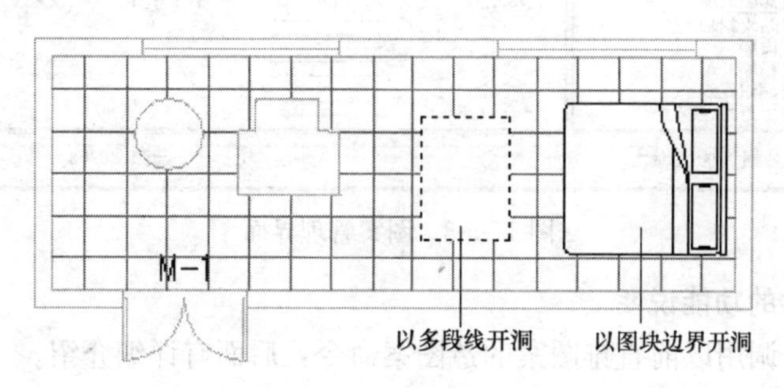

图 17-5-2　图案加洞实例

17.5.3　图案减洞

本命令编辑已有的图案填充，在图案上删除被天正【图案加洞】命令裁剪的洞口，恢复填充图案的完整性。

菜单命令：图库图案→图案减洞

单击菜单命令后，命令行提示：

请选择图案填充<退出>：选择要减洞的图案填充对象

选取边界区域内的点<退出>：在洞口内点取一点

程序立刻删除洞口，恢复原来的连续图案，但每次只能删除一个洞口。

17.5.4　图案管理

本命令包括以前版本的直排图案、斜排图案、删除图案多项图案制作功能，用户可以利用 AutoCAD 绘图命令制作图案，本命令将其作为图案单元装入天正软件-建筑系统提供的 AutoCAD 图案库，大大简化了填充图案的用户定制难度，图案库保存在安装文件夹下的 sys 文件夹，文件名是 acad. pat 以及 acadiso. pat，**【图案管理】**命令只对前者进行编辑。

菜单命令：图库图案→图案管理（TAGL）

单击菜单命令后，显示图案管理对话框如图 17-5-3 所示，下面从左到右列出控件的参数。

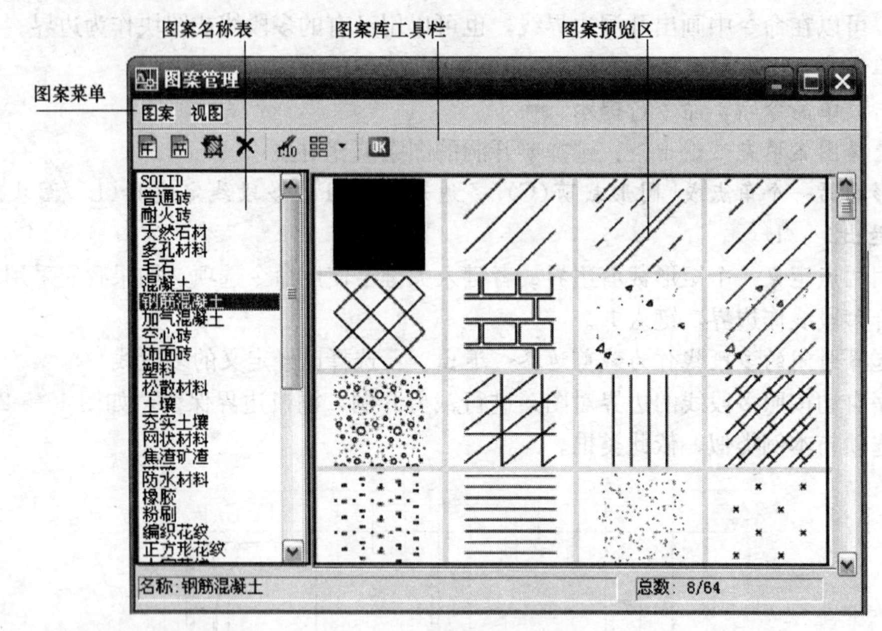

图 17-5-3　图案管理界面

对话框控件的功能说明

［**直排图案**］　调用以前直排图案的造图案命令，后面有详细介绍。

［**斜排图案**］　调用以前斜排图案的造图案命令，后面有详细介绍。

［**重制图案**］　单击图案库中要重制的图案（如空心砖），从工具栏执行【重制】命令用直排或者斜排图案命令重建该图案，如图 17-5-4 所示。

［**删除图案**］　单击图案库中要删除的图案（如空心砖），从工具栏执行【删除】命令，如图 17-5-5 所示。

图 17-5-4　重建图案

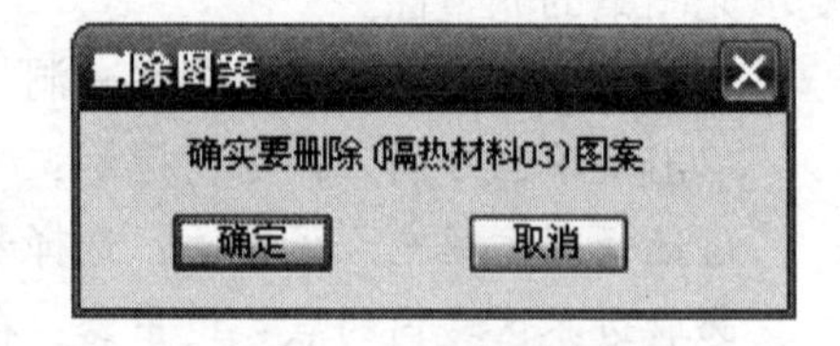

图 17-5-5　删除图案

［**修改图案比例**］　单击图案库中要修改比例的图案（如木纹），在如图 17-5-6 对话框中设置新的图案比例系数，单击确定存盘。

［**图案布局**］　设置预览区内的图案幻灯片的显示行列数，以利于用户观察。

［**OK**］　关闭对话框。

直排图案

在执行造图案命令前，要先在屏幕上绘制准备入库的图形。造图案时所在的图层及图形所处坐标位置和大小不限，但构成图形的图元只限 POINT（点）、LINE（直线）、ARC（弧）和 CIRCLE（圆）四种。如用 Polygon（多边形）命令画的多边形和 Rectang（矩形）命令绘制的矩形，须用 Explode（分解）命令分解为 LINE（线）后再制作图案。

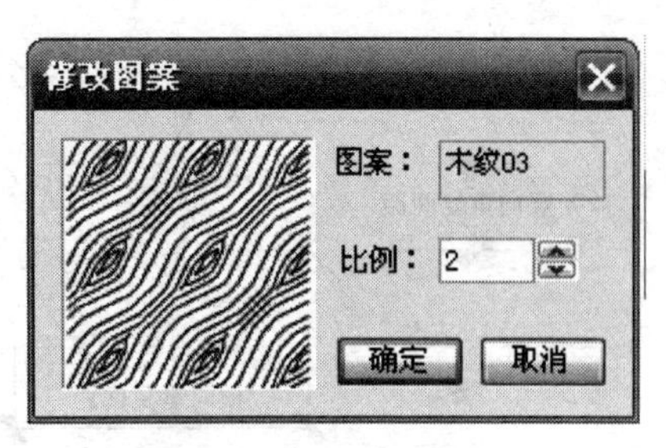

图 17-5-6　修改图案

单击图标命令后，命令行提示：

请输入新造图案的名称 <退出>：输入图案名称后并键入<回车>

系统规定图案名称只能用英文命名，而且图案入库后将与 AutoCAD 原有的图案合在一起按字母顺序排列。命令行显示：

请选择要造图案的图元<退出>：选定准备绘制成新图案的图形对象

请选择要造图案的图元<退出>：回车完成选定

图案基点<退出>：图案的基点影响图案插入后的再现精度

最好选在圆心或直线和弧的端点。选定基点后命令行显示：

横向重复间距<退出>：可用光标点取两点确定间距

这个间距是指所选中的造图案图形在水平方向上的重复排列间隔，是相对当前选中的图形而言的。输入这个间距后，命令行显示：

竖向重复间距 <××××>：要横竖间距相同则键入<回车>

尖括号内的数字是刚输入的横向重复间距。如果不要横竖间距相同则可输入竖向重复间距。输入后，就按所选定的图形和指定的间距绘制成图案并存入图案库中，下次用【图案填充】命令填充图案时就可以使用这个图案了。图 17-5-7 为直排图案的制作实例。

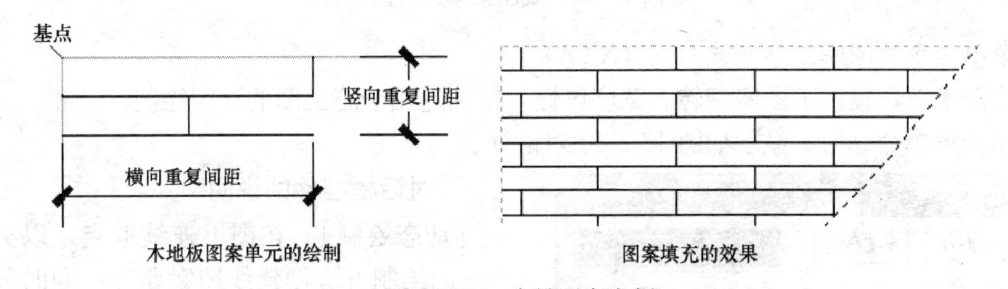

图 17-5-7　直排图案实例

斜排图案

用户可以利用 AutoCAD 绘图命令制作一个斜排图案，本命令将其作为图案单元，装入天正软件-建筑系统提供的 AutoCAD 图案库。

本命令的操作方法与【直排图案】命令基本相同，只是命令行提示略有区别：

……

竖向重复间距<××××>：

尖括号内的数值不是刚输入的横向重复间距，而是横向重复间距的 0.866 倍。

但默认的参数也不一定合适，如图 17-5-8 就不能使用该默认值，应使用图中的数值。

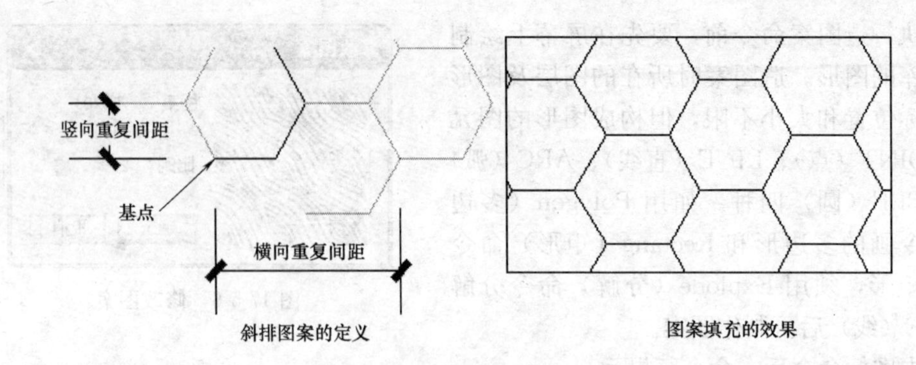

图 17-5-8　斜排图案实例

17.5.5　线图案

线图案是用于生成连续的图案填充的新增对象，它支持夹点拉伸与宽度参数修改，与 AutoCAD 的 Hatch（图案）填充不同，天正线图案允许用户先定义一条开口的线图案填充轨迹线，图案以该线为基准沿线生成，可调整图案宽度、设置对齐方式、方向与填充比例，也可以被 AutoCAD 命令裁剪、延伸、打断，闭合的线图案还可以参与布尔运算。

线图案的填充实例如图 17-5-9 所示。

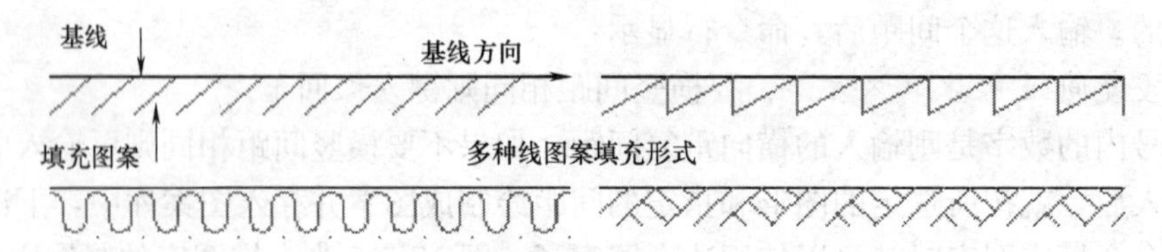

图 17-5-9　线图案填充实例

菜单命令：图库图案→线图案（XTA）

线图案对象提供了图案翻转、宽度属性，特别适用于施工图的详图绘制。

单击菜单命令后，显示如图 17-5-10 对话框。

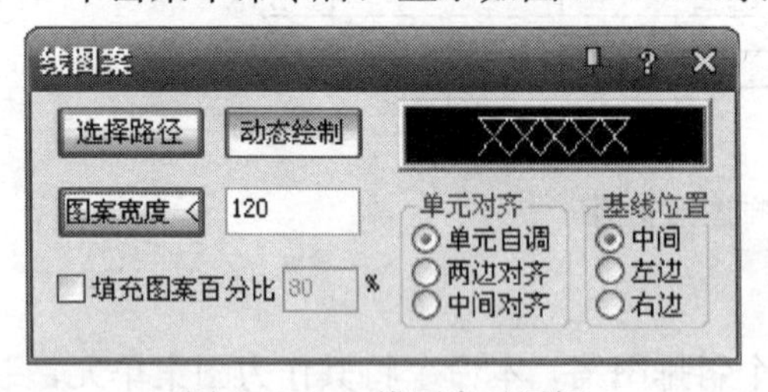

图 17-5-10　线图案对话框

对话框控件的说明

［**动态绘制**］　在图上连续取点，以类似 pline 的绘制方法创建线图案路径，同时显示图案效果。

［**选择路径**］　选择已有的多段线、圆弧、直线为路径。

［**单元对齐**］　有单元自调、两边对齐和中间对齐共三种对齐方式，用于调整图案单元之间的连接关系；单元自调是自动调整单元长度使若干个单元能拼接成总长度，两边对齐和中间对齐均不改变单元长度，单元之间的缝隙在两边对齐中为均布，而中间对齐则把缝隙留在线段的两边。

［**图案宽度<**］　定义线图案填充的真实宽度，可从图上以两点距离量度获得（不含比例）。

［**填充图案百分比**］ 勾选此项后可设置填充图案与基点之间的宽度，用于调整保温层等内填充图案与基线的关系，不勾选则为 100%。

［**基线位置**］ 有中间、左边和右边三种选择，用于调整图案与基线之间的横向关系，在动态绘制时确认。

［**图案选择**］ 单击图像框进入图库管理系统选择预定义的线图案。

在对话框定义好路径和图案样式、图案参数后，单击“动态绘制”按钮，光标移到绘图区即可绘制线图案，命令提示：

起点＜退出＞：给出线图案路径的起点

直段下一点或［弧段(A)/回退(U)］＜结束＞：取点或键入选项绘制线图案路径

同时，用户应动态观察图案尺寸、基线等是否合理

……

直段下一点或［弧段(A)/回退(U)］＜结束＞：回车结束绘制

在对话框定义好路径和图案样式、图案参数后，单击“选择路径”按钮，光标移到绘图区选择已有路径，命令提示：

请选择作为路径的曲线(线/弧/多段线)＜退出＞：选择作为线图案路径的曲线，随即显示图案作为预览

确认吗［是(Y)/否(N)］＜Y＞：观察预览回车确认，或者键入 N 返回上一个提示，重新选择路径或改参数

线图案可以进行对象编辑，双击已经绘制的线图案，命令行提示：

选择［加顶点(A)/减顶点(D)/设顶点(S)/宽度(W)/填充比例(G)/图案翻转(F)/单元对齐(R)/基线位置(B)］＜退出＞：

键入选项热键可进行参数的修改，切换对齐方式、图案方向与基线位置。线图案镜像后的默认规则是严格镜像，在用于规范要求方向一致的图例时，请使用对象编辑的“图案翻转”属性纠正，如图 17-5-11 所示；如果要求沿线图案的生成方向翻转整个线图案，请使用右键菜单中的【**反向**】命令。

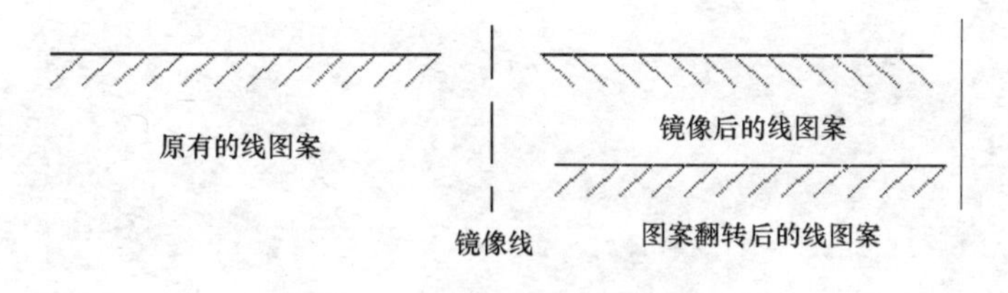

图 17-5-11　翻转线图案实例

17.5.6　线图案的用户定制

预定义的线图案单元和普通图块一样存入图库，可由用户自行制作，但请注意插入点一定不要用默认的形心点，而是要定义为左上角点，如图 17-5-12 所示。

如果需要在填充比例 100%时默认留出填充距离，应在图层 Defpoints 中添加 point（点）作为边界点（不打印），其他对象在图层 0 中绘制。

因图案单元入库的幻灯片不能很好地表达线图案的效果，要注意把线图案填充后的图

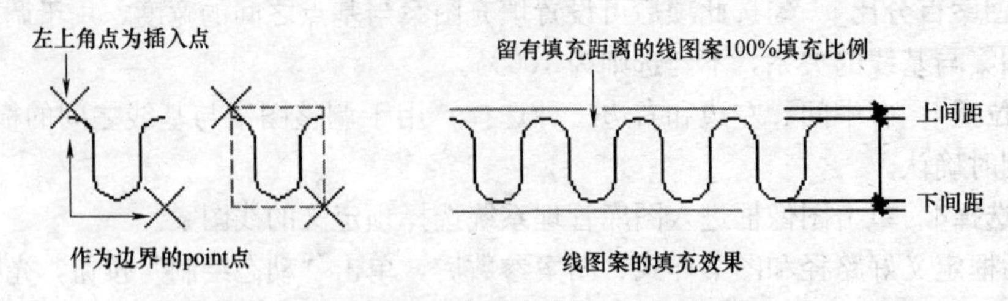

图 17-5-12　线图案的用户定制实例

形重制幻灯片，就是在插入线图案后，执行该图块的"重制"操作，在图块入库时空回车，即可重新创建幻灯片。

第 18 章 文件与布图

内容提要

• 天正工程管理

引入了工程图纸管理的概念，扩充了在一个 DWG 文件下绘制多个平面图的标准层平面管理，可生成三维与立面剖面图形。

• 图纸布局概念

介绍了图纸布局的两种基本方法：适合单比例的模型空间布图与适合多比例的图纸空间布图。

• 图纸布局命令

按照图纸布局的不同方法，天正提供了各种布图命令和图框库，是解决图纸布局和图框用户化方便、灵活的解决方案。

• 格式转换导出

为了解决图档兼容与产权保护问题以及提交各种专业条件图，系统提供了各种不同的格式导出工具以及只读图档保护技术。

• 图形转换工具

还提供了图层格式转换与图形颜色转换的命令，图形变线是把三维模型投影为二维图形的有用工具。

• 图框、门窗表的用户定制

在本节提供了用户定制图框标题栏和门窗表的实例，用户可参考本实例定制自己单位适用的图框和门窗表头。

18.1 天正工程管理

引入了工程管理的目的是希望能灵活地管理同属于一个工程的图纸文件，也许有人知道，在 AutoCAD 2005 已经有了图纸集这种图纸管理方式，而为何天正不使用 AutoCAD 的图纸集而自己搞一套工程管理？这是因为 AutoCAD 的图纸集必须基于 AutoCAD 2005 以上版本的平台，而且还要求用户基于图纸空间的命名视图来组织。这两个要求很多用户无法接受，他们不见得一定能升级到 2005 以上版本，也不一定都愿意使用图纸空间。而本软件提供了实用的工程管理也使用了图纸集的概念，但天正图纸集可适用于 AutoCAD 2000 以上的任何版本，不局限于最新版本，也可以适用于模型空间和图纸空间，满足了国内用户使用习惯和所拥有的 AutoCAD 平台版本的实际状况。

18.1.1 天正工程管理的概念

天正工程管理是把用户所设计的大量图形文件按“工程”或者说“项目”区别开来，首先要求用户把同属于一个工程的文件放在同一个文件夹下进行管理，这符合用户日常工作习惯，只是以前没有强调这样一个操作要求。

工程管理允许用户使用一个 DWG 文件通过楼层范围（默认不显示）保存多个楼层平面，通过楼层范围定义自然层与标准层关系，也容许用一个 DWG 文件保存一个楼层平面，此时也需要定义楼层范围，用于区分在 DWG 文件中属于工程的平面图部分，通过楼层范围中的对齐点把各楼层平面对齐并组装起来。

此外，工程管理还支持部分楼层平面在一个 DWG 文件，而其他一些楼层在其他 DWG 文件这种混合保存方式，如图 18-1-1 所示为某项工程的一个天正图纸集，其中一层和二层平面图都保存在一个 DWG 文件，而其他平面 C-D 保存在各自的 DWG 文件。由于楼层范围定义的存在，在 DWG 文件中的临时平面图 X 和 Y 不会影响工程的创建。

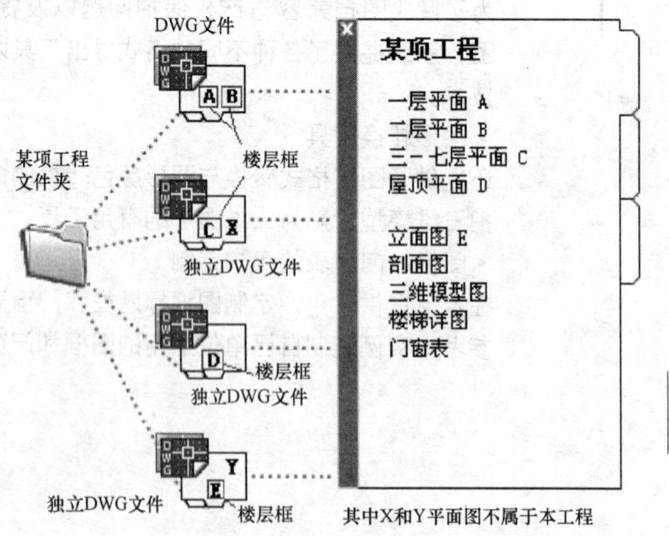

图 18-1-1 工程管理示意图

18.1.2　工程管理

本命令启动工程管理界面如图 18-1-2 所示，在其中建立由各楼层平面图组成的楼层表，在界面上方提供了创建立面、剖面、三维模型等图形的工具栏图标。

菜单命令：文件布图→工程管理（GCGL）

点取菜单命令或键入热键 Ctrl+～均可启动工程管理界面，再次执行可关闭该界面，并可设置为“自动隐藏”，仅显示一个共用的标题栏。光标进入标题栏中的工程管理区域时，界面会自动展开。

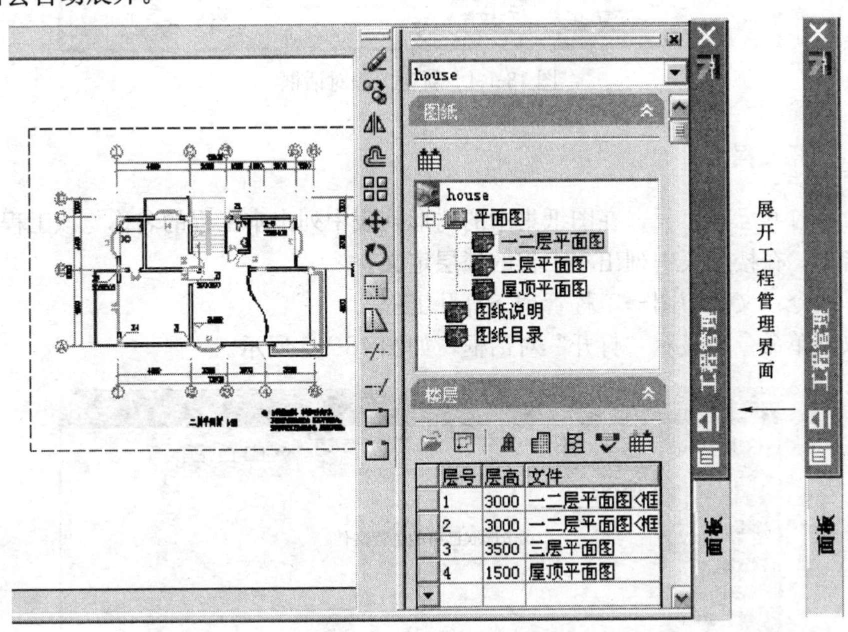

图 18-1-2　工程管理界面

单击界面上方的下拉列表，可以打开工程管理菜单，其中选择工程管理命令，如图 18-1-3 所示。

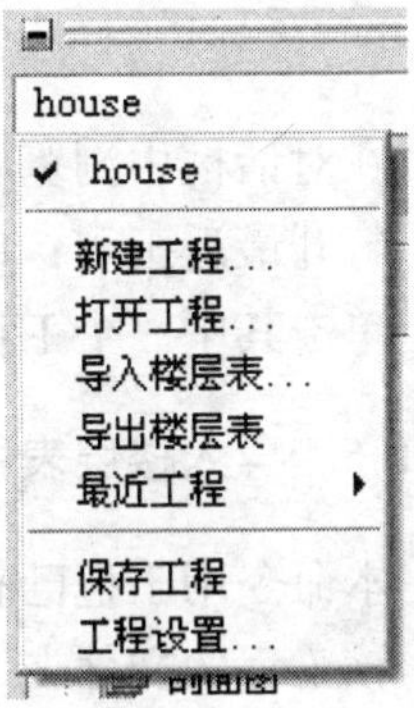

楼层表是使用工程管理中的“楼层表”功能创建的，为保证与天正建筑 5～6.5 版本兼容，提供了**【导入楼层表】**与**【导出楼层表】**命令。

house
✔ house
新建工程...
打开工程...
导入楼层表...
导出楼层表
最近工程
保存工程
工程设置...

图 18-1-3　工程管理菜单

18.1.3　新建工程

本命令为当前图形建立一个新的工程，并要求用户为工程命名。

菜单命令：文件布图→工程管理→新建工程

点取菜单命令后，显示“另存为”对话框，如图 18-1-4 所示。

在其中，选取保存该工程 DWG 文件的文件夹作为路径，键入新工程名称；

单击“保存”按钮，把新建工程保存为“工程名称 . tpr”文件，按当前数据更新工程文件。

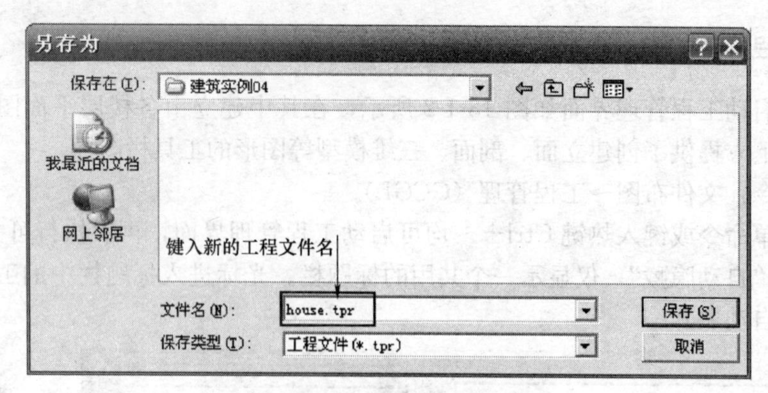

图 18-1-4　新建工程对话框

18.1.4　打开工程

本命令打开已有工程，在图纸集中的树形列表中列出本工程的名称与该工程所属的图形文件名称，在楼层表中列出本工程的楼层定义。

菜单命令：文件布图→工程管理→打开工程

点取菜单命令后显示“打开”对话框，如图 18-1-5 所示。

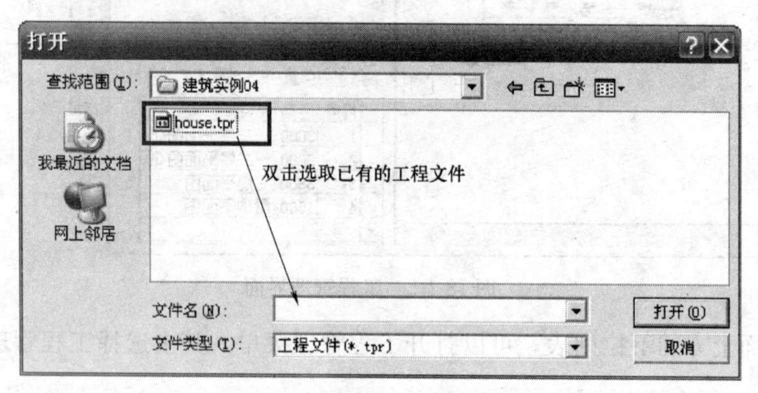

图 18-1-5　打开工程对话框

在对话框中浏览要打开的工程文件（*.tpr)，单击“打开”按钮，打开该工程文件。

打开最近工程：单击工程名称下拉列表→最近工程，可以看到最近打开过的工程列表，单击其中一个工程即可打开。

18.1.5　导入楼层表

本命令用于把已有旧版的 dbf 格式的楼层表升级为新版的 tpr 格式的工程文件。命令要求该工程的文件夹下要存在 building. dbf 楼层表文件，否则会显示“没有发现楼层表”的警告框。命令应在【新建工程】后执行，没有交互过程，结果自动导入 T5～6 版本创建的楼层表数据，自动创建天正图纸集与楼层表。

18.1.6　导出楼层表

本命令纯粹为保证图纸交流设计，用于把天正建筑当前版本的工程转到天正建筑 6 下完成时才会需要，执行结果在 tpr 文件所在文件夹创建一个 building. dbf 楼层表文件。

> **注意：** 当本工程存在一个 DWG 下保存多个楼层平面的局部楼层，会显示“导出楼层表失败”的提示，因为此时无法做到与旧版本兼容。

18. 1. 7　楼层表

楼层表是天正工程管理器的核心数据，用户对标准层平面图的保存常常有两种方法；第一种是一个平面图文件以一个独立 dwg 文件保存；第二种是把整个工程的多个平面图保存在同一个 dwg 文件中。这两种保存方案可以独立使用，也可以混合使用。在选择文件后，需要在每个平面图中定义楼层范围。

楼层表定义的方法：

1. 单击文件列的单元格，接着单击“文件选择”按钮打开文件对话框，选择楼层文件；

2. 打开图形或单击文件标签，切换到要定义楼层范围的楼层文件，使此楼层文件为当前图形文件；

3. 单击“框选标准层”按钮图标，框选当前标准层的区域范围。注意地下层层号用负值表示，如地下一层层号为-1，地下二层为-2。

楼层表功能包括楼层表与工具命令两大类，操作界面如图 18-1-6 所示。

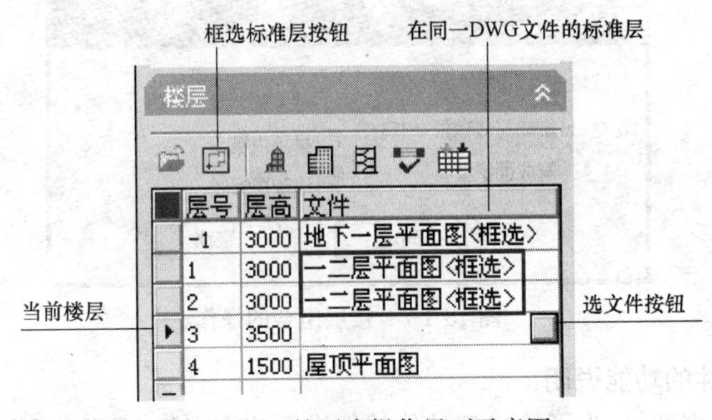

图 18-1-6　楼层表操作界面示意图

▶楼层表操作的说明

［层号］　一组自然层号顺序，简写格式为“起始层号～结束层号”或“层号 1，层号 3，层号 5”，从第一行开始填写，允许多个自然层与一个标准层文件对应，但一个自然层号在一个工程中仅出现一次。

［层高］　填写这个标准层的层高（单位是毫米），层高不同的楼层属于不同的标准层，即使使用同一个平面图也需要各占一行。

［文件］　填写这个标准层的文件名，单击空白文件栏出现按钮，单击按钮浏览选取文件定义标准层。

［行首］　单击行首按钮表示选一行，右击显示对本行操作的菜单，双击行首对应的标准层楼层范围暗显表示其对应关系。

［下箭头］　单击增加一行。

楼层工具命令的说明（从左到右）

［**选择文件**］ 先单击表行选择一个标准层，单击此命令为该标准层指定一个 DWG 文件。

［**框选标准层**］ 先单击表行选择对应当前图的标准层，单击此按钮，命令行提示：

选择第一个角点<取消>：选取定义范围的第一点

另一个角点<取消>：选取定义范围对角点

对齐点<取消>：从图上取一个标志点作为各楼层平面的对齐点

［**三维组合**］ 以楼层定义创建三维建筑模型。

［**建筑立面**］ 以楼层定义创建建筑立面图。

［**建筑剖面**］ 以楼层定义创建建筑剖面图。

［**门窗检查**］ 检查工程各层平面图的门窗定义。

［**门窗总表**］ 创建工程各层平面图的门窗总表。

18.1.8 三维组合

本功能从楼层表获得标准层与自然层的关系，把平面图按用户在对话框中的设置转化为三维模型，按自然层关系叠加成为整体建筑模型，可供三维渲染使用。点击命令后，显示如图 18-1-7 所示对话框。

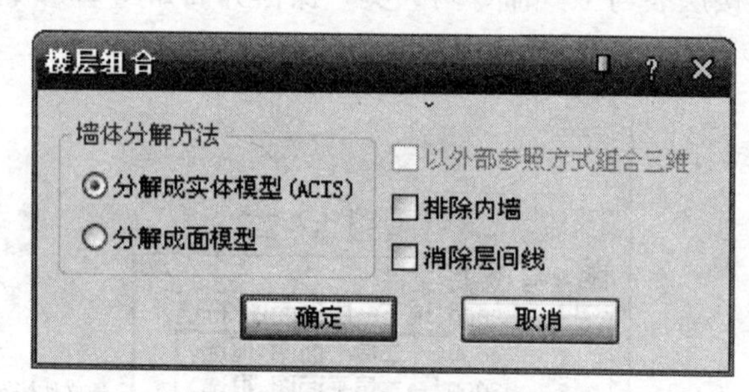

图 18-1-7 楼层组合的操作

对话框控件的功能说明

［**分解成实体模型**］ 为了输出到其他软件进行渲染（如 3DSMAX），系统自动把各个标准层内的专业构件（如墙体、柱子）分解成三维实体（3DSOLID），用户可以使用相关的命令进行编辑。

［**分解成面模型**］ 系统自动把各个标准层内的专业构件分解成网格面，用户可以使用拉伸（Stretch）等命令修改。

［**以外部参照方式组合三维**］ 勾选此项，各层平面不插入本图，通过外部参照（Xref）方式生成三维模型，这种方式可以减少图形文件的开销，同时在各平面图修改后三维模型能做到自动更新，但生成的三维模型仅供 AutoCAD 使用，不能导出到 3DMAX 进行渲染。

［**排除内墙**］ 若勾选此项，生成三维模型就不显示内墙，可以简化模型，减少渲染工作量，注意确认各标准层平面图应事先执行【识别内外】命令。

［**消除层间线**］ 若勾选此项，生成的三维模型把各楼层墙体进行合并成为一个实体，否则各层是分开的多个实体。

单击“确定”后，显示“输入要生成的三维文件”对话框，在其中给出三维模型的文件名，单击“保存”后输出三维模型，如图18-1-8所示。

图18-1-8　输出三维模型文件

18.1.9　图纸集

图纸集是用于管理属于工程的各个图形文件的，以树状列表添加图纸文件创建图纸集，它以右键菜单操作。

图纸集右键菜单命令的说明

[**添加图纸**]　可以为当前的类别或工程下添加图纸文件，从硬盘中选取已有DWG文件或者建立新图纸（双击该图纸时才新建DWG文件）。

[**添加类别**]　可以为当前的工程下添加新类别，如添加“门窗详图”类别。

[**添加子类别**]　在当前类别下一层添加子类别，如在“平面图”类别下添加“平面0511修订”类别。

[**收拢**]　把当前光标选取位置下的下层目录树结构收起来，单击十号重新展开。

[**重命名**]　把当前光标选取位置的类别或文件重新命名。

[**移除**]　把当前光标选取位置的类别或文件从树状目录中移除，但不删文件本身。

打开已有图纸：双击图纸集树状列表中的图纸文件名称，即可打开该图纸文件的DWG图形。

调整图纸位置：拖放树状列表中的类别或文件图标可以改变其在列表中的位置。

标题上的图标为【图纸目录】命令，用于创建基于本工程图纸集的图纸目录。

18.1.10　绑定参照

本命令把当前图形的所有外部参照绑定于本图后，当前图形成为不依赖外部参照的图形，避免在复制移交图形文件时因遗忘外部参照而丢失图内的内容。

菜单命令：文件布图→绑定参照（BDCZ）

请选择绑定方式[绑定(B)/插入(I)]＜退出＞：I

用户根据自己的要求，选择绑定B或者插入模式I。

外部参照XXXX绑定成功！.....外部参照YYYY绑定成功！

命令执行中如果没有需要绑定的外部参照，即退出命令。

18.1.11　重载参照

本命令把当前图形中已卸载的外部参照重新恢复加载，也可以用来更新已经修改的外部参照内容。

菜单命令：文件布图→重载参照（CZCZ）

点取菜单命令后，如果图形中有已卸载的外部参照，命令提示：

外部参照 XXXX 重新加载！……外部参照 YYYY 重新加载！

图形中没有外部参照或者所有外部参照都已经加载，此时退出命令，不出现提示。

18.2　图纸布局的概念

18.2.1　多比例布图的概念

在软件中建筑对象在模型空间设计时都是按 1∶1 的实际尺寸创建的，布图后在图纸空间中这些构件对象相应缩小了出图比例的倍数（1∶3 就是 ZOOM 0.333XP）。换言之，建筑构件无论当前比例多少都是按 1∶1 创建，当前比例和改变比例并不改变构件对象的大小。而对于图中的文字、工程符号和尺寸标注，以及断面填充和带有宽度的线段等注释对象，则情况有所不同，它们在创建时的尺寸大小相当于输出图纸中的大小乘以当前比例，可见它们与比例参数密切相关，因此在执行【当前比例】和【改变比例】命令时，实际上改变的就是这些注释对象。

所谓布图，就是把多个选定的模型空间的图形分别按各自画图使用的“当前比例”为倍数，缩小放置到图纸空间中的视口，调整成合理的版面，其中比例计算还比较麻烦，不过用户不必操心，天正已经设计了【定义视口】命令为您代劳，而且插入后您还可以执行【改变比例】修改视口图形，系统能把注释对象自动调整到符合规范。

简而言之，布图后系统自动把图形中的构件和注释等所有选定的对象，“缩小”一个出图比例的倍数，放置到给定的一张图纸上。如图 18-2-1 所示，对图上的每个视口内的不同比例图形重复【定义视口】操作，最后拖动视口调整好出图的最终版面，就是“多比例布图”。

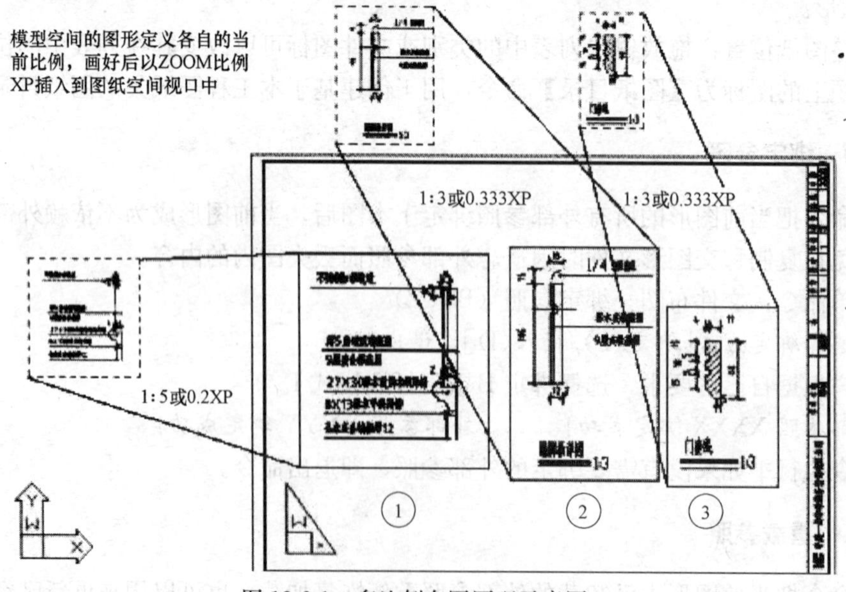

图 18-2-1　多比例布图原理示意图

以下是多比例布图方法：

(1) 使用【当前比例】命令设定图形的比例，例如先画 1∶5 的图形部分；

(2) 按设计要求绘图，对图形进行编辑修改，直到符合出图要求；

(3) 在 DWG 不同区域重复执行 (1)、(2) 的步骤，改为按 1∶3 的比例绘制其他部分；

(4) 单击图形下面的“布局”标签，进入图纸空间；

(5) 以 AutoCAD【文件】→【页面设置】命令配置好适用的绘图机，在“布局”设置栏中设定打印比例为 1∶1，单击“确定”按钮保存参数，删除自动创建的视口；

(6) 单击天正菜单【文件布图】→【定义视口】，设置图纸空间中的视口，重复执行 (6) 定义 1∶5、1∶3 等多个视口；

(7) 在图纸空间单击【文件布图】→【插入图框】，设置图框比例参数 1∶1，单击“确定”按钮插入图框，最后打印出图。

图 18-2-2 为多比例布图的一个实例，各视口边框位于图层 pub_windw，是不可打印图层。

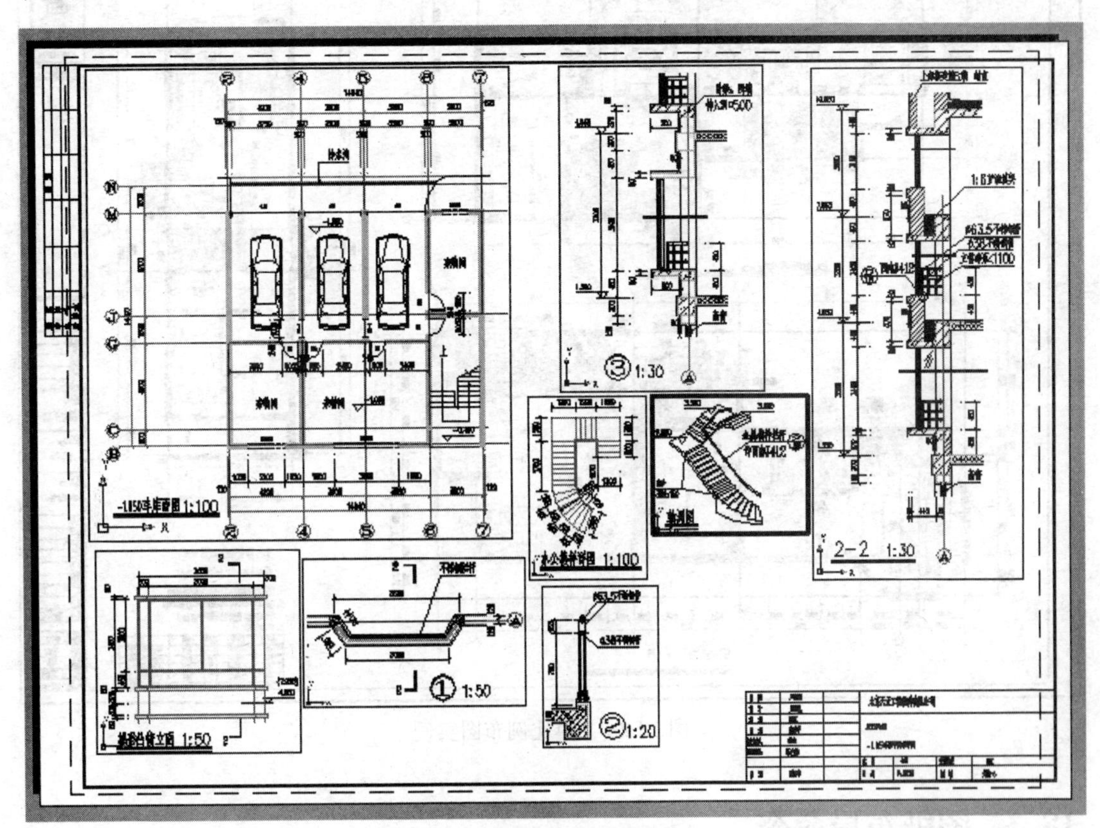

图 18-2-2 多比例布图实例

18.2.2 单比例布图的概念

在软件中，建筑对象在模型空间设计时都按 1∶1 的实际尺寸创建，当全图只使用一个比例时，不必使用复杂的图纸空间布图，直接在模型空间就可以插入图框出图了。

出图比例就是用户画图前设置的“当前比例”，如果出图比例与画图前的“当前比例”不符，就要用【改变比例】修改图形，要选择图形的注释对象（包括文字、标注、符号等）进行更新。

以下是单比例布图方法：

（1）使用【当前比例】命令设定图形的比例，以 1∶200 为例。

（2）按设计要求绘图，对图形进行编辑修改，直到符合出图要求。

（3）单击【文件布图】→【插入图框】，按图形比例（如 1∶200）设置图框比例参数，单击“确定”按钮插入图框。

（4）以 AutoCAD【文件】→【页面设置】命令配置好适用的绘图机，在对话框中的“布局”设置栏中按图形比例大小设定打印比例（如 1∶200）；单击“确定”按钮保存参数，或者打印出图。

单比例布图的实例如图 18-2-3 所示。

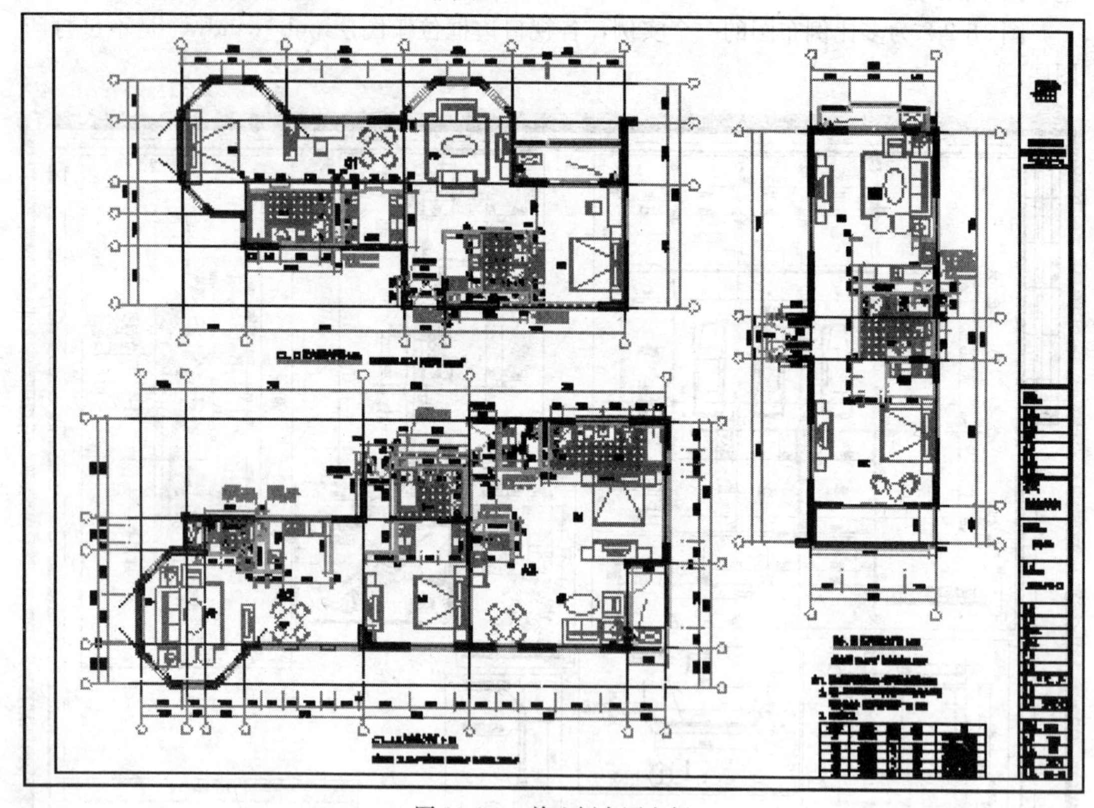

图 18-2-3　单比例布图实例

18.3　图纸布局命令

18.3.1　插入图框

在当前模型空间或图纸空间插入图框，提供了通长标题栏功能以及图框直接插入功能，在预览图像框提供鼠标滚轮缩放与平移功能，插入图框前按当前参数拖动图框，可用于测试图幅是否合适。图框和标题栏均统一由图框库管理，能使用的标题栏和图框样式不受限制，新的带属性标题栏支持图纸目录生成。

菜单命令：文件布图→插入图框（CRTK）

点取菜单命令后，显示对话框如图 18-3-1 所示。

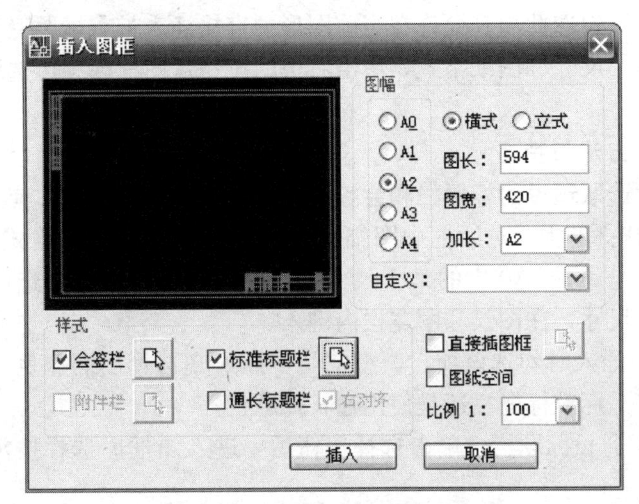

图 18-3-1　插入预设标准图框

对话框控件的功能说明

[图幅]　共有 A4～A0 五种标准图幅，单击某一图幅的按钮，就选定了相应的图幅。

[图长/图宽]　通过键入数字，直接设定图纸的长宽尺寸或显示标准图幅的图长与图宽。

[横式/立式]　选定图纸格式为立式或横式。

[加长]　选定加长型的标准图幅，单击右边的箭头，出现国标加长图幅供选择。

[自定义]　如果使用过在图长和图宽栏中输入的非标准图框尺寸，命令会把此尺寸作为自定义尺寸保存在此下拉列表中，单击右边的箭头可以从中选择已保存的 20 个自定义尺寸。

[比例]　设定图框的出图比例，此数字应与“打印”对话框的“出图比例”一致。此比例也可从列表中选取，如果列表没有，也可直接输入。勾选“图纸空间”后，此控件暗显，比例自动设为 1：1。

[图纸空间]　勾选此项，当前视图切换为图纸空间（布局），“比例”自动设置为1：1。

[会签栏]　勾选此项，允许在图框左上角加入会签栏，单击右边的按钮从图框库中可选取预先入库的会签栏。

[标准标题栏]　勾选此项，允许在图框右下角加入国标样式的标题栏，单击右边的按钮从图框库中可选取预先入库的标题栏。

[通长标题栏]　勾选此项，允许在图框右方或者下方加入用户自定义样式的标题栏，单击右边的按钮从图框库中可选取预先入库的标题栏，命令自动从用户所选中的标题栏尺寸判断插入的是竖向或是横向的标题栏，采取合理的插入方式并添加通栏线。

[右对齐]　图框在下方插入横向通长标题栏时，勾选“右对齐”时可使得标题栏右对

齐，左边插入附件。

［**附件栏**］ 勾选“通长标题栏”后，“附件栏”可选，勾选“附件栏”后，允许图框一端加入附件栏，单击右边的按钮从图框库中可选取预先入库的附件栏，可以是设计单位徽标或者是会签栏。

［**直接插图框**］ 勾选此项，允许在当前图形中直接插入带有标题栏与会签栏的完整图框，而不必选择图幅尺寸和图纸格式，单击右边的按钮从图框库中可选取预先入库的完整图框。

图框的插入方法与特点

一、由图库中选取预设的标题栏和会签栏，实时组成图框插入，使用方法如下

1. 可在如图 18-3-1 所示对话框中图幅栏中先选定所需的图幅格式是横式还是立式，然后选择图幅尺寸是 A4～A0 中的某个尺寸，需加长时，从加长中选取相应的加长型图幅；如果是非标准尺寸，在图长和图宽栏内键入。

2. 图纸空间下插入时勾选该项，模型空间下插入则选择出图比例，再确定是否需要标题栏、会签栏，是标准标题栏还是使用通长标题栏。

3. 如果选择了通长标题栏，单击选择按钮后，进入图框库选择按水平图签还是竖置图签格式布置。

4. 如果还有附件栏要求插入，单击选择按钮后，进入图框库选择合适的附件，是插入院徽还是插入其他附件。

5. 确定所有选项后，单击插入，屏幕上出现一个可拖动的蓝色图框，移动光标拖动图框，看尺寸和位置是否合适，在合适位置取点插入图框。如果图幅尺寸或者方向不合适，右键回车返回对话框，重新选择参数。

二、直接插入事先入库的完整图框，使用方法如下

1. 在如图 18-3-2 所示对话框中勾选直接插图框，然后单击勾选框右侧按钮，进入图框库选择完整图框，其中每个标准图幅和加长图幅都要独立入库，每个图框都是带有标题栏和会签栏、院标等附件的完整图框。

2. 图纸空间下插入时勾选该项，模型空间下插入则选择比例。

3. 确定所有选项后，单击“插入”按钮，其他与前面叙述相同。

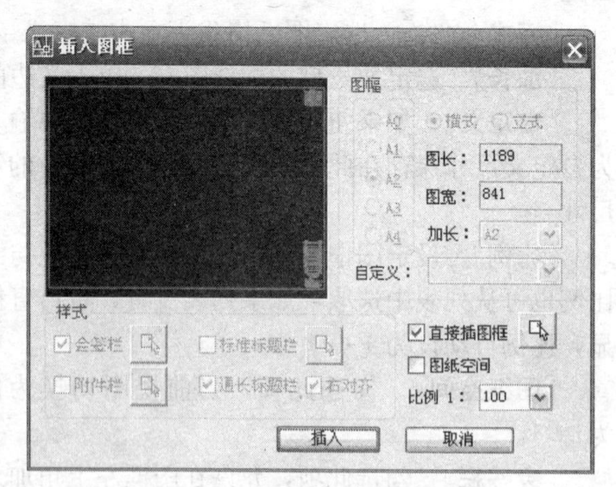

图 18-3-2　直接插入事先入库图框

单击插入按钮后，如当前为模型空间，基点为图框中点，拖动图框同时命令行提示：

请点取插入位置＜返回＞：点取图框位置即可插入图框，如图 18-3-3 所示，右键或回车返回对话框重新更改参数。

三、在图纸空间插入图框的特点

在图纸空间中插入图框与模型空间区别主要是：在模型空间中图框插入基点居中拖动套入已经绘制的图形，而一旦在对话框中勾选“图纸空间”，绘图区立刻切换到图纸空间

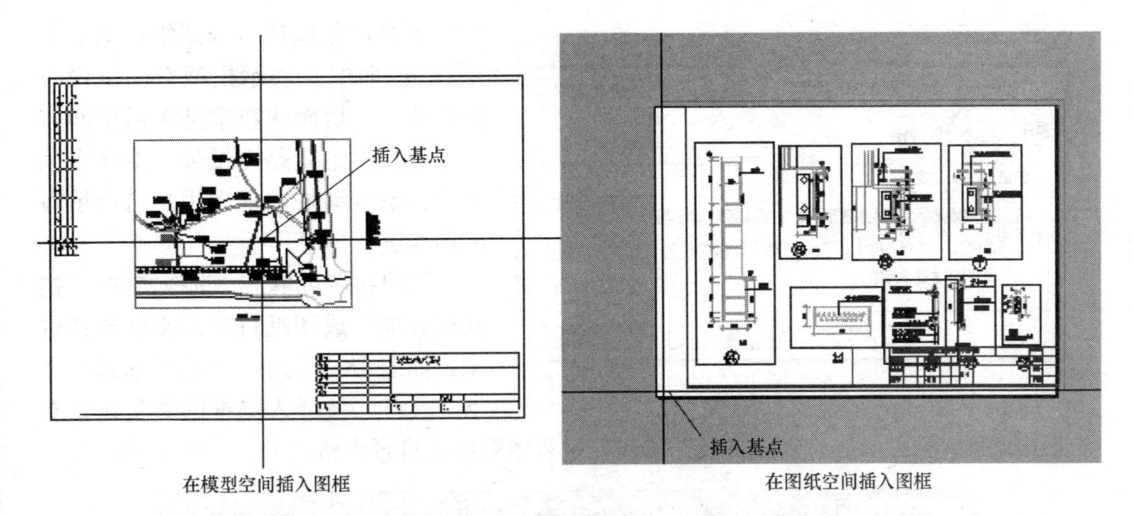

图 18-3-3　图框在不同空间插入

布局 1，图框的插入基点则自动定为左下角，默认插入点为 0，0，提示为：

请点取插入位置[原点(Z)]<返回>：点取图框插入点即可在其他位置插入图框

键入 Z 默认插入点为 0，0，回车返回重新更改参数。

四、预览图像框的使用

预览图像框提供鼠标滚轮和中键的支持，可以放大和平移在其中显示的图框，可以清楚地看到所插入的标题栏详细内容。

18.3.2　图纸目录

图纸目录自动生成功能按照国标图集 04J801《民用建筑工程建筑施工图设计深度图样》4.3.2 条的要求，参考页次 5 的图纸目录实例和一些甲级设计院的图框编制。

本命令的执行对图框有下列要求：

1. 图框的图层名与当前图层标准中的名称一致（默认是 PUB_TITLE）。
2. 图框必须包括属性块（图框图块或标题栏图块）。
3. 属性块必须有以图号和图名为属性标记的属性，图名也可用图纸名称代替，其中图号和图名字符串中不允许有空格，例如，不接受“图　名”这样的写法。

本命令要求配合具有标准属性名称的特定标题栏或者图框使用，图框库中的图框横栏提供了符合要求的实例，用户应参照该实例进行图框的用户定制，入库后形成该单位的标准图框库或者标准标题栏，并且在各图上双击标题栏即可将默认内容修改为实际工程内容，如图 18-3-4 所示。图纸目录的样式也可以由用户参照样板重新修改后入库，方法详见表格的用户定制有关内容。

标题栏修改完成后，即可打开将要插入图纸目录表的图形文件，创建图纸目录的准备工作完成，可从“文件布图”菜单执行本命令了，从【工程管理】界面的“图纸”栏有图标也可启动本命令。

菜单命令：文件布图→图纸目录（TZML）

点取菜单命令后，命令开始在当前工程的图纸集中搜索图框（如果没有添加进图纸集则不会被搜索到），范围包括图纸空间和模型空间在内，其中立剖面图文件中有两个图纸

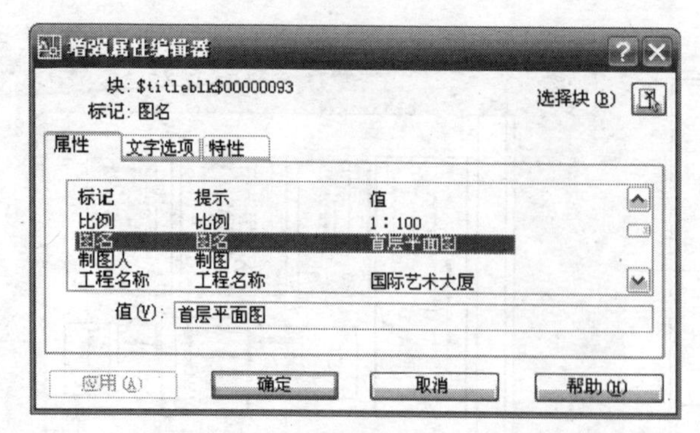

图 18-3-4　图框标题栏的文字属性

空间布局，各包括一张图纸，图纸数是 2，前面的 0 表示模型空间中没有找到图纸，后面的数字是图纸空间布局中的图框也就是图纸数，本命令生成的目录自动按图框中用户自己填写的图号进行排序。

用户接着可单击“选择文件”，把其他参加生成图纸目录的文件选择进来，如图 18-3-5 所示为已经选择 7 个 dwg 文件，按插入图框的数量统计有 8 张图纸的情况；单击“生成目录”按钮，进入图纸插入目录表格。

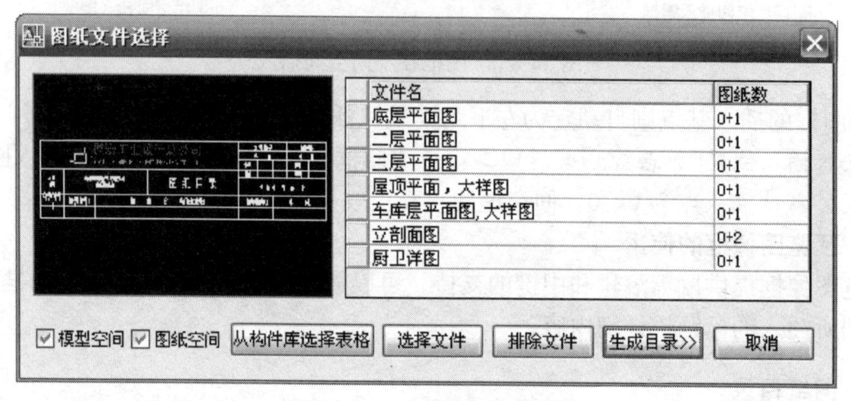

图 18-3-5　生成的图纸目录

图纸名称列的文字如果有分号“;”表示该图纸有图名和扩展图名，在输出表格时起到换行的作用。

对话框控件的功能说明

［**模型空间**］　默认勾选表示在已经选择的图形文件中包括模型空间里插入的图框，除选则表示只保留图纸空间图框。

［**图纸空间**］　默认勾选表示在已经选择的图形文件中包括图纸空间里插入的图框，除选则表示只保留模型空间图框。

［**从构件库选择表格**］　从【**构件库**】命令打开表格库，如图 18-3-6 所示，用户在其中选择并双击预先入库的用户图纸目录表格样板，所选的表格显示在左边图像框。

［**选择文件**］　进入标准文件对话框，选择要添加入图纸目录列表的图形文件，按＜Shift＞键可以一次选多个文件。

［**排除文件**］　选择要从图纸目录列表中打算排除的文件，按＜Shift＞键可以一次选多个文件，单击按钮把这些文件从列表中去除。

［**生成目录**］　完成图纸目录命令，结束对话框，由用户在图上插入图纸目录。

命令：请点取图纸目录插入位置＜返回＞：在图上适当位置给点插入图纸目录表格。

实际工程中，一个项目的一个专业图纸有几十张以上，生成的图纸目录会很长。为了便于布图，用户可以使用【**表格拆分**】命令把图纸目录拆分成多个表格；由于有些图纸目

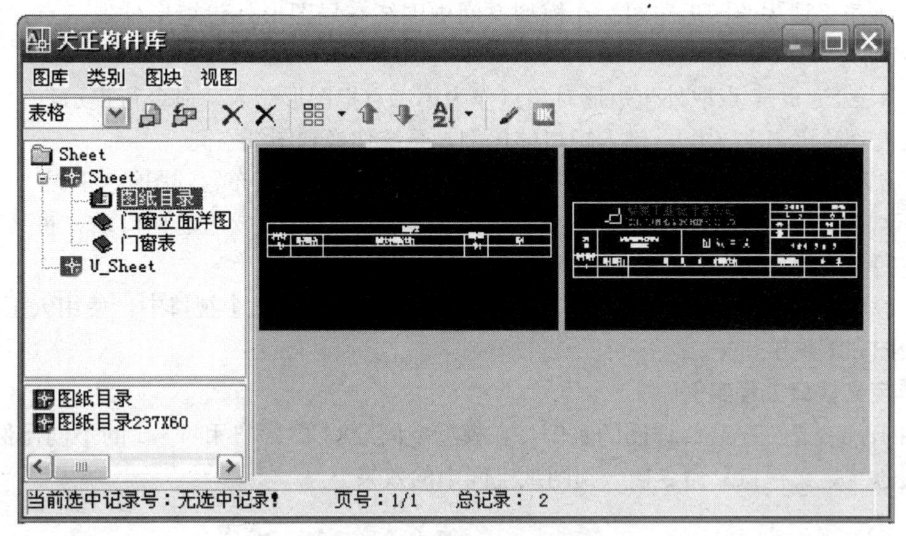

图 18-3-6　图纸目录表格库

录表格样式会采用单元格合并，使得一列的内容在对象编辑返回电子表格后显示为多列，此时只有其中右边的一列有效。

注意： 在工程范例目录 Sample 中有两个实例使用了图纸目录功能：1. 家装工程；2. 商住楼施工。有兴趣的用户请打开这两个实例的 dwg 文件，学习本命令以及相关的插入图框命令的使用。

实例如图 18-3-7 所示。

煤炭工业设计总公司
COAL PLANNING & ENGINEERING CO., LTD.

图纸目录

序号	图号	图纸名称	图幅	备注
1	建施-1	首层平面图	A2	
2	建施-2	二层平面图	A2	
3	建施-3	三层平面图	A2	
4	建施-4	屋顶平面与详图	A2	
5	建施-5	-1.05车库平面与详图	A2	
6	建施-6	侧立面与剖面图	A2	
7	建施-7	正立面与背立面图	A2	
8	建施-8	厨房卫生间详图	A2	

图 18-3-7　图纸目录生成实例

18.3.3　定义视口

本命令将模型空间的指定区域的图形以给定的比例布置到图纸空间，创建多比例布图的视口。

菜单命令：文件布图→定义视口（DYSK）

点取菜单命令后，如果当前空间为图纸空间，会切换到模型空间，同时命令行提示：

请给出图形视口的第一点<退出>：点取视口的第一点

1. 如果采取先绘图后布图。在模型空间中围绕布局图形外包矩形外取一点，命令行接着显示：

第二点〈退出〉：点取外包矩形对角点作为第二点把图形套入，命令行提示：

该视口的比例 1:〈100〉：键入视口的比例，系统切换到图纸空间

请点取该视口要放的位置〈退出〉：点取视口的位置，将其布置到图纸空间中

2. 如果采取先布图后绘图，在模型空间中框定一空白区域选定视口后，将其布置到图纸空间中。此比例要与即将绘制图形的比例一致。

可一次建立比例不同的多个视口，用户可以分别进入到每个视口中，使用天正的命令进行绘图和编辑工作。

定义视口工程实例

图 18-3-8 是一个装修详图的实例，在模型空间绘制了 1∶3 和 1∶5 的不同比例图形，图为通过【定义视口】命令插入到图纸空间中的效果。

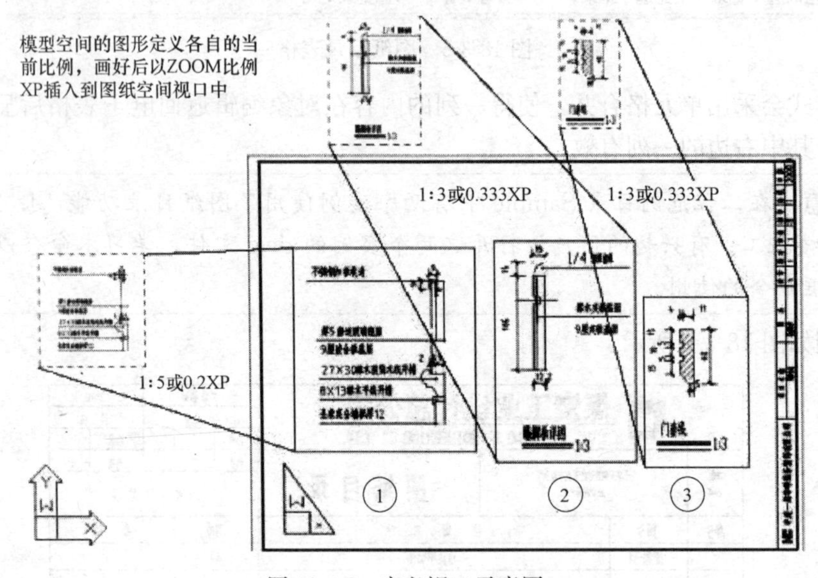

图 18-3-8 定义视口示意图

18.3.4 视口放大

本命令把当前工作区从图纸空间切换到模型空间，并提示选择视口按中心位置放大到全屏。如果原来某一视口已被激活，则不出现提示，直接放大该视口到全屏。

菜单命令：文件布图→视口放大（SKFD）

点取菜单命令后，命令行提示：

请点取要放大的视口〈退出〉：点取要放大视口的边界

此时工作区回到模型空间，并将此视口内的模型放大到全屏，同时“当前比例”改为该视口的比例。

18.3.5 改变比例

本命令改变模型空间中指定范围内图形的出图比例，包括视口本身的比例。如果修改

成功，会自动作为新的当前比例；命令可以在模型空间使用，也可以在图纸空间使用。执行后，建筑对象大小不会变化，但包括工程符号的大小、尺寸和文字的字高等注释相关对象的大小会发生变化。

本命令除了在菜单执行外，还可单击状态栏左下角的“比例”按钮（AutoCAD 2002平台下无法提供）执行。此时，请先选择要改变比例的对象，再单击该按钮，设置要改变的比例，如图18-3-9所示。

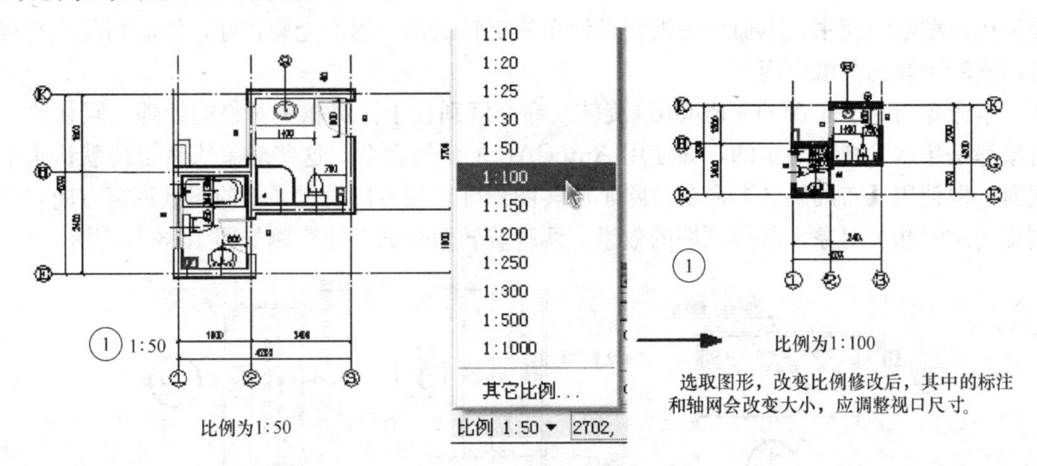

图18-3-9 改变比例的实例

如果在模型空间使用本命令，可更改某一部分图形的出图比例；如果图形已经布置到图纸空间，但需要改变布图比例，可在图纸空间执行**【改变比例】**，命令交互见如下所述。由于视口比例发生了变化，最后的布局视口大小不同。

菜单命令：文件布图→改变比例（GBBL）

点取菜单命令后，命令行提示：

选择要改变比例的视口：点取图上要修改比例的视口

请输入新的出图比例〈50〉:100 从视口取得比例作默认值，键入100回车

此时视口尺寸缩小约一倍，接着命令行提示：

请选择要改变比例的图元：从视口中以两对角点选择范围，回车结束后各注释相关对改变大小

此时，连轴网与工程符号的位置会有变化，请拖动视口大小或者进入模型空间拖动轴号等对象修改布图，经过比例修改后的图形在布局中大小有明显改变，但是维持了注释相关对象的大小相等，从图18-3-9中可见轴号、详图号、尺寸文字字高等都是一致的，符合国家制图标准的要求。

18.3.6 布局旋转

本命令把要旋转布置的图形进行特殊旋转，以方便布置竖向的图框。

菜单命令：文件布图→布局旋转（BJXZ）

点取菜单命令后，命令行提示：

选择对象：选择要布局旋转的天正对象

请选择布局旋转方式[基于基点(B)/旋转角度(A)]〈基于基点〉：A 键入A输入旋转角度

设置旋转角度〈0.0〉:90 输入旋转角度

为了出图方便，可以在一个大幅面的图纸上布置多个图框，这时就可能要求要把一些图框旋转 90°，以便更好地利用纸张。这要求把图纸空间的图框、视口以及相应的模型空间内的图形都旋转 90°。

然而，用一个命令一下子完成视口的旋转有潜在问题，由于在图纸空间旋转某个视口的内容，无法预知其结果是否将导致与其他视口内的内容发生碰撞，因此【布局旋转】设计为在模型空间使用。本命令是把要求做布局旋转的部分图形先旋转好，然后删除原有视口，重新布置到图纸空间。

本命令与 AutoCAD 的 Rotate（旋转）命令区别在于注释相关对象的处理，默认这些对象都是按水平视向显示的，如使用 AutoCAD 的旋转命令，这些对象依然维持默认水平视向，但使用【布局旋转】命令后除了旋转图形外，还专门设置了新的图纸观察方向，强制旋转注释相关对象，获得预期的效果。两种旋转命令的对比实例如图 18-3-10 所示。

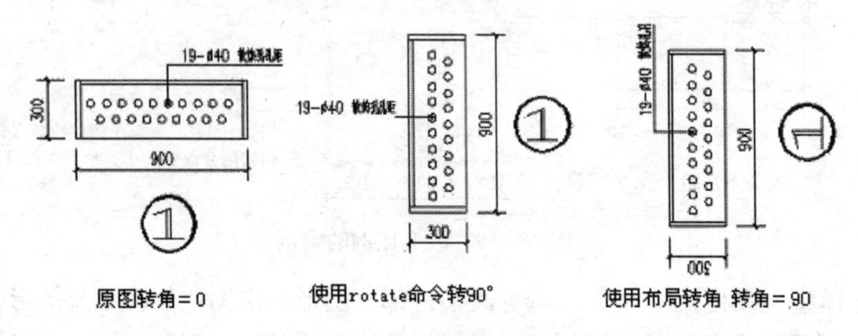

图 18-3-10　布局旋转的应用

> **注意：** 旋转角度总是从 0 起算的角度参数，如果已有一个 45°的布局转角，此时再输入 45 不发生任何变化。

18.3.7　图形切割

以选定的矩形窗口、封闭曲线或图块边界在平面图内切割并提取带有轴号和填充的局部区域用于详图；命令使用了新定义的切割线对象，能在天正对象中间切割，遮挡范围随意调整，可把切割线设置为折断线或隐藏。

菜单命令：文件布图→图形切割（TXQG）

点取菜单命令后，命令行提示：

矩形的第一个角点或［多边形裁剪(P)/多段线定边界(L)/图块定边界(B)］〈退出〉：图上点取一角点

另一个角点〈退出〉：输入第二角点定义裁剪矩形框

此时，程序已经把刚才定义的裁剪矩形内的图形完成切割，并提取出来，在光标位置拖动，同时提示：

请点取插入位置：在图中给出该局部图形的插入位置，如图 18-3-11 所示

双击切割线可显示编辑切割线对话框，设置其中某些边为折断边（显示折断线），并隐藏不打印的切割线，如图 18-3-12 所示。

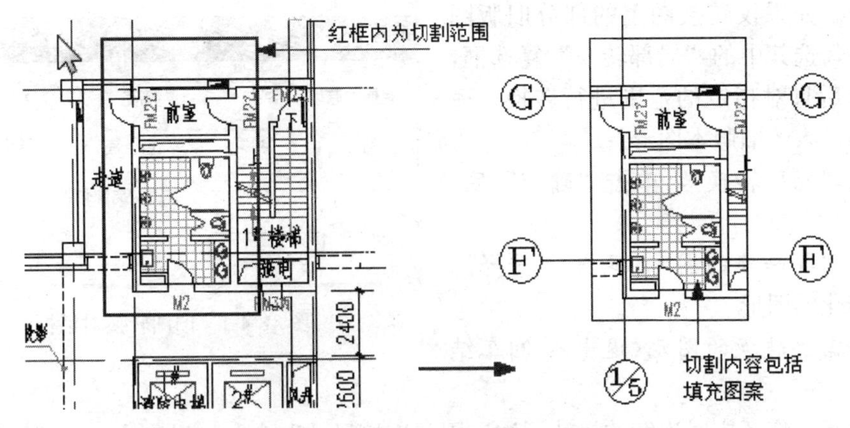

图 18-3-11　图形切割实例

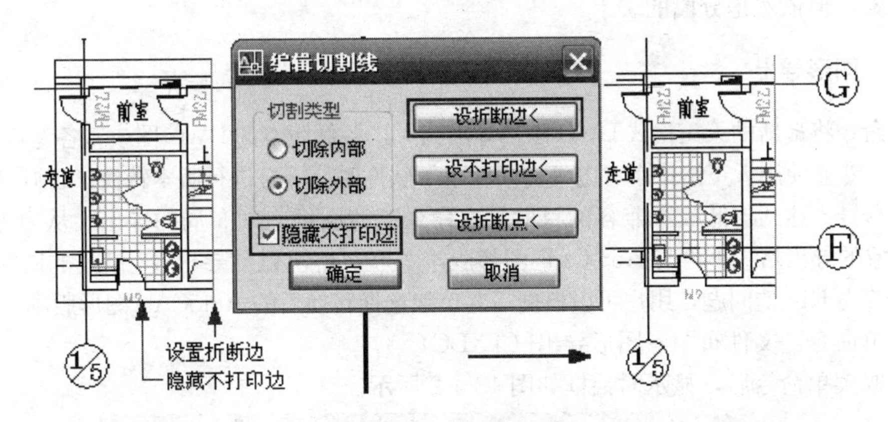

图 18-3-12　编辑切割线

18.4　格式转换导出

使用带有专业对象技术的建筑软件不可避免地带来了建筑对象兼容问题，非对象技术的天正 3 版本不能打开天正高版本图纸，低版本天正软件也不能打开高版本的天正对象，没有安装天正插件的纯粹 AutoCAD 不能打开天正 5 以上使用专业对象的图形文件，以本节所介绍的多种文件导出转换工具以及天正插件，可以解决这些用户之间的文件交流问题。

18.4.1　旧图转换

由于天正升级后图形格式变化较大，为了用户升级时可以重复利用旧图资源继续设计，本命令用于对天正 3 格式的平面图进行转换，将原来用 AutoCAD 图形对象表示的内容升级为新版的自定义专业对象格式。

菜单命令：文件布图→旧图转换（JTZH）

点取菜单命令后，显示如图 18-4-1 所示对话框。

在其中您可以为当前工程设置统一的三维参数，在转换完成后，对不同的情况再进行对象编辑。如果仅转换图上的部分旧版图形，可以勾选其中的“局部转换”复选框，单击确定后只对指定的范围进行转换，适用于转换插入的旧版本图形。

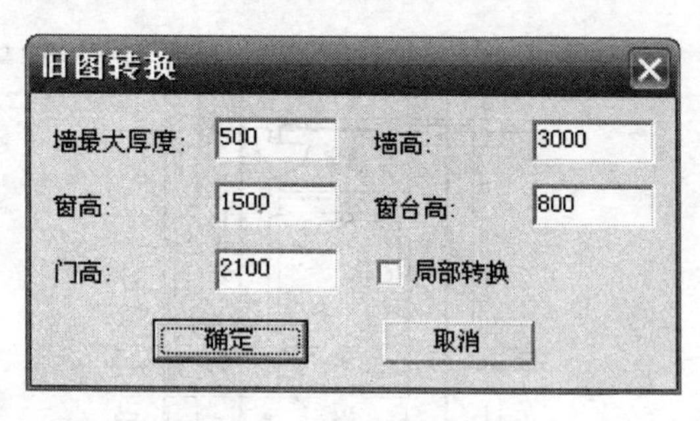

图 18-4-1　旧图转换对话框

勾选“局部转换”，单击“确定”后，提示为：

选择需要转换的图元〈退出〉：选择局部需要转化的图形

选择需要转换的图元〈退出〉：回车结束选择

完成后，您还应对连续的尺寸标注运用“连接尺寸”命令加以连接，否则尽管是天正标注对象，但依然是分段的。

18.4.2　图形导出

本命令将最新的天正格式DWG图档导出为天正各低版本的DWG图或者各专业条件图，如果下行专业使用天正给排水、电气的同版本号软件时，不必进行版本转换，否则应选择导出低版本号，达到与低版本兼容的目的。本命令支持图纸空间布局的导出。从2013开始，天正对象的导出格式不再与AutoCAD图形版本关联，解决以前导出T3格式的同时图形版本必须转为R14的问题，用户可以根据需要单独选择转换后的AutoCAD图形版本。

菜单命令：文件布图→图形导出（TXDC）

点取菜单命令后，显示对话框如图18-4-2所示。

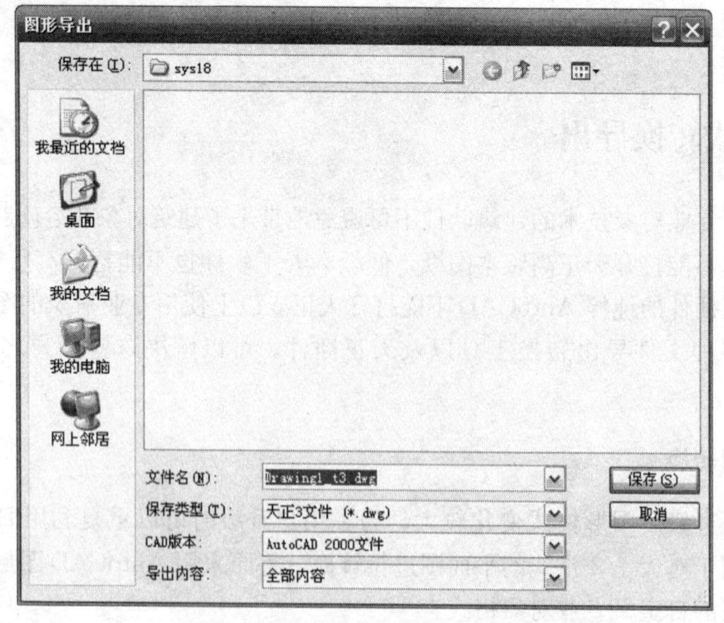

图 18-4-2　天正图形导出对话框

在其中，选择天正对象的保存类型、导出的AutoCAD文件版本、图形的导出内容、文件名称，选择文件保存路径，选定后单击“保存”按钮保存导出图形文件，命令行会显示生成文件的结果。

对话框控件的功能说明

［**保存类型**］　提供天正 3、天正 5、6、7、8、9 版本对象格式转换类型的选择，其中 9 版本表示格式不作转换，选择后自动在文件名加 _ t×的后缀（×=3、5、6、7、8、9）。

［**CAD 版本**］　提供 AutoCAD 图形版本转换，可以选择从 R14、2000～2002、2004～2006、2007～2009、2010～2012、2013 的各版本格式，与天正对象格式独立分开，如图 18-4-3 所示。

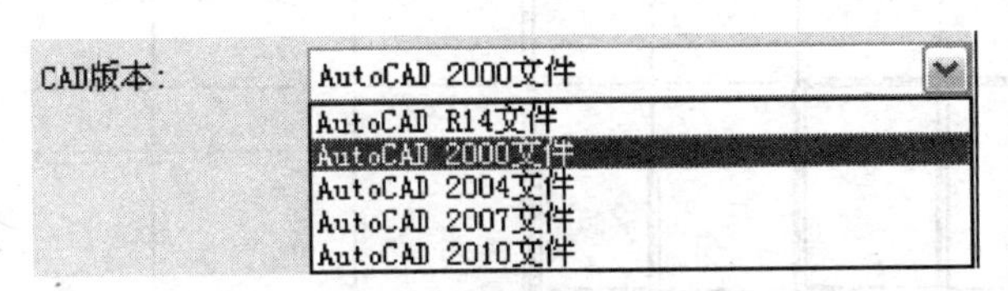

图 18-4-3　天正图形导出 CAD 版本

［**导出内容**］　在下拉列表中选择如下的多个选项，系统按各公用专业要求导出图中的不同内容，如图 18-4-4 所示。

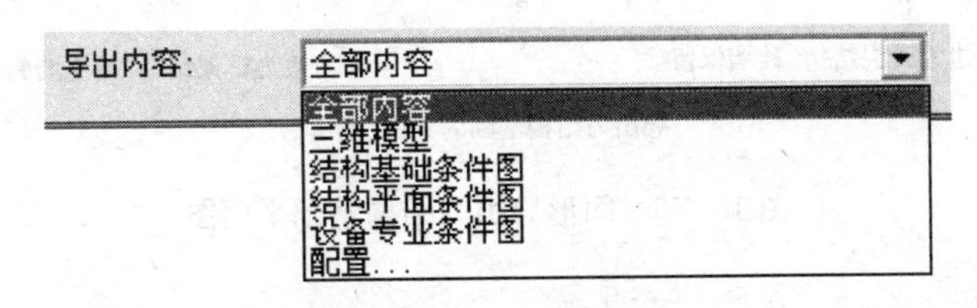

图 18-4-4　天正图形导出类型

［**全部内容**］　一般用于与其他使用天正低版本的建筑师，解决图档交流的兼容问题。

［**三维模型**］　不必转到轴测视图，在平面视图下即可导出天正对象构造的三维模型。

［**结构基础条件图**］　为结构工程师创建基础条件图，此时门窗洞口被删除，使墙体连续，砖墙可选保留，填充墙删除或者转化为梁，受配置的控制，其他的处理包括删除矮墙、矮柱、尺寸标注、房间对象；混凝土墙保留（门改为洞口），其他内容均保留不变。

［**结构平面条件图**］　为结构工程师创建楼层平面图，砖墙可选保留（门改为洞口）或转化为梁，同样也受配置的控制，其他的处理包括删除矮墙、矮柱、尺寸标注、房间对象；混凝土墙保留（门改为洞口），其他内容均保留不变。

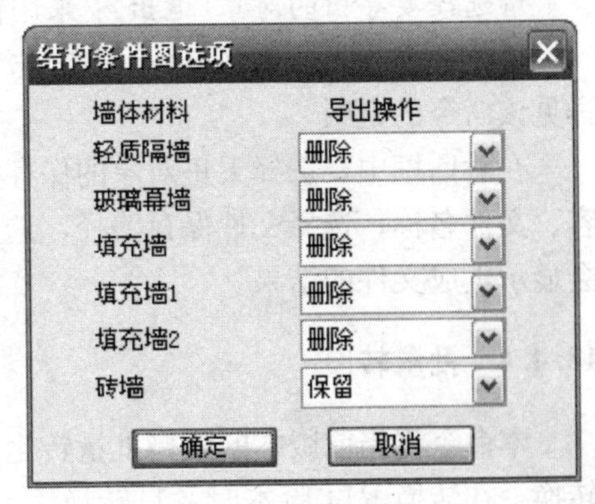

图 18-4-5　天正结构条件图设置

［**设备专业条件图**］　为暖通、水、电专业创建楼层平面图，隐藏门窗编号，删除门窗标注；其他内容均保留不变。

［**配置**］　默认配置是按框架结构转结构平面图设计的，砖墙转为梁，删除填充墙。如果要转基础图请单击“配置”，进入图 18-4-5 所示的选项界面修改。

注意：当前图形是设置为图纸保护后的图形时，**【图形导出】**命令无效，结果显示 eNotImplementYet；符号标注在高级选项中可预先定义文字导出的图层是随公共文字图层还是随符号本身图层。

图 18-4-6 是一个建筑平面图导出为结构基础平面的实例，砖墙门窗已被删除。

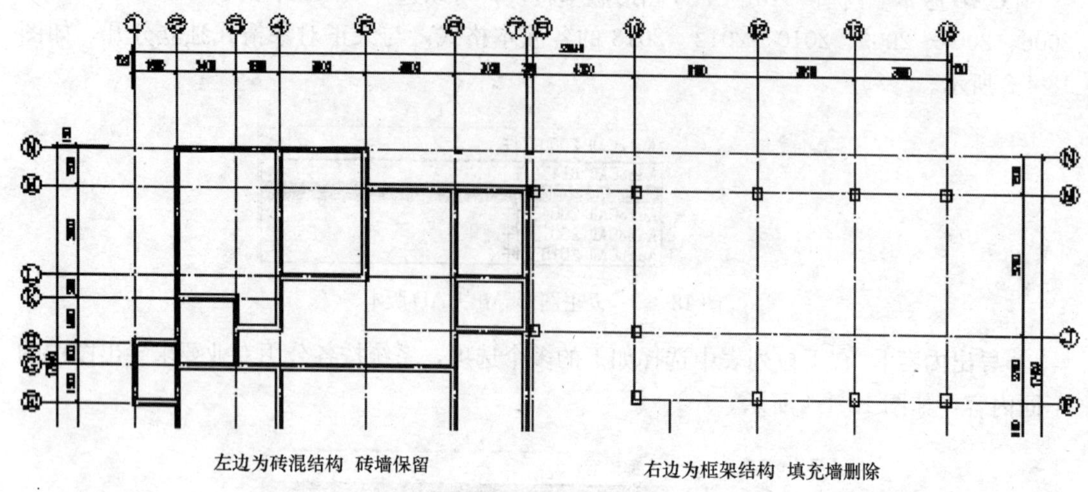

图 18-4-6　图形导出为结构基础平面图

18.4.3　局部导出

本命令类似【图形导出】命令，也是将最新的天正格式 DWG 图档导出为天正各低版本的 DWG 图或者各专业条件图，不同之处是【图形导出】是将当前图形全部内容导出，而本命令是提供选择当前图形中的任意部分导出。

菜单命令：文件布图→局部导出（JBDC）

点取菜单命令后，命令行提示：

请选择要导出的对象〈退出〉：采用任意选择方式选择需要导出的部分图形

请选择要导出的对象〈退出〉：右击结束选择，进入文件对话框同【图形导出】命令，详见该命令的说明

在对话框中，选择天正对象的保存类型、导出的 AutoCAD 文件版本、图形的导出内容、文件名称，选择文件保存路径，选定后单击“保存”按钮保存导出图形文件，命令行会显示生成文件的结果。

18.4.4　批量转旧

本命令将当前版本的图档批量转化为天正旧版 DWG 格式，同样支持图纸空间布局的转换。在转换 R14 版本时，只转换第一个图纸空间布局，用户可以自定义文件的后缀。从 2013 版本开始，天正对象的导出格式不再与 AutoCAD 图形版本关联。

菜单命令：文件布图→批量转旧（PLZJ）

点取菜单命令后，显示对话框如图 18-4-7 所示。

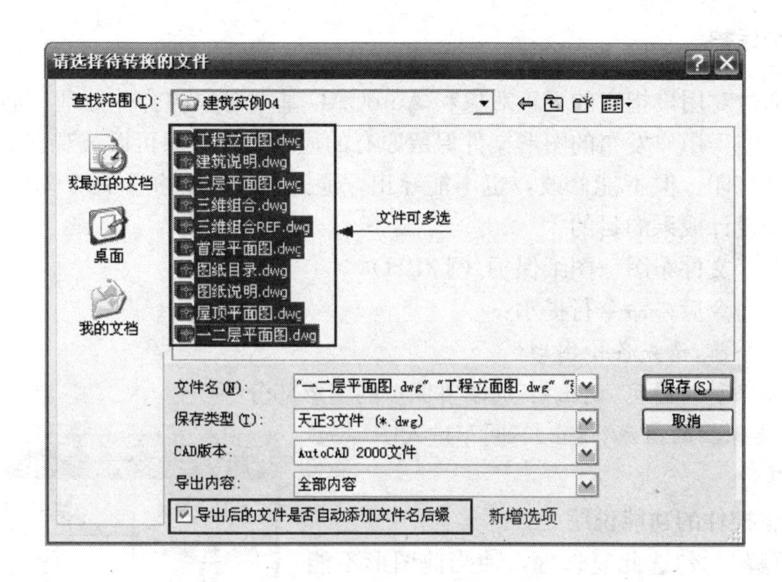

图 18-4-7　批量转旧版本天正

在对话框中允许多选文件，从 2013 版本开始，在对话框下面独立提供了 AutoCAD 图形版本选择，与上一节图形导出命令相同；用户还可以选择勾选导出后的文件末尾是否添加 t3/t7 等文件名后缀。

用户在对话框中选择转换后的文件夹，进入到目标文件夹后单击“确定”按钮后开始转换，命令行会提示转换后的结果。

18.4.5　分解对象

本命令提供了一种将专业对象分解为 AutoCAD 普通图形对象的方法，墙和门窗对象是关联的，分解墙的时候注意要把上面的门窗一起选中。

菜单命令：文件布图→分解对象（FJDX）

分解自定义专业对象可以达到以下目的：

• 使得施工图可以脱离天正环境，在 AutoCAD 下进行浏览和出图。

• 准备渲染用的三维模型。因为很多渲染软件（包括 AutoCAD 本身的渲染器在内）并不支持自定义对象，尤其是其中图块内的材质。特别是要转 3D MAX 渲染时，必须分解为 AutoCAD 的标准图形对象。

点取菜单命令后，命令行提示：

选择对象：选取要分解的一批对象后，随即进行分解

1. 由于自定义对象分解后丧失智能化的专业特征，因此建议保留分解前的模型，把分解后的图“另存为”新的文件，便于今后可能的修改。

2. 分解的结果与当前视图有关。如果要获得三维图形（墙体分解成三维网面或实体），必须先把视口设为轴测视图，在平面视图只能得到二维对象。

3. 不能使用 AutoCAD 的 Explode（分解）命令分解对象。该命令只能进行分解一层的操作，而天正对象是多层结构，只有使用“分解对象”命令才能彻底分解。

18.4.6 图纸保护

本命令通过对用户指定的天正对象和 AutoCAD 基本对象的合并处理，创建不能修改的只读对象，使得用户发布的图形文件保留原有的显示特性，只可以被观察，或者既可以被观察也可以打印，但不能修改，也不能导出，通过【图纸保护】命令对编辑功能的控制，达到保护设计成果的目的。

菜单命令：文件布图→图纸保护（TZBH）

点取菜单命令后，命令行提示：

执行本命令前，请先备份图形！

选择需要保护的图元〈退出〉：选取要保护的图形部分

选择需要保护的图元〈退出〉：回车进入图 18-4-8 所示对话框

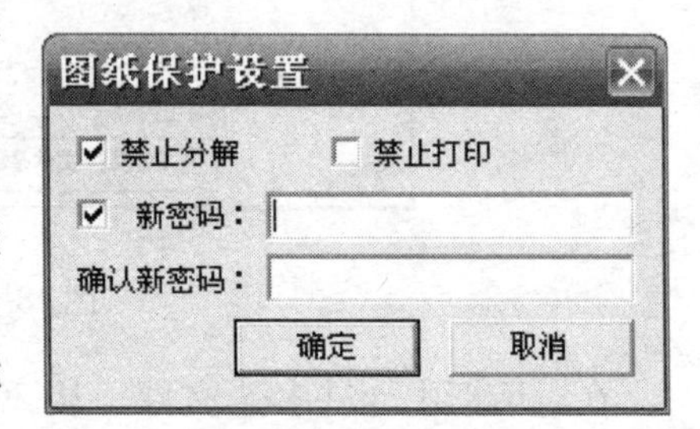

图 18-4-8 天正保护对象

对话框控件的功能说明

［**禁止分解**］ 勾选此复选框，使当前图形不能被 Explode 命令分解。

［**禁止打印**］ 勾选此复选框，使当前图形不能被 Plot、Print 命令打印。

［**新密码**］ 首次执行图纸保护，而且勾选禁止分解时，应输入一个新密码，以备将来以该密码解除保护。

［**确认新密码**］ 输入新密码后，必须再次键入一遍新密码确认，避免密码输入发生错误。

密码可以是字符和数字，最长为 255 个英文字符，区分大小写。被保护后的图形不能嵌套执行多次保护，更严禁通过 block 命令建块！插入外部文件除外。为防止误操作或密码忘记，执行图纸保护前请先备份原文件！

用户不能通过另存为 DXF 等格式导出保护后的图形后再导入恢复原图，会发现导入 DXF 后，受保护的图形无法显示。

生成只读对象后另存盘，即可完成图纸保护的操作过程。在没有天正对象解释插件安装的 AutoCAD 下，或者天正软件-建筑系统没有升级到当前版本，都无法看到只读对象，要看到只读对象必须升级天正软件-建筑系统到 2013、安装天正软件-建筑系统 2013 或者天正插件 2013。

设有分解密码的只读对象初始执行 Explode（分解）命令后，命令行报告：

无法分解 TCH_PROTECT_ENTITY。

如果用户要把它分解，双击只读对象，命令行提示：

输入密码〈退出〉：这时用户键入密码回应，只要密码正确，只读对象改变为可分解状态

在这种状态下，可通过 EXPLODE 命令分解为非保护的天正对象，只读对象的可分解状态信息是临时的，存盘时不会保存。在可分解状态下，双击只读对象进行对象编辑，显示如上介绍的对话框，可在其中重新设置密码，可以达到更改密码的目的，前提是你知道原有的密码。特性表中（Ctrl＋1）可以看到只读对象的属性，如图 18-4-9 所示。

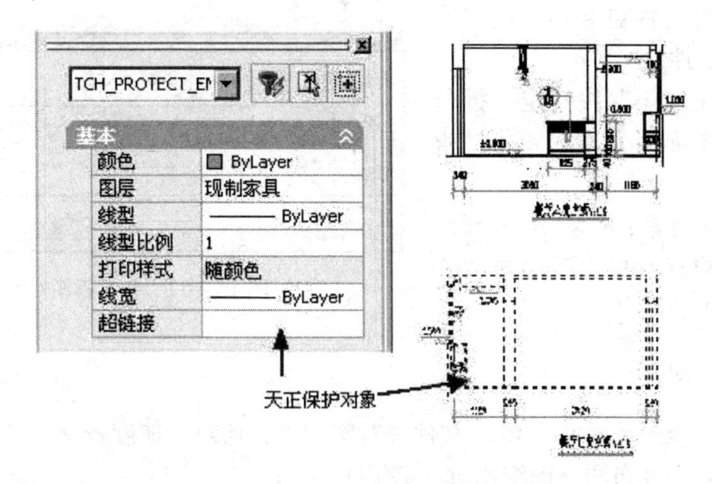

图 18-4-9　天正保护对象

18.4.7　插件发布

本命令把随本软件附带的天正对象解释插件发布到你指定路径下，帮助您的客户观察和打印带有天正对象的文件，特别是带有保护对象的新文件，在本软件中发布的天正插件总是与本软件版本保持同步。

菜单命令：文件布图→插件发布（CJFB）

点取菜单命令后，显示对话框如图 18-4-10 所示。

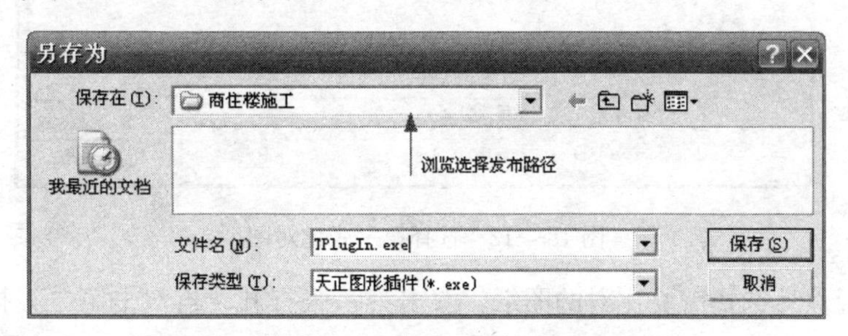

图 18-4-10　天正插件发布界面

在其中选择文件发布路径和名称，单击保存即可，把插件复制到目标机器中，执行文件 TPlugIn. exe，即可安装天正对象解释插件，打开存有天正自定义对象的 DWG 文件。

18.4.8　备档拆图

本命令的功能是把一张 dwg 中的多张图纸按图框拆分为每个含一个图框的多个 dwg 文件，拆分要求图框所在图层必须是“PUB _ TITLE”。

菜单命令：文件布图→备档拆图（BDCT）

点取菜单命令后，命令行提示：

请选择范围:〈整图〉:可以框选范围或者回车选择整张图纸范围

进入对话框如图 18-4-11 所示。

用户如果按天正标题栏属性格式输入图名和图号，在这里会显示出来，根据图名、图号在对话框中为文件更名，单击“确定”导出图形文件。

在其中单击“…”按钮定位拆分后 dwg 文件所存放的位置，单击“查看”，提示：

请选择图名对象：〈退出〉选择图名对象，可将要保存的文件名修改为所选图名对象中的图名

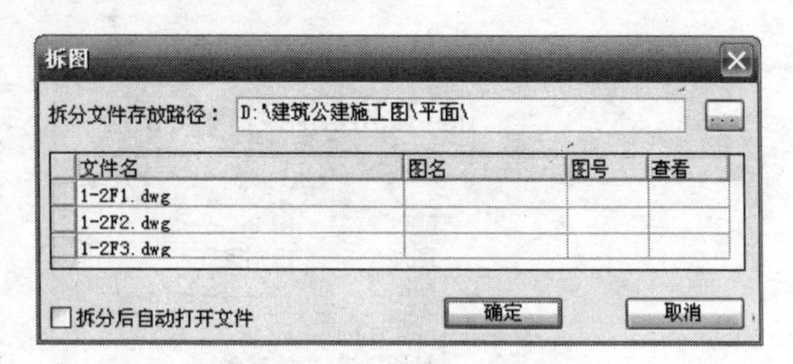

图 18-4-11　备档拆图对话框

18.4.9　图纸比对

本命令的功能是选择两个 dwg 文件，对整图进行比对，速度较慢。

菜单命令：文件布图→图纸比对（TZBD）

对比图纸时，建议在一张新开的 dwg 图纸上进行，比对图要求：基点 insbase 要一致，要求对比的两张图在命令执行前不能打开（否则退出命令）。比对时会自行将两图的所有图层全打开，比对结果：白色为完全一致部分、红色为原图部分、黄色为新图部分。

点取菜单命令后，显示对话框如图 18-4-12 所示。

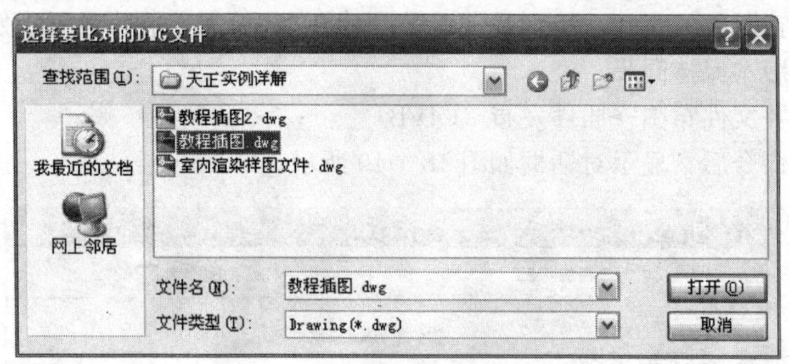

图 18-4-12　选择第一张比对图纸

找到路径然后选择需要比对的图纸：双击第一张打开，再双击第二张打开，如图 18-4-13 所示。

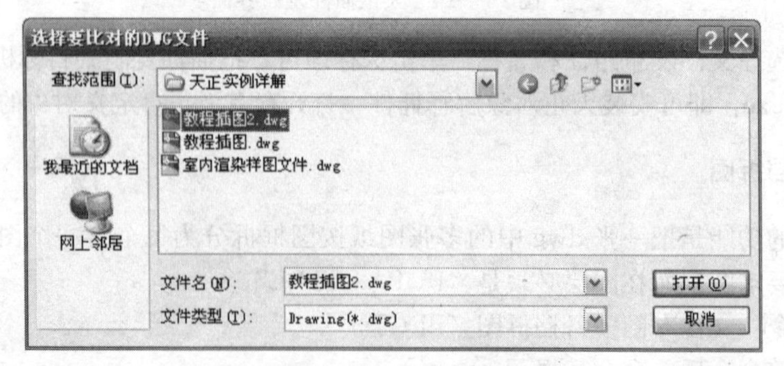

图 18-4-13　选择第二张比对图纸

命令将两张图重叠在一起显示出比对结果，对比结果白色为完全一致部分、红色为原图部分、黄色为新图部分。

18.4.10　局部比对

打开第一个要对比的 DWG 文件，就所选范围与另一个图形文件的同一范围进行比对（速度较快），比对图要求：两图的基点 insbase 要一致，第一张图中以闭合多段线（PLINE）绘制好比对范围，比对时会自行将两图的所有图层全打开，比对结果：白色为完全一致部分、红色为原图部分、黄色为新图部分。

菜单命令：文件布图→局部比对（JBBD）

点取菜单命令后，命令行提示：

请选择表达要进行比对区域的 PLINE：〈退出〉在第一张图上选择表示比对范围的多段线，命令随即弹出对话框如图 18-4-14 所示

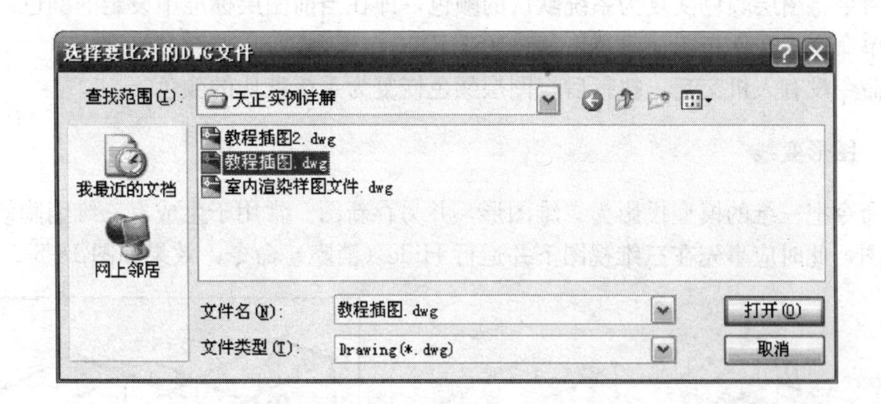

图 18-4-14　局部比对对话框

在其中选择要与原图对比的图纸后（双击所需图形文件），会自动生成并打开比对结果图 CompareDwg.dwg，在此图上将两张图的比对范围重叠在一起，显示出比对结果。

18.5　图形转换工具

18.5.1　图变单色

本命令提供把按图层定义绘制的彩色线框图形临时变为黑白线框图形的功能，适用于为编制印刷文档前对图形进行前处理，由于彩色的线框图形在黑白输出的照排系统中输出时色调偏淡，【图变单色】命令将不同的图层颜色临时统一改为指定的单一颜色，为抓图做好准备。下次执行本命令时，会记忆上次用户使用的颜色作为默认颜色。

菜单命令：文件布图→图变单色（TBDS）

点取菜单命令后，命令行提示：

请输入平面图要变成的颜色/1-红/2-黄/3-绿/4-青/5-蓝/6-粉/7-白/〈7〉：回车

一般常把背景颜色先设为白色，执行本命令后，用回车响应选 7—白色（白背景下为黑色），图形中所有图层颜色改为黑色，如图 18-5-1 所示。

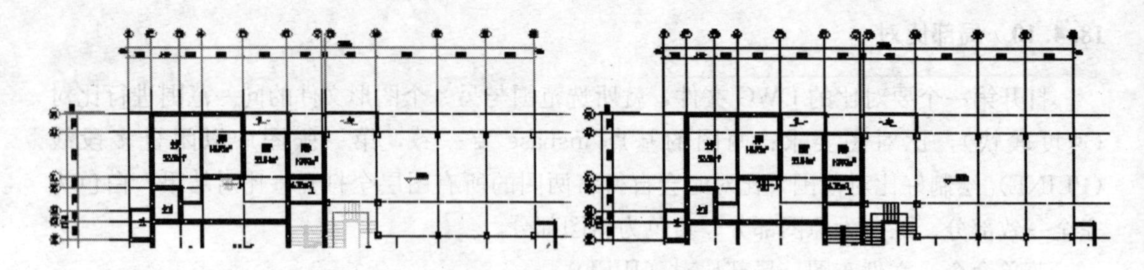

图 18-5-1 图变单色实例

18.5.2 颜色恢复

本命令将图层颜色恢复为系统默认的颜色，即在当前图层标准中设定的颜色。

菜单命令：文件布图→颜色恢复（YSHF）

本命令没有人机交互，执行后将图层颜色恢复为系统默认的颜色。

18.5.3 图形变线

本命令把三维的模型投影为二维图形，并另存新图。常用于生成有三维消隐效果的二维线框图，此时应事先在三维视图下并运行 Hide（消隐）命令，效果如图 18-5-2 所示。

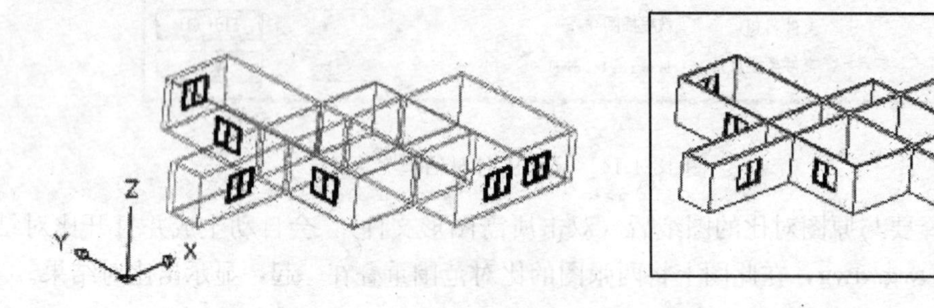

图 18-5-2 图形变线实例

菜单命令：文件布图→图形变线（TXBX）

点取菜单命令后，显示标准文件对话框。

用户在“输入新生成文件名”对话框中给出文件名称与路径，按“确定”按钮后提示：

是否进行消除重线？(Y/N)：若选 Y 则进行消除变换中产生的重合线段

• 转换后绘图精度将稍有损失，并且弧线在二维中由连接的多个 LINE 线段组成。

• 转换三维消隐图前，请使用右键菜单设置着色模式为“二维线框”，坐标符号如上图左，否则不能消隐三维模型。

18.6 图框和表头的用户定制

天正通过通用图库管理标题栏和会签栏，这样用户可使用的标题栏得到极大扩充，从此建筑师可以不受系统的限制而能插入多家设计单位的图框，自由地为多家单位设计。

图框由框线、标题栏、会签栏和设计单位标识组成，本软件把标识部分称为附件栏。当采用标题栏插入图框时，框线由系统按图框尺寸绘制，用户不必定义，而其他部分都是可以由用户根据自己单位的图标样式加以定制；当勾选“直接插图框”时，用户在图库中选择的是预先入库的整个图框，直接按比例插入到图纸中。本节分别介绍标题栏的定制以及直接插入用户图框的定制。

表格是由表格对象和插入表格中的文字内容、图块组成的，其中图块为用户单位的标识图形，需要定制的是表格的表头部分，支持用户定制的表格目前适用于门窗表、门窗总表和图纸目录。

标题栏的制作有下列要求：

属性块必须有以图号和图名为属性标记的属性，图名也可用图纸名称代替，其中图号和图名字符串中不允许有空格，例如不接受图　名这样的写法。

18.6.1　用户定制标题栏的准备

为了使用新的**【图纸目录】**功能，用户必须使用 AutoCAD 的属性定义命令（Attdef）把图号和图纸名称属性写入图框中的标题栏，把带有属性的标题栏加入图框库（图框库里面提供了类似的实例，但不一定符合贵单位的需要），并且在插入图框后把属性值改写为实际内容，才能实现图纸目录的生成，方法如下：

1. 使用**【当前比例】**命令设置当前比例为 1∶1，此比例能保证文字高度的正确，十分重要；

2. 使用**【插入图框】**命令中的“直接插图框”选项，用 1∶1 比例插入图框库中需要修改或添加属性定义的标题栏图块；

3. 使用 Explode（分解）命令分解该图块，使得图框标题栏的分隔线为单根线，这时就可以进行属性定义了（如果插入的是已有属性定义的标题栏图块，双击该图块即可修改属性，请跳过 4-6 节）；

4. 在标题栏中，使用 Attdef 命令输入如图 18-6-1 所示的内容。

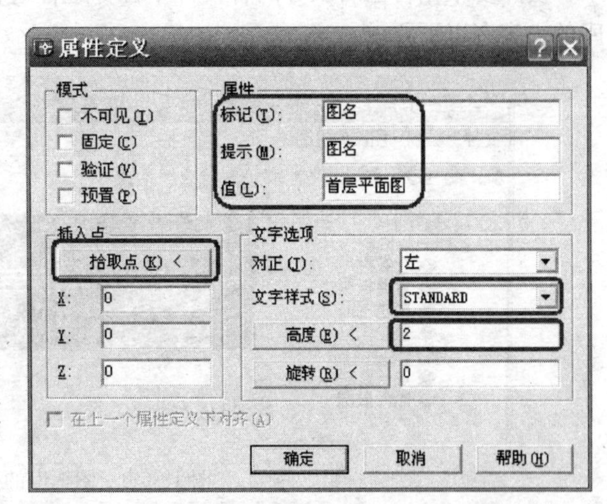

图 18-6-1　图框标题栏的文字属性

标题栏属性定义的说明

［**文字样式**］　按标题栏内希望使用的文字样式选取；

［**高度**］　按照实际打印图纸上的规定字高（毫米）输入。

［**标记**］　是系统提取的关键字，可以是“图名”、“图纸名称”或者含有上面两个词的文字，如“扩展图名”等。

［**提示**］　是属性输入时用的文字提示，这里应与“标记”相同，它提示你属性项中要填写的内容是什么。

［**拾取点**］　应拾取图名框内的文字起始点左下角位置。

［值］ 是属性块插入图形时显示的默认值，先填写一个对应于“标记”的默认值，用户最终要修改为实际值。

5. 同样的方法，使用 Attdef 命令输入图号属性，“标记”、“提示”均为“图号”，“值”默认是“建施-1”，待修改为实际值，“拾取点”应拾取图号框内的文字起始点左下角位置。

6. 可以使用以上方法把日期、比例、工程名称等内容作为属性写入标题栏，使得后面的编辑更加方便，完成的标题栏局部如图 18-6-2 所示，其中属性显示的是“标记”。

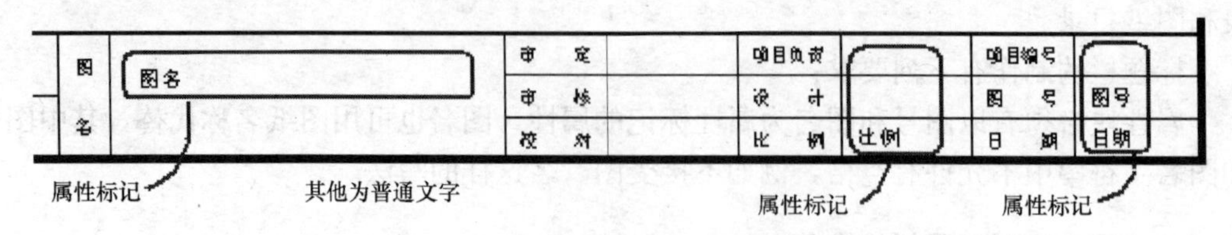

图 18-6-2　图框标题栏的文字属性

7. 使用天正【多行文字】或者【单行文字】在通长标题栏空白位置写入其他需要注明的内容（如“备注：不得量取图纸尺寸，设计单位拥有本图著作权”等）。

8. 把这个添加属性文字后的图框或者图签（标题栏）使用“重制”方式入库取代原来的图块，即可完成带属性的图框（标题栏）的准备工作，插入点为右下角。

18.6.2　用户定制标题栏的入库

图框库 titleblk 提供了部分设计院的标题栏仅供用户作为样板参考，如图 18-6-3 所示，实际要根据自己所服务的各设计单位标题栏进行修改，重新入库，在此对用户修改入库的内容有以下要求：

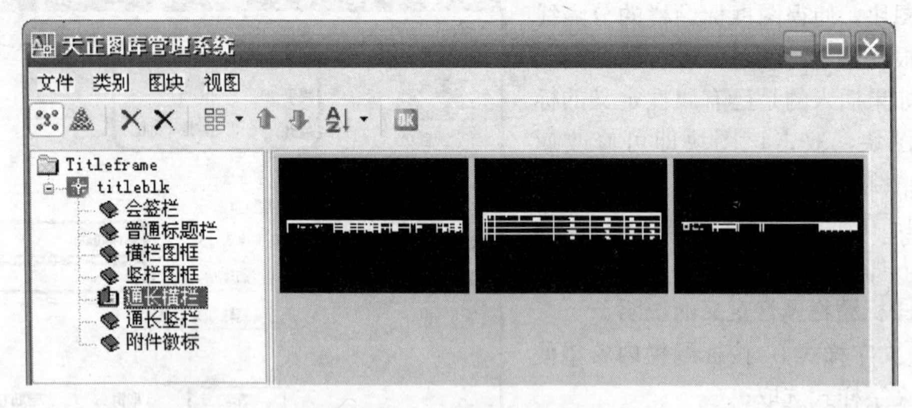

图 18-6-3　图框库的标题栏

1. 所有标题栏和附件图块的基点均为右下角点，为了准确计算通长标题栏的宽度，要求用户定义的矩形标题栏外部不能注写其他内容，类似“本图没有盖章无效”等文字说明要写入标题栏或附件栏内部，或者定义为属性（旋转 90°），在插入图框后将其拖到标题栏外。

2. 作为附件的徽标要求四周留有空白，要使用 point 命令在左上角和右下角画出两对角控制点，用于准确标识徽标范围，点样式为小圆点，入库时要包括徽标和两点在内，插入点为右下角点。

3. 作为附件排在竖排标题栏顶端的会签栏或修改表，宽度要求与标题栏宽度一致，由于不留空白，因此不必画出对角点。

4. 作为通栏横排标题栏的徽标，包括对角点在内的高度要求与标题栏高度一致。

用户修改通长标题栏和入库的插入点，详见图18-6-4所示的实例。

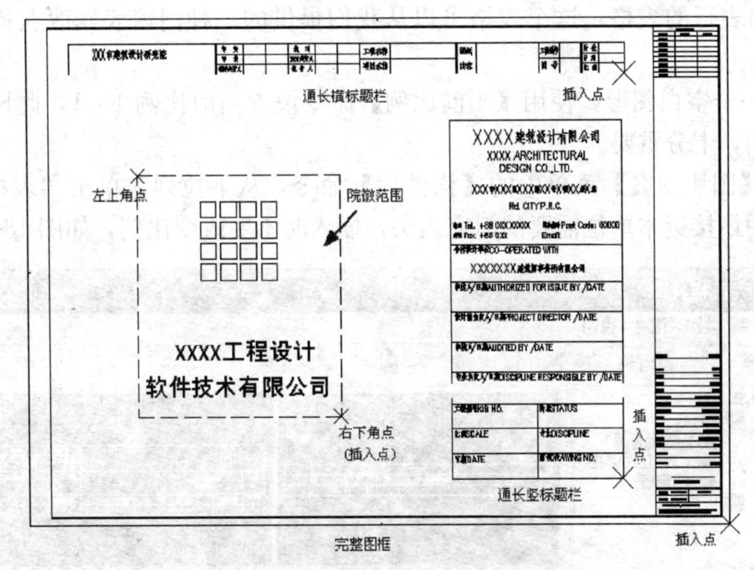

图18-6-4　通长标题栏与徽标附件入库

18.6.3　直接插入的用户定制图框

首先是以【插入图框】命令选择你打算重新定制的图框大小，选择包括你打算修改的类似标题栏，以1∶1的比例插入图中，然后执行Explode分解图框图块，除了用Line命令绘制与修改新标题栏的样式外，还要按上面介绍的内容修改与定制自己的新标题栏中的属性。

完成修改后，选择你要取代的用户图框，以通用图库的“重制”工具覆盖原有内容，或者自己创建一个图框页面类型，以通用图库的“入库”工具重新入库，注意此类直接插入图框在插入时不能修改尺寸，因此对不同尺寸的图框，要求重复按本节的内容，对不同尺寸包括不同的延长尺寸的图框各自入库。重新安装软件时，图框库不会被安装程序所覆盖。

18.6.4　用户定制门窗表与图纸目录表

天正软件-建筑系统提供了用户可定制表头的门窗表和门窗总表，两者区别在于门窗表仅考虑本层门窗，而门窗总表考虑了整座建筑各楼层的门窗，有分层统计和汇总的部分。以往的门窗表和总表都是固定格式的，只能使用天正建筑软件内部附带的一种表格，但目前设计院大都有自己设计的门窗表格，从表格的形式、项目内容与天正自己根据国标图集编制的门窗表或多或少不完全一致。如果没有用户定制功能，用户或者无法使用天正建筑其中的这些命令，或者用户只能使用天正完成一部分表格生成工作，然后花很多时间和人工对结果表格再加工，这两种都不是天正软件-建筑系统设计的初衷，我们的目的还是希望用户能用最少的人工，完成这些繁琐的表格生成工作，结果又能达到设计单位的个性化要求。

18.6.5　定制门窗表（总表）的准备

为了使用【门窗表】插入你单位规定的门窗表，你需要准备一个包括贵单位门窗表表头和一个空白表行的表格，这个表格可以从我们提供的一种门窗表修改获得，定制方法如下：

1. 打开一个空白图形，使用【当前比例】命令设置当前比例 1∶1，此比例能保证文字高度的正确，十分重要。

2. 使用【图块图案】菜单中的【构件库】命令，从下拉列表单击“表格”，用 1∶1 比例插入其中最接近本单位需要的门窗表头，插入时不要改变比例，如图 18-6-5 所示。

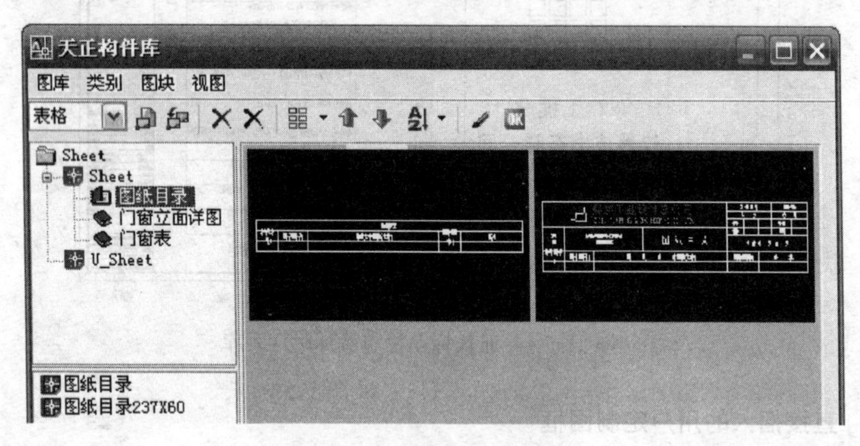

图 18-6-5　插入门窗表的表头

3. 插入作为门窗表头的天正表格后，各夹点的分布如图 18-6-6 所示。

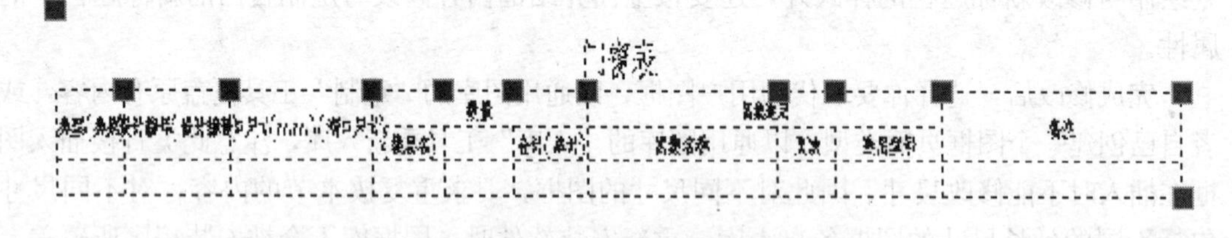

图 18-6-6　选中天正表格对象

18.6.6　定制门窗表（总表）的表格编辑

1. 按贵单位的要求修改门窗表（总表）中的标题文字，关键词写在新的标题文字后面的半角括号中，这些关键词包括“类别”、“设计编号”、“洞口尺寸”、“宽度”、“高度”、“楼层名”、“总计”。如果标题和关键词一致，括号可以不用，例如，标题“总樘数（总计）”在输出的门窗表中单元格会显示“总樘数”，用户可以改变标题所在的位置，但需要保证“楼层名”、“空白列”、“总计”三个关键表列的左右关系不能改变。标题的修改建议单击文字，进入天正的在位编辑修改最为快捷。

2. 在表格中按天正表格的编辑方法进行修改，使得适合你单位的要求，可以进行的修改包括增加行数、列数，在竖向和横向合并表格单元等，还包括在表格单元内插入你单位的徽标图块。在此例中，我们首先插入上面的门窗表，然后根据本单位门窗表标题在单元内的特点，使用表格的“对象编辑”命令去除原来门窗表的标题，使用“增加表行”命令在上方加入两个空行。如图 18-6-7 所示。

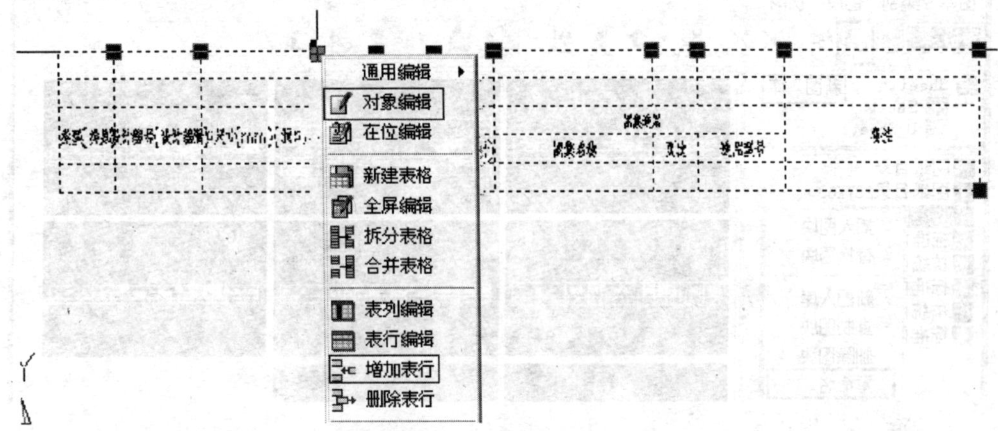

图 18-6-7　选中天正表格对象

3. 选中表格右击进入天正表格右键菜单，常用的编辑命令有“撤销合并”、“单元合并”、“增加表行”、“删除表行”，需要增加表列时采用“表列编辑”，在右侧备注区增加表列，对新增的行按需要进行单元合并，如图 18-6-8 所示。

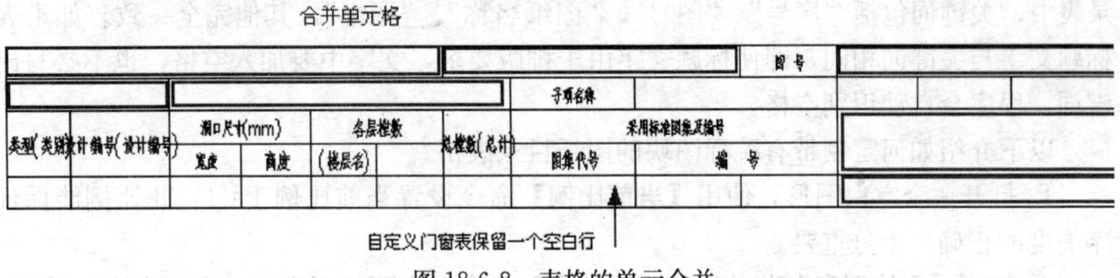

图 18-6-8　表格的单元合并

4. 选中表格右击进入天正表格右键菜单，对表格进行“表行编辑”和“单元编辑”，为表格新行和新单元格指定行高和文字字体与字高，输入必要的标题文字，如图 18-6-9 所示。

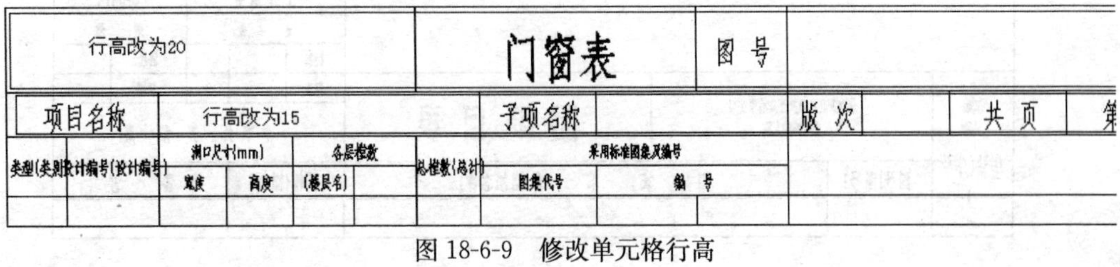

行高改为20　门窗表　图号

项目名称　行高改为15　子项名称　版次　共页　第

类型(类别)　设计编号(设计编号)　洞口尺寸(mm) 宽度 高度　各层樘数 (楼层名)　总樘数(总计)　采用标准图集及编号 图集代号 编号

图 18-6-9　修改单元格行高

18.6.7　新门窗表（总表）的入库

单击【图块图案】菜单，单击【构件库】命令，在下拉列表中选择“表格”，然后在工具栏中单击“新图入库”图标命令，把上面修改完成的定制门窗表加入到表格库中，在列表中右击刚入库的门窗表图块名称，单击“重命名”，将默认的图块名重新命名为“标准门窗总表 X”，完成门窗总表的定制，如图 18-6-10 所示。

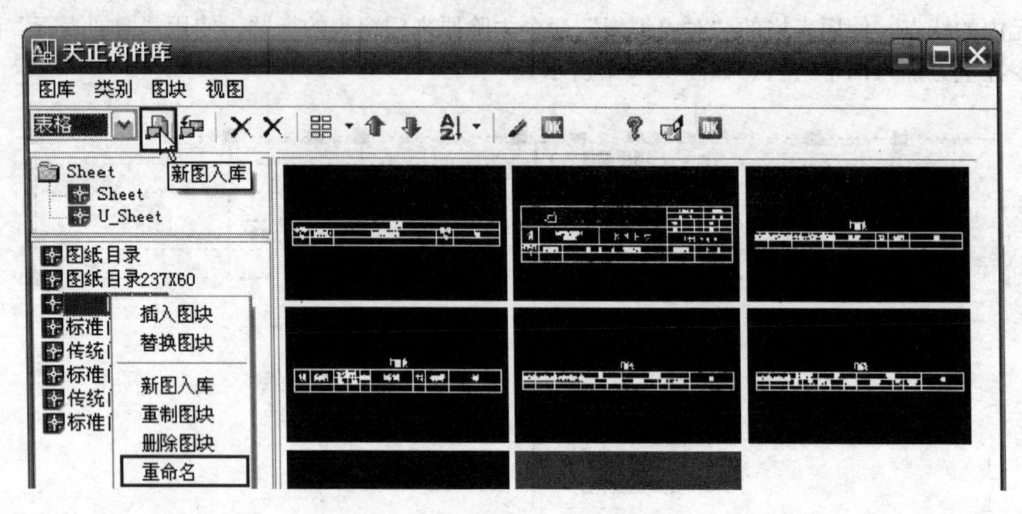

图 18-6-10　重命名门窗表图块

18.6.8　定制图纸目录表

定制图纸目录表和定制门窗表十分类似，不同点只是在于关键词有所不同。在图纸目录表中，关键词包括“序号”、“图号”、“图纸名称”、“图幅”，其他完全一致。如果表格标题文字与关键词相同，即使标题文字由于排版要求，文字中要加入空格，也不必写出关键词，程序会自动识别空格。

以下介绍如何定制带有院标图块的图纸目录表格。

1. 打开一个空白图形，使用【当前比例】命令设置当前比例 1∶1，此比例能保证文字高度的正确，十分重要。

2. 使用【图块图案】菜单下的【构件库】命令，在下拉列表中单击“表格”，用 1∶1 比例插入其中最接近本单位需要的图纸目录表格图块，插入时不要改变比例，如图 18-6-11 所示。

			工程编号	08M15
			专　业	建　筑
			校核	阶段
工程名称	[illegible]	图纸目录	制表	日期
			本表共　页第　页	
序号(序号)	图号(图号)	图　纸　名　称(图纸名称)	图幅(图幅)	备　注

图 18-6-11　图纸目录原型表头

3. 参见门窗表格的定制，使用天正表格编辑命令，完成自己单位图纸目录的表格样式修改，在表格旁边按 1∶1 插入本单位的图标图块，注意分解为 AutoCAD 图块，单击

【单元插图】命令，将此图块插入到图纸目录表格图块左上角的单元格中，如图 18-6-12 所示。

煤炭工业设计总公司 COAL PLANNING & ENGINEERING CO.,LTD.				工程编号		0BM15	
				专业		建筑	
				校核		阶段	
工程名称	北京万科房地产开发有限公司 [illegible]	图纸目录		审核		日期	
				本表共　页第　页			
序号(序号)	图号(图号)	图纸名称(图纸名称)		图幅(图幅)		备注	

图 18-6-12　修改后图纸目录表头

4. 参照上述门窗表的入库，把图纸目录表格加入到表格库中。

第 19 章 总　图

内容提要

• 总平图例

用于绘制总平面图的图例块，以列表的形式插入到总平面图中。

• 道路车位

提供布置小区道路和车位的命令。

• 总平绿化

提供布置树木和灌木丛的相关功能。

19.1 总平图例

本命令用于绘制用户可自定义的一系列总平面图的图例块，插入在总平面图中。

菜单命令：其它→总图工具→总平图例（ZPTL）

点取菜单命令后，显示如图19-1-1所示对话框，在其中选择已有的总平面图例，并可拖动安排插入的图例顺序，也可自定义其他总平面图例。

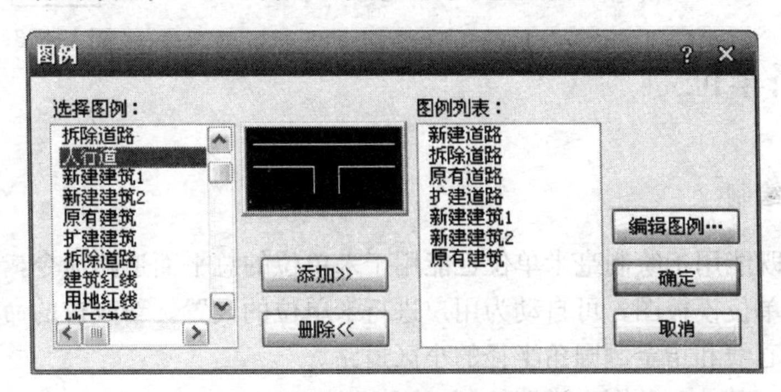

图19-1-1 总平图例对话框

在图例对话框左边列表中的是已经建立的总平面图例块，选择图例块名字，单击“添加≫”按钮，可将此图例块添加到右边即将在本图插入的图例列表中，选择图例列表的某项，选择其中某项，单击“删除≪”按钮，即可将该项从列表中删除。

单击“编辑图例…”按钮可调出如图19-1-2所示的天正总图图例图库，在其中删除和新建总图图例。关闭图库后，图库的总图图例列表自动更新为总平图例对话框左边的可选图例列表。

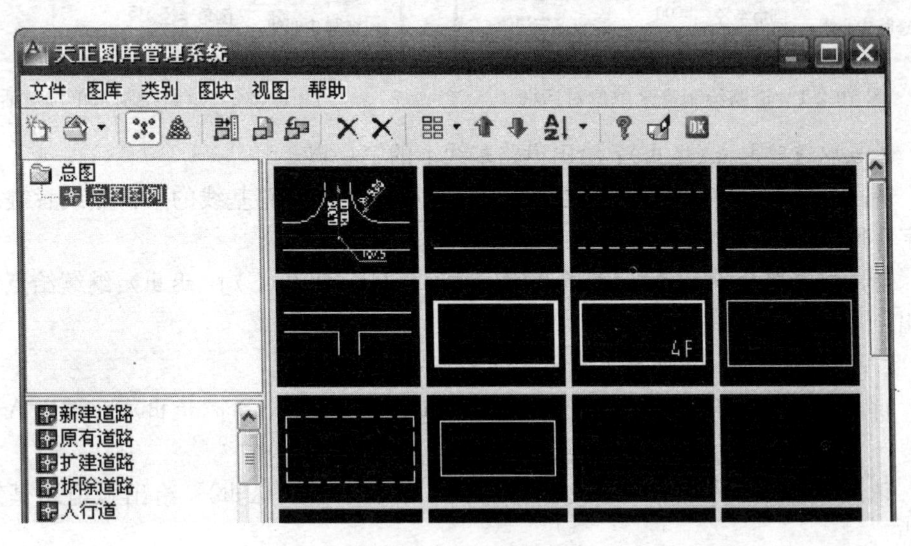

图19-1-2 总平图例库

图例选择结束后，点击“确定”，对话框关闭，进入命令行交互：

点取图例位置或[改基点(T)]<退出>：拖动基点在图上插入图例，基点默认在“图例”

文字中间位置

如果输入“T”,则命令行提示：

输入插入点或[参考点(R)]〈退出〉:点击图面任意位置重定义图例插入点

点取图例位置或[改基点(T)]〈退出〉：拖动基点插入图例如下图所示，结束后自动退出命令

图 19-1-3 所示为本命令生成的总平图例实例。

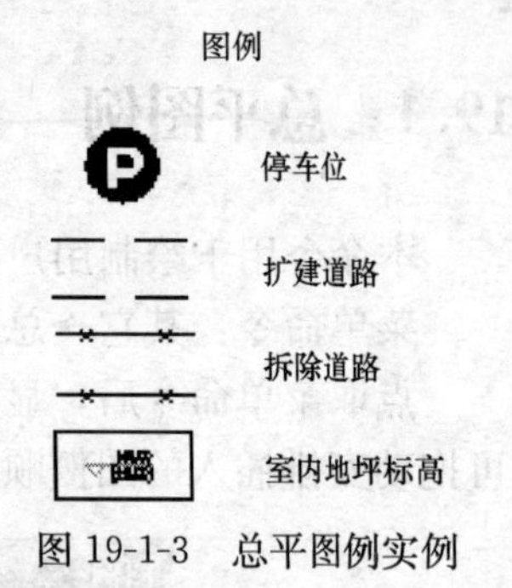

图 19-1-3 总平图例实例

19.2 道路车位

19.2.1 道路绘制

新提供了既能用于绘制毫米单位也能用于米单位的总平面道路命令，米单位绘制道路时建议使用米单位模板图，可自动为用户进行米单位的设置。新改进的命令可以一次绘制出带有道路中心线和指定倒圆角半径的小区道路。

菜单命令：其他→总图→道路绘制（DLHZ）

点取菜单命令后，显示对话框如图 19-2-1 所示。

在对话框中改默认值为当前工程采用值，本命令支持米单位绘制道路，在米单位下，对话框如图 19-2-2 所示，可见其中的绘图单位自动按米单位修改了。

图 19-2-1 道路绘制毫米单位对话框　　图 19-2-2 道路绘制米单位对话框

请点取道路起点〈退出〉：给出道路基线上的第一点

请点取道路的下一点或[弧道路(A)]〈退出〉:给出道路基线的下一点或者键入选项关键字并回车

请点取道路的下一点或[弧道路(A) /回退(U) /闭合(C)]〈退出〉:继续给点或者回车退出

……

请点取道路的下一点或[弧道路(A) /回退(U) /闭合(C)]〈退出〉:A 键入 A 绘制弧道路

请点取弧道路的下一点或[直道路(L)/回退(U)]〈退出〉：给出弧道路基线的本段终点

圆弧道路的中间点〈退出〉：三点画弧的中间点

请点取弧道路的下一点或[直道路(L)/回退(U)]〈退出〉:给出下一段弧的终点、键入 L 返回直道路、回车退出命令

绘制道路时，如遇到与其他已有道路相接或相交的情况，能自动完成类似墙线绘制的打断、连接及清理工作，如图 19-2-3 所示。

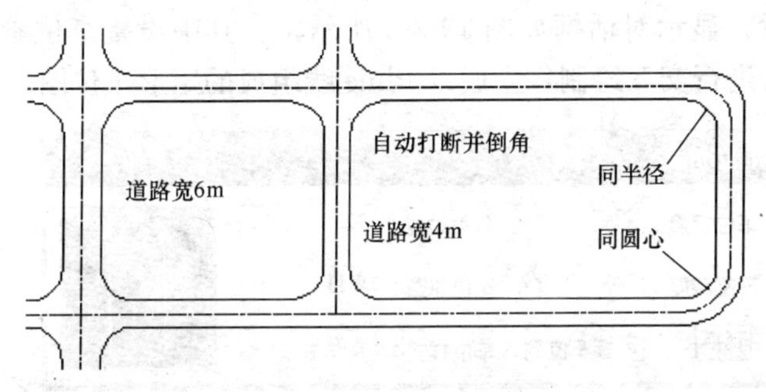

图 19-2-3 道路绘制实例

19.2.2 道路圆角

本命令对道路弯道和交叉道口的边线进行圆角处理，新版本提供了可以一次选择多个倒角交叉口的功能，默认是同圆心倒角。

菜单命令：其它→总图→道路圆角（DLYJ）

点取菜单命令后，命令行提示：

请框选要倒角的道路线或[同半径倒角(Q),当前:同圆心/倒角半径(R),当前:5000]〈退出〉：给出框选多个同圆心倒角交叉口的两点

请框选要倒角的道路线或[同半径倒角(Q),当前:同圆心/倒角半径(R),当前:5000]〈退出〉：键入 Q 改为同半径倒角

请框选要倒角的道路线或[同圆心倒角(Q),当前:同半径/倒角半径(R),当前:5000]〈退出〉：给出框选多个同半径倒角交叉口的两点

请框选要倒角的道路线或[同圆心倒角(Q),当前:同半径/倒角半径 (R)，当前:5000]〈退出〉：回车退出

所选道路线即作了相应的圆角处理，下图为道路圆角的一个实例，其中标注是后加的。

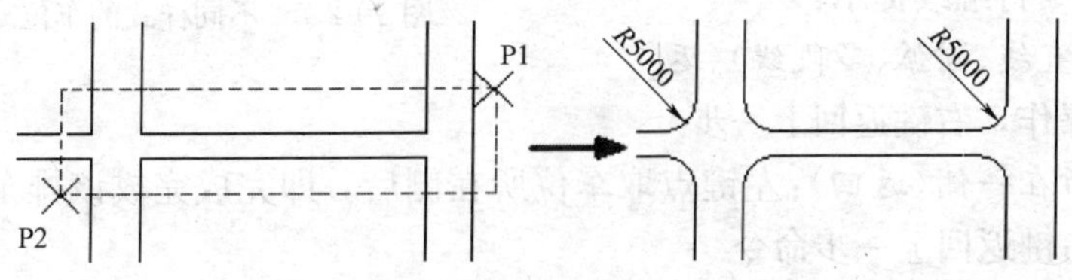

图 19-2-4 道路圆角实例

注意：取点时从右上角开始取，否则选不中道路对象；在道路转弯处，系统会从内侧半径计算外侧的转弯半径进行相应的圆角处理。当输入的倒角半径不合适，无法正确完成倒角操作时，命令行会出现提示：半径过大，无法正确倒角。

19.2.3 车位布置

本命令可按《停车场规划设计规则》的规定布置直线与弧形排列的车位，车位之间可

正交与斜向布置，有多种排数和样式设置。

菜单命令：其他→总图工具→车位布置（CWBZ）

点取菜单命令后，显示对话框如图 19-2-5 所示，在其中设置车位参数，不必退出对话框，即可在命令行进行交互绘制，生成以 Pline 线组成的矩形车位图。

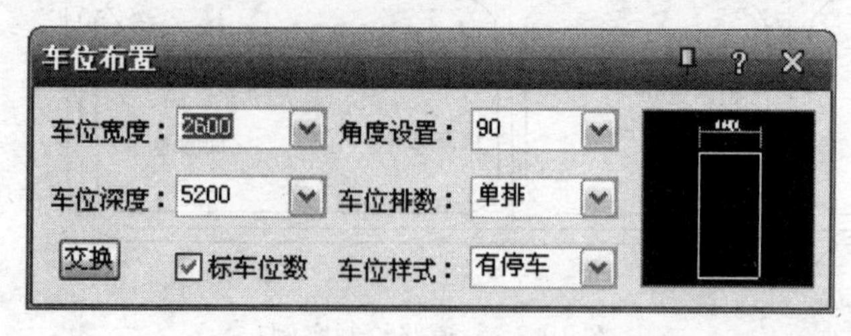

图 19-2-5　车位布置对话框

当车位宽度小于车位深度时，表示车位横向布置；当车位宽度大于车位深度时，表示车位串列布置。车位宽度和深度通过单击“交换”按钮切换。

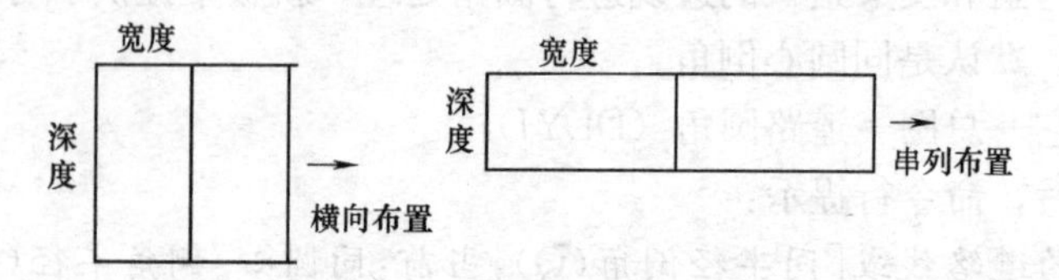

图 19-2-6　不同宽度和深度的车位

车位样式是车位的画法表示，包括“无斜线”、“单斜线”、“双斜线”和“有停车”四种表示法，如图 19-2-7 所示。

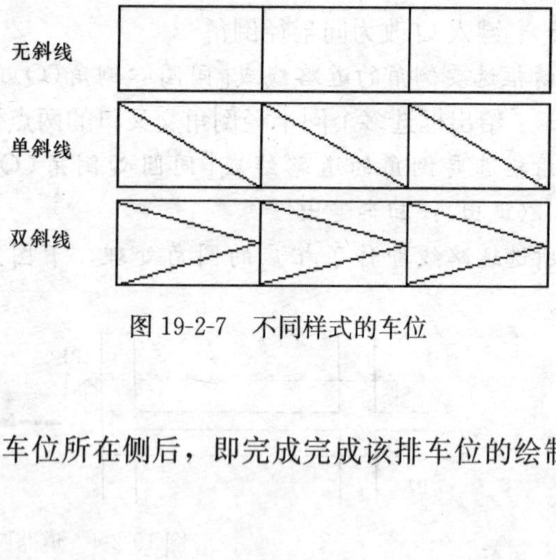

无斜线

单斜线

双斜线

图 19-2-7　不同样式的车位

命令行交互如下：

请点取车位起点或[沿曲线布置(A)]〈退出〉：

1. 此时如果键入“A”且车位排数为“单排”，则命令行继续提示：

请选择曲线(直线、圆弧、多段线)〈返回〉：只支持点选操作，右键返回上一步

请点取车位所在一侧〈返回〉：左键点取车位所在侧后，即完成完成该排车位的绘制；未点取时，鼠标右键返回上一步命令

当勾选标车位数时出现下列提示：

请点取标注位置〈退出〉：点取标注车位数的位置，命令在该处标注“××辆”的车位数量。

2. 此时如果键入“A”，且车位排数为“双排”，则命令行继续提示：

请选择曲线(直线、圆弧、多段线)〈返回〉：只支持点选操作，右键返回上一步，程序以基线为中心，在其两侧布置车位

3. 此时如果直接点取车位起点，则命令行继续提示：

请点取车位终点或[切换车位布置方向(Q)]〈退出〉：

请点取标注位置〈退出〉:左键单击点取车位数的标注位置，右键回车或空格直接退出命令不标注。

19.3 总平绿化

19.3.1 成片布树

本命令用于在区域内按一定间距插入树木图例，拖动光标绘图可使树木连片布置，树之间部分重叠并清理，也可单点绘制独立的树木例图。

菜单命令：其它→总图→成片布树（CPBS）

点取菜单命令后，显示对话框如图 19-3-1 所示，在其中选择树形和其他参数。

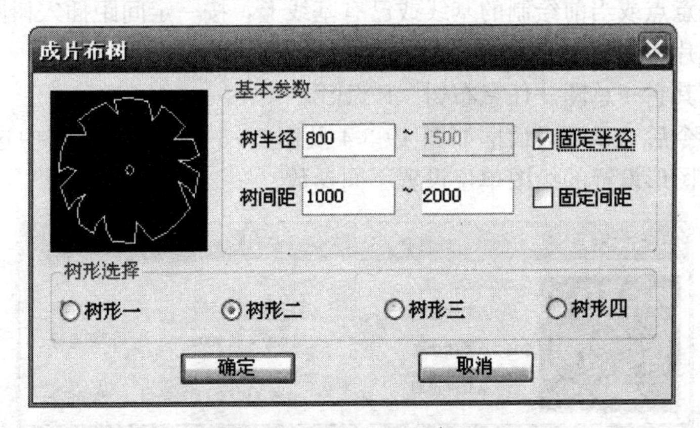

图 19-3-1 成片布树对话框

勾选“固定半径”时，布树间距在给定数字之间变化；

勾选“固定间距”时，树半径在给定数字之间变化。

单击“确定”按钮后，命令行提示：

请点击鼠标左键开始绘制[单点绘制(S)]〈退出〉:沿着鼠标拖动路线绘制，用于连续布置树丛，效果如图 19-3-2 所示

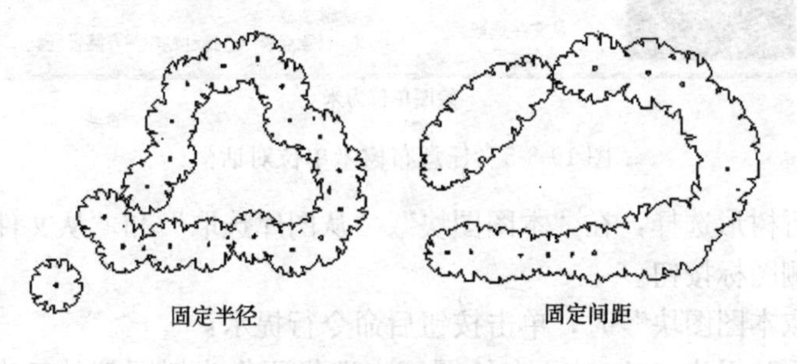

图 19-3-2 成片布树实例（一）

键入 S 后可改为单点绘制，也就是逐棵树布置，重叠处自动清理，提示为：

请点击鼠标左键绘制[连续绘制(S)]〈退出〉：单击一次布置一棵树，勾选“固定间距”时，树的半径随机在“树半径”范围内变化。

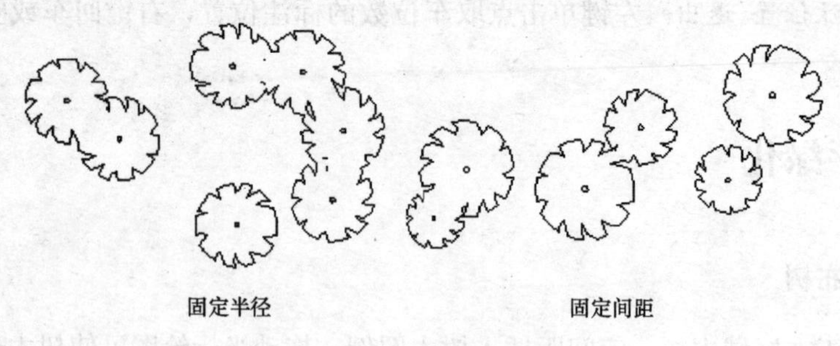

图 19-3-3　成片布树实例（二）

19.3.2　任意布树

本命令在任意点或当前绘制的基线或已有基线上，按一定间距插入树图块，用于规则的行道树或非成片树木的布置。

菜单命令：其它→总图→任意布树（RYBS）

点取菜单命令后，显示对话框如图 19-3-4 及图 19-3-5 所示，在其中选择树形和其他参数，根据当前图形设置的绘图单位设置不同参数。

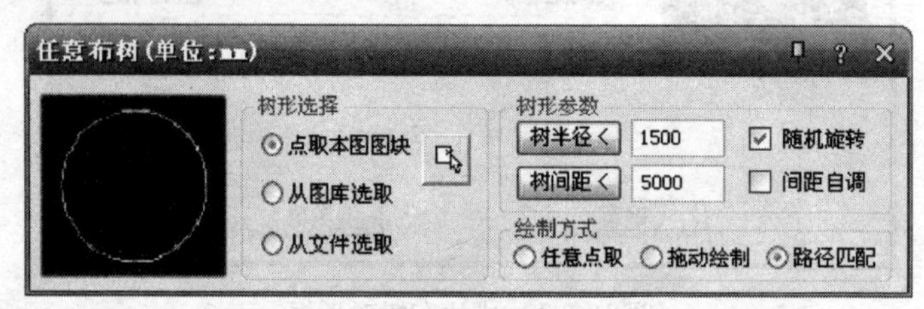

绘图单位为毫米

图 19-3-4　任意布树毫米单位对话框

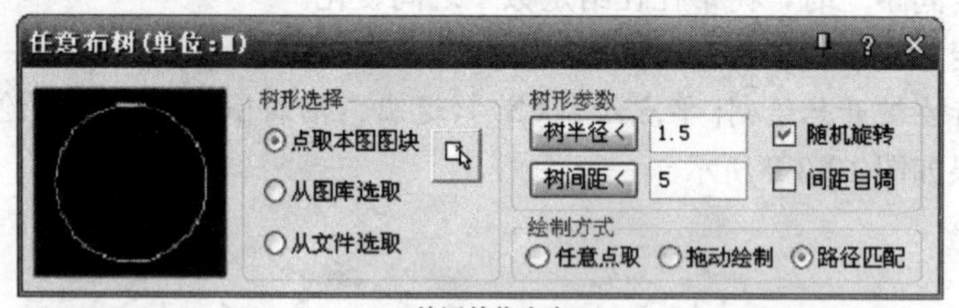

绘图单位为米

图 19-3-5　任意布树米单位对话框

首先需要进行树形选择，在“本图图块”、“从图库选取”和“从文件选取”三者选其一，接着单击右侧图标按钮。

当选择“点取本图图块”时，单击按钮后命令行提示：

请选择要布置的图块〈返回〉：在绘图区中选择要作为树图例的已有 AutoCAD 图块或者天正图块；

当选择“从图库选择”时，单击按钮后调出天正的平面配景植物图库，如图 19-3-6 所示。

从图库对话框中选择作为树木的树种图例，双击调用后返回“任意布树”对话框。

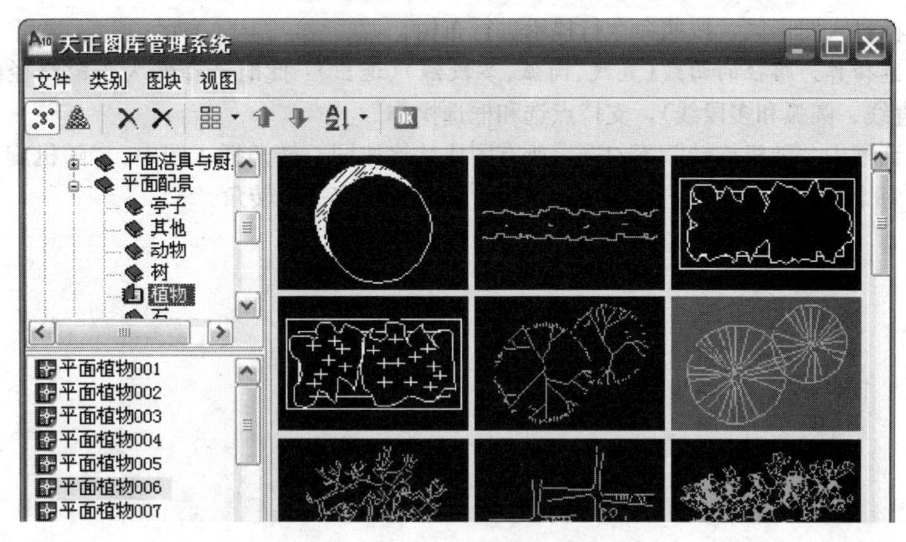

图 19-3-6　任意布树选择图库图案

当选择“从文件选取”时，单击按钮后弹出标准打开文件对话框。

在其中，选取作为树图例的 dwg 文件，单击“打开”按钮，返回“任意布树”对话框。

绘制方式有三种，简述如下：

当选择“任意点取”时，“树间距”和“间距自调”两项不能选择，命令行提示：

请点取插入点〈退出〉：树木图例在给定点处逐棵插入，直到回车结束

当选择“拖动绘制”时，“间距自调”项不能选择，命令行提示：

请输入起始点〈退出〉：给出布置路径第一点

输入下一点或[回退(U)]〈结束〉：给出布置路径下一点，反复提示直到回车结束

当选择“路径匹配”时，可选择是否勾选“间距自调”项，然后进入图形区布树。

不勾选“间距自调”时，从路径的一端开始先在端头布置一个图块，然后以给定间距沿路径布置图块，该块插入点在圆周上，最后布置结果参见图 19-3-7。

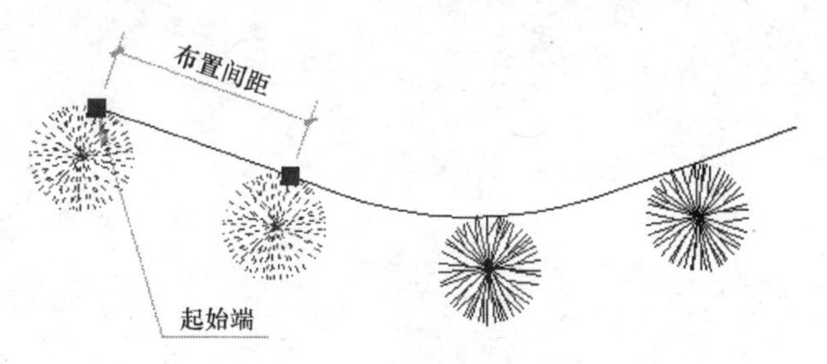

图 19-3-7　任意布树实例（一）

勾选“间距自调”：程序在布置时先在两端头布置两个图块，然后用路径长度÷对话框中输入的间距值，结果取整得出可以布置的图块个数，再用路径长度÷图块个数，得出图块的实际间距并按此间距在图中沿路径插入图块。如路径长度为 10000，对话框中输入的树间距为 3000，最后布置结果参见图 19-3-8。

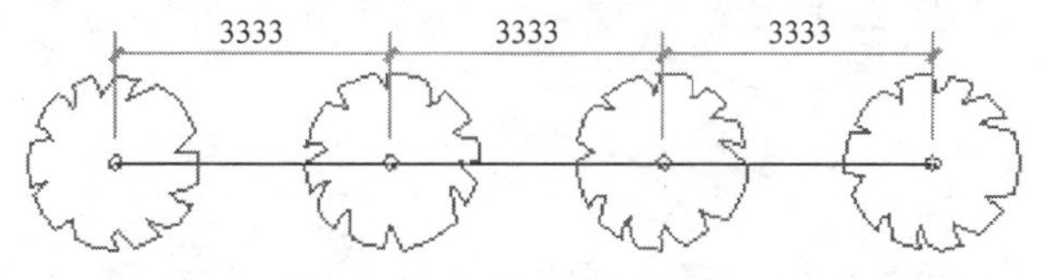

图 19-3-8　任意布树实例 2

光标进入图形区，按照命令行提示进行布树：

请选择作为路径的曲线(直线、圆弧、多段线)〈退出〉：此时选择作为布树路径的曲线（支持直线、圆弧和多段线），支持点选和框选操作

对话框中“随机旋转”不勾选，所有图块始终按同一转角插入图中；“随机旋转”勾选后，每个图块在插入时，以图块基点为中心随机指定一个转角。

第 20 章 渲 染

内容提要

本软件中针对 2000～2006 平台提供的材质管理命令和配景创建命令在 2007 以上平台不再适用，为此在 2007 以上平台下的渲染菜单不提供上述命令。

• 材质的管理

天正软件-建筑系统提供了与 AutoCAD 内部渲染模块兼容的材质附着命令，以及材质编辑命令，可以对构件和图层进行材质附着，还可以对材质进行修改。天正还提供了一个内容丰富的材质库，以中文分类命名材质，使用十分方便。

• 配景的创建

详细介绍了 AutoCAD 渲染模块中的配景命令的特点和使用方法。

• 背景与渲染

详细介绍了 AutoCAD 渲染模块中的渲染命令的使用，配合天正开发的材质贴图命令，特别是天正提供的简单渲染命令，为原来 AutoCAD 很难使用的内部渲染功能提供了一条方便应用的捷径。

20.1　材质的管理

软件中针对 2000～2006 平台提供的材质管理命令在 2007 以上平台不再适用，为此天正软件-建筑系统在 2007 以上平台提供了 AutoCAD 本身的相关命令取代天正的材质管理命令，以下分别加以详细说明。需要特别说明的是，在 2007 以上平台，每个三维对象在特性表（Ctrl＋1）都增加了一个三维效果特性。包括材质属性与阴影显示两个属性，材质属性与颜色、线型等属性类似，是每个对象的基本属性，有 ByLayer 随层、ByBlock 随块、全局等选择，阴影显示有投射和接收阴影、投射阴影、接收阴影、忽略阴影四种选择，支持格式刷、特性表等通用编辑、查询方法。

天正自定义的构件对象提供了同样的三维效果特性，完全支持 2007 以上平台的渲染功能，材质和阴影显示设置与 AutoCAD 的 3DSolid 相同。

AutoCAD 2000～2006 渲染器的材质系统是比较复杂的地方，往往使渲染工作非常难以掌握。而天正软件-建筑系统提供了非常方便的材质库文件*.tml，其中存放一系列材质的定义，对于初学者只需要按材料分类挑选材质，并附着到图层上，渲染后即可获得很好的效果，在 2007 以上平台的渲染材质系统与前面的各版本完全不同，系统直接提供了方便的材质编辑器，天正用户完全可以直接使用 AutoCAD 提供的材质库为基础进行编辑，对天正对象贴附材质。

20.1.1　材质附着

本命令提供一个兼容于 AutoCAD2006 以下版本内部渲染模块的材质贴附系统，可以通过图层和对象两种途径贴附材质。在 2007 平台本命令不再适用，改用【材质附层】命令代替。

菜单命令：其他→渲染→材质附着（CZFZ）

单击菜单命令，显示材质附着界面，停靠在图形编辑区一侧，如图 20-1-1 所示。

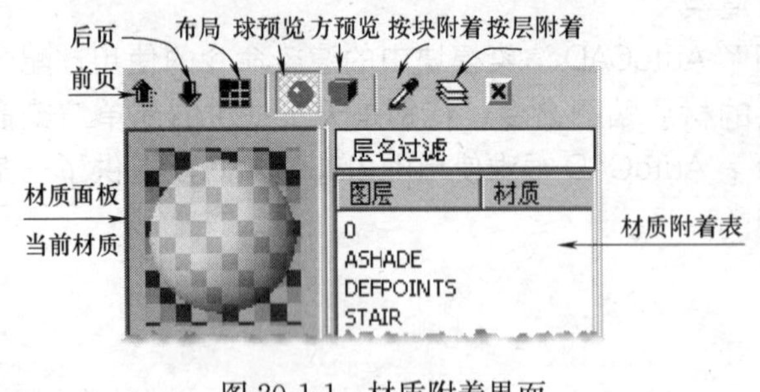

图 20-1-1　材质附着界面

对话框图标命令的说明

［**前页**］/［**后页**］　材质的前后翻页。

［**布局**］　材质显示区的预览布局安排的列数。

［**球预览**］　材质使用球形预览模型。

［**方预览**］　材质使用方形预览模型。

［**按块附着**］　材质按天正三维多视图块定义的构件附着，按下此按钮后，材质附着表图层栏改为构件栏。

［**按层附着**］　材质按图层附着，是本命令默认的附着方式。

［**层名过滤**］　图层很多时，可以按这里给出的关键字过滤，显示符合条件的图层，可用＊号作为通配符。

[**材质附着表**]　材质按图层附着或者按构件附着，方法是把某指定材质拖放到某图层或某构件。

[**材质面板**]　材质加入材质显示区进行编辑或进行附着。

此窗口显示后，用户即可在窗口中进行材质附着工作，首先设置合适的三维视图观察方向，并设置为着色方式，注意开启 AutoCAD 的材质显示功能（参见“多视图块”一节）。以下是命令执行步骤：

1. 为材质面板添加新材质，在空材质（最后一个材质）上区右击菜单【插入材质】，在其中选择要添加的新材质，如砖和金属。也可以双击空材质，直接创建新材质。

2. 拖放材质显示区的指定材质到材质附着表中的一个图层。

双击材质面板上的材质，可以进行材质的编辑。如果该材质已经被使用，修改的结果立即得以体现。因此，用户可以很容易地控制场景中物体的材质。

图层附着方式适合于建筑及其装饰构件，它们用图层来控制材质。图块附着方式适用于代表家具的多视图块，直接给家具的组成部件设置材质。天正的多视图库本身有缺省的材质，用户可以根据需要重新对它进行材质的设置。

20.1.2　材质附层

本命令是 AutoCAD 2007 以上平台的 MaterialAttach 命令，功能是通过图层给对象贴附材质，它支持天正自定义对象，对象的材质特性中设为 bylayer 时，如图 20-1-2 所示，可在对象的多个图层中分别贴附不同材质，如门窗对象的门窗框与玻璃。

图 20-1-2　对象的材质特性

菜单命令：其他→渲染→材质附层（CZFC）

单击菜单命令，显示材质附着对话框选项界面如图 20-1-3 所示。

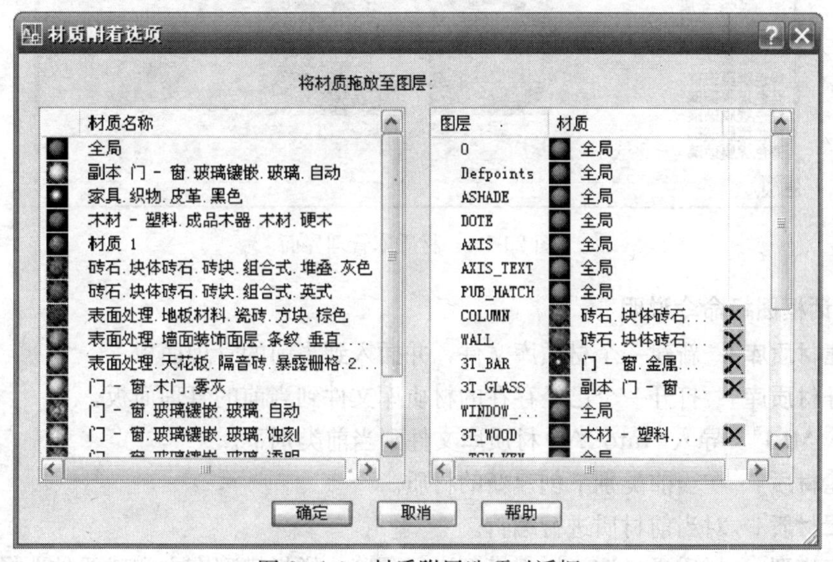

图 20-1-3　材质附层选项对话框

• 左侧材质名称列表中列出图形中所有已使用和未使用的材质。将材质拖动到图层列表中的图层上以将材质附着到该图层。

• 右侧列出图形中以及附着到图形的所有外部参照中的所有图层。将材质附着到图层后，该材质将显示在该图层旁边。单击“删除”按钮，可将材质从图层拆离。

对话框显示后，在“材质附着选项”对话框中，将左边的候选材质拖动到右边的对应图层上即可，左边的材质是从 2007 以上平台材质库选项板拖入图形中获得的。

20.1.3　材质管理

本命令适用于 AutoCAD 2000～2006 平台，功能是维护管理天正提供的材质库，也就是对安装时用户选择安装在磁盘上的材质库文件中的材质数据进行管理。材质管理编辑对话框界面类似于图库管理界面，这里简单说明一下与图库管理不同的功能；在 2007 以上平台时天正提供的材质库不再适用，用户可直接调用 AutoCAD 2007 以上平台本身的 _materials 命令，显示一个停靠的材质编辑交互界面，详见 AutoCAD 2007 及以上平台 materials 命令的介绍。需要注意的一点是，由于 AutoCAD 材质库内的材质尺寸默认是按英制的英寸为单位显示和应用的，即使是简体中文版本的 AutoCAD 2007～2013，材质库并没有针对我国进行本地化修改，在我国的毫米单位图形中，材质位图的调整需要改为毫米单位，才能获得合理的效果。

菜单命令：其他→渲染→材质管理（CZGL）

单击菜单命令，在 2006 以下平台显示材质库界面如图 20-1-4 所示。

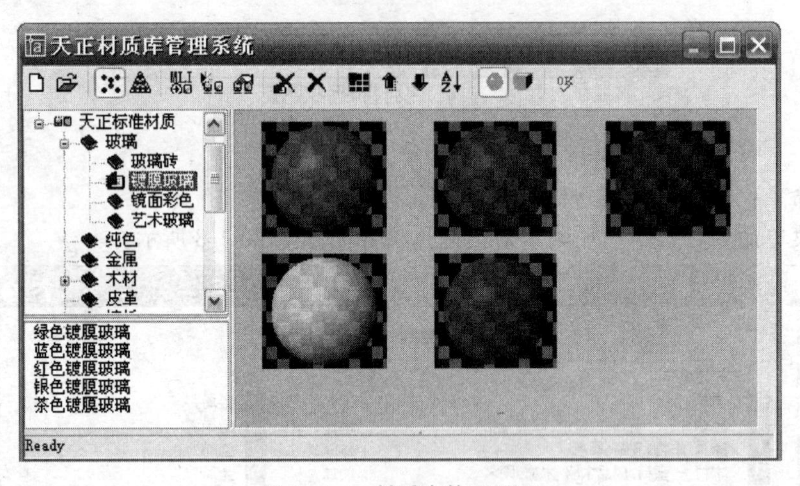

图 20-1-4　材质库管理界面

▶对话框图标命令说明

［**新建材质库**］　新建一个材质库文件，并插入到当前的管理面板。

［**打开材质库**］　打开一个已经存在的材质库文件到当前的管理面板。

［**导入 MLI**］　导入 AutoCAD 材质库文件到当前类别下。

［**新建材质**］　在当前类别下创建新的材质。

［**编辑材质**］　对当前材质进行编辑。

［**预览模型**］　材质通过渲染样板模型进行预览，样板模型有方和球两种选择。

20.1.4 材质编辑器

适用于 AutoCAD 2000～2006 平台（2007 以上平台使用自身提供的材质编辑器），天正材质编辑器能够完成材质的新建与编辑任务。双击已有材质即可进入材质编辑器，在材质编辑器中可设置模拟各种物体的表面光学特性和物理特性的合适贴图参数。下表中给出了建筑类常见材质的经验值，供初学渲染的用户参考使用。其中，RGB 按整数方式给出，除以 255.0 可以转化为小数的方式。

材质属性与参数 **表 20-1-1**

材质名称	贴图参数		材质属性							
	贴图样式	U/V	主色	镜面光	环境光	光滑度	透明度	凸凹贴图	镜面反射	金属光泽
砖石瓦	固定尺寸	依据贴图单元分格实际大小		RGB 同值 70～180	RGB 同值 70～180	0.5～0.8		按需选择	光泽砖石 0.04～0.12	
透明玻璃			玻璃色	RGB 同值 0～120	锁定与主色相同	>0.8	0.55～0.95		0.04～0.30	
草坪	固定尺寸	依据贴图纹理实际大小		RGB 同值 70～180	RGB 同值 70～180	0.5～0.8		按需选择		
水面	固定或个数	依据贴图纹理实际大小		RGB 同值 70～180	尽量与贴图接近	0.3～0.8	可选 0.1～0.3	选择 0.7～1.0	0.04～0.08	
纯色金属			金属色	RGB 同值 90～200	锁定与主色相同	0.7～0.9			0.10～0.30	选择
贴图金属	固定或个数	依据贴图纹理实际大小		RGB 同值 90～200	尽量与贴图接近	0.7～0.9			0.10～0.30	选择
木质	固定尺寸	依据贴图纹理实际大小		RGB 同值 90～200	尽量与贴图接近	0.6～0.9			0.04～0.18	

图 20-1-5 是材质编辑器的界面，以下简单介绍其使用。

材质编辑器的说明

[**颜色**] 用于调整材质表面颜色，有 RGB 和 RGB255 两种调色板，分别表示0.000～1 和 0，1，2～255 两个调色系统。

[**名称**] 用于修改当前材质的名称，如果是通过“新建材质”进入的，此时材质名称以原材质名后加“new”以示材质的继承来源。

散射光

[**RGB**] 分别为红、绿、蓝，表示散射光颜色，可通过三色滑动杆控件拖动修改，或直接键入三原色的分量值。

[**比例**] 用来修正 RGB 的实际分量，散射光的 RGB 的实际分量是显示的数值乘以比例。因此比例数值其实是多余的，只是为了更方便地等比例增加或减少 RGB 的分量。

[**贴图方式**] 用于指定材质表面的贴图图案，进入贴图参数对话框，在其中对贴图进行选择和参数编辑。

[**位图合成**] 表示当前材质所使用的图像贴图与散射光的混合比例。

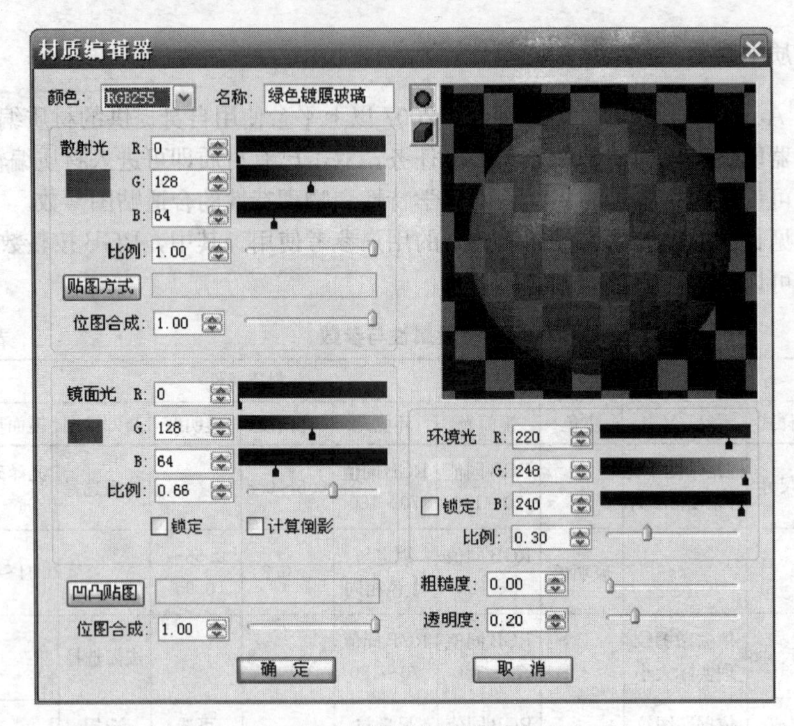

图 20-1-5 材质编辑器对话框

镜面光

［**RGB 与比例**］ 控制镜面光的颜色。

［**锁定**］ 颜色锁定为散射光的颜色，可以通过比例来修改光线的强弱。

［**计算倒影**］ 是否需要计算在此材质上产生的倒影。

环境光

［**RGB 与比例**］ 控制环境光的颜色。

［**锁定**］ 颜色锁定为散射光的颜色，可以通过比例来修改光线的强弱。

其他

［**凹凸贴图**］ 表现材质表面凹凸变化的纹理图像，与散射光贴图重叠在一起使用。

［**位图合成**］ 表现材质凹凸贴图的合成比例。

［**粗糙度**］ 调整表面材质的粗糙程度，从 0.00（光洁）～1（粗糙）。

［**透明度**］ 材质的透明度，从 0.00（不透明）～1（透明）。

20.1.5 贴图坐标（SetUV）

适用于 AutoCAD 2000～2006 平台（2007 以上平台使用自身提供的材质库中的“调整位图”界面），SetUV 是 AutoCAD 渲染模块的命令，用于修改材质在图形对象的面贴图方式，本命令添加的贴图坐标应用于对选择集中的每个对象，如图 20-1-6 所示。

菜单命令：其他→渲染→贴图坐标（SetUV）

单击菜单命令，命令行提示：

加载配景对象模式。

正在初始化 Render

选择对象：选择要修改贴图坐标的对象，显示对话框如图 20-1-6 所示

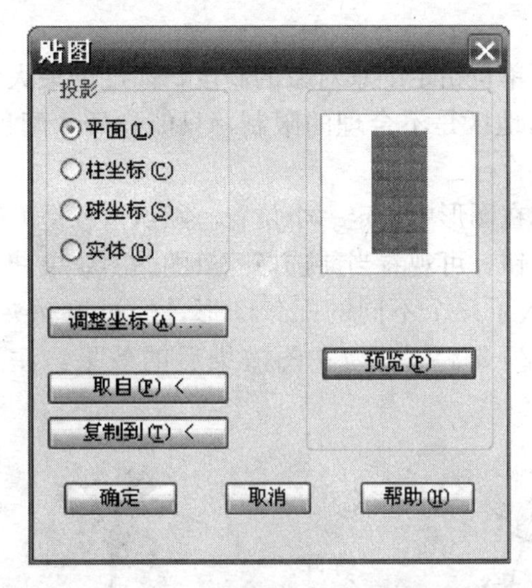

图 20-1-6 贴图坐标对话框

其他渲染命令都是调用自 AutoCAD 的有关命令，具体使用方法请参考 AutoCAD 用户手册或者帮助文件的内容。

20.2 配景的创建

20.2.1 插入配景

本命令适用于 2000～2006 平台，定义新配景对象的几何图形和高度，把配景插入图形中，配景是贴有位图图像的扩展图元对象，配景对象的几何图形取决于它是单面还是双面，或者是否是视图自动对齐，应根据渲染的实际需要进行选择。

菜单命令：其他→渲染→插入配景（LSnew）

单击“插入配景”菜单命令，屏幕上弹出如图 20-2-1 所示的“新建配景”对话框 。

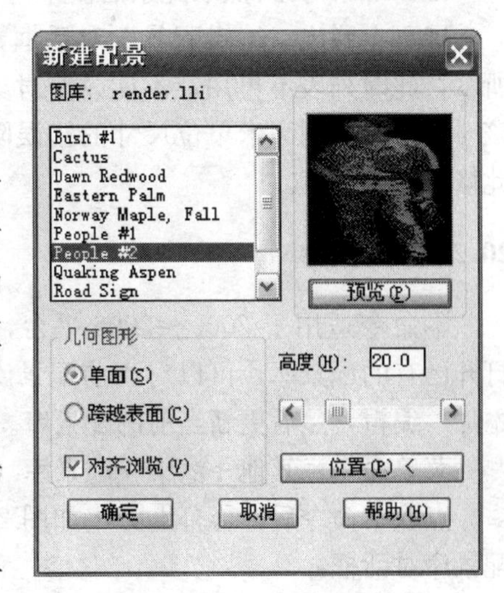

图 20-2-1 新建配景对话框

对话框控件说明

［**几何图形**］ 在其中指定配景的几何图形和对齐方式。配景对象的几何图形取决于面的数量和对齐方式。单面视图对齐的对象在图形中以三角形的形式出现，不能用夹点旋转。单面固定的对象以矩形的形式出现，可以用夹点旋转它。

［**单面/交叉面**］ 指定单面对象或交叉面对象。单面对象渲染时要快一些，但是真实感不如交叉面对象强，尤其是在动画和光线跟踪渲染。

［**对齐浏览**］ 勾选该项使配景面自动保持面对相机。适用于树和其他非平面配景对象；不勾选

时配景面保持固定的方向。对于像路标、广告牌这样的平面对象而言，是正确的表示方式。

［高度］ 以当前图形单位指定配景对象的高度，高度的最大值只能输入 100，对使用公制毫米单位的我国大陆地区是不合理的限制，只能先插入配景，再通过夹点拖动进行修改。

［位置<］ 使用鼠标在图形中指定一个位置。默认位置是 UCS 的原点。

［预览］ 单击预览按钮，可观看当前选择配景的贴图效果。

图 20-2-2 左图为插入了几个不同的配景图形，经过拖动夹点改变到合理的大小后所看到的轴测视图，图 20-2-2 右图为左图渲染后的效果，注意图中没有设置灯光和阴影。

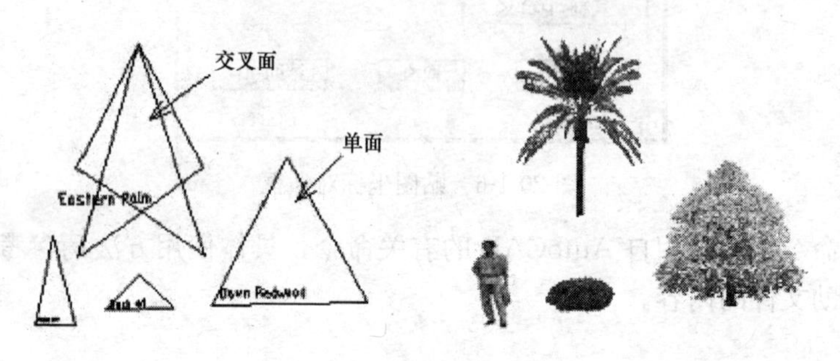

图 20-2-2　配景渲染实例

20.2.2　编辑配景

本命令适用于 2000～2006 平台，用于更换配景对象，修改配景对象的几何图形及对象高度。

菜单命令：其他→渲染→编辑配景（LSedit）

单击“编辑配景”菜单命令，命令交互如下：

选择配景对象:点取配景后回车

屏幕上弹出“编辑配景”对话框，如图 20-2-3 所示，此时列表不可用，不能改变对象类型。由于该对话框对公制毫米单位尺寸的错误限制，不能在此修改对象高度。

图 20-2-3　编辑配景对话框

20.2.3　配景库

本命令适用于 2000～2006 平台，在本命令中打开已有的配景库，可以对当前配景库的内容进行添加、编辑，然后更新当前的配景库。

菜单命令：其他→渲染→配景库（LSlib）

点取本命令后，屏幕上弹出如图 20-2-4 所示的配景库对话框。

单击“修改…”按钮，进入编辑配景库对话框，如图 20-2-5 所示。

图 20-2-4　配景库对话框

图 20-2-5　编辑配景库对话框

在其中定义该配景使用的贴图图像文件、不透明贴图文件，新建一个配景时，名称和图像文件等都是空白的。用户给出文件后，单击“确定”按钮，就在当前配景库中添加或更新了新的配景库，再单击保存，把配景库存盘为*. lli 文件。AutoCAD 提供的配景库文件有 render. lli 和 mini. lli，后者只有一个植物配景。

20. 3　背景与渲染

20. 3. 1　背景

本命令适用于 2000～2006 平台，功能是定义用于建筑模型渲染图的图形背景类型、颜色、效果和位置，在 2007 以上平台中本命令不再适用，应改用 View（视图管理器）命令，在其中的“新建视图”里面设置背景。

菜单命令：其他→渲染→背景（Background）

点取菜单命令后，显示对话框如图 20-3-1 所示，在其中可选四种类型的背景。

对话框控件说明

［**纯色**］　选择单色背景。通过颜色控件动态拖动指定颜色，或者勾选“AutoCAD 背景”复选框。

［**渐变色**］　指定双色或三色渐变背景。通过颜色控件及“水平”、“高度”和“旋转”控件定义渐变颜色的色度与颜色变化的高度范围。

［**图像**］　指定用作背景的图像文件名。可使用以下文件类型作为背景图像：BMP、JPG、PCX、TGA 和 TIFF。

［**合并**］　使用当前 AutoCAD 图像作为背景。只有在“渲染”对话框中选定“视口”作为“目标”时，此选项才可用。

［**上/中/下**］　在纯色中以“上”设置颜色，在百分度渐变中设置最多三段颜色的渐变；设置“水平”为 0 时，设置两段颜色。

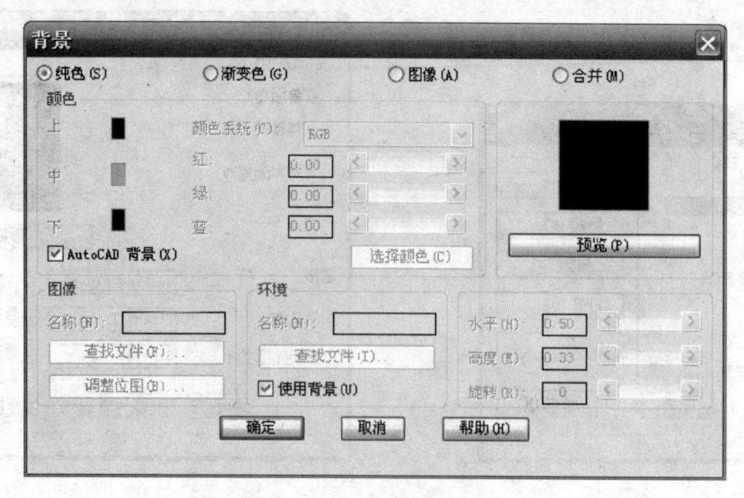

图 20-3-1　背景设置对话框

［**确定**］［**取消**］ 单击“确定”后开始绘制背景图像，单击“取消”放弃对话框的参数设置。

本命令是 AutoCAD 渲染模块的命令，更多的内容请参考 AutoCAD 的使用手册，也可单击对话框中的“帮助”按钮查看有关的联机帮助。

20.3.2　简单渲染

本命令适用于 2000～2006 平台，以天正提供的 tch. mat 文件默认的材质设定和默认的太阳光作为光源，在 AutoCAD 内部渲染出效果图，利用【**简单渲染**】功能完成天正软件-建筑系统默认的材质、灯光设定，就可以输出一定水平的效果图，避免了繁琐的各种设置。在此基础上改进材质的设定调整，可以获得更好的效果。简单渲染意义在于快速建立一个渲染环境，使用【**简单渲染**】后，你也可以进一步修改材质、灯光和配景参数。

菜单命令：其他→渲染→简单渲染（JDXR）

执行简单渲染前，应先开启 AutoCAD 的材质设置，进入“选项”对话框中的“系统”页单击“特性”，勾选其中的“渲染选项”与“材质”复选框。

点取菜单命令后，命令行提示：

选择[本图着色(S)/本图渲染(R)/临时分解后渲染(E)]〈退出〉：

键入选项，对当前图形执行不同类型的渲染

［**S 本图着色**］ 设置直接在本图进行着色渲染，速度最快，但效果比较差。

［**R 本图渲染**］ 适合于天正对象已经分解转化为 AutoCAD 对象的情况。

［**E 临时分解后渲染**］ 适合于单层平面渲染的情况，因为天正门窗等多于两种材质的物体必须分解后才能用光线追踪渲染。AutoCAD 的渲染器还不能支持天正对象。临时分解后的图形只是个临时文件，关闭后就自动删除了。

默认的材质设定由在文件夹 \ sys 下的 tch. mat 文本文件规定，可以使用 Windows 的“记事本”等文本编辑程序修改，如果你把 tch. mat 作了修改，在升级前请注意保存，以免被新版本同名文件覆盖，tch. mat 文件内容预设了图层与材质的关系。

20.3.3　渲染

本命令就是 AutoCAD 渲染模块的渲染命令，2000～2006 使用传统的光线跟踪算法，2007 以上平台使用先进的 MR 算法渲染贴附材质的建筑场景，改善了渲染室内的效果。

菜单命令：其他→渲染→渲染（Render）

点取菜单命令后，显示对话框如图 20-3-2 所示。

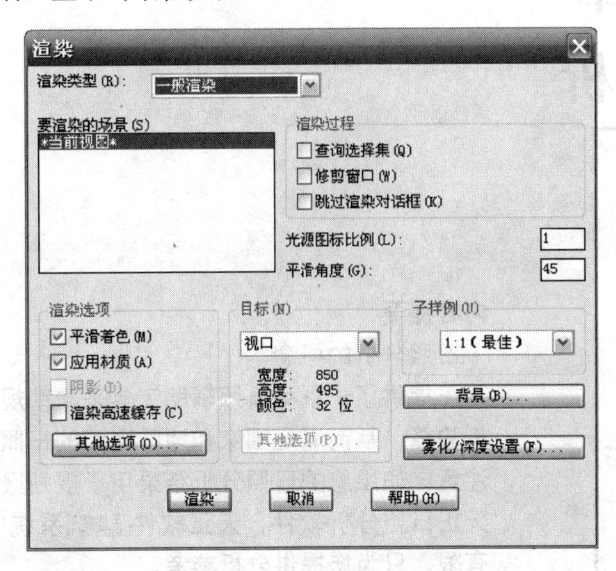

图 20-3-2　渲染设置对话框

对话框控件说明

以下介绍几项重点渲染参数，其他详见有关 AutoCAD 的培训教程或者按下“F1”按钮查看联机帮助。

［**渲染类型**］　列出“一般渲染”、“照片级真实感渲染”和“照片级光线跟踪渲染”。建议使用照片级光线追踪，其他的渲染类型是多余的。

［**目标**］　指定用于渲染的图像输出设置，有渲染窗口、视口和文件 3 种，如果要输出打印图像，应选择“文件”项，然后单击此时可用的“其他选项…”按钮，进入“文件输出配置”对话框，根据出图尺寸在其中设置生成图像文件的格式和分辨率、色彩位数等参数。

［**其他选项**］　显示一个调整渲染算法参数的选项对话框，此对话框中的内容取决于渲染类型选择的是一般渲染、相片级真实感渲染还是相片级光线跟踪渲染，选择后者时主要考虑反走样的设置，在初始渲染时设为“最小”，可以加快渲染速度；在最后出图时设为“高”，可获得平滑的图像效果。

第 21 章 日照分析

内容提要

• 日照分析的概念

天正提供了一系列日照辅助工具来帮助规划师进行日照的分析验算，从而满足国家和地区当前的日照规范。

注意：如果您的日照分析结果用于规划报批，请使用专业的天正日照分析软件，天正软件-建筑系统中的日照分析功能有限，只为您提供分析参考。

• 日照模型的创建

导入或者创建合适的建筑日照模型，为日照分析提供所需的日照门窗和合适的参数设置。

• 日照分析命令

日照分析使用的命令，包括定性判断已建建筑的日照状况，以及获得建筑物指定窗户的窗日照数据，进行定量分析验算。

• 日照辅助工具

日照分析辅助的编辑和标注命令以及日照数据库的管理工具。

21.1 日照分析的概念

天正提供了一系列日照辅助工具来帮助规划师进行日照的分析验算，从而满足国家和地区当前的日照规范。日照分析的量化指标是计算建筑窗户的日照时间，这是在确定建筑物规划平面后进行的，而建设项目的规划是动态可变的，经过日照分析进行合理的规划设计可改善规划区域新建建筑和受影响的原有建筑的日照状况。

本软件提供的一系列的日照分析命令是帮助规划师进行建筑规划的助手，符合地方日照规范的精确日照分析工具由“天正日照”专业软件提供。为此，在运行【**多点分析**】命令时，会显示如图21-1-1的提示，建议用户使用专业的日照分析软件。

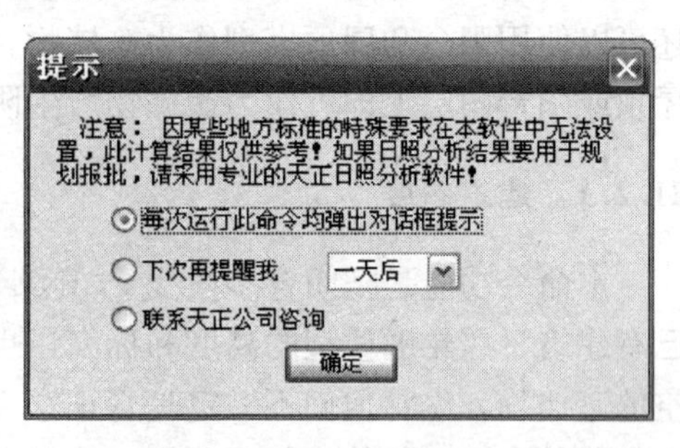

图21-1-1 日照分析提示

在窗日照表、多点分析、等照时线命令生成的结果dwg文件中，也加入了类似提示文字内容。

21.1.1 日照分析的一般工作流程

1. 创建日照模型

使用以下两种方法之一新建或者导入日照模型。

• 利用多段线（PLINE）命令绘制封闭的建筑物外轮廓线，执行【**建筑高度**】命令赋予建筑物外轮廓线高度，生成建筑物模型，日照分析所用的建筑模型和建筑渲染使用的模型不同，前者不要求细节，但平面轮廓以及阳台、屋顶、遮阳板等构件要求比较准确。

• 利用【**导入建筑**】命令，把在天正5以上版本生成的组合三维模型导入，并转化为日照模型，以便减少建立日照模型的时间。其中的窗已经由建筑门窗自动转换为日照窗的模型，并按照日照窗要求加以编号。

在建筑模型上采用【**顺序插窗**】命令插入需计算日照的窗户。

2. 获取分析结果

• 进行【**多点分析**】，算出一个区域内各点的日照时间。采用【**等日照线**】命令，绘制出指定日照时间长度区域的轮廓线。多点分析的结果可以指导拟建的平面最佳位置，也可以大致用于验算新规划设计的建筑物对原有建筑的日照影响，判断结果是否符合当前法规要求。

• 执行【**窗日照表**】命令，获得指定建筑物窗户的窗日照数据，计算结果输出表格。

3. 校核分析结果

进行【**单点分析**】，算出要关心的日照测试点的日照时间，或者执行【**日照仿真**】命令进行实时分析，通过以上命令检验【**窗日照表**】命令的结果，不同的分析工具结果应当一致。

> **注意：** 日照分析使用的建筑规划总平面图，目前仅能支持毫米单位，如果用户使用的是米单位总平面图，要放大1000倍生成毫米单位图，才能进行日照分析。

21.2　日照模型的创建

日照分析的模型包括建筑物模型和日照窗模型两个类型，其中建筑物模型可用作遮挡物，也用于插入日照窗模型，常常在一个场景中同时兼有两种用途。

建筑物模型是通过【建筑高度】命令生成的轮廓模型，使用位于特定图层上的闭合的PLINE或平板来表示，日照窗模型是一个三维的门窗图块。如果用户要做准确的分析，还可以使用阳台和屋顶模型作为遮挡物，遮挡物也可以用体量建模工具创建，生成后放在屋顶或阳台图层上即可作为遮挡物产生阴影。

21.2.1　建筑高度

本命令功能是把闭合多段线PLINE转化为具有高度和底标高的建筑轮廓模型，修改已有建筑日照轮廓模型的高度和标高，也可以建立其他的板式、柱状的遮挡物，甚至是悬空的遮挡物，尽管他们不一定是真正意义上的建筑轮廓。

菜单命令：其他→日照分析→建筑高度（JZGD）

点取菜单命令后，命令行提示：

选择闭合的pline、圆或建筑轮廓：选取建筑物轮廓线

选择闭合的pline、圆或建筑轮廓：以回车结束选择

建筑高度〈24000〉：32000　键入该建筑轮廓线的高度

建筑底标高〈0〉：10050　键入该建筑轮廓线的底部标高

指定相应建筑物的外轮廓线，并给定建筑物的顶标高和底标高后，所选外轮廓线即拉起指定高度。建筑物的外轮廓线必须用封闭的PLINE来绘制。对于不同高度的建筑物，应当分多次点取本命令。建筑高度表示的是竖向不变的拉伸体，如果一个建筑物沿着高度方向有多次平面变化，每一次变化都要进行建筑高度定义。完成后图层为TG_SUNBUILD，颜色随图层（颜色号41）。

用户也可以自己设置PLINE的标高（ELEVATION）和高度（THICKNESS），并放置到TG_SUNBUILD图层上作为建筑轮廓，不过这样视觉效果上缺顶面、不美观，但计算时系统自动加顶面，因而不影响分析结果。

21.2.2　导入建筑

本命令功能是把已在天正5以上版本生成的组合三维模型导入为日照模型，不必重新创建。其中的窗已经由建筑门窗自动转换为日照窗的模型，并按照日照窗要求加以编号。

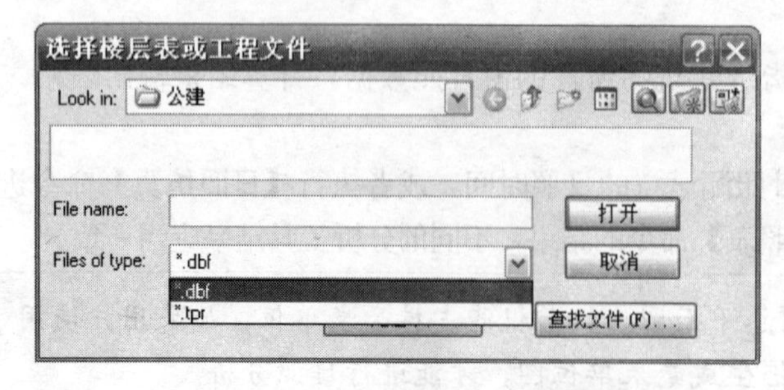

图 21-2-1　导入工程文件或楼层表

菜单命令：其他→日照分析→导入建筑（DRJZ）

点取菜单命令后，显示对话框如图21-2-1所示。

在当前工程文件夹下选择三维组

合的工程文件 *.tpr 或者楼层表 *.dbf，获得三维数据，单击“打开”，显示导入模型的构件选择对话框，如图 21-2-2 所示。

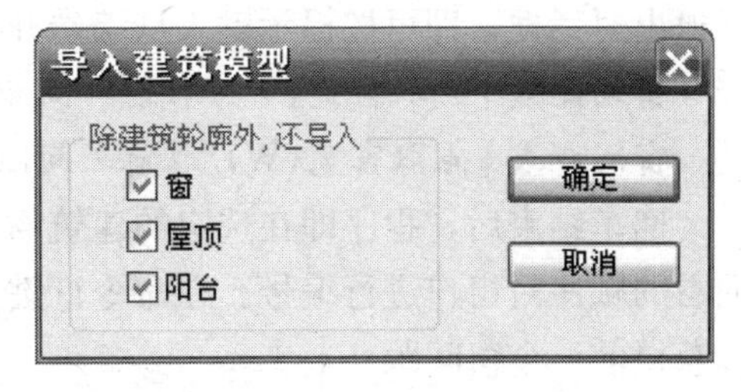

图 21-2-2　导入建筑构件模型

在其中选择要导入的建筑构件，然后单击确定按钮，开始导入模型。如果模型仅作为遮挡物，不需要导入窗；如果分析精度足够，可以不导入阳台。导入完成后显示如图 21-2-3 所示的平面图（日照模型）。

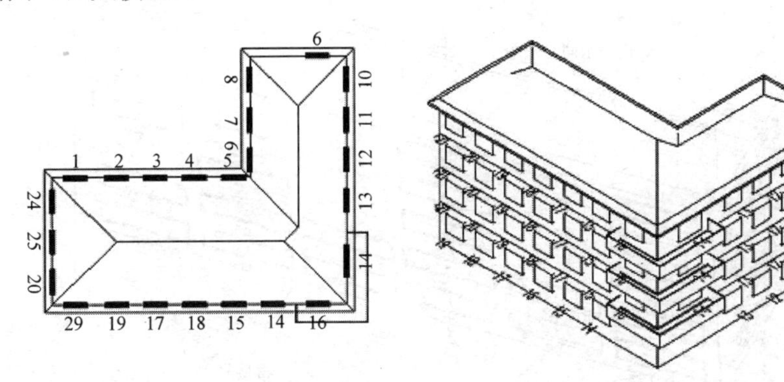

图 21-2-3　导入的日照模型实例

其中窗已经编号，但是由于朝北的窗通常不参加日照分析，因此用户可以把它们删除掉，然后再使用【重排窗号】命令重新排序。

21.2.3　顺序插窗

本命令用于在建筑物轮廓模型上按自左向右的顺序插入需要计算日照的日照窗图块，对日照窗进行编号。

菜单命令：其他→日照分析→顺序插窗（SXCC）

点取菜单命令后，命令行提示：

请点取要插入门窗的外墙线〈退出〉：选取需插入日照窗的某一边建筑物轮廓线

有关日照标准的法规中规定，日照窗计算只需计算朝南方向的窗户，所以用户只需点取南向建筑物外轮廓线即可。但本命令也可以插入其他朝向的窗户，本软件可以对各个方向的窗户进行日照计算。

选取建筑物外轮廓线后，显示“顺序插窗”对话框，如图 21-2-4 所示。程序根据建筑物外轮廓的尺寸数据，显示出在该轮廓线上的层标高，以此为相对标高输入窗台高、以两层窗距离所代表的层高、重复层数，以及日照窗的高宽尺寸、窗位编号。同时，用户不

图 21-2-4　顺序插窗对话框

必退出对话框，即可按提示键入从墙端开始的窗间距，如下面的交互序列所示：

窗间距或［点取窗宽(W)/取前一间距(L)］〈退出〉：1500　键入窗间距 1500

窗间距或［点取窗宽(W)/取前一间距(L)］〈退出〉：回车退出

回车结束后，程序即在选定的建筑物轮廓线的一边插入指定的窗户，同时系统按自左向右的顺序对窗户进行编号。在命令行键入 W 可以在图上点取测量获得窗宽，键入 L 可以获得前一个窗间距。

本命令创建的日照窗模型示意图，如图 21-2-5 所示。

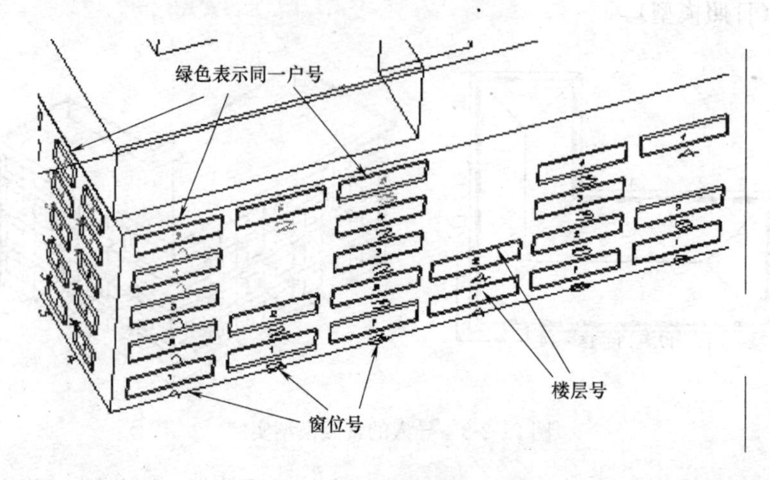

图 21-2-5　日照窗模型示意图

1. 在本命令中，系统只能插入矩形窗，不能插入异形窗和圆弧窗，但并不影响日照计算的结果。

2. 如果要对不同朝向的窗进行分析时，要求用户在插入不同朝向的日照窗后，进行重排窗号操作。

21.2.4　重排窗号

本命令用于重新为参与日照窗计算的窗编排序号。

菜单命令：其他→日照分析→重排窗号（CPCH）

点取菜单命令后，命令行提示：

选择待分析的日照窗：框选所有日照窗

此时要注意日照窗默认的排序是从左到右、从下到上的顺序编号，当因使用导入建筑模型，出现朝北墙面时，该朝向的墙面在冬季没有日照，不参与日照窗计算，应先把朝北墙面上的窗删除，然后再进行重排窗号。

输入起始窗号〈1〉：键入起始窗号

回车后本命令即将所有窗户重新排序编号。如果要对不同朝向的窗进行分析时，希望用户在插入不同朝向的日照窗后，进行本命令的操作，以便在进行日照窗计算时生成的表格中，不会因为编号相同产生混淆。图 21-2-6 左图是重排窗号前的建筑图示，可见同一层的两个墙面，窗号是重复编号的，经过窗号重排后，同一层窗号就唯一了。

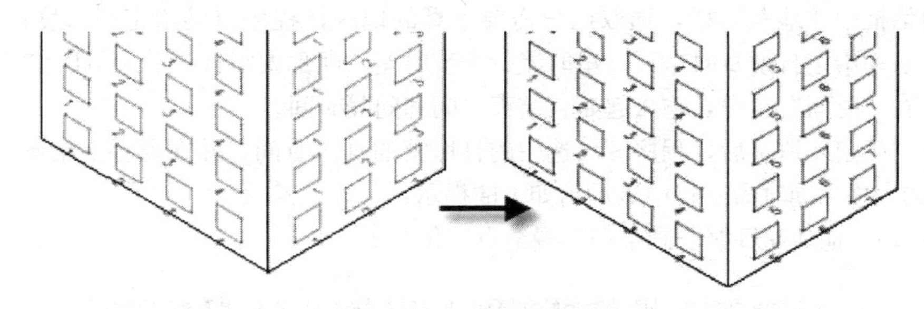

图 21-2-6　重排窗号的实例

21.2.5　窗号编辑

本命令调用 AutoCAD 的属性编辑对话框，对日照窗的楼层、编号进行修改。

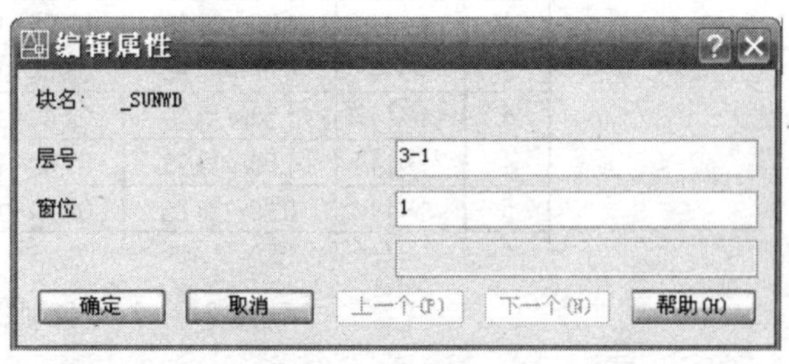

图 21-2-7　窗号属性编辑

菜单命令：其他→日照分析→窗号编辑

点取菜单命令后，命令行提示：

选择块参照：选择打算编辑的日照窗，显示如图 21-2-7 的属性编辑对话框

用户可以随意修改参数，单击“确定”退出。

21.3　日照分析命令

本节中的命令是日照分析的核心命令，根据有关规定对居室窗户以及指定点与区域进行日照分析计算。

21.3.1　窗日照表

本命令功能是根据有关规定对居室窗户进行日照分析计算，计算每个建筑窗的实际日照时间，产生规范要求的窗日照表格，审查这些表格，进行最后的调整，使得所有的部位满足规范要求，写出正规的日照成果报表提交规划部门。

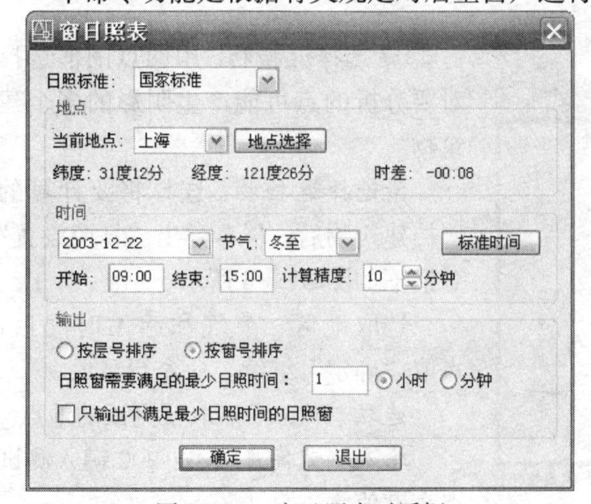

图 21-3-1　窗日照表对话框

菜单命令：其他→日照分析→窗日照表（CRZB）

点取菜单命令后，命令行提示：

选择待分析的日照窗：用两点定范围选择你要分析的建筑物上的一批日照窗

选择待分析的日照窗：回车结束日照窗选择，显示如图 21-3-1 所示对话框

在对话框中“地点”栏，选取用户需要计算的地区，程序自动给定经纬度；选取节气，程序自动给定日期及时差，这里时差指季节时差，即真太阳日与平太阳日在一天中的时间差。在“时间”栏中，输入起始、结束时间和间隔时间。

点取“确定”退出后，程序算出选中的日照窗的日照时间，并在屏幕上绘制如图 21-3-2 所示的表格，同时命令行中显示出如下的提示：

表格位置:拖动窗日照表到空白位置给点定位。

分析标准:国家标准;地区:北京;时间:2003年12月22日(冬至)09:00~15:00,计算精度:10分钟

窗日照分析表

窗位	层数	窗台高(米)	日照时间	
			日照时间	总有效日照
1	1~14	1.50~39.20	09:00~15:00	06:00
2	1~14	0.90~38.85	09:00~15:00	06:00
3	1~14	1.50~39.20	09:00~15:00	06:00
4	1~14	1.50~39.20	09:00~15:00	06:00
5	1~14	0.90~38.85	09:00~15:00	06:00

图 21-3-2　窗日照表输出

其中，“开始”和“结束”时间及表格中的时间是北京时间还是真太阳时按日照设置给定。在算日照窗表格中，给出了所选各个窗户的日照时间、有效日照时间，在不满足要求的窗位，不合格的日照数据以红色表示。

有些地区计算日照时间时要求用“满窗日照”，程序在算满窗日照时，以窗台的 2 个角点同时有日照作为判断满窗日照的条件，否则以窗台中心点作为窗日照的判断依据。

21.3.2　单点分析

本命令功能是给定测试间隔时间后，选取测试日照时间的特定测试点及其高度值，计算详细日照情况。

菜单命令：其他→日照分析→单点分析（DDFX）

点取菜单命令后，命令行提示：

请选择遮挡物：用两点围框选择对要分析的点可能产生阴影的多个建筑物

请选择遮挡物：选择将要计算的遮挡建筑物后，屏幕弹出“日照设置”对话框如图 21-3-3 所示

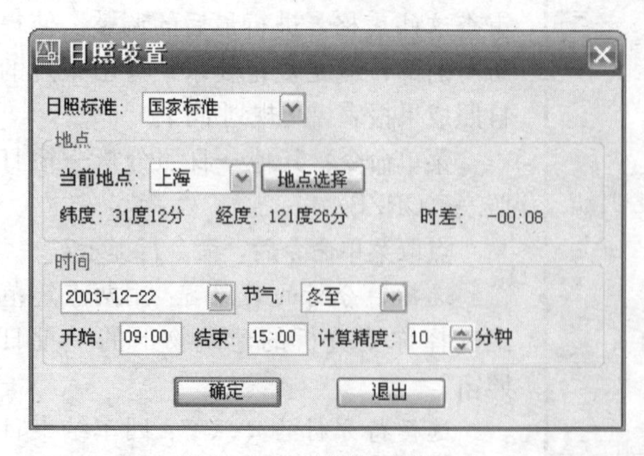

图 21-3-3　日照设置对话框

选取地区、节气和起始时间后，点取“确定”继续。命令行显示：

选取测试点：点取要测试的地点

输入测试高度:<0>：900 键入测试点高度值

点取测试点后，程序即自动算出该点的日照时间，并在屏幕上显示如图21-3-4所示的数据显示对话框。

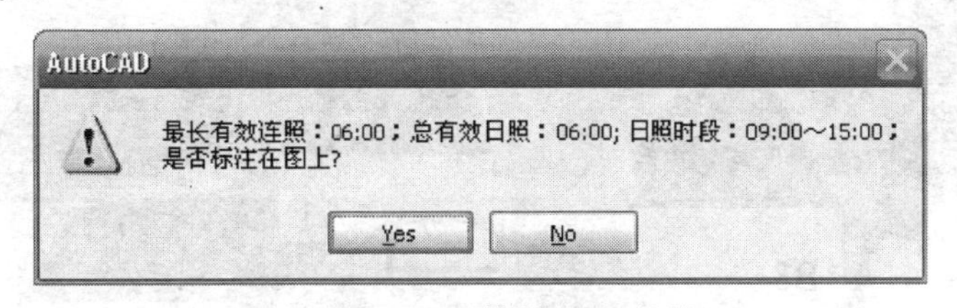

图21-3-4　日照数据显示对话框

用户可以选择是否在图上标注，如果在提示框下选择单击按钮“是”，即会在图上所选的测试点标注一行天正“单行文字”，返回接着提示选取测试点：

选取测试点：〈回车〉即可结束命令

如果在提示框下选择单击按钮“否”，在图上所选的测试点标注一个圆形标志。以后选中这个标志时，光标移动到夹点上会显示日照信息。

21.3.3　多点分析

本命令用于分析某一平面区域内的日照，按给定的网格间距进行标注。

菜单命令：其他→日照分析→多点分析（DUFX）

点取菜单命令后，命令行提示：

选择遮挡物：选取产生遮挡的多个建筑物

选择遮挡物：以回车结束选择，显示对话框如图21-3-5所示

屏幕弹出“多点日照分析”对话框，在其中可选择计算高度和网格单位大小，选择计算时间或节气；选毕单击“确定”按钮后，退出对话框，命令行提示在图中点取计算范围矩形窗口的两个对角点：

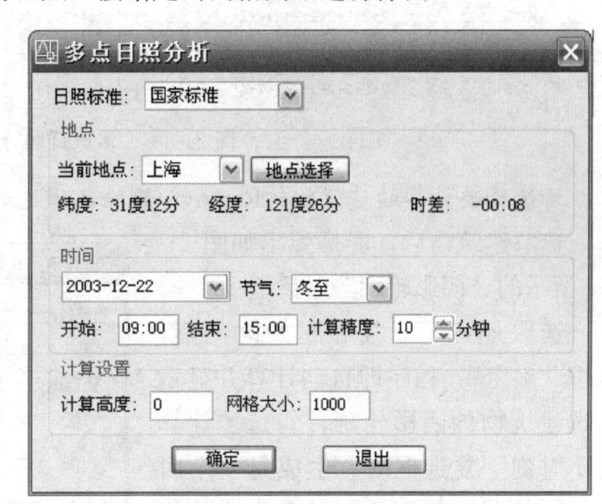

图21-3-5　多点日照分析对话框

请给出窗口的第一点/〈退出〉：点取计算范围窗口的第一点

窗口的第二点/〈退出〉：点取计算范围窗口的第二点

程序开始计算，计算结束后在选定的区域内用彩色数字显示出各点的日照时数。图21-3-6为上海某小区在冬至时间按连续日照的多点分析结果，为清楚计，下面局部放大，表示出其中A1建筑前的部分内容。

21.3.4　阴影轮廓

本命令用于绘制出各遮挡物在给定平面上所产生的各个时刻的阴影轮廓线。

菜单命令：其他→日照分析→阴影轮廓（YYLK）

点取菜单命令后，命令行提示：

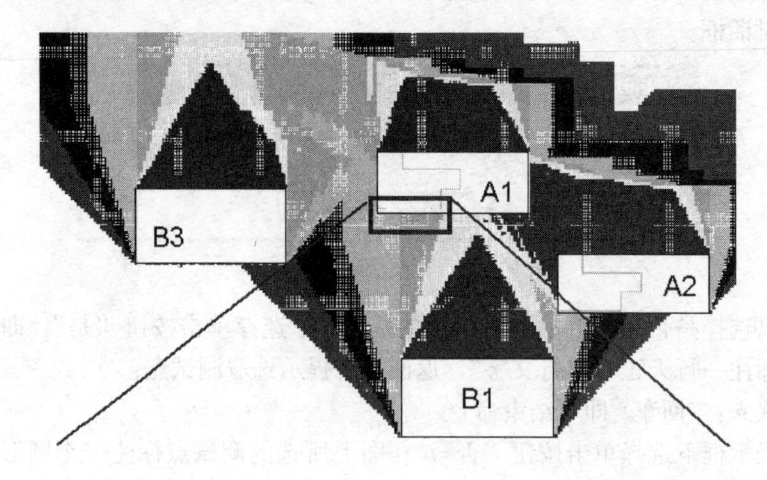

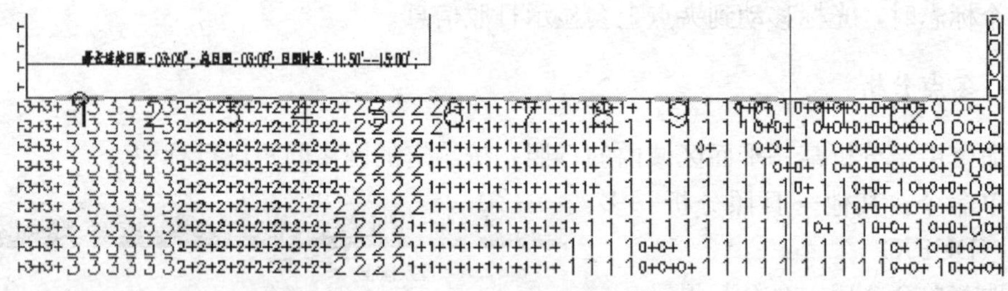

图 21-3-6　多点日照分析实例

请选择要计算的建筑物(〈Remove〉删除已误选的建筑物)：选取要绘制阴影的建筑物

选取建筑物后，屏幕弹出如图 21-3-7 所示的“阴影轮廓”对话框

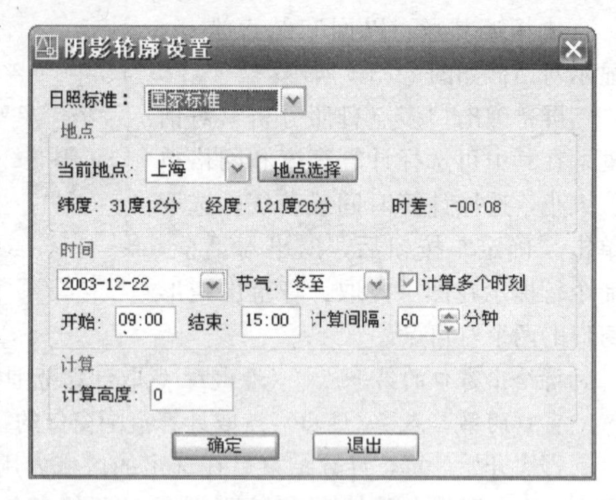

图 21-3-7　阴影轮廓设置对话框

选取地区、节气和起始时间后，点取“确定”，程序即自动计算并显示所选建筑物的阴影轮廓，勾选“计算多个时刻”复选框时，生成每一个时间间隔的阴影轮廓，同时在生成的每一时刻的阴影轮廓上标注该时刻的时间。图 21-3-8 为上海地区冬至 9 时至 15 时的一组建筑的多时刻阴影轮廓线。

注意开始和结束时刻以及表格中给定的时间都是指真太阳时，在对话框中给出了与北京时间的时差，这个数加上真太阳时，就是我们熟悉的北京时间。后面其他日照分析命令的时间也都遵循这种约定。图 21-3-9 是同一建筑群，去除勾选“计算多个时刻”复选框时，可以生成一个固定时刻的阴影轮廓。多次执行本命令，完成多个时刻阴影轮廓，可以把新获得的轮廓线改为其他颜色，否则轮廓线的颜色总是红色的。

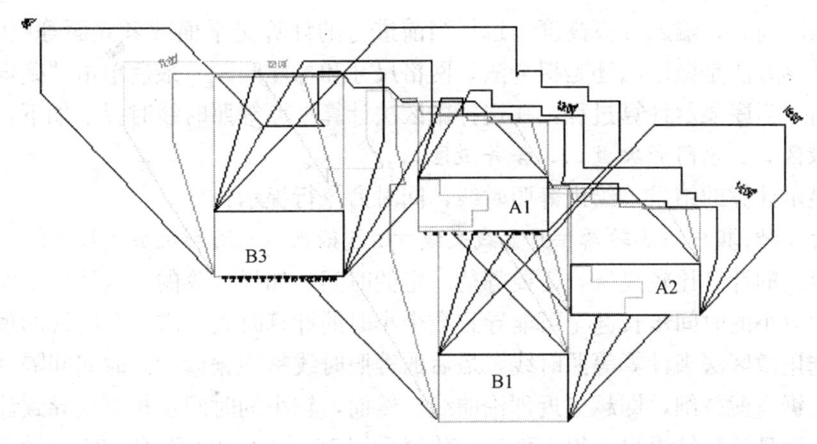

图 21-3-8　日照阴影轮廓实例（一）

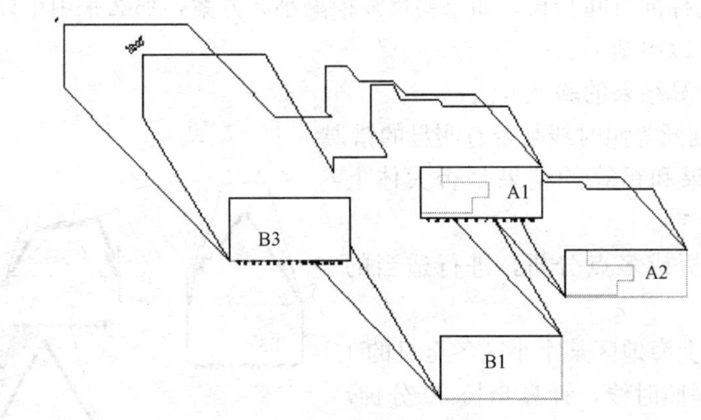

图 21-3-9　日照阴影轮廓实例（二）

21.3.5　等照时线

在给定的建筑用地平面或建筑立面上绘制出日照时间满足和不满足给定时数的区域分界线，计算方法可选用微区法或拟合法，并提供平面和立面两个面的等照时线计算。本命令是用于划分少于和多于用户指定的日照时间区域的曲线，n 小时的等照时线内部为少于 n 小时日照的区域，外部为大于或等于 n 小时日照的区域。

菜单命令：其他→日照分析→等照时线（DZSX）

点取菜单命令后，命令行提示：

选择遮挡物：选取要计算的各遮挡建筑物

选取遮挡物后，屏幕弹出如图 21-3-10 所示对话框，在其中选取地区、

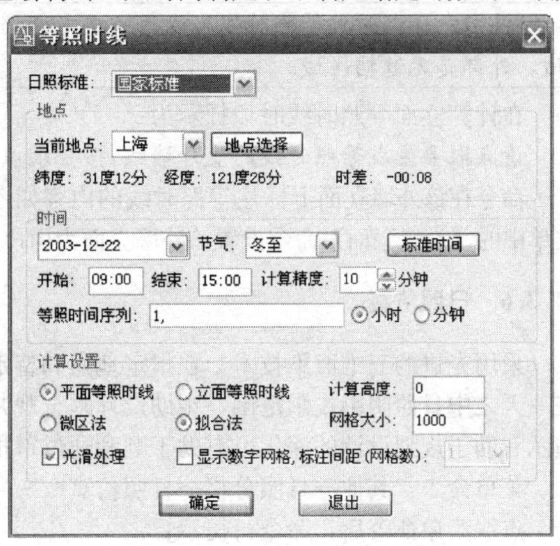

图 21-3-10　等照时线设置对话框

节气和起始时间后，输入计算高度，选择当前进行的计算是平面或者立面等照时线计算，选择日照计算方法是微区法还是拟合法，网格尺寸和标注间距，最后单击“确定”按钮退出对话框后，程序显示计算过程，在选择微区法计算平面等照时线时提示如下：

划分微区... 求阴影次数... 合并微区...

最后显示计算的结果，绘出等照时线，同时命令行提示：

共耗时 4 秒;其中阴影轮廓=1 重线交线=0 搜微区=1 阴影次数=1 微区合并=0

等照时线的计算比较复杂，需要等待一定的时间。如果计算的建筑物较多而且轮廓复杂，则采用较小的时间步长甚至可能导致数个小时的计算时间。求等照时线的理论解非常困难，可选用微区法来计算等照时线，最后的等照时线呈现锯齿状。时间间隔（即时间步长）越小，锯齿就越细，即越逼近理论曲线。然而，较小的时间步长不仅导致计算时间的急剧增加，而且计算结果也变得不稳定。建议采用 10 分钟、20 分钟、30 分钟分别作为细算、一般、粗算的标准时间步长。如果要反复推敲小区方案，那么采用粗算方法计算速度非常快，很快就可以出结果。

用户要注意计算结果的验证方法：

1. 根据常识判断等照时线是否有明显的错误。

2. 细算的结果和粗算的结果是否大体上一致。

3. 用单点分析或多点分析，进行适当的验证。

图 21-3-11 为上海地区某个小区冬至日的 1 小时和 2 小时的等照时线，计算步长 20 分钟，按连续日照计算。其中，粗线（软件中是黄色细线）内的区域日照时间不足 1 小时；细线（软件中为绿色细线）内的区域日照时间不足 2 小时。

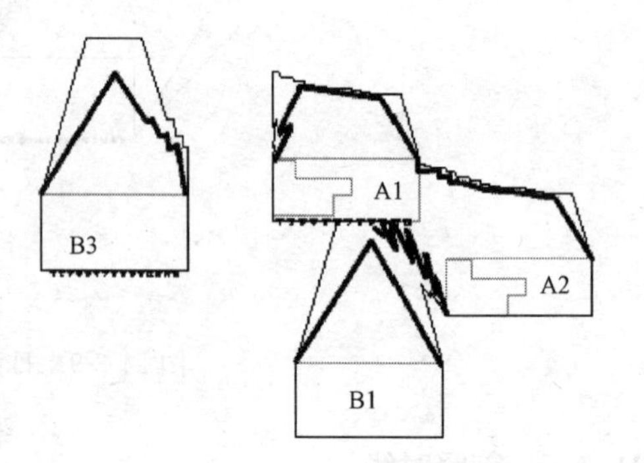

图 21-3-11　平面等照时线实例

> **注意：** 最大时数等照时线可以用来确定遮挡范围，它的内部是受不同程度遮挡的区域，外部是无遮挡区域。

在计算立面等照时线时，提示为：

请点取要生成等照时线的直外墙线:按要求点取外墙线

命令在该外墙立面上标注等照时线的内容如图 21-3-12 所示，实际可使用“观察工具”菜单中的【设置立面】命令设置该外墙立面为用户坐标系 UCS，在打印机上输出结果。

21.3.6　日照仿真

采用先进的三维渲染技术，在指定地点和特定节气下，真实模拟建筑场景中各建筑物在一天之中日照阴影投影范围，帮助设计师直观判断分析结果的正误，提供这样的可视化演示有助于规划设计的深化，有助于顺利通过审批。

菜单命令：其他→日照分析→日照仿真

点取菜单命令后，命令行提示：

初始观察位置：图上给第一点，确定视点位置

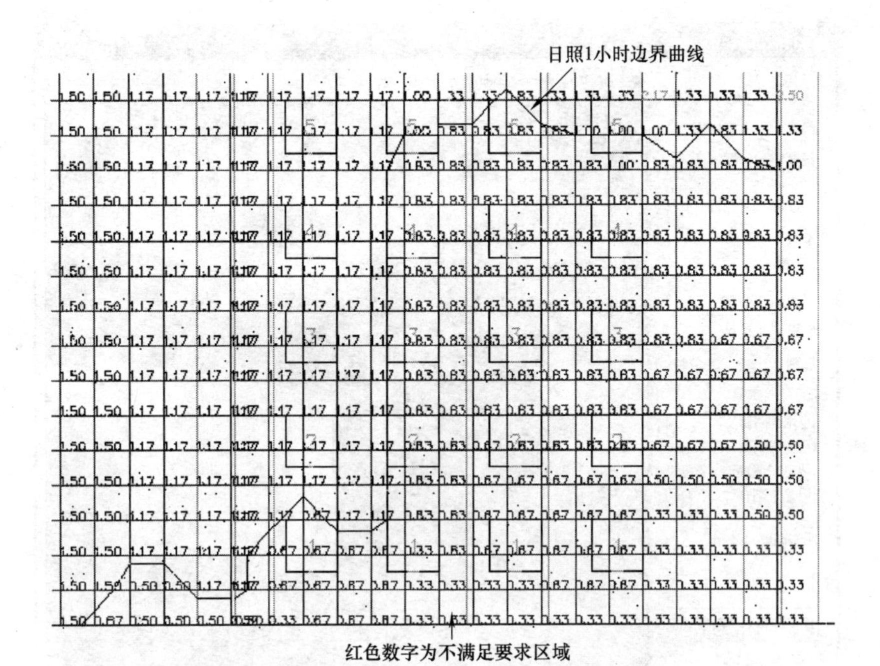

图 21-3-12　立面等照时线实例

初始观察方向：图上给第二点，朝向建筑群指出观察方向

在图中从观察点指向建筑群方向给出两点确定初始观察方向，如图 21-3-13 所示。

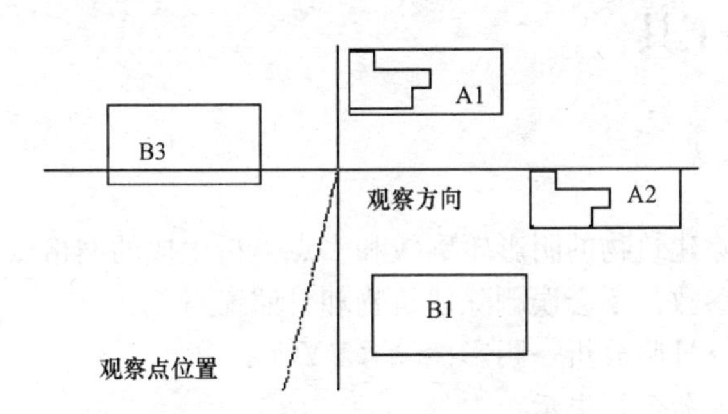

图 21-3-13　日照仿真观察实例

接着，系统显示“日照仿真”对话框，如图 21-3-14 所示为选项改为“全部阴影”的效果，允许阴影投射到建筑外墙上显示。开始的透视方向是靠近地面的视点，可以在图形框通过按下鼠标中键进行图形平移，在图形区拖动鼠标，进行三维实时漫游，动态改变视线为鸟瞰图方向，日照的开始仿真时刻是（9：00），单击上面的实心箭头按钮，开始日照仿真。

鼠标键操作：左键一转动，中键一平移，滚轮一缩放；键盘键操作的控制原则是针对观察者，以下是键盘操作的按键与功能对照。

←一左移，↑一前进，↓一后退，→一右移；Ctrl+←一左转 90°，Ctrl+↑一上升，Ctrl+↓一下降，Ctrl+→一右转 90°；Shift+←一左转，Shift+↑一仰视，Shift+↓一俯视，Shift+→一右转。

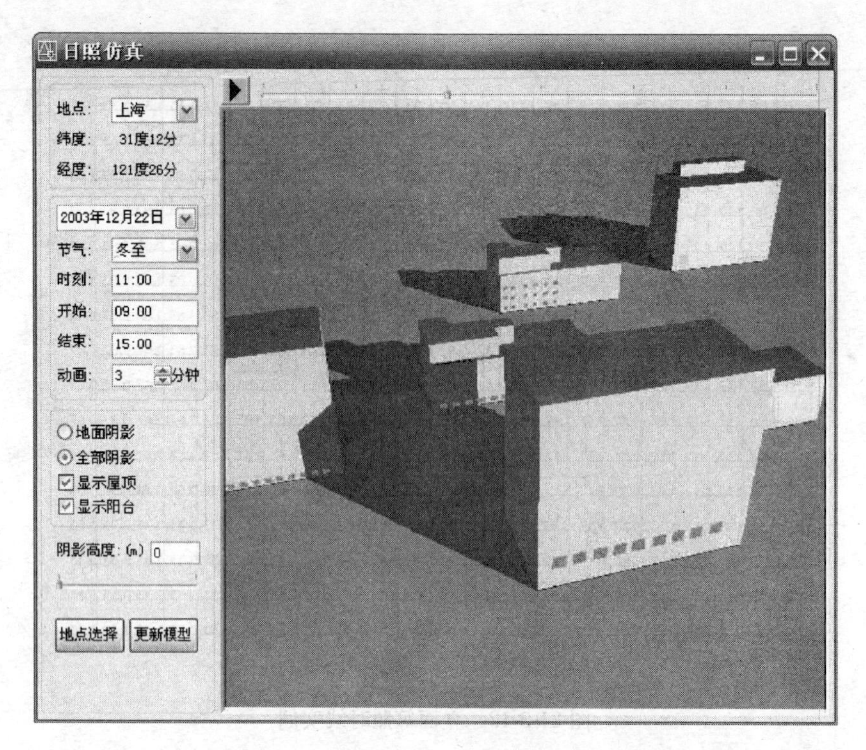

图 21-3-14　日照仿真

21.4　日照辅助工具

21.4.1　阴影擦除

本命令功能是擦除建筑物的阴影轮廓线和多点分析生成的网格点，以及其他命令在图上标注的日照时间等参数，不会误删除建筑物和日照窗对象。

菜单命令：其他→日照分析→阴影擦除（YYCC）

点取菜单命令后，命令行提示：

选择日照分析生成的图线或数字：通过 AutoCAD 的各种选择方式选择区域或直接选择要删除对象

选择日照分析生成的图线或数字：回车结束选择，退出命令

如果用户要擦除全部阴影轮廓线和网格点，点取本命令后，键入 ALL，回车即将图中所有阴影轮廓线和网格点擦除；如不需要全部擦除，在点取本命令后，可一一点选要擦除阴影轮廓线和网格点，回车即擦除；如果要局部删除，可以给出两个点围合成区域，把在区域内的默认图线、数字对象删除。

21.4.2　建筑标高

专用于标注三维日照建筑模型标高，结果如图 21-4-1 右图所示，但不能用于体量模型和平面图的标高标注，默认是标注顶标高，可通过选项设置。

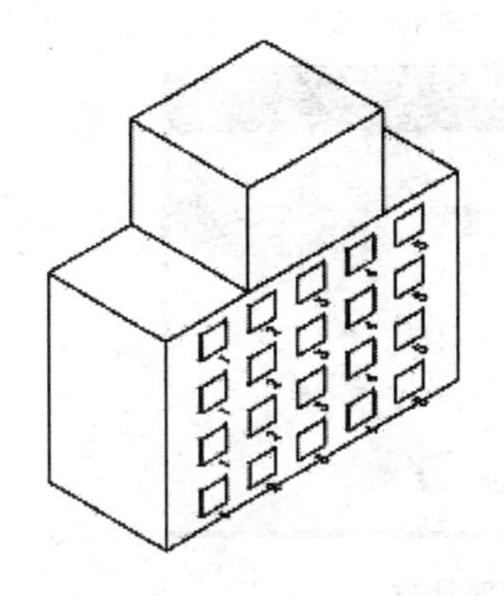

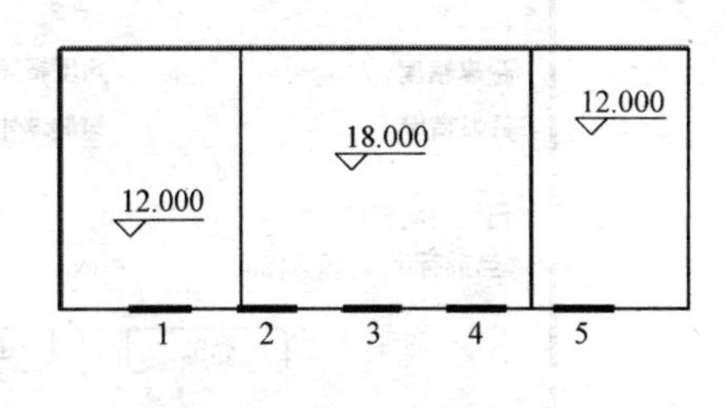

图 21-4-1　建筑标高实例

菜单命令：其他→日照分析→建筑标高（JZBG）

点取菜单命令后，命令行提示：

点取位置[设置(S)]〈退出〉：点取日照建筑模型的一点

接着提示下一个标注点，快速生成多个标注。

点取位置[设置(S)]〈退出〉：再标注下一点或者回车退出

在使用体量模型建立遮挡物的情况下，该遮挡物的标高标注请使用“单注标高”命令，设置选项会启动对话框，如图 21-4-2 所示。

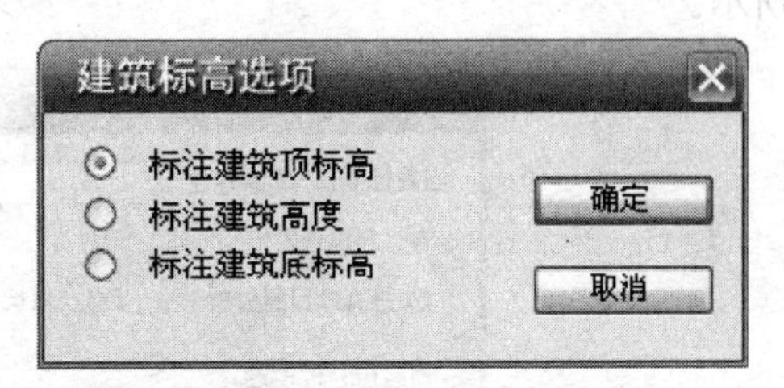

图 21-4-2　建筑标高对话框

21.4.3　地理位置

本命令用于添加日照分析程序中当前未包括的建筑项目所在城市经纬度数据。

菜单命令：其他→日照分析→地理位置（DLWZ）

点取菜单命令后，显示对话框如图 21-4-3 所示。

在对话框中可直接输入城市名称、纬度和经度数据，输入数据同时添加到日照数据库中，单击“关闭”按钮结束输入，数据即可日后用于生成该城市的日照时数。

图 21-4-3　地区数据库对话框

21.4.4　日照设置

本命令用于定义日照分析使用的计算精度和国家标准和地方法规规定的标准参数。

菜单命令：其他→日照分析→日照设置（RZSZ）

点取菜单命令后，显示对话框如图 21-4-4 所示。

图 21-4-4　日照设置对话框

“计算精度”栏下面的数据由程序按照日照标准给出，一般情况不必由用户干预。可选择多项日照分析标准，默认只有“国家标准”，还可以选择列表中的“配置管理器”项，进入“日照分析标准”配置对话框，在其中提供了有效日照的参数设置，如图 21-4-5 所示。

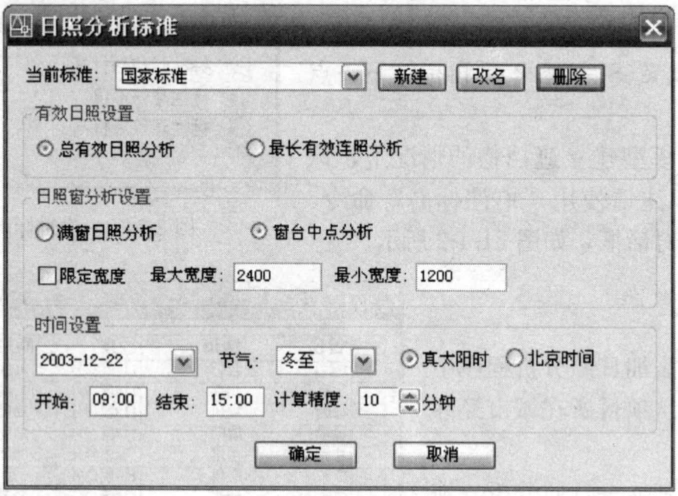

图 21-4-5　日照分析标准对话框

对话框控件说明

［**当前标准**］　当前日照分析的标准设置，用户可以新建日照标准，命名后添加到日照标准下拉列表中。

［**总有效日照分析**］　受遮挡使日照时间不连续，对一采样点或一个窗户进行日照分析时，以一天中所有日照时间段的时间累积为分析依据。

［**最长有效连照分析**］　受遮挡使日照时间不连续，对一采样点或一个窗户进行日照分析时，以一天中最长的一段连续日照时间的长度作为分析依据。

［**满窗日照分析**］　上海等地规定以满窗日照为判断依据，即以窗台的 2 个角点同时有日照作为判断满窗日照的条件，最大最小宽度可以设定。

［**窗台中点日照分析**］　其他地区如北京的日照标准，以窗台中心点作为窗日照的判断依据。

［**真太阳时与北京时间**］ 在本文档中所提及的日照有效时间、开始时间与结束时间默认为真太阳时，可在“日照分析标准”对话框的“时间设置”区中选择为真太阳时或者北京时间，时差＝分析点北京时间－真太阳时。

真太阳时： 太阳连续两次经过当地观测点的上中天（当地时间正午12时）的时间间隔为1真太阳日，分为24真太阳时（《建筑设计资料集》页次179）。

第 22 章 其　他

内容提要

本章主要介绍不属于建筑分类的跨专业通用工具命令。

• 构件导出

将天正构件对象导出成 XML 格式文档。

• 绘制梁

创建结构梁模型。

• 碰撞检查

检查各天正构件和设备等对象在空间是否发生干涉，实现多专业构件和设备的空间位置干涉分析。

22.1　构件导出

提供天正构件对象的XML格式文档导出，导出的XML标准格式用于配合AutoCAD外部的天正对象解释程序，将天正对象导入到其他CAD平台，实现模型显示和碰撞检查。

菜单命令：其它→构件导出（GJDC）

点取菜单命令后，命令行提示：

请选择实体[全图(A)]〈选择工程〉：

直接在本图选择要导出的构件，或输入“A”将本图全部构件都导出。结束选择后回车，会弹出如图22-1-1所示对话框。

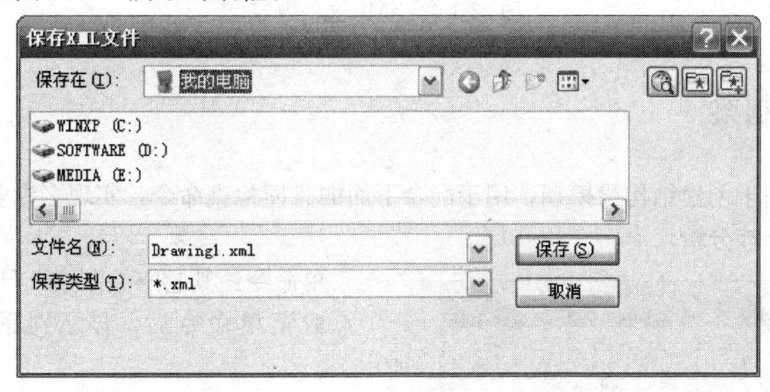

图22-1-1　构件导出保存文件对话框

在对话框中修改XML文件的名称和保存路径后，点保存，弹出如图22-1-2所示对话框。

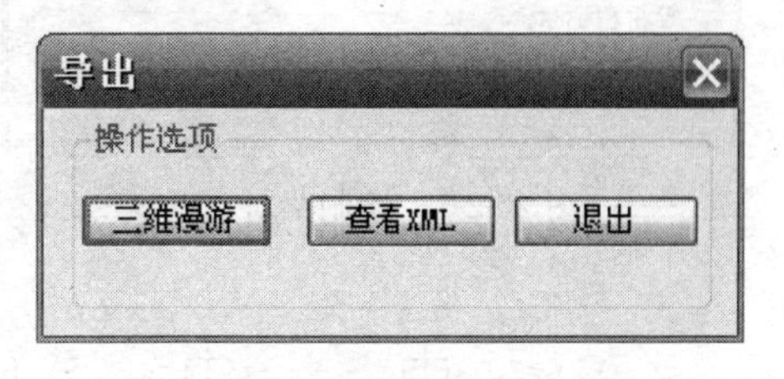

图22-1-2　导出操作选项对话框

[三维漫游]　调用三维漫游插件（目前暂时不提供），在建筑物中进行三维虚拟漫游。

[查看XML]　调用相应程序，如IE浏览器直接打开生成的XML文件查看内容。

如果在命令行第一步提示时直接右键回车，则会弹出如图22-1-3所示对话框。

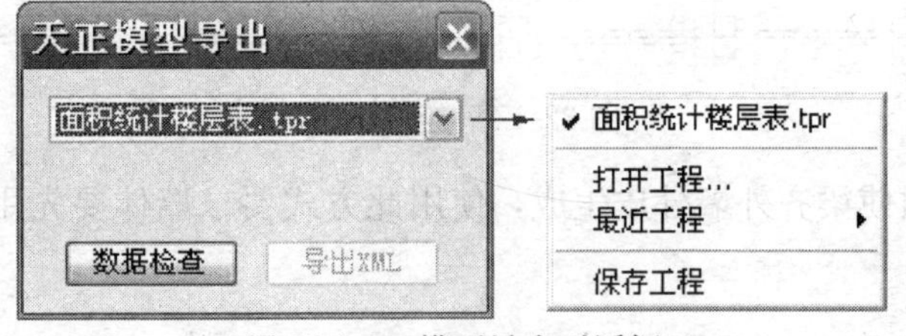

图22-1-3　模型导出对话框

在对话框中选择需要导出的*.tpr格式的工程文件，在“数据检查”无误后，点击“导出XML”按钮，也可以导出XML文件。

最后生成的XML文件通过记事本、浏览器等程序均可打开，显示内容如图22-1-4所示。

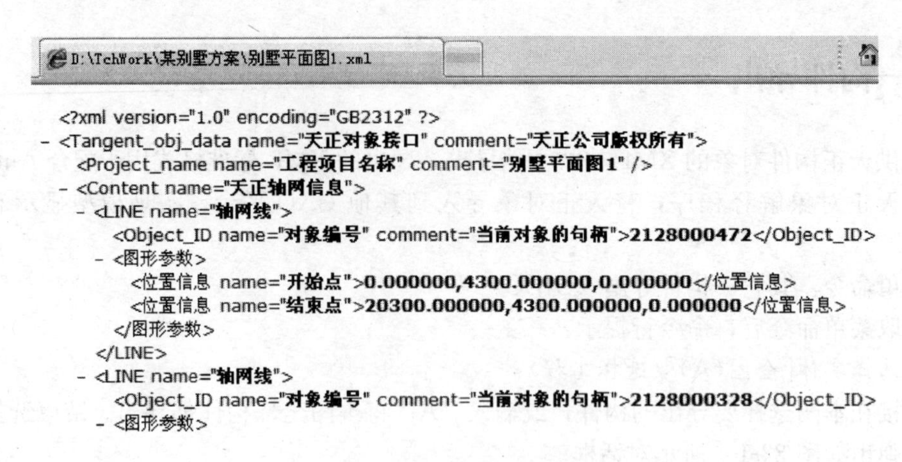


```
<?xml version="1.0" encoding="GB2312" ?>
- <Tangent_obj_data name="天正对象接口" comment="天正公司版权所有">
  <Project_name name="工程项目名称" comment="别墅平面图1" />
- <Content name="天正轴网信息">
 - <LINE name="轴网线">
    <Object_ID name="对象编号" comment="当前对象的句柄">2128000472</Object_ID>
  - <图形参数>
     <位置信息 name="开始点">0.000000,4300.000000,0.000000</位置信息>
     <位置信息 name="结束点">20300.000000,4300.000000,0.000000</位置信息>
    </图形参数>
   </LINE>
 - <LINE name="轴网线">
    <Object_ID name="对象编号" comment="当前对象的句柄">2128000328</Object_ID>
  - <图形参数>
```


图 22-1-4　XML 文件内容

22.2　绘制梁

本命令用于创建结构梁模型，用于配合下面的碰撞检查命令，实现多专业构件和设备的空间位置干涉分析。

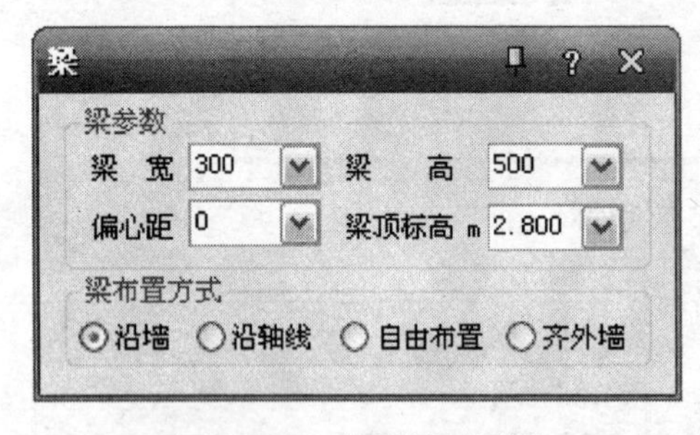

图 22-2-1　绘制梁对话框

菜单命令：其它→绘制梁（HZL）

点取菜单命令后，显示对话框如 22-2-1 所示。

在其中可以选择“沿墙”、“沿轴线”、“齐外墙”和“自由布置”的方式画墙，“沿轴线”方式会自动判断轴线交点合理布置梁，注意在“沿墙”和“齐外墙”方式下布置的梁会自动剪裁梁高范围内的墙体，在删除梁后这些墙体不会自动恢复以前的墙高。

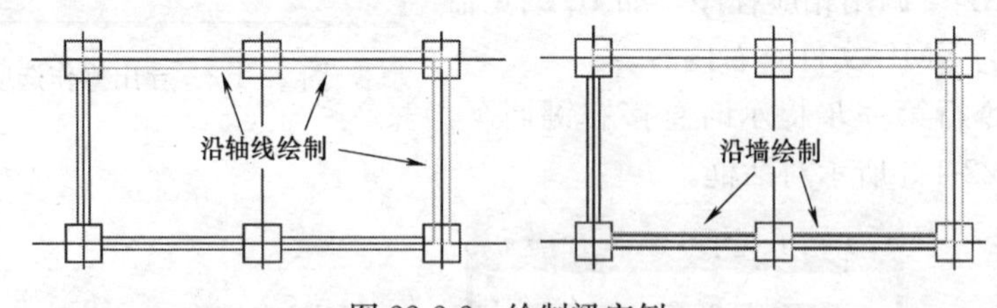

图 22-2-2　绘制梁实例

“齐外墙”选项使梁齐外墙外皮生成，使用此方式要求墙体要先用【识别内外】命令识别外墙。

22.3　碰撞检查

本命令利用天正对象的三维建模特性，检查各天正构件和设备等对象在空间是否发生干涉，实现多专业构件和设备的空间位置干涉分析。

菜单命令：其它→碰撞检查（PZJC）

点取菜单命令后，显示对话框如图 22-3-1 左所示。

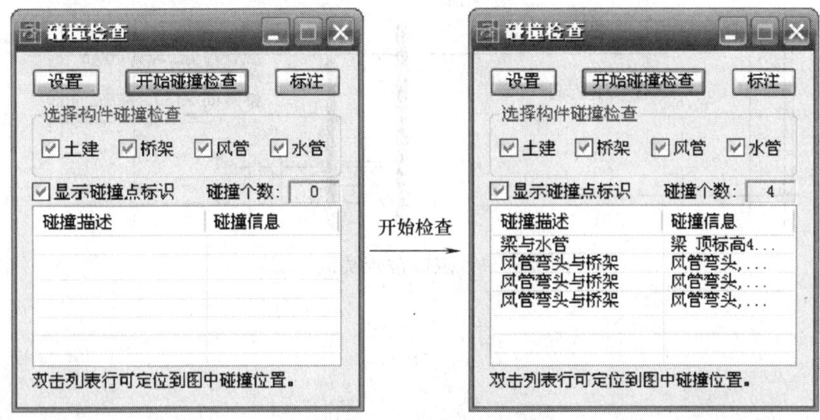

图 22-3-1　碰撞检查对话框

我们以平面和轴测图视口打开一个准备进行碰撞检查的 DWG 文件。在这个 DWG 文件中，通过插入或者外部参照加入土建和其他各专业的对象，执行碰撞检查命令，在对话框里面单击“设置”按钮，进入“设置”对话框碰撞检查参数如下，其中软碰撞间距的含义是有关构件的间距不需要直接发生碰撞，只要间距是在给定间距内就算为发生碰撞。

设置好需要的设置按确定返回，在没有开始碰撞检查时，对话框中的碰撞位置表格是空白的。在碰撞检查对话框中，单击“开始碰撞检查”按钮，命令行提示：

请选择碰撞检查的对象(对象类型:土建 桥架 风管 水管)〈退出〉：选两个对角点框选范围，提示找到××个

请选择碰撞检查的对象(对象类型:土建 桥架 风管 水管)〈退出〉：回车结束选择后，显示对话框

对话框中的碰撞位置表格会出现碰撞点的内容和位置描述结果，同时图上会以红点表示碰撞位置，如图 22-3-3 所示。

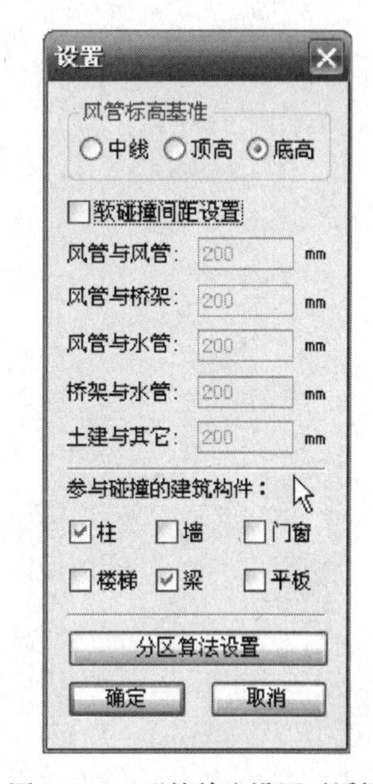

图 22-3-2　碰撞检查设置对话框

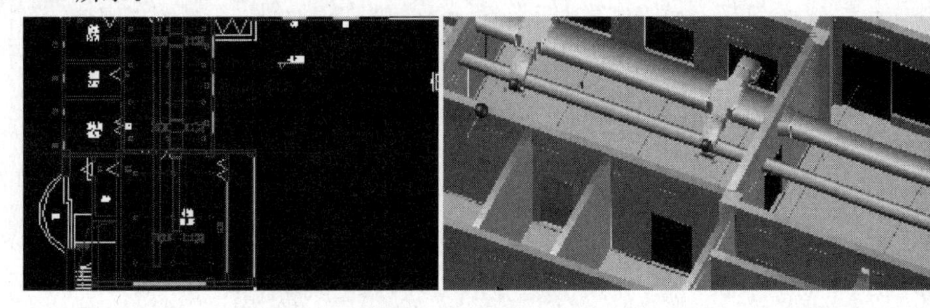

图 22-3-3　碰撞检查实例（一）

此时，在对话框中单击“标注”按钮，可以在左边的平面图上，以引出标注说明每一个碰撞位置的信息供各专业的设计修改提供可靠的参考依据。

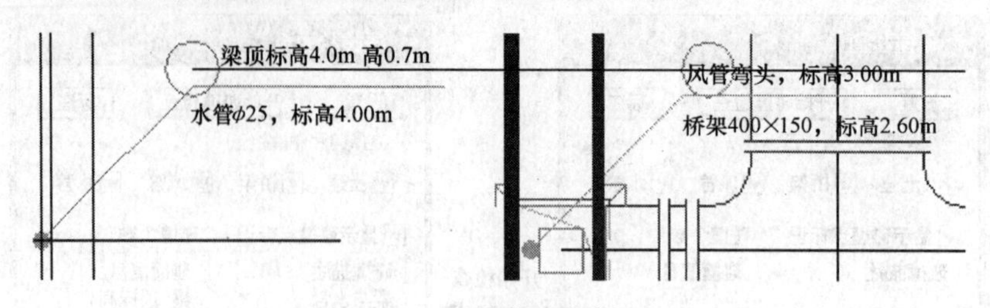

图 22-3-4 碰撞检查实例（二）

附录A 天正菜单系统

内容提要

• 天正菜单的概念

天正开发了自己的菜单系统与自定义工具栏，扩展了 AutoCAD 标准屏幕菜单的功能，提供折叠伸缩式的屏幕菜单与对象编辑对应的右键菜单，以文本文件定义。

• 天正菜单的定制

天正提供了可定制的屏幕菜单与右键快捷菜单，可以由用户定义菜单结构、256 色图标与文字提示，还可根据光标感应或选择的对象决定显示快捷菜单的内容。

A.1 天正菜单的概念

天正的屏幕菜单默认停靠在 AutoCAD 图形编辑界面的左侧，也可以拖动菜单标题，使菜单在界面上浮动或改在 AutoCAD 界面右侧停靠，单击菜单标题右上角按钮可以关闭菜单，使用热键 Ctrl+或者命令 tmnload 重新打开菜单。其中，屏幕菜单功能简述如下。

A.1.1 折叠菜单层次清晰

在屏幕菜单下支持弹出式以及折叠式分支子菜单，弹出式子菜单由右击本层菜单激活，直接单击本层菜单的菜单标题，即可将子菜单在当前菜单页面展开，此功能是上一个版本的改进，可不必返回上层即可切换到其他子菜单，如图 A-1-1 所示。

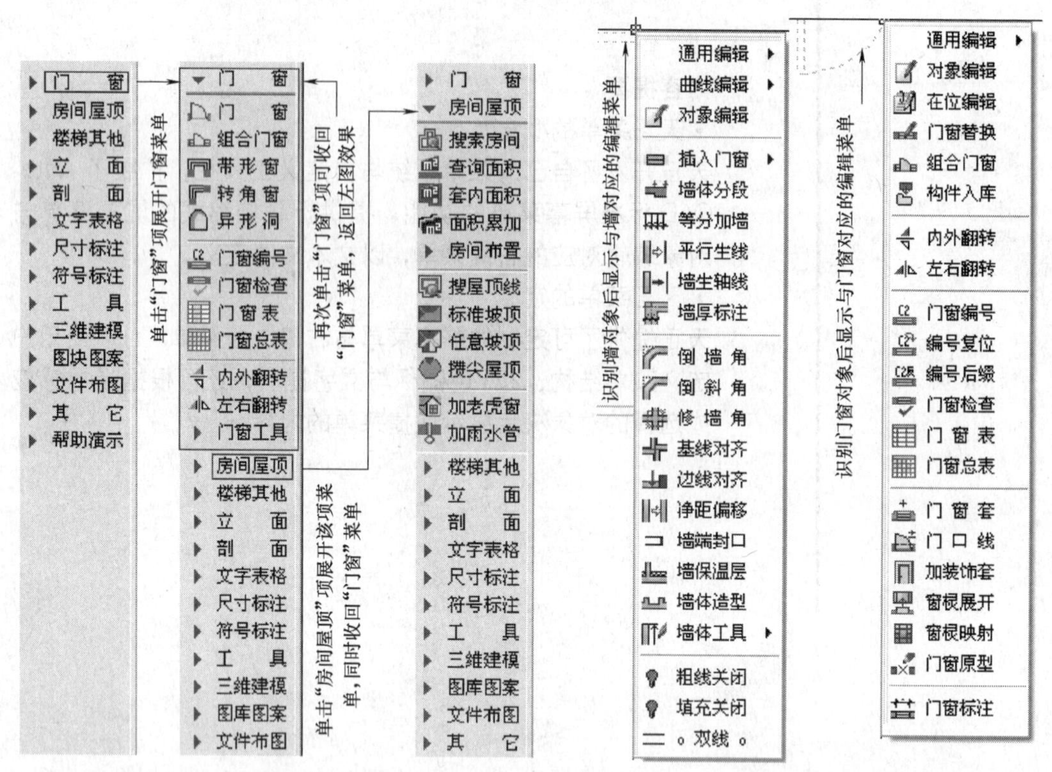

图 A-1-1 折叠菜单的概念

图 A-1-2 右键快捷菜单的功能匹配

天正的菜单项由三角图标动态显示当前菜单的层次，已展开的上级菜单以向下实心三角表示，未展开的子菜单以向右实心三角表示，向下的三角图标可以作为收回该菜单的命令，使用其他 256 色图标的为菜单项，下层菜单有比上层菜单浅的底色，结构层次清晰。

A.1.2 右键菜单的功能概念

右键菜单也叫快捷菜单，在绘图区右击鼠标时的菜单（根据需要，用户可以配置成 Ctrl+右键激活菜单）。右键菜单的出现包括以下几种情况：

- 当前没有预选对象或感应对象，当前空间为模型空间；

- 当前没有预选对象或感应对象，当前空间为图纸空间；
- 当前有预选对象或感应对象。

（其中感应对象是指使用了选择预览功能后，光标在对象上方时对象自动亮显，此时系统可以获得光标下面的对象信息。）

菜单系统可以根据预先在菜单描述中的定义找到匹配对象定义，从而在光标位置显示相关的一个子菜单，其中列出了针对该对象类型可能执行的命令，例如预选墙体后，右键激活的快捷菜单内容会包括“插入门窗”、“墙体编辑”有关的内容，如图A-1-2所示。

当没有选取对象时，显示的是模型空间或图纸空间的“默认菜单”，其内容是列出最常用的命令，右键快捷菜单同样支持图标、子菜单与功能描述信息提示。

A.1.3　屏幕菜单图标的定制

菜单项支持图标的显示，可以使用16×16点阵的256色图标，以菜单名.dll资源文件方式引用，定义格式参考A2.3一节的描述。

以默认菜单Tch.tmn为例，可以使用Microsoft Visual Studio 2005以上版本打开该资源文件Tch.dll，为自己的菜单项添加图标，添加图标具体操作时可以设置为真彩色状态，此时可以接受从其他图像编辑工具的复制粘贴，如图A-1-3所示。

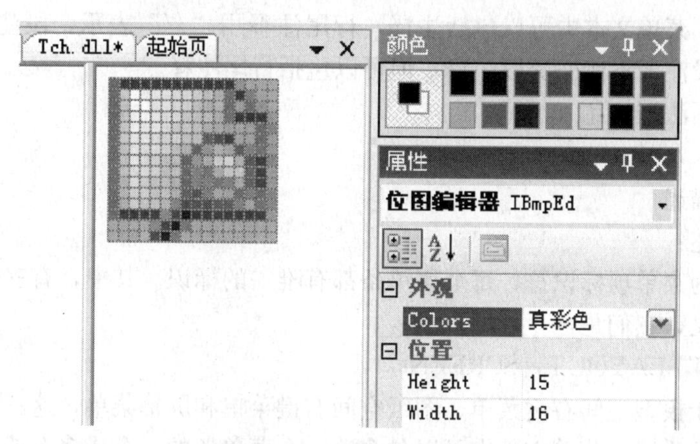

图A-1-3　菜单图标的定制

图像粘贴过来后，不要忘记把颜色改为256色，否则图标背景色无法显示为透明。

注意tch.dll文件至少应保存两个位置，在sys下为R15～R16平台使用，保存在sys17下为R17平台使用，用同一个资源文件tch.dll复制保存即可。

菜单项支持功能描述信息，光标经过菜单项时，在屏幕下方的状态栏中动态显示当前命令的功能描述信息，这些信息可由用户定义或修改。

A.1.4　屏幕菜单的加载与切换

用户可定制菜单文件，通常可在天正的菜单文件基础上修改，也可以新建菜单文件，然后编辑输入菜单描述，存为用户命名的菜单文件。

天正菜单的支持文件包括.tmn、.tmc以及.dll，其中.tmn文件是天正的菜单源文件，是一个开放的文本文件，可以由用户进行修改；.tmc文件是经编译的菜单文件，它属于二进制文件，用户不能对其进行修改；.dll 文件是菜单的图标资源文件，图标也可以没有，不影响菜单的功能。如图 A-1-2 所示。

天正系统启动时，会自动加载上一次的菜单文件。如果没有 .tmc，则自动编译 .tmc 后加载，否则判断 .tmn 和 .tmc 的时间，确定是否需要重新编译 .tmn。菜单文件也可以是用户指定的名称，例如 User.tmn 和 User.dll，菜单加载时由系统自动生成 User.tmc。

A.2 用户菜单的定制

A.2.1 菜单条语法

菜单文本描述

菜单标题：将作为屏幕菜单的标题，语法为

MENU_TITLE="××××"

菜单条定义：包括右键菜单条和屏幕菜单条。

菜单开关：进一步解释前面各个菜单条所出现的菜单开关项。

菜单资源：各个菜单项的辅助资源，包括图标和功能说明。

菜单注释：菜单文本中可以包括注释，行尾注释用"//"表示，段注释用"/*"和"*/"括住，段注释不能嵌套段注释，但可以包括行尾注释。

菜单条的语法结构：

***××××

匹配对象描述

菜单项描述：

××××为菜单项标识符，每个菜单条都有唯一的标识。其中，有三个标识符是固定的，有特别意义，它们是

COMMON，LAYOUT，SCREEN

分别对应于模型空间右键菜单、图纸空间右键菜单和屏幕菜单，这三个特殊的菜单条不能有匹配对象描述。菜单文件中可以包含这三个菜单条的一个或多个或都没有。

匹配对象的描述：

对象类型标识符 = DXF 过滤表

其中对象类型标识符，由字母开头的任意英文字符串，目前的菜单系统还没有用到标识符，以后可能会用到。

DXF 过滤表，是对匹配对象的描述，如：

0," POLYLINE，LWPOLYLINE"，70，1 用来匹配封闭的多段线

0," TCH_WALL" 用来匹配天正建筑的墙体

过滤表必须成对，每一对用来匹配对象 DXF 的一个点对，多个点对的匹配原则是"与"的关系。

匹配对象用来对预选的对象进行匹配验证。当找到匹配的菜单条时，就弹出右键菜单。因此菜单文件靠前的菜单条有更高的优先级。当多个菜单条匹配预选对象时，采用前面的菜单条。

菜单项描述：

菜单项标识［菜单项标题描述］待执行的命令：

与AutoCAD的菜单项描述类似，菜单项标识用来关联后面的菜单资源，如图标和功能描述，可以为空；待执行的命令可以为空，这时菜单项不能被点取。

菜单项标题描述，通常只是菜单项的名称。根据需要，可以产生多种菜单项类型和特征。

菜单标记标签

菜单标签：用｛｝括起来，有禁用标签和标记标签，语法为：

标签符号＝函数调用

例如：｛！＝Is2DOnly｝

函数调用为由ARX程序定义的AutoLISP外部函数，返回t和nil。内部实现是通过ads_invoke来调用的。当调用函数返回t时，标记成立。根据标签的类型（～或!），把菜单项设成不可用或加标记（打勾）。

下面是带标签的菜单项的示范例子：

ID_TSHOW2D［｛！＝Is2DOnly｝完全二维］TShow2D

菜单项分隔符：

［--］

子菜单：

［->××××］

［××××］

……

［<-××××］

开关菜单项：

用户点取该菜单项时，在多个状态间切换。下面是开关菜单项：

ID_S_SPAREA［＊SWITCH＊］

在菜单开关中将进一步描述开关的逻辑。

A.2.2 菜单开关语法

菜单开关是描述前面的菜单条中出现的菜单项，一个开关菜单项由一个开关组来描述。菜单开关包含一系列开关组。菜单开关的语法：

＊＊＊SWITCH

开关组1

开关组2

…

一个开关组对于一个开关菜单项。开关组的描述：

＊＊ID_S_BASELINE

GET = GetBaselineState //取状态

SET = SetBaselineState //设状态

0 = ID_DOUBLE_WALL，“o 双线 o” //状态0

1 = ID _ SINGLE _ DOUBLE,“o 单双线 o” //状态 1

2 = ID _ SINGLE _ WALL,“o 单线 o”

这个开关组，对前面菜单条中的下列菜单项展开描述。

ID _ S _ BASELINE [*SWITCH*]

每一个开关组都要有 GET 语句和 SET 语句，GET 通过函数调用（ads _ invoke）确定当前的状态，SET 为鼠标单击后执行的函数调用。系统按这样的逻辑确定开关状态，菜单初始化时通过 GET 调用确定当前状态，鼠标单击后调用 SET 改变状态。对于屏幕菜单，还要重新 GET 确定新的状态。

GET 和 SET 都是调用 ARX 程序定义的 AutoLISP 函数进行的。其中，GET 的函数必须返回整数表示开关的状态。

GET 和 SET 语句之后是状态的描述，分别对 GET 返回的状态进行描述。状态描述包括资源标识和标题名称两项。标题名称出现在菜单上，资源标识用来确定图标和功能描述。

A.2.3　菜单资源语法

菜单资源放置在菜单开关之后，* * * RESOURCE 开始，语句由菜单名称标记索引，等号前为菜单名称标记名，等号后第一段为图标名称，这些图标为 16×16—256 色的 BMP 图像格式，统一存放于 dll 动态链接库的资源内；等号之后为状态行帮助信息，光标划过菜单项时，显示本菜单项的简短说明。

下面是菜单资源的示范：

* * * RESOURCE

ID _ ABCOORD _ OFF = “TCH _ COORDXY”，“坐标标注形式由 XY 变为 AB”

ID _ ABCOORD _ ON = “TCH _ COORDAB”，“坐标标注形式由 AB 变为 XY”

……

ID _ BOLDLINE _ OFF = “ID _ LIGHT _ OFF”，“墙柱由细线显示切换为粗线显示”

ID _ BOLDLINE _ ON = “ID _ LIGHT _ ON”，“墙柱由粗线显示切换为细线显示”

…… 上面两行显示粗线打开与粗线关闭时的状态行帮助以及图标切换

//墙生成

ID _ Wall = “Tch _ 16 _ Swall”，“进入墙体创建和编辑子菜单”

Id _ Dwall = “Tch _ 16 _ Dwall”，“连续绘制双线直墙和弧墙：HZQT”

这里最后的四个字母 HZQT 是绘制墙体简化命令的定义，为便于记忆，使用汉语拼音的首字母表示，下面的 DFJQ 表示【等分加墙】命令。

Id _ DivWall = “Tch _ 16 _ DivWall”，“将一段墙按轴线间距等分，垂直方向加墙延伸到给定边界：DFJQ”。

附录B

编程接口

以下为天正软件-建筑系统 2013 编程接口的组码列表，其中包含了天正建筑软件自定义对象对用户开放的所有功能，通过标准的 DXF 参考数据，可供进一步开发编程时调用。本编程接口功能将会随着软件开发的进度不断补充完善，有开发能力的用户可参考随天正软件-建筑系统升级版本提供的更新文档。

通用组码（紧接着各基本组后面使用）

组　码	意　义
46	布局转角，缺省 0
47	出图比例(必须)
68	对象类型(只读)0—2D&3D，1—只有 2D，2—只有 3D

- **建筑构件对象**

包括墙体、门窗、柱子、阳台以及异形墙等与墙体相关联的基本建筑对象，平板、竖板、坡屋顶、路径曲面以及栏杆、扶手等建筑构件对象，各种直楼梯、双跑楼梯与圆弧楼梯和坡道、台阶等楼梯类建筑构件对象。

- **注释标注对象**

包括用于注释图纸的单行文字与多行文字、轴号、半径标注和表格、房间名称等与文字相关的标注对象，坐标标注、作法标注、剖切标注、箭头标注、各种索引符号、标高符号、折断线、剖切号等符号标注对象。

- **辅助绘图对象**

包括相机、图块等辅助性图形对象，其中天正图块不必使用通用组码。

B.1 建筑构件对象

墙体 TCH_WALL

组　码	意　义
10	起点(必须)
11	终点(必须)
38	标高，缺省 0
148	标高，缺省 0
39	高度，缺省为当前层高
149	高度，缺省为当前层高
40	左宽(必须)
41	右宽(必须)
42	面层厚，缺省 0
50	圆心角，缺省 0
73	是否为外墙(只读)：0—内墙；1—外墙
74	墙体材料(必须)：10—轻型隔断　20—幕墙　40—砖墙　50—石材　60—钢筋混凝土
75	用途标记，缺省 0　0—正常使用　1—卫生间隔断　2—系统保留
76	门窗数目(只读)
90	墙标记 缺省 0　0x01—外墙　0x02—左朝外　0x04—需要顶面　0x08—需要底面 0x10—异形立面 0x20—左保温 0x40—右保温 0x80—端头开口
330	门窗 ID，可以多个

续表

组 码	意 义
411	保温图层,缺省 0
412	填充图层,缺省 0
413	左面图层,缺省 0
414	右面图层,缺省 0
1	左边房间,只读

玻璃幕墙 TCH_CURTAIN_WALL

组 码	意 义
90	墙标记,缺省 0 0x01—外墙 0x02—左朝外 0x04—需要顶框 0x08—需要底框 0x20—隐挺 0x40—隐框 0x80—竖挺均分 0x100—横框均分
77	竖挺的对齐位置,缺省 1 0—内侧 1—中心 2—外侧
78	水平分格数目,缺省 1
79	竖直分格数没,缺省 1
140	横框截面尺寸 u,缺省 100
141	横框截面尺寸 v,缺省 100
142	竖挺截面尺寸 u,缺省 100
143	竖挺截面尺寸 v,缺省 100
144	玻璃距离基线的距离,缺省 0.0。负数在左边,正数在右边
145	横框中心距离基线,缺省 0.0。负数在左边,正数在右边
148	横框间距,个数由指定。如果均分,则空缺
149	竖挺间距,个数由 79 指定。如果均分,则空缺
415	玻璃图层,缺省 0
416	横框图层,缺省 0
417	竖挺图层,缺省 0

门窗 TCH_OPENING

组 码	意 义
1	二维样式,缺省空
2	三维样式,缺省空
302	门窗编号,缺省空
10	窗台中心点(必须)
11	编号位置(必须)
40	宽度(必须)
41	高度(必须)
43	窗套伸出距离,缺省 0.0
44	窗套宽,缺省 0.0

续表

组　码	意　义
45	门联窗的门宽或子母门的大门宽或凸窗的突出距离
46	门联窗的窗高或梯形凸窗的梯形宽
50	转角，缺省 0.0
51	弧窗圆心角，缺省 0.0
70	开启象限，缺省 0　0～3，第 1～4 象限
71	门窗类型(必须) 0—门；1—窗；2—洞；3—弧窗；4—凸窗； 5—转角窗；6—门联窗；7—子母门
72	门窗标记 0x01—有门窗套　0x02—不穿透的孔洞　0x04—上层窗(不同于高窗) 0x08—洞口类型标志 1　0x10—洞口类型标志 2 0x20—高窗　0x40—电梯门　0x80—隔断门 0x100—3D 窗套　0x200—门口线　非开启侧 0x400—门口线，开启侧 0x800—异形洞
73	凸窗类型标记 1—梯形；2—三角形；3—拱形；4—矩形
330	所在的墙
147	凸窗台板厚，缺省 100
148	自定义窗框的尺寸 u(水平框的高)，缺省 40
149	自定义窗框的尺寸 v(水平框的厚)，缺省 40
7	文字样式，缺省 TESTSTYLE 系统变量
140	文字高度，缺省 3.5
410	文字图层，缺省 0
411	玻璃图层，缺省 0
412	窗框图层，缺省 0
413	窗台板图层，缺省 0

转角窗 TCH_CORNER_WINDOW

组　码	意　义
302	门窗编号，缺省空
10	位置，z 为窗台高(必须)
11	编号位置(必须)
7	文字样式，缺省 TESTSTYLE 系统变量
140	文字高度，缺省 3.5
50	文字转角，缺省 0.0
40	宽度 1(必须)
41	宽度 2(必须)
42	高度(必须)
90	标记，缺省 0 0x01—凸窗　0x02—落地　0x04—做了窗框映射

续表

组 码	意 义
330,331	两侧所在的墙,必须
141	凸窗突出长度,缺省 600
142,143	凸窗窗台两侧伸出距离,缺省 100
144	玻璃距离窗台板边缘,缺省 100
147	窗台板厚度
148,149	窗框截面尺寸
410	文字图层,缺省 0
411	玻璃图层,缺省 0
412	窗框图层,缺省 0
413	窗台板图层,缺省 0

柱子 TCH_COLUMN

组 码	意 义
11	位置(必须)
49	柱子高度,缺省为层高
70	柱子形状特征,缺省 0 0—异形柱 1—矩形 2—圆形 3—正八角形 4—正六边形 5—正三角形 6—正五边形 7—正十二边形
71	柱子材料特征,缺省 60 40—砖 50—石材 60—钢筋混凝土 70—钢材
72	柱特征标记,缺省 0 0x01—构造柱 0x02—有底面(底是最终边界) 0x04—有顶面(顶是最终边界)
10	描述轮廓的顶点
50	描述轮廓的圆心角
411	填充图层,缺省 0

(10, 50 组码为顶点和圆心角系列循环出现)

墙体造型 TCH_WALLPATCH

组 码	意 义
40	高度,缺省 0
41	标高,缺省 0
330	关联的墙,多组
10	顶点
50	圆心角
411	填充图层,缺省 0

(10, 50 组码为顶点和圆心角系列循环出现)

阳台 TCH _ BALCONY

组　码	意　义
48	阳台地面标高,默认 0.0
40	栏板高(必须)
41	栏板宽(必须)
42	底板厚(必须)
43	梁厚(必须),梁厚＜＝板厚,就是无梁
90	控制标记,缺省 0　最多允许 32 位,每 1 位代表某边是否接于墙(即不设立栏板)
10	描述底板轮廓的顶点
50	描述底板轮廓的夹角
412	地面图层,缺省 0

(10, 50 组码为底板轮廓的顶点和夹角系列循环出现)

老虎窗 TCH _ DORMER

组　码	意　义
302	门窗编号,缺省空
10	位置,z 为窗台高(必须)
11	编号位置(必须)
7	文字样式,缺省 TESTSTYLE 系统变量
40	文字高度,缺省 3.5
50	老虎窗法向,缺省 0
70	老虎窗类型,缺省 0 0—三角坡 1—双坡　2—三坡　3—梯形坡　4—平顶窗
71	是否显示窗,缺省 1 0—不显示　1—显示
140	出檐长,缺省 200
141	出山长,缺省 200
142	坡度,必须
143	坡顶高,缺省 450
144	檐板厚,缺省 200
145	墙高,缺省 1500
146	墙厚,缺省 180
147	墙宽,缺省 1800
148	窗高,缺省 1300
144	窗宽,缺省 1400
410	文字图层,缺省 0
411	玻璃图层,缺省 0
412	窗框图层,缺省 0
413	檐板图层,缺省 0

续表

组 码	意 义
414	坡顶图层,缺省0
415	坡底图层,缺省0
416	墙面图层,缺省0

平板 TCH _ SLAB

组 码	意 义
48	标高,缺省0.0
49	厚度,负数表示基面往下生成,缺省0.0
90	边可见标记,缺省0 不超过32边, 0～31位代表1～32边是否隐藏
10	基线的顶点
50	基线的圆心角
210	法向

竖板 TCH _ VERTSLAB

组 码	意 义
10	起点(必须)
11	终点(必须)
40	板厚(必须)
41	起始高度(必须)
42	终止高度(必须)
70	控制标记,默认0 0—不要二维视图 1—需要二维视图

坡屋顶 TCH _ SLOPEROOF

组 码	意 义
48	底标高
10	顶点
51	边坡度

(10，51组码为顶点和边坡度系列循环出现)

路径曲面 TCH _ CURVEMESH

组 码	意 义
12	断面基点(必须)
70	标记,缺省0 0x01—显示断面 0x02—屏蔽二维 0x04—屏蔽三维
71	基线是否闭合,缺省0 0—不闭合,1—闭合
72	断面是否闭合,缺省0 0—不闭合,1—闭合
210	法向,默认(0,0,1)

续表

组码	意 义
10	基线上的顶点
50	基线上的圆心角
11	断面上的顶点
51	断面上的圆心角

(10，50 组码为基线上的顶点和圆心角系列循环出现；11，51 组码为断面上的顶点和圆心角系列循环出现)

扶手 TCH _ HANDRAIL

组 码	意 义
70	扶手类型标记，缺省 0 0—只有二维 1—栏板 2—矩形截面 3—圆形截面
71	对齐方式，缺省 0 0—中间 1—左 2—右
72	视图模式，缺省 3 1—只有 2D 2—只有 3D 3—2D&3D 同时存在
74	基线标记 0—不封闭；1—封闭
40	扶手高度(顶部到基线)，缺省 900
41	扶手宽度(直径)，缺省 60
42	扶手矩形截面高度，缺省 120
10	基线上的顶点
50	基线上的圆心角

(10，50 组码为基线上的顶点和圆心角系列循环出现)

对象排列 TCH _ RAIL (用于构造栏杆等)

组 码	意 义
2	单元图块(必须)
40	单元宽(必须)
41	初始间距，缺省 0
70	标记，缺省 0 0x01—左对齐/中间对齐 0x02—自动充满 0x04—需要二维
71	基线标记，缺省 0 0—不封闭；1—封闭
10	基线上的顶点
50	基线上的圆心角

(10，50 组码为基线上的顶点和圆心角系列循环出现)

矩形 TCH _ RECT

组 码	意 义
10	底面中心，必须
50	转角，缺省 0.0
40	长，必须
41	宽，必须

续表

组码	意义
42	高,缺省 0
70	标记,缺省 0 1—45 度对角 2—135 度对角 3—双对角
210	法向

台阶 TCH _ STEP

组码	意义
48	底标高,缺省 0
40	踏步高(必须)
41	踏步宽(必须)
70	踏步数(必须),至少 1
90	踏步标记,缺省 0 共 32 位,代表 1~32 边是否无踏步
10	顶点
50	圆心角

坡道 TCH _ ASCENT

组码	意义
10	定位点(必须)
40	长度(必须)
41	宽度(必须)
42	高度(必须)
43	缩进宽,缺省 0.0
50	转角,缺省 0.0
70	控制标记,缺省 0 0x01—有无防滑条 0x02—是否左平齐 0x04—是否右平齐

直线梯段 TCH _ LINESTAIR

组码	意义
70	楼梯标记,默认 19 低 4 位:0—没有二维,1—无剖断,2—下剖断,3—双剖断 高 4 位:0x10—有无三维,0x20—有无左边梁,0x40—有无右边梁
71	踏步数(必须)
40	踏步高(必须)
41	剖断线左位置(0.0~1.0)
42	剖断线右位置(0.0~1.0)
43	踏步宽(必须)
44	梯段宽(必须)
50	旋转角度,缺省 0.0

续表

组码	意义
10	左下角位置(必须)
90	扩展标记,缺省 0 0x01—落地 0x02—作为坡道 0x04—有防滑条 0x20—有左边梁 0x40—有右边梁 0x800—左边靠墙 0x1000—右边靠墙
145	边梁高,缺省 200
146	边梁厚,缺省 120
147	平台板厚,缺省 120
412	踏步图层,缺省 0
413	边梁图层,缺省 0

圆弧梯段 TCH_LINESTAIR

组码	意义
70	楼梯标记,默认 19 低 4 位:0—没有二维 1—无剖断 2—下剖断 3—双剖断 高 4 位:0x10—有无三维 0x20—有无左边梁 0x40—有无右边梁
71	踏步数(必须)
40	踏步高(必须)
41	剖断线左位置(0.0～1.0)
42	剖断线右位置(0.0～1.0)
43	内圆半径(必须)
44	外圆半径(必须)
50	起始角度,缺省 0.0
51	圆心角(必须)
10	圆心(必须)
90	扩展标记,缺省 0 0x01—落地 0x02—作为坡道 0x04—有防滑条 0x20—有左边梁 0x40—有右边梁 0x800—左边靠墙 0x1000—右边靠墙
145	边梁高,缺省 200
146	边梁厚,缺省 120
147	平台板厚,缺省 120
412	踏步图层,缺省 0
413	边梁图层,缺省 0

任意梯段 TCH_CURVESTAIR

组码	意义
70	楼梯标记,默认 19 低 4 位:0—没有二维 1—无剖断 2—下剖断 3—双剖断 高 4 位:0x10—有无三维 0x20—有无左边梁 0x40—有无右边梁
71	踏步数(必须)

续表

组码	意义
40	踏步高(必须)
41	剖断线左位置(0.0～1.0)
42	剖断线右位置(0.0～1.0)
48	起始标高,默认 0.0
10	左边起点(必须)
11	左边终点(必须)
12	右边起点(必须)
13	右边终点(必须)
50	左边圆心角,缺省 0.0
51	右边圆心角,缺省 0.0
90	扩展标记,缺省 0 0x01—落地 0x02—作为坡道 0x04—有防滑条 0x20—有左边梁 0x40—有右边梁 0x800—左边靠墙 0x1000—右边靠墙
145	边梁高,缺省 200
146	边梁厚,缺省 120

双跑楼梯 TCH _ RECTSTAIR

组码	意义
10	一跑楼梯起始位置(必须)
40	踏步高(必须)
41	楼梯间宽(必须)
42	平台宽(必须)
43	踏步宽(必须)
44	梯段宽(必须)
45	扶手高度,缺省 900.0
46	扶手宽度,缺省 60.0
47	扶手距边,缺省 0.0
50	旋转角度,缺省 0.0
70	楼梯标记,默认 1 0—首层 1—中间层 2—顶层
71	一跑步数(必须)
72	二跑步数(必须)
73	起步一侧,默认 0 0—左侧 1—右侧
74	踏步取齐方式,默认 0 0—齐休息平台 1—齐中间 2—齐楼板
75	视图控制 0—自动确定 1—关闭三维 2—关闭二维

续表

组 码	意 义
90	扩展标记,缺省 0 0x01—落地 0x02—作为坡道 0x04—有防滑条 0x08—圆弧平台 0x10—自动生成栏杆 0x20—有左边梁 0x40—有右边梁 0x200—定制剖切位置
141,142	左、右剖切高度,缺省 0 在手段剖切位置下生效
145	边梁高,缺省 200
146	边梁厚,缺省 120
147	平台板厚,缺省 120
412	踏步图层,缺省 0
413	边梁图层,缺省 0
414	扶手图层,缺省 0
415	栏杆图层,缺省 0

多跑楼梯 TCH _ MULTISTAIR

组 码	意 义
70	楼梯标记,默认 1 0—首层 1—中间层 2—顶层
71	基线标记,默认 0 0—左边;1—右边
75	视图控制 0—自动确定 1—关闭三维 2—关闭二维
48	底标高,缺省 0
49	楼梯高度,缺省当前楼层高度
10	路径,2 个以及 2 个以上顶点序列,必须为偶数
40	踏步高,缺省 150
41,42	剖断线左右位置,距离路径起点距离,缺省 0
43	踏步宽,缺省 300
44	梯段宽,缺省 1200
90	扩展标记,缺省 0 0x01—落地 0x02—作为坡道 0x04—有防滑条 0x10—自动生成栏杆 0x20—左边梁? 0x40—右边梁 0x80—左扶手 0x100—右扶手 0x200—剖切位置可调 0x800—左边靠墙 0x1000—右边靠墙
145	边梁高,缺省 200
146	边梁厚,缺省 120
147	平台板厚,缺省 120
412	踏步图层,缺省 0
413	边梁图层,缺省 0
414	扶手图层,缺省 0
415	栏杆图层,缺省 0

B.2 注释标注对象

单行文字 TCH _ TEXT

组 码	意 义
10	定位点(必须)
40	文字高度,图纸单位,缺省 3.5
1	文字(必须)
7	文字样式,缺省用系统变量 TEXTSTYLE
70	控制标记,默认 0 0—不屏蔽背景 1—屏蔽背景
72	对齐方式,缺省 10 1—左上 2—中上 3—右上 4—左中 5—正中 6—右中 7—左下 8—中下 9—右下 10—左(基线) 11—中心(基线) 12—右(基线) 13—中间

多行文字 TCH _ MTEXT

组 码	意 义
10	定位点(必须)
40	文字高度,图纸单位,缺省 3.5
1	文字(必须)
50	旋转角度(弧度),缺省 0
7	文字样式,缺省用系统变量 TEXTSTYLE
70	控制标记,默认 0 0—不屏蔽背景 1—屏蔽背景
72	对齐方式,缺省 10 10—左(基线) 11—中间 (基线) 12—右(基线) 14—两端
41	页宽(必须),图纸单位
42	行间距,图纸单位,缺省 0.0

表格 TCH _ SHEET

组 码	意 义
10	定位点(必须)
1	标题文字,缺省空
40	标准行高(必须),图纸尺寸
50	转角,缺省 0
70	行数(只读)
71	列数(只读)
72	对齐方式,缺省 1 1—左上 3—右上 7—左下 9—右下

半径标注 TCH_RADIUSDIM

组　码	意　义
10	圆心(必须)
11	文字定位点(必须)
15	圆周上的点(必须)
1	替代文字,缺省为空串
3	标注样式,缺省为当前标注样式,只利用颜色、字体、字高等设定信息
40	标注线长度,图纸单位,缺省 26,负数表示在外侧

轴号标注 TCH_AXIS_LABEL (不全)

组　码	意　义
410	文字图层,缺省 0
7	文字样式,缺省用系统变量 TEXTSTYLE
40	引线长度,图纸单位,缺省 40.0
41	轴圈直径,图纸单位,缺省 8.0

对称轴 TCH_SYMMETRY

组　码	意　义	示意图
10	起始点 P1(必须)	a 第一行 第二行 P2× 第三行 P1×
11	终止点 P2(必须)	
40	距离 a,图纸空间单位,缺省 8	
41	距离 b,图纸空间单位,缺省 2	
42	距离 c,图纸空间单位,缺省 2.5	

箭头标注 TCH_ARROW

组　码	意　义
410	文字图层,缺省 0
7	文字样式,缺省用系统变量 TEXTSTYLE
40	文字高度,图纸单位,缺省 3.5
70	文字的对齐方式:—在线端　2— 在线中　3— 在线端
10	文字的位置(必须)
1	文字内容
41	箭头大小
10	顺着箭头方向的顶点,至少要 2 个
50	顶点对应的圆心角(弧度),至少要 2 个

作法标注 TCH _ COMPOSING

组 码	意 义
410	文字图层,缺省 0
7	文字样式,缺省用系统变量 TEXTSTYLE
40	文字高度,图纸单位,缺省 3.5
70	文字的对齐方式,缺省 1： 0—在线上 1—在线端
10	起点 P1(必须)
11	转折点 P2(必须)
1	文字,用'\n'隔开各行(必须)
41	引线长度 a,图纸单位(必须)

坐标标注 TCH _ COORD

组 码	意 义
410	文字图层,缺省 0
7	文字样式,缺省用系统变量 TEXTSTYLE
40	文字高度,图纸单位,缺省 3.5
70	控制标记,缺省 0：0—XY 方式 1—AB 方式
71	控制标记,0～3 代表 1 到 4 象限,缺省 0
10	标注点(必须)
41	X 值(必须)
42	Y 值(必须)

标高 TCH _ ELEVATION

组 码	意 义	示意图
410	文字图层,缺省 0	
7	文字样式,缺省用系统变量 TEXTSTYLE	
40	文字高度,图纸单位,缺省 3.5	
70	控制标记,缺省 0： 0x01—下标注,否则上标注 0x02—左标注,否则右标注 0x04—有基线,否则无基线 0x08—有引线,否则无引线 0x10—2 位精度,否则 3 位精度 0x20—实心(室外标高),否则空心(室内标高)	a 15.000 b c
71	控制标记,0～3 代表 1 到 4 象限,缺省 0	
10	位置(必须)	
1	文字(必须)	
41	文字基线长 a,图纸单位,缺省 15.0	
42	引线长 b,图纸单位,缺省 7.0	
43	文字基线长 c,图纸单位,缺省 7.0	

指向索引 TCH_INDEXPOINTER

组码	意义	示意图
410	文字图层，缺省 0	
7	文字样式，缺省用系统变量 TEXTSTYLE	
40	文字高度，图纸单位，缺省 3.5	
70	控制标记，缺省 0：　0—指向索引　1—剖切索引	
10	位置 P1(必须)	
11	转折点 P2(必须)	
41	圆圈直径 a，图纸单位，缺省 10.0	
42	文字基线长 b，图纸单位，缺省 15.0	
40	详图范围 c，缺省 0.0	
1	索引号	
2	详图号	
3	上说明文字	
4	下说明文字	

引出标注 TCH_INDEXPOINTER

组码	意义	示意图
410	文字图层，缺省 0	
7	文字样式，缺省用系统变量 TEXTSTYLE	
40	文字高度，图纸单位，缺省 3.5	
70	箭头形式，默认 0 0—无　1—圆点　2—箭头　3—箭头	
71	文字对齐，默认 0 0—在线上　1—在线端	
11	转折点 P1(必须)	
41	箭头大小，图纸单位，缺省 3.0	
42	文字基线长 a，图纸单位，缺省 10.0	
1	上说明文字	
2	下说明文字	
10	标注点，至少 1 个	

指北针 TCH_NORTHTHUMB

组 码	意 义
10	圆心(必须)
41	直径,图纸空间单位,缺省 24.0
50	方向角度,图纸空间单位,缺省 PI/2

折断线 TCH_RUPTURE

组 码	意 义
10	起点 (必须)
11	终点(必须)
70	折断数,缺省 1

剖切号 TCH_SYMB_SECTION

组 码	意 义
410	文字图层,缺省 0
7	文字样式,缺省用系统变量 TEXTSTYLE
40	文字高度,图纸单位,缺省 3.5
70	剖切形式,默认 0 0—断面剖切 1—剖面剖切
1	文字
50	剖视方向(弧度,必须)
11	文字位置 1(必须)
12	文字位置 2(必须)
10	顶点,至少 2 个

B.3 辅助绘图对象

天正图块 TCH_BLOCK_INSERT

组 码	意 义
61	控制标记,默认 0 0x01—矩形屏蔽 0x02—精确屏蔽 0x04—多视图块
3	二维图块名称(只对多视图块有效)

多视图块 TCH_MVINSERT

组 码	意 义
1	二维图块名称,必须
2	三维图块名称,必须
10	插入点,必须

续表

组 码	意 义
40,41,42	x,y,z 比例,缺省 1.0
50	转角,缺省 0.0

提示标记 TCH _ ERRORMSG

组 码	意 义
1	文字,缺省空
7	文字样式,缺省当前文字样式
10	位置,必须
40,41	x,y 方向的大小
50	转角
70	图示表达 0—交叉对角矩形　1—圆　2—矩形　3—三角形 4—十字交叉　5—斜叉　6—圆叉　7—圆斜叉
90	控制标记　0x01—显示文字

相机 TCH _ CAMERA

组 码	意 义
2	图块名称,缺省"_CAMERA"
10	相机位置(必须)
11	目标位置(必须)
42	焦距,缺省 26.0
43	前裁剪距离,缺省 0.0
44	后裁剪距离,缺省 0.0
69	关联视口号,从 1 开始,缺省 0 不关联
70	控制标记,缺省 0 0x01—后裁剪开启_ 0x02—前裁剪开启 0x04—活动状态(即相机数据的改变导致关联视口的自动刷新) 0x08—透视状态　0x10—前裁剪在相机位置　0x20—作为定位观察器

房间 TCH _ SPACE

组 码	意 义
50	文字转角,缺省 0
7	文字样式,缺省用系统变量 TEXTSTYLE
40	文字高度,图纸单位,缺省 5.0
43	地板厚度,缺省 0
10	标注点(必须)
1	房间名称
2	房间编号
41	面积 m^2
42	周长
70	控制标记,默认 0 0x01—屏蔽背景 0x04—三维地板

附录C

T-Arch2013命令索引

设置菜单

自 定 义	ZDY	进入用户自定义界面修改操作配置、基本界面、工具栏与键盘热键的参数
天正选项	TZXX	建筑设计参数和加粗填充图案设置，基本设定对本图有效，高级选项在下次启动以后一直有效
当前比例	DQBL	从现在开始设置新的绘图比例
图层管理	TCGL	管理天正的图层系统，新建或设置图层标准

轴网菜单

重排轴号	CPZH	改变图中一组轴线编号，该组编号自动进行重新排序
倒排轴号	DPZH	倒排轴线编号，适用于特定方向的立剖面轴线绘制
墙生轴网	QSZW	在已有墙中按墙基线生成定位轴线
删除轴号	SCZH	在已有轴网上删除轴号，其余轴号自动重排
添补轴号	TBZH	在已有轴号基础上，关联增加新轴号
添加轴线	TJZX	在已有轴网基础上增加轴线，并插入轴号
绘制轴网	HZZW	包括了直线轴网和弧线轴网绘制功能
单轴标注	DZBZ	逐个选择轴线，标注不相关的多个轴号
轴线裁剪	ZXCJ	用矩形或多边形裁剪轴网的一部分
轴改线型	ZGXX	切换轴线的线型
轴网合并	ZWHB	将多组轴网延伸到指定对齐边界，成为一组轴网
轴网标注	ZWBZ	对始末轴线间的一组平行轴线（直线轴网与圆弧轴网的进深）或者径向轴线（圆弧轴线的圆心角）进行轴号和尺寸标注，自动删除重叠的轴线
一轴多号	YZDH	用于需要多个轴号共用一根轴线时标注轴网
轴号隐现	ZHYX	控制轴网中的轴号隐藏和恢复显示
主附转换	ZFZH	修改主轴号为附加轴号，或将附加轴号变为主轴号

柱子菜单

标 准 柱	BZZ	在指定处插入方柱，圆柱或多边形柱，定义和插入异形柱
构 造 柱	GZZ	在墙角处插入给定宽度和长度的构造柱图例
角　　柱	JZ	在墙角插入形状与墙一致的角柱，可设各段长度
柱齐墙边	ZQQB	把柱子对齐到指定的墙边

墙体菜单

边线对齐	BXDQ	墙基线不变，墙线偏移到过给定点
单线变墙	DXBQ	将已绘制好的单线或者轴网转换为双线表示的墙对象
倒 墙 角	DQJ	将转角墙按给定半径倒圆角生成弧墙或将墙角交接好
倒 斜 角	DXJ	按给定墙角中线两边长度生成斜墙，将墙倒角
等分加墙	DFJQ	将一段墙按轴线间距等分，垂直方向加墙延伸到给定边界
改 高 度	GGD	修改图中已定义的各墙柱的高度与底标高
改 墙 厚	GQH	批量改墙厚：墙基线不变，墙线一律改为居中
改外墙高	GWQG	修改已定义的外墙高度与底标高，自动将内墙忽略

续表

改外墙厚	GWQH	注意修改外墙墙厚前，应先进行外墙识别，否则命令不会执行
绘制墙体	HZQT	连续绘制双线直墙、弧墙，包括幕墙、弧墙、矮墙、虚墙等墙类型
加亮外墙	JLWQ	亮显已经识别过的外墙
矩形立面	JXLM	在立面显示状态，将非矩形的立面部分删除，墙面恢复矩形
净距偏移	JJPY	按墙体净距离偏移平行生成新墙体
基线对齐	JXDQ	保持墙边线不变，墙基线对齐经过给定点
平行生线	PXSX	在墙任意一侧，按指定偏移距离生成平行的线或弧
墙面 UCS	QMUCS	临时定义一个基于所选墙面(分侧)的 UCS，在指定视口转为立面显示
墙端封口	QDFK	打开和闭合墙端出头的封口线
墙体造型	QTZX	构造平面形状局部凸出的墙体，附加在墙上形成一体
墙齐屋顶	QQWD	把墙体延伸到人字屋顶底部，根据墙高调整屋顶标高
墙体分段	QTFD	按给定的材料、保温层厚度、左右墙宽等参数对墙体进行多次分段操作
墙柱保温	QZBW	在墙、柱一侧添加保温层或撤销保温层
识别内外	SBNW	自动识别内外墙，适用于一般情况
修 墙 角	XQJ	清理互相交叠的两道墙或者更新融合同材质的墙与墙体造型
异型立面	YXLM	在立面显示状态，将墙按给定的轮廓线切割生成非矩形的立面
指定内墙	ZDNQ	人工识别内墙，用于内天井、局部平面等无法自动识别的情况
指定外墙	ZDWQ	人工识别外墙，用于内天井、局部平面等无法自动识别的情况
幕墙转换	MQZH	修改墙体，把各种材料的墙与玻璃幕墙之间作双向转换

门窗菜单

编号复位	BHFW	把用户移动过的门窗编号恢复到默认位置
编号后缀	BHHZ	选择一批门窗编号自动添加给定的后缀
编号设置	BHSZ	设置门窗编号形式
带 形 窗	DXC	在一段或连续多段墙上插入同一编号的窗
窗棂展开	CLZK	把窗立面展开到 WCS，以便进行窗棂划分
窗棂映射	CLYS	把 WCS 上的窗棂划分映射回立面窗
门 窗 套	MCT	在门窗四周添加或删除门窗套
加装饰套	JZST	给门窗添加三维装饰门窗套线
门 口 线	MKX	给门添加或删除属于门对象的门口线
门　　窗	MC	在墙上插入可定制形状的门窗(弧窗、门连窗、子母门、凸窗、门洞等)
门 窗 表	MCB	统计本图中使用的门窗参数，检查后生成门窗表
门窗编号	MCBH	选择门窗，可自动生成或修改已有门窗的编号
门窗规整	MCGZ	按照指定的规则整理获得正确的门窗位置
门窗填墙	MCTQ	选择选中的门窗将其删除，同时将该门窗所在的位置补上指定材料的墙体
门窗检查	MCJC	显示电子表格检查当前图中已插入的门窗数据
门窗原型	MCYX	选择已有门窗作为新门窗改绘的原型，并构造门窗制作的环境

门窗菜单

门窗入库	MCRK	把用户定义的门窗块加入二维门窗库
门窗总表	MCZB	统计本工程中多个平面图使用的门窗参数，检查后生成门窗总表
内外翻转	NWFZ	批量内外翻转已画在图中的门窗
左右翻转	ZYFZ	批量左右翻转已画在图中的门窗（由于与【自由复制】命令的拼音快捷同为 ZYFZ，程序目前输入 ZYFZ 执行自由复制命令）
异 形 洞	YXD	在立面显示状态，按给定的闭合 pline 轮廓线生成任意深度的洞口
转 角 窗	ZJC	在图中沿墙插入转角窗或者转角凸窗，两侧可以有挡板
组合门窗	ZHMC	选取连续插入的多个门窗作为具有一个编号的单个门窗

房间屋顶

布置隔板	BZGB	选择已经插入的洁具，布置小便池隔板
布置隔断	BZGD	选择已经插入的洁具，布置卫生间隔断
布置洁具	BZJJ	在厨房或厕所中布置厨具或卫生洁具
查询面积	CXMJ	查询房间面积，并可以以单行或两行文字的方式标注在图上
房间排序	FJPX	对房间编号按从左到右从下到上的规则进行排序
房间轮廓	FJLK	沿着房间内侧创建房间轮廓线，用于踢脚等构件
公摊面积	GTMJ	定义要公摊到各户（各级）的公用面积
加老虎窗	JLHC	在三维屋顶生成多种老虎窗形式
加雨水管	JYSG	在屋顶平面图中绘制雨水管
加踢脚线	JTJX	对房间添加或删除三维踢脚线
面积计算	MJJS	对选取房间或者数字获得的面积进行加减等运算，结果标注在图上
面积统计	MJTJ	最终统计住宅各套型分摊后的经济技术指标
奇数分格	JSFG	用于绘制按奇数分格的地面或吊顶平面
偶数分格	OSFG	用于绘制按偶数分格的地面或吊顶平面
矩形屋顶	JXWD	由三点定义矩形，生成指定坡度角和屋顶高的歇山屋顶等矩形屋顶
任意坡顶	RYPD	由封闭的多段线生成指定坡度的屋顶，对象编辑可分别修改各坡度
人字坡顶	RZPD	由封闭的多段线生成指定坡度角的双坡或者单坡屋顶对象
搜索房间	SSFJ	创建或更新已有的房间与建筑面积对象，然后对象编辑标注房间
搜屋顶线	SWDX	自动跨越门窗洞口搜索墙线的封闭区域，生成屋顶平面轮廓线
套内面积	TNMJ	按住宅设计规范计算住宅套型的套内建筑面积
攒尖屋顶	CJWD	生成对称的正多边锥形攒尖屋顶，考虑出挑长度

楼梯其他

电　　梯	DT	在电梯间井道内插入电梯门，绘制多种电梯简图
多跑楼梯	DPLT	输入关键点建立多跑（直线或转折）楼梯
连接扶手	LJFS	把两个梯段的扶手连接成连续的扶手
坡　　道	PD	通过参数构造室外直坡道

楼梯其他

任意梯段	RYTD	以图中的直线与圆弧作为梯段边线输入踏步参数绘制楼梯
散　水	SS	搜索外墙线,绘制散水对象,创建室内外高差平台和勒脚
双跑楼梯	SPLT	在对话框中输入梯间参数,直接绘制两跑楼梯
双分平行	SFPX	在对话框中输入梯间参数,直接绘制双分平行楼梯
双分转角	SFZJ	在对话框中输入梯间参数,直接绘制双分转角楼梯
双分三跑	SFSP	在对话框中输入梯间参数,直接绘制双分三跑楼梯
交叉楼梯	JCLT	在对话框中输入梯间参数,直接绘制交叉楼梯
剪刀楼梯	JDLT	在对话框中输入梯间参数,直接绘制剪刀楼梯
三角楼梯	SJLT	在对话框中输入楼梯参数,直接绘制三角楼梯
矩形转角	JXZJ	在对话框中输入梯间参数,直接绘制二跑到四跑矩形转角楼梯
台　阶	TJ	直接绘制台阶或把预先绘制好的PLINE转成台阶
添加扶手	TJFS	以沿上楼方向的Pline路径为基线,添加楼梯扶手
阳　台	YT	直接绘制阳台或把预先绘制好的PLINE转成阳台
圆弧梯段	YHTD	在对话框中输入梯段参数,绘制弧形梯段
直线梯段	ZXTD	在对话框中输入梯段参数绘制直线梯段,用来组合复杂楼梯
自动扶梯	ZDFT	在对话框中输入梯段参数,绘制单双排自动扶梯
栏板切换	LBQH	切换是否显示所选择的阳台栏板分段
踏步切换	TBQH	切换是否显示所选择的踏步分段

立面菜单

构件立面	GJLM	对选定的一个或多个建筑对象生成立面,取代单层立面命令
立面窗套	LMCT	生成全包的窗套或者窗的上檐线和下檐线
建筑立面	JZLM	生成建筑物立面,事先确定当前图为首层平面,各层已识别内外墙
立面轮廓	LMLK	对立面图搜索轮廓生成立面轮廓线
立面门窗	LMMC	插入、替换立面门窗以及立面门窗库的维护
立面屋顶	LMWD	可完成多种形式的屋顶立面图设计
立面阳台	LMYT	插入、替换立面阳台以及立面阳台库的维护
门窗参数	MCCS	修改立面门窗的参数和位置
图形裁剪	TXCJ	对立面门窗阳台等二维图块对象进行局部裁剪,解决立面图构件之间的遮挡
雨水管线	YSGX	按给定的位置生成竖直向下的雨水管
柱立面线	ZLMX	绘制圆柱的立面过渡线

剖面菜单

参数栏杆	CSLG	按参数交互方式生成楼梯栏杆,且楼梯栏杆库可由用户自行扩充
参数楼梯	CSLT	按参数交互方式生成剖面的或可见的楼梯
扶手接头	FSJT	对楼梯扶手的接头位置作细部处理
构件剖面	GJPM	对一个或多个建筑对象剖切生成二维剖面,取代单层剖面命令

剖面菜单

画剖面墙	HPMQ	直接绘制剖面双线墙
加剖断梁	JPDL	输入参数绘制楼板、休息平台板下的梁截面
建筑剖面	JZPM	生成建筑物剖面，事先确定当前图为首层平面
居中加粗	JZJC	将剖面图中的剖面墙线与楼板线向两侧加粗
楼梯拦板	LTLB	自动识别剖面楼梯与可见楼梯，绘制实心楼梯栏板
楼梯栏杆	LTLG	自动识别剖面楼梯与可见楼梯，绘制楼梯栏杆及扶手
门窗过梁	MCGL	在剖面门窗上添加过梁
剖面门窗	PMMC	直接在图中的剖面墙上插入剖面门窗
剖面填充	PMTC	以图案填充剖面墙线梁板或者剖面楼梯
剖面檐口	PMYK	在剖面图中绘制剖面檐口
取消加粗	QXJC	将已加粗的剖面墙线梁板线恢复原状
双线楼板	SXLB	绘制剖面双线楼板
向内加粗	XNJC	将剖面图中的剖面墙线与楼板线向内加粗
预制楼板	YZLB	绘制剖面预制楼板

文字表格

表列编辑	BLBJ	编辑表格的一列或多列
表行编辑	BHBJ	编辑表格的一行或多行
查找替换	CZTH	查找和替换图中的文字
单行文字	DHWZ	创建符合我国建筑制图标准的天正单行文字
单元编辑	DYBJ	编辑表格单元格，修改属性或文字
单元合并	DYHB	合并表格的单元格
单元递增	DYDZ	复制表格单元内容，并对单元内容的某一项按规律递增或递减
单元复制	DYFZ	复制表格内或者图形中的文字与图块进入目标表格单元
单元累加	DYLJ	累加表行或表列的数值内容，结果放在指定单元格内
单元插图	DYCT	把天正图块或 AutoCAD 图块插入到表格中指定单元格内
递增文字	DZWZ	同时对序数进行递增或者递减的复制操作
撤销合并	CXHB	撤销已经合并的表格单元，恢复为标准的表格
多行文字	—	创建符合我国建筑制图标准的天正整段文字
读入 Excel	—	根据 Excel 选中的区域，创建相应的天正表格
繁简转换	FJZH	将内码为台湾的 BIG5 码与中国内地的 GB 码的文字对象之间双向转换
曲线文字	QXWZ	沿着曲线排列文字
全屏编辑	QPBJ	对表格内容进行全屏编辑
文字合并	WZHB	把 3. x 的分开的中英文文字合成一行或单行文字合成多行文字
文字样式	WZYS	创建或修改命名天正扩展文字样式并设置图形中文字的当前样式
文字转化	WZZH	把 AutoCAD 单行文字转化为天正单行文字
新建表格	XJBG	绘制新的表格并输入表格文字

文字表格

拆分表格	CFBG	按行或列把一个表格拆分为多个子表格,可带标题与自定义表头行数
合并表格	HBBG	按行或列把多个表格合并为一个表格,行列不同可以自动处理
增加表行	ZJBH	在指定行前后增加表行
删除表行	SCBH	删除指定表行
统一字高	TYZG	把所选择的文字字高统一为给定的字高
转角自纠	ZJZJ	把转角方向不符合建筑制图标准的文字(如倒置的文字)予以纠正
专业词库	ZYCK	输入或者维护专业词库里面的词条
转出 Excel	—	把当前图中的天正表格输出到 Excel
转出 Word	—	把当前图中的天正表格输出为 Word 中的表格

尺寸标注

半径标注	BJBZ	对圆、弧墙或弧线标注半径尺寸
裁剪延伸	CJYS	根据给定的新位置,对尺寸标注进行裁剪或延伸
尺寸转化	CCZH	把 AutoCAD 的尺寸标注转化为天正的尺寸标注
尺寸自调	CCZT	对天正尺寸标注的文字位置进行自动调整,使得文字不重叠
尺寸打断	CCDD	把一组尺寸标注打断为两组独立的尺寸标注
尺寸等距	CCDJ	对选中尺寸标注在垂直于尺寸线方向进行尺寸间距的等距调整
等分区间	DFQJ	把天正标注对象的某一个区间按指定等分数等分为多个区间
等式标注	DSBZ	把尺寸文字以等分数 X 间距＝总尺寸的等式进行标注
对齐标注	DQBZ	把多个天正标注对象按参考标注对象对齐排列
快速标注	KSBZ	快速识别图形外轮廓或者基线点,沿着对象的长宽方向标注对象的几何特征尺寸
弧长标注	HCBZ	对弧线标注弧长
合并区间	HBQJ	把天正标注对象中的相邻区间合并为一个区间
角度标注	JDBZ	基于两条线创建角度标注
连接尺寸	LJCC	把平行的多个尺寸标注连接成一个连续的尺寸标注对象
两点标注	LDBZ	对两点连线穿越过的墙体轴线等对象以及相关的其他对象进行定位标注
门窗标注	MCBZ	标注门窗的定位尺寸,即第三道尺寸线,可与门窗宽度联动自动更新尺寸
楼梯标注	LTBZ	标注各种直楼梯、梯段的踏步、楼梯井宽、梯段宽、休息平台深度等楼梯尺寸,提供踏步数×踏步宽＝总尺寸的梯段长度标注格式
内门标注	NMBZ	标注内墙门窗尺寸以及门窗与轴线或者墙边的关系,也可与门窗宽度联动
墙厚标注	QHBZ	对两点连线穿越的墙体进行墙厚标注
切换角标	QHJB	对角度标注、弦长标注进行相互转化
取消尺寸	QXCC	取消连续标注中的一个尺寸标注区间
文字复位	WZFW	尺寸文字的位置恢复到默认的尺寸线中点上方
文字复值	WZFZ	尺寸文字恢复为默认的测量值
外包尺寸	WBCC	扩充或补充第一二道尺寸线到构件外轮廓
增补尺寸	ZBCC	对已有的尺寸标注增加标注点

尺寸标注

直径标注	ZJBZ	对圆、弧墙或弧线标注直径尺寸
逐点标注	ZDBZ	点取各标注点，沿给定的一个直线方向标注连续尺寸

符号标注

标高标注	BGBZ	可用于立剖面和建筑平面图、总平面图的标高标注
标高检查	BGJC	以指定的标高对象的标高为准，检查图上的其他标高对象
标高对齐	BGDQ	把选中的所有标高按新点取的标高位置或参考标高位置竖向对齐
画对称轴	HDCZ	绘制对称轴及符号
画指北针	HZBZ	在图中画指北针
绘制云线	HZYX	在图中绘制云线
加折断线	JZDX	绘制折断线并可遮挡一侧指定范围的构件对象
箭头引注	JTYZ	绘制指示方向的箭头及引线
剖切符号	PQFH	在图中标注剖切符号，支持任意角度的转折剖切符号绘制功能
索引符号	SYFH	包括剖切索引号和指向索引号，夹点添加号圈
索引图名	SYTM	为图中局部详图标注索引图号
图名标注	TMBZ	以一个整体符号对象标注图名比例
引出标注	YCBZ	可用引线引出来对多个标注点做同一内容的标注
坐标标注	ZBBZ	对总平面图按照大地测量坐标规则进行坐标标注
做法标注	ZFBZ	从专业词库获得标准作法，用以标注工程作法
坐标检查	ZBJC	通过一个基准坐标检查其他坐标点的正确与否

工　具

对象编辑	DXBJ	依照各自定义对象特性，自动调出对应的参数对话框进行编辑
对象查询	DXCX	随光标移动，在各个图元上面动态显示其信息，并可进行编辑
对象选择	DXXZ	先选参考图元，选择其他符合参考图元过滤条件的图形，生成选择集
恢复可见	HFKJ	恢复临时被隐藏的对象
局部隐藏	JBYC	临时隐藏部分对象，以便观察和编辑其他对象
局部可见	JBKJ	只显示选中对象，隐藏其余对象
消重图元	XCTY	消除重合的天正对象和线、弧、文字、图块等 AutoCAD 对象
在位编辑	ZWBJ	不必进入命令即可对天正对象中的文字进行编辑
移　　位	YW	按给定的位移值与方向精确地移动对象
组 编 辑	ZBJ	用于创建和编辑图形中的组
自由粘贴	ZYNT	粘贴已经复制在裁剪版上的图形，可以动态调整待粘贴图形
自由复制	ZYFZ	动态连续地复制对象
自由移动	ZYYD	动态地进行移动、旋转和镜像

曲线工具

布尔运算	BEYS	对两个封闭多段线形成的区域进行并集形成新的多段线
长度统计	CDTJ	支持直线、多段线、圆弧、圆、椭圆弧、椭圆、样条曲线的长度统计
反　　向	FX	逆转多段线、路径曲面和墙体的方向
交点打断	JDDD	把通过同一交点的多根共面线段在该点打断
加粗曲线	JCQX	加粗指定的曲线(直线和多段线、弧)
连接线段	LJXD	连接同一直线上相连的两线段或同弧线的两弧
消除重线	XCCX	消除重合的线、弧
虚实变换	XSBH	把线型在虚线与实线之间进行变换
线变复线	XBFX	将若干个彼此相接的线、弧连接成一个多段线对象

图层控制

关闭图层	GBTC	关闭所选的图层,支持关闭在块或内部参照内的图层
关闭其他	GBQT	关闭除了所选图层外的其他图层
冻结图层	DJTC	冻结所选的图层
冻结其他	DJQT	冻结除了所选图层外的其他图层
解冻图层	JDTC	解冻所选的图层
锁定图层	SDTC	锁定所选的图层
锁定其他	SDQT	锁定除了所选图层外的其他图层
解锁图层	JSTC	解锁所选的图层
图层恢复	TCHF	恢复在执行图层工具前保存的图层记录
打开图层	DKTC	用户选择打开已经关闭的图层
图层全开	TCQK	打开关闭图层命令关闭的全部图层
合并图层	HBTC	合并所选的图层
图元改层	TYGC	改变所选的图元所在的图层
图层转换	TCZH	按用户要求的图层标准进行图层转换

观察工具

穿梭动画	CSDH	相机位置和观察角度都沿着给定的路径,摄制视频动画 *
定位观察	DWGC	建立立面定位观察器与关联视图
环绕动画	HRDH	相机点和目标点分别沿着自己的路径,摄制视频动画 *
视口放大	SKFD	模型空间的当前视口放大到全屏,并保存当前配置以便恢复
视口恢复	SKHF	恢复视口放大前的视口配置
视图满屏	STMP	使得当前视图充满显示屏幕进行观察
视图存盘	STCP	把当前视图抓取为位图图像并存盘
视图固定	STGD	把非菜单命令动态获得的虚拟漫游视图固定下来,避免重生成原来的视图 *
设置立面	SZLM	把 UCS 设置到平面两点决定的立面视图上
相机透视	XJTS	设置相机,以拍照的方式获得三维透视效果 *

观察工具

虚拟漫游	XNMY	利用已有的相机，身临其境的在三维建筑中漫游 *

* 仅适用于 AutoCAD 2000～2006 平台，在 2007 下被其平台本身命令取代。

其他工具

测量边界	CLBJ	测量所选对象的最小包容立方体范围
统一标高	TYBG	用于二维图，把所有图形对象都放在 0 标高上，以避免图形对象不共面
搜索轮廓	SSLK	对二维图搜索外包轮廓
图形裁剪	TXCJ	对二维图块等对象进行局部裁剪，多用于立面图的遮挡
图形切割	TXQG	从平面图切割出一部分作为详图的底图
矩　形	JX	绘制天正矩形对象
构件导出	GJDC	导出图纸中构件信息为 xml 文档
绘制梁	HZL	绘制梁对象
碰撞检查	PZJC	对图中构件进行碰撞检查

造型对象

变截面体	BJMT	沿着路径对给定的 3 个截面进行放样生成实体
等高建模	DGJM	按一组不同标高的 Pline 线生成三维地面模型
路径排列	LJPL	沿着路径（扶手/Pline 路径）排列三维单元
栏杆库	LGK	从栏杆单元库中调出栏杆单元，以便编辑后进行排列生成栏杆
路径曲面	LJQM	用已经绘制的路径（Pline/扶手等）和形状（Pline）来放样生成均匀截面的物体
平　板	PB	构造水平面的板（柱）式构件，用作挑檐板、遮阳和楼梯休息平台等，其中允许开多个洞口
三维网架	SWWJ	把三维线框转化为三维网架模型
竖　板	SB	构造竖直方向的板件，用作遮阳板、阳台隔断等
三维组合	SWZH	把多个标准层组合成为整个建筑物的三维模型

体量建模（仅适用于 2000～2006 平台）

布尔并集	BEBJ	用布尔求并运算创建复合实体或面域 *
布尔差集	BECJ	用布尔求差运算创建复合实体或面域 *
布尔交集	BEJJ	用布尔求交运算创建复合实体或面域 *
编辑实体	BJST	编辑参数化实体 *
基本形体	JBXT	创建长方体、圆柱体、球体、球缺体等多种基本形体 *
分离最近	FLZJ	把组合实体还原为上次编辑的状态（在 2007 平台取消此命令）
截面拉伸	JMLS	通过截面拉伸方式创建实体 *
截面旋转	JMXZ	通过截面绕固定轴旋转创建实体 *
截面放样	JMFY	截面沿路径放样创建实体 *
去除参数	QCCS	去除实体参数形成 AutoCAD 标准实体（在 2007 平台取消此命令）
实体切割	STQG	用一个面切割参数实体 *

体量建模（仅适用于2000～2006平台）

完全分离	WQFL	把复合实体还原为单个实体(在2007平台取消此命令)
* 仅适用于AutoCAD2000～2006平台,在2007下被其平台本身命令取代		

编辑工具

厚线变面	HXBM	将有厚度线转换为三维面(3DFace)
面片合成	MPHC	把选中的三维面(3DFace)合并成三维网格曲面
三维切割	SWQG	对三维对象(不包括天正对象)进行切割,以便对其赋予不同的特性
实体转面	STZM	把ACIS实体(3DBody)转成三维网格曲面(PFace)
线转面	XZM	把构成三维物体平面视图的线转成三维网格面,通过特性编辑更改顶点z坐标完成最终的三维物体
线面加厚	XMJH	选中的线和平面沿着当前坐标系Z轴方向赋予厚度
隐去边线	YQBX	将用户不需显示的表面边线特性改为不可见

图块图案

参照裁剪	CZCJ	裁剪外部参照
构件库	GJK	新建或打开构件图库,编辑构件库内容,插入构件对象
构件入库	GJRK	不必打开构件图库,即可把对象构件加入构件图库中
幻灯管理	HDGL	图库中的幻灯库管理,可以从幻灯中提取图形
矩形屏蔽	JXPB	给图块增加可以用外包矩形遮挡背景的特征
精确屏蔽	JQPB	给图块增加可以用精确外轮廓遮挡背景的特征
木纹填充	MWTC	填充木材横纹、竖纹和断纹
取消屏蔽	QXPB	取消图块遮挡背景的特征
屏蔽框开	—	显示Wipeout屏蔽框
屏蔽框关	—	隐藏Wipeout屏蔽框
取二维块	QEWK	取多视图块的二维部分,以便进行在位编辑修改
任意屏蔽	RYPB	指定多边形的区域创建区域屏蔽对象
生二维块	SEWK	对三维图块消隐生成二维图块,并联动建立多视图块
通用图库	TYTK	进入图库管理界面,可以新建或打开图库,编辑图库内容,或者插入图块
图块转化	TKZH	把AutoCAD的图块转化为天正图块
图块改层	TKGC	修改图块内部图层
图块改名	TKGM	更改图块名称
图块替换	TKTH	先选图上的图块,进入图库选取要替换的内容
图案管理	TAGL	填充图案管理界面,取代直排图案、斜排图案和删除图案命令,增加调整图案大小功能
图案加洞	—	从填充图案中挖去指定区域
图案减洞	—	补上从填充图案中挖去的区域
线图案	XTA	沿指定线段绘制预定义的线填充图案
建三维块	JSWK	为三维图块划分部件并附材质

文件布图

布局旋转	BJXZ	把图形在模型空间旋转,用于旋转的视口布图
绑定参照	BDCZ	绑定当前图纸上所有的外部参照
备档拆图	BDCT	把一张 dwg 中的多张图纸按图框拆分为每个含一个图框的多个 dwg 文件
重载参照	CZCZ	找到图纸上所有已经卸载的参照并重新加载
插入图框	CRTK	在模型空间或图纸空间插入图框,由图框库支持多种图签的插入
插件发布	CJFB	发布天正软件-建筑系统 2013 版本对象解释插件文件到指定目录,执行即可开始安装
图纸比对	TZBD	选择两个 dwg 文件对整图进行比对
图纸目录	TZML	如果用户插入带有属性的图框,可以自动生成标准图纸目录
图纸保护	TZBH	把用户选择的部分图形转换为只读对象,保护图形不再被修改甚至不被打印
定义视口	DYSK	在模型空间中用窗选方式选中部分图形指定比例,在图纸空间布局布置视口
分解对象	FJDX	把天正定义的对象分解为 AutoCAD 基本对象
改变比例	GBBL	改变图上某一区域或图纸上某一视口的出图比例,更新注释对象的大小满足规范要求
工程管理	GCGL	管理用户定义的工程设计项目中参与生成立面剖面三维的各平面图形文件或区域的标准层定义
旧图转换	JTZH	把天正旧版的二维平面图转成天正对象格式的图形,可对图形的局部对象进行转换
局部导出	JBDC	选择当前图形中的任意部分导出
局部比对	JBBD	打开第一个要对比的 DWG 文件,就所选范围与另一个图形文件的同一范围进行比对
图形导出	TXDC	把 T9 格式的图导出为其他天正格式的图形文件,或按照其他专业的要求转换
批量转旧	PLZJ	把 T9 格式的图批量转换为其他旧版天正格式的图形文件
视口放大	SKFD	在图纸上放大布局中的模型视口,以便全屏编辑和详细查看
图层转换	TCZH	按用户要求的图层标准进行图层转换
图形变线	TXBX	把三维视图按照当前的视图角度转化为二维线框图
图变单色	TBDS	把各图层颜色变为指定的统一颜色
颜色恢复	YSHF	把各图层颜色恢复为用户图层文件 Layerdef. dat 规定的颜色

渲 染 (仅适用于 2000～2006 平台)

背　　景	Background	设置场景的背景 *
材质附着	CZFZ	给图中的模型贴附材质 *
材质管理	CZGL	管理天正材质库 *
简单渲染	JDXR	按一种预设的简单方式进行室外渲染(在 2007 平台取消此命令)
插入配景	LSnew	向场景中插入已贴图的真实感配景对象(在 2007 平台取消此命令)
编辑配景	LSedit	编辑图中已经插入的配景对象(在 2007 平台取消此命令)
光　　源	Light	管理光源和向场景加入光照效果 *
配 景 库	LSLib	管理配景对象库 *
渲　　染	Render	用光线追踪等算法精确渲染三维模型场景 *
贴图坐标	SetUV	为对象设置贴图坐标 *

* 仅适用于 AutoCAD 2000～2006 平台,在 2007 以上被其平台本身命令取代

总 图

道路绘制	DLHZ	绘制总图的道路
道路圆角	DLYJ	把对折角路口倒成圆角
车位布置	CWBZ	布置直线与弧形排列的车位
成片布树	CPBS	按一定间距成片布置树图块
任意布树	RYBS	按一定间距沿线布置树图块
总平图例	ZPTL	用于绘制可自定义的一系列总平面图的图例块,插入在总平面图中

日照分析

重排窗号	CPCH	重新排列被分析建筑日照窗的序号
窗号编辑	CHBJ	编辑被分析建筑日照窗的层号、窗位号
窗日照表	CRZB	详细分析窗的日照情况
地理位置	DLWZ	编辑地理位置数据库内容
导入建筑	DRJZ	导入天正的多层建筑模型作为日照模型
单点分析	DDFX	选取测试日照时间的地点及其高度值,即可显示该点的日照时间
多点分析	DUFX	分析并标出给定平面区域内各点的日照时间
等照时线	DZSX	绘出日照到达给定时数的日照区域分界线
建筑高度	JZGD	给指定的建筑物轮廓线(封闭的Pline)定义高度
建筑标高	JZBG	标注建筑物的顶标高
日照设置	RZSZ	日照计算的全局参数设置
日照仿真	RZFZ	真实逼真地模拟日照阴影
顺序插窗	SXCC	在指定位置插入待分析日照的窗户
阴影擦除	YYCC	擦除日照分析生成的图形和数字
阴影轮廓	YYLK	逐时绘出建筑物阴影的轮廓线

帮助演示

版本信息	TAbout	显示天正软件-建筑系统的详细版本信息对话框
常见问题	TchFaq	查看使用天正软件-建筑系统经常碰到的问题以及解答
教学演示	JXYS	启动天正软件-建筑系统功能演示教学动画的Flash系统
日积月累	RJYL	进入天正软件-建筑系统时显示日积月累功能提示界面
问题报告	WTBG	给天正公司发送Email报告问题
在线帮助	ZXBZ	启动天正软件-建筑系统的在线帮助系统
资源下载	ZYXZ	可直接下载天正官方网站上的最新程序更新